新型工业化·新制造·无人系统系列·RflySim系列

ni
新型工业化教育
New Industrialization

微小型固定翼无人机
飞行控制设计与实践

全权 主编

高文瀚 刘润潇 陈鑫泉 戴训华
吕书礼 徐琳 李悦 副主编

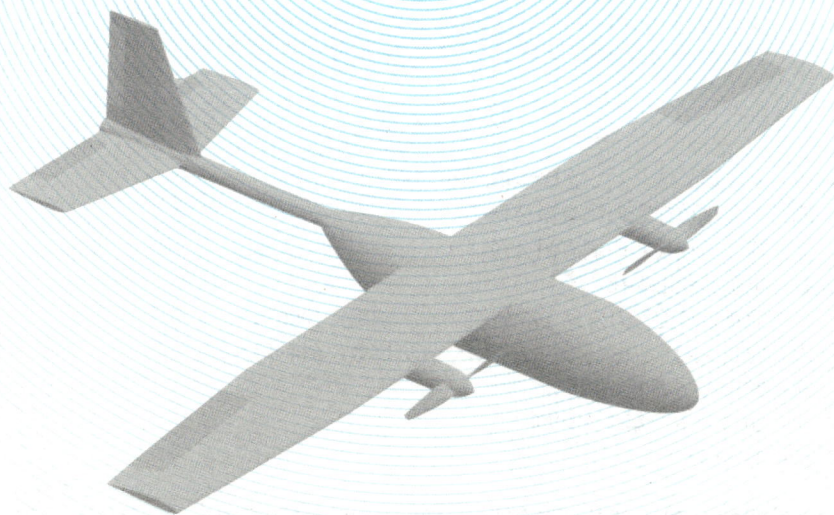

电子工业出版社·
Publishing House of Electronics Industry
北京·BEIJING

内 容 简 介

本书系统介绍微小型固定翼无人机开发，旨在帮助零基础或有一定基础的读者迅速掌握无人机飞行控制的理论与实践。本书共十章，每章以实验驱动，内容循序渐进，注重理论与实践的结合。本书采用案例教学的形式，通过理论与实验结合，培养读者的工程实践能力和创新思维，使其能快速成长为无人机领域的全栈式工程师。

本书特别适合高等院校航空航天、自动化、计算机、机械工程等专业的学生，以及相关领域的研究人员和从业工程师阅读。

图书在版编目（CIP）数据

微小型固定翼无人机飞行控制设计与实践 / 全权主编.-- 北京：电子工业出版社，2025.6.-- ISBN 978-7-121-50536-2

Ⅰ.V279

中国国家版本馆 CIP 数据核字第 20252WE501 号

责任编辑：刘　瑀　　　　　文字编辑：庄　妍
印　　刷：河北迅捷佳彩印刷有限公司
装　　订：河北迅捷佳彩印刷有限公司
出版发行：电子工业出版社
　　　　　北京市海淀区万寿路 173 信箱　　　邮编：100036
开　　本：787×1092　1/16　　印张：24.75　　　字数：634 千字
版　　次：2025 年 6 月第 1 版
印　　次：2025 年 6 月第 1 次印刷
定　　价：89.00 元

序

如今，科技发展日新月异，深刻改变着世界。无人机技术凭借自身特性，在军事与民用领域站稳脚跟，展现出良好前景。

微小型固定翼无人机表现突出，优势渐显。军事行动中，隐蔽侦察时它悄然潜入，严密监视时它坚守岗位，紧急救援时它迅速响应，凭借性能为作战指挥提供可靠信息，助力行动推进。民用方面，航拍时它灵活走位，捕捉惊艳画面；农业植保精准施药，护航农作物；环境监测细致采样，守护生态；物流配送高效穿梭，破解配送难题；它凭借灵活性、高效率与安全性，开拓诸多新应用。尤其在国家重视低空经济、推进国防现代化当下，它关键地位突显，成为重要助力。

此刻，本书正式推出。对想了解无人机飞行控制知识的读者，这是实用的学习资料，如同开启知识宝库的钥匙，铺就求知路。本书创作者们专业深厚、经验充足，将复杂知识梳理成逻辑清晰、易懂的篇章，涵盖无人机基本构造、飞行原理、先进控制技术、前沿设计理念，还有实用实验案例，整本书仿若知识富矿，静候读者探寻。

值得一提，编写团队与我所在的中国航空研究院团队，在空中加油对接等技术领域长期深入合作，双方密切交流、推进技术沟通、培育人才。同时，在北航未来空天学院学生培养上也紧密协作，为无人机领域输送大量高素质人才，筑牢根基。这般合作如坚实纽带，促进知识传承与创新，为领域自主创新、产业升级赋能。

当下无人机技术稳步发展，此书出版意义重大、影响深远。它像明灯，为无人机飞控工程师成长提供教材支撑；又似助推力，推动领域开拓、自主创新与产业升级。我深信，读者借此书能掌握关键要点，在无人机领域探索发挥，为科技、国防添力。

中国工程院院士

2025 年 1 月 13 日

前　　言

微小型固定翼无人机在军民用领域有着越来越广泛的应用。在军事领域，可以执行一些传统飞机难以完成的任务，包括侦察、监视、救援、特种作战等。例如，在战场上，使用微小型固定翼无人机进行侦察和监视，可以获得实时情报支持，为作战指挥决策提供更多的可能性。在民用领域，因具备灵活性、高效性和安全性，其在一些特殊场景下具有不可替代的优势，包括航拍、农业植保、环境监测、物流配送、救援等。例如，在城市中使用微小型固定翼无人机进行航拍，可以提供高清晰度的空中视角，为城市规划和旅游推广带来更多的可能性。

无人机的广泛应用驱使我们培养更多的无人机飞控开发全栈式工程师。无人机飞控开发全栈式工程师是指具备无人机软硬件设计、控制系统开发、数据处理和应用等多方面技能的专业人才。他们能够有效地整合这些不同的技术，提高效率和降低成本且推动技术创新，让所在机构在市场中获得更多的竞争优势。这充分响应教育部倡导的卓越工程师教育计划，即培养具有创新精神、实践能力和团队协作能力的无人机工程技术人才。

为了更好更多地培养无人机飞控开发全栈式工程师，我们撰写了本书。目的是尽可能让零基础的读者能很快上手，掌握先进的开发手段，并跟上技术的前沿。本书力求基础性、完整性、系统性和一定的技术先进性，着力在以下几方面有所突破。

（1）应用案例：本书有八个主题实验，涉及平飞性能评估实验、受控动态系统建模实验、系统辨识实验、底层飞行控制实验、路径跟随与规划实验、轨迹规划与微分平坦控制实验、图像伺服对接控制实验和集群飞行实验。每个实验都可以作为独立的案例。

（2）深度广度：目前八个主题实验覆盖了无人机设计、建模、单机控制和规划、集群控制和规划，还涉及视觉感知算法的开发。每个主题实验通常包括基础实验、分析实验、设计实验和硬件在环仿真实验等。实验逐步深入，紧密联系目前的工程实际。

（3）互动实践：所有实验都包括完整的代码，其中基础实验和分析实验是帮读者入门，设计实验要求读者自行完成，而硬件在环仿真实验则采用自动驾驶仪硬件（CubePilot, PixHawk）来实现整个飞行控制任务。读者会接触 MATLAB/Simulink, Python, QGround-Control，地面站等软件，还会接触到 CubePilot 或 PixHawk 自动驾驶仪、遥控器等硬件，以及使用 RflySim 工具链结合软硬件实现算法到真机的快速开发、部署与实验。

（4）开发平台：本书传递给读者基于模型开发的思想和手段，包括平台、开发方法和一系列关键技术。读者可以在此基础上进一步开发自己的算法，并进行共享，达到与时俱进的效果。

　　本书撰写过程持续四年多时间，北京航空航天大学可靠飞行控制研究组的许多同学与我配合参与了本书的撰写。高文瀚负责第二、四、六、七章的前期工作，刘润潇负责第五、九章，陈鑫泉负责第一、三章以及第七章的后期修改，徐琳负责第四、六章的修改，吕书礼负责第八章，李悦负责第十章，中南大学戴训华副教授撰写了第二章并指导了全书的硬件在环仿真实验，沙浩参与了第四章的修改工作，张栋源参与了第六章的修改工作，陈汉励参与了第九章的硬件在环仿真部分的修改工作，陈庆鹏参与了第十章的修改工作，而我本人负责全书的架构和实验内容设计，并组织和参与全书的撰写和统稿工作。

　　本书离不开前辈、同事、朋友和同学们的支持。感谢北京航空航天大学陈宗基、申功彰、张平、费玉华、路精保、张云飞、王宏伦、张庆振、刘正华、李卫琪、杨凌宇、李大伟、杨炯、张晶等教授和海军航空大学吴文海教授，给本书提出的宝贵建议。感谢航空知识杂志社马李溧杰和李镜先生在插图方面给予的帮助。本书主要内容经过本人所带北京航空航天大学"课程设计和综合实验"等课程多轮次的使用测试，感谢课上同学们的反馈补充。

　　由于水平有限，书中可能存在差错，敬请读者发邮件至 qq_buaa@buaa.edu.cn 进行批评指正。此外，若您将本书作为教材，也可以联系我们，我们会将更完整的材料发送给您参考。

扫描二维码，获取每章资料

全　权

于北航新主楼

2024.5.28

符 号 表

$\mathbb{R}, \mathbb{R}^n$	实数域，n 维欧氏空间
$\mathbb{R}_+$	正实数集
∇	梯度
$\dfrac{\partial}{\partial \mathbf{z}}$	对状态变量 $\mathbf{z}$ 的偏导
$\dot{\mathbf{x}}, \dfrac{\mathrm{d}\mathbf{x}}{\mathrm{d}t}$	对时间 t 的一阶导数
$\lvert * \rvert$	绝对值
$\lVert * \rVert$	欧式范数，$\lVert \mathbf{x} \rVert \triangleq \sqrt{\mathbf{x}^\mathrm{T}\mathbf{x}}, \mathbf{x} \in \mathbb{R}^n$
$\mathbf{A}$	矩阵
$\mathbf{A}^\mathrm{T}$	$\mathbf{A}$ 的转置
b	固定翼展长（m）
c	固定翼弦长（m）
C_D	阻力系数
C_l	滚转力矩系数
C_L	升力系数
C_m	俯仰力矩系数
C_n	偏航力矩系数
C_Y	侧力系数
$\mathbf{f}$	固定翼受到的合外力，${}^\mathrm{e}\mathbf{f}$ 和 ${}^\mathrm{b}\mathbf{f}$ 分别为向量 $\mathbf{f}$ 在地面坐标系和机体坐标系下的表示，$f_{x_i}, f_{y_i}, f_{z_i}$ 分别表示沿坐标轴 $o_i x_i, o_i y_i, o_i z_i$ 的外力分量，$i = \mathrm{e, b}$
$\mathbf{f}_\mathrm{a}$	气动力，${}^\mathrm{b}\mathbf{f}_\mathrm{a}$ 和 ${}^\mathrm{w}\mathbf{f}_\mathrm{a}$ 分别表示向量 $\mathbf{f}_\mathrm{a}$ 在机体坐标系和气流坐标系下的表示，且 ${}^\mathrm{w}\mathbf{f}_\mathrm{a} = [f_\mathrm{ax} \quad f_\mathrm{ay} \quad f_\mathrm{az}]^\mathrm{T}$，$f_{\mathrm{ax}_\mathrm{b}}, f_{\mathrm{ay}_\mathrm{b}}, f_{\mathrm{az}_\mathrm{b}}$ 分别表示沿坐标轴 $o_{\mathrm{b}x_\mathrm{b}}, o_{\mathrm{b}y_\mathrm{b}}, o_{\mathrm{b}z_\mathrm{b}}$ 的气动力分量
g	重力加速度（m/s^2）
$\mathbf{g}$	地面坐标系下的重力，其重力大小为 G，${}^\mathrm{b}\mathbf{g}$ 和 ${}^\mathrm{w}\mathbf{g}$ 分别表示向量 $\mathbf{g}$ 在机体坐标系和气流坐标系下的表示，$G_{x_i}, G_{y_i}, G_{z_i}$ 分别表示沿坐标轴 $o_i x_i, o_i y_i, o_i z_i$ 的外力分量，$i = \mathrm{b, w}$
H	固定翼飞行高度，也就是 p_{z_e}

$\mathbf{J}$	固定翼转动惯量矩阵，J_{xx},J_{yy},J_{zz} 是中心主转动惯量
m	固定翼无人机质量（kg）
$\mathbf{m}$	固定翼受到的合外力矩，$^e\mathbf{m}$ 和 $^b\mathbf{m}$ 分别表示向量 $\mathbf{m}$ 在地面坐标系和机体坐标系下的表示，m_{x_i},m_{y_i},m_{z_i} 分别表示沿坐标轴 o_ix_i,o_iy_i,o_iz_i 的外力矩分量，$i=\text{e,b}$
$\mathbf{m}_a$	机体坐标系下的气动力矩，滚转力矩 m_{ax}，俯仰力矩 m_{ay}，偏航力矩 m_{az} 分别表示绕 $o_\mathrm{b}x_\mathrm{b},o_\mathrm{b}y_\mathrm{b},o_\mathrm{b}z_\mathrm{b}$ 的力矩分量
$o_\mathrm{b}x_\mathrm{b}y_\mathrm{b}z_\mathrm{b}$	机体坐标系
$o_\mathrm{e}x_\mathrm{e}y_\mathrm{e}z_\mathrm{e}$	地球固连坐标系
$o_\mathrm{s}x_\mathrm{s}y_\mathrm{s}z_\mathrm{s}$	稳定坐标系
$o_\mathrm{w}x_\mathrm{w}y_\mathrm{w}z_\mathrm{w}$	气流坐标系
$\mathbf{p}$	固定翼中心的位置，$^e\mathbf{p}$ 和 $^b\mathbf{p}$ 分别为向量 $\mathbf{p}$ 在地面坐标系和机体坐标系下的表示。p_{x_i},p_{y_i},p_{z_i} 分别表示沿着坐标轴 o_ix_i,o_iy_i,o_iz_i 的位置分量，$i=\text{e,b}$
$\mathbf{R}(*)$	旋转矩阵
$\mathbf{R}_j^i$	表示将向量从坐标系 j 旋转到坐标系 i 的旋转矩阵,i,j=b,e,s,w
S	固定翼机翼面积（m²）
$^b\mathbf{t}$	机体坐标系下固定翼受到的拉力，其拉力大小为 T
$\mathbf{u}$	输入量，$\mathbf{u}_\mathrm{lon}$ 为纵向通道输入量，$\mathbf{u}_\mathrm{lat}$ 为横侧向通道输入量
$\mathbf{v}$	固定翼中心的速度，$^e\mathbf{v}$ 和 $^b\mathbf{v}$ 分别为向量 $\mathbf{v}$ 在地面坐标系和机体坐标系下的表示，v_{x_i},v_{y_i},v_{z_i} 分别表示沿坐标轴 o_ix_i,o_iy_i,o_iz_i 的速度分量，$i=\text{e,b}$
$\mathbf{v}_\mathrm{a}$	空速矢量，其矢量大小为 V_a，即空速，$^b\mathbf{v}_\mathrm{a}$ 为空速矢量在机体坐标系下的表示，且 $^b\mathbf{v}_\mathrm{a}=[v_{\mathrm{ax}_\mathrm{b}} \quad v_{\mathrm{ay}_\mathrm{b}} \quad v_{\mathrm{az}_\mathrm{b}}]^\mathrm{T}$，$^w\mathbf{v}_\mathrm{a}$ 为空速矢量在气流坐标系下的表示，且 $^w\mathbf{v}_\mathrm{a}=[V_\mathrm{a} \quad 0 \quad 0]^\mathrm{T}$
$\mathbf{v}_\mathrm{g}$	相对于地面坐标系的速度（也称为地速），$^b\mathbf{v}_\mathrm{g}$ 为地速矢量在机体坐标系下的表示，且 $^b\mathbf{v}_\mathrm{g}=[v_{\mathrm{gx}_\mathrm{b}} \quad v_{\mathrm{gy}_\mathrm{b}} \quad v_{\mathrm{gz}_\mathrm{b}}]^\mathrm{T}$
$\mathbf{v}_\mathrm{w}$	风相对于地面坐标系的速度（也称为风速），$^b\mathbf{v}_\mathrm{w}$ 为风速矢量在机体坐标系的表示，且 $^b\mathbf{v}_\mathrm{w}=[v_{\mathrm{wx}_\mathrm{b}} \quad v_{\mathrm{wy}_\mathrm{b}} \quad v_{\mathrm{wz}_\mathrm{b}}]^\mathrm{T}$
$\mathbf{W}$	表示姿态角速率与机体角速度之间关系的矩阵
$\mathbf{x}^*$	基准运动下的状态变量
$\Delta\mathbf{x}$	状态变量的增量
$\mathbf{x}_\mathrm{lon}$	纵向通道的状态变量
$\mathbf{x}_\mathrm{lat}$	横侧向通道的状态变量
$\mathbf{x}_\mathrm{d}$	状态变量的期望

$$\mathbf{x}_{\times} \qquad \mathbf{x}_{\times} = \begin{bmatrix} 0 & -x_3 & x_2 \\ x_3 & 0 & -x_1 \\ -x_2 & x_1 & 0 \end{bmatrix}, \mathbf{x} \in \mathbb{R}^3$$

α 迎角（也称为攻角）

β 侧滑角

$\delta_e, \delta_a, \delta_r$ 升降舵舵偏，副翼舵偏，方向舵舵偏

γ 航迹倾角

Θ 欧拉角，$\Theta = [\phi \quad \theta \quad \psi]^{\mathrm{T}}$，其中 ϕ, θ, ψ 分别是滚转角、俯仰角和偏航角

ρ 空气密度（kg/m^3）

ω 固定翼角速度，$^e\omega$ 和 $^b\omega$ 分别为 ω 在地面坐标系和机体坐标系下的表示。$\omega_{x_i}, \omega_{y_i}, \omega_{z_i}$ 分别表示沿着坐标轴 $o_i x_i, o_i y_i, o_i z_i$ 的角速度分量，$i = \mathrm{e, b}$

ω_c 截止频率

目　录

第一章 绪论

无人驾驶飞行器简称"无人机"，是一种利用无线电遥控设备或程序控制的不需要驾驶员机上进行操作的不载人飞行器，目前正被广泛应用在军民等领域。由于具备较长的巡航时间和较大的巡航速度，固定翼无人机成为各国研制的主流无人机机型之一。本章将首先介绍固定翼无人机的基本概念，然后介绍其飞行原理。通过本章介绍，读者可以掌握微小型固定翼无人机的基本知识，奠定后续章节的学习基础，进而熟悉微小型固定翼无人机整套开发的流程。

1.1　基本概念

1.1.1　组成和分类

固定翼飞行器①是指通过动力装置产生推力，由机身上固定的机翼产生升力，在大气层内飞行的重于同体积空气的一类航空器[1]。例如图 1.1 中常见的商用、军用和通用等三型飞机均属于固定翼飞行器。典型的固定翼飞行器主要或部分包括机体结构、起落架、电气、飞行控制系统、动力系统、操纵装置、通信、人机环境和载荷等系统部件。**机体结构**通常包括机翼、机身、尾翼等部分，机翼和尾翼上通常安装有副翼、升降舵和方向舵等操纵舵面，其中机翼是固定翼飞行器产生升力的主要部件，尾翼则是用于平衡和操纵固定翼飞行器飞行姿态的主要部件；**飞行控制系统**的主要功能是姿态控制、速度高度控制以及飞行性能优化等；**动力系统**的主要功能是产生使飞机前进的拉力或推力，用于克服与空气相对运动时产生的阻力，目前常见的动力装置有螺旋桨推进器、涡轮喷气推进器、涡轮风扇推进器等；**操纵装置**主要分为主操纵装置和辅助操纵装置两部分，随着近年来电子技术的发展，部分飞行操纵装置由传统的机械式操纵系统逐渐被更为先进的电传操纵系统所取代。驾驶员不再是直接操纵固定翼飞行器舵面，而是通过设置运动指令来控制固定翼飞行器。固定翼飞行器的能量主要来自航空燃料的化学能和电能，也有来自太阳能。如图 1.1(c) 所示的 RX4E 为国产研发的四座电动固定翼飞行器，通过电能驱动电机和螺旋桨产生推力，而如图 1.1(a)(b) 所示的固定翼飞行器则以航空燃料为能量来源。

固定翼无人机是一类特殊的固定翼飞行器，其不需要驾驶员在飞行器上进行操作，而是通过遥控器或地面站实现远程操控。固定翼无人机往往都搭载有完善的机载计算设备用于接收遥控信号和实现自动控制。根据国务院、中央军委公布，自 2024 年 1 月 1 日起实施的《无人驾驶航空器飞行管理暂行条例》中，主要将无人机分为以下五类：一是**微型无人驾驶航空器**，是指空机重量小于 0.25 千克，最大飞行真高不超过 50 米，最大平飞速度不超过 40 千米/小时，无线电发射设备符合微功率短距离技术要求，全程可以随时人工介入操控的无人驾驶航空器，如图 1.2(a) 所示；二是**轻型无人驾驶航空器**，是指空机重量不超过 4 千克且最大起飞重量不超过 7 千克，最大平飞速度不超过 100 千米/小时，具备符合空域管理要求的空域保持能力和可靠被监视能力，全程可以随时人工介入操控的无人驾驶航空器，但不包括微型无人驾驶航空器，如图 1.2(b) 所示；三是**小型无人驾驶航空器**，是指空机重量不超过 15 千克且最大起飞重量不超过 25 千克，具备符合空域管理要求的空域保持能力和可靠被监视能力，全程可以随时人工介入操控的无人驾驶航空器，但不包括微型、轻型无人驾驶航空器，如图 1.2(c) 所示；四是**中型无人驾驶航空器**，是指最大起飞重量不超过 150 千克的无人驾驶航空器，但不包括微型、轻型、小型无人驾驶航空器，如图 1.2(d) 所示；五是**大型无人驾驶航空器**，是指最大起飞重量超过 150 千

---

① 固定翼飞行器是一个广泛类别，包括所有使用固定翼产生升力的飞行器，如飞机、滑翔机和无人机。飞机是固定翼飞行器的一个子类，通常指有动力、有固定翼的、由驾驶员控制的较大飞行器，主要用于运输、商业或军事目的。简而言之，所有飞机都是固定翼飞行器，但并非所有固定翼飞行器都是飞机。飞机特指传统、大型的有动力飞行器，而固定翼飞行器则涵盖更广泛的类别。

克的无人驾驶航空器，例如图 1.2(e)(f) 里中国的翼龙侦察无人机和美国的 X-47B 隐身无人机。

（a）商飞C919　　　　　　（b）歼20　　　　　　（c）RX4E

图 1.1　固定翼飞行器

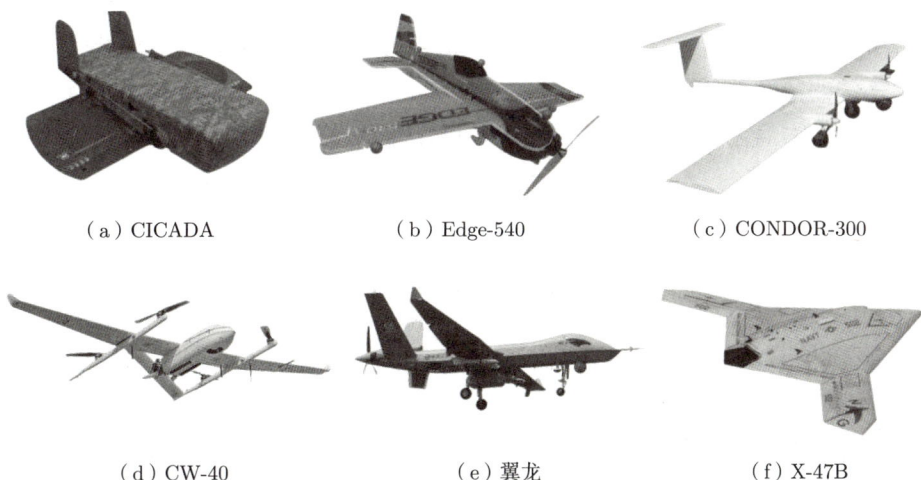

（a）CICADA　　　　　　（b）Edge-540　　　　　　（c）CONDOR-300

（d）CW-40　　　　　　（e）翼龙　　　　　　（f）X-47B

图 1.2　固定翼无人机

微小型固定翼无人机一般涉及微型到小型的固定翼无人机。它们尺寸较小，通常具有较短的翼展和机身长度，并且通常在较低的速度范围内飞行。相较于中大型的固定翼无人机主要有四点不同。

(1) **气动不同**：大型固定翼飞行器由于尺寸大、速度快，流体微团所受惯性力相比空气粘性力①较大，流体的流动可能更趋向于光滑稳定，而微小型固定翼无人机在流体中移动时所受到的惯性力相比空气粘性力较小，这可能会导致与大型固定翼不同的流动行为，如较大的湍流②发展倾向。一般来说，中大型固定翼飞行器在失速时更容易出现局部流动分离，而微小型固定翼无人机则更容易整体失速③。

(2) **结构不同**：微小型固定翼无人机所受到的载荷往往较小，因此机身材料往往采用全复合材料，部分微小型固定翼无人机仅在关键连接部分使用金属材料，以此达到减轻重量的目的。

---

① 惯性力是在加速或转动的环境中感受到的一种假想力，就像在突然加速的汽车里被推向座椅后背的感觉。粘性力是流体内部的摩擦力，阻碍流动，像蜂蜜流动比水慢是因为蜂蜜的粘性力更大。

② 湍流是一种混乱、不规则的流体运动，就像河流急流中的水波波涛汹涌，或者飞行器遇到紊流时的颠簸现象。这种运动不像平静的流动那样有序，而是充满了各种方向和速度的随机变化。

③ 失速是当飞行器飞行速度过慢或攻角过大时，发生气流分离，机翼无法产生足够的升力，导致飞行器不能正常飞行，可能出现下坠或控制困难的现象。

(3) **动力不同**：不同于中大型的固定翼飞行器以燃油涡扇发动机为动力系统，微小型固定翼无人机的动力系统往往采用电动的螺旋桨电机系统。

(4) **控制不同**：由于微小型固定翼无人机飞行速度大部分位于 9m/s 到 18m/s 的区间，飞行高度在百米左右，此时的风速往往超过 4m/s。因此，微小型固定翼无人机往往需要通过控制保证在风中具有较高的机动性才能安全平稳地飞行[2]。

1.1.2 布局

固定翼飞行器的布局一般是指平尾相对于机翼在纵向位置上的安排，如图 1.3 所示，一般有常规、双翼（Biplane）、鸭式（Canard Layout）、飞翼（Flying Wing）、三翼面（Triplane）、倾转翼（Tiltwing or Tiltrotor）布局。除此之外，还有固定翼布局和多旋翼布局复合型飞行器，包括：固定翼–多旋翼复合型（Quadplane）和升力翼多旋翼（Lifting-wing multicopter）等布局，本节将简略介绍几类典型的固定翼布局。

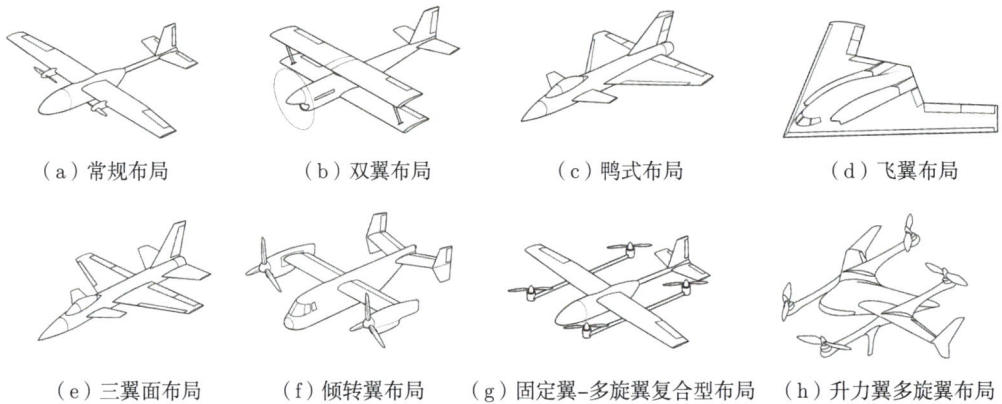

（a）常规布局　　（b）双翼布局　　（c）鸭式布局　　（d）飞翼布局

（e）三翼面布局　（f）倾转翼布局　（g）固定翼–多旋翼复合型布局　（h）升力翼多旋翼布局

图 1.3　固定翼飞行器的布局

1. 常规布局

常规布局微小型固定翼无人机主要由机身、机翼、尾翼、动力系统以及控制、通信等系统组成。采用上单翼布局，机翼位于机身中上部分，是主要的升力来源，上面安装有副翼。尾翼位于机身后部，分为垂直尾翼和水平尾翼。垂直尾翼包括垂直安定面和方向舵；水平尾翼包括水平安定面和升降舵，根据不同的操纵舵面布局，常规布局又可以进行细分。

常规布局的飞行器的操纵舵面包括副翼、升降舵和方向舵，如图 1.4 所示。副翼在机翼后缘外侧，其偏转角用 δ_a 表示；升降舵位于平尾后缘，其偏转角用 δ_e 表示；方向舵位于垂尾后缘，其变化用 δ_r 表示。操纵面变化的正方向即对应产生负力矩。副翼位于左右机翼对称布置，假设左侧副翼偏转为 δ_{al}，右侧为 δ_{ar}，副翼的偏转量表示为

$$\delta_a = \delta_{al} - \delta_{ar} \tag{1.1}$$

对于常规布局还有两种特殊配置，第一种是"V 型"尾翼配置，如图 1.5 所示。"V 型"尾翼左右侧都有舵面，记右侧尾翼舵面变化为 δ_{rr}，左侧为 δ_{rl}，通过两侧尾翼舵面的同向偏

转与差动偏转分别起到升降舵和方向舵的作用。在数学上，可以描述为

$$\begin{bmatrix} \delta_e \\ \delta_r \end{bmatrix} = \begin{bmatrix} 1 & 1 \\ -1 & 1 \end{bmatrix} \begin{bmatrix} \delta_{rr} \\ \delta_{rl} \end{bmatrix} \tag{1.2}$$

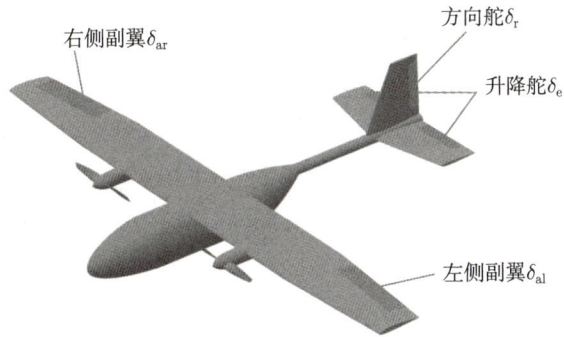

图 1.4　常规布局的飞行器的操纵舵面

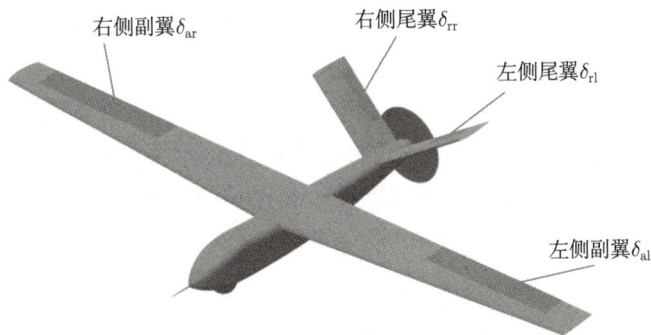

图 1.5　"V 型"尾翼配置

　　另一种是无副翼配置，该种布局的机翼外侧存在较大的上反角，通过方向舵偏转时固定翼横航向稳定特性达到产生滚转力矩的作用，该种机型较为小众且操纵性能往往不如带有副翼的固定翼无人机，但由于其检修拆装的便利性，在军事领域中有所应用。

2. 飞翼布局

　　飞翼布局不同于常规布局，其机翼和机身一体都按照翼型或接近翼型设计，整个机翼与机身都产生升力。同时为保证其航向稳定特性，在机翼两侧配置有翼尖小翼，用作常规布局的尾翼，保持航向平衡的作用，如图 1.6 所示。飞翼布局的操纵舵面相对简单，仅在机身后缘两侧配置有升降副翼，右侧升降副翼变化表示为 δ_{er}，左侧为 δ_{el}，采用差动偏转和同向偏转的方式分别等效常规布局中的副翼和升降舵。在数学上，可以描述为

$$\begin{bmatrix} \delta_e \\ \delta_a \end{bmatrix} = \begin{bmatrix} 1 & 1 \\ -1 & 1 \end{bmatrix} \begin{bmatrix} \delta_{er} \\ \delta_{el} \end{bmatrix} \tag{1.3}$$

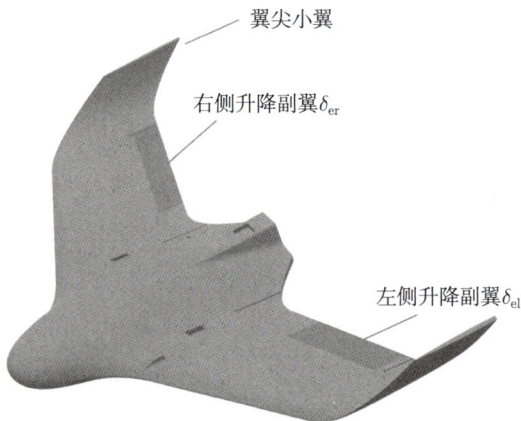

图 1.6 飞翼布局

3. 复合型布局

近年来随着多旋翼飞行器的发展，固定翼无人机出现了结合多旋翼垂直起降优势的诸多机型，最常见的就是常规布局固定翼无人机与四旋翼直接复合的复合型布局，即固定翼-多旋翼复合型布局，如图 1.7(a) 所示。该种布局在起飞降落阶段与四旋翼一样，通过周围四个垂起螺旋桨控制飞行；巡航飞行时，垂起螺旋桨停转，由推进螺旋桨产生推力。如图 1.7(b) 所示的升力翼多旋翼是一种翼身融合体（升力翼）与多旋翼的组合构型，旋翼桨盘平面与升力翼呈固定安装角度（如 $30° \sim 45°$），在保留多旋翼原本简洁可靠的结构及抗风稳定性的同时大幅度提高了前飞效率。其独特的总体布局显著区别于现有的尾座式和固定翼-多旋翼复合型布局等常规垂直起降飞行器。相比传统固定翼和固定翼-多旋翼复合型布局飞行器，升力翼多旋翼的短小机翼和强劲的旋翼，使之具有较强的抗风性能[3-6]。

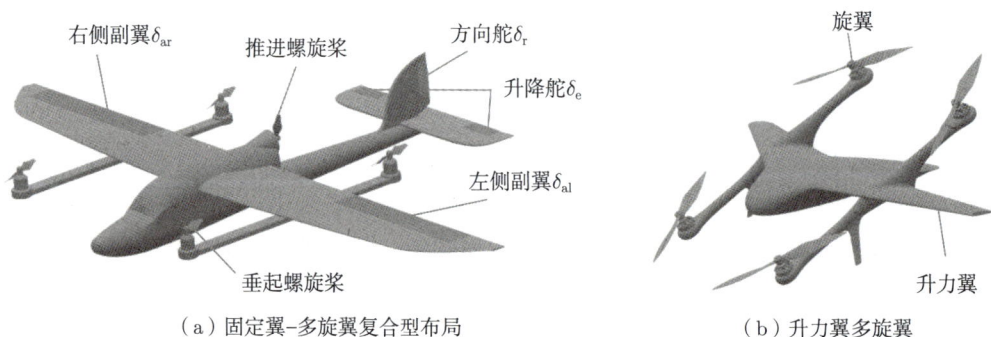

（a）固定翼–多旋翼复合型布局   （b）升力翼多旋翼

图 1.7 复合型布局

1.1.3 翼型和机翼形状

机翼是固定翼无人机升力的主要来源，机翼提供升力的能力主要受到机翼剖面翼型参数①和机翼平面几何形状参数的影响，本节将简要介绍翼型和机翼形状的相关知识。

---

① 书中会涉及参数和系数，它们有些差别。参数描述系统属性，包括标量、向量、矩阵等，如攻角、速度、质量、转动惯量矩阵。系数表示变量关系程度，通常是实数，如升力系数与攻角关系。参数可变，系数通常是常数或函数。

1. 翼型

一般情况下机身两侧的机翼都存在对称面，用平行于飞行器机身对称面的平面截得的机翼剖面称为翼剖面，通常也称为**翼型**。翼型的前缘是机翼的迎流端，在亚音速时多采用曲率半径较大的光滑曲线，减少形状阻力。微小型固定翼无人机一般采用圆头尖尾的低速翼型。

(1) 翼型几何参数

如图 1.8 所示，在翼型前缘内做一个内切圆，恰好与翼型前缘附近曲线相切的圆的半径称为翼型前缘半径，两者的切点为翼型前缘点。通常连接翼型前缘点和后缘尖点的直线称为翼型的**弦线**，翼型的弦线长度称为几何弦长，简称**弦长**，用 c 表示。以翼型前缘点为原点，弦线为 x 轴建立坐标系，沿着 x 轴方向，翼型上下表面 y 方向高度中点的连线称为**中弧线**。在 y 方向上可以找到中弧线和弦线最大距离用 f 表示，则 f/c 即为翼型的相对弯度，简称**弯度**。翼型上下表面最大 y 方向距离表示为 a，则翼型相对厚度表示为 a/c[7]。

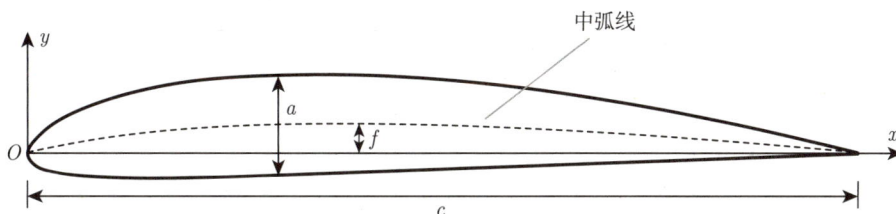

图 1.8 翼型几何参数

(2) 基准翼型

随着势流理论、库塔-茹科夫斯基升力理论和普朗特粘性边界层理论等理论研究的发展以及风洞实验测试方法的不断完善，翼型的设计理论逐渐完善了起来[8]。在不断的实验当中得到了不同翼型的大量升力曲线，在后续的设计当中，往往可以根据设计需要从已有的经验曲线中选取基准翼型，再根据实际的设计需求进行修正和优化。

翼型一般分为平凸型 [图 1.9(a)]、对称型 [图 1.9(b)]、凹凸型 [图 1.9(c)]、双凸型 [图 1.9(d)]、s 型 [图 1.9(e)] 和超临界型 [图 1.9(f)] 几类，常见的基准翼型有 NACA（美国国家航空咨询委员会，现被 NASA 取代）系列翼型、RAF-6E 翼型、Clark-Y 翼型、ARA-D 翼型、C4 翼型、超临界翼型等[8]。

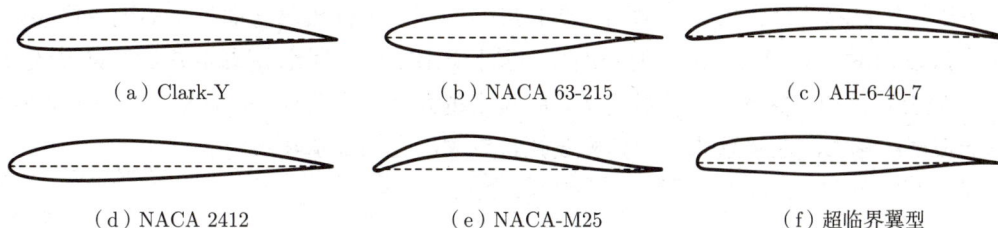

（a）Clark-Y （b）NACA 63-215 （c）AH-6-40-7

（d）NACA 2412 （e）NACA-M25 （f）超临界翼型

图 1.9 常见基准翼型

2. 机翼形状

机翼形状参数主要包括**平面几何参数**和**立体几何参数**。首先介绍平面几何参数，主要包括机翼面积、展长、弦长和后掠角等。在描述机翼的平面几何参数时，首先建立一个平面坐标系，如图 1.10 所示。**展长**表示机翼 x 方向的最大长度，表示为 b；机翼的**弦长**是指展向翼剖面的弦长，是展向位置 x 的函数，表示为 $c(x)$，其中根部 $(x=0)$ 弦长表示为 c_0，尖部 $(x=b/2)$ 弦长表示为 c_1；**机翼面积**是指机翼平面形状的面积，表示如下

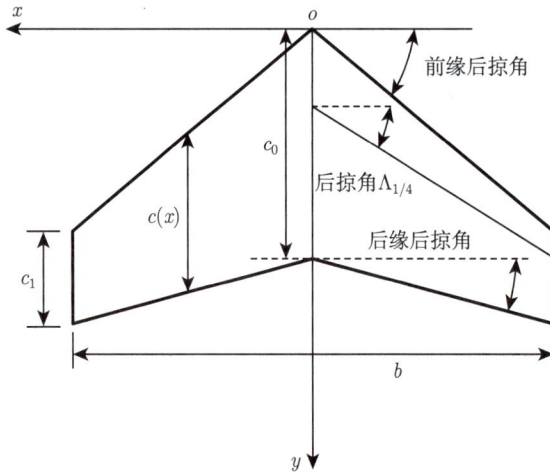

图 1.10　机翼的平面几何参数

$$S = 2 \int_0^{b/2} c(x)\mathrm{d}x \tag{1.4}$$

即沿着机翼的 x 方向对于弦长 $c(x)$ 进行积分。基于机翼面积，下面定义最常提及的弦长即**平均气动弦长** c_A，其表示如下

$$c_A = \frac{2}{S} \int_0^{b/2} c^2(x)\mathrm{d}x \tag{1.5}$$

该式可以视作机翼前缘到机翼后缘的平均长度。常用于表征机翼平面形状的无量纲参数还包括**展弦比** λ(对于矩形机翼而言便是展长与弦长之比) 和**根梢比** η(翼根弦长与翼尖弦长之比)。一般展弦比和机翼的升力系数有关，展弦比越大升力系数越大，但随之阻力也会增加。机翼的根梢比越大，通常意味着机翼翼根弦长更大。它们分别表示为

$$\begin{aligned} \lambda &= \frac{b^2}{S} \approx \frac{b^2}{bc} = \frac{b}{c} \\ \eta &= \frac{c_0}{c_1} \end{aligned} \tag{1.6}$$

机翼的**后掠角**①即机翼相对于飞行方向向后倾斜的角度，这个角度是机翼前缘与飞行器机身前进方向的夹角。后掠角 $\Lambda_{1/4}$ 为 1/4 弦线与 x 轴的夹角。

机翼的立体几何参数主要有**几何扭转角**（机翼在展向方向上，从根部到翼尖各个剖面翼弦所形成的角度差）和**上（下）反角**。几何扭转角是指机翼任一展向位置处翼剖面弦线与翼根剖面弦线之间的夹角，如图 1.11(a)(b) 所示。一般可以设计机翼的几何扭转角来调整气动载荷的展向分布，采用翼尖相对于翼根负扭转角设计可以使气动载荷由翼尖向翼根转移，减小机翼上的弯矩载荷；翼尖负扭转角设计还可以调节整体翼面失速区域，延缓翼

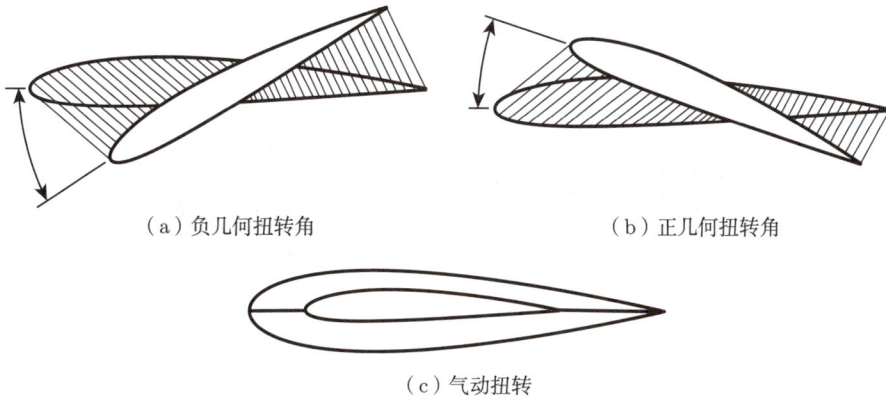

（a）负几何扭转角　　　　　　　　　（b）正几何扭转角

（c）气动扭转

图 1.11　几何扭转与气动扭转

尖失速，延缓副翼位置失速引起控制失效，保障控制可靠性。对于无尾飞行器还可以提供抬头力矩以平衡机翼上的低头力矩。还可以通过**气动扭转**改善气动特性。它是通过机翼外形（如翼型的变化）来实现的，目的是通过改变局部的气动特性来调整升力分布，而非通过物理旋转机翼本身。

机翼的**上（下）反角**是指机翼弦平面与机身轴线水平面之间的夹角，如图 1.12 所示，对于低速机翼采用一定的上反角可以改善横滚稳定性[9]。

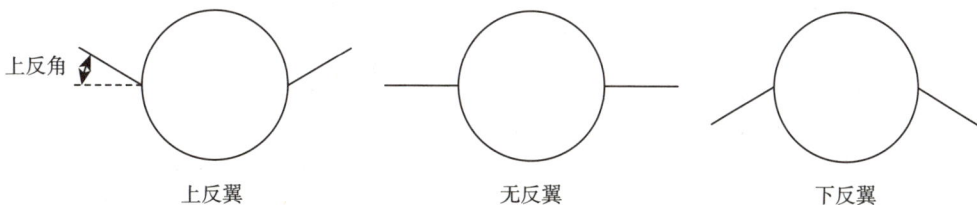

上反翼　　　　　　　　　无反翼　　　　　　　　　下反翼

图 1.12　机翼安装形式

1.1.4　动力系统

固定翼无人机一般有燃油与电池两类能量来源，本书研究的微小型固定翼无人机主要采用电机驱动螺旋桨旋转产生推进力。微小型固定翼无人机的动力系统主要包括电机、螺

---

① 后掠角不仅可以提升最大推力下的最大飞行速度，还可以提高飞机的横侧向稳定性；但后掠会引起升力损失，降低飞机的升阻比，从而降低飞机的续航时间。

旋桨和舵机三部分。动力系统中的每一部分都需要协同工作，选择最优的组合让各个部件相互匹配和兼容才能使微小型固定翼无人机正常飞行。本章将简略介绍动力系统各部件的基本概念，而动力系统的数学建模将在第三章详细阐述。

1. 电机

电机是一种实现机械能和电能之间相互转换的装置，一般可以分为直流电机和交流电机。在微小型固定翼无人机的动力系统中电机的主要功能是将电池的电能转化为螺旋桨旋转的机械能，从而使得螺旋桨产生推力带动无人机飞行。其中无感无刷直流外转子电机因为兼具工作效率高、便于小型化、制造成本低、转速稳定等优点，被广泛运用于微小型固定翼无人机和其他类型的飞行器当中，如图 1.13 所示是固定翼无人机中常见的无感无刷直流电机。

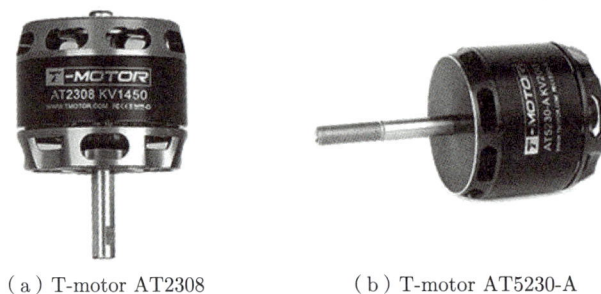

（a）T-motor AT2308   （b）T-motor AT5230-A

图 1.13   无感无刷直流电机

无感无刷直流电机电路主要有星形连接三相半桥式、星形连接三相桥式和角形连接三相桥式，其中星形连接三相桥式运用较多，如图 1.14 所示是星形连接三相桥式主电路。无感无刷直流电机根据反电动势观测相位，进而改变逆变器中的功率管状态，使得电流按照顺序流过电机线圈从而产生旋转磁场，并与转子上的磁铁产生的磁场相互作用，从而带动电机旋转。例如：如图 1.14 所示，打开 D_1 和 D_5 开关，电流从电感 A 流向电感 B，从而产生相应方向的磁场。

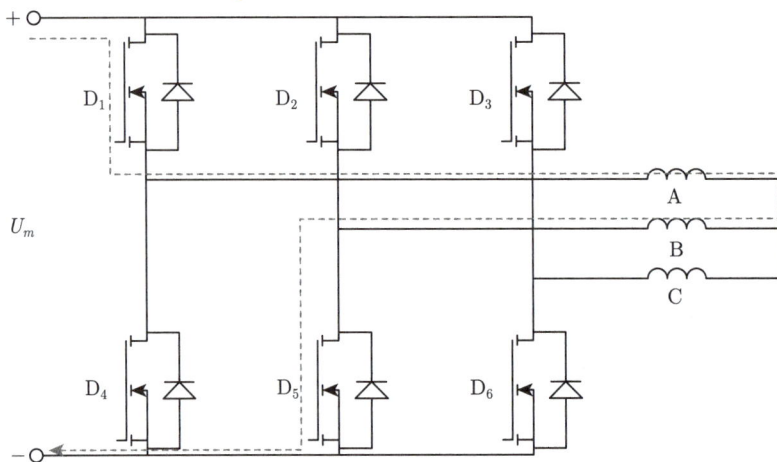

图 1.14   星形连接三相桥式主电路

2. 螺旋桨

螺旋桨是微小型固定翼无人机直接产生所需推进力的装置，一般分为定距螺旋桨和变距螺旋桨。在微小型固定翼无人机中，主要采用的是比较简单的定距螺旋桨 T-motor T8542 F3P 4D，如图 1.15(a) 所示。由于电机的效率随着输出转矩（取决于螺旋桨的型号、尺寸和转速等）变化，在设计整个动力系统时要考虑电机和螺旋桨的配合问题，合理匹配可以使电机工作效率更高，可以用较少的能量消耗获得相同大小的推力，进而提高无人机的续航时间。

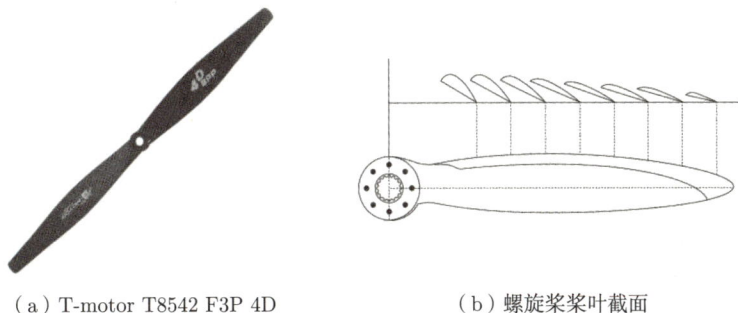

（a）T-motor T8542 F3P 4D　　　　　　（b）螺旋桨桨叶截面

图 1.15　螺旋桨及桨叶截面

螺旋桨和机翼的工作原理十分类似，在考虑螺旋桨产生推进力的机理时，主要将螺旋桨看作是一个扭曲的机翼。两者主要的区别就是机翼在空气中基本上是平动的，而螺旋桨跟随飞行器平动的同时还绕着桨轴旋转。这时设计每一个螺旋桨桨叶截面都相当于设计相应的翼型，如图 1.15(b) 所示。在设计制作螺旋桨时就可以主要按照输入功率和需求的最大拉力，选择桨叶数目、螺旋桨直径等基本参数，再根据已有资料选择合适的翼型族确定螺旋桨的弯度分布，最后进行优化达到设计要求[8]。在选择微小型固定翼无人机的动力系统螺旋桨时，主要考虑螺旋桨的直径、螺距以及桨叶数等参数。

3. 舵机

舵机是一种角位置伺服的驱动器，适用于那些需要通过改变角度来实现控制功能的系统。根据输入信号的不同，舵机可以分为数字舵机和模拟舵机两种。在微小型固定翼无人机中普遍采用的是电动舵机 SG90，如图 1.16(a) 所示，用于控制副翼、平尾和方向舵等舵面的偏转角度来实现微小型固定翼无人机的飞行控制。其中电动舵机主要由电机、齿轮减速器、控制板和位置检测元件等部分构成，它的电气接口含有三根线，分别为电源正极、电源负极和信号接口，舵机内部结构如图 1.16(b) 所示。

舵机内部的电机转速很快但扭矩很小，因此需要通过齿轮减速器减速从而增加传递的扭矩，使得舵机满足设计的需求。舵机的接口一般有 PWM，串行舵机，CAN 总线舵机以及 Dshot 等。对于传统的模拟舵机而言，其偏转角度是由信号线输入的脉冲宽度调制波（PWM 信号）进行控制，如图 1.17 所示，一般是频率 50-400Hz 的方波信号，其中舵机的偏转角度和方波的占空比有着对应关系。当输入一个恒定占空比的 PWM 信号时，舵机就可以固定在一个特定的角度，并且可以承受一定的扭矩。微小型固定翼无人机中的动力系统选择舵机时，主要需要考虑其能够传递的扭矩大小是否可以保持舵机的偏转角度不变。

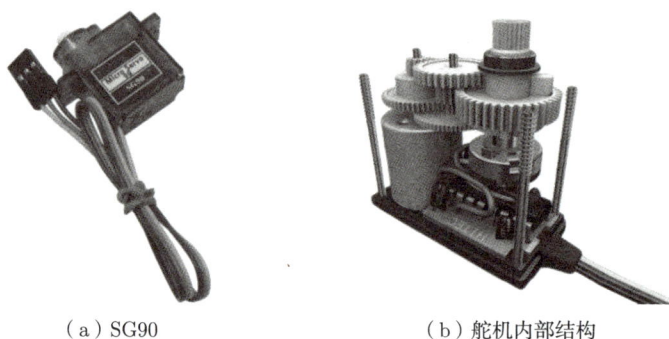

（a）SG90　　　　　　　　　　（b）舵机内部结构

图 1.16　常见舵机

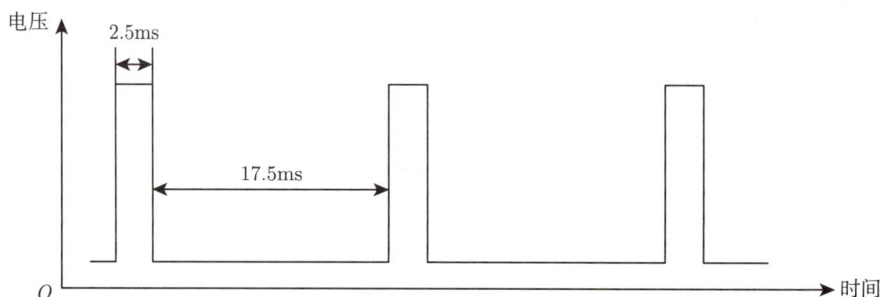

图 1.17　PWM 信号

1.2　飞行原理

1.2.1　气动规律

1. 相对运动原理

飞行器在飞行过程中，通过与空气之间的相对运动产生升力与阻力，飞行器依靠自身动力以及升力与阻力保证平稳飞行。空气作为一类流体，具有和其他流体基本相同的性质，当物体在空气中运动时，因相对运动产生空气动力。相对运动原理指的是，物体在静止的空气中运动与空气流过静止的物体相比，若两者的速度相同，则物体受到的空气动力完全一致。

根据相对运动原理，空气动力是由物体和空气之间的相对速度大小决定的，因此可以设计一种实验方案。保持飞行器静止不动，让空气以相同大小的速度反向流过飞行器，探究飞行器在该速度飞行下的气动特性，这被称作**风洞试验**。目前，风洞试验已经广泛运用于航空航天等行业当中，风洞试验已成为探究飞行器的气动特性的一种重要方法和手段，如图 1.18 所示展示了一架正在进行风洞试验的固定翼飞行器。

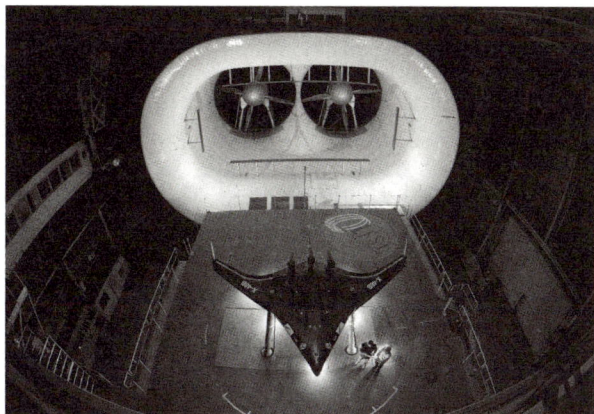

图 1.18　一架正在进行风洞试验的固定翼飞行器

2. 连续性定理

当流体流过一个变截面的管道时,因为流体本身是连续流动且不可中断、不可堆积的,所以根据质量守恒定理可知,在管道的任意截面单位时间内流过的流体质量都是相同的。

如图 1.19 所示的变截面管道,对于定常流动气体,单位时间内流入截面 1 的气体质量和单位时间内流出截面 2 的气体质量是相等的,可以得到定常流动的气体的连续性方程

$$\rho_1 S_1 V_1 = \rho_2 S_2 V_2 \tag{1.7}$$

式中 ρ_i 为气体密度(单位:kg/m^3);S_i 为截面面积(单位:m^2);V_i 为气体流动速度(单位:m/s),$i = 1, 2, \cdots$。将其推广到任意截面可以得到

$$\rho_1 S_1 V_1 = \rho_2 S_2 V_2 = \rho_3 S_3 V_3 \tag{1.8}$$

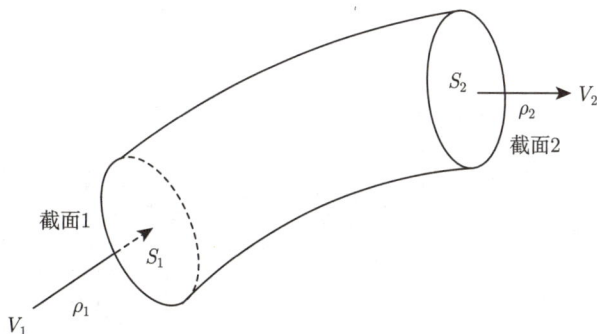

图 1.19　变截面管道

一般当空气的运动速度小于 0.3 个马赫数(固定翼飞行器速度与当地音速的比值)的时候,将空气视为不可压缩流体,此时空气的密度在任意截面都是一样的,则连续性方程可以改写为

$$S_1 V_1 = S_2 V_2 = S_3 V_3 \tag{1.9}$$

从上式可见，在管道内低速流动的气体的速度和截面面积成反比。也就是说，管道截面面积大的地方，气体流速低；管道截面面积小的地方，气体流速高。一般在微小型固定翼无人机的飞行过程中，都可以将空气看作是不可压缩的流体。

3. 伯努利定理

伯努利定理是解释飞行器获得升力的原理之一。它根据能量守恒定理阐述了流体的压力能、动能和势能之间的关系。该定理于 1738 年伯努利口述给出。之后欧拉于 1755 年推导出完整的数学表达式，适用于可以忽略流体粘性作用的理想流体情况。定常不可压流体的伯努利方程表示如下

$$\frac{P_1}{\rho_1} + \frac{V_1^2}{2} + gz_1 = \frac{P_2}{\rho_2} + \frac{V_2^2}{2} + gz_2 \tag{1.10}$$

从能量上看：P_1/ρ_1 代表了流体的压力能，$V_1^2/2$ 代表了流体的动能，gz_1 代表了流体的势能。当流体在同一水平面运动或者高度 z 变化不大时可以把流体的势能变化忽略，此时可得

$$P + \frac{\rho V^2}{2} = P^* \tag{1.11}$$

式中 P 称为**静压**；$\rho V^2/2$ 称为**动压**；P^* 称为**总压**。对于水平飞行的微小型固定翼无人机而言，静压就是无人机在静止时受到的空气的压力，动压就是微小型固定翼无人机由于与空气相对运动而受到的力。简单来说可以将伯努利定理概括为：**流体速度越快压强越小**。如图 1.20 所示，高速行驶的列车将靠近的人"吸"过去，就是因为列车的带动作用使得它与人体之间的空气速度快，压强低；人外侧的空气速度慢，气压高，产生一定压差将人"推"向列车。这就是伯努利定理在生活中的一个实例。根据连续性定理和伯努利定理，流体在变截面的管道内水平流动时：管道截面面积越小，流体的速度越大，压强越小；管道截面面积越大，流体的速度越小，压强越大。这些是研究微小型固定翼无人机空气动力产生的物理原因和空气动力的变化规律的基本定理。

图 1.20　高速行驶的列车将靠近的人"吸"过去

1.2.2 气动力简述

1. 升力

微小型固定翼无人机要想在空气中飞行，首先需要空气产生一定的升力来平衡无人机的重力，利用动力装置产生一定的推力来平衡无人机在空气中飞行的阻力，这样才能保证微小型固定翼无人机可以在空气中持续飞行。其中微小型固定翼无人机的升力主要依靠机翼与空气的相对运动产生。

如图 1.21 所示，在机翼前缘与空气相遇时，空气相对于机翼的速度为零，这一点称为机翼的**驻点**，根据伯努利原理可以得出驻点处的压力最大。空气从驻点分离，分别流向上翼面和下翼面，所谓上翼面和下翼面是指翼型剖面弦线的上、下部分，一般翼型的上翼面比较凸起，下翼面比较平坦。当上下翼面完全相同时称为对称型，如果其弦线与来流方向平行，则流经上下翼面的气流完全相等同，所以上下翼面的气体压力完全相同，此时机翼上不会产生升力。要使得机翼产生升力，就需要采用非对称翼型，或者将弦线与来流方向形成一个角度，即常说的**迎角** α。此时，上翼面和下翼面外的气流会呈现不同的流线状态，驻点就会在前缘向下翼面偏移。气流流过上翼面和下翼面的气流流线与远端大气之间的截面通道称为"管道"。对于常规的上凸下平的非对称翼型，或者弦线有迎角 α 的情况，气流流过上翼面时流管变细（截面积减小），流过下翼面时流管变粗（截面积增大）。由连续性定理和伯努利定理可知，上翼面的气体速度增大、压力减小；通过下翼面的气体速度减小、压力增大。此时，上下表面就会产生压力差，机翼得到向上的升力。根据伯努利原理，翼型产生的升力可以描述为

$$f = \frac{1}{2}\rho V^2 C_f \tag{1.12}$$

式中 f 表示翼型受到的升力，ρ 表示低速直线均匀气流的空气密度；C_f 被称为翼型的升力系数，主要与迎角大小和翼型参数有关。

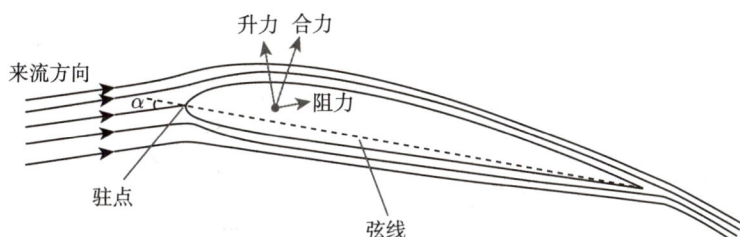

图 1.21 机翼前缘与空气相遇

由于机翼三维效应的影响，机翼每个剖面的翼型略有不同，因此机翼的升力系数 C_L 与翼型剖面的升力系数 C_f 不同，机翼产生的升力可以描述为

$$L = \frac{1}{2}\rho V^2 S C_L \tag{1.13}$$

一般来说，不对称的翼型在零迎角甚至负迎角情况下也能产生升力，但是对称翼型的机翼获得升力就一定需要迎角。同一个翼型，迎角不同，机翼的升力也不同。随着迎角的

增大，机翼的升力也会增加，但是迎角也不能无限制地增加，在达到一定的角度后，在气流逆压梯度和空气粘性的作用下，气流会从机翼的前缘开始分离，机翼后缘上表面处会形成气流分离区，导致机翼的升力突然下降，阻力迅速增大，进而飞行器速度降低即出现**失速现象**，此时的迎角称为**临界迎角**。微小型固定翼无人机在飞行的过程中，要保证机翼的迎角在合适的范围，不要超过临界迎角，以避免出现失速现象。

随着迎角的变化，微小型固定翼无人机的升力的大小会发生改变，但是存在一个固定点，翼型所受的空气动力对于此点的合力矩不会发生改变，通常将该点称为**气动中心**，又称作**焦点**。如图 1.22 所示，以下为计算翼型焦点的方法，将作用于前缘点的升力和力矩在弦线上的 F 点进行归算，则在 F 点受到的力矩为式(1.14)的形式

$$\frac{1}{2}\rho V^2 Sc C_{mF} = \frac{1}{2}\rho V^2 S C_L X_F + \frac{1}{2}\rho V^2 Sc C_m \tag{1.14}$$

式中 C_{mF} 为归算点的力矩系数；C_m 为机翼前缘的力矩系数。由于翼型的升力系数与力矩系数都与迎角有关，式(1.14)可以写作

$$C_{mF} = \bar{X}_F \frac{\partial C_L}{\partial \alpha}\bigg|_{\alpha=\alpha_0}(\alpha-\alpha_0) + C_m(\alpha_0) + \frac{\partial C_m}{\partial \alpha}\bigg|_{\alpha=\alpha_0}(\alpha-\alpha_0) \tag{1.15}$$

式中,$\bar{X}_F = X_F/c$；α_0 为**零升迎角**，即 $C_L(\alpha_0)=0$。因为焦点处的力矩系数不随着迎角的变化而变化，即满足

$$\frac{\partial C_{mF}}{\partial \alpha} = 0 \tag{1.16}$$

因此，可以得到焦点距离前缘点的距离为

$$\bar{X}_F = -\left(\frac{\partial C_m}{\partial \alpha}\bigg/\frac{\partial C_L}{\partial \alpha}\right)\bigg|_{\alpha=\alpha_0} \tag{1.17}$$

当迎角较小时，$\partial C_m/\partial \alpha$ 和 $\partial C_L/\partial \alpha$ 基本是常数，此时焦点才是常数。

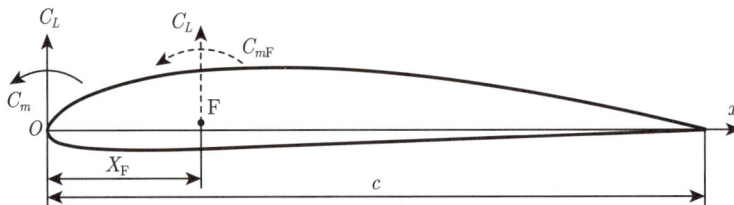

图 1.22　焦点

翼型的气动中心一般位于翼型的 0.25 弦长附近。一般情况下，当微小型固定翼无人机在合适的迎角下飞行时，无人机受到俯仰力矩随迎角的变化呈现线性特性；但是超过临界迎角后，因为气流的分离，机翼所受的俯仰力矩会迅速地发生改变，严重时会导致整个无人机失控。

2. 阻力

不同于升力，固定翼无人机的阻力组成相对复杂。固定翼无人机的外露部件包括机翼、机身、动力系统都会产生阻力，阻力主要由四部分构成，分别是压差阻力、摩擦阻力、诱导阻力和干扰阻力。

（1）**压差阻力**又称为形状阻力（形阻），其产生原因与升力类似。当气流经过飞行器突出的部件时，由于气流逆压梯度和空气粘性的共同作用，使得气流发生分离，压强不能恢复到较高的压强，从而在突出物的背风面产生向后的压强差。压差阻力与物体的迎风面积有很大的关系，迎风面积越大，压差阻力越大。而突出物突出程度越大，或者后缘收缩不平缓，飞行器截面积在后缘收缩过于剧烈，也容易产生压差阻力。通常会将微小型固定翼无人机各个部件做成流线型进行整流，减小无人机的最大迎风面积，从而减少压差阻力。

（2）**摩擦阻力**又称为黏性阻力，是由于空气与无人机表面接触产生的。当气流流经无人机表面时，由于空气的粘性作用，空气微团会和无人机表面发生摩擦，阻碍空气的流动，从而产生摩擦阻力。无人机机翼和机身均会产生压差阻力和摩擦阻力。

（3）**诱导阻力**又称升致阻力，主要由机翼和尾翼产生。诱导阻力的出现与升力相关，升力来自机翼上下翼面压强差。该压强差产生了翼尖涡，翼尖涡产生下洗速度，从而使翼尖处机翼沿来流方向向下倾斜，使翼尖附近机翼上形成的气动力合力随之向后倾斜，由此产生了诱导阻力。当机翼的升力系数越大时，涡的影响也越明显，因此诱导阻力可以认为是由于升力的出现才导致的，如果没有升力，那么诱导阻力也就为零。诱导阻力主要与机翼的平面形状、翼型、展弦比有关，可以通过增大展弦比、选择合适的机翼平面形状等措施来减小诱导阻力。

（4）**干扰阻力**指的是无人机相邻部件交界处额外产生的阻力。无人机的每个部件单独在气流中飞行时都会产生阻力，而把它们组合在一起时的总阻力并非为每一个部件所受阻力的矢量和，相比而言总阻力会更大。干扰阻力主要和无人机不同部件的相对位置有关，因此在设计整体安装结构时，需要考虑干扰阻力的影响，必要时可以在部件的连接部位增加整流片，减小干扰阻力。

在研究微小型固定翼无人机时，主要考虑机翼产生的阻力，其公式形式如下

$$D = \frac{1}{2}\rho V^2 S C_D \tag{1.18}$$

式 (1.13) 中的升力系数 C_L 仅与迎角和机翼升力特性有关，而式 (1.18) 中的阻力系数 C_D，除了与迎角和机翼阻力特性有关之外，还与升力系数 C_L 有关。在无人机实际飞行过程中，阻力主要分为**零升阻力** D_0 和**升致阻力** D_i 两部分，因此机翼产生的阻力也常写为如下形式[10]

$$D = D_0 + D_i = \frac{1}{2}\rho V^2 S C_{D_0} + \frac{1}{2}\rho V^2 S A C_L^2 \tag{1.19}$$

式中 A 为升致阻力因子或称为诱导阻力因子，可以表示为 $A = 1/(\pi\lambda e)$；$\lambda = b/c$ 为展弦比；e 为 Osward 因子，矩形机翼通常取值为 0.7。

1.2.3 受力分析

固定翼无人机飞行时可以认为受到四种力的作用，分别是重力、动力系统推力、空气升力和空气阻力。在这四种力的作用下，固定翼无人机的运动可以大致分解为如下四种基本飞行运动，分别是定常水平飞行、定常滑行、定常爬升和定常水平转弯。

当无人机处于定常水平飞行状态时，飞行方向平行于水平线，如图 1.23 所示。空气产生的升力垂直于水平面向上；重力垂直向下；阻力与飞行方向相反，同样平行于水平线；动力系统推力与飞行方向相同。重力与升力在垂直方向上平衡，推力与阻力在水平方向上平衡。

当无人机处于定常下滑飞行状态时，无人机动力系统推力很小或处于关机状态，飞行方向与水平线之间的夹角为**下滑角（航迹倾角）**。当动力系统关机进行无动力滑翔时，升力和阻力分别与各种方向上的重力分量平衡，如图 1.24 所示。

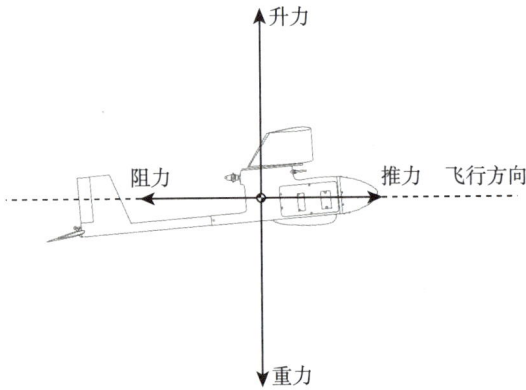

图 1.23　定常水平飞行状态　　　　图 1.24　定常下滑飞行状态

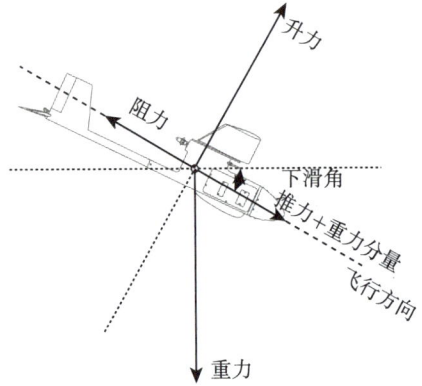

当无人机处于定常爬升飞行状态时，飞行方向与水平线之间的夹角为**爬升角（航迹倾角）**，如图 1.25 所示，总的支持力是机翼产生的升力和动力系统推力的合力，重力可以分解为两个分量，一个与升力反向，另一个与推力反向与阻力同向。

当无人机处于定常水平转弯飞行状态时，飞行方向平行于水平线，但此时机翼翼平面与水平面呈一定滚转角度，飞行器在水平面内进行圆周运动，如图 1.26 所示。此时，升力在垂直方向分量与重力平衡，水平方向分量提供进行圆周运动的向心力。

1.2.4 稳定性分析

在飞行过程当中，微小型固定翼无人机会受到各种各样的干扰，如果无人机在受到干扰且干扰消失之后，能够恢复到确定的原飞行状态，那么无人机就是**动稳定**的。动稳定性则是考虑无人机从受到扰动后的状态恢复到初始运动状态的过程，例如收敛、等幅振荡、发散等。然而，解算动稳定性比较复杂，在飞行器设计之初往往不具备解算条件。为了解决这个问题，提出了**静稳定性**这个概念。它是指在外扰停止作用的最初瞬间，运动的变化趋势，如：恢复、远离或既不恢复也不远离平衡位置的趋势。微小型固定翼无人机在空中的运动主要包括俯仰运动、偏航运动和滚转运动。根据微小型固定翼无人机的运动方式将无人机的稳定性分为纵向稳定性、航向稳定性以及横滚稳定性[1]。

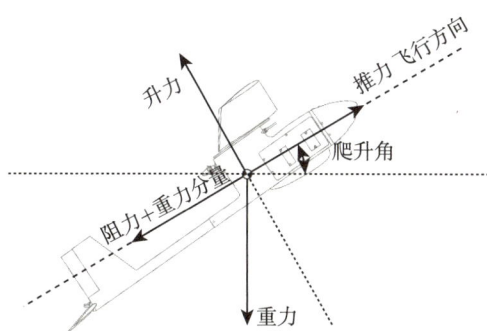

图 1.25　定常爬升飞行状态　　　　　　图 1.26　定常水平转弯飞行状态

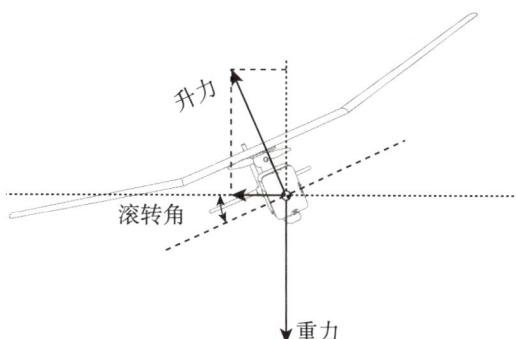

1. 固定翼无人机的纵向稳定性

微小型固定翼无人机在受到扰动后偏离原有纵向状态后，能够自动恢复原来的纵向状态的特性称为**纵向稳定性**，也称**俯仰稳定性**。当无人机的俯仰发生变化时，机翼和尾翼的迎角也会随之变化。例如，无人机上仰时，机翼和尾翼的迎角增大，此时机翼和尾翼都会产生一定的附加升力，此时把附加升力的合力作用点称作飞行器的**焦点**，如图 1.27 所示。若是焦点在重心之后，当迎角增大时，作用于焦点处的飞行器升力增量对飞行器重心的低头力矩将阻碍无人机迎角增大的趋势；当迎角减小时，作用于焦点处的飞行器升力的负增量（升力增量向下）对飞行器重心的力矩将阻碍无人机仰角减小的趋势，此时无人机是纵向稳定的。根据上述分析，可知无人机的纵向稳定性主要取决于重心和焦点的相对位置，只有重心在焦点之前才能保证无人机的纵向稳定性。

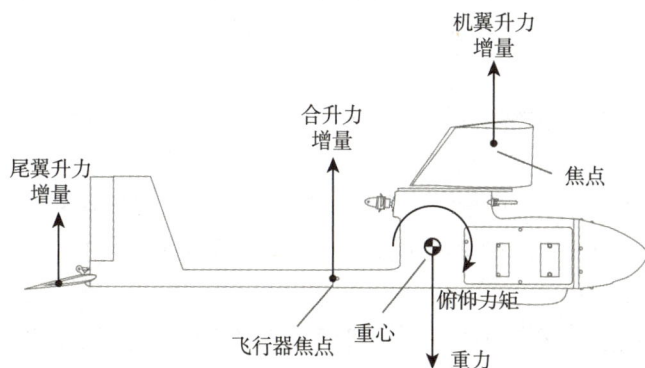

图 1.27　纵向稳定性分析

2. 固定翼无人机的航向稳定性

航向稳定性更应该表示为**风标稳定性**，因为具有航向稳定性的固定翼飞行器在受到风扰后机头转到新的方向，而不是回到原有的方向[11]。微小型固定翼无人机主要通过垂直尾翼来保证它的航向稳定性。当无人机受到扰动后机身轴线与来流方向不平行时，无人机将产生侧滑，如图 1.28 所示。将无人机运动方向与来流方向的夹角（锐角）称为**侧滑角**。当侧滑角产生时，来流和垂直尾翼的弦线产生了一个夹角，从而在垂直尾翼上产生一个侧力，由于垂直尾翼在重心后方。因此，该侧力相对于重心的偏航力矩就会抵消无人机的侧滑趋势，使其侧滑角减小，直至消失。

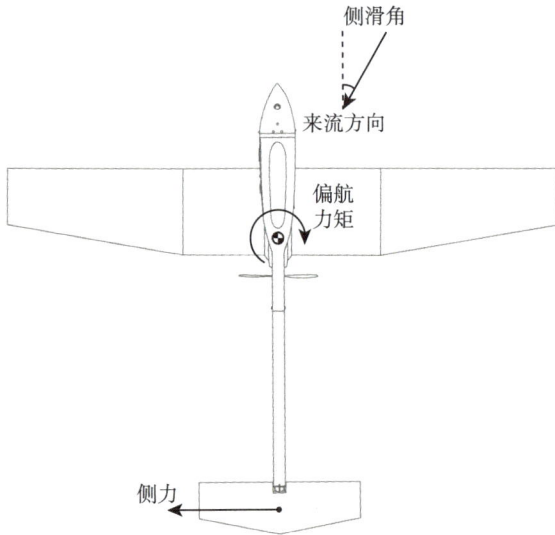

图 1.28　航向稳定性分析

3. 固定翼无人机的横滚稳定性

微小型固定翼无人机在受到扰动后偏离原来的水平状态，产生滚转角后，能够自动恢复机翼水平状态的特性称为**横滚稳定性**。无人机的横滚稳定性是在设计整体机身结构时应该考虑的抵抗滚转角变化的固有能力，主要依靠机翼的上反角和机翼后掠角产生滚转力矩来保证恢复水平状态，如图 1.29 所示。假设微小型固定翼无人机沿纸面由内向外飞行，在受到扰动后飞行器向右滚转（从机上飞行员角度），产生向右的侧滑；飞行器向右侧滑时，相对气流作用在具有上反角的机翼上，与前方来流叠加后使迎角增大；但由于机翼存在上反角的缘故，两侧机翼迎角增大数值不一样，右侧机翼迎角增大较多，左侧机翼迎角增大较少，从而使得右侧机翼升力增量大于左侧机翼升力增量，飞行器会产生向左的滚转力矩，使得无人机滚转角减小，实现横滚稳定性。实际设计无人机结构时，也可以考虑通过后掠角来提升横向稳定性。

在分析微小型固定翼无人机时，通常将横滚稳定性和航向稳定性结合考虑，统称为**横航向稳定性**。它们的气动力以及气动力矩会同时引起滚转和偏航运动。横航向的气动力以及气动力矩主要受到侧滑角的影响，同时受到滚转速率、偏航速率、副翼以及方向舵操纵的影响。

上述的纵向稳定性、航向稳定性以及横滚稳定性代表了微小型固定翼无人机的静稳定性，它们是在设计微小型固定翼无人机的结构时，整个机身自带的性能。稳定性保证了无人机一定的抗干扰能力，提供了固定翼无人机在空中稳定飞行的基本条件。然而，仅依靠无人机自身的稳定性还不够，当外界扰动干扰幅度较大，或者存在持续的干扰情况（例如出现持续的侧风、垂直突风等恶劣天气）时，还是需要人工或者控制程序来实时操控无人机，调整无人机飞行的姿态，保证无人机的正常飞行。

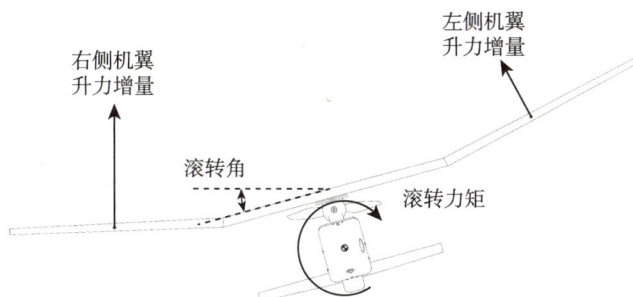

图 1.29　横滚稳定性分析

1.3　设计理念的发展

回顾固定翼飞行器的历史时，如表 1.1 所示，可以根据设计理念的发展来分类。

表 1.1　固定翼飞行器的历史

开始年代	设计原则	目标	指令传输	社会因素	硬件因素	控制因素
20 世纪初	手动控制技术	平稳操控飞行器	机械	个人爱好、第一次世界大战	机械陀螺	——
20 世纪 30 年代	自动控制技术	降低飞行控制难度	机械、液压	第二次世界大战	自动驾驶仪	经典控制
20 世纪 60-70 年代	主动控制技术	提高飞行控制性能和安全性	电传操纵	冷战	数字计算机、飞行管理系统	现代控制
21 世纪 10 年代	ADA 控制技术	更经济、门槛更低	电传操纵、光传操纵、无线	个人航空兴起、新经济增长需要、局部战争不断	MEMS 传感器、高性能芯片、高功率密度电动系统、智能总线	人工智能

1.3.1　手动控制技术（开始于 20 世纪初）

1903 年 12 月 17 日，如图 1.30 所示，莱特兄弟成功进行了世界上首次完全受控、自主动力推动、机身比空气重、能够持续滞空而不降落的飞行，创造了飞行历史上的重要里程碑，这可谓是飞行器史上的划时代事件。第一次世界大战期间，固定翼飞行器得到广泛应用。受当时技术限制，主要依靠电子陀螺仪测量飞行器飞行姿态后，由飞行员人工操纵驾驶杆和脚踏板来控制飞行器的航向和姿态。飞行员需要精确地调整和费力地平衡控制来保持飞行器的平稳飞行。这种手动控制技术，除飞行员培训外，主要是靠机械操纵装置驾驶飞行器，因此飞行器动力、结构及其操纵系统在飞行器设计的早期阶段占据主导地位，直到自动控制技术的出现。

图 1.30　莱特兄弟的首次飞行

1.3.2　自动控制技术（开始于 20 世纪 30 年代）

1932 年，波音 247 型飞行器问世，这是第一架全金属无支架机翼客机。1933 年 7 月 15 日至 22 日，威利·波斯特驾驶"温妮·梅"号环游世界，总飞行时间为 115 小时 3.5 分钟[12]。第二次世界大战进一步对飞行器发展产生了深远的影响，包括更强大的引擎、改进的机翼设计、高级的飞行控制系统和更强大的电子侦察和武器系统。这些塑造了现代军用和民用航空的方向。这段时间固定翼飞行器主要依靠模拟电路制成的全电自动驾驶仪，降低了飞行员的操作负担。自动控制技术通过使用传感器、计算机和执行机构来监测和调整飞行器的状态和航向，使得飞行器能够自动稳定、追踪航线、保持高度等。除了机械传输，对于高速及大型飞行器还需要液压系统进行助力，方便操控。

围绕自动控制的经典控制技术层出不穷，比如：伯德图、奈奎斯特曲线、根轨迹、尼柯尔斯图等等。随后，1948 年，维纳出版著作《控制论》，成为控制论诞生的一个标志[13]。之后，中国科学家钱学森于 1954 年出版《工程控制论》，通过总结前期经典控制技术，将控制论推广到工程技术领域[14]。

1.3.3　主动控制技术（开始于 20 世纪 60-70 年代）

受冷战的影响，美国积极发展具有空中优势的战斗机。这些战斗机需要在机动性能等方面进行大幅改善。然而，常规的设计往往考虑机体结构、起落架、电气、动力、操纵装置、通信、人机环境和载荷系统等因素，并在它们之间进行折中以满足任务要求。因此，要想在某一方面性能上取得突出，就必须在其他方面做出让步或牺牲。采用主动控制技术（Active Control Technology）的设计方法则打破了这一格局，把飞行控制系统提高到和上述因素同等重要的地位，成为选型必须考虑的因素之一，并起积极作用。主动控制技术引入了电传操作（Fly-by-Wire），它用电子信号代替了传统的机械连接，以传递飞行器操纵指令。这种技术的主要目的是提高飞行器的操纵性、稳定性和安全性，并减轻驾驶员的工作负担。这些技术利用计算机和先进的控制系统来主动改变飞行器的配置和操纵。主动控制器带来了飞行器放宽静稳定性的设计理念，放宽静稳定性的效益是降低飞行阻力、提高总升力、减轻飞行器重量和增加飞行器机动性。此外，飞行器可以通过自动调整翼面形状、舵面位置，或改变发动机推力来实现主动的机动操控。这样做可以实现飞行器的飞行控制、姿态控制以及动力分配等方面的算法运算。如图 1.31 所示，目前为止，国外的第三代战斗机都广泛采用了主动控制技术，例如 F-16，F-18，Su-27，Mig-29 等等。民航机也有采用主动控制技术的，例如波音 777，空中客车 A320 等等。从 20 世纪 70 年代中期开始，综合控制系统在军用领域得以发展，在飞行控制中的应用旨在协调这些关键子系统，确保飞行器能够在各种飞行条件下保持稳定性、精确性和高效性。它整合了火力、推进和导航控制系统，使得飞行器能够执行各种任务并应对不同的操作环境。

（a）F-16

（b）F-18

（c）Su-27

（d）Mig-29

图 1.31 第三代战斗机

这段时期是现代控制理论发展的黄金时期，特别是 20 世纪的 60-80 年代，卡尔曼、贝尔曼和庞特里亚金的工作对状态空间模型和最优控制理论的发展起到了关键作用。这些方法在航天、导航和飞行控制等领域得到广泛应用。之后，多变量控制和鲁棒性理论等成为现代控制理论的一部分。这些理论和技术允许工程师更有效地处理多输入多输出系统，提高了控制系统的性能。与此同时，自适应控制和智能控制也得以发展，其中这时的智能控制通常是指浅层的神经网络控制和模糊逻辑控制等等。

1.3.4 ADA 控制技术（开始于 21 世纪 10 年代）

ADA 是自主 (Autonomous)，可信（Dependable）和经济 (Affordable) 的简写[15]。近年来飞行器的传感器和功能越发丰富，导致设计越发复杂，生产成本居高不下以及维护困难。这些因素导致不少性能优良的飞行器停产，比如 F-22 猛禽战斗机（2015 年）和空客 A380（2021 年）等。另外，随着个人航空和低空经济的兴起，电动垂直起降和着陆（Electric

Vertical Takeoff and Landing, eVTOL）飞行器代表了航空领域的快速发展，它们采用电动驱动和垂直起降技术，具有潜在的革命性影响，并直接受益于高功率密度电动系统、轻质材料、MEMS 传感器、高性能芯片、智能总线等技术的发展。无论是军用、传统民用还是个人航空，自主、可信和经济都是飞行器设计需要考虑的重要设计因素。

（1）飞行器的**自主性**指的是飞行器能够在无须人为干预的情况下执行各种任务和操作的程度。这包括飞行任务、导航、控制和决策等方面。具体来说，飞行器的自主性可以分为手动操控（对应手动控制技术阶段）、辅助和协助（对应自动控制技术阶段）、半自主（粗略对应主动控制技术阶段）以及全自主。这里的全自主是最高级别的自主性，飞行器能够在几乎所有情况下独立执行任务，包括飞行计划、导航、飞行控制、避障和决策[16,17]。除此之外，飞行器的自主性通常与无人机和自动驾驶飞行器相关。自主性涉及自动化、传感技术、人工智能和自主决策系统的集成，以确保飞行器能够安全、高效地执行任务。随着技术的不断发展，飞行器的自主性将继续成为航空领域的重要研究和发展领域。

（2）20 世纪 80 年代，**可信性**（Dependability）首次被提出，定义为对产品的可用性以及影响因素的描述，是可用性、可靠性、安全性以及维修保障性的集合性术语。飞行器的可信性是指飞行器系统、组件和整体飞行器在特定运行条件下，以及在规定的时间范围内，能够按照设计要求和性能参数进行可靠和安全的运行的能力。可信性是飞行器安全性和性能的重要方面，确保了飞行器在其整个寿命周期内保持高水平的性能和安全性，对于飞行安全和飞行器可用性至关重要。

（3）飞行器的**经济性**指的是飞行器在其整个寿命周期内，包括购买、维护、燃料消耗、运营和终止运营等方面的成本与性能之间的平衡，包括购买成本、燃料效率、维护成本、使用寿命等等。经济性是航空业和航空运输中至关重要的概念，因为它直接关系到航空公司的盈利能力和飞行器的运营效率。

这段时期是大数据和人工智能发展的黄金时期，海量的数据、深度学习（算法）及高性能芯片（算力）起到了关键作用。在很多方面，智能算法超过了人类，目前在持续地影响各行各业。如今，电动汽车、航空、航天领域已经开始朝着更加自主、可信和经济的设计方向迈进。比如：特斯拉汽车通过一体化成型技术减少零部件数量，从而降低成本；美国通用原子航空系统公司公布了其最新的 Gambit 系列无人战斗机汲取汽车行业灵感，并通过类似于商用车装配线的方法制造 Gambit 无人机使之可转换为四种机型，从而降低制造成本并提高开发速度；XSpace 公司通过引擎模块化和标准化设计，降低成本；特斯拉汽车通过引入以深度学习为代表的人工智能技术发布端到端学习的"完全自动驾驶（FSD，Full Self-Drive）"汽车，不仅可避免人为编程引入的缺陷，还能加速自主性和安全性能的迭代。

1.4 本书的写作结构

本书的目的就是让读者在学习"自动控制原理"等专业课之后，运用所学专业技术基础课及专业课知识，进行控制系统的设计，旨在综合运用专业理论和解决工程问题方面得到实际锻炼。另外，由于飞行控制相关课程要求的工程实践性很强，仅仅通过理论学习，很难理解飞行控制的精髓。本书提供建立完成的固定翼无人机数学模型以及基于该数学模型设计的软硬件在环仿真环境等。如图 1.32 所示，本书包含 8 个主题实验：

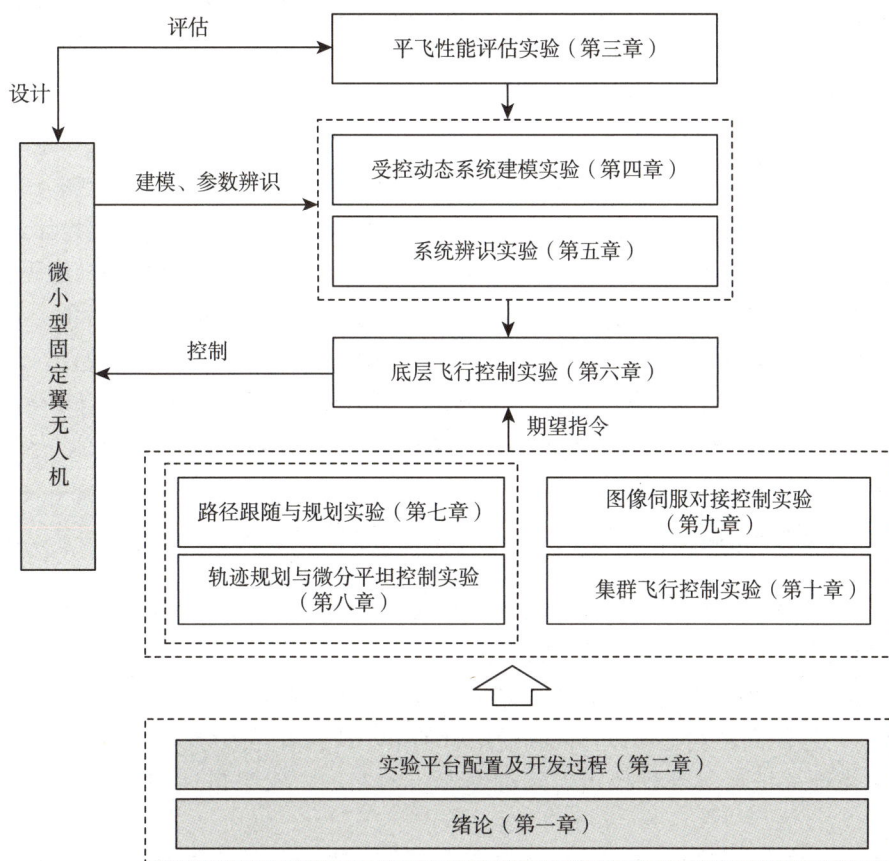

图 1.32 全书结构

（1）实验 1：平飞性能评估实验
（2）实验 2：受控动态系统建模实验
（3）实验 3：系统辨识实验
（4）实验 4：底层飞行控制实验
（5）实验 5：路径跟随与规划实验
（6）实验 6：轨迹规划与微分平坦控制实验
（7）实验 7：图像伺服对接控制实验
（8）实验 8：集群飞行控制实验。

平飞性能评估实验（实验 1）用于评估微小型固定翼无人机的性能，包括最大飞行速度、远航速度和久航速度及对应的飞行距离。反过来，该章节的方法有助于设计固定翼无人机的关键参数。实验 1 中的一些参数将被实验 2 使用。在受控动态系统建模实验（实验 2）中将建立固定翼无人机全状态非线性方程，并对整个模型进行分析。实验 2 中的一些参数将通过实验 3 获取。系统辨识实验（实验 3）的目的是通过观测数据反推关键参数，这对获取真实固定翼无人机参数意义尤为重要。基于前面实验的模型，底层飞行控制实验（实验 4）可以完成一些涉及指令的跟踪和跟随的任务。这为后面的顶层控制和规划（实验 5、实验 6、实验 7、实验 8）开发奠定了基础。本书提供的例程可以保证每个实验被单独或者按照一种递进的结构完成。上述 8 个主题实验都至少包括由浅入深的 3 个分步实验：**基础实验、分析实验、设计实验**。

（1）基础实验：打开例程，阅读并运行程序代码，然后观察并记录分析数据。

（2）分析实验：指导读者修改例程，运行修改后的程序并收集和分析数据。

（3）设计实验：在上述两个实验的基础上，针对给定的任务，进行独立设计。

对于基础实验和分析实验，本书都会提供完整的例程，请扫描前言处的二维码获取。通过基础实验和分析实验，读者能快速了解整个系统的构架、模型和算法的性能。设计实验分为**设计**和**实践**两部分，读者能够基于原有例程的架构进行自主设计开发算法，逐一替换相关模块，并进行硬件在环仿真测试。本书还基于 RflySim 工具链，设置了自动驾驶仪（简称：自驾仪①）软件在环仿真和自驾仪硬件在环仿真。这些将在第二章做具体介绍。

1.5 课后习题

1. 除了伯努利原理，机翼产生升力的过程还存在其他方面的原理，请读者通过网络资源自行查阅并学习固定翼无人机的相关信息。

2. 飞盘作为一种新兴的运动，可以在使用者对其施加一种转动角速度并以一定角度抛出后，飞行一段距离，甚至可以再回到使用者手中。请读者详细分析飞盘的飞行原理。

3. 请详细分析风筝受到使用者用细绳牵引并在一定水平风速情况下的受力及其稳定性。

4. 如图 1.33 所示，有些固定翼航模可以机身垂直悬停，请分析其受力。

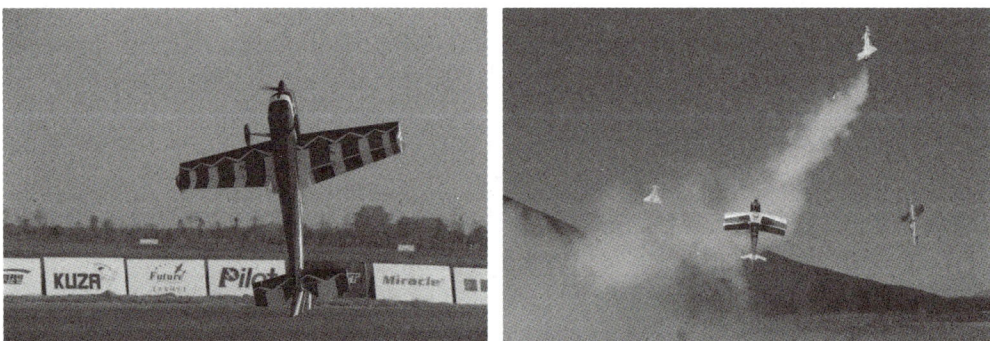

图 1.33 固定翼航模垂直悬停

5. 红牛飞行表演队驾驶如图 1.34 所示的小型飞行器在迪拜标志性的帆船酒店楼顶直

---

① 自动驾驶仪是飞行控制系统的一部分，主要负责自动控制飞行器的飞行，减轻飞行员工作负担，提高飞行轨迹跟踪精度和安全性。飞行控制系统则负责管理飞行器的姿态和路径，包括机械和电子控制。在自动驾驶模式下，飞行控制系统通过自动驾驶仪执行飞行任务，例如维持高度、速度和航向。

升机停机坪完成超短距起降。该飞行器为什么可以短距起降，请介绍其起飞和降落的整个过程。

（a）降落图

（b）飞行轨迹图

图 1.34　红牛飞行表演队的小型飞形器在酒店楼顶起降

第二章　实验平台配置及开发过程

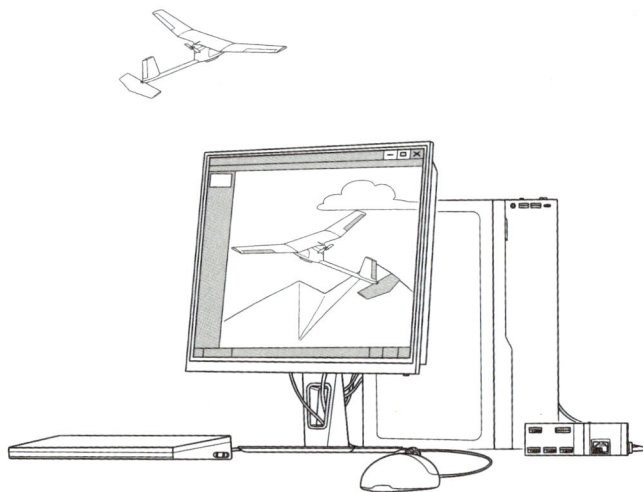

　　本书提供的实验平台总体分为两部分：基于 RflySim 工具链的软件平台和硬件平台。该实验平台采用基于模型设计（Model-Based Design，MBD）的思想，在使用该工具链进行开发时，开发过程总体包括数值仿真、自驾仪软件在环仿真和自驾仪硬件在环仿真。下面将依次介绍实验平台各部分的基本组成、安装配置和开发使用过程。

2.1　实验平台及开发过程总体介绍

2.1.1　软件平台

本书提供的实验是基于 RflySim 工具链设计的。RflySim 工具链是面向智能无人集群系统的，专业、免费、开放的自动化设计与开发工具集，覆盖无人系统从算法开发、到硬件在环仿真、再到真机部署实验的全流程自动化解决方案[18][19][20][21]。RflySim 工具链是由北航可靠飞行控制组（Rfly）从 2016 年开始着手开发的新的开发和测试平台，由全权教授主持，戴训华副教授①具体负责及协同北京卓翼智能科技有限公司工程师共同开发。从 2020 年起，由北京卓翼智能科技有限公司旗下的飞思实验室负责推动高级功能的开发和长期运营维护。平台采用基于模型的设计（MBD）理念，基于 CubePilot/Pixhawk、PX4、MATLAB/Simulink 和 ROS 等，可以开展无人系统算法仿真、硬件在环仿真，方便迁移到真机。RflySim 工具链依托很多常用的软件实现整个无人机的开发过程，例如，由于 MATLAB/Simulink 支持多体动力学的整个设计阶段，RflySim 工具链支持 MATLAB/Simulink 实现控制器设计、代码自动生成和自驾仪代码编译等功能。另外，由于 Python 拥有丰富且强大的视觉处理库，因此 Python 可以作为顶层视觉感知和集群算法开发的工具。本书附带的仿真软件包内有一键安装脚本，只需运行安装命令，即可完成所有软件的安装与配置。本书提供的仿真软件包与 RflySim 工具链共同组成了实验软件平台，随书发布的 RflySim 工具链包含了众多软件，这些软件都是我们在进行无人系统建模、仿真、算法验证过程中的重要工具，其核心依赖组件主要包括以下几个部分：

1. **Microsoft Windows 系统**：它是美国微软公司以图形用户界面为基础研发的操作系统，主要运用于计算机、智能手机等设备，是全球应用最广泛的操作系统之一。RflySim 工具链支持运行在 Windows 10 及以上的系统（Windows 7 和 Ubuntu 的版本请联系官方邮件），基于批处理语言开发的 bat 脚本系统，能够一键开启所有需要的软件并完成部署配置，大大提升实验效率。

2. **MATLAB/Simulink**：它是 Mathworks 公司开发的一款可视化仿真工具，可以方便地通过模块化编程语言来搭建仿真系统实现动态系统建模、控制器设计、软硬件仿真和性能分析等功能，被广泛应用于飞行器和汽车等领域。本书提供的仿真软件包与例程代码推荐在 MATLAB 2022b 及以上的版本运行，主要依赖的 MATLAB 工具箱②包括：

- MATLAB/Simulink：本书用于固定翼无人机基础的仿真平台；
- Control System Toolbox：系统化的分析、设计和调节线性控制系统提供的工具包；
- Curve Fitting Toolbox：对数据进行曲线和曲面拟合的工具包；
- Aerospace Blockset：用于高保真飞机、旋翼飞行器和航天器平台的建模、仿真的 Simulink 参考示例和模块；
- Aerospace Toolbox：分析航空、航天飞行器的运动、任务和环境的工具包；

---

① 戴训华于 2012-2020 年在可靠飞行控制组学习。
② 本书不提供 MATLAB 的安装包与安装流程，请读者自行购买并安装上述工具箱。如果条件允许，推荐安装 MATLAB R2022b 版本，并选择全功能安装（勾选所有工具箱）。

- MATLAB Coder：将 MATLAB 文件转换为 C 代码并生成可执行文件的工具包；
- Simulink Coder：将 Simulink 模型转换为 C 代码并生成可执行文件的工具包；
- Stateflow：用于设计状态机的工具包。

3. **Pixhawk Support Package（PSP）工具箱**：Mathworks 公司官方为 Pixhawk 自驾仪推出一个工具箱，用于将 Simulink 中设计的控制算法生成代码并编译下载到 Pixhawk 自驾仪硬件。团队在官方工具箱的基础上做了适当的更新与优化，使其能够兼容最新的 CubePilot/Pixhawk 和 MATLAB 版本。

4. **FlightGear 飞行模拟器**：一款非常受欢迎的开源飞行模拟器软件，可以通过 UDP（User Datagram Protocol）接收 Simulink 发送的飞行状态，方便观测 Simulink 仿真时飞行器的飞行状态。这里主要用于数值仿真时，实时显示固定翼无人机的位姿。

5. **PX4 软件源代码**：PX4 由瑞士苏黎世联邦理工学院计算机视觉与几何实验室的一个软硬件项目 Pixhawk 演变而来，该飞控系统完全开源，为全球各地的飞控爱好者和研究团队提供一款低成本高性能的高端自驾仪。

6. **PX4 固件编译环境**：在 Windows 下无法直接进行 PX4 固件编译，一般采取的方式是安装 Linux 模拟环境（WSL、Msys2 或 Cygwin 等）并部署编译工具链，将 PX4 软件源代码和 PSP 工具箱生成的控制器代码编译成 ".px4" 格式的固件，然后下载并烧录到 Pixhawk 自驾仪硬件中（类似于重装系统的过程），重新启动后就会自动运行 PSP 工具箱生成的控制算法。

7. **QGroundControl（QGC）地面站**：QGroundControl 是专为 PX4 飞行控制系统设计的最新架构的开源地面站，其使用 QT 编辑器 C++ 语言编写其核心代码。在这里主要用于在固定翼无人机起飞前对 Pixhawk 自驾仪进行传感器校准和参数调整等初始化工作，以及在固定翼无人机飞行过程中通过无线数传模块接收固定翼无人机的飞行状态并实时发送控制指令。

8. **CopterSim 实时运动仿真软件**：CopterSim 是 RflySim 工具链的核心软件之一，主要分为两大部分：模型和通信。模型是指一种可以根据设置的参数进行计算并直接进行仿真的系统，它支持运行动态链接库（DLL）；并且能够与其他软件一起构成软/硬件在环仿真。另外，CopterSim 是所有数据通信的中心；自驾仪与 CopterSim 通过串口或网络 TCP/UDP 进行连接，使用 MAVLink 进行数据传输，实现控制闭环，模拟室外飞行情形。

9. **Python38Env 环境包**：Python 作为一种跨平台的编程语言，由于其简洁性、易读性以及可扩展性被大量应用于科学计算等科研工作。Python38Env 为一个封装的 Python 环境，包含了 numpy、pymavlink、OpenCV、pyulog 等库，方便平台中的 Python 相关程序对特定的编译器进行调用。

10. **WinWSL 编译器**：WinWSL 子系统是一种 Windows 操作系统上的子系统，用户可在 Windows 系统中运行 Linux 应用程序，在这里 WinWSL 是团队基于 WSL1 子系统部署并封装好的一套 PX4 固件编译环境。

11. **RflySim3D**：RflySim3D 是基于 Unreal Engine 4（UE4）引擎开发的无人系统高逼真仿真软件，继承了 Unreal Engine 引擎的各种优势，通过 UDP 的形式与平台其他软件进行通信，实现高逼真的固定翼无人机姿态与位置显示。CopterSim 仿真软件与 RflySim3D 显示软件两者共同构成了硬件在环仿真软件平台，两者分布式独立运行机制兼容多机集群仿真。

12. **Simulink 集群控制接口**：RflySim 工具链提供丰富的集群控制模块，Simulink 集群控制接口文件是通过 Simulink S 函数通过 C++ 混编实现，配合 Simulink 自带的 UDP 模块使用。

13. **RflySim 工具链配套资料文件**：RflySim 工具链提供较为完善的学习资料及例程文件，以循序渐进、层层递进的学习方式，帮助用户从底层控制算法 → 中层规划算法 → 顶层学习算法的开发与验证，一站式搭建、开发出自己所需的无人系统。【安装目录】/PX4PSP/RflySimAPIs 例程文件夹包含了本工具链所有的源码例程和学习资料，用户可通过学习各章节的 API 文件和 PPT 文件中的内容，对 RflySim 工具链所提供的例程进行运行和仿真，熟悉无人系统开发的流程和技巧，在 RflySim 工具链上进行算法验证和系统仿真等。

2.1.2 硬件平台

本书推荐的硬件平台主要由四个部分组成。

1. **地面计算机**：地面计算机是一台装有操作系统的高性能个人计算机，在本实验平台中主要为本书提供的仿真软件包提供软件运行环境，负责控制器设计、软件在环仿真、代码自动生成、硬件在环仿真等功能。为保证所有软件能够顺畅运行，在进行本书中的底层飞行控制系统开发和顶层飞行控制系统开发时，计算机需要分别满足如下基本配置要求：

- 系统：Windows 10 （版本大于等于 1809）/ Windows 11，64 位系统；
- 处理器：Intel i5 十代处理器及以上，或同等性能 AMD 处理器；
- 内存：容量 16G 及以上，频率 DDR3 1600MHz 及以上；
- 显卡：英特尔集成显卡 UHD 620 及以上，或同等性能 AMD 显卡；
- 硬盘：剩余容量 60G 及以上，推荐固态硬盘；
- 接口：至少有一个 USB Type A 接口，可用扩展线；
- 显示器：分辨率 1080P 及以上，推荐双屏幕。

需要注意的是，上述配置能满足底层自动代码生成和硬件在环仿真验证的需求。在进行底层飞行控制系统开发时，针对显卡较弱的计算机在运行平台自带的相关一键启动脚本时，可以运行安装目录下的 RflySimAPIs 文件夹内带有 "LowGPU" 后缀的 ".bat" 脚本（或运行桌面 SITLRunLowGPU 快捷方式）。如果要用到更逼真的三维场景或运行本书的视觉控制例程，则需要电脑具备更高性能的显卡，推荐独立显卡 NVIDIA GTX2060 及以上（或同等性能 AMD 显卡）①。

2. **自驾仪（俗称"飞控"）**：作为控制算法的运行平台，自驾仪具有丰富的传感器和强大的计算性能来获取飞行状态并计算输出动力系统的控制指令，实现固定翼无人机的飞行控制。本书选用目前应用广泛的 PX4 系列开源软件系统，配套的硬件产品有 Pixhawk、CubePilot 等系列硬件。该硬件是一个完全开源的，致力于为开发者提供易用、高品质且低成本的自驾仪系统。针对不同的飞行任务、性能和成本需求，它提供了一系列的自驾仪硬件产品，极大地推动了无人机行业的发展。在这些硬件平台上，可以运行 PX4 或 Ardupilot 等开源飞控软件。目前本书主要基于"CubePilot/Pixhawk+PX4"的软硬件构架进行开发。

3. **遥控器系统**：包含遥控器、接收机、充电器等，用于将地面控制人员（飞控手）的操控指令发给自驾仪以实现固定翼无人机的飞行操纵。

4. **机架**：包含机身、起落架等，用于承载负载、动力系统和自驾仪，需要优良的气动和结构强度来保证飞行任务可靠顺利地完成。根据 RflySim 工具链的功能和特点以及本书后续实验需求，推荐的教具硬件主要有：

（1）推荐的电脑配置可参考 2.1.2 节，详细的电脑型号推荐可见："【安装目录】\RflySimAPIs\1.RflySimIntro\2.AdvExps\e4_ComputerIntro\Readme.pdf"。

（2）在进行硬件在环仿真时，需要具备的硬件有：飞控硬件、遥控器、遥控器接收机和若干杜邦线。RflySim 工具链推荐的飞控有：

(a) Pixhawk 6x 详细的配置可见："【安装目录】\RflySimAPIs\1.RflySimIntro\2.AdvExps\e2_FCUIntro\2.Pixhawk6x\Readme.pdf"；

(b) CubePilot Cube Orange 详细的配置可见："【安装目录】\RflySimAPIs\1.RflySimIntro\2.AdvExps\e2_FCUIntro\3.CubePilot\Readme.pdf"。

推荐的遥控器有：

(a) 天地飞 ET10：配套的遥控器接收机为天地飞 RF209S，详细的配置可见"【安装目录】\RflySimAPIs\1.RflySimIntro\2.AdvExps\e1_RCIntro\1.WELY_ET10\Readme.pdf"；

(b) 福斯 FS-i6S：配套的遥控器接收机为福斯 FS-iA6B，详细的配置可见"【安装目录】\RflySimAPIs\1.RflySimIntro\2.AdvExps\e1_RCIntro\2.FS_i6S\Readme.pdf"。

（3）推荐的无人机为 UltraStick 25E[29]，它是由 HorizonHobby 推出的一系列电动遥控飞机之一，可用于科研学习、休闲娱乐、飞行练习，甚至是小规模飞行表演。由于其电动性质，它特别适合在不允许使用燃油动力飞机的地区飞行。UltraStick 25E 的基本配置如图 2.1所示，关于该无人机的更多详细介绍和使用可见："【安装目录】\RflySimAPIs\2.RflySimUsage\0.ApiExps\e2_FWConfig\Readme.pdf"。

———————————

① 为了获取更高的开发效率，计算机的性能应该越强越好。

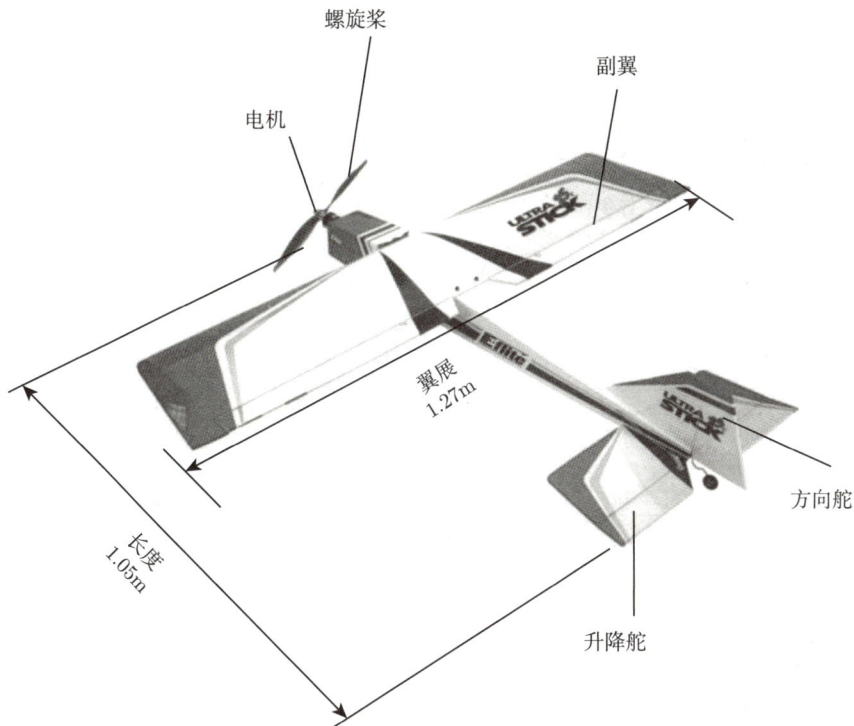

螺旋桨

副翼

电机

翼展
1.27m

方向舵

长度
1.05m

升降舵

图 2.1　UltraStick 25E 的基本配置

2.1.3　软/硬件总体关系

上文中介绍了 RflySim 工具链的软件架构和硬件设备组件,其软件核心主要有 Copter-Sim、RflySim3D 等,硬件设备主要是地面计算机、自驾仪和遥控器。这些工具的熟练使用可以极大地加快开发效率,大大降低开发的难度并节省开发时间。图 2.2 展示了本实验平台的各个软硬件组件与整体流程的相互关系,各组件的具体构成和使用各部分进行开发的过程会在后续章节进行详细介绍。

RflySim 工具链的整体框图如图 2.2 所示,主要包含了底层控制器、运动仿真模型、三维仿真模型、顶层控制器等模块,其中底层控制器可实现基于 PX4 的软、硬件在环仿真的切换。仿真过程中,通过 UDP 或串口通信的方式传输传感器数据和控制信息给运动仿真模型中的 CopterSim。CopterSim 接收到来自底层控制器的电机控制信号,并输入到 DLL 模型的输入接口中,然后实时且周期性地(1000Hz)驱动模型向前推进,并将输出的传感器数据(加速度、GPS、磁力计等)回传给底层控制器使其能够正常运行(屏蔽传感器硬件数据,使用仿真数据进行替代)。同时,将仿真状态数据发送给三维仿真模型从而能够在可视化环境(如:3DDisplay、RflySim3D)中观察到无人载具的运动。顶层控制器的数据主要是来自三维仿真模型的视觉传感器数据(相机图像、激光点云等),输出是发送给底层控制器的控制指令(解锁、起飞、期望速度、期望位置、期望航线等),从而形成了兼容硬件在环仿真和软件在环仿真的闭环仿真与开发系统。

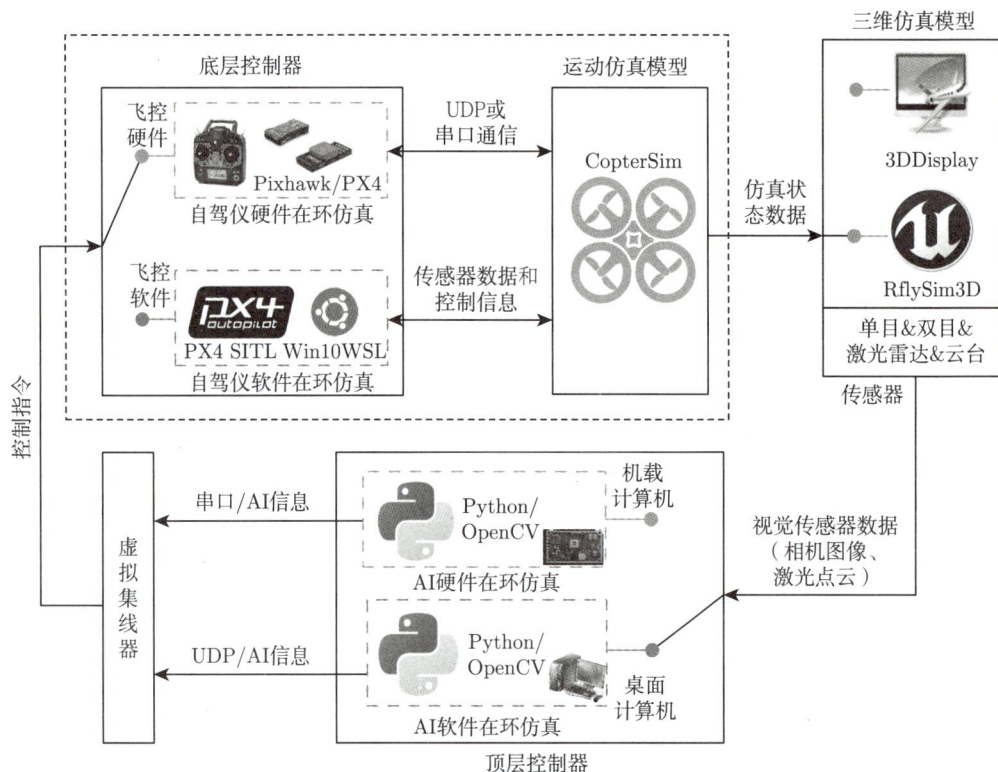

图 2.2　RflySim 工具链的整体框图

2.1.4　开发过程总体介绍

基于 RflySim 工具链进行开发时，可将固定翼无人机的实验开发过程层层递进分为三个阶段：算法开发和数值仿真、软件在环仿真和硬件在环仿真。

1. **算法开发和数值仿真验证阶段**：该阶段也可称为模型在环仿真（Model-in-the-loop Simulation, MIL）验证阶段。本阶段主要任务是在 MATLAB/Simulink 的相对理想、简化的环境下搭建固定翼无人机模型，进行各类算法的开发及验证，使所开发的算法满足最初的需求。此时，不考虑其他干扰因素，其主要目的是验证算法的合理性和准确性。

2. **软件在环仿真（Software-in-the-loop Simulation, SIL, 也常简称为 SITL）验证阶段**[①]：SIL 仿真是指在主机上编译生成的源代码并将其作为单独的进程执行。通过比较普通模式仿真结果和 SIL 仿真结果，测试模型与生成的代码之间是否存在数值等效性。RflySim 工具链的 SIL 仿真可在 MATLAB/Python 环境下进行，利用给定无人载具仿真模型和例程，在 Simulink/Python 中进行控制算法设计，并正确连接固定翼无人机模型和底层控制器，确保输入输出信号与实际无人系统一致。在进行 SIL 仿真前，首先要在 MATLAB/Simulink 中进行模型设计，生成 DLL 文件，并在 CopterSim 中加载生成的 DLL 文件。这样 CopterSim 中运行的固定翼无人机模型可以将传感器数据或状态估计信

---

① 后续章节没有特别区分"模型在环仿真"与"软件在环仿真"的区别，统称"软件在环仿真"，以区别"硬件在环仿真"。

息（例如，姿态角、角速率、位置和速度等）发送给底层控制器，底层控制器将每个电机 PWM 控制指令发回给模型，从而形成一个软件在环仿真闭环系统，仿真过程中的通信结构如图 2.3 所示。用户可以观察控制性能，自行修改或设计底层控制器来达到期望的性能需求。

3. **硬件在环仿真（Hardware-in-the-loop Simulation, HIL，也常简称为 HITL）验证阶段**：本阶段是一种用于实时嵌入式系统的开发和测试技术。HIL 仿真提供动态系统模型，可以模拟真实的系统环境，并通过嵌入式系统的输入输出将其与仿真系统平台相连。RflySim 工具链可将 Simulink 固定翼无人机模型参数导入 CopterSim 中，并将 Simulink 控制器算法生成代码下载到 CubePilot/Pixhawk 自驾仪，然后用 USB 实体信号线替代 Simulink 中的虚拟信号线。CopterSim 将传感器数据（例如，加速度计、气压计和磁力计等）通过 USB 数据线发送给 CubePilot/Pixhawk 系统；CubePilot/Pixhawk 系统中的 PX4 自驾仪软件将收到传感器数据进行滤波和状态估计，将估计的状态信息通过内部的 uORB 消息总线发送给控制器；控制器再通过 USB 数据线将每个电机的 PWM 控制指令发回给 CopterSim，从而形成一个硬件在环仿真闭环系统如图 2.5 所示，仿真过程中的通信结构如图 2.4 所示。相对于软件在环仿真，硬件在环仿真中固定翼无人机模型运行速度与实际时钟是一致的，以此保证仿真的实时性。同时，控制算法可以部署并运行在真实的嵌入式系统中，更加接近实际固定翼无人机系统。

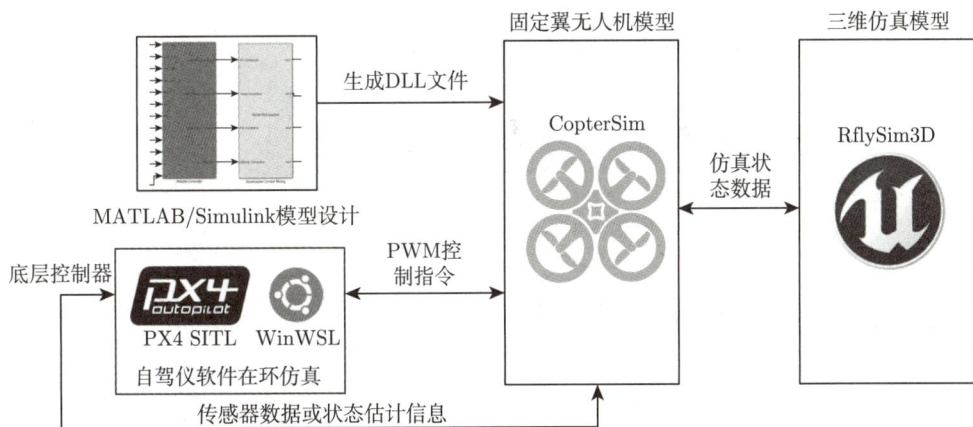

图 2.3　软件在环仿真闭环系统的通信结构

需要注意的是，实际硬件通信中可能会存在传输延迟。同时，硬件在环系统的仿真模型和控制器所运行的环境也难免与软件在环系统存在一定差异。因此，控制器的参数需要通过进一步调节来达到设计需求，这也恰恰反映实际中的情况。

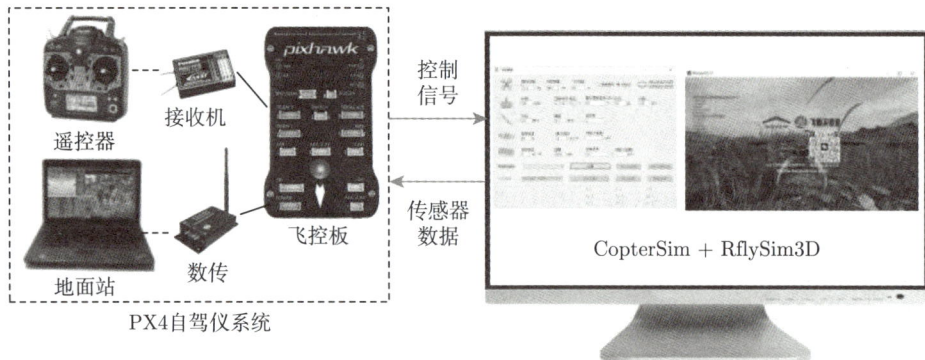

图 2.4　硬件在环仿真闭环系统的通信结构

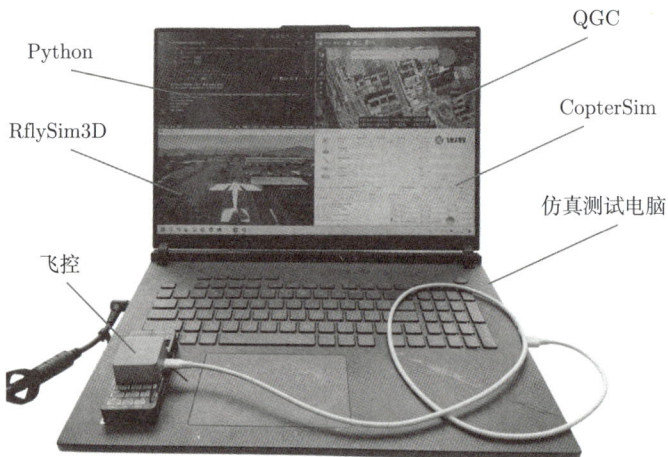

图 2.5　硬件在环仿真闭环系统

2.2　软件平台安装及配置

2.2.1　软件平台安装步骤

整个 RflySim 工具链软件包的安装流程已经高度自动化，可以通过运行一键安装脚本，实现快速全自动部署。整体的安装步骤可以总结如下。

（1）访问官方软件包下载网站，输入邮箱和个人信息获取最新版的安装包下载链接。下载后的安装包为 RflySimToolchain-***.iso 的镜像文件，请使用 Windows 自带的资源管理器或者其他虚拟光驱软件提取安装文件夹，然后阅读其中的 HowToInstall.pdf 文件，学习详细的安装方法。

本书实验例程可通过如下两种途径获得：

（a）RflySim 工具链安装完成后可在安装目录的"【安装目录】\RflySimAPIs\5.RflySimFlyCtrl\1.BasicExps\e10-FixedWingCtrl"文件夹查看本书所有配套资料；

（b）　通过浏览器访问链接下载。

（2）　启用 WSL 子系统功能。双击解压后的"RflySimToolchain-***.iso\0.UbuntuWSL \EnableWSL.bat"脚本（先关闭杀毒软件以免拦截），在"用户账户控制"窗口点击"是"，即可自动开启 WSL 子系统。

（3）　打开 MATLAB 主程序（以 MATLAB R2022b 为例），点击如图 2.6所示的"浏览文件夹"按钮，在弹出的文件夹选择页面中，打开刚才下载并解压（或加载在虚拟光驱）得到的安装包文件夹。

（4）　如图 2.6所示，在 MATLAB 的"命令行窗口"中输入命令"OnekeyScript"并按下键盘回车键来运行一键安装脚本①。

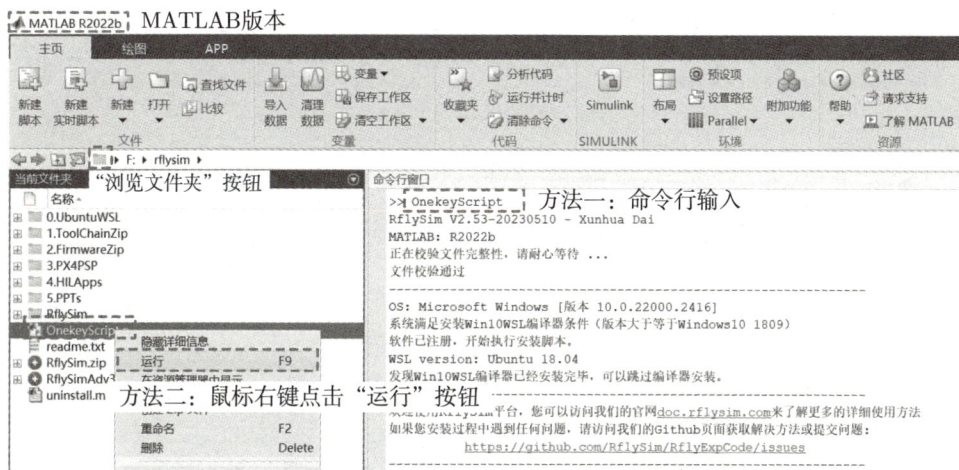

图 2.6　一键安装脚本

（5）　在弹出的图 2.7所示的配置窗口中，根据实际软硬件情况选择合适配置（这里推荐初学者使用默认配置，安装目录需至少有 60GB 左右空间），点击图 2.7右下角的"确定"按钮。

（6）　耐心等待软件包安装部署完成，总共需要大约 20 分钟。需要注意的是：

（a）　杀毒软件可能会阻止本脚本生成桌面快捷方式；如果脚本提示快捷方式生成失败，请关闭杀毒软件，并手动点击安装目录下的"GenerateShortcutCMD.bat"脚本，自动生成所有软件快捷方式；

（b）　如果想更改固件编译版本或还原编译环境，无须卸载平台，只需再次运行"OneKeyScript"命令，更改对应选项即可；

（c）　读者可以打开安装目录下的"RflySimVx.xx-xxxxxxxx.txt"文件查看更详细的注意事项和平台更新日志。

---

　　① 另外一种方法是如图 2.6所示，鼠标选中"OnekeyScript.p"文件，按下鼠标右键。在弹出菜单中，点击"运行"按钮来运行一键安装脚本。

2.2.2　高级设置

对于高级独立开发者，可以在图 2.7 所示配置窗口设置安装路径、CubePilot/Pixhawk硬件版本、PX4 固件版本和编译环境等。图 2.7 的各项选项详细解释如下。

图 2.7　配置窗口

（1）**软件包安装路径**：本工具链的所有依赖文件都会安装在本路径下，大约需要 30G的空间。默认安装路径是"C:\PX4PSP"，如果 C 盘空间不够可以选择其他盘符下的路径。需要注意的是路径名称必须正确，且只能用纯英文的路径，否则会导致编译失败。

（2）**PX4 固件编译命令**：默认的编译命令为"px4_fmu-v6x_default"对应"Pixhawk 6x"飞控硬件，在 PSP 生成控制器代码后，会自动调用编译器将其编译为"px4_fmu-v6x_default"格式固件文件，然后将该".px4"文件下载并烧录到支持的硬件上，就可以实现算法的部署。使用不同的 CubePilot/Pixhawk 硬件产品，需要选择不同的 PX4 固件编译命令。如图 2.8 所示展示了部分 CubePilot/Pixhawk 系列的自驾仪硬件产品。若需要更换不同的编译命令（例如换成 CubePilot_cubeorange_default），只需要在 MATLAB 中输入命令：PX4CMD（'CubePilot_cubeorange_default'）或者使用命令：PX4CMD CubePilot_cubeorange_default。

- Pixhawk 4/CUAV V5 nano: px4_fmu-v5_default；
- Pixhawk 6x: px4_fmu-v6x_default；
- Pixhawk 6c: px4_fmu-v6c_default；
- Cube Orange: CubePilot_cubeorange_default。

RflySim 工具链对 PX4 官方所支持的硬件飞控均进行了适配。

（3）**PX4 固件版本**：PX4 源代码版本一直在更新，目前最新的固件版本为 1.14。随着固件版本的升级，功能会逐渐增加，支持的新产品也越多，但是对老的一些自驾仪硬件的兼容就会变差。随着时间的推移，部分硬件可能会停产，推荐读者自行选择可购买的飞控硬件产品，然后选择对应的稳定的 PX4 固件版本。可通过 QGC 查询编译命令的方法和步骤。一键脚本的其他选项保持默认即可，详细配置方法，见 RflySim 工具链安装包中的 HowToInstall.pdf 文件。

（4）**其他配置**：关于 PX4 固件编译器，是否全新安装 PSP 工具箱、是否全新安装其他依赖程序包、是否全新配置固件编译器编译环境、是否全新部署 PX4 固件代码等选项的更加详细说明请见文件：【安装目录】\RflySimAPIs\1.RflySimIntro\Readme.pdf。

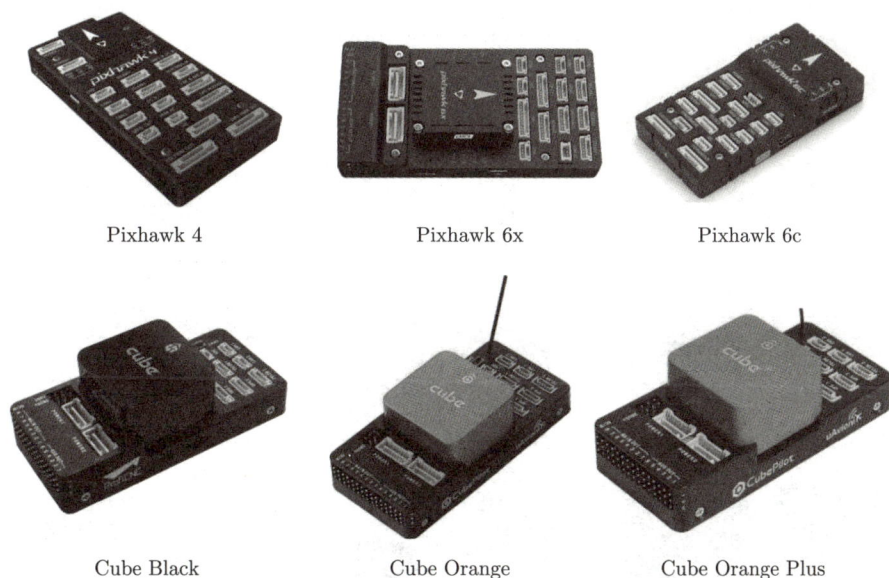

| Pixhawk 4 | Pixhawk 6x | Pixhawk 6c |
| Cube Black | Cube Orange | Cube Orange Plus |

图 2.8　部分 CubePilot/Pixhawk 系列的自驾仪硬件产品

2.2.3　安装完成效果

当上述一键安装脚本成功执行后，可以查看是否包含以下内容。

（1）桌面上能够看到生成的如图 2.9所示的核心工具的快捷方式。

（2）如图 2.10所示，在安装路径（默认是"C:\PX4PSP"）会出现所有软件的存储文件夹。需要注意的是，本工具链所有软件都是完全绿色的（或称可携式软件，最大特点是和系统其他软件完全独立），且独立于原来安装的软件（例如官方版的 QGroundControl 或 FlightGear 等）。图 2.10中，"Firmware"文件夹中存储的是 PX4 软件的源代码；"examples"

文件夹是 PSP 工具箱附带的 Simulink 例程；"drivers"文件夹存储着 CubePilot/Pixhawk 系列自驾仪的驱动程序；"Python38"文件夹存储着一个 Python 环境，用于实现 PSP 工具箱中的自动代码下载功能。

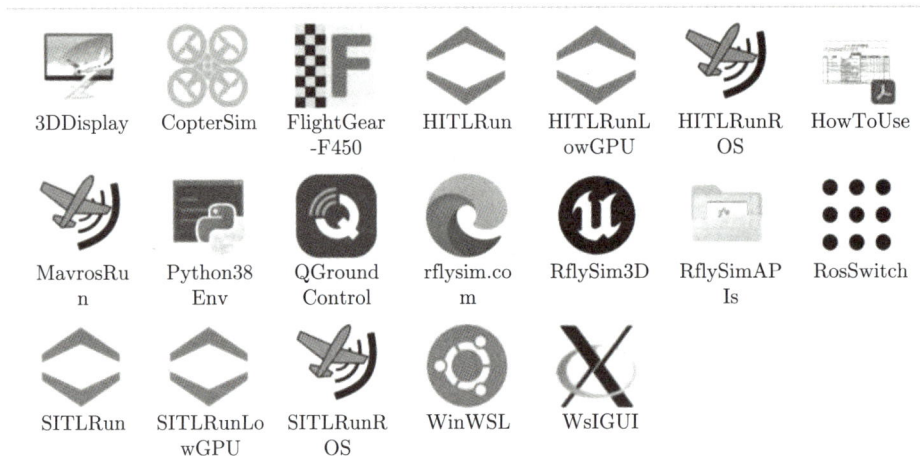

图 2.9　核心工具的快捷方式

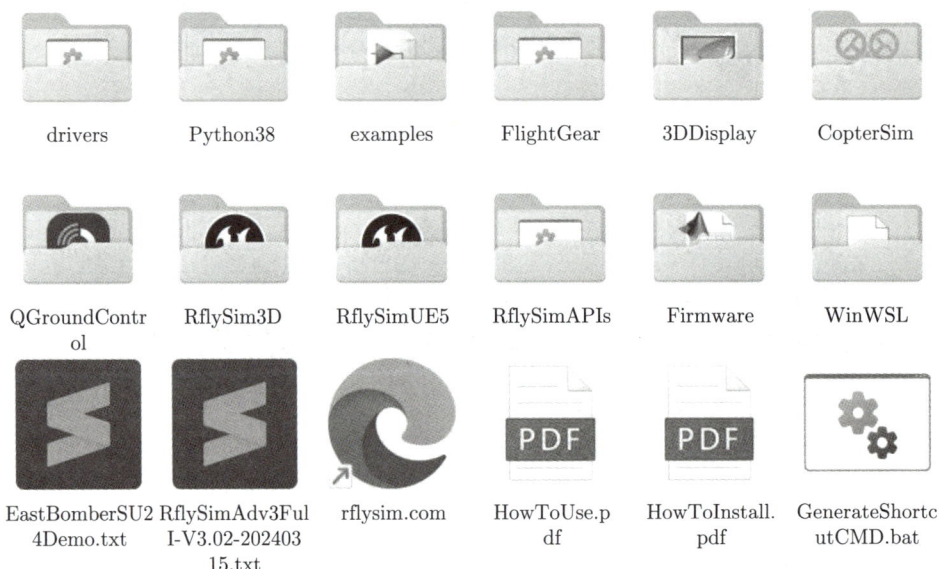

图 2.10　安装路径下所有软件的存储文件夹

（3）　如图 2.11所示，任意打开一个 Simulink 文件，点击库浏览器（Simulink Library Browser）按钮，可以在其中找到 PSP 工具箱的"Pixhawk Target Blocks"模块库。

如果想卸载本工具链软件，可用 MATLAB 打开安装包目录，运行"uninstall.m"脚本，即可完成所有卸载工作。

图 2.11　Simulink 库浏览器中 PSP 工具箱的模块库

2.2.4　基本软件检查

（1）**确认软件开启正常**：依次双击图 2.9中的桌面快捷方式："FlightGear-F450" "CopterSim" "QGroundControl" 和 "RflySim3D"，得到的软件界面如图 2.12所示，逐一确认各个软件可以正常运行。

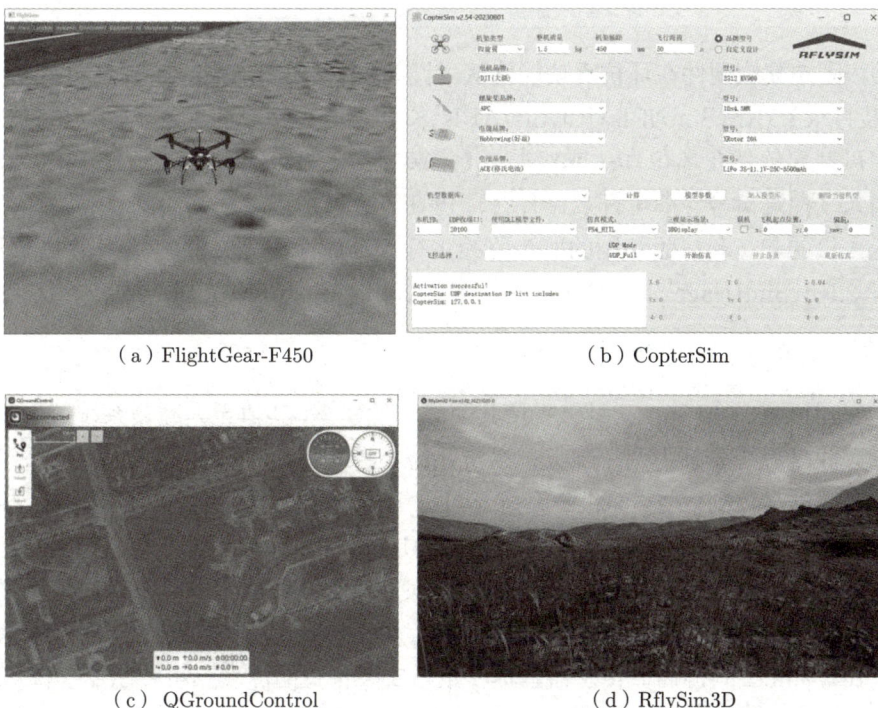

（a）FlightGear-F450

（b）CopterSim

（c）QGroundControl

（d）RflySim3D

图 2.12　确认软件开启正常

（2）**运行平台中的软件仿真启动脚本，检查平台安装是否完善**：如图 2.13所示，具体步骤如下：双击运行桌面 RflyTools 目录的快捷方式 SILRun.bat（或 SILRunLowGPU.bat）一键启动脚本，输入仿真数量"1"之后，等待 RflySim3D 软件中左上角出现"CopterSim/PX4 EKF 3DFixed：1/1"字样，即可在 QGC 中解锁起飞多旋翼，从而开启软件一键启动多旋翼 SIL 仿真。

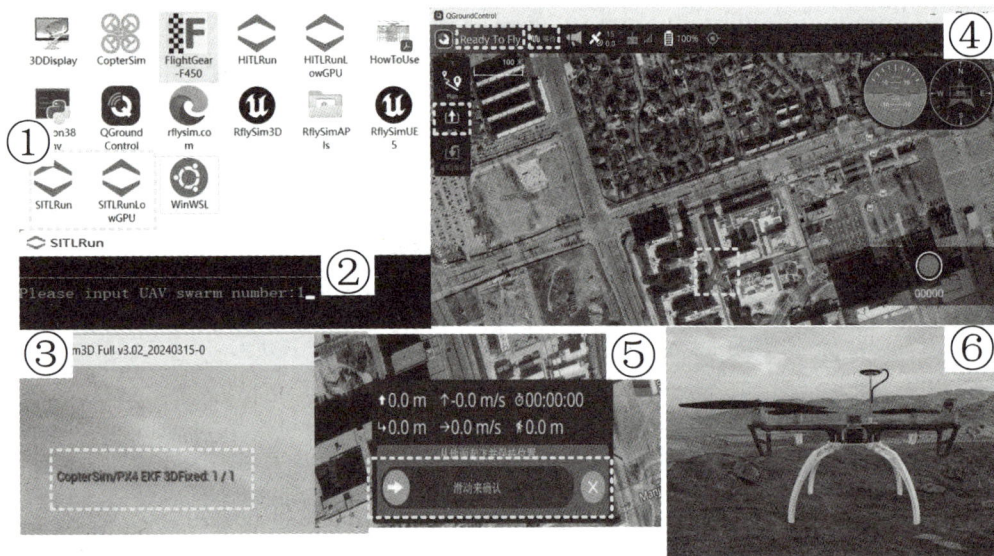

图 2.13　四旋翼一键启动 SIL 仿真流程

（3）　**固定翼软硬件在环仿真功能确认**：针对本书可在 RflySim 工具链安装完成后，双击"【安装目录】\RflySimAPIs\RflySimAPIs\SITLRunFw.bat"脚本，输入仿真数量"1"之后，即可开启软件在环仿真；或双击"【安装目录】\RflySimAPIs \HITLRunFw.bat"脚本，输入飞控端口号，即可开启硬件在环仿真。可以使用地面站绘制航迹路径，以实现固定翼无人机的起飞和按照绘制的航迹路径飞行，具体操作见文件："【安装目录】\RflySimAPIs\2.RflySimUsage\0.ApiExps\e2_ FWConfig\Readme.pdf"。

2.2.5　RflySim 工具链其他功能

如图 2.14所示，RflySim 工具链支持其他载具的建模，其他无人载具系统统一建模框架将整个无人载具系统分解为两个部分：机身系统与控制系统。机身系统与控制系统之间传输着传感器数据与控制信号。而机身系统又可以细分为四个子系统：机体子系统、执行器子系统、三维环境子系统和传感器子系统。基于 Unreal Engine 实时三维渲染引擎开发了面向无人的实时视景软件 RflySim3D，支持直接使用 UE4 场景库中的海量三维场景和飞行器模型；同时支持用 3DS Max 和 AutoCAD 等软件自行制作三维场景和飞行器模型并导入 UE4。RflySim 工具链提供传感器基本参数与安装位置的深度相机传感器模块 SDK，用户可以通过设置相关参数对无人机载视觉传感器的朝向、焦距、视场角等进行设计，自定义机载视觉模块；根据用户决策的输入输出接口协议，提供决策系统输入/输出接口。RflySim 工具链支持一键启动多机集群仿真功能，支持 MATLAB/Simulink、Python 端集群仿真开发，支持多个软件在环、硬件在环及软/硬件相结合的虚实集群仿真，支持局域网内多台电脑的分布式集群仿真。

图 2.14　RflySim 工具链支持其他载具的建模

2.3　快速入门实验

2.3.1　核心软件介绍与使用

RflySim 工具链包含了众多软件，这些软件都是在进行无人系统建模、仿真、算法验证等开发过程中所涉及到的软件，如：CopterSim、QGroundControl、RflySim3D/RflySimUE5、Python38Env、Win10WSL 子系统、SITL/HITLRun 一键运行脚本、MATLAB 自动代码生成工具箱、Simulink 集群控制接口、PX4 Firmware 源码以及 RflySim 工具链配套资料文件和配套硬件系统，表 2.1 为 RflySim 工具链的核心软件介绍和使用方法，更多详细说明可见："【安装目录】\RflySimAPIs\2.RflySimUsage\0.ApiExps\e1_RflySimSoftwareReadme\Index.pdf"。

RflySim 工具链涉及无人系统开发的三维场景搭建，无人系统的动力学模型建立、底层控制、智能感知、健康评估、网络模拟、集群控制等等。表 2.2 为"【安装目录】\RflySimAPIs"文件夹中各个子文件夹的详细说明。

同时，每个章节的例程文件夹内部结构如表 2.3 所示，不同的文件夹中存有不同难度的实验，旨在帮助用户循序渐进地学习相关内容。

表 2.1　RflySim 工具链的核心软件介绍和使用方法

软件名称	介绍
CopterSim	CopterSim 是 RflySim 工具链核心软件之一,它是针对"CubePilot/Pixhawk+PX4"自驾仪平台开发的一款硬件在环仿真软件,可以在软件中配置多旋翼的模型,通过 USB 串口与 CubePilot/Pixhawk 自驾仪连接来实现硬件在环仿真,达到室内模拟室外飞行测试的效果。主要由两大部分组成——模型和通信。模型是指一种可以根据设置的参数进行计算并直接进行仿真的系统,它支持运行动态链接库(DLL);并且能够与其他软件一起构成软/硬件在环仿真,更多详细使用方法可见:"【安装目录】\RflySimAPIs\2.RflySimUsage\0.ApiExps \e1_RflySimSoftwareReadme\CopterSim\Readme.pdf"
FlightGear	FlightGear 源自于 LaRCsim 并加入了 NAVION 飞机。由于最初的模型有诸多限制,例如,与灵活的配置文件方法相比,许多特性难以绑定到模型上。因此,要求开发出其他的飞行模型。由此促成了 FlightGear 可以支持多个飞行模型,在运行时可选取不同的模型。更多详细使用方法可见:"【安装目录】\RflySimAPIs\2.RflySimUsage\0.ApiExps\e1_RflySimSoftwareReadme\FlightGear 2016.1.2 \Readme.pdf"
QGroundControl	QGroundControl 是专为 PX4 软件最新架构设计的开源地面站,它使用 QT 编辑器 C++ 语言编写其核心代码,并支持源代码修改和功能二次开发,既适合无人机地面站研究实验也适合无人机地面站功能的定制及修改。更多详细使用方法可见:"【安装目录】\RflySimAPIs\2.RflySimUsage\0.ApiExps\e1_RflySimSoftwareReadme\QGroundControl\Readme.pdf"
RflySim3D	RflySim3D 使用 UDP 通信,能够接受一些来自外部的命令,例如切换场景、创建无人机、开启 UE 内置的物理碰撞等,命令的细节将在 RflySim3D 接口与使用方法中介绍。总之,RflySim3D 可以接受来自 CopterSim、Python、Simulink 的 UDP 命令,并返回碰撞/地形数据以及视觉图像数据。更多详细使用方法可见:"【安装目录】\RflySimAPIs\2.RflySimUsage\0.ApiExps\e1_RflySimSoftwareReadme\RflySim3D\Readme.pdf"

表 2.2　各个子文件夹的详细说明

序号	章节名称	简介	文件夹
1	第一讲 绪论	本讲主要讲述 RflySim 工具链简介、版本区别、安装及各功能特点	1.RflySimIntro
2	第二讲 实验平台配置	本讲主要讲述 RflySim 工具链配置流程、核心组件的使用方法及实验流程等	2.RflySimUsage
3	第三讲 三维场景建模与仿真	本讲主要讲述 RflySim3D 软件的构架和功能、三维建模与场景开发软件的使用以及 RflySim 工具链的接口等	3.RflySim3DUE
4	第四讲 载具运动建模与仿真	本讲主要讲述无人载具的控制模型搭建及 RflySim 工具链模型导入接口和步骤,帮助读者理解无人系统建模的基本理论	4.RflySimModel
5	第五讲 位姿控制与滤波估计	本讲包含大量无人系统底层开发例程,提供代码生成与下载功能,可以将设计的 Simulink 控制算法一键生成 PX4 固件,并烧录自驾仪中,最终实现 Sim2Real 的基础性实验流程	5.RflySimFlyCtrl
6	第六讲 外部控制与轨迹规划	本讲主要讲述开发的外部控制接口对无人系统发送命令,去实现更上层的轨迹规划等控制功能	6.RflySimExtCtrl
7	第七讲 安全测试与健康评估	本讲主要针对无人系统开发中的软件单元和集成验证、嵌入式软件和硬件验证、软硬件集成验证到整机集成与测试验证的过程。实现对上述所有的开发阶段进行故障注入与安全测试	7.RflySimPHM
8	第八讲 视觉感知与避障决策	本讲主要讲视觉传感器与相关理论,如:载体与各传感器坐标系、基于视觉控制的常用传感器等;介绍 Linux、ROS、MAVROS 等相关视觉开发的环境配置方式和 RflySim 工具链的视觉接口	8.RflySimVision
9	第九讲 通信协议与集群组网	本讲主要讲述无人系统组网的方式与现状、RflySim 工具链中的集群通信的系统架构以及无人系统组网的仿真例程	9.RflySimComm
10	第十讲 集群控制与博弈对抗	本讲主要围绕无人系统集群控制开发,介绍了集群编队、任务规划、博弈等技术。重点讲述 RflySim 工具链无人机集群系统的分布式控制框架和基于 MATLAB/Python 的集群控制接口,提供基于蚁群算法的多无人机任务规划、多无人机的编队、基于曲线虚拟管道的控制、大规模无人机集群控制等案例,帮助读者理解集群控制的原理和实现方式	10.RflySimSwarm

表 2.3　每个章节的例程文件夹内部结构

序号	名称	文件夹/文件
1	基础接口例程文件夹	0.ApiExps
2	基础例程文件夹	1.BasicExps
3	进阶例程文件夹	2.AdvExps
4	本讲介绍文件	Intro.pdf
5	本讲接口说明文件	API.pdf
6	本讲配套课件文件	PPT.pdf
7	本讲所有例程检索文件	Index.pdf

2.3.2　自动代码生成功能介绍

图 2.15展示了 PSP 工具箱、PX4 软件和 CubePilot/Pixhawk 硬件系统之间的关系。该工具箱的主要功能包括：

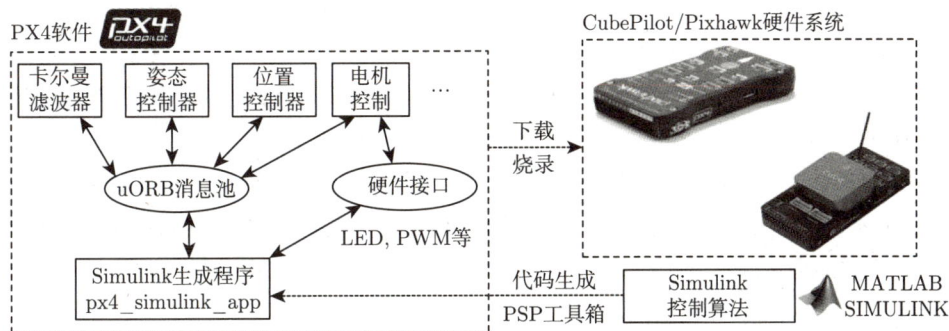

图 2.15　Simulink 与 CubePilot/Pixhawk 自驾仪代码生成关系图

- 能在 Simulink 中对不同的飞行器模型和自驾仪算法进行仿真和测试，并能自动将算法部署到 CubePilot/Pixhawk 自驾仪中；
- 工具箱提供了一些实用实例，包括灯光控制、遥控器数据处理和姿态控制器等；
- 工具箱中提供了很多接口模块，用于访问 CubePilot/Pixhawk 的软硬件组件；
- 能自动记录传感器、执行机构以及自己部署进去的控制器的飞行数据；
- 能订阅和发布 uORB 话题消息；
- PX4 软件的所有数据都暂存在一个 uORB 消息池中，通过 uORB 订阅功能可以从消息池中读取感兴趣的话题，通过 uORB 发布功能可以将特定的话题发布到消息池中供其他模块使用。

（1）　CubePilot/Pixhawk 自驾仪系统的软硬件结构包括：CubePilot/Pixhawk 硬件系统（类似于电脑主机）+PX4 自驾仪软件系统（类似于主机上运行的操作系统和应用程序）的构架方式。

（2）　整个 PX4 自驾仪软件系统可以分为若干个小模块，每个模块独立运行（多线程并行），各个模块通过 uORB 消息模块的订阅与发布功能实现数据的传输与交互。

（3）　Simulink 生成的代码部署到 PX4 自驾仪软件系统之后，不会影响原生 PX4 自驾仪软件系统的运行，而是新增一个名为"px4_simulink_app"的独立模块（独立线程）并行于其他模块运行。

（4）如图 2.15所示，整个代码生成与部署过程如下：

- PSP 工具箱将在 Simulink 中设计的控制算法生成 C 代码；
- 将该代码导入到 PX4 自驾仪软件系统的源代码中，生成一个"px4_simulink_app"独立运行的程序；
- PSP 工具箱调用编译工具将所有代码编译为".px4"的 PX4 自驾仪软件固件文件（类似于系统镜像文件）；
- 将得到的固件下载到 CubePilot/Pixhawk 自驾仪中并烧录，由 CubePilot/Pixhawk 自驾仪执行带有生成的算法代码的 PX4 软件。

（5）由于原生 PX4 控制算法可能需要访问和"px4_simulink_app"同样的硬件输出资源，这会产生读写冲突。因此，平台一键部署脚本提供了自动屏蔽 PX4 原生固件对执行器的选项（见图 2.7的最后一个选项），以确保只有"px4_simulink_app"模块能够输出电机控制量。

本工具链自动代码生成功能的详细说明可见："【安装目录】\RflySimAPIs\5.RflySimFlyCtrl\Intro.pdf"。

如图 2.16所示，在安装完成 PSP 工具箱之后，可以在 Simulink 中看到"Pixhawk Target Blocks"模块库，其中提供了一些 Simulink 接口模块来访问 Pixhawk 的硬件资源和 PX4 软件的内部消息。

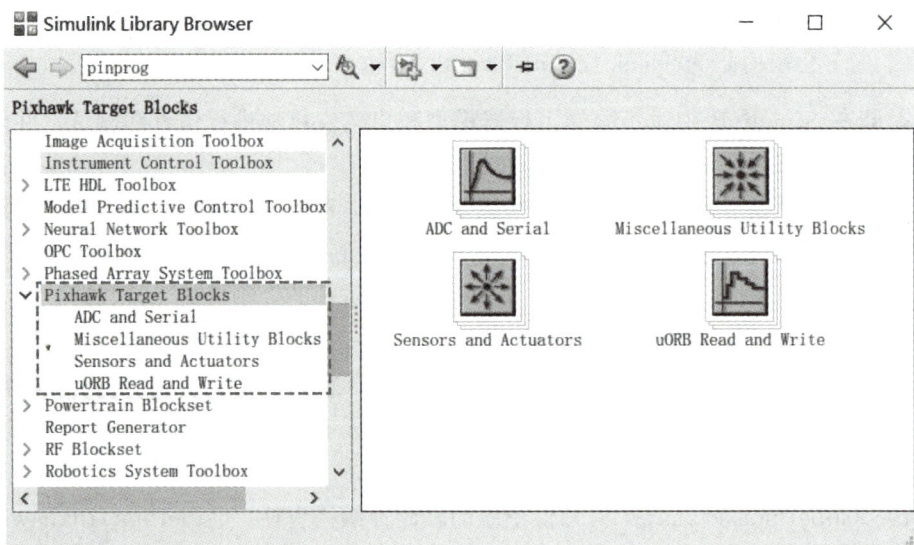

图 2.16 Simulink PSP 工具箱

这些接口模块可以在 Simulink 的工具箱"Pixhawk Target Blocks"中查看，如图 2.16所示。它由四个子库组成："ADC and Serial"（数模转换与串口库）、"Miscellaneous Utility Blocks"（辅助工具库）、"Sensors and Actuators"（传感器和执行器接口库）、"uORB Read and Write"（uORB 消息读写库）。图 2.17展示了"Sensors and Actuators"（传感器和执行器接口库）中的几个关键的输入输出模块。通过这些模块可以方便地获取 Pixhawk 的传感器数据或滤波后的状态数据，并控制电机、LED 灯和蜂鸣器的输出，如表 2.4所示。各个模块的具体介绍可见：【安装目录】\RflySimAPIs\5.RflySimFlyCtrl\API.pdf。

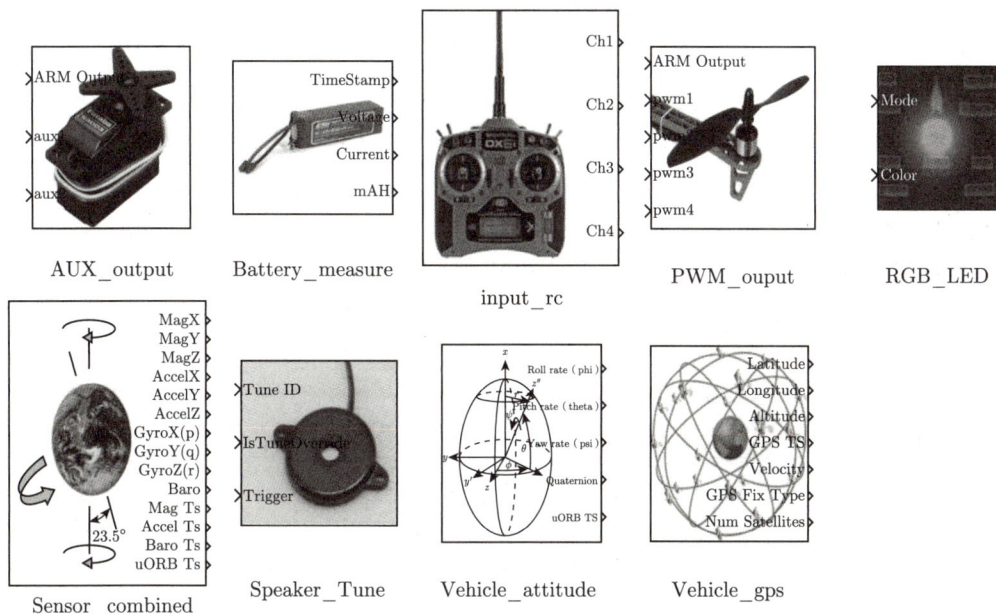

图 2.17　PSP 工具箱传感器和执行器接口库

表 2.4　工具箱内各个模块说明

ADC and Serial 数模转换与串口库	Read ADC Channels Serial	输出外部 ADC 的输入 串行通信模块
Miscellaneous Utility Blocks 辅助工具库	binary_logger	数据记录模块
	ExamplePrintFcn	打印函数示例
	ParamUpdate	自定义存储类参数更新模块
Sensors and Actuators 传感器和执行器接口库	Battery_measure	电池数据模块
	Input_rc	遥控器输入模块
	PWM_output	电机 PWM 模块
	Speaker_Tune	蜂鸣器模块
	vehicle attitude	姿态数据模块
	vehicle gps	GPS 数据模块
uORB Read and Write uORB 消息读写库	uORB Read Function-Call Trigger	uORB 消息读取回调函数触发模块
	uORB Write	uORB 消息数据发布接口模块
	uORB Write Advanced	uORB 消息数据发布接口高级模块
	uORB Write Advanced_dai—uORB	消息数据发布接口进阶模块

2.3.3　基于视觉反馈的控制实验

无人机感知与规避技术研究主要包括飞行环境感知和规避决策控制两个方面。在飞行环境感知方面，通过对传感器和数据链路等数据对飞行空域环境进行有效的测量，实现对可能的碰撞威胁目标的状态和碰撞威胁程度的估计。在规避决策方面,无人机针对潜在的碰撞威胁目标进行规避路径规划和机动控制输出,以期降低与潜在碰撞目标的碰撞概率,达到保证飞行安全的目的。关于本工具链基于视觉控制功能的详细说明可见:"【安装目录】\RflySimAPIs\8.RflySimVision\Intro.pdf"。

RflySim 工具链安装完成后,部署有 Python 3.8.1 的环境,其地址在: 【安装目录】\Python38。该 Python 环境中包含有进行基于视觉控制实验中所涉及的大多数功能库。推荐的程序阅读及运行软件为 Visual Studio Code,详细的配置流程见 RflySim 工具链中的文件:"【安装目录】\RflySimAPIs\1.RflySimIntro\2.AdvExps\e3_PythonConfig\Readme.pdf"。

本工具链的基于视觉反馈的控制功能的相关接口文件均已集成到 RflySimSDK 中,如表 2.5 所示为 RflySimSDK 简介。如果读者想用自己的 Pycharm、Anaconda 等 Python 开发环境,可以直接运行"【安装目录】\RflySimAPIs\RflySimSDK\ReLabPath.py"文件并根据提示安装 pymavlink、python-opencv 等依赖库,即可在全局调用该 SDK 中的各种接口。

表 2.5 RflySimSDK 简介

文件夹	简介
comm	无人机通信及集群组网相关 API 接口程序
ctrl	MavLink 协议控制、DLL 文件和 CopterSim 调用等 API 接口程序
phm	RflySim 工具链安全测试与健康评估相关 API 接口程序
swarm	RflySim 集群控制算法开发相关 API 接口程序
ue	RflySim 三维场景建模与仿真相关 API 接口程序
vision	RflySim 视觉感知与避障决策相关 API 接口程序
word	文档处理相关 API 接口程序

如图 2.18所示,展示的是一个四旋翼无人机起飞、穿越不同形状的环形框再降落的仿真。

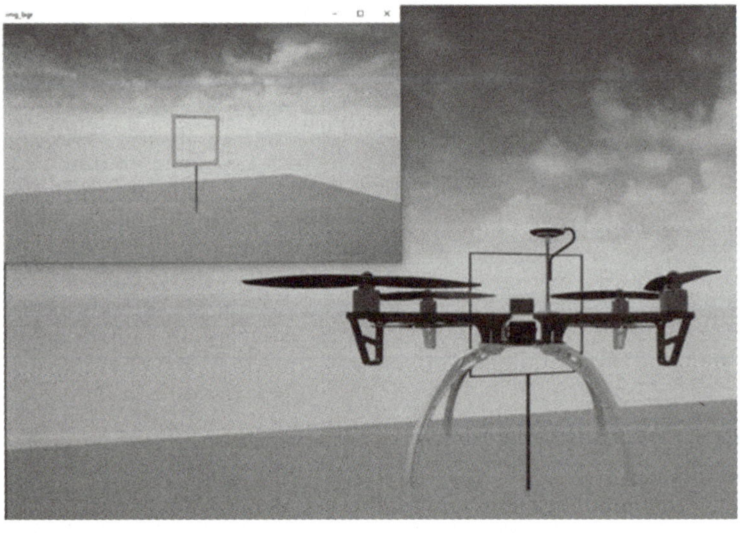

图 2.18 四旋翼无人机穿越环形框

程序运行过程中会打开一个实时显示无人机前置摄像头拍摄的图像经过一系列图像处理后的结果的窗口。无人机需要保证图中环形中心一直位于图像中央，根据图像中的误差，反馈控制无人机向着环形中心以及靠近小球的方向移动，直到无人机穿越环形框，详细的实验流程见 RflySim 工具链中的文件："【安装目录】\RflySimAPIs\8.RflySimVision\1.BasicExps\1-VisionCtrlDemos\e4_CrossRing\Index.pdf"。图 2.20展示的是固定翼无人机在飞行过程中发送消息给 RflySim3D 进行场景控制及取图请求，图像流可通过共享内存、网络通信等方式传输给本机视觉程序，框架如图 2.19所示。可通过自定义配置 Config.json 文件，获取 RflySim3D 软件中的图像流，详细的实验流程见 RflySim 工具链中的文件："【安装目录】\RflySimAPIs\5.RflySimFlyCtrl\1.BasicExps\e10-FixedWingCtrl\code-2\e2.1\Readme.pdf"。

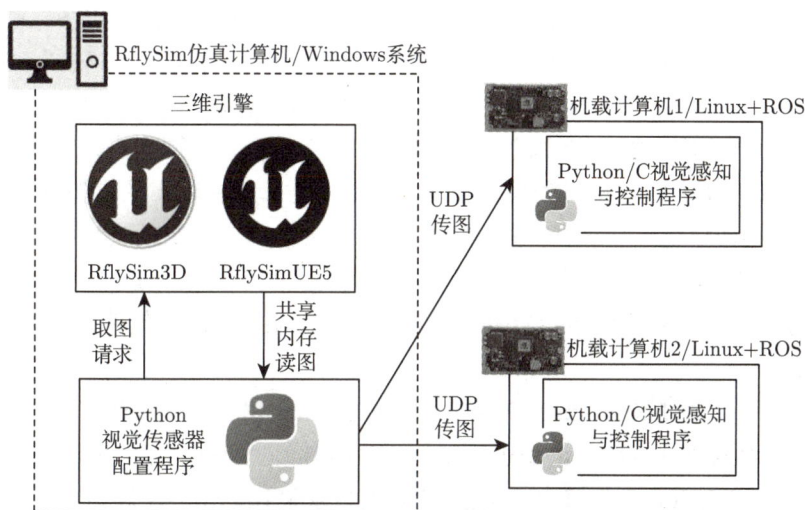

图 2.19 图像传输框架

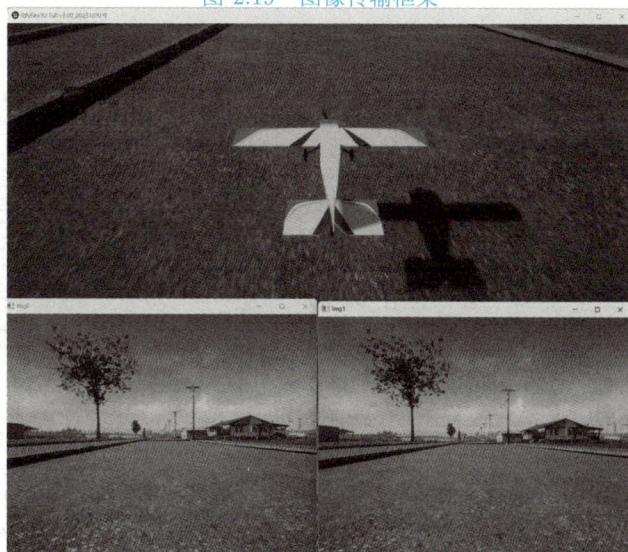

图 2.20 视觉取图窗口

2.3.4　集群控制实验

无论从多机仿真的角度，还是从无人机真实集群控制的角度，通信带宽和计算性能永远是制约集群数量增加的重要瓶颈。因此，RflySim 工具链针对 MAVLink 通信和 UDP 压缩结构体通信两种数据协议进行优化处理，根据优化方式的不同形成了两种模式：（1）Full 模式：包含尽量多的数据，以尽量高频率发送来保证完整性，适合无人机集群数量 ≤8 架的集群开发；（2）Simple 模式：仅包含必需数据，降低发送频率来保证大规模集群下的通信实时性和流畅性，适合无人机集群数量 > 4 架的集群开发。基于上述的数据协议和通信优化方式，平台提供 UDP_Full、UDP_Simple、MAVLink_Full、MAVLink_Simple、MAVLink_NoSend 五种模式的通信，提供两种通信接口程序——MATLAB/Simulink 程序和 Python 程序，其中，MATLAB/Simulink 的接口模块使用 Simulink S 函数通过 C++ 混编实现，具有效率高、运算小、延迟低等特点，也是本书主要使用的接口程序。关于本工具链集群控制功能的详细说明可见："【安装目录】\RflySimAPIs\10.RflySimSwarm\Intro.pdf"。

RflySim 工具链包括了多种适用于集群控制的模型，包括但不限于基于高精度动态模型的 PX4 飞行控制器集成方案，以及 Simulink 环境下的自定义控制器设计。同时，还支持质点模型、旋翼机型和固定翼机型等多种物理模型的仿真与控制。从模型精度的角度，使用"高精度 6DOF 模型（CopterSim）+ 真实飞控系统（PX4）"的软/硬件在环仿真闭环的方式，能够有效提高模型可信度，从而减小仿真与真机实验的差距。上述构架的代码运算量较为复杂，导致一台电脑上运行的无人机数量受到限制（通常软件在环 <20 架，硬件在环 <30 架）。

如图 2.21 所示，通过 RflySim 工具链提供的 Simulink 集群控制传输模块，接收无人机的状态信息，然后对四旋翼集群的运动进行规划，将控制信息发送给该模块，最后进行仿真。详细的实验流程见 RflySim 工具链中的文件："【安装目录】\RflySimAPIs\10.RflySimSwarm\1.BasicExps\e1_RflyUdpSwarmExp\2.RflyUdpFullFour_Mat\Readme.pdf"。

图 2.21　四旋翼集群仿真

如图 2.22 所示为 4 架固定翼无人机集群飞行，可实现从滑跑模式、爬升模式、平飞模式到到达目标点的盘旋模式，详细的实验流程见 RflySim 工具链中的文件："【安装目录】\RflySimAPIs\5.RflySimFlyCtrl\1.BasicExps\e10-FixedWingCtrl\code-2\e2.2\Readme.pdf"。

图 2.22　4 架固定翼无人机集群飞行

第三章　平飞性能评估实验

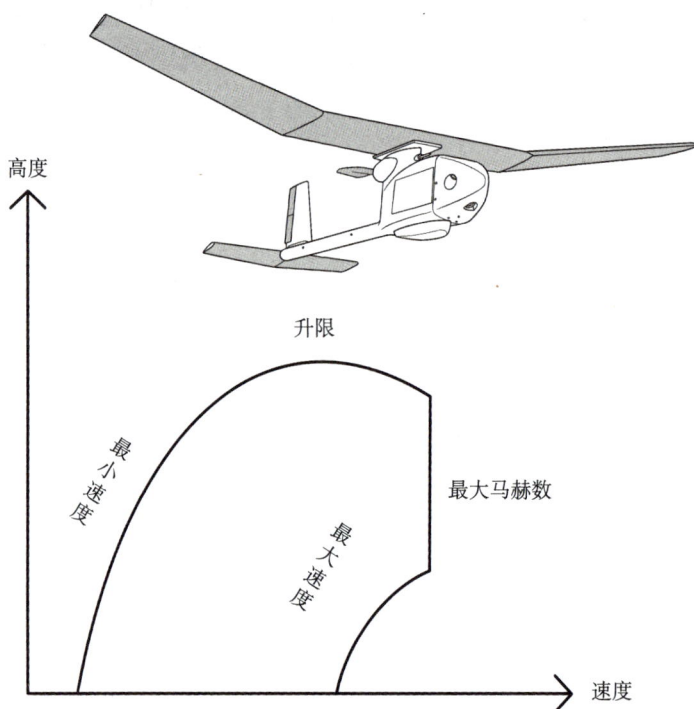

平飞是微小型固定翼无人机最常见的飞行状态。本章将介绍电驱动微小型固定翼无人机平飞性能的计算原理及相关实验。首先，进行平飞运动分析以及电动固定翼无人机动力系统的数学建模。然后，通过基础实验、分析实验和设计实验，评估微小型固定翼无人机的性能，加深读者对于飞行原理的理解。在基础实验中，读者将掌握最大平飞速度、远航速度和久航速度及对应的飞行距离的计算方法。在分析实验中，读者将了解固定翼无人机参数对最大平飞速度、远航速度和久航速度的影响。在设计实验中，读者将根据飞行任务，完成微小型固定翼无人机机翼与电池的设计与选型。

3.1　平飞性能评估之实验原理

对于微小型固定翼无人机，起飞阶段可采用弹射、抛射或垂直起飞等方式替代传统滑跑；降落阶段也常通过大迎角失速或垂直降落来完成。由于这两个阶段的飞行时间和距离通常都较短，因此最常见的持续飞行动作是等速水平直线飞行，又称**定常平飞**。它决定了无人机的主要飞行时间和航程，其受力分析如图 3.1 所示。

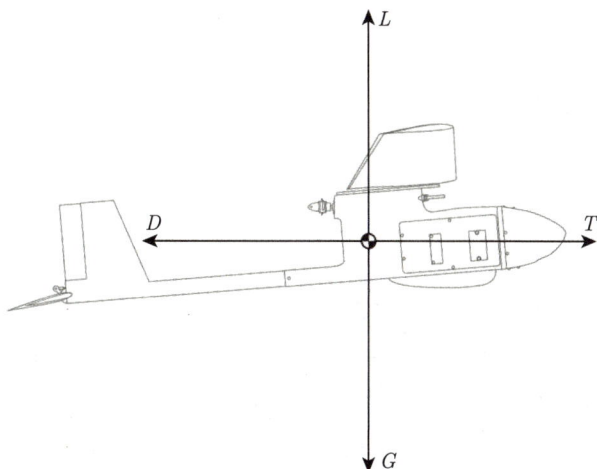

图 3.1　定常平飞受力分析

3.1.1　平飞性能分析

1. 需用推力与可用推力

当无人机处于定常平飞运动时，其飞行速度变化率为零，即 $\dfrac{\mathrm{d}V}{\mathrm{d}t}=0$。因此，受力平衡方程可以描述为

$$T = D$$
$$L = G \tag{3.1}$$

式中 T 表示无人机当前动力系统所提供的推力；D 表示无人机所受到的阻力；L 表示当前速度下的升力；G 为无人机重力，此时无人机处于受力平衡状态，满足上述运动方程的推力 T（或拉力）称为定常平飞**需用推力**，表示为 T_{re}。

1）需用推力

需用推力表达式可由式 (3.1) 中上下两式相乘得到，即

$$T_{\mathrm{re}} = \frac{D}{L}G = \frac{G}{Q} \tag{3.2}$$

式中 $Q = L/D$ 为升阻比，即无人机以一定速度和迎角飞行时，升力与阻力的比值。另外，在定常平飞时无人机需用推力 T_{re} 与阻力相等，因此 T_{re} 的变化规律即为无人机平飞时的阻力 D 的变化规律。阻力主要可以分为零升阻力 D_0 和升致阻力 D_{i} 两部分，由式 (1.19)

可知，阻力的计算式为

$$T_{re} = D = D_0 + D_i = \frac{1}{2} C_{D_0} \rho V^2 S + \frac{1}{2} A C_L^2 \rho V^2 S \tag{3.3}$$

同时，重力方向也处于平衡状态，即

$$G = L = \frac{1}{2} C_L \rho V^2 S \tag{3.4}$$

可以得出此时升力系数

$$C_L = \frac{2G}{\rho V^2 S} \tag{3.5}$$

将升力系数代入式 (3.3) 中，可以将需用推力表示为

$$T_{re} = \frac{1}{2} C_{D_0} \rho V^2 S + \frac{AG^2}{\frac{1}{2} \rho V^2 S} \tag{3.6}$$

2）可用推力

无人机能否实现定常平飞运动，还取决于动力系统的**可用推力** T_{av}，即在特定高度平飞时，不同速度下无人机动力系统所提供的最大推力值。动力系统的最大推力往往随速度的增大而减小，在速度为零时的拉力可以称为静拉力。设静拉力为 T，衰减系数为 K，不同速度 V 下的动拉力 T_{dyn}（可用推力 T_{av}）衰减规律可以近似为如下线性函数形式

$$T_{dyn} = T - K \frac{V}{\sqrt{T}} \tag{3.7}$$

需用推力 T_{re} 和可用推力 T_{av} 共同决定了微小型固定翼无人机的定常平飞性能。定常平飞性能通过最大平飞速度、久航速度和远航速度等指标进行描述。

2. 最大平飞速度

最大平飞速度是指在某一高度上做定常平飞运动时，无人机动力系统以可用推力持续工作所能达到的最大速度。一般情况下，微小型固定翼无人机飞行高度变化范围比较小，可以认为在其工作高度范围内，空气密度等参数变化不大，可以忽略因飞行高度引起的最大推力变化。以上述采用螺旋桨动力系统的微小型固定翼无人机为例，即最大速度满足等式

$$T - K \frac{V}{\sqrt{T}} = \frac{1}{2} C_{D_0} \rho V^2 S + \frac{AG^2}{\frac{1}{2} \rho V^2 S} \tag{3.8}$$

直接求解上述等式的解析解较为复杂，一般可以通过需用推力和可用推力随速度变化的图像直观求解最大平飞速度 V_{max}。

3. 久航速度

久航速度是指在定常平飞运动下，无人机动力系统耗尽全部能量，可达到平飞最大滞空时间（航时）的飞行速度。也可以理解为单位时间内能耗最少的平飞速度，亦称为有利速度。螺旋桨无人机单位时间内的能量消耗量与动力系统的输出功率成正比，即

$$\frac{dE}{dt} = -P \tag{3.9}$$

式(3.9)中，$E > 0$ 为能量，$P > 0$ 为功率。由式(3.9)确定的需用推力只是用于克服无人机的阻力，但能量不仅仅用于克服无人机的阻力，还有一部分用于螺旋桨转动时阻力产生的能量消耗等。因此无人机克服前飞阻力所需功率与需用总功率之比称为螺旋桨效率，用 η 表示。因此需用功率为

$$
\begin{aligned}
P_{\text{re}} &= \frac{T_{\text{re}}V}{\eta} \\
&= \left(C_{D0}\frac{1}{2}\rho V^2 S + A\frac{2G^2}{\rho V^2 S} \right)\frac{V}{\eta} \\
&= \frac{1}{\eta}\left(C_{D0}\frac{1}{2}\rho V^3 S + A\frac{2G^2}{\rho V S} \right)
\end{aligned}
\tag{3.10}
$$

如果在平飞过程中功率始终为最小值，则无人机的能量消耗始终最少，此时无人机能够获得最久的飞行时间。为求最小功率，对式(3.10)中的速度取偏导数并令其等于 0，则得到无人机的最小功率状态。对于采用固定桨距螺旋桨的小型无人机，螺旋桨效率近似为一常数。此时得到久航速度

$$
V_{\text{lt}} = \sqrt{\frac{2G}{\rho S\sqrt{\dfrac{3C_{D_0}}{A}}}}
\tag{3.11}
$$

4. 远航速度

与久航速度相对应，另一种常见的巡航速度是**远航速度**。顾名思义，远航速度是指无人机动力系统耗尽全部能量，可达到平飞最远飞行距离（航程）的飞行速度。也可以理解为单位距离内能耗最少的平飞速度。考虑式(3.9)，螺旋桨无人机航程计算如下

$$
\begin{aligned}
L &= \int V\,\mathrm{d}t \\
&= -\int_{E_0}^{0}\frac{V}{P_{\text{re}}}\mathrm{d}E \\
&= \int_{0}^{E_0}\frac{\mathrm{d}E}{(P_{\text{re}}/V)}
\end{aligned}
\tag{3.12}
$$

当无人机的需用功率与速度之比 (需用推力) 始终为最小时，无人机可以获得最远航程，因此远航速度为

$$
V_{\text{ld}} = \sqrt{\frac{2G}{\rho S\sqrt{\dfrac{C_{D_0}}{A}}}}
\tag{3.13}
$$

从式(3.13)与式(3.11)可知远航速度与久航速度的比值为

$$
\frac{V_{\text{ld}}}{V_{\text{lt}}} = \sqrt[4]{3} \approx 1.32
\tag{3.14}
$$

关于固定翼飞行器的性能计算的方法还有许多，读者也可以参考 [22,23]。

3.1.2 动力系统建模

微小型固定翼无人机最常采用的动力系统为电机–螺旋桨系统，主要包括四个部分：螺旋桨、电机、电调和电池。为保证建模方法的实用性，各计算模型的输入都以厂商提供的标称参数为主，这些参数通常可以在产品描述中找到，如表 3.1 所示。

表 3.1　动力系统参数

组件	参数
螺旋桨	$\Theta_{\mathrm{p}}=\{$直径 D_{p}，螺距 H_{p}，桨叶数 B_{p}，螺旋桨重量 $G_{\mathrm{p}}\}$
电机	$\Theta_{\mathrm{m}}=\{$标称空载 KV 值 K_{V0}，最大电流 I_{mMax}，标称空载电流 I_{m0}，标称空载电压 U_{m0}，内阻 R_{m}，电机重量 $G_{\mathrm{m}}\}$
电调	$\Theta_{\mathrm{e}}=\{$最大电调电流 I_{eMax}，内阻 R_{e}，电调重量 $G_{\mathrm{e}}\}$
电池	$\Theta_{\mathrm{b}}=\{$容量 C_{b}，内阻 R_{b}，总电压 U_{b}，最大放电倍率 K_{b}，电池重量 $G_{\mathrm{b}}\}$

1. 螺旋桨建模

微小型固定翼无人机通常采用的是定桨距（螺距）的螺旋桨，螺旋桨拉力 T（单位：N）和转矩 M（单位：N·m）的公式为

$$T = C_T \rho \left(\frac{N}{60}\right)^2 D_{\mathrm{p}}^4 \tag{3.15}$$

$$M = C_M \rho \left(\frac{N}{60}\right)^2 D_{\mathrm{p}}^5 \tag{3.16}$$

式中 N（单位：RPM，转每分钟）为螺旋桨转速；D_{p}（单位：m）为螺旋桨直径；C_T 和 C_M 分别为无量纲的拉力系数和转矩系数。以上公式仅对应静拉力，未考虑来流方向和桨平面的夹角等因素对实际拉力大小的影响。值得注意的是，ρ（单位：kg/m³）为飞行环境空气密度，它是关于飞行海拔 H（单位：m）和温度 T_{t}（单位：°C）的函数，表示如下

$$\rho = \frac{273 P_{\mathrm{a}}}{101325\,(273 + T_{\mathrm{t}})} \rho_0 \tag{3.17}$$

式中标准大气密度 $\rho_0 = 1.293\mathrm{kg/m}^3$（环境条件为 0°C，273K），大气压强 P_{a}（单位：Pa）可以表示为

$$P_{\mathrm{a}} = 101325 \left(1 - 0.0065\frac{H}{273 + T_{\mathrm{t}}}\right)^{5.2561} \tag{3.18}$$

微小型固定翼无人机飞行速度较快，在螺旋桨的轴向上存在不可忽略的来流，使得所提供的拉力出现衰减。在 3.1.1 节平飞性能分析中，描述了动拉力（可用推力）的衰减与平飞速度呈线性关系，这里针对螺旋桨的轴向上存在来流，定义轴向速度与螺旋桨转动线速度比值为前进比 J，表示为

$$J = \frac{V}{60\pi N D_{\mathrm{p}}} \tag{3.19}$$

基于片条理论分析，螺旋桨产生的拉力会随着前进比的增大而减小，本章为了方便数值仿真计算，将拉力与前进比的关系在部分区间上近似成一次函数，即表示为

$$T_{\mathrm{dyn}} = T - k\frac{V}{60\pi N D_{\mathrm{p}}} \tag{3.20}$$

式中 $k > 0$，T 表示前进速度为 0 时的拉力，即螺旋桨的静拉力。图 3.2 展示了 APC 螺旋桨拉力与前进比之间的关系，从图中可知螺旋桨拉力在较大前进比情况下与其成一次函数的关系[24]。又可知对于一个设计好的螺旋桨，转速与拉力之间存在 $N \propto \sqrt{T}$ 的关系，因此可以简化表达形式为式(3.7)。式(3.7)主要用于微小型固定翼无人机在前飞时的稳态分析，因此螺旋桨的拉力不会达到取值为 0 的情况。

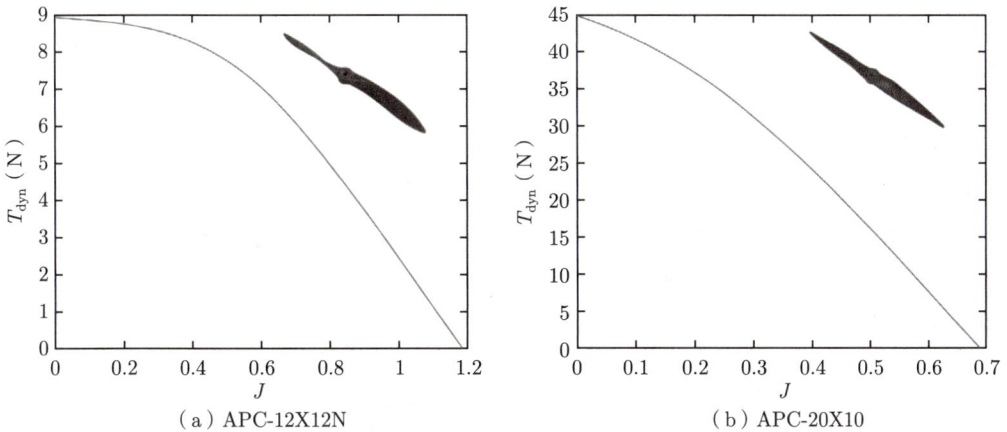

（a）APC-12X12N　　　　　　　　（b）APC-20X10

图 3.2　APC 螺旋桨拉力与前进比之间的关系

2. 电机建模

目前固定翼无人机使用的电机为无刷直流电机（或简称为无刷电机），而无刷直流电机可以等效为一个永磁直流电机模型。无刷直流电机的等效电路如图 3.3 所示，图中 U_m（单位：V）是电机等效电压；I_m（单位：A）是电机等效电流；E_a（单位：V）是电枢反电动势；R_m（单位：Ω）是电枢内阻；L_m（单位：H）是电枢电感；$\hat{I}_0$（单位：A）是空载电流。这里空载电流是用于抵消电机机械摩擦力和空气阻力引起的机械损耗，以及涡流磁滞引起的铁损耗。可以假定空载电流在运行时为常数。除去空载电流后，剩下的 $I_a = I_m - \hat{I}_0$ 用于产生电磁转矩驱动转子。

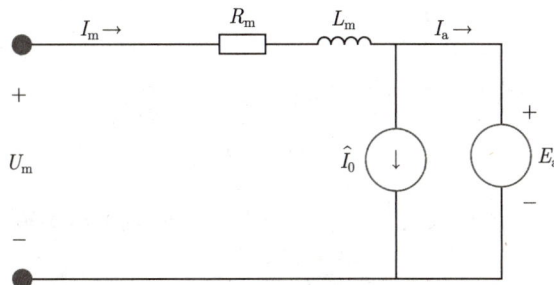

图 3.3　无刷直流电机的等效电路

电机建模的主要目的是以电机负载转矩 M（等于螺旋桨转矩）、电机转速 N（等于螺旋桨转速）和电机基本参数集 Θ_m 作为输入，求解电机等效电压 U_m（单位：V）和等效电

流 I_{m}（单位：A）。求解方程可以抽象表示为

$$U_{\mathrm{m}} = f_{U_{\mathrm{m}}}\left(\Theta_{\mathrm{m}}, M, N\right)$$
$$I_{\mathrm{m}} = f_{I_{\mathrm{m}}}\left(\Theta_{\mathrm{m}}, M, N\right) \tag{3.21}$$

式中 M 和 N 可以根据式(3.15)和式(3.16)来确定，Θ_{m} 的具体定义见表 3.1，最终结果如下[25]

$$\begin{cases} U_{\mathrm{m}} = f_{U_{\mathrm{m}}}\left(\Theta_{\mathrm{m}}, M, N\right) \triangleq \left(\dfrac{MK_{\mathrm{V0}}U_{\mathrm{m0}}}{9.55\left(U_{\mathrm{m0}} - I_{\mathrm{m0}}R_{\mathrm{m}}\right)} + I_{\mathrm{m0}}\right)R_{\mathrm{m}} + \dfrac{U_{\mathrm{m0}} - I_{\mathrm{m0}}R_{\mathrm{m}}}{K_{\mathrm{V0}}U_{\mathrm{m0}}}N \\[4mm] I_{\mathrm{m}} = f_{I_{\mathrm{m}}}\left(\Theta_{\mathrm{m}}, M, N\right) \triangleq \dfrac{MK_{\mathrm{V0}}U_{\mathrm{m0}}}{9.55\left(U_{\mathrm{m0}} - I_{\mathrm{m0}}R_{\mathrm{m}}\right)} + I_{\mathrm{m0}} \end{cases} \tag{3.22}$$

3. 电调建模

在无刷电机中，电池电压经电调调制后，会分三相输入电机的三相驱动电路，进而产生交变磁场，驱动转子旋转。电调调制下无刷电机的转速范围主要取决于电机负载转矩与电池电压，其电调等效电路如图 3.4 所示。

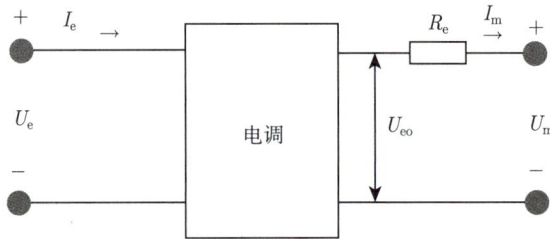

图 3.4　电调等效电路

电调建模主要利用电机模型已经求得的 U_{m} 和 I_{m}，以及电调参数集合 Θ_{e} 和电池参数集合 Θ_{b}（见表 3.1），计算得到电调输入油门指令 σ（0 到 1 之间，无量纲）、输入电流 I_{e}（单位：A）和输入电压 U_{e}（单位：V）。建立以下抽象求解方程

$$\begin{cases} \sigma = f_{\sigma}\left(\Theta_{\mathrm{m}}, U_{\mathrm{m}}, I_{\mathrm{m}}, U_{\mathrm{b}}\right) \\ I_{\mathrm{e}} = f_{I_{\mathrm{e}}}\left(\sigma, I_{\mathrm{m}}\right) \\ U_{\mathrm{e}} = f_{U_{\mathrm{e}}}\left(\Theta_{\mathrm{b}}, I_{\mathrm{b}}\right) \end{cases} \tag{3.23}$$

如图 3.4 所示，U_{eo} 为电调调制后的等效直流电压，可表示为

$$U_{\mathrm{eo}} = U_{\mathrm{m}} + I_{\mathrm{m}}R_{\mathrm{e}} \tag{3.24}$$

在式 (3.24) 的基础上，电调输入油门指令 σ 满足（此时认为电调输入电压 U_{e} 与电池电压 U_{b} 基本相等）

$$\sigma = \frac{U_{\mathrm{eo}}}{U_{\mathrm{e}}} \approx \frac{U_{\mathrm{eo}}}{U_{\mathrm{b}}} \tag{3.25}$$

考虑到电调的输入功率与输出功率相等，电调输入电流满足

$$I_{\mathrm{e}} = \sigma I_{\mathrm{m}} \tag{3.26}$$

对电调输入电流大小限制如下

$$I_\mathrm{e} \leqslant I_\mathrm{eMax} \tag{3.27}$$

式中 I_eMax（单位：A，来自 Θ_e）是电调最大持续电流。考虑到内阻分压作用，电调输入电压 U_e 与电池电压 U_b（单位：V，来自 Θ_b）有如下关系

$$U_\mathrm{e} = U_\mathrm{b} - I_\mathrm{b} R_\mathrm{b} \tag{3.28}$$

式中 I_b（单位：A）表示电池电流，R_b（单位：Ω，来自 Θ_b）表示电池内阻。对于一架固定翼无人机，电调的数目等于电机的数目 n_r，所以有

$$I_\mathrm{b} = n_\mathrm{r} I_\mathrm{e} + I_\mathrm{other} \tag{3.29}$$

式中 I_other（单位：A）包括其他机载设备（例如自驾仪和相机）电流以及一些电流损耗。通常可以简单假设 $I_\mathrm{other} \approx 1\mathrm{A}$。综上，可以得到[25]

$$\sigma = f_\sigma \left(\Theta_\mathrm{e}, U_\mathrm{m}, I_\mathrm{m}, U_\mathrm{b} \right) \triangleq \frac{U_\mathrm{m} + I_\mathrm{m} R_\mathrm{e}}{U_\mathrm{b}} \tag{3.30}$$

$$I_\mathrm{e} = f_{I_\mathrm{e}} \left(\sigma, I_\mathrm{m} \right) \triangleq \sigma I_\mathrm{m} \tag{3.31}$$

$$U_\mathrm{e} = f_{U_\mathrm{e}} \left(\Theta_\mathrm{b}, I_\mathrm{b} \right) \triangleq U_\mathrm{b} - I_\mathrm{b} R_\mathrm{b} \tag{3.32}$$

4. 电池建模

电池模型主要利用电池参数集合 Θ_b（见表 3.1）和电池电流 I_b[见式 (3.29)] 来求解固定翼的续航时间 T_b（单位：min），可以抽象表示为

$$T_\mathrm{b} = f_{T_\mathrm{b}} \left(\Theta_\mathrm{b}, I_\mathrm{b} \right) \tag{3.33}$$

电池建模对电池实际放电过程进行简化。假设放电过程中电压保持不变，电池的剩余容量呈现出线性变化，考虑电池放电保护设定的最小剩余容量 C_min（单位：mAh），具体建模如下

$$T_\mathrm{b} = f_{T_\mathrm{b}} \left(\Theta_\mathrm{b}, I_\mathrm{b} \right) = \frac{C_\mathrm{b} - C_\mathrm{min}}{I_\mathrm{b}} \times \frac{60}{1000} \tag{3.34}$$

C_min 占总容量 C_b（单位：mAh，来自 Θ_b）的百分比可自行设定，一般可设在 $0.15 C_\mathrm{b}$ 至 $0.2 C_\mathrm{b}$ 之间。电池总电流 I_b 不能超过其可承受的最大放电电流，这取决于电池最大放电倍率 K_b（无单位，来自 Θ_b），满足

$$I_\mathrm{b} \leqslant \frac{C_\mathrm{b} K_\mathrm{b}}{1000} \tag{3.35}$$

忽略起飞着陆阶段的电量消耗，无人机进行定常平飞的飞行距离可以估算为

$$L = V T_\mathrm{b} \tag{3.36}$$

3.1.3　飞行包线

当考虑固定翼无人机的运行特性时，高度和速度是关键的因素。不同高度下，无人机能够维持稳定飞行的速度范围和最大升限将会受多方面因素影响，包括动力系统和无人机结构。通常，将速度作为横坐标，高度作为纵坐标，在速度和高度的坐标系下绘制各个高度下的速度上下限，形成一条边界线，这就是**飞行包线**，如图 3.5 所示。无人机只能在此飞行包线内飞行。然而，飞行包线并非仅由推力和升力极限所决定。在某些高度下，速度过低可能导致无人机失去纵向平衡，而速度过高则可能引发结构颤振。

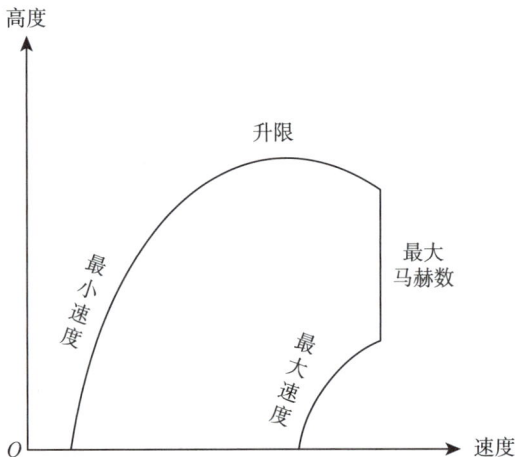

图 3.5　飞行包线

飞行包线的**最小速度**指的是能够维持固定翼无人机稳定前飞的最小速度。根据式 (1.13) 可知，无人机的升力与速度成正比，因此最小速度相当于在最大升力系数下使升力平衡重力的最小速度[①]。升力还与空气密度成正比，随着高度增加，空气密度下降，最小速度也随之上升。因此，在速度与高度坐标系中，图 3.5 中最小速度曲线逐渐弯曲。当无人机飞行速度较低时，需要增加迎角以增加升力系数。然而，由于存在最大迎角的限制，无法无限增加升力系数。因此，在飞行过程中，固定翼无人机的速度必须大于最小速度。

飞行包线中的**最大速度**受多个因素影响，大部分因素与最大推力和机身结构强度相关。当无人机可获得的最大升力已无法超过无人机当前重量时，无人机就无法进一步爬升，此时达到的高度即为无人机的升限，即飞行包线中的**最大高度**。

3.2　平飞性能评估之基础实验

3.2.1　实验配置和目标

1. 配置

给定一架微小型固定翼无人机相关参数，如表 3.2和表 3.3所示。

---

① 最小速度的约束分为两个部分，一是低空飞行时的升力约束，二是高空飞行时的推力约束，由于微小型固定翼无人机飞行高度比较低，因此只受升力约束限制。

表 3.2　微小型固定翼无人机参数及环境参数

参数	数值
总质量	$m=8.165$（单位：kg）
机翼面积	$S=0.982$（单位：m²）
展长	$b=2.795$（单位：m）
弦长	$c=0.351$（单位：m）
零升阻力系数	$C_{D_0}=0.022$
升致阻力因子	$A=0.057$
重力加速度	$g=9.81$（单位：m/s²）
空气密度	$\rho=1.225$（单位：kg/m³）

表 3.3　微小型固定翼无人机动力系统参数

组件与名称	参数与数值
螺旋桨	直径 $D_{\mathrm{p}}=15$inch，螺距 $H_{\mathrm{p}}=8$inch，桨叶数 $B_{\mathrm{p}}=2$
APC1580	拉力系数 $C_T=0.0984$，扭矩系数 $C_M=0.0068$，动力拉力衰减系数 $K=12$
电机	KV 值 $K_{\mathrm{V0}}=465$RPM/V，最大功率 $W_{\mathrm{mMax}}=1700$W，最大电压 $U_{\mathrm{mMax}}=22.2$V
SUNNYSKY X4120-8	标称空载电流 $I_{\mathrm{m0}}=2.4$A，标称空载电压 $U_{\mathrm{m0}}=10$V，内阻 $R_{\mathrm{m}}=0.016\Omega$
电调	最大电调电流 $I_{\mathrm{eMax}}=80$A
Hobbywing Xrotor Pro HV	内阻 $R_{\mathrm{e}}=0.008\Omega$
电池	容量 $C_{\mathrm{b}}=5000$mAh，内阻 $R_{\mathrm{b}}=0.0084\Omega$
ACE 5000mAh	总电压 $U_{\mathrm{b}}=22.2$V，最大放电倍率 $K_{\mathrm{b}}=65$C

2. 目标

（1）使用 MATLAB 绘制该架固定翼无人机的需用推力曲线和可用推力曲线。

（2）分析计算其最大平飞速度、久航速度和远航速度，并计算各速度下对应的飞行时间和距离。

3.2.2　实验步骤

基础实验的目标在于评估微小型固定翼无人机的运行性能，重点关注其最大平飞速度、久航速度和远航速度。首先，在步骤一中采用 MATLAB 绘制需用推力曲线和可用推力曲线，以获取最大平飞速度的数据。接下来，在步骤二中根据式(3.11)和式(3.13)，编写 MATLAB 程序计算久航速度和远航速度。这些速度值对于无人机在长距离和长时间飞行中的性能评估至关重要。在获得了最大平飞速度、久航速度和远航速度之后，在步骤三中依据微小型固定翼无人机的动力系统参数，进行续航时间的计算，以确定在不同速度下无人机的飞行距离。

1. 步骤一：在 MATLAB 中绘制需用推力和可用推力曲线

（1）编写"DrawP.m"文件，初始化固定翼无人机相关参数。依据表 3.2 与表 3.3 初始化微小型固定翼无人机及环境的参数，可知展长 $b=2.795$m，弦长 $c=0.351$m，机翼面积 $S=0.982$m²，总质量 $m=8.165$kg，零升阻力系数 $C_{D_0}=0.022$，升致阻力因子 $A=0.057$，重力加速度 $g=9.81$m/s²，空气密度 $\rho=1.225$kg/m³，拉力系数 $C_T=0.0984$，扭矩系数 $C_M=0.0068$，螺旋桨直径 $D_{\mathrm{p}}=0.381$m，电机标称空载 KV 值 $K_{\mathrm{V0}}=465$RPM/V，电机最大电压 $U_{\mathrm{mMax}}=22.2$V，螺旋桨动力拉力衰减系数 $K=12$，示例代码如代码段 3.1所示。

代码段 3.1 参数设置，来源于 "e1/DrawP.m"

```
1    uavspan = 2.795;
2    uavchord = 0.351;
3    uavS = 0.982;
4    uavmass = 8.165;
5    uavCD0 = 0.022;
6    uavApolar = 0.057;
7    envg = 9.81;
8    envrho0 = 1.225;
9    Ct = 0.0984;
10   Cm = 0.0068;
11   Dp = 0.381;
12   Kv = 465;
13   Umax = 22.2;
14   Kdecay = 12;
```

（2）如代码段 3.2 所示代码，用于得到需用推力、可用推力与速度的函数关系。示例代码第 1 行设置绘制步长，示例代码第 3 行是根据式 (3.6) 构造关于需用推力 T_{re} 与速度 V 的函数，示例代码第 5~7 行是根据式 (3.7) 构造关于可用推力 T_{av} 与速度 V 的函数。运行 "DrawP.m" 文件，绘制需用推力曲线与可用推力曲线，结果如图 3.6 所示。

代码段 3.2 需用推力、可用推力与速度的函数关系，来源于 "e1/DrawP.m"

```
1    V = 5:0.1:80;
2    % Calculate the thrust required for steady straight level flight
3    P_re = @(V) uavCD0 * 0.5 * envrho0 * uavS * V.^2 + uavApolar * (
         uavmass * envg )^2 ./ (0.5 * envrho0 * uavS * V.^2 );
4    % Calculate the available thrust of the engine with a given parameter
5    N = Kv * Umax;
6    P_av = Ct * envrho0 * (N / 60)^2 * Dp^4;
7    P_av_V = @(V)P_av - Kdecay * V /sqrt(P_av);
```

2. 步骤二：计算最大平飞速度、久航速度和远航速度

1）最大平飞速度

无人机处于最大平飞速度时，可用推力 T_{av} 等于需用推力 T_{re}，通过图 3.6 可以大致确定最大平飞速度在 40m/s 左右。在 "DrawP.m" 文件中，如代码段 3.3 所示示例代码，用于求解最大平飞速度。示例代码第 1 行将可用推力和需用推力函数做差，构造关于速度 V 的辅助函数。示例代码第 3~4 行利用 MATLAB 自带的函数 "fsolve()" 求解辅助函数的右零点，即对应最大平飞速度 V_{max}。

代码段 3.3 求解最大平飞速度，来源于 "e1/DrawP.m"

```
1    F = @(V) P_av_V(V) - P_re(V);
2    % Maximum level flight speed
```

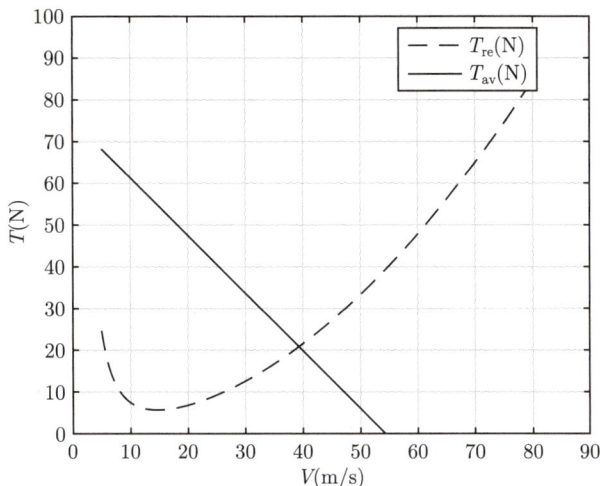

图 3.6 需用推力曲线与可用推力曲线

```
3    Vmax = fsolve(F, [0.1, 50]);
4    Vmax = Vmax(2);
```

运行"DrawP.m"文件，最终可以求解得到 $V_{\max} = 39.2865\mathrm{m/s}$。

2）久航速度

将固定翼无人机相关参数代入式 (3.11) 可得久航速度为

$$
\begin{aligned}
V_{\mathrm{lt}} &= \sqrt{\frac{2G}{\rho S \sqrt{\frac{3C_{\mathrm{D_0}}}{A}}}} \\
&= \sqrt{\frac{2 \times 9.81 \times 8.165}{1.225 \times 0.982 \times \sqrt{\frac{3 \times 0.022}{0.057}}}} \\
&= 11.1247(\mathrm{m/s})
\end{aligned}
$$

3）远航速度

将固定翼无人机相关参数代入式 (3.13) 可得远航速度为

$$
\begin{aligned}
V_{\mathrm{ld}} &= \sqrt{\frac{2G}{\rho S \sqrt{\frac{C_{\mathrm{D_0}}}{A}}}} \\
&= \sqrt{\frac{2 \times 9.81 \times 8.165}{1.225 \times 0.982 \times \sqrt{\frac{0.022}{0.057}}}} \\
&= 14.6409(\mathrm{m/s})
\end{aligned}
$$

3. 步骤三：编写 MATLAB 程序求解最大平飞速度、久航速度和远航速度飞行时间和距离

（1）编写"PropulsionSystemCal.m"文件，初始化全部参数，并依次设置无人机的速度为最大平飞速度、久航速度和远航速度。依据表3.2与表3.3初始化微小型固定翼无人机及环境的参数，可知展长 $b=2.795\text{m}$，弦长 $c=0.351\text{m}$，机翼面积 $S=0.982\text{m}^2$，总质量 $m=8.165\text{kg}$，零升阻力系数 $C_{D_0}=0.022$，升致阻力因子 $A=0.057$，重力加速度 $g=9.81\text{m/s}^2$，空气密度 $\rho=1.225\text{kg/m}^3$，拉力系数 $C_T=0.0984$，扭矩系数 $C_M=0.0068$，螺旋桨直径 $D_\text{p}=0.381\text{m}$，电机标称空载 KV 值 $K_{V0}=465\text{RPM/V}$，电机最大电压 $U_{m\text{Max}}=22.2\text{V}$，螺旋桨动拉力衰减系数 $K=12$，电机空载电压 $U_{m0}=10\text{V}$，电机空载电流 $I_{m0}=2.4\text{A}$，电机内阻 $R_m=0.016\Omega$，电调内阻 $R_\text{e}=0.008\Omega$，电池容量 $C_\text{b}=5000\text{mAh}$，电池最小容量 C_min，电流损耗 $I_\text{other}=0.5\text{A}$，电池电压 $U_\text{b}=22.2\text{V}$，示例代码如代码段 3.4所示。

代码段 3.4　参数设置，来源于 "e1/PropulsionSystemCal.m"

```
1    uavspan = 2.795;
2    uavchord = 0.351;
3    uavS = 0.982;
4    uavmass = 8.165;
5    uavCD0 = 0.022;
6    uavApolar = 0.057;
7    % Environmental parameter
8    envg = 9.81;
9    envrho0 = 1.225;
10   % Propeller parameter
11   Ct = 0.0984;
12   Cm = 0.0068;
13   Dp = 0.381;
14   % Motor parameter
15   Kv = 465;
16   Umax = 22.2;
17   Kdecay = 12;
18   Um0 = 10;
19   Im0 = 2.4;
20   Rm = 0.016;
21   % Electric modulation parameter
22   Re =0.008;
23   %Battery parameter
24   Cb = 5000;
25   Cmin = Cb * 0.15;
26   Rb = 0.0084;
27   Iother = 0.5;
28   Ub= 22.2;
```

（2）在"PropulsionSystemCal.m"文件中，如代码段 3.5所示示例代码，用于求解固定翼无人机在不同飞行速度下的飞行距离。示例代码第 1 行设置需求解的速度，示例代码第 2 行按照式 (3.6) 计算可得当前速度下的需用推力。示例代码第 3~5 行计算螺旋桨产生的静拉力。示例代码第 7~9 行根据得到的静拉力，按照螺旋桨模型中的式 (3.15) 与式 (3.16) 得到电机的转速和螺旋桨扭矩。示例代码第 11~12 行根据得到的电机转速和螺旋桨扭矩，按照电机模型中的式 (3.22) 得到电机的等效电流与等效电压。示例代码第 14~17 行根据得到的电机的等效电流与等效电压，按照电调模型中的式 (3.30)、式 (3.31) 与式 (3.32) 得到电调油门指令、电调等效电流与等效电压。最后示例代码第 19~22 行根据得到的电调油门指令、电调等效电流与等效电压，按照电池模型中的式 (3.34) 与式 (3.36) 得到给定速度下微小型固定翼无人机的飞行距离。

代码段 3.5　求解飞行距离，来源于 "e1/PropulsionSystemCal.m"

```
1    V = 39.2865;
2    P_re = uavCD0 * 0.5 * envrho0 * uavS * V.^2 + uavApolar * ( uavmass *
         envg )^2 ./ (0.5 * envrho0 * uavS * V.^2 );
3    equation = @(x) x - Kdecay*V/sqrt(x) - P_re;
4    initialGuess = P_re;
5    x_solution = fsolve(equation,  initialGuess);
6    % Calculate the speed of the motor
7    N = 60 * sqrt(x_solution / (envrho0 * Dp^4 * Ct));
8    % Calculate the torque of propeller
9    M = Cm * envrho0 * (N / 60)^2 * Dp^5;
10   % Calculate the equivalent current and voltage of the motor
11   Im = M * Kv * Um0 / 9.55 / (Um0 - Im0 * Rm) + Im0;
12   Um = Im * Rm + (Um0 - Im0 * Rm) * N / (Kv * Um0);
13   % Calculate the input throttle,  input current and input voltage of
         the electric modulation
14   sigma = (Um + Im * Re) / Ub;
15   Ie = Im * sigma;
16   Ib = Ie + Iother;
17   Ue = Ub - Ib * Rb;
18   % Calculate the battery discharge duration
19   Tb_s = (Cb - Cmin) / Ib;
20   Tb_mins = Tb_s * 60 /1000;
21   % Calculating flight distance
22   L = V * Tb_s*3600/1000;
```

运行 "PropulsionSystemCal.m" 文件，分别选择不同速度输入，由此可以得到最大平飞速度、久航速度和远航速度所对应的需用推力、飞行时间和航程，结果如表 3.4所示。从结果可知，飞行器以最大平飞速度飞行时，其飞行时间以及航程都较短；以远航速度飞行时可以达到最大的航程，但航时较短；以久航速度飞行时则可以达到最大飞行时间，但航程较短。因此在利用固定翼无人机执行任务时，应该综合考虑各个因素，选择最优的飞行方案。

表 3.4　不同速度对应的需用推力、飞行时间和航程

项目 （单位）	速度大小 （m/s）	需用推力 （N）	飞行时间 （min）	航程 （m）
最大平飞速度	39.2865	20.8173	2.3201	5467
远航速度	14.6409	5.6729	7.1707	6299
久航速度	11.1247	6.5505	8.7868	5865

3.3　平飞性能评估之分析实验

3.3.1　实验配置和目标

1. 配置

表 3.2和表 3.3中微小型固定翼无人机参数。

2. 目标

分析重量、机翼面积、展弦比、零升阻力对最大平飞速度、远航速度的影响（注：相关变量对于久航速度和远航速度的影响是相同的）。

3.3.2　实验步骤

分析实验的目标是利用仿真验证：微小型固定翼无人机最大平飞速度和远航速度随着设置参数的变化。为确保实验的可比性，在研究单一参数对无人机性能的影响时，实验会保持其他参数不变，以便通过对比分析来理解该参数的影响程度。在步骤一中，针对待分析的参数值进行修改，并使用 MATLAB 绘制需用推力曲线和可用推力曲线，以获得微小型固定翼无人机的最大平飞速度。在步骤二中，依据式(3.11)和式(3.13)编写 MATLAB 程序，计算远航速度。在步骤三中，将分析参数变化对最大平飞速度和远航速度的影响。分析实验的目的在于系统性地评估各个参数对微小型固定翼无人机性能的影响程度。通过逐步调整参数并观察速度指标的变化，可以更深入地了解每个参数对于无人机性能的重要性，从而为优化设计提供有价值的参考依据。

1. 步骤一：分析机翼面积变化对最大平飞速度 $V_{\max}$ 和远航速度 V_{ld} 的影响

（1）编写"DrawVel.m"文件，首先初始化参数。依据表 3.2与表 3.3初始化微小型固定翼无人机及环境的参数，可知展长 b=2.795m，弦长 c=0.351m，总质量 m=8.165kg，零升阻力系数 C_{D_0}=0.022，升致阻力因子 A=0.057，重力加速度 g=9.81m/s^2，空气密度 ρ=1.225kg/m^3，拉力系数 C_T=0.0984，扭矩系数 C_M=0.0068，螺旋桨直径 D_{p}=0.381m，电机标称空载 KV 值 K_{V0}=465RPM/V，电机最大电压 U_{mMax}=22.2V，螺旋桨动拉力衰减系数 K=12，其中机翼面积是待分析变量，设置其变化区间为 0.2~3m^2，变化步长为 0.1m^2，示例代码如代码段 3.6 所示。

代码段 3.6　参数设置，来源于"e1/DrawVel.m"

```
1    uavspan = 2.795;
2    uavchord = 0.351;
```

```
3      uavS = 0.2:0.1:3;
4      uavmass = 8.165;
5      uavCD0 = 0.022;
6      uavApolar = 0.057;
7      envg = 9.81;
8      envrho0 = 1.225;
9      Ct = 0.0984;
10     Cm = 0.0068;
11     Dp = 0.381;
12     Kv = 465;
13     Umax = 22.2;
14     Kdecay = 12;
```

（2）如代码段 3.7所示示例代码，用于求解固定翼无人机在不同机翼面积下的最大平飞速度。示例代码第 1 行初始化最大速度列表，示例代码第 3~15 行设置循环计算不同机翼面积情况下对应的最大平飞速度。示例代码第 6 行根据式 (3.6) 构造关于需用推力 T_re 与速度 V 的函数。示例代码第 8~10 行根据式 (3.7) 构造关于可用推力 T_av 与速度 V 的函数。示例代码第 11 行将需用推力 T_re 与可用推力 T_av 做差构造辅助函数。示例代码第 13~14 行通过 MATLAB 的 "fsolve()" 求解辅助函数的零点，即当前机翼面积情况下对应的最大平飞速度。

代码段 3.7　求解不同机翼面积对应的最大平飞速度，来源于 "e1/DrawVel.m"

```
1      % Maximum level flight speed
2      Vmax_list = [];
3      for uavSi = uavS
4          V = 5:0.1:80;
5          % Calculate P_px
6          P_re = @(V) uavCD0 * 0.5 * envrho0 * uavSi * V.^2 + uavApolar * (
               uavmass * envg )^2 ./ (0.5 * envrho0 * uavSi * V.^2 );
7          % Calculate P_ky_V
8          N = Kv * Umax;
9          P_av = Ct * envrho0 * (N / 60)^2 * Dp^4;
10         P_av_V = @(V)P_av - Kdecay * V /sqrt(P_av);
11         F = @(V) P_av_V(V) - P_re(V);
12         % Maximum level flight speed
13         Vmax = fsolve(F, [0.1, 50]);
14         Vmax_list(end+1) = Vmax(2);
15     end
```

（3）如代码段 3.8所示示例代码，用于求解固定翼无人机在不同机翼面积下的远航速度。示例代码第 2 行根据无人机质量得到无人机重力，示例代码第 3 行根据式 (3.13) 构造远航速度关于机翼面积的函数。

代码段 3.8　求解不同机翼面积对应的远航速度，来源于 "e1/DrawVel.m"

```matlab
% calculate V_ld
G = uavmass*envg;
V_ld = @(uavS)sqrt(2*G./(envrho0*uavS*sqrt(uavCD0/3/uavApolar)));
```

（4）绘制速度变化曲线，可以得到两种速度的变化曲线如图 3.7 所示。

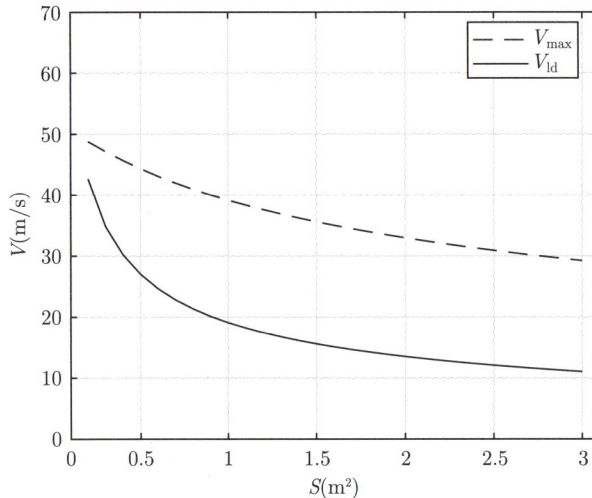

图 3.7　最大平飞速度和远航速度随机翼面积的变化曲线

如图 3.7 所示，随着固定翼无人机机翼面积增大，无人机的最大平飞速度 V_{max} 和远航速度 V_{ld} 都逐渐减小。相较于最大平飞速度，远航速度受影响更大，下降更快。因为随着机翼面积的增大，固定翼无人机受到的空气阻力增大，因此需用推力增大；而固定翼无人机的可用推力不变，因此最大平飞速度会降低。根据式(3.13)可知，远航速度与机翼面积负相关，因此随着机翼面积增大，远航速度也会降低。

2. 步骤二：分析无人机质量变化对最大平飞速度 V_{max} 和远航速度 V_{ld} 的影响

取固定翼无人机的质量作为变量，变化范围为 5～20kg，重复步骤一，可以得到两种速度随着固定翼无人机的质量的变化曲线如图 3.8 所示。随着固定翼无人机重量的增加，无人机的最大平飞速度 V_{max} 逐渐下降，但是下降的幅度较小，基本可以忽略，而无人机的远航速度 V_{ld} 逐渐增大，并且幅度较大。因为根据式(3.6)可知，重力增大对于需用推力的影响较小，根据式(3.7)可知重力增大对于可用推力没有影响，因此最大平飞速度变化不大。根据式(3.13)可知，远航速度与无人机重力正相关，因此随着无人机质量的增大，远航速度也会增大。

3. 步骤三：分析展弦比变化对最大平飞速度 V_{max} 和远航速度 V_{ld} 的影响

取固定翼无人机的展弦比作为变量，变化范围为 1～16，重复步骤一，可以得到两种速度随着固定翼无人机的展弦比的变化曲线如图 3.9 所示。随着固定翼无人机展弦比的增大，无人机的最大平飞速度 V_{max} 增大，但是增大的幅度非常有限，基本可以忽略；而无人机的远航速度 V_{ld} 逐渐减小并且减小的幅度逐渐变缓。因为根据式(3.6)可知，展弦比增大，需

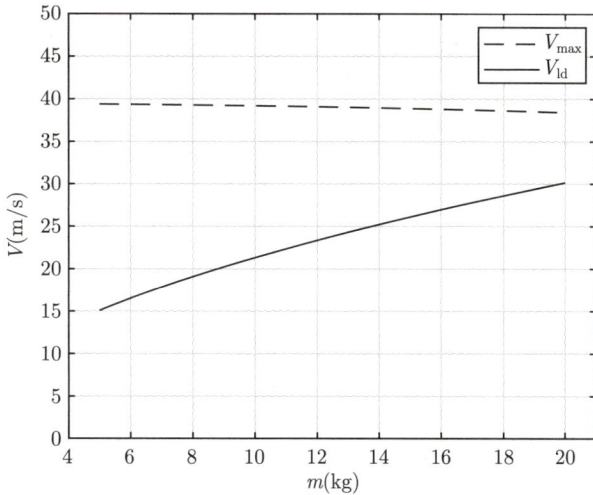

图 3.8 最大平飞速度和远航速度随质量的变化曲线

用推力减小，可用推力略微随着速度的增加衰减，因此两者变化幅度相当，最大平飞速度变化不大。根据式(3.13)可知，远航速度与无人机升致阻力因子正相关，而根据定义可知展弦比与升致阻力因子反相关。因此，随着展弦比增大，远航速度会减小。

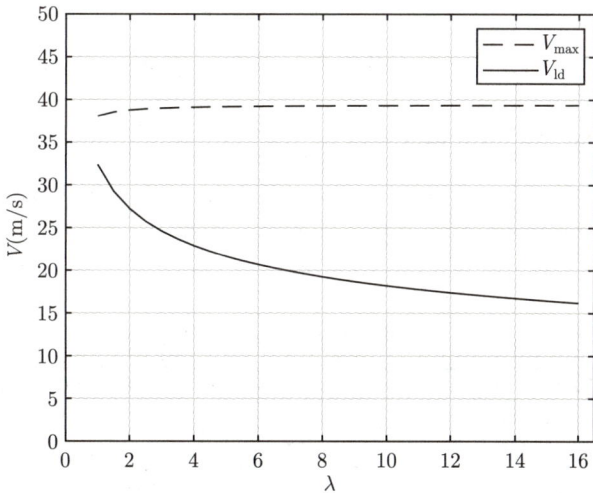

图 3.9 最大平飞速度和远航速度随展弦比的变化曲线

4. 步骤四：分析零升阻力系数变化对最大平飞速度 V_{max} 和远航速度 V_{ld} 的影响

取固定翼无人机的零升阻力系数作为变量，变化范围为 0.005～0.1，重复步骤一，可以得到两种速度随着零升阻力系数的变化曲线如图 3.10 所示。随着固定翼无人机的零升阻力增大，无人机的最大平飞速度 V_{max} 和远航速度 V_{ld} 都逐渐减小。因为随着零升阻力系数的增大，固定翼无人机受到的空气阻力增大，因此需用推力增大；而固定翼无人机的可用推力不变，因此最大平飞速度会降低。根据式(3.13)可知，远航速度与零升阻力系数负相关，因此随着零升阻力系数增大，远航速度也会降低。

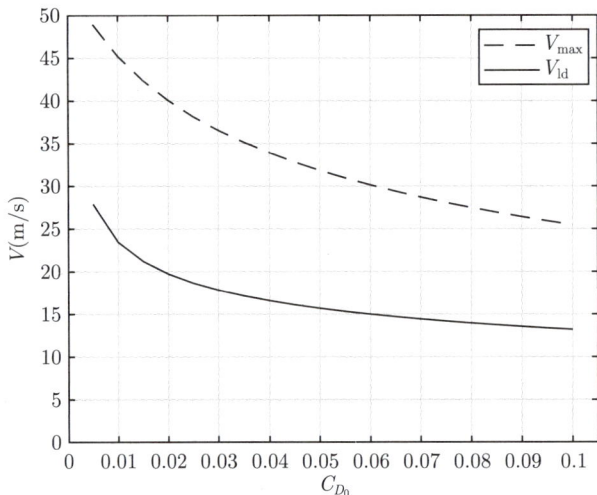

图 3.10　最大平飞速度和远航速度随零升阻力系数的变化曲线

3.4　平飞性能评估之设计实验

3.4.1　实验配置和目标

1. 配置

3.2节平飞性能评估之基础实验中除机翼和电池以外的微小型固定翼无人机参数。

2. 目标

当前随着经济的快速发展，物流的需求在逐渐增大，无人机运输现在是一种全新的研究方向。假设微小型固定翼无人机负载 15kg，以 22m/s 的巡航速度将货物运送到 8km 处的目的地，设计合适的机翼参数并选择合适的电池使得无人机可以完成运输的任务，其中可供选择的电池型号及其相应参数如表 3.5所示。

表 3.5　可供选择的电池型号及其相应参数

电池型号	TATTU 4500mAh	ACE 5000mAh	TATTU 8000mAh	TATTU 10000mAh
电池容量	4500mAh	5000mAh	8000mAh	10000mAh
电池重量	650g	800g	1200g	1400g

3.4.2　实验步骤

设计实验的第一步是确定适合的展长和弦长，这是基于任务目标的关键步骤。在步骤二中将根据不同电池型号下的能量情况，计算微小型固定翼无人机在给定巡航速度下的航程。这个航程计算将帮助评估飞行器是否能够完成任务。在得到航程数据后，将运用经济性等原则来评估和选择最适合的电池型号。这个选择将考虑到飞行器所需能源、电池性能，以及与任务需求相匹配的最佳性能和经济平衡。

1. 步骤一：求解合适的展长、弦长、机翼面积以及选择合适的电池型号

由 3.1.1 节可知，远航速度估算公式为

$$V_{\mathrm{ld}} = \sqrt{\dfrac{2G}{\rho S \sqrt{\dfrac{C_{D_0}}{A}}}}$$

其中机翼面积 S 与升致阻力因子 A 都与展长 b 和弦长 c 有关，为耦合变量，分别表示为

$$S = bc$$

$$A = \frac{1}{\pi \lambda e} = \frac{c}{\pi b e}$$

将相关式子和具体数据代入式 (3.13)，可以得到

$$
\begin{aligned}
V_{\mathrm{ld}} &= \sqrt{\dfrac{2G}{\rho S \sqrt{\dfrac{C_{D_0}}{A}}}} \\
&= \sqrt{\dfrac{2G}{1.225 \times \sqrt{0.022 \times 3.14 \times 0.7} \times \sqrt{b^3} \times \sqrt{c}}} \\
&= 22
\end{aligned}
\tag{3.37}
$$

当前需求远航速度大于 3.2 节基础实验给出的远航速度，由 2.3 节快速入门实验对于机翼面积、无人机质量和展弦比的分析可知，减小机翼面积、增大无人机质量和减小展弦比均可以增大远航速度。这里选择保持展弦比不变，综合考虑如何选择无人机质量和机翼面积，使得无人机可以完成任务目标。保持 2.2 节基础实验的微小型固定翼无人机的展弦比不变，即

$$\frac{b}{c} = \frac{2.795}{0.351} \tag{3.38}$$

联立式 (3.37) 与式 (3.38) 可得

$$b = 0.1239\sqrt{2.8217G}$$

$$c = 0.0156\sqrt{2.8217G}$$

表 3.3 中选择的电池型号为 ACE 5000mAh，可知除去电池重量后的固定翼无人机的自重为 7.365kg，则不带电池的无人机总重量为 22.365kg，此时可得

$$G = (22.365 + m_{\mathrm{b}})g$$

式中 m_{b} 为电池质量。计算时假设改变机翼的参数展长 b 和弦长 c 时，不会影响到无人机的自重，同时只考虑电池质量的变化，其余参数假设保持不变。

2. 步骤二：飞行性能求解

根据上述过程求解出每一种电池对应的展长 b 和弦长 c，再将求得的机翼面积代入基础实验中编写的"PropulsionSystemCal.m"文件中进行求解，结果如表 3.6所示。

表 3.6 不同型号电池对应的无人机参数及其飞行性能

电池型号 （单位）	展长 b （m）	弦长 c （m）	航时 （min）	航程 （m）
TATTU 4500mAh	3.1257	0.3935	3.5898	4739
ACE 5000mAh	3.1359	0.3948	3.9799	5254
TATTU 8000mAh	3.1628	0.3982	6.3306	8356
TATTU 10000mAh	3.1762	0.3999	7.8902	10415

通过任务需求可知道，无人机在 22m/s 的巡航速度的航程需要大于 8km，因此只有后面两类的无人机符合需求。考虑起降过程要消耗较大的电量，需要留有余电。因此，可以选择 TATTU 10000mAh 的电池。

3.5 课后习题

（1）在微小型固定翼无人机的起飞过程中，需要通过跑道进行加速以产生足够的升力，使其能够克服重力并完成起飞。考虑到微小型固定翼无人机的设计参数（如表 3.2所示），以及其动力系统的具体特性（如表 3.3所示），设定载重量为 1kg。在这个问题中，假设起飞过程中固定翼无人机保持恒定的迎角，对应的升力系数为 $C_L = 0.3587$。此外，还假设无人机与地面的摩擦系数为 $\mu = 0.01$，螺旋桨转速保持恒定为 $N = 7000$RPM。根据上述设定，计算微小型固定翼无人机起飞时所需的跑道长度。如图 3.11 所示，航母的舰首多呈弧线形向上翘，这样可以节省跑道长度，请自行假设数据，计算并分析。这个计算涉及机体与地面的摩擦、升力的生成和载重量等多个因素，是评估无人机起飞性能的重要参数。

图 3.11 航母的舰首

（2）对于所提供的微小型固定翼无人机参数（详见表 3.2）以及动力系统的特性参数(详见表 3.3)，设定载重量为 1kg。在这个场景下，微小型固定翼无人机将负载运送至目的地后，释放负载并返回原点。请计算无人机最远可以抛投负载的距离。这个计算需要考虑无人机的飞行性能、负载的质量等多个因素。这个距离对于评估无人机在运送货物方面的能力至关重要，也反映了其航程和性能方面的关键参数。

（3）对于给定的微小型固定翼无人机参数（详见表 3.2），考虑无人机采用油动方式作为动力。在油动无人机的飞行过程中，动力来源于燃油的消耗，导致无人机的质量逐渐减小。在这个问题中，假设无人机携带的燃油质量为 2kg，而燃油的消耗率为 0.03kg/N·h[无人机耗油量（kg）= 燃油消耗率 × 推力 × 时间]。要求计算无人机在这种油动方式下，能够达到的最大飞行距离。这个计算将考虑到燃油消耗、无人机质量随时间的变化，以及飞行过程中的动力消耗等多个因素，以确定在给定的燃油质量下，油动无人机能够飞行的最远距离。

（4）对于提供的微小型固定翼无人机参数（详见表 3.2）以及动力系统参数（详见表 3.3)，考虑无人机在飞行过程中以恒定速度进行爬升。爬升角范围设定为 0° ~ 10° 度。在这个问题中，需要计算固定翼无人机在恒定速度爬升的情况下，所能达到的最大上升高度。值得注意的是，随着无人机高度的变化，环境气压和空气密度也会发生变化，这将对无人机的性能和升力产生影响。这个计算将综合考虑无人机的爬升速度、爬升角度，以及无人机所处环境下的气压和空气密度等多个因素。这个最大上升高度的计算对于评估无人机的性能、高空飞行能力以及环境影响具有重要意义。

（5）考虑到给出的微小型固定翼无人机参数（见表 3.2）和动力系统参数（见表 3.3)，此时无人机正以远航速度在 500m 高空进行飞行。假设在加速过程中，无人机的升力系数为 $C_L = 0.3587$，且无人机在无风环境下运行。突然发生动力系统失效，无人机需要进行无动力迫降。通常情况下，无动力迫降可以视作匀速直线下滑的状态。要求计算无人机在失去动力后的当前平衡状态，进而确定无人机无动力滑翔的距离。这个计算涉及失去动力后的飞行状态和特性，需要确定无人机的滑翔比率、下滑速度以及滑翔距离。考虑到无人机所处高度和失速情况，这个问题是评估无人机在失去动力后的飞行性能和应对紧急情况的关键参数。

（6）考虑到给出的微小型固定翼无人机参数（见表 3.2）和动力系统参数（见表 3.3)，假设只需考虑微小型固定翼无人机的动力与气动力的作用而不考虑结构等问题，请计算并大致绘制出该微小型固定翼无人机的飞行包线。

第四章 受控动态系统建模实验

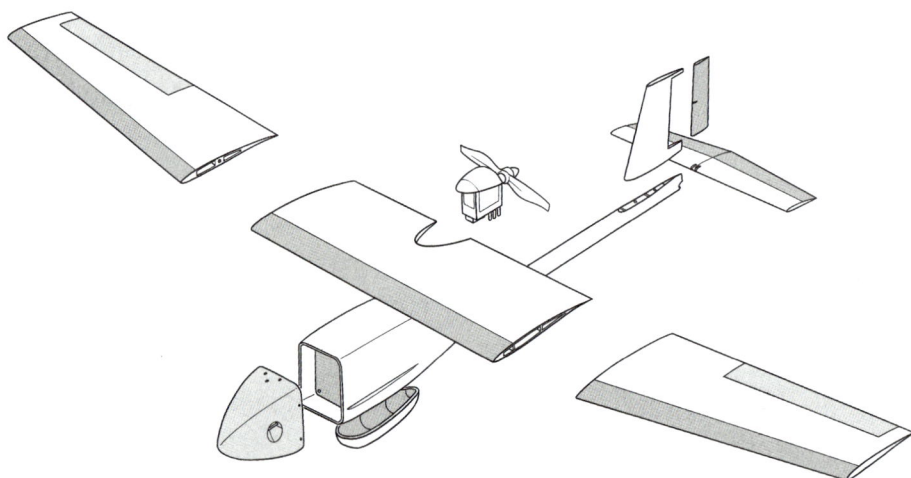

　　建立固定翼无人机的受控动态系统模型是固定翼无人机研究的基础。为了描述固定翼无人机的姿态和位置，需要建立适当的坐标系。固定翼无人机在空间中的姿态主要描述为地面坐标系、机体坐标系、气流坐标系和航迹坐标系之间的旋转关系。在坐标系和姿态描述的基础上，考虑固定翼无人机的受力，建立其受控动态模型。通过基础实验、分析实验和设计实验，加深读者对固定翼无人机受控动态模型的理解。在基础实验中，读者将了解执行器的输入对飞行状态的影响，以及了解气动系数与固定翼无人机副翼和方向舵偏转之间的关系。在分析实验中，读者将了解固定翼无人机的配平方法，并得到线性动力学方程，以及比较固定翼无人机的非线性动态模型和线性数学模型。在设计实验中，读者将学会用 Simulink 搭建固定翼无人机的动态系统模型并在 FlightGear 中观察无人机的飞行状态，以及学会代码生成，并在 RflySim 工具链上进行硬件在环仿真。

4.1 受控动态系统建模之实验原理

本节介绍固定翼无人机建模过程中所涉及的坐标系，以及运动学和动力学方程，详细分析其在飞行过程中受到的力与力矩，进行小扰动线性化，并进一步分析无人机的横侧向运动和模态。

4.1.1 坐标系

1. 地面坐标系

地面坐标系（Ground Coordinate System）$o_e x_e y_e z_e$ 是与地球固连的坐标系，其原点 o_e 位于地面上一点，如图4.1中左侧坐标系所示，$o_e x_e$ 轴指向正北方向，$o_e y_e$ 轴指向正东方向，$o_e z_e$ 轴垂直地面向下，因此该坐标系也常被称为北东地坐标系 [North-East-Down (NED) Coordinate System]。

2. 机体坐标系

机体坐标系 $o_b x_b y_b z_b$ 与固定翼无人机机体固连，其原点 o_b 位于固定翼无人机质心位置。$o_b x_b$ 轴在固定翼无人机对称平面内与机身设计轴线平行，且指向机头方向；$o_b z_b$ 轴也位于固定翼无人机对称平面内，垂直于 $o_b x_b$ 轴指向向下；$o_b y_b$ 轴垂直于机身对称平面指向右方，固定翼无人机的机体坐标系与地面坐标系的关系如图 4.1所示。

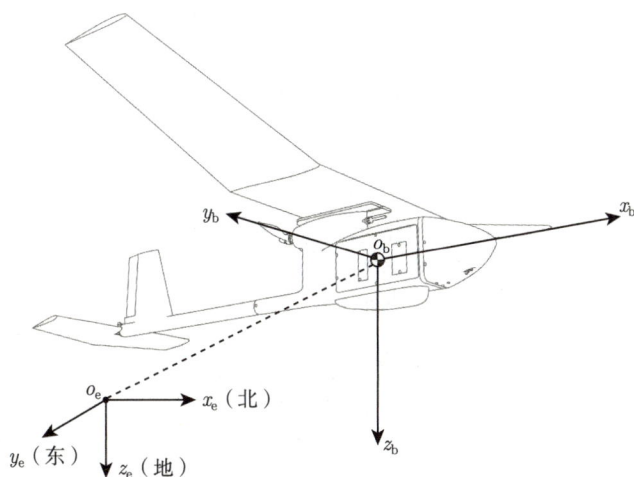

图 4.1 机体坐标系与地面坐标系的关系

地面坐标系与机体坐标系之间的旋转包括三次基本旋转，即图4.2中的绕 $o_b z_b$、$o_b y_b'$、$o_b x_b''$ 轴分别旋转欧拉角 ψ、θ 和 ϕ。

（1）绕 $o_b z_b$ 轴旋转的角度为偏航角 ψ，规定当机头向右偏航时偏航角为正，如图4.2(a)所示，旋转变化矩阵为

$$\mathbf{R}(\psi) = \begin{bmatrix} \cos\psi & \sin\psi & 0 \\ -\sin\psi & \cos\psi & 0 \\ 0 & 0 & 1 \end{bmatrix} \tag{4.1}$$

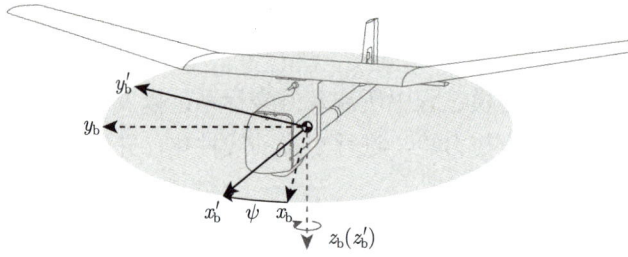

（a）偏航角

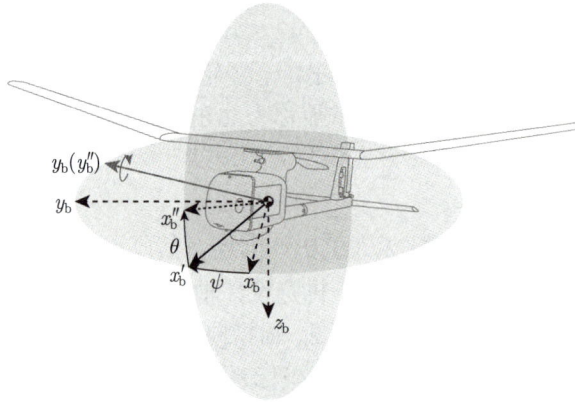

（b）俯仰角

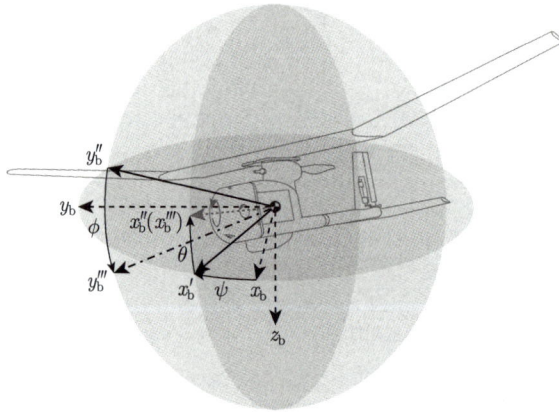

（c）滚转角

图 4.2　三次基本旋转

（2）绕 $o_b y_b'$ 轴旋转的角度为俯仰角 θ，规定当机头抬头时俯仰角为正，如图4.2(b) 所示，旋转变化矩阵为

$$\mathbf{R}(\theta) = \begin{bmatrix} \cos\theta & 0 & -\sin\theta \\ 0 & 1 & 0 \\ \sin\theta & 0 & \cos\theta \end{bmatrix} \tag{4.2}$$

（3）绕 o_bx_b'' 轴旋转的角度为滚转角 ϕ，规定当机体向右滚转时滚转角为正，如图4.2(c)所示，旋转变化矩阵为

$$\mathbf{R}(\phi) = \begin{bmatrix} 1 & 0 & 0 \\ 0 & \cos\phi & \sin\phi \\ 0 & -\sin\phi & \cos\phi \end{bmatrix} \tag{4.3}$$

因此，依次旋转欧拉角 ψ、θ 和 ϕ，得到由地面坐标系到机体坐标系的旋转矩阵 $\mathbf{R}_e^b$ 为

$$\begin{aligned} \mathbf{R}_e^b &= \mathbf{R}(\phi)\mathbf{R}(\theta)\mathbf{R}(\psi) \\ &= \begin{bmatrix} \cos\theta\cos\psi & \cos\theta\sin\psi & -\sin\theta \\ \sin\phi\sin\theta\cos\psi - \cos\phi\sin\psi & \sin\phi\sin\theta\sin\psi + \cos\theta\cos\psi & \sin\phi\cos\theta \\ \cos\phi\sin\theta\cos\psi + \sin\phi\sin\psi & \cos\phi\sin\theta\sin\psi - \sin\phi\cos\psi & \cos\phi\cos\theta \end{bmatrix} \end{aligned} \tag{4.4}$$

3. 气流坐标系

1）稳定坐标系

无人机相对于周围空气的速度称为空速矢量 $\mathbf{v}_a$，其矢量大小 V_a 即为通常所说的空速，空速方向在无人机对称平面内的投影与机翼弦线之间的夹角呈正角度，该角度即为迎角 α（也称为攻角），如图4.3所示。将空速矢量 $\mathbf{v}_a$ 在机体坐标系 $o_bx_bz_b$ 平面内投影，得到向量 $\mathbf{v}_{ax}$，迎角 α 即为机体坐标系 o_bx_b 轴与 $\mathbf{v}_{ax}$ 的夹角（o_bx_b 轴位于 $\mathbf{v}_{ax}$ 上方时，迎角为正）。下面定义一个新的坐标系，坐标原点 o_s 与 o_b 重合，将向量 $\mathbf{v}_{ax}$ 方向定义为 o_sx_s 轴，o_sy_s 轴与 o_by_b 轴重合，根据右手定则确定 o_sz_s 轴，该坐标系 $o_sx_sy_sz_s$ 即为稳定坐标系。由机体坐标系到稳定坐标系的旋转矩阵为

$$\mathbf{R}(\alpha) = \begin{bmatrix} \cos\alpha & 0 & \sin\alpha \\ 0 & 1 & 0 \\ -\sin\alpha & 0 & \cos\alpha \end{bmatrix} \tag{4.5}$$

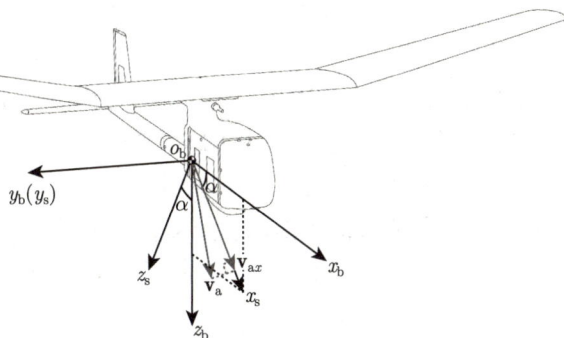

图 4.3　稳定坐标系与迎角

2）气流坐标系

空速矢量 $\mathbf{v}_a$ 与机体坐标系 $o_bx_bz_b$ 平面的夹角即为侧滑角 β（空速矢量位于平面右侧，侧滑角为正）。如图4.4所示，基于稳定坐标系 $o_sx_sy_sz_s$，定义一个新的坐标系 $o_wx_wy_wz_w$，

其中 $o_w x_w$ 即为空速矢量 $\mathbf{v}_a$ 的方向，$o_w z_w$ 轴与 $o_s z_s$ 轴重合，根据右手定则确定 $o_w y_w$ 轴。由于 $o_w x_w$ 即为空速方向，该坐标系 $o_w x_w y_w z_w$ 称为气流坐标系。由稳定坐标系到气流坐标系的旋转矩阵为

$$\mathbf{R}(\beta) = \begin{bmatrix} \cos\beta & \sin\beta & 0 \\ -\sin\beta & \cos\beta & 0 \\ 0 & 0 & 1 \end{bmatrix} \tag{4.6}$$

因此，最终可以得到由机体坐标系到气流坐标系的旋转矩阵为

$$\mathbf{R}_b^w = \mathbf{R}(\beta)\mathbf{R}(\alpha) = \begin{bmatrix} \cos\beta\cos\alpha & \sin\beta & \cos\beta\sin\alpha \\ -\sin\beta\cos\alpha & \cos\beta & -\sin\beta\cos\alpha \\ -\sin\alpha & 0 & \cos\alpha \end{bmatrix} \tag{4.7}$$

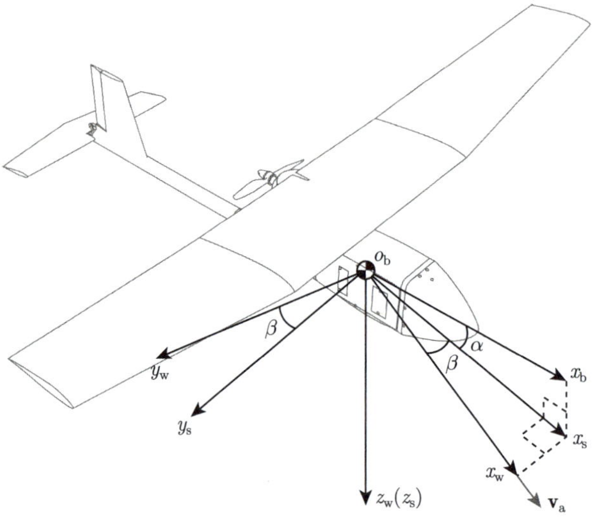

图 4.4　气流坐标系与侧滑角

4. 航迹坐标系

固定翼无人机相对于地面（地面坐标系）的速度称为地速，将地速表示为 $\mathbf{v}_g$[①]。航迹坐标系 $o_k x_k y_k z_k$ 的原点位于固定翼无人机的质心位置，$o_k x_k$ 轴沿着地速的方向，$o_k z_k$ 轴在 $o_k x_k$ 轴所在的铅垂平面内，且垂直于 $o_k x_k$ 轴指向机体下方，根据右手定则确定 $o_k y_k$ 轴。地速 $\mathbf{v}_g$ 与地面坐标系 $o_e x_e y_e$ 平面的夹角即为航迹倾角 γ，航迹向上为正，如图4.5所示。地速 $\mathbf{v}_g$ 在 $o_e x_e y_e$ 平面内的投影与 $o_e x_e$ 轴之间的夹角称为航迹偏角 χ，向右为正。

5. 空速、风速和地速

固定翼无人机相对于气流的速度为空速矢量 $\mathbf{v}_a$，将空气流动风相对于地面坐标系的速度表示为 $\mathbf{v}_w$。它们与地速的关系为

$$\mathbf{v}_a = \mathbf{v}_g - \mathbf{v}_w \tag{4.8}$$

---

① "注意：在无风条件下，地速矢量与空速矢量一致。"

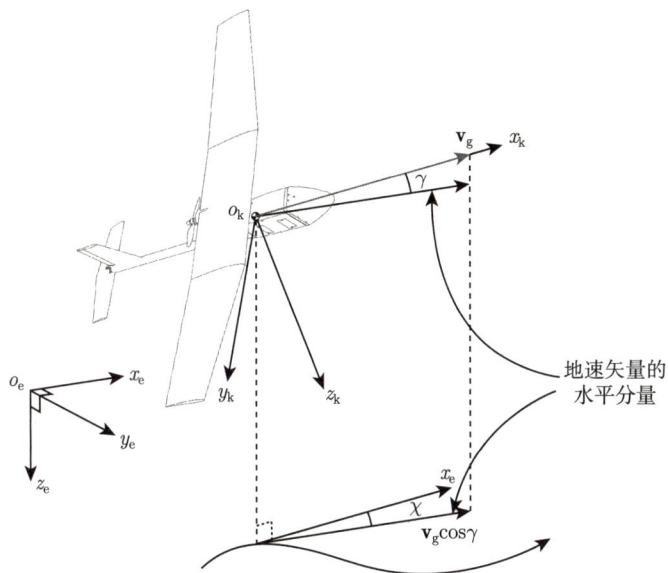

图 4.5 航迹坐标系与航迹倾角

地速矢量在机体坐标系下的分量可以描述为

$$
{}^{b}\mathbf{v}_{g} = \begin{bmatrix} v_{gx_b} \\ v_{gy_b} \\ v_{gz_b} \end{bmatrix}
\tag{4.9}
$$

相似地，风速矢量在机体坐标系下表示为

$$
{}^{b}\mathbf{v}_{w} = \begin{bmatrix} v_{wx_b} \\ v_{wy_b} \\ v_{wz_b} \end{bmatrix} = \mathbf{R}_{e}^{b}\mathbf{v}_{w}
\tag{4.10}
$$

可以得到空速矢量在机体坐标系下的表示，具体写为

$$
{}^{b}\mathbf{v}_{a} = \begin{bmatrix} v_{ax_b} \\ v_{ay_b} \\ v_{az_b} \end{bmatrix} = \begin{bmatrix} v_{gx_b} - v_{wx_b} \\ v_{gy_b} - v_{wy_b} \\ v_{gz_b} - v_{wz_b} \end{bmatrix}
\tag{4.11}
$$

而空速矢量在气流坐标系下表示为

$$
{}^{w}\mathbf{v}_{a} = \begin{bmatrix} V_{a} \\ 0 \\ 0 \end{bmatrix}
\tag{4.12}
$$

在建模和仿真的过程中，可以认为地面坐标系的风速矢量由风模型提供，而机体相对

于地面坐标系的速度也可以由运动学方程获得。因此，结合上述表达式得到

$$
{}^{\mathrm{b}}\mathbf{v}_{\mathrm{a}} = \begin{bmatrix} v_{\mathrm{a}x_{\mathrm{b}}} \\ v_{\mathrm{a}y_{\mathrm{b}}} \\ v_{\mathrm{a}z_{\mathrm{b}}} \end{bmatrix} = \mathbf{R}_{\mathrm{w}}^{\mathrm{b}} \begin{bmatrix} V_{\mathrm{a}} \\ 0 \\ 0 \end{bmatrix} \tag{4.13}
$$

将式(4.7)中的旋转矩阵求逆，并代入式(4.13)中，可以得到

$$
{}^{\mathrm{b}}\mathbf{v}_{\mathrm{a}} = \begin{bmatrix} v_{\mathrm{a}x_{\mathrm{b}}} \\ v_{\mathrm{a}y_{\mathrm{b}}} \\ v_{\mathrm{a}z_{\mathrm{b}}} \end{bmatrix} = V_{\mathrm{a}} \begin{bmatrix} \cos\alpha\cos\beta \\ \sin\beta \\ \sin\alpha\cos\beta \end{bmatrix} \tag{4.14}
$$

由此可以解出如下关系式

$$
\begin{aligned}
V_{\mathrm{a}} &= \sqrt{v_{\mathrm{a}x_{\mathrm{b}}}^2 + v_{\mathrm{a}y_{\mathrm{b}}}^2 + v_{\mathrm{a}z_{\mathrm{b}}}^2} \\
\alpha &= \arctan\left(\frac{v_{\mathrm{a}z_{\mathrm{b}}}}{v_{\mathrm{a}x_{\mathrm{b}}}}\right) \\
\beta &= \arcsin\left(\frac{v_{\mathrm{a}y_{\mathrm{b}}}}{\sqrt{v_{\mathrm{a}x_{\mathrm{b}}}^2 + v_{\mathrm{a}y_{\mathrm{b}}}^2 + v_{\mathrm{a}z_{\mathrm{b}}}^2}}\right)
\end{aligned} \tag{4.15}
$$

4.1.2 运动学与动力学

1. 刚体飞行器方程推导假设

在推导无人机刚体运动方程时，为了简化计算过程，做如下假设：

（1）无人机表面不产生变形，质量保持不变；

（2）忽略地球自转速率，惯性坐标系选取地面坐标系；

（3）将地面作为理想的二维平面；

（4）重力加速度保持不变，不受空间位置影响；

（5）无人机的结构是对称的，其对称面为机体坐标系 $o_{\mathrm{b}}x_{\mathrm{b}}z_{\mathrm{b}}$ 平面，有着对称的质量分布，惯性积满足 $J_{xy} = J_{zy} = 0$，无人机关于机体坐标系三个轴的转动惯量不变。

2. 运动学方程

令固定翼无人机重心位置向量为 ${}^{\mathrm{e}}\mathbf{p} \in \mathbb{R}^3$，则其运动方程为

$$
{}^{\mathrm{e}}\dot{\mathbf{p}} = {}^{\mathrm{e}}\mathbf{v} \tag{4.16}
$$

式中 ${}^{\mathrm{e}}\mathbf{v} \in \mathbb{R}^3$ 表示固定翼无人机在地面坐标系下的速度。

对于姿态运动学方程，令机体角速度为 ${}^{\mathrm{b}}\omega = \begin{bmatrix} \omega_{x_{\mathrm{b}}} & \omega_{y_{\mathrm{b}}} & \omega_{z_{\mathrm{b}}} \end{bmatrix}^{\mathrm{T}} \in \mathbb{R}^3$，则欧拉角姿态变化率与机体角速度有如下关系

$$
\begin{bmatrix} \omega_{x_{\mathrm{b}}} \\ \omega_{y_{\mathrm{b}}} \\ \omega_{z_{\mathrm{b}}} \end{bmatrix} = \begin{bmatrix} 1 & 0 & -\sin\theta \\ 0 & \cos\phi & \cos\theta\sin\phi \\ 0 & -\sin\phi & \cos\theta\cos\phi \end{bmatrix} \begin{bmatrix} \dot{\phi} \\ \dot{\theta} \\ \dot{\psi} \end{bmatrix} \tag{4.17}
$$

进一步，有

$$^{\mathrm{b}}\omega = \mathbf{W} \cdot \dot{\Theta} \tag{4.18}$$

其中

$$\dot{\Theta} \triangleq \begin{bmatrix} \dot{\phi} \\ \dot{\theta} \\ \dot{\psi} \end{bmatrix}, \quad \mathbf{W} \triangleq \begin{bmatrix} 1 & 0 & -\sin\theta \\ 0 & \cos\phi & \cos\theta\sin\phi \\ 0 & -\sin\phi & \cos\theta\cos\phi \end{bmatrix}$$

4.1.2.1　动力学方程

1）位置

对固定翼无人机进行受力分析，有

$$^{\mathrm{e}}\dot{\mathbf{v}} = \frac{^{\mathrm{e}}\mathbf{f}}{m} \tag{4.19}$$

式中 m 表示固定翼无人机总质量，所受合外力 $^{\mathrm{e}}\mathbf{f}$ 包括重力 $\mathbf{g}$、动力系统推力（拉力）$^{\mathrm{b}}\mathbf{t}$ 和气动力 $^{\mathrm{b}}\mathbf{f}_{\mathrm{a}}$，可以表示为

$$^{\mathrm{e}}\mathbf{f} = \mathbf{g} + \mathbf{R}_{\mathrm{b}}^{\mathrm{e}}(^{\mathrm{b}}\mathbf{t} + ^{\mathrm{b}}\mathbf{f}_{\mathrm{a}}) \tag{4.20}$$

进一步，由于

$$^{\mathrm{e}}\mathbf{v} = \mathbf{R}_{\mathrm{b}}^{\mathrm{e}} \cdot {}^{\mathrm{b}}\mathbf{v} \tag{4.21}$$

结合式(4.19)、式(4.20)及式(4.21)，可以得到

$$^{\mathrm{b}}\dot{\mathbf{v}} = -[^{\mathrm{b}}\omega]_{\times}\,{}^{\mathrm{b}}\mathbf{v} + \frac{^{\mathrm{b}}\mathbf{f}}{m}$$
$$^{\mathrm{b}}\mathbf{f} = (\mathbf{R}_{\mathrm{b}}^{\mathrm{e}})^{-1}\mathbf{g} + ^{\mathrm{b}}\mathbf{t} + ^{\mathrm{b}}\mathbf{f}_{\mathrm{a}} \tag{4.22}$$

2）姿态

在机体坐标系内建立姿态动力学方程如下

$$\mathbf{J} \cdot {}^{\mathrm{b}}\dot{\omega} = -^{\mathrm{b}}\omega \times (\mathbf{J} \cdot {}^{\mathrm{b}}\omega) + ^{\mathrm{b}}\mathbf{m}$$
$$^{\mathrm{b}}\mathbf{m} = \mathbf{g}_{\mathrm{y}} + ^{\mathrm{b}}\mathbf{m}_{\mathrm{a}} + ^{\mathrm{b}}\mathbf{m}_{\mathrm{p}} \tag{4.23}$$

式中 $\mathbf{J} \in \mathbb{R}^{3\times3}$ 为固定翼无人机转动惯量矩阵；$\mathbf{g}_{\mathrm{y}} \in \mathbb{R}^3$ 为陀螺力矩；$^{\mathrm{b}}\mathbf{m}_{\mathrm{a}} \in \mathbb{R}^3$ 为固定翼无人机在机体坐标系下受到的气动力矩；$^{\mathrm{b}}\mathbf{m}_{\mathrm{p}}$ 为螺旋桨产生的反扭力矩，在后续建模中被忽略；$^{\mathrm{b}}\mathbf{m} \in \mathbb{R}^3$ 为固定翼无人机在机体坐标系下受到的合外力矩。转动惯量 $\mathbf{J}$ 表示为

$$\mathbf{J} = \begin{bmatrix} J_{xx} & 0 & -J_{xz} \\ 0 & J_{yy} & 0 \\ -J_{zx} & 0 & J_{zz} \end{bmatrix}$$

式中 $J_{xx}, J_{yy}, J_{zz} \in \mathbb{R}_+$ 为中心主转动惯量，$J_{xz} = J_{zx} \in \mathbb{R}_+$ 为惯性积。

4.1.3 力与力矩

1. 重力

固定翼无人机重力作用于质心，在地面坐标系下表示为如下的分量形式

$$\mathbf{g} = \begin{bmatrix} 0 \\ 0 \\ mg \end{bmatrix} \tag{4.24}$$

在实际建模仿真中，需要在机体坐标系下进行表示，即

$$^{\mathrm{b}}\mathbf{g} = \mathbf{R}_{\mathrm{e}}^{\mathrm{b}} \begin{bmatrix} 0 \\ 0 \\ mg \end{bmatrix} = \begin{bmatrix} -mg\sin\theta \\ mg\cos\theta\sin\phi \\ mg\cos\theta\cos\phi \end{bmatrix} \tag{4.25}$$

2. 气动力与力矩

1）纵向空气动力学

纵向气动力和力矩包括升力、阻力和俯仰力矩，引起机体在 $o_{\mathrm{e}}x_{\mathrm{e}}z_{\mathrm{e}}$ 平面内运动，该平面也称为俯仰平面，如图4.6所示。升力、阻力和俯仰力矩主要受到迎角 α 变化的影响，也受到机体俯仰速率 $\omega_{y_{\mathrm{b}}}$ 以及升降舵 δ_{e} 的影响。因此，升力 $f_{\mathrm{a}z}$、阻力 $f_{\mathrm{a}x}$ 和俯仰力矩 $m_{\mathrm{a}y}$ 的公式[2] 为

$$f_{\mathrm{a}z} \approx \frac{1}{2}\rho V_{\mathrm{a}}^2 S C_L(\alpha, \dot{\alpha}, \omega_{y_{\mathrm{b}}}, \delta_{\mathrm{e}})$$

$$f_{\mathrm{a}x} \approx \frac{1}{2}\rho V_{\mathrm{a}}^2 S C_D(\alpha, \dot{\alpha}, \omega_{y_{\mathrm{b}}}, \delta_{\mathrm{e}}) \tag{4.26}$$

$$m_{\mathrm{a}y} \approx \frac{1}{2}\rho V_{\mathrm{a}}^2 S c_{\mathrm{A}} C_m(\alpha, \dot{\alpha}, \omega_{y_{\mathrm{b}}}, \delta_{\mathrm{e}})$$

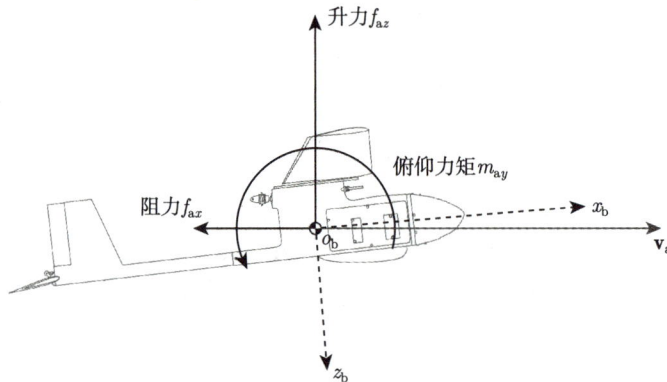

图 4.6　纵向气动力和力矩

这里力和力矩在一般情况与迎角 α、机体俯仰速率 $\omega_{y_{\mathrm{b}}}$ 以及升降舵 δ_{e} 之间呈非线性的关系，但当迎角较小时，机翼周围气流相对稳定。在这种情况下，升力、阻力和俯仰力

矩可以以较好的精度通过线性模型进行表示。另外 c_A 表示平均气动弦长。这里以升力表示为例，对升力方程进行一阶泰勒展开

$$C_L = C_{L_0} + \frac{\partial C_L}{\partial \alpha}\alpha + \frac{\partial C_L}{\partial \dot{\alpha}}\dot{\alpha} + \frac{\partial C_L}{\partial q}\omega_{y_b} + \frac{\partial C_L}{\partial \delta_e}\delta_e \qquad (4.27)$$

这里，C_{L_0} 是 C_L 在 $\alpha = \omega_{x_b} = 0$ 条件下的值。通常将该线性近似的偏导数无量纲化，C_L 和 α、δ_e 都是无量纲的，而角速率 ω_{x_b}、迎角变化率 $\dot{\alpha}$ 的单位是 rad/s，因此，这里需要将 $\partial C_L/\partial q$ 和 $\partial C_L/\partial \dot{\alpha}$ 进行无量纲化。通过引入标准因子 $c_A/(2V_a)$，将式(4.27)改写成

$$C_L = C_{L_0} + C_{L_\alpha}\alpha + C_{L_{\dot{\alpha}}}\frac{c_A}{2V_a}\dot{\alpha} + C_{L_q}\frac{c_A}{2V_a}\omega_{y_b} + C_{L_{\delta_e}}\delta_e \qquad (4.28)$$

式中 C_{L_0}，$C_{L_\alpha} = \partial C_L/\partial \alpha$，$C_{L_{\dot{\alpha}}} = (\partial C_L/\partial \dot{\alpha})/(c/2V_a)$，$C_{L_q} = (\partial C_L/\partial q)/(c/2V_a)$，$C_{L_{\delta_e}} = \partial C_L/\partial \delta_e$ 都是无量纲的量。对于标准因子的选取，原则上是保证最终系数无量纲即可，最终选取为 $c_A/(2V_a)$，与气动力的具体推导过程相关，详见 [26]；C_{L_α}、$C_{L_{\dot{\alpha}}}$ 和 C_{L_q} 通常被称作气动导数，$C_{L_{\delta_e}}$ 被称为控制导数[①]。

类似地，对于纵向气动力和力矩中的阻力与俯仰力矩方程也进行近似线性化处理。最终，纵向气动力和力矩表示为

$$f_{az} \approx \frac{1}{2}\rho V_a^2 S(C_{L_0} + C_{L_\alpha}\alpha + C_{L_{\dot{\alpha}}}\frac{c_A}{2V_a}\dot{\alpha} + C_{L_q}\frac{c_A}{2V_a}\omega_{y_b} + C_{L_{\delta_e}}\delta_e)$$

$$f_{ax} \approx \frac{1}{2}\rho V_a^2 S(C_{D_0} + C_{D_\alpha}\alpha + C_{D_{\dot{\alpha}}}\frac{c_A}{2V_a}\dot{\alpha} + C_{D_q}\frac{c_A}{2V_a}\omega_{y_b} + C_{D_{\delta_e}}\delta_e) \qquad (4.29)$$

$$m_{ay} \approx \frac{1}{2}\rho V_a^2 S c_A(C_{m_0} + C_{m_\alpha}\alpha + C_{m_{\dot{\alpha}}}\frac{c_A}{2V_a}\dot{\alpha} + C_{m_q}\frac{c_A}{2V_a}\omega_{y_b} + C_{m_{\delta_e}}\delta_e)$$

2）横侧向空气动力学

横侧向气动力和力矩使得固定翼无人机沿 $o_b y_b$ 轴方向运动，同时也引起滚转和偏航运动，如图4.7所示。横侧向气动力主要受到侧滑角 β 的影响，同时也受到滚转速率、偏航速率、副翼、方向舵的影响，表示为

$$f_{ay} \approx \frac{1}{2}\rho V_a^2 SC_Y(\beta, \omega_{x_b}, \omega_{z_b}, \delta_a, \delta_r)$$

$$m_{ax} \approx \frac{1}{2}\rho V_a^2 SbC_l(\beta, \omega_{x_b}, \omega_{z_b}, \delta_a, \delta_r) \qquad (4.30)$$

$$m_{az} \approx \frac{1}{2}\rho V_a^2 SbC_n(\beta, \omega_{x_b}, \omega_{z_b}, \delta_a, \delta_r)$$

[①] 气动导数和气动系数是飞行器设计和空气动力学中常用的两个概念，它们有一些区别。气动系数（Aerodynamic Coefficient）：指的是描述飞行器在特定飞行状态下与空气之间相互作用的无量纲系数。气动导数（Aerodynamic Derivative）：指的是飞行器在飞行中对某一特定参数（如迎角、侧滑角等）的变化率。例如，式 (4.28) 中的 C_L 是升力系数，而 C_{L_α} 是气动导数。为了描述方便，有时把气动导数和控制导数统称系数。

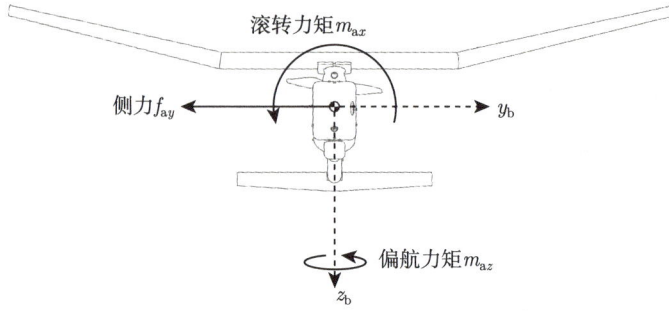

图 4.7　横侧向气动力和力矩

对式 (4.30) 采用一阶泰勒展开并进行线性化处理，可得横侧向气动力和力矩的线性表示为

$$f_{ay} \approx \frac{1}{2}\rho V_a^2 S(C_{Y_0} + C_{Y_\beta}\beta + C_{Y_p}\frac{b}{2V_a}\omega_{x_b} + C_{Y_r}\frac{b}{2V_a}\omega_{z_b} + C_{Y\delta_a}\delta_a + C_{Y\delta_r}\delta_r)$$

$$m_{ax} \approx \frac{1}{2}\rho V_a^2 Sb(C_{l_0} + C_{l_\beta}\beta + C_{l_p}\frac{b}{2V_a}\omega_{x_b} + C_{l_r}\frac{b}{2V_a}\omega_{z_b} + C_{l\delta_a}\delta_a + C_{l\delta_r}\delta_r) \tag{4.31}$$

$$m_{az} \approx \frac{1}{2}\rho V_a^2 Sb(C_{n_0} + C_{n_\beta}\beta + C_{n_p}\frac{b}{2V_a}\omega_{x_b} + C_{n_r}\frac{b}{2V_a}\omega_{z_b} + C_{n\delta_a}\delta_a + C_{n\delta_r}\delta_r)$$

3. 动力系统拉力

在建模过程中，认为固定翼无人机动力系统沿机体 $o_b x_b$ 轴安装，在 3.1.1 节平飞性能中分析了螺旋桨动力系统在空速为零的情况下，所产生的拉力为

$$T = C_T\rho\left(\frac{N}{60}\right)^2 D_p^4 \tag{4.32}$$

因此，当空速大小为 V_a 时，依照式 (3.7)，动力系统拉力在机体坐标系下表示为

$$^b\mathbf{t} = \begin{bmatrix} T - K\dfrac{V_a}{\sqrt{T}} \\ 0 \\ 0 \end{bmatrix} \tag{4.33}$$

动力系统拉力公式 (4.33) 适用于固定翼无人机稳态飞行。然而，建立受控模型时，需要考虑拉力的变化，包括 $T = 0$。为了避免分母为 0 的情况，修改拉力模型如下

$$T_{dyn} = T - K_0(K_1 + K_2 J + K_3 J^2)\frac{V_a}{\sqrt{T + \epsilon}} \tag{4.34}$$

式中 $K_0, K_1, K_2, K_3 \in \mathbb{R}$ 为衰减系数，$\epsilon > 0$ 为一个很小的值，就是为了避免除以 0，J 表示前进比。取 $K_0 = 4.034$，$K_1 = 0.2641$，$K_2 = 0.4361$，$K_3 = 0.001263$，$\epsilon = 0.00001$，空速–拉力曲线如图4.8所示。

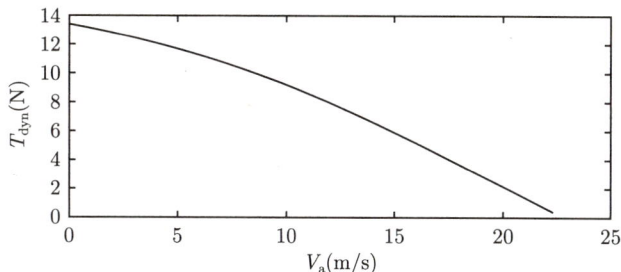

图 4.8　空速–拉力曲线

4.1.4　配平与线性化

1. 基于小扰动理论的线性化方法

对于一般的非线性方程组

$$\dot{\mathbf{x}} = \mathbf{f}(\mathbf{x}, \mathbf{u}) \tag{4.35}$$

式中 n 维状态向量 $\mathbf{x} \in \mathbb{R}^n$，$m$ 维控制输入向量 $\mathbf{u} \in \mathbb{R}^m$，$\mathbf{f}(\cdot)$ 为由 n 个非线性函数组成的向量函数。将式 (4.35) 写成如下隐式形式

$$\mathbf{f}(\dot{\mathbf{x}}, \mathbf{x}, \mathbf{u}) = 0 \tag{4.36}$$

满足条件 $\dot{\mathbf{x}} \equiv 0$，$\mathbf{u} \equiv 0$ 或者 $\mathbf{u}$ 为常数且 $\mathbf{f}(\dot{\mathbf{x}}, \mathbf{x}, \mathbf{u}) = 0$ 的解 $(\mathbf{x}^*, \mathbf{u}^*)$ 称为平衡点。在平衡点条件下的运动称为**基准运动**，飞行器偏离基准运动很小量的运动称为小扰动运动，其小扰动量为 $\Delta\mathbf{x}$。

令 $\Delta\mathbf{x} \triangleq \mathbf{x} - \mathbf{x}^*$，$\Delta\mathbf{u} \triangleq \mathbf{u} - \mathbf{u}^*$，可以得到

$$
\begin{aligned}
\Delta\dot{\mathbf{x}} &= \dot{\mathbf{x}} - \dot{\mathbf{x}}^* \\
&= \mathbf{f}(\mathbf{x}, \mathbf{u}) - \mathbf{f}(\mathbf{x}^*, \mathbf{u}^*) \\
&= \mathbf{f}(\mathbf{x} + \mathbf{x}^* - \mathbf{x}^*, \mathbf{u} + \mathbf{u}^* - \mathbf{u}^*) - \mathbf{f}(\mathbf{x}^*, \mathbf{u}^*) \\
&= \mathbf{f}(\mathbf{x}^* + \Delta\mathbf{x}, \mathbf{u}^* + \Delta\mathbf{u}) - \mathbf{f}(\mathbf{x}^*, \mathbf{u}^*)
\end{aligned} \tag{4.37}
$$

利用泰勒级数（Taylor Series）展开式的第一项作为平衡状态，有

$$\Delta\dot{\mathbf{x}} = \mathbf{f}(\mathbf{x}^*, \mathbf{u}^*) + \left.\frac{\partial \mathbf{f}(\mathbf{x}, \mathbf{u})}{\partial \mathbf{x}}\right|_{\mathbf{x}=\mathbf{x}^*, \mathbf{u}=\mathbf{u}^*} \Delta\mathbf{x} + \left.\frac{\partial \mathbf{f}(\mathbf{x}, \mathbf{u})}{\partial \mathbf{u}}\right|_{\mathbf{x}=\mathbf{x}^*, \mathbf{u}=\mathbf{u}^*} \Delta\mathbf{u} + o(\Delta\mathbf{x}, \Delta\mathbf{u}) - \mathbf{f}(\mathbf{x}^*, \mathbf{u}^*)$$

$$\approx \left.\frac{\partial \mathbf{f}(\mathbf{x}, \mathbf{u})}{\partial \mathbf{x}}\right|_{\mathbf{x}=\mathbf{x}^*, \mathbf{u}=\mathbf{u}^*} \Delta\mathbf{x} + \left.\frac{\partial \mathbf{f}(\mathbf{x}, \mathbf{u})}{\partial \mathbf{u}}\right|_{\mathbf{x}=\mathbf{x}^*, \mathbf{u}=\mathbf{u}^*} \Delta\mathbf{u} \tag{4.38}$$

因此，在平衡条件下，可以通过求 $\partial \mathbf{f}/\partial \mathbf{x}$ 和 $\partial \mathbf{f}/\partial \mathbf{u}$ 来确定线性化的动力学方程。那么，将方程组 [式 (4.36)] 展开成标量形式

$$\mathrm{fun}1(\dot{\mathbf{x}}, \mathbf{x}, \mathbf{u}) = 0$$
$$\vdots \tag{4.39}$$
$$\mathrm{fun}n(\dot{\mathbf{x}}, \mathbf{x}, \mathbf{u}) = 0$$

在平衡条件下取泰勒级数一次项得到

$$(\nabla_{\dot{\mathbf{x}}}\mathrm{fun}1)\Delta\dot{\mathbf{x}} + (\nabla_{\mathbf{x}}\mathrm{fun}1)\Delta\mathbf{x} + (\nabla_{\mathbf{u}}\mathrm{fun}1)\Delta\mathbf{u} = 0$$
$$\vdots \tag{4.40}$$
$$(\nabla_{\dot{\mathbf{x}}}\mathrm{fun}n)\Delta\dot{\mathbf{x}} + (\nabla_{\mathbf{x}}\mathrm{fun}n)\Delta\mathbf{x} + (\nabla_{\mathbf{u}}\mathrm{fun}n)\Delta\mathbf{u} = 0$$

式中 ∇ 是关于一次项微分算子的行向量。例如

$$\nabla_{\mathbf{x}}\mathrm{fun}1 = \begin{bmatrix} \dfrac{\partial\mathrm{fun}1}{\partial x_1} & \dfrac{\partial\mathrm{fun}1}{\partial x_2} & \cdots & \dfrac{\partial\mathrm{fun}1}{\partial x_n} \end{bmatrix} \tag{4.41}$$

将线性化的方程组 [式 (4.40)] 改写成线性状态方程的形式，即

$$\mathbf{E}\dot{\mathbf{x}} = \mathbf{A}\mathbf{x} + \mathbf{B}\mathbf{u} \tag{4.42}$$

式中

$$\mathbf{E} = \begin{bmatrix} \nabla_{\dot{\mathbf{x}}}\mathrm{fun}1 \\ \vdots \\ \nabla_{\dot{\mathbf{x}}}\mathrm{fun}n \end{bmatrix}_{\substack{\mathbf{x}=\mathbf{x}^*, \\ \mathbf{u}=\mathbf{u}^*}}, \mathbf{A} = -\begin{bmatrix} \nabla_{\mathbf{x}}\mathrm{fun}1 \\ \vdots \\ \nabla_{\mathbf{x}}\mathrm{fun}n \end{bmatrix}_{\substack{\mathbf{x}=\mathbf{x}^*, \\ \mathbf{u}=\mathbf{u}^*}}, \mathbf{B} = -\begin{bmatrix} \nabla_{\mathbf{u}}\mathrm{fun}1 \\ \vdots \\ \nabla_{\mathbf{u}}\mathrm{fun}n \end{bmatrix}_{\substack{\mathbf{x}=\mathbf{x}^*, \\ \mathbf{u}=\mathbf{u}^*}}$$

2. 纵向通道配平

对于左右对称的固定翼，认为横侧向是平衡的，在水平无侧滑无滚转的飞行状态下，滚转角 $\phi = 0$，滚转角速率 $\omega_{x_\mathrm{b}} = 0$，侧滑角 $\beta = 0$。在无侧滑前提下，稳定坐标系与气流坐标系重合。同时在无风条件下，空速和地速相等。在配平情况下的机体受力如图4.9所示，气流坐标系下，沿 $o_\mathrm{w}x_\mathrm{w}$、$o_\mathrm{w}z_\mathrm{w}$ 轴方向上的合力为零，且俯仰力矩也为零，即同时满足

$$\begin{cases} T\cos\alpha - f_{\mathrm{a}x} + mg\sin\gamma = 0 \\ T\sin\alpha + f_{\mathrm{a}z} - mg\cos\gamma = 0 \\ m_{\mathrm{a}y} = 0 \end{cases} \tag{4.43}$$

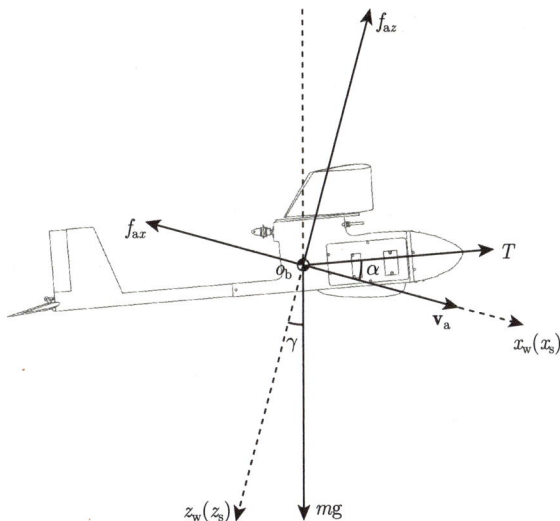

图 4.9　配平情况下机体受力

将式 (4.29) 代入式 (4.43) 得到配平方程组

$$
\begin{cases}
T\cos\alpha - \dfrac{1}{2}\rho V_a^2 S\left(C_{D_0} + C_{D_\alpha}\alpha + C_{D_{\dot\alpha}}\dfrac{c_A}{2V_a}\dot\alpha + C_{D_q}\dfrac{c_A}{2V_a}\omega_{y_b} + C_{D_{\delta_e}}\delta_e\right) - mg\sin\gamma = 0 \\[3mm]
T\sin\alpha + \dfrac{1}{2}\rho V_a^2 S\left(C_{L_0} + C_{L_\alpha}\alpha + C_{L_{\dot\alpha}}\dfrac{c_A}{2V_a}\dot\alpha + C_{L_q}\dfrac{c_A}{2V_a}\omega_{y_b} + C_{L_{\delta_e}}\delta_e\right) - mg\cos\gamma = 0 \\[3mm]
\dfrac{1}{2}\rho V_a^2 S c_A\left(C_{m_0} + C_{m_\alpha}\alpha + C_{m_{\dot\alpha}}\dfrac{c_A}{2V_a}\dot\alpha + C_{m_q}\dfrac{c_A}{2V_a}\omega_{y_b} + C_{m_{\delta_e}}\delta_e\right) = 0
\end{cases}
$$

$$(4.44)$$

将固定翼稳定飞行时的空速以及高度代入配平方程，就可以得到配平后的推力 T^*、升降舵 δ_e^*、迎角 α^*。

3. 模型线性化

1）纵向姿态运动方程线性化

固定翼无人机在配平点处的运动可以视为基准运动，小扰动运动与基准运动之间只存在很小的偏差，此时无人机的运动可以看成基准运动 $\mathbf{x}^*$ 与小扰动 $\Delta\mathbf{x}$ 的叠加运动。

对式(4.14)求微分得到

$$
\begin{cases}
\dot v_{ax_b} = \dot V_a\cos\alpha\cos\beta - \dot\alpha V_a\sin\alpha\cos\beta - \dot\beta V_a\cos\alpha\sin\beta \\[2mm]
\dot v_{ay_b} = \dot V_a\sin\beta + \dot\beta V_a\cos\beta \\[2mm]
\dot v_{az_b} = \dot V_a\sin\alpha\cos\beta + \dot\alpha V_a\cos\alpha\cos\beta - \dot\beta V_a\sin\alpha\sin\beta
\end{cases}
$$

$$(4.45)$$

在机体坐标系下位置动力学方程中各轴的受力为

$$
\begin{bmatrix} f_{x_b} \\ f_{y_b} \\ f_{z_b} \end{bmatrix} =
\begin{bmatrix}
T - mg\sin\theta - f_{ax}\cos\alpha\cos\beta + f_{az}\sin\alpha - f_{ay}\cos\alpha\sin\beta \\
f_{ay}\cos\beta + mg\sin\phi\cos\theta - f_{ax}\sin\beta \\
mg\cos\phi\cos\theta - f_{ax}\sin\alpha\cos\beta - f_{az}\cos\alpha - f_{ay}\sin\alpha\sin\beta
\end{bmatrix}
$$

$$(4.46)$$

利用式 (4.45) 和式 (4.46)，可以将式 (4.22) 中的第一个矢量方程改写为

$$
\begin{cases}
m\dot{V}_{\mathrm{a}} = T\cos\alpha\cos\beta - f_{\mathrm{a}x} + G_{x_{\mathrm{w}}} \\
mV_{\mathrm{a}}\dot{\beta} = -T\cos\alpha\sin\beta + f_{\mathrm{a}y} - mV_{\mathrm{a}}(-\omega_{x_{\mathrm{b}}}\sin\alpha + \omega_{z_{\mathrm{b}}}\cos\alpha) + G_{y_{\mathrm{w}}} \\
mV_{\mathrm{a}}\cos\beta\dot{\alpha} = -T\sin\alpha - f_{\mathrm{a}z} + mV_{\mathrm{a}}(-\omega_{x_{\mathrm{b}}}\cos\alpha\sin\beta + \omega_{y_{\mathrm{b}}}\cos\beta - \omega_{z_{\mathrm{b}}}\sin\alpha\sin\beta) + G_{z_{\mathrm{w}}}
\end{cases}
\tag{4.47}
$$

式中

$$
\begin{bmatrix} G_{x_{\mathrm{w}}} \\ G_{y_{\mathrm{w}}} \\ G_{z_{\mathrm{w}}} \end{bmatrix} = \begin{bmatrix} mg(-\cos\alpha\cos\beta\sin\theta + \sin\beta\sin\phi\cos\theta + \sin\alpha\cos\beta\cos\theta) \\ mg(\cos\alpha\sin\beta\sin\theta + \cos\beta\sin\phi\cos\theta - \sin\alpha\sin\beta\cos\phi\cos\theta) \\ mg(\sin\alpha\sin\theta + \cos\alpha\cos\phi\cos\theta) \end{bmatrix}
$$

根据式 (4.47)、式 (4.17) 和式 (4.23)，得到固定翼无人机纵向通道的运动学与动力学方程为

$$
\begin{cases}
m\dot{V}_{\mathrm{a}} = T\cos\alpha\cos\beta - f_{\mathrm{a}x} + mg(-\cos\alpha\cos\beta\sin\theta + \sin\beta\sin\phi\cos\theta + \sin\alpha\cos\beta\cos\theta) \\
mV_{\mathrm{a}}\cos\beta\dot{\alpha} = -T\sin\alpha - f_{\mathrm{a}z} + mV_{\mathrm{a}}(-\omega_{x_{\mathrm{b}}}\cos\alpha\sin\beta + \omega_{y_{\mathrm{b}}}\cos\beta - \omega_{z_{\mathrm{b}}}\sin\alpha\sin\beta) + \\
\qquad\qquad mg(\sin\alpha\sin\theta + \cos\alpha\cos\phi\cos\theta) \\
\dot{\theta} = \omega_{y_{\mathrm{b}}}\cos\phi - \omega_{z_{\mathrm{b}}}\sin\phi \\
\dot{\omega}_{y_{\mathrm{b}}} = \dfrac{1}{J_{yy}}\left(\omega_{x_{\mathrm{b}}}\omega_{z_{\mathrm{b}}}(J_{zz} - J_{xx}) + J_{xz}(\omega_{z_{\mathrm{b}}}^2 - \omega_{x_{\mathrm{b}}}^2) + m_{\mathrm{a}y}\right)
\end{cases}
\tag{4.48}
$$

纵向通道的状态变量为 $\mathbf{x}_{\mathrm{lon}} = [\Delta V_{\mathrm{a}}\ \Delta\alpha\ \Delta\theta\ \Delta\omega_{y_{\mathrm{b}}}]^{\mathrm{T}}$，$\mathbf{x}^*$ 为基准运动的稳态值，即为配平后的结果，输入量 $\mathbf{u}_{\mathrm{lon}} = [\Delta T\ \Delta\delta_{\mathrm{e}}]^{\mathrm{T}}$。利用小扰动线性化原理对式 (4.48) 进行线性化，固定翼无人机纵向通道的线性化表达式为

$$
\mathbf{E}_{\mathrm{lon}}\dot{\mathbf{x}}_{\mathrm{lon}} = \mathbf{A}_{\mathrm{lon}}\mathbf{x}_{\mathrm{lon}} + \mathbf{B}_{\mathrm{lon}}\mathbf{u}_{\mathrm{lon}}
\tag{4.49}
$$

式中

$$
\mathbf{E}_{\mathrm{lon}} = \begin{bmatrix}
m & \left(\dfrac{\partial f_{\mathrm{a}x}}{\partial\dot{\alpha}}\right)^* & 0 & 0 \\
0 & mV_{\mathrm{a}}^* + \left(\dfrac{\partial f_{\mathrm{a}z}}{\partial\dot{\alpha}}\right)^* & 0 & 0 \\
0 & 0 & 1 & 0 \\
0 & -\dfrac{1}{J_{yy}}\left(\dfrac{\partial m_{\mathrm{a}y}}{\partial\dot{\alpha}}\right)^* & 0 & 1
\end{bmatrix} = \begin{bmatrix}
m & X_{\dot{\alpha}} & 0 & 0 \\
0 & mV_{\mathrm{a}}^* + Z_{\dot{\alpha}} & 0 & 0 \\
0 & 0 & 1 & 0 \\
0 & -\dfrac{1}{J_{yy}}M_{y\dot{\alpha}} & 0 & 1
\end{bmatrix}
$$

$\mathbf{A}_{\text{lon}}$

$$
=\begin{bmatrix}
\left(\dfrac{\partial T}{\partial V_{\text{a}}}\right)^{*}\cos\alpha^{*}-\left(\dfrac{\partial f_{\text{a}x}}{\partial V_{\text{a}}}\right)^{*} & -T^{*}\sin\alpha^{*}-\left(\dfrac{\partial f_{\text{a}x}}{\partial\alpha}\right)^{*}+mg\cos\gamma^{*} & -mg\cos\gamma^{*} & \left(-\dfrac{\partial f_{\text{a}x}}{\partial\omega_{y_{\text{b}}}}\right)^{*} \\[3mm]
-\left(\dfrac{\partial T}{\partial V_{\text{a}}}\right)^{*}\sin\alpha^{*}-\left(\dfrac{\partial f_{\text{a}z}}{\partial V_{\text{a}}}\right)^{*} & -T^{*}\cos\alpha^{*}-\left(\dfrac{\partial f_{\text{a}z}}{\partial\alpha}\right)^{*}+mg\sin\gamma^{*} & -mg\sin\gamma^{*} & -\left(\dfrac{\partial f_{\text{a}z}}{\partial\omega_{y_{\text{b}}}}\right)^{*}+mV_{\text{a}}^{*} \\[3mm]
0 & 0 & 0 & 1 \\[3mm]
\dfrac{1}{J_{yy}}\left(\dfrac{\partial m_{\text{a}y}}{\partial V_{\text{a}}}\right)^{*} & \dfrac{1}{J_{yy}}\left(\dfrac{\partial m_{\text{a}y}}{\partial\alpha}\right)^{*} & 0 & \dfrac{1}{J_{yy}}\left(\dfrac{\partial m_{\text{a}y}}{\partial\omega_{y_{\text{b}}}}\right)^{*}
\end{bmatrix}
$$

$$
=\begin{bmatrix}
T_{V}\cos\alpha^{*}-X_{V} & -T^{*}\sin\alpha^{*}-X_{\alpha}+mg\cos\gamma^{*} & -mg\cos\gamma^{*} & -X_{\omega_{y}} \\[2mm]
-T_{V}\sin\alpha^{*}-Z_{V} & -T^{*}\cos\alpha^{*}-Z_{\alpha}+mg\sin\gamma^{*} & -mg\sin\gamma^{*} & -Z_{\omega_{y}}+mV_{\text{a}}^{*} \\[2mm]
0 & 0 & 0 & 1 \\[2mm]
\dfrac{1}{J_{yy}}M_{yV} & \dfrac{1}{J_{yy}}M_{y\alpha} & 0 & \dfrac{1}{J_{yy}}M_{y\omega_{y}}
\end{bmatrix}
$$

$$
\mathbf{B}_{\text{lon}}=\begin{bmatrix}
\cos\alpha^{*} & -\left(\dfrac{\partial f_{\text{a}x}}{\partial\delta_{\text{e}}}\right)^{*} \\[3mm]
-\sin\alpha^{*} & -\left(\dfrac{\partial f_{\text{a}z}}{\partial\delta_{\text{e}}}\right)^{*} \\[3mm]
0 & 0 \\[3mm]
0 & \dfrac{1}{J_{yy}}\left(\dfrac{\partial m_{\text{a}y}}{\partial\delta_{\text{e}}}\right)^{*}
\end{bmatrix}=\begin{bmatrix}
\cos\alpha^{*} & -X_{\delta_{\text{e}}} \\[3mm]
-\sin\alpha^{*} & -Z_{\delta_{\text{e}}} \\[3mm]
0 & 0 \\[3mm]
0 & \dfrac{1}{J_{yy}}M_{y\delta_{\text{e}}}
\end{bmatrix}
$$

2）横侧向姿态运动方程线性化

根据式 (4.47)、式 (4.17) 和式 (4.23)，得到固定翼无人机横侧向通道的运动学与动力学方程为

$$
\begin{cases}
mV_{\text{a}}\dot{\beta}=-T\cos\alpha\sin\beta+f_{\text{a}y}-mV_{\text{a}}(-\omega_{x_{\text{b}}}\sin\alpha+\omega_{z_{\text{b}}}\cos\alpha)+ \\
\qquad mg(\cos\alpha\sin\beta\sin\theta+\cos\beta\sin\phi\cos\theta-\sin\alpha\sin\beta\cos\phi\cos\theta) \\[2mm]
\dot{\phi}=\omega_{x_{\text{b}}}+\tan\theta(\omega_{y_{\text{b}}}\sin\phi+\omega_{z_{\text{b}}}\cos\phi) \\[2mm]
\dot{\omega}_{x_{\text{b}}}=\dfrac{1}{J_{xx}J_{zz}-J_{xz}^{2}}\big(J_{zz}m_{\text{a}x}+J_{xz}m_{\text{a}z}+\omega_{y_{\text{b}}}\omega_{z_{\text{b}}}(J_{zz}J_{yy}-J_{zz}^{2}-J_{xz}^{2})- \\
\qquad \omega_{x_{\text{b}}}\omega_{y_{\text{b}}}(J_{yy}J_{xz}-J_{zz}J_{xz}-J_{xx}J_{xz})\big) \\[2mm]
\dot{\omega}_{z_{\text{b}}}=\dfrac{1}{J_{xx}J_{zz}-J_{xz}^{2}}\big(J_{xx}m_{\text{a}z}+J_{xz}m_{\text{a}x}+\omega_{x_{\text{b}}}\omega_{y_{\text{b}}}(J_{xx}^{2}+J_{xz}^{2}-J_{xx}J_{yy})+ \\
\qquad \omega_{y_{\text{b}}}\omega_{z_{\text{b}}}(J_{yy}J_{xz}-J_{zz}J_{xz}-J_{xx}J_{xz})\big)
\end{cases}\tag{4.50}
$$

横侧向通道的状态变量为 $\mathbf{x}_{\text{lat}}=[\Delta\beta\ \Delta\phi\ \Delta\omega_{x_{\text{b}}}\ \Delta\omega_{z_{\text{b}}}]^{\text{T}}$，输入量为 $\mathbf{u}_{\text{lat}}=[\Delta\delta_{\text{a}}\ \Delta\delta_{\text{r}}]^{\text{T}}$。对式 (4.50) 进行小扰动线性化得到

$$
\mathbf{E}_{\text{lat}}\dot{\mathbf{x}}_{\text{lat}}=\mathbf{A}_{\text{lat}}\mathbf{x}_{\text{lat}}+\mathbf{B}_{\text{lat}}\mathbf{u}_{\text{lat}}\tag{4.51}
$$

式中

$$\mathbf{E}_{\text{lat}} = \begin{bmatrix} mV_a^* & 0 & 0 & 0 \\ 0 & 1 & 0 & 0 \\ 0 & 0 & 1 & 0 \\ 0 & 0 & 0 & 1 \end{bmatrix}$$

$\mathbf{A}_{\text{lat}}$

$$= \begin{bmatrix} \left(\dfrac{\partial f_{ay}}{\partial \beta}\right)^* - T^*\cos\alpha^* + mg\sin\gamma^* & mg\cos\gamma^* & \left(\dfrac{\partial f_{ay}}{\partial \omega_{x_b}}\right)^* + mV_a^*\sin\alpha^* & \left(\dfrac{\partial f_{ay}}{\partial \omega_{z_b}}\right)^* - mV_a^*\cos\alpha^* \\[3mm] 0 & 0 & \dfrac{\cos\gamma^*}{\cos\theta^*} & \dfrac{\sin\gamma^*}{\cos\theta^*} \\[3mm] \Gamma_1\left(\dfrac{\partial m_{ax}}{\partial \beta}\right)^* + \Gamma_2\left(\dfrac{\partial m_{az}}{\partial \beta}\right)^* & 0 & \Gamma_1\left(\dfrac{\partial m_{ax}}{\partial \omega_{x_b}}\right)^* + \Gamma_2\left(\dfrac{\partial m_{az}}{\partial \omega_{x_b}}\right)^* & \Gamma_1\left(\dfrac{\partial m_{ax}}{\partial \omega_{z_b}}\right)^* + \Gamma_2\left(\dfrac{\partial m_{az}}{\partial \omega_{z_b}}\right)^* \\[3mm] \Gamma_3\left(\dfrac{\partial m_{az}}{\partial \beta}\right)^* + \Gamma_2\left(\dfrac{\partial m_{ax}}{\partial \beta}\right)^* & 0 & \Gamma_3\left(\dfrac{\partial m_{az}}{\partial \omega_{x_b}}\right)^* + \Gamma_2\left(\dfrac{\partial m_{ax}}{\partial \omega_{x_b}}\right)^* & \Gamma_3\left(\dfrac{\partial m_{az}}{\partial \omega_{z_b}}\right)^* + \Gamma_2\left(\dfrac{\partial m_{ax}}{\partial \omega_{z_b}}\right)^* \end{bmatrix}$$

$$= \begin{bmatrix} Y_\beta - T^*\cos\alpha^* + mg\sin\gamma^* & mg\cos\gamma^* & Y_{\omega_x} + mV_a^*\sin\alpha^* & Y_{\omega_z} - mV_a^*\cos\alpha^* \\[3mm] 0 & 0 & \dfrac{\cos\gamma^*}{\cos\theta^*} & \dfrac{\sin\gamma^*}{\cos\theta^*} \\[3mm] \Gamma_1 M_{x\beta} + \Gamma_2 M_{z\beta} & 0 & \Gamma_1 M_{x\omega_x} + \Gamma_2 M_{z\omega_x} & \Gamma_1 M_{x\omega_z} + \Gamma_2 M_{z\omega_z} \\[3mm] \Gamma_3 M_{z\beta} + \Gamma_2 M_{x\beta} & 0 & \Gamma_3 M_{z\omega_x} + \Gamma_2 M_{x\omega_x} & \Gamma_3 M_{z\omega_z} + \Gamma_2 M_{x\omega_z} \end{bmatrix}$$

$$\mathbf{B}_{\text{lat}} = \begin{bmatrix} \left(\dfrac{\partial f_{ay}}{\partial \delta_a}\right)^* & \left(\dfrac{\partial f_{ay}}{\partial \delta_r}\right)^* \\[3mm] 0 & 0 \\[3mm] \Gamma_1\left(\dfrac{\partial m_{ax}}{\partial \delta_a}\right)^* + \Gamma_2\left(\dfrac{\partial m_{az}}{\partial \delta_a}\right)^* & \Gamma_1\left(\dfrac{\partial m_{ax}}{\partial \delta_r}\right)^* + \Gamma_2\left(\dfrac{\partial m_{az}}{\partial \delta_r}\right)^* \\[3mm] \Gamma_3\left(\dfrac{\partial m_{az}}{\partial \delta_a}\right)^* + \Gamma_2\left(\dfrac{\partial m_{ax}}{\partial \delta_a}\right)^* & \Gamma_3\left(\dfrac{\partial m_{az}}{\partial \delta_r}\right)^* + \Gamma_2\left(\dfrac{\partial m_{az}}{\partial \delta_r}\right)^* \end{bmatrix}$$

$$= \begin{bmatrix} Y_{\delta_a} & Y_{\delta_r} \\ 0 & 0 \\ \Gamma_1 M_{x\delta_a} + \Gamma_2 M_{z\delta_a} & \Gamma_1 M_{x\delta_r} + \Gamma_2 M_{z\delta_r} \\ \Gamma_3 M_{z\delta_a} + \Gamma_2 M_{x\delta_a} & \Gamma_3 M_{z\delta_r} + \Gamma_2 M_{x\delta_r} \end{bmatrix}$$

$$\Gamma_1 = \frac{J_{zz}}{J_{xx}J_{zz} - J_{xz}^2}, \quad \Gamma_2 = \frac{J_{xz}}{J_{xx}J_{zz} - J_{xz}^2}, \quad \Gamma_3 = \frac{J_{xx}}{J_{xx}J_{zz} - J_{xz}^2}$$

"注意：在平衡状态下，$\gamma = \theta - \alpha$"

4. 传递函数模型

1）纵向传递函数

与纵向通道相关的变量是俯仰角 θ、俯仰角速率 ω_{y_b}、高度 $H(p_{z_e})$ 和空速 V_a。影响纵向动力学的控制量有升降舵 δ_e 和油门控制的推力 T，为方便起见，在定速状态下，分析升降舵到俯仰角和高度的传递函数。

（1）俯仰角

推导升降舵和俯仰角之间的传递函数如下。可以认为俯仰角只受升降舵影响，其他控制变量对其的影响很小，根据式 (4.49) 提取出与俯仰角相关的状态变量（输入量）为

$$\left[\begin{array}{c} \Delta\dot{\theta} \\ \Delta\dot{\omega}_{y_b} \end{array}\right] = \mathbf{A}'\left[\begin{array}{c} \Delta\theta \\ \Delta\omega_{y_b} \end{array}\right] + \mathbf{B}'\Delta\delta_e \tag{4.52}$$

式中

$$\mathbf{A}' = \left[\begin{array}{cc} 0 & 1 \\ 0 & \dfrac{1}{J_{yy}}M_{y\omega_y} \end{array}\right], \mathbf{B}' = \left[\begin{array}{c} 0 \\ \dfrac{1}{J_{yy}}M_{y\delta_e} \end{array}\right]$$

以升降舵偏转量 $\Delta\delta_e$ 为控制输入，俯仰角 $\Delta\theta$ 为输出的传递函数，可以写成两个行列式之比，其中分母为矩阵 $s\mathbf{I}_2 - \mathbf{A}'$ 的行列式，分子是将矩阵 $\mathbf{B}'$ 中列向量替换矩阵 $s\mathbf{I}_2 - \mathbf{A}'$ 中 $\Delta\theta$ 所对应的列（第一列）构成的矩阵的行列式。传递函数为

$$\begin{aligned} \frac{\Delta\theta(s)}{\Delta\delta_e(s)} &= \frac{1}{|s\mathbf{I}_2 - \mathbf{A}'|}\left|\begin{array}{cc} 0 & -1 \\ \dfrac{1}{J_{yy}}M_{y\delta_e} & \dfrac{1}{J_{yy}}M_{y\omega_y} \end{array}\right| \\ &= \frac{M_{y\delta_e}}{J_{yy}s(s - M_{y\omega_y})} \end{aligned} \tag{4.53}$$

（2）高度

对于以恒定空速飞行的固定翼，俯仰角会直接影响无人机的高度。因此，可以直接推导俯仰角和高度之间的传递函数。根据位置运动方程 [式 (4.16)] 和旋转矩阵 $\mathbf{R}_e^b$ [式 (4.4)]，得到地面坐标系下高度通道的运动方程

$$\dot{H} = v_{gx_b}\sin\theta - v_{gy_b}\sin\phi\cos\theta - v_{gz_b}\cos\phi\cos\theta \tag{4.54}$$

在水平直线飞行时，有 $v_{gy_b} \approx 0$，$v_{gz_b} \approx 0$，$v_{gx_b} \approx V_a$，$\phi \approx 0$。若 θ 很小，则 $\sin\theta \approx \theta$。式 (4.54) 可以简化为

$$\dot{H} = V_a\theta \tag{4.55}$$

假设 $V_a = V_a^*$，对式 (4.55) 进行拉普拉斯变换，得到

$$H(s) = \frac{V_a^*}{s}\theta(s) \tag{4.56}$$

继而根据小扰动理论得到

$$\Delta H(s) = \frac{V_a^*}{s} \Delta\theta(s) \tag{4.57}$$

至此得到高度与俯仰角之间的传递函数。结合俯仰角与升降舵之间的传递函数，能够得到升降舵与高度之间的纵向传递函数。

2）横侧向传递函数

与横侧向动力学相关的变量是滚转角 ϕ、滚转角速率 ω_{x_b}、偏航角 ψ 和偏航角速率 ω_{z_b}。副翼 δ_a 直接控制滚转角，而方向舵 δ_r 直接控制偏航角。

（1）滚转角

根据克莱姆（Cramer's Rule）法则[27]，传递函数可以写成两个矩阵行列式之比，其中分母为矩阵 $s\mathbf{E} - \mathbf{A}$ 的行列式，然后将矩阵 $\mathbf{B}$ 中输出量所对应列，替换矩阵 $s\mathbf{E} - \mathbf{A}$ 中输入量所对应列，形成新的矩阵，分子则为新的矩阵所对应的行列式。因此，利用矩阵 $s\mathbf{E}_{\mathrm{lat}} - \mathbf{A}_{\mathrm{lat}}$ 和 $\mathbf{B}_{\mathrm{lat}}$ 可以得到所需的输入/输出变量的传递函数，其中

$$s\mathbf{E}_{\mathrm{lat}} - \mathbf{A}_{\mathrm{lat}} =$$

$$\begin{bmatrix} mV_a^* s - Y_\beta^* & -mg\cos\gamma^* & -Y_{\omega_x}^* & -Y_{\omega_z}^* \\ 0 & s & -\dfrac{\cos\gamma^*}{\cos\theta^*} & -\dfrac{\sin\gamma^*}{\cos\theta^*} \\ -(\Gamma_1 M_{x\beta} + \Gamma_2 M_{z\beta}) & 0 & s - (\Gamma_1 M_{x\omega_x} + \Gamma_2 M_{z\omega_x}) & -(\Gamma_1 M_{x\omega_z} + \Gamma_2 M_{z\omega_z}) \\ -(\Gamma_3 M_{z\beta} + \Gamma_2 M_{x\beta}) & 0 & -(\Gamma_3 M_{z\omega_x} + \Gamma_2 M_{x\omega_x}) & s - (\Gamma_3 M_{z\omega_z} + \Gamma_2 M_{x\omega_z}) \end{bmatrix} \tag{4.58}$$

式中 $Y_\beta^* = Y_\beta - T^*\cos\alpha^* + mg\sin\gamma^*$，$Y_{\omega_x}^* = Y_{\omega_x} + mV_a^*\sin\alpha^*$，$Y_{\omega_z}^* = Y_{\omega_z} - mV_a^*\cos\alpha^*$。首先，研究以副翼偏转量 $\Delta\delta_a$ 为控制输入，滚转角增量 $\Delta\phi$ 为状态变量的传递函数。该传递函数可以写成两个行列式之比，其中分母为矩阵 $s\mathbf{E}_{\mathrm{lat}} - \mathbf{A}_{\mathrm{lat}}$ 的行列式 $|s\mathbf{E}_{\mathrm{lat}} - \mathbf{A}_{\mathrm{lat}}|$，而分子是以矩阵 $\mathbf{B}_{\mathrm{lat}}$ 中与副翼偏转量 $\Delta\delta_a$ 所对应的列（第一列），替换行列式 $|s\mathbf{E}_{\mathrm{lat}} - \mathbf{A}_{\mathrm{lat}}|$ 中与滚转角增量 $\Delta\phi$ 所对应的列（第二列），而构成的行列式，即

$$\frac{\Delta\phi(s)}{\Delta\delta_a(s)} = \frac{1}{|s\mathbf{E}_{\mathrm{lat}} - \mathbf{A}_{\mathrm{lat}}|}$$

$$= \begin{vmatrix} mV_a^* s - Y_\beta^* & Y_{\delta_a} & -Y_{\omega_x}^* & -Y_{\omega_z}^* \\ 0 & 0 & -\dfrac{\cos\gamma^*}{\cos\theta^*} & -\dfrac{\sin\gamma^*}{\cos\theta^*} \\ -(\Gamma_1 M_{x\beta} + \Gamma_2 M_{z\beta}) & \Gamma_1 M_{x\delta_a} + \Gamma_2 M_{z\delta_a} & s - (\Gamma_1 M_{x\omega_x} + \Gamma_2 M_{z\omega_x}) & -(\Gamma_1 M_{x\omega_z} + \Gamma_2 M_{z\omega_z}) \\ -(\Gamma_3 M_{z\beta} + \Gamma_2 M_{x\beta}) & \Gamma_3 M_{z\delta_a} + \Gamma_2 M_{x\delta_a} & -(\Gamma_3 M_{z\omega_x} + \Gamma_2 M_{x\omega_x}) & s - (\Gamma_3 M_{z\omega_z} + \Gamma_2 M_{x\omega_z}) \end{vmatrix} \tag{4.59}$$

同样的方法可以得到方向舵偏转量与滚转角增量之间的传递函数

$$\frac{\Delta\phi(s)}{\Delta\delta_{\mathrm{r}}(s)} = \frac{1}{|s\mathbf{E}_{\mathrm{lat}}-\mathbf{A}_{\mathrm{lat}}|}$$

$$= \begin{vmatrix} mV_{\mathrm{a}}^*s-Y_{\beta}^* & Y_{\delta_{\mathrm{r}}} & -Y_{\omega_x}^* & -Y_{\omega_z}^* \\[2mm] 0 & 0 & -\dfrac{\cos\gamma^*}{\cos\theta^*} & -\dfrac{\sin\gamma^*}{\cos\theta^*} \\[2mm] -(\Gamma_1 M_{x\beta}+\Gamma_2 M_{z\beta}) & \Gamma_1 M_{x\delta_{\mathrm{r}}}+\Gamma_2 M_{z\delta_{\mathrm{r}}} & s-(\Gamma_1 M_{x\omega_x}+\Gamma_2 M_{z\omega_x}) & -(\Gamma_1 M_{x\omega_z}+\Gamma_2 M_{z\omega_z}) \\[2mm] -(\Gamma_3 M_{z\beta}+\Gamma_2 M_{x\beta}) & \Gamma_3 M_{z\delta_{\mathrm{r}}}+\Gamma_2 M_{x\delta_{\mathrm{r}}} & -(\Gamma_3 M_{z\omega_x}+\Gamma_2 M_{x\omega_x}) & s-(\Gamma_3 M_{z\omega_z}+\Gamma_2 M_{x\omega_z}) \end{vmatrix}$$

$$(4.60)$$

（2）协调转弯

协调转弯满足的条件为：滚转角 ϕ 为常值，偏航角速率 $\omega_{z_{\mathrm{b}}}$ 为常值，升降速度为零（水平转弯），侧滑角为零（$\beta=0$）。无人机在协调转弯情况下受力平衡，作用于机身上的升力的水平方向分量等于离心力，升力的垂直方向分量等于重力，如图4.10所示。因此，力的关系式如下

$$\begin{cases} mg = f_{\mathrm{a}z}\cos\phi \\ f_{\mathrm{c}} = f_{\mathrm{a}z}\sin\phi \end{cases} \tag{4.61}$$

在无风情况下 $V_{\mathrm{g}}=V_{\mathrm{a}}$，离心力为

$$f_{\mathrm{c}} = m\frac{V_{\mathrm{a}}^2}{R} = mV_{\mathrm{a}}\omega_{z_{\mathrm{e}}} = mV_{\mathrm{a}}\dot{\psi} \tag{4.62}$$

通过整理式 (4.61) 和式 (4.62)，得到偏航角变化率 $\dot{\psi}$ 和滚转角 ϕ 之间的关系为

$$\dot{\psi} = \frac{g}{V_{\mathrm{a}}}\tan\phi \tag{4.63}$$

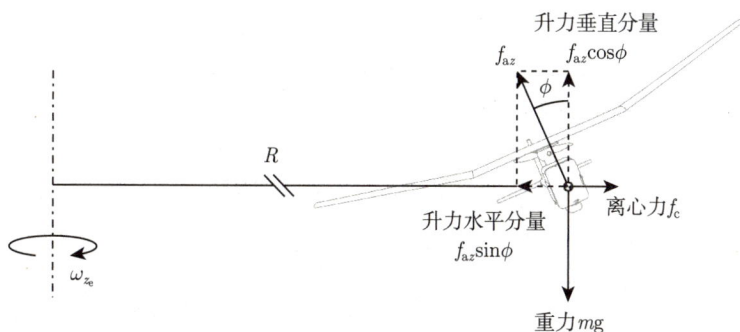

图 4.10　无人机协调转弯时的受力分析

若固定翼无人机升降速度不为零（盘旋上升），则存在俯仰角，那么式 (4.61) 变为

$$\begin{cases} mg = f_{\mathrm{a}z}\cos(\theta-\alpha)\cos\phi \\ f_{\mathrm{c}} = f_{\mathrm{a}z}\sin\phi \end{cases} \tag{4.64}$$

可以得到偏航角变化率 $\dot{\psi}$ 和滚转角 ϕ 之间的关系为

$$\dot{\psi} = \frac{g}{V_{\mathrm{a}}} \tan\phi \cos(\theta - \alpha) \tag{4.65}$$

（3）偏航角

在无风条件下协调转弯，偏航角受滚转角直接影响，因此，可以直接推导滚转角到偏航角的传递函数，若 ϕ 很小，则 $\tan\phi \approx \phi$，根据协调转弯关系式 (4.63) 有

$$\dot{\psi} = \frac{g}{V_{\mathrm{a}}} \phi \tag{4.66}$$

假设 $V_{\mathrm{a}} = V_{\mathrm{a}}^*$，对式 (4.66) 进行拉普拉斯变换得到

$$\psi(s) = \frac{g}{V_{\mathrm{a}}^* s} \phi(s) \tag{4.67}$$

继而根据小扰动理论得到

$$\Delta\psi(s) = \frac{g}{V_{\mathrm{a}}^* s} \Delta\phi(s) \tag{4.68}$$

至此得到偏航角与滚转角之间的传递函数，进而能够得到偏航角与副翼之间的传递函数，以及偏航角与方向舵之间的传递函数。

4.1.5 横侧向运动分析

固定翼无人机偏航与滚转运动间的耦合显著。当无人机在滚转时，偏航角会同步改变，这是由于气动力和机体的相互作用，主要涉及机翼气动力、垂直尾翼以及侧滑角变化的影响。由姿态运动学方程 [式 (4.17)] 可得偏航角变化率 $\dot{\psi}$ 的运动学方程如下

$$\dot{\psi} = \frac{1}{\cos\theta} \left(\omega_{z_{\mathrm{b}}} \cos\phi + \omega_{y_{\mathrm{b}}} \sin\phi \right) \tag{4.69}$$

固定翼无人机在无风条件水平转弯时，机体俯仰角很小且俯仰角速率为零。由式 (4.69) 可得，机体偏航角变化率 $\dot{\psi}$ 主要受偏航角速率 $\omega_{z_{\mathrm{b}}}$ 以及滚转角 ϕ 影响。由固定翼无人机横侧向通道的运动学与动力学方程 [式 (4.50)] 可得，偏航角速率 $\dot{\omega}_{z_{\mathrm{b}}}$ 的动力学方程为

$$
\begin{aligned}
\dot{\omega}_{z_{\mathrm{b}}} = \frac{1}{J_{xx}J_{zz} - J_{xz}^2} \big(& J_{xx}m_{az} + J_{xz}m_{ax} + \omega_{x_{\mathrm{b}}}\omega_{y_{\mathrm{b}}}(J_{xx}^2 + J_{xz}^2 - J_{xx}J_{yy}) + \\
& \omega_{y_{\mathrm{b}}}\omega_{z_{\mathrm{b}}}(J_{yy}J_{xz} - J_{zz}J_{xz} - J_{xx}J_{xz}) \big)
\end{aligned} \tag{4.70}
$$

偏航角的改变主要是偏航力矩 m_{az} 的影响。因此，以下分析滚转运动对偏航力矩的影响。由式 (4.31) 可得固定翼无人机偏航力矩为

$$m_{az} = \frac{1}{2}\rho V_{\mathrm{a}}^2 Sb \left(C_{n_0} + C_{n_\beta}\beta + C_{n_p}\frac{b}{2V_{\mathrm{a}}}\omega_{x_{\mathrm{b}}} + C_{n_r}\frac{b}{2V_{\mathrm{a}}}\omega_{z_{\mathrm{b}}} + C_{n_{\delta_{\mathrm{a}}}}\delta_{\mathrm{a}} + C_{n_{\delta_{\mathrm{r}}}}\delta_{\mathrm{r}} \right) \tag{4.71}$$

这里主要考虑无人机本身滚转运动带来的偏航力矩，不考虑舵面的变化。易得，侧滑角 β 以及滚转角速率 $\omega_{x_{\mathrm{b}}}$ 都会影响偏航力矩，而侧滑角为主要影响因素。

1. 侧滑角影响

考虑固定翼无人机从纸面向外飞行，当滚转角为 ϕ 时，受力分析如图4.11所示。此时机翼升力的水平分量 $f_{az}\sin\phi$ 会使得无人机产生机体坐标系 y 轴向右的速度分量，即向右侧滑，侧滑角 $\beta>0$。而由侧滑角引起的气动偏航力矩主要由机身和垂直尾翼产生。一般情况下，机身产生的气动偏航力矩较垂直尾翼小。因此，下面以垂直尾翼为例，分析由侧滑角 β 引起的气动偏航力矩的机理。当固定翼无人机向右侧滑时，在垂直尾翼产生负侧力（机体系），由于垂直尾翼位于无人机重心后侧，侧力产生正的偏航力矩，使得机头转向侧滑角减小，也即无人机具有航向稳定性。

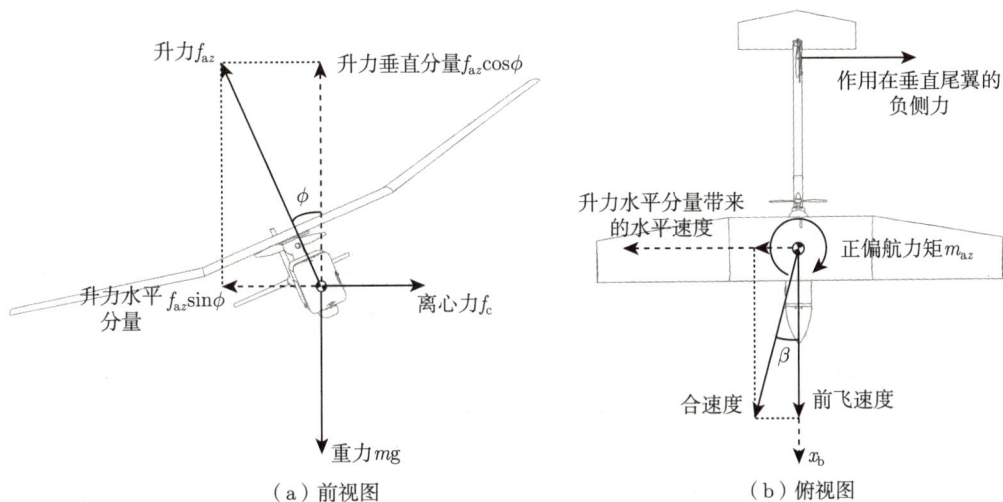

（a）前视图　　　　　（b）俯视图

图 4.11　固定翼无人机从纸面向外飞行的受力分析

2. 滚转角速率影响

考虑固定翼无人机以空速 V_a 水平前飞时向右滚转，滚转角速率 $\omega_{x_b}>0$。此时，由该角速率引起的偏航力矩主要由机翼和垂直尾翼两部分构成，起主要影响的部分为机翼。

（1）对于垂直尾翼，当无人机向右滚转时，垂直尾翼也具有向右的速度分量，相当于在垂直尾翼处产生局部侧滑角 $\beta>0$，产生负的侧力和正的偏航力矩。

（2）机翼所带来的影响较为复杂，下面仅对其背后的形成原因进行讨论。无人机有迎角 α，向右滚转时滚转角速率 $\omega_{x_b}>0$，无人机右侧机翼向下运动，有一个向下的速度增量 ΔV，此时合速度为 V_a'，故有一个相对的迎角增量 $\Delta\alpha$，且有 $\Delta\alpha\ll\alpha$。故右侧机翼升力 $f_{az,right}$ 和阻力 $f_{ax,right}$ 都增大，同理左侧机翼升力 $f_{az,left}$ 和阻力 $f_{ax,left}$ 都减小。同时升力和阻力分别与新的空速方向平行和垂直，故可得到两侧机翼升力和阻力在水平方向的分力大小分别为 $f_{ax,right}\cos(\Delta\alpha)-f_{az,right}\sin(\Delta\alpha)$ 和 $f_{ax,left}\cos(\Delta\alpha)+f_{az,left}\sin(\Delta\alpha)$，小角度近似后分别为 $f_{ax,right}-f_{az,right}\Delta\alpha$ 和 $f_{ax,left}+f_{az,left}\Delta\alpha$。其大小取决于无人机的攻角，难以直接确定[28]。在特定情况下，左侧机翼产生的水平方向合力大于右侧机翼产生的水平方向合力，如图4.12所示，故易得其产生负的偏航力矩。

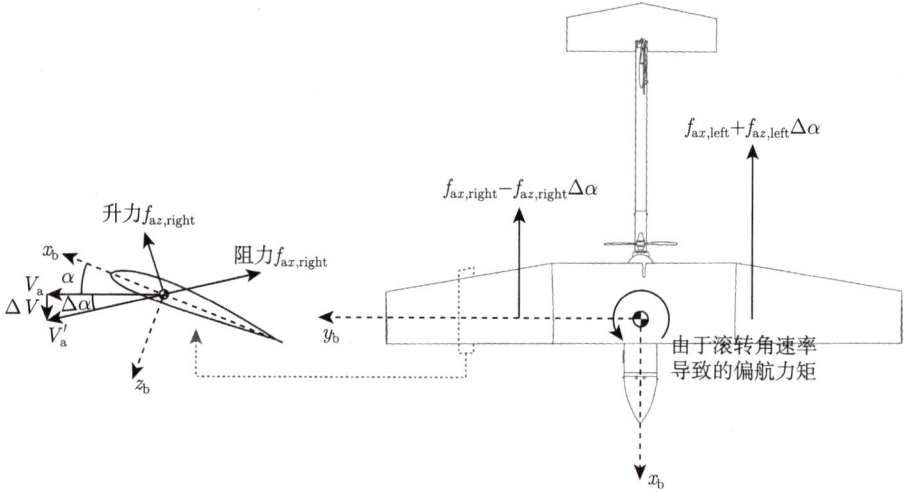

图 4.12　固定翼无人机右侧机翼翼型截面及受力分析

综上所述，固定翼无人机的滚转运动和偏航运动有显著耦合。以上简要分析了滚转运动对于偏航角的影响，这种影响是由机身、机翼、垂直尾翼等无人机结构带来的。从分析中可以看出，机身结构对于无人机的自身航向稳定性至关重要，是无人机在设计过程中需要考虑的重要因素。

4.1.6　模态分析

由式 (4.49) 和式 (4.51) 可得固定翼无人机纵向运动和横向运动的线性化表达式

$$\mathbf{E}_{\text{lon}}\dot{\mathbf{x}}_{\text{lon}} = \mathbf{A}_{\text{lon}}\mathbf{x}_{\text{lon}} + \mathbf{B}_{\text{lon}}\mathbf{u}_{\text{lon}}$$
$$\mathbf{E}_{\text{lat}}\dot{\mathbf{x}}_{\text{lat}} = \mathbf{A}_{\text{lat}}\mathbf{x}_{\text{lat}} + \mathbf{B}_{\text{lat}}\mathbf{u}_{\text{lat}}$$

(4.72)

在4.1.4节中，介绍了利用克莱姆法则求解各个状态变量和输入量之间的传递函数。本节将分别对纵向运动和横侧向运动的模态进行简要分析。

1. 纵向运动

通常将 $\Delta_{\text{lon}} = |s\mathbf{E}_{\text{lon}} - \mathbf{A}_{\text{lon}}|$ 称为纵向运动的特征行列式，而将 $\Delta_{\text{lon}} = 0$ 称为纵向运动的特征方程。易得，特征方程可写为如下形式

$$\Delta_{\text{lon}} = s^4 + a_1 s^3 + a_2 s^2 + a_3 s + a_4 = 0$$

(4.73)

固定翼无人机的特征方程描述了无人机本身的固有稳定性。依据其特征根的不同情况可以分析无人机扰动运动的基本特征。通过拉普拉斯反变换，得到的时域解称为扰动运动的一种模态，将各模态线性叠加，就得到总的扰动运动。

一般无人机纵向运动特征方程可写为两个二次因式的乘积，分别代表长周期模态和短周期模态。一般情况下，长周期模态对应一对较小的共轭复根，具有振荡周期长和衰减慢的特点；而短周期模态对应一对较大的共轭复根，具有振荡周期短和衰减快的特点。在分析实验4.3步骤四中给出了模态分析示例：输入量为零，且给定一个正迎角的初始扰动量，观

察俯仰通道各状态变量的自扰动运动如图4.29所示，不难得到：在短周期运动中，ΔV_a 和 ΔH 的变化很小；在长周期运动中，$\Delta \alpha$ 和 ω_{y_b} 几乎没有变化；而 $\Delta \theta$ 在短周期和长周期运动中都有变化，但主要体现长周期运动的特点。当存在扰动或者控制量输入时，在无人机纵向运动的初始阶段，短周期运动占主导地位，其过渡时间往往很短。同时，在这段时间内，长周期模态对应的空速和俯仰角的变化不大。在短周期运动结束后，进入长周期运动模态，长周期模态主要为无人机质心的轨迹运动。利用本书提供的固定翼无人机线性化模型，可得纵向通道的特征方程的特征根为

$$\lambda_1 = -40.4623; \quad \lambda_2 = -6.3114; \quad \lambda_{3,4} = -0.2713 \pm 0.5968i$$

其中负实部较小的两个负实根对应长周期模态，衰减速度慢，调节时间长；负实部较大的一对共轭复根对应短周期模态，振荡周期短，衰减快。

2. 横侧向运动

同理，也可求出横向运动的特征行列式 $\Delta_{lat} = |s\mathbf{E}_{lat} - \mathbf{A}_{lat}|$，并由克莱姆法则求出各状态变量和输入量之间的传递函数。横向运动包括了滚转运动和偏航运动，而这两种运动的耦合较为显著，不同于纵向通道各状态变量分别对应某种主要的模态，对于横向通道各状态量，一般有三种运动模态，对应特征方程的根有一对共轭复根，一个大根，一个小根。共轭复根对应振荡运动模态（荷兰滚模态），一个大负根对应快速收敛的滚转模态，一个小根（可正可负）代表缓慢螺旋运动的模态。横侧向通道各状态变量的自扰动运动如图4.30所示。利用本书提供的固定翼无人机线性化模型，可得横侧向通道的特征方程的特征根为

$$\lambda_1 = -6.2228; \quad \lambda_2 = -0.02258; \quad \lambda_{3,4} = -2.9813 \pm 2.8964i$$

4.2 受控动态系统建模之基础实验

4.2.1 实验配置和目标

1. 配置

（1）软件：MATLAB R2022b 或以上版本。

（2）程序：实验指导包"e2/e2-1"。实验指导包中主要有：用于初始化固定翼无人机参数的初始化文件"InitData.m"和固定翼无人机 Simulink 仿真模型"SmallFixedWingUAVnoctrl.slx"。

本书以明尼苏达大学制造的 UltraStick-25E 型微小型固定翼无人机为被控对象，如图2.1 所示。它是一架遥控商用固定翼无人机，采用对称翼型机翼。UltraStick-25E 具有方向舵和升降舵控制面，即水平和垂直尾翼，同时具有副翼襟翼控制面。在仿真过程中不考虑襟翼控制。该机型的重要物理参数有飞机质量 m=1.9kg，机翼展长 b=1.2m，机翼弦长 c=0.3m，机翼面积 S=0.32m²①，其中气动力与力矩相关系数[29] 如表4.1所示，固定翼无人

---

① 本章无人机的基本物理参数与第二章中所提到的物理参数有出入。这是因为它们所依据的参考文献不同。这一章所依据的是毕业论文[29]

机的仿真结构参考 Mathworks 开发的开源固定翼无人机源代码[30]，以上是初始化固定翼无人机参数的"InitData.m"文件中参数的主要来源。

表 4.1 UltraStick-25E 固定翼无人机相关系数

系数	数值	系数	数值	系数	数值
C_{L_0}	0.23	$C_{Y_{\delta_r}}$	0.191	C_{n_r}	-0.411
C_{L_α}	4.58	C_{m_0}	0.135	C_{l_β}	-0.04
$C_{L_{\delta_e}}$	0.124	C_{m_α}	-1.50	$C_{l_{\delta_a}}$	0.0677
$C_{L_{\dot\alpha}}$	1.97	$C_{m_{\delta_e}}$	-1.13	$C_{l_{\delta_r}}$	0.0168
C_{L_q}	7.95	$C_{m_{\dot\alpha}}$	-10.4	C_{l_p}	-0.414
$C_{L_{\min}}$	0.23	C_{m_q}	-50.8	C_{l_r}	0.399
C_{D_0}	0.0434	C_{n_β}	0.0344	J_{xx}	0.0894
$C_{D_{\delta_e}}$	0.0135	$C_{n_{\delta_a}}$	-0.012	J_{yy}	0.144
$C_{D_{\delta_r}}$	0.0303	$C_{n_{\delta_r}}$	-0.0345	J_{zz}	0.162
C_{Y_β}	-0.83	C_{n_p}	-0.075	J_{xz}	0.014

2. 目标

（1）观测并记录固定翼无人机升降舵、副翼、方向舵和螺旋桨推力变化对飞行状态产生的影响，绘制相关飞行状态响应曲线。

（2）观测并记录固定翼无人机副翼和方向舵偏转时引起的气动系数变化，分析横向通道内滚转角和偏航角变化趋势产生的原因。

4.2.2 实验步骤

基础实验的目的在于了解各控制量对于无人机运动的直接效果，在 Simulink 中进行模型的仿真测试。步骤一到步骤五观测并记录升降舵、副翼、方向舵以及螺旋桨推力油门量分别在阶跃输入下，固定翼无人机相关通道运动状态以及相关气动系数的变化情况；步骤六结合原理进行分析。

1. 步骤一：观测并记录俯仰角和高度对于升降舵偏转的响应

（1）首先打开文件"e2-1/InitData.m"，运行该初始化文件。然后打开"SmallFixedWingUAVnoctrl.slx"，如图4.13所示。该模型主要包括八个模块，分别为：虚线框① "Command"，指令模块，用于输入固定翼无人机的指令；虚线框② "Actuator Model"，操纵模块，给输入指令加入延迟；虚线框③ "Motor Model"，动力系统模块，将油门指令转化为螺旋桨的拉力；虚线框④ "Weather Model"，大气模型，模拟大气数据，如空气密度、压强、风速等；虚线框⑤ "Ground Model"，地面模型，提供地面的支持力和力矩；虚线框⑥ "Small Fixed Wing UAV Dynamics"，固定翼无人机飞行动力学模块，计算无人机的姿态、位置以及环境信息；虚线框⑦ "Sensor Model"，传感器模块，模拟传感器获取无人机飞行姿态、位置以及环境信息；虚线框⑧ "FlightGear Visualization"，FlightGear 可视化模块，通过 FlightGear 软件进行可视化仿真。

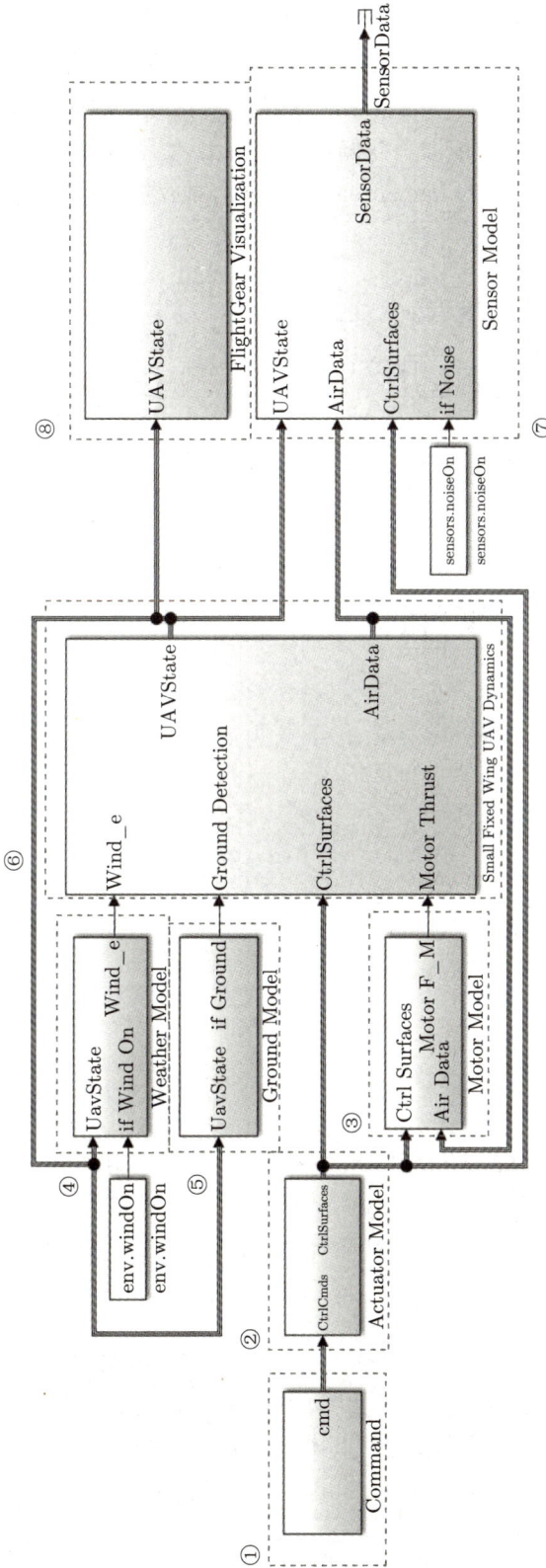

图 4.13 固定翼无人机 Simulink 模型, 来源于 "e2/e2-1/SmallFixedWingUAVnoctrl.slx"

（2）双击打开模型最左侧"Command"指令模块，其默认连接如图4.14(a)所示，除油门量之外操纵指令默认值均为 0，即处于中立平衡位置，油门量默认为 37.24%。每个操纵指令右侧对应的"Change actuators"下的阶跃信号为控制指令，例如"elevator"中信号变化如图4.15所示，表示在第 35s 时舵面负向偏转 0.04 rad，使用时将左侧阶跃信号输出与加法器断开，并将加法器与右侧"Change actuators"下的对应阶跃信号连接，如图4.14(b)所示。

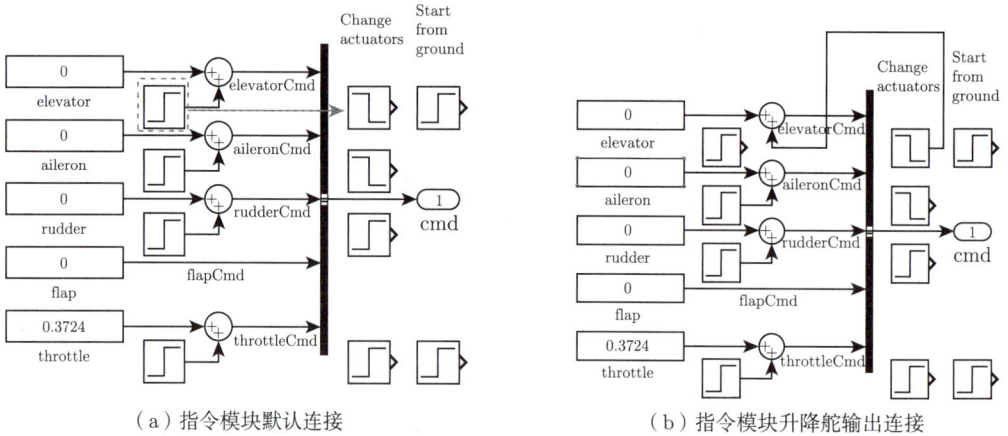

（a）指令模块默认连接　　　　　　　　（b）指令模块升降舵输出连接

图 4.14　指令模块，来源于"e2/e2-1/SmallFixedWingUAVnoctrl.slx"

图 4.15　"elevator"中信号变化

（3）运行"SmallFixedWingUAVnoctrl.slx"程序，单击 Simulink 上方工具栏中"运行"按钮，如图4.16所示。运行结束后，单击如图4.16所示工具栏中"数据检查器"，在"数据检查器"界面左侧可以找到相关状态信号，其中单击展开"Eular"出现欧拉角，依次是滚转角、俯仰角和偏航角；单击展开"SensorData"出现传感器数据，其中"airspeed"为速度，"gps_h"为高度。

图 4.16 工具栏

（4）观测仿真数据并输出响应曲线。无人机在开始仿真 20s 后达到平飞状态，观察升降舵偏转响应。在 35s 升降舵负向偏转 0.04 rad 时，无人机俯仰角正向增大，即抬头。随着俯仰角增大，无人机高度上升，飞行状态变化如图4.17所示。俯仰角与升降舵之间的关系可以通过俯仰力矩式 (4.29) 和姿态动力学式 (4.23) 获得，高度与升降舵之间的关系可以通过高度与俯仰角之间的关系式 (4.55) 和俯仰角与升降舵之间的关系式联立获得。

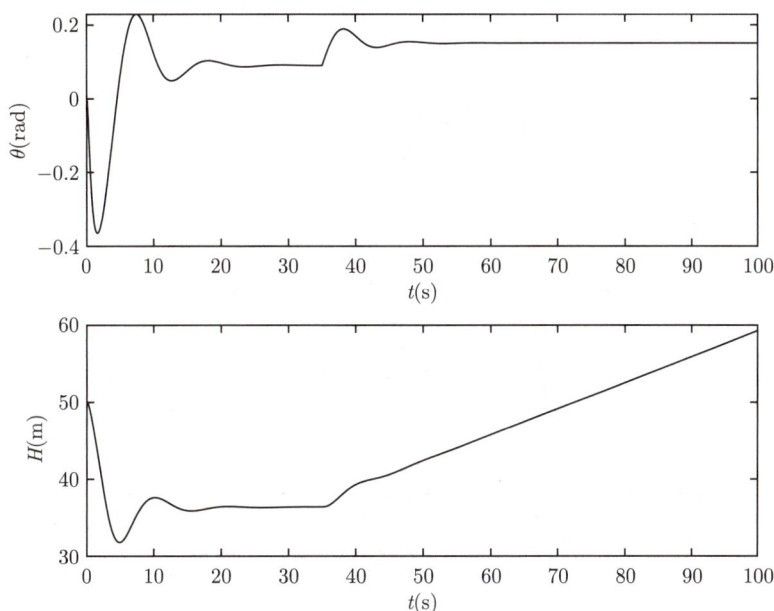

图 4.17 升降舵偏转时飞行状态变化

2. 步骤二：观测并记录滚转和偏航对于副翼偏转的响应

重复步骤一中的操作，将"Command"指令模块中，副翼"aileron"右侧对应的阶跃信号发生器与加法器连接，观测数据并输出状态变化。当副翼负向偏转 0.02 rad 时，无人机负向滚转，同时副翼也对无人机的偏航角产生影响，无人机负向偏航，飞行状态变化如图4.18所示。

3. 步骤三：观测并记录滚转和偏航对于方向舵偏转的响应

重复步骤一中的操作，将"Command"指令模块中，方向舵"rudder"右侧对应的阶跃信号发生器与加法器连接，观测数据并输出响应曲线。当方向舵正向偏转 0.02 rad 时，无人机负向偏航，同时方向舵也对无人机的滚转角产生影响，无人机负向滚转，飞行状态变化如图4.19所示。

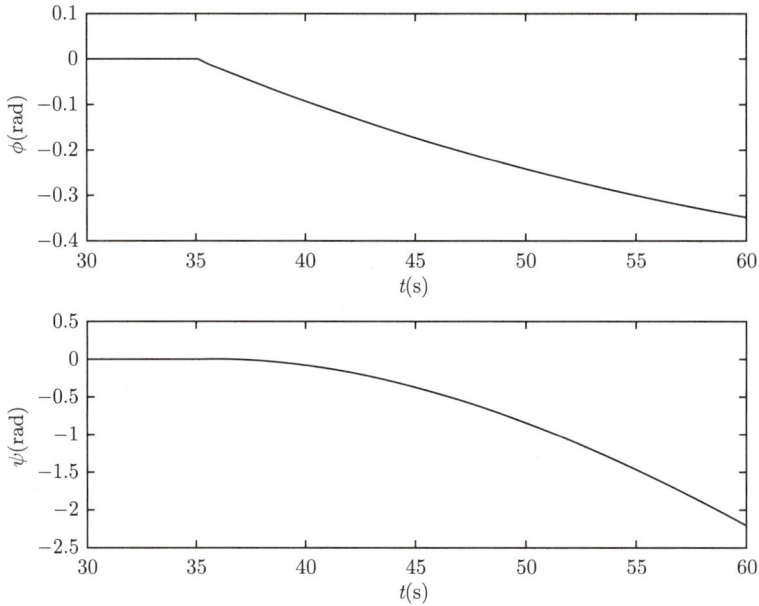

图 4.18　副翼偏转时飞行状态变化

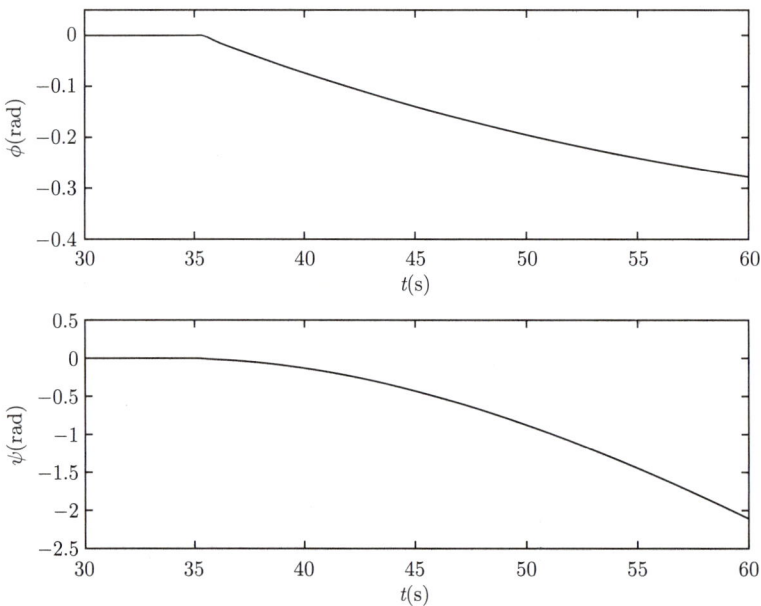

图 4.19　方向舵偏转时飞行状态变化

4. 步骤四：观测高度和速度对于螺旋桨推力的响应

重复步骤一中的操作，将"Command"指令模块中，螺旋桨推力油门量"throttle"右侧对应的阶跃信号发生器与加法器连接，观测数据并输出响应曲线。当油门增大至 50% 时，无人机速度快速增大，但是由于在没有控制的情况下存在速度饱和，会出现速度下降情况。由于速度增大，当前产生升力大于重力，无人机高度上升，飞行状态变化如图4.20所示。

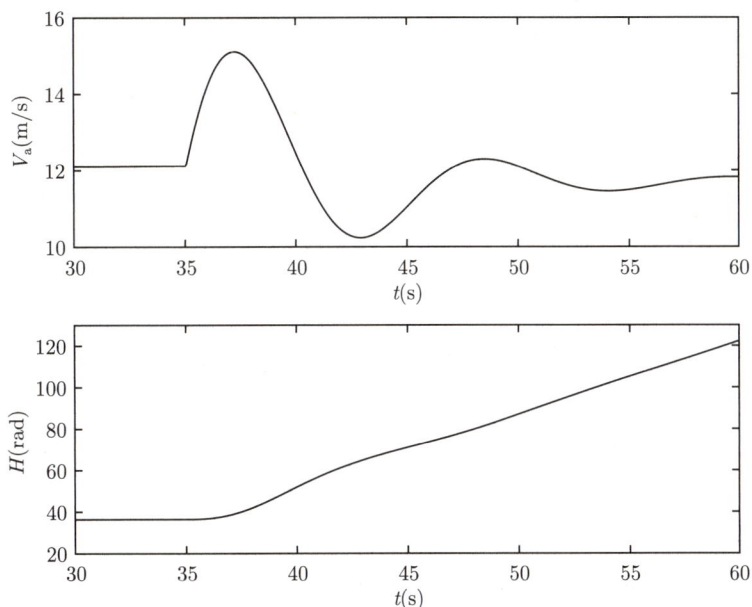

图 4.20　螺旋桨推力变化时飞行状态变化

5. 步骤五：分别设置副翼和方向舵偏转，观测并记录横向通道内相关气动系数变化

（1）首先打开文件"e2-1/InitData.m"，运行该初始化文件。然后打开"SmallFixed-WingUAVnoctrl.slx"，依次双击进入如下模块"Small Fixed Wing UAV Dynamics" → "Aerodynamic Forces and Moments" → "Compute Body Frame Forces and Moments" → "Wind frame F & M" → "Lateral Channel"。"Lateral Channel"中包括"Cl"滚转力矩气动系数模块和"Cn"偏航力矩气动系数模块。以"Cl"模块为例，单击相关系数信号线，选择"记录所选信号"，如图4.21所示。

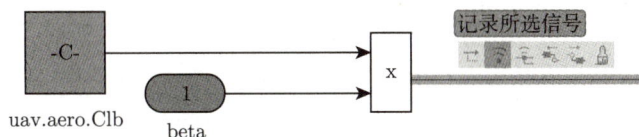

图 4.21　相关气动系数的数据记录

（2）首先将仿真时间增大，调至 100s。与4.2节步骤相同，对于副翼和方向舵分别设置阶跃信号输入，运行"SmallFixedWingUAVnoctrl.slx"，并在"数据检查器"中观察记录变化曲线。副翼负向偏转时变化规律如图4.22所示，方向舵正向偏转时变化规律如图4.23所示。

6. 步骤六：结合原理分析滚转角和偏航角变化趋势

副翼负向偏转对式 (4.31) 中的 $C_{l_{\delta_a}}\delta_a$ 与 $C_{l_\beta}\beta$ [对应图4.22(a) 中的"Clda * dA"和"Clb * beta"] 起显著作用，且 $C_{l_\beta}\beta$ 绝对值较大。同时，对式 (4.31) 中的 $C_{n_{\delta_a}}\delta_a$ 与 $C_{n_\beta}\beta$ [对应图4.22(b) 中的"Cnda * dA"和"Cnb * beta"] 起显著作用，且 $C_{n_\beta}\beta$ 绝对值较大。

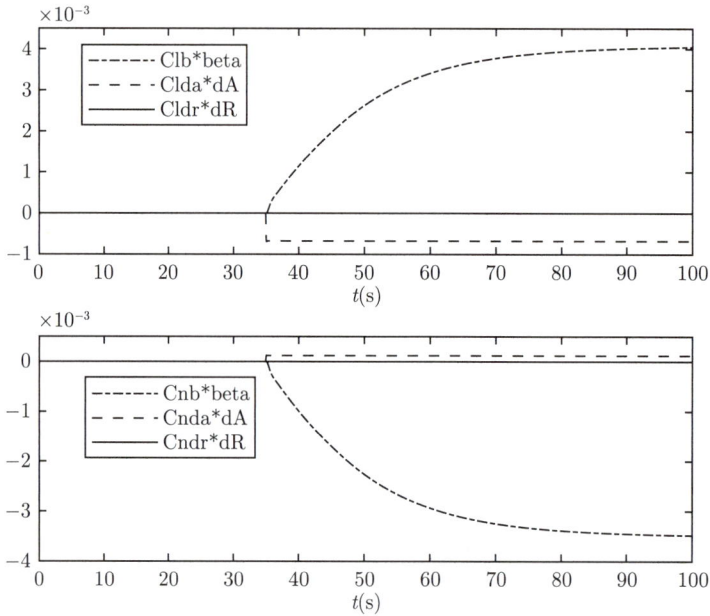

图 4.22　副翼负向偏转时变化规律

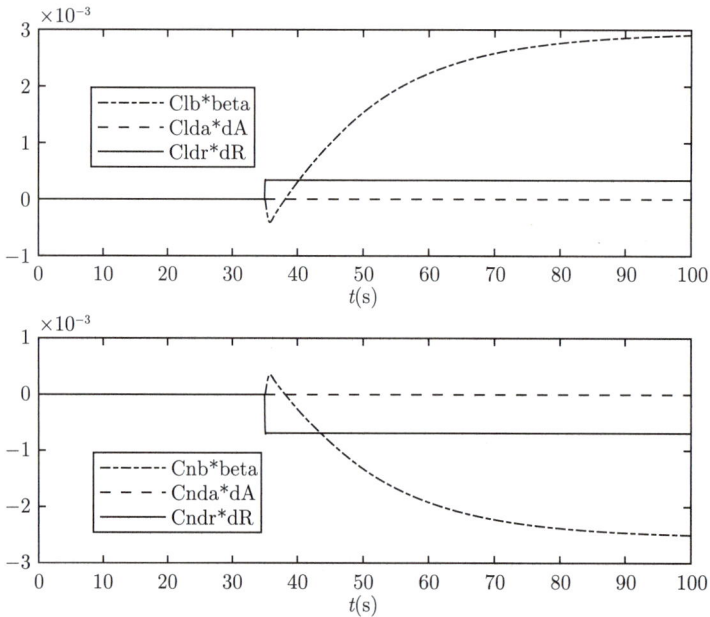

图 4.23　方向舵正向偏转时变化规律

其中 $C_{l_{\delta_a}}\delta_a$ 和 $C_{n_{\delta_a}}\delta_a$ 是由副翼的偏转引起的，而 $C_{l_\beta}\beta$ 和 $C_{n_\beta}\beta$ 是由侧滑角引起的。侧滑角对气动力矩的影响起主导作用，并且副翼相关系数在气动力矩变化中所起的作用仅次于侧滑角相关系数。

方向舵正向偏转对式 (4.31) 中的 $C_{l_{\delta_r}}\delta_r$ 与 $C_{l_\beta}\beta$ [对应图4.23(a) 中的"Cldr * dR"和

"Clb * beta"] 起显著作用，且 $C_{l_\beta}\beta$ 绝对值较大。同时，对式 (4.31) 中的 $C_{n_\beta}\beta$ 与 $C_{n_{\delta_r}}\delta_r$ [对应图4.23(b) 中的 "Cnb * beta" 和 "Cndr * dR"] 起显著作用，且 $C_{n_\beta}\beta$ 绝对值较大。其中 $C_{l_{\delta_r}}\delta_r$ 和 $C_{n_{\delta_r}}\delta_r$ 是由方向舵的偏转引起的，而 $C_{l_\beta}\beta$ 和 $C_{n_\beta}\beta$ 是由侧滑角引起的，侧滑角对气动力矩的影响起主导作用。

4.3　受控动态系统建模之分析实验

4.3.1　实验配置和目标

1. 配置

（1）软件：MATLAB R2022b 或以上版本。

（2）程序：实验指导包 "e2/e2-2"。实验指导包中主要有：配平文件 "balancing.m"，求线性化模型状态矩阵文件 "derivation.m"，求纵向传递函数文件 "transfer_lon.m"，求横侧向传递函数文件 "transfer_lat.m"，固定翼无人机初始状态文件 "InitData.m" 和受控模型 "SmallFixedWingUAVnoctrl.slx"。

2. 目标

（1）通过纵向配平得到固定翼无人机基准运动飞行状态，在基准运动飞行状态下进行小扰动分析得到线性运动方程。

（2）对于相同的控制输入，观察非线性数学模型与线性数学模型固定翼无人机各飞行控制通道的系统响应，并进行比较分析。

4.3.2　实验步骤

以固定翼无人机纵向配平分析为例，分三步对比分析线性化模型与非线性模型下的仿真计算结果。在步骤一中，配平得到了固定翼无人机在一定速度范围内的平衡状态，并选取了基准运动状态；在步骤二中，基于基准运动状态，对横纵向运动方程线性化得到线性化方程；在步骤三中，获得线性化模型与非线性模型在相同控制输入下的响应结果，并进行比较分析。

1. 步骤一：纵向配平计算

（1）无人机定常平直飞行状态，则航迹倾角 $\gamma = 0$。根据表 3.4 可知，固定翼无人机的飞行速度在 $5 \sim 20$ m/s 范围内。打开文件 "e2-2/balancing.m"，运行该文件，得到空速在 $5 \sim 20$ m/s 范围内，空速与配平升降舵偏转以及空速与配平迎角之间的关系，如图4.24所示。从图中可以看到，随着空速的增加，配平的升降舵偏转角度增大，配平的迎角减小，且在 19.7 m/s 以后，会出现负迎角的状况。过大的迎角会造成失速，负迎角会产生负的升力，不利于无人机飞行，所以配平空速选择在 $9 \sim 19$ m/s 范围内。

（2）最终选取恒定空速 $V_a = 11.4$ m/s，高度 50 m，代入式 (4.44) 得到配平后的升降舵偏转角度 $\delta_e^* = -0.02482$ rad、推力 $T^* = 2.4509$ N、迎角 $\alpha^* = 0.1087$ rad 和俯仰角 $\theta^* = 0.1087$ rad，将其作为基准运动状态。

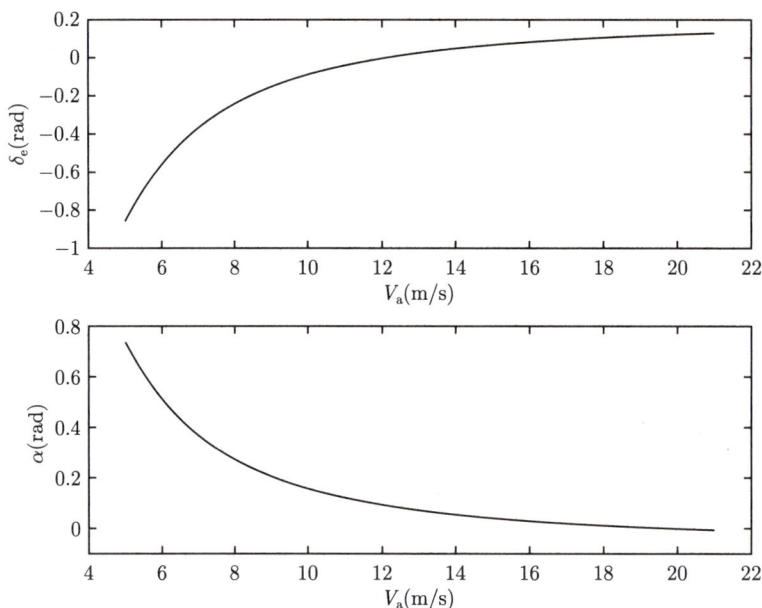

图 4.24　空速与配平升降舵偏转以及空速与配平迎角之间的关系

2. 步骤二：无人机模型线性化

（1）打开"derivation.m"文件，运行"Longitudinal function"代码段，在命令行窗口分别输入"E1""A1""B1"，可以获得纵向线性模型中的状态矩阵 $\mathbf{E}_{\text{lon}}$、$\mathbf{A}_{\text{lon}}$ 和 $\mathbf{B}_{\text{lon}}$，即将基准运动状态（配平结果）代入式 (4.49) 得到纵向线性化方程如下

$$
\begin{bmatrix} 1.9 & 0.09622 & 0 & 0 \\ 0 & 22.3170 & 0 & 0 \\ 0 & 0 & 1 & 0 \\ 0 & 7.2262 & 0 & 1 \end{bmatrix} \begin{bmatrix} \Delta \dot{V}_{\text{a}} \\ \Delta \dot{\alpha} \\ \Delta \dot{\theta} \\ \Delta \dot{\omega}_{y_{\text{b}}} \end{bmatrix}
$$

$$
= \begin{bmatrix} -0.8269 & 1.3656 & -18.6326 & -0.3883 \\ -3.1787 & -118.5267 & 0 & 19.0085 \\ 0 & 0 & 0 & 1 \\ 0 & -79.2106 & 0 & -35.2974 \end{bmatrix} \begin{bmatrix} \Delta V_{\text{a}} \\ \Delta \alpha \\ \Delta \theta \\ \Delta \omega_{y_{\text{b}}} \end{bmatrix} + \tag{4.74}
$$

$$
\begin{bmatrix} 1.3179 & -0.8248 \\ -0.1438 & -3.2952 \\ 0 & 0 \\ 0 & -59.6720 \end{bmatrix} \begin{bmatrix} \Delta T \\ \Delta \delta_{\text{e}} \end{bmatrix}
$$

运行"Lateral function"部分，在命令行窗口分别输入"e1""a1""b1"，可以获得横

侧向线性模型中的状态矩阵 $\mathbf{E}_{\mathrm{lat}}$、$\mathbf{A}_{\mathrm{lat}}$ 和 $\mathbf{B}_{\mathrm{lat}}$，即横侧向线性化方程为

$$
\begin{bmatrix} 21.6600 & 0 & 0 & 0 \\ 0 & 1 & 0 & 0 \\ 0 & 0 & 1 & 0 \\ 0 & 0 & 0 & 1 \end{bmatrix} \begin{bmatrix} \Delta\dot{\beta} \\ \Delta\dot{\phi} \\ \Delta\dot{\omega}_{x_{\mathrm{b}}} \\ \Delta\dot{\omega}_{z_{\mathrm{b}}} \end{bmatrix}
$$

$$
= \begin{bmatrix} -26.8661 & 18.5227 & 2.3498 & -21.5322 \\ 0 & 0 & 1 & 0.1091 \\ -12.7707 & 0 & -7.6329 & 6.5982 \\ 5.3553 & 0 & -1.4008 & -3.4913 \end{bmatrix} \begin{bmatrix} \Delta\beta \\ \Delta\phi \\ \Delta\omega_{x_{\mathrm{b}}} \\ \Delta\omega_{z_{\mathrm{b}}} \end{bmatrix} + \tag{4.75}
$$

$$
\begin{bmatrix} 0 & 4.8414 \\ 0 & 0 \\ 22.9921 & 4.7660 \\ -0.2661 & -6.0658 \end{bmatrix} \begin{bmatrix} \Delta\delta_{\mathrm{a}} \\ \Delta\delta_{\mathrm{r}} \end{bmatrix}
$$

如果矩阵 $\mathbf{E}_{\mathrm{lon}}$ 和 $\mathbf{E}_{\mathrm{lat}}$ 是非奇异的，则可以将式 (4.74) 和式 (4.75) 通过 $\bar{\mathbf{A}} = \mathbf{E}^{-1}\mathbf{A}$ 和 $\bar{\mathbf{B}} = \mathbf{E}^{-1}\mathbf{B}$ 写成标准的线性状态方程形式

$$
\dot{\mathbf{X}} = \bar{\mathbf{A}}\mathbf{X} + \bar{\mathbf{B}}\mathbf{X} \tag{4.76}
$$

（2）打开 "transfer_lon.m" 文件并运行（见代码段4.1），在命令行窗口输入 "f2"，即将式 (4.74) 中的参数代入式 (4.53) 中，得到状态变量 $\Delta\theta$ 与输入量 $\Delta\delta_{\mathrm{e}}$ 之间的函数关系

$$
\frac{\Delta\theta(s)}{\Delta\delta_{\mathrm{e}}(s)} = \frac{-59.672}{s^2 - 0.5915s} \tag{4.77}
$$

进而根据式 (4.57) 得到高度变量 ΔH 和输入量 $\Delta\delta_{\mathrm{e}}$ 之间的函数关系

$$
\frac{\Delta H(s)}{\Delta\delta_{\mathrm{e}}(s)} = \frac{-680.2608}{s^3 - 0.5915s^2} \tag{4.78}
$$

代码段 4.1　俯仰角与升降舵之间的传递函数，来源于 "e2/e2-2/transfer_lon.m"

```
1   %% Simplified transfer function between pitch and elevator
2   syms s
3   I2=eye(2); % 2*2 Identity matrix
4   A2=[0 1;0 -35.2974];
5   a2=det(s*I2-A2); % determinant
6   B2=[0 -1; -59.6720 s+35.2974];
7   b2=det(B2);
8   f2=b2/a2;
```

（3）打开"transfer_lat.m"文件并运行（见代码段4.2），在命令行窗口输入"f1"，即将式 (4.75) 中的参数代入式 (4.59) 中，得到状态变量 $\Delta\phi$ 与输入量 $\Delta\delta_a$ 之间的函数关系

$$\frac{\Delta\phi(s)}{\Delta\delta_a(s)} = \frac{22.9870s^2 + 102.7759s + 203.6605}{s^4 + 12.208s^3 + 54.6572s^2 + 109.1560s + 6.9516} \tag{4.79}$$

进而通过式 (4.68) 可以得到偏航角变量 $\Delta\psi$ 和输入量 $\Delta\delta_a$ 之间的函数关系

$$\frac{\Delta\psi(s)}{\Delta\delta_a(s)} = \frac{19.7742s^2 + 88.4112s + 175.1954}{s(s^4 + 12.2080s^3 + 54.6572s^2 + 109.1560s + 6.9206)} \tag{4.80}$$

代码段 4.2 横侧向传递函数，来源于"e2/e2-2/transfer_lat.m"

```
1    I=eye(4);
2    A=[-1.0838      0.8552      0.1085     -0.9941;
3          0          0          1          0.0191;
4       -12.7707      0         -7.6329      6.5982;
5        5.3553       0         -1.4008     -3.4913];
6    [V,G]=eig(A);
7    syms s
8    a=det(s*I-A);   % determinant
9    B=[s+1.0838      0         -0.1085      0.9941;
10         0          0         -1          -0.0191;
11      12.7707      22.9921    s+7.6329    -6.5982;
12      -5.3553      -0.2661     1.4008     s+3.4913];
13   b=det(B); % % determinant
14   C=[s+1.0838     0.2235     -0.1085      0.9941;
15         0          0         -1          -0.0191;
16      12.7707       4.7660    s+7.6329    -6.5982;
17      -5.3553      -6.0658     1.4008     s+3.4913];
18   c=det(C);
19   f1=b/a; %transfer function between roll   and aileron
20   f2=c/a; %transfer function between roll   and rudder
```

（4）打开"transfer_lat.m"文件并运行，在命令行窗口输入"f2"，即将式 (4.75) 中的参数代入式 (4.60) 中，得到状态变量 $\Delta\phi$ 与输入量 $\Delta\delta_r$ 之间的函数关系

$$\frac{\Delta\phi(s)}{\Delta\delta_r(s)} = \frac{-4.6501s^2 - 22.1872s - 79.9991}{s^4 + 12.2080s^3 + 54.6572s^2 + 109.1560s + 6.9516} \tag{4.81}$$

3. 步骤三：线性模型与非线性模型的飞行仿真结果比较

（1）首先打开并运行初始化文件"e2-2/InitData.m"，初始欧拉角为 $[0\quad 0.1087\quad 0]^T$ rad，初始空速选择 11.4 m/s。然后打开文件"e2-2/SmallFixedWingUAVnoctrl.slx"，其中包括固定翼无人机非线性数学模型（基础实验4.2.2节中搭建的模型）以及依据式 (4.74) 和

式 (4.75) 搭建的线性数学模型。为了保证无人机能够平飞，油门指令"throttle"模块给定值为 0.3724 。将"Command"指令模块中，升降舵"elevator"右侧对应的阶跃信号发生器与加法器连接。当升降舵负偏转 0.04 rad 时，观测线性模型"Small Fixed Wing UAV Linear Dynamics"模块输出图像，并将其与非线性模型"Small Fixed Wing UAV Dynamics"模块输出图像进行比较，即"Compare"模块中的"pitch"通道和"altitude"通道图像，如图4.25所示。

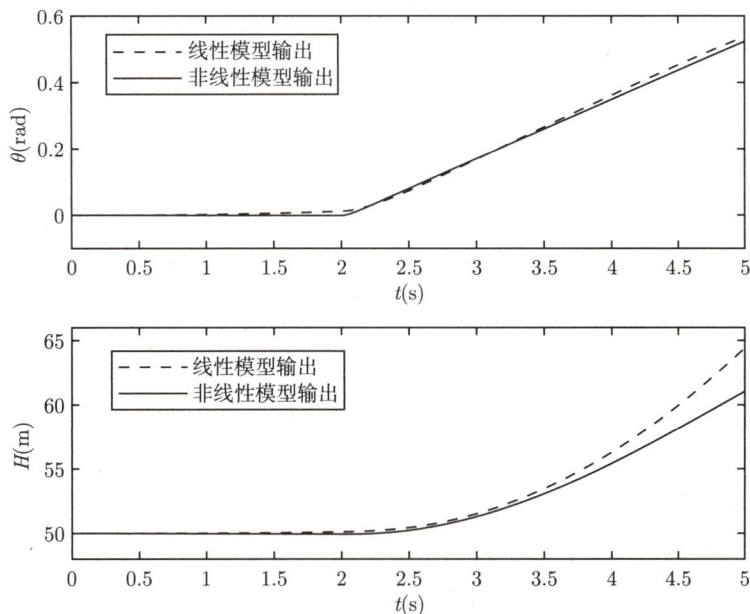

图 4.25　升降舵偏转时不同模块输出图像对比

根据开环传递函数 [式 (4.77)]，分子为负数，则输入升降舵增量为负数时，俯仰角表现正增长。具有两个实数开环极点，所以不存在超调现象。因为 $p=0$ 作为主导极点，所以在阶跃输入情况下，输出表现为斜坡增长。对于高度与升降舵之间的关系 [式 (4.78)]，具有三个实数极点，两个为 0 的极点起主导作用。因此在输入为阶跃输入的情况下，输出表现为二次增长。非线性模型中高度并没有完全保持在 50m，与线性模型间有偏差。

（2）对横侧向通道进行研究时，假设与纵向模型无关。这里，纵向保持基准运动，即空速初值设为 11.4 m/s，俯仰角初始值设置为 0.1087 rad。将"InitData.m"文件中的"uav.ic.Vb_0"设置为 [11.4; 0; 0]，uav.ic.Euler_0 设置为 [0; 0.1087; 0]。运行"InitData.m"文件。然后，将"Command"指令模块中，油门"throttle"设置为 0.3724，副翼"aileron"右侧对应的阶跃信号发生器与加法器连接；之后，运行"SmallFixedWingUAVnoctrl.slx"文件。当副翼在 30s 时负偏转 0.002 rad，观测"Small Fixed Wing UAV Linear Dynamics"模块输出图像，与非线性模型"Small Fixed Wing UAV Dynamics"模块输出图像进行比较，即"Compare"模块中的"roll"通道和"yaw"通道图像，如图4.26所示。

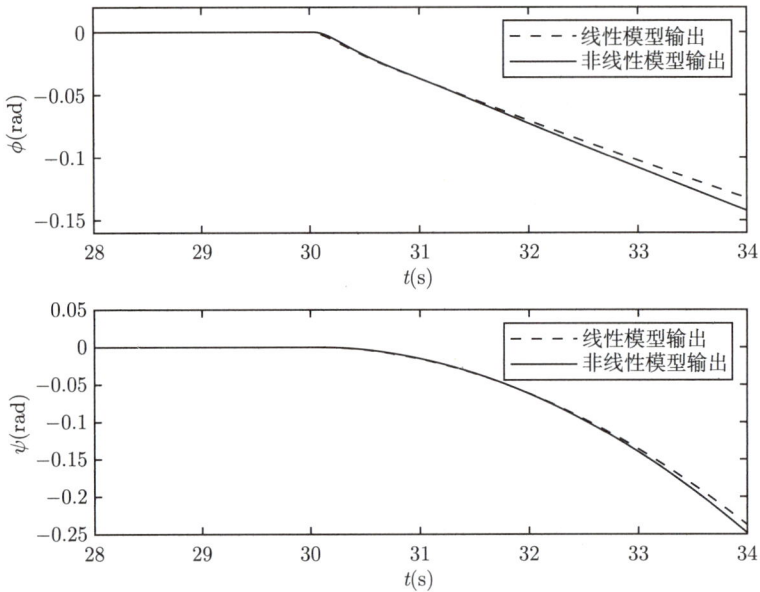

图 4.26　副翼偏转时不同模块输出图像对比

根据副翼偏转增量 $\Delta\delta_a$ 与滚转角增量 $\Delta\phi$ 之间的传递函数 [式 (4.79)]，具有两个开环零点 $z_{1,2} = -2.2355 \pm 1.9653i$ 和四个极点 $p_1 = -6.2058$，$p_2 = -6.5823$，$p_{3,4} = -2.9682 \pm 2.8650i$。共轭极点和零点比较接近，对输出影响效果可以互相削弱，所以输出不存在超调，但是会有很小的振荡效果。输出主要受到两个实数极点的影响，由于极点 p_1 离虚轴比较远，对输出影响比较小，而负实数极点接近原点，所以对于阶跃输入最终表现为带有很小振荡的斜坡输出。副翼偏转增量与偏航角增量的传递函数比副翼偏转增量与滚转角增量的传递函数多了一个为 0 的极点，这使得对于副翼偏转的阶跃输入，偏航角输出表现为二次增长。

（3）重复步骤（2）中的操作，运行"InitData.m"文件，将"Command"指令模块中其他通道复位，只将方向舵"rudder"右侧对应的阶跃信号发生器与加法器连接，运行"SmallFixedWingUAVnoctrl.slx"文件。当副翼偏转 0.002 rad 时，观测"Small Fixed Wing UAV Linear Dynamics"模块输出图像，与非线性模型"Small Fixed Wing UAV Dynamics"模块输出图像进行比较，即"Compare"模块中的"roll"通道和"yaw"通道图像，如图4.27所示。

方向舵偏转增量 $\Delta\delta_r$ 与滚转角增量 $\Delta\phi$ 之间的传递函数 [式 (4.81)] 具有两个开环零点 $z_{1,2} = -2.3857 \pm 3.3930i$ 和四个极点 $p_1 = -6.2058$，$p_2 = -6.5823$，$p_{3,4} = -2.9682 \pm 2.8650i$。因为共轭极点的存在，所以输出有超调。在线性化过程中认为横侧向线性模型是独立的与纵向模型无关，且空速是恒定的。而对于非线性模型，油门产生的空速不是恒定的，且影响横侧向气动力矩，所以横侧向线性模型与非线性模型之间存在偏差。

（4）重复步骤（1）中的操作，运行"InitData.m"文件，将"Command"指令模块中，油门"throttle"右侧对应的阶跃信号发生器与加法器连接。当油门增大至 50%，观测

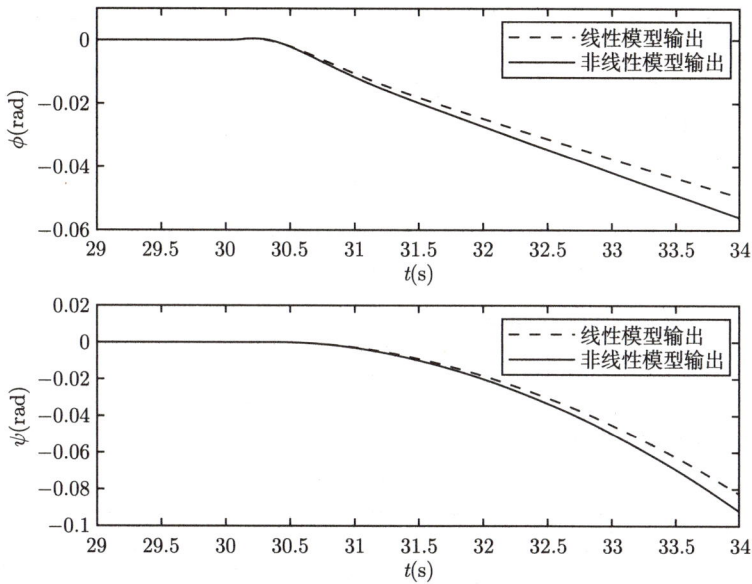

图 4.27　方向舵偏转时不同模块输出图像对比

"Small Fixed Wing UAV Linear Dynamics" 模块输出，与非线性模型 "Small Fixed Wing UAV Dynamics" 模块输出图像进行比较，即 "Compare" 模块中的 "aiespeed" 通道图像，如图4.28所示。

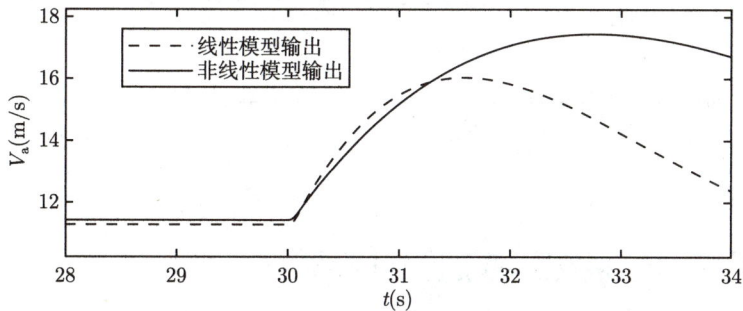

图 4.28　螺旋桨推力变化时不同模块输出图像对比

4. 步骤四：模态分析

（1）首先进行固定翼无人机纵向模型的长周期和短周期模态比较，打开文件 "modal-analysis.m" 文件，运行 "Longitudinal channel" 模块代码。观察空速、迎角、俯仰角和俯仰角速率随时间变化的情况，如图4.29所示。其中空速和俯仰角的收敛速度慢，调节时间长，而迎角和俯仰角速率的振荡周期短，收敛速度快，调节时间短。

（2）运行 "modalanalysis.m" 文件中 "Lateral channel" 模块的代码。观察侧滑角、滚转角、滚转角速率和偏航角速率随时间变化的情况，如图4.30所示。其中滚转角速率和偏航角速率是明显的振荡运动对应荷兰滚模态，侧滑角快速收敛对应滚转模态，滚转角对应螺旋运动模态。

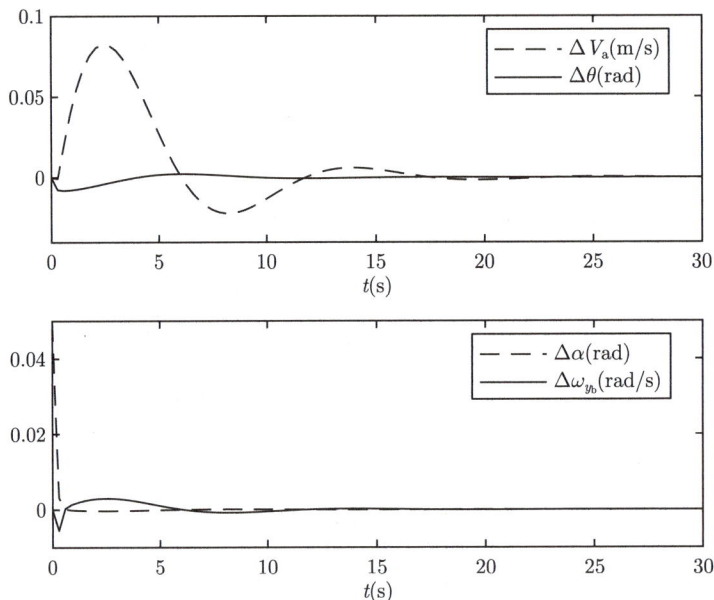

图 4.29　空速、迎角、俯仰角和俯仰角速率随时间变化的情况

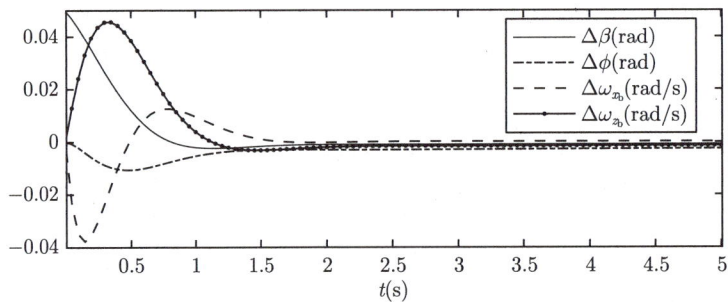

图 4.30　侧滑角、滚转角、滚转角速率和偏航角速率随时间变化的情况

4.4　受控动态系统建模之设计实验

4.4.1　实验配置和目标

1. 配置

（1）软件：MATLAB R2022b 或以上版本，RflySim 工具链。RflySim 工具链提供了微小型固定翼无人机硬件在环仿真环境。

（2）程序：实验指导包"e2/e2-3"与"e2/e2-4"。实验指导包中有：文件夹"e2-3"，包含固定翼无人机初始状态文件"InitData.m"，受控模型"SmallFixedWingUAVnoctrl.slx"，软件在环仿真脚本"runfg.bat"；文件夹"e2-4"，包含固定翼无人机初始状态文件"Init.m"，固定翼无人机硬件在环仿真模型"SmallFixedWingUAVnoctrlHIL.slx"，模型动态库生成文件"GenerateModelDLLFile.p"以及微小型固定翼无人机参数以及环境参数初始化文件"InitData.m"。

（3）硬件：CubePilot/Pixhawk 自驾仪，遥控器及接收机。

2. 目标

（1）在 MATLAB/Simulink 中建立完整的固定翼无人机动态系统模型。

（2）在 MATLAB/Simulink 中进行软件仿真，通过 FlightGear 进行视景显示。

（3）将模型代码生成至 RflySim 工具链，使用 PX4 官方所提供的固定翼飞控固件进行硬件在环仿真，并通过 RflySim3D 进行三维显示。

4.4.2　实验设计

固定翼无人机的受控动态系统模型主要包括执行器延时模型、电机-螺旋桨动力模型（见 3.1.2 节）、刚体动力学与运动学模型（见 4.1.2 节）、气动力与力矩模型（见 4.1.3 节）和环境相关模型，如图4.31所示。

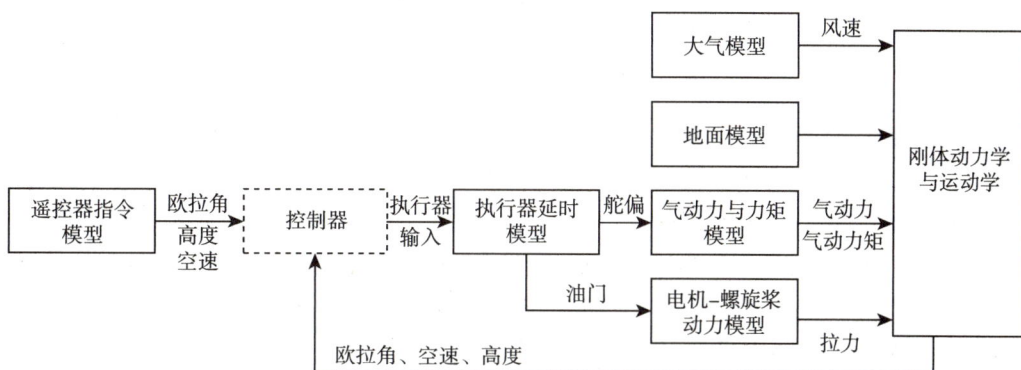

图 4.31　微小型固定翼无人机受控动态系统模型

在固定翼的实际飞行过程中，执行器的操纵面动作是存在延时的，一般采用一阶传递函数或二阶传递函数来模拟这种延时，其延时效果如图4.32所示。

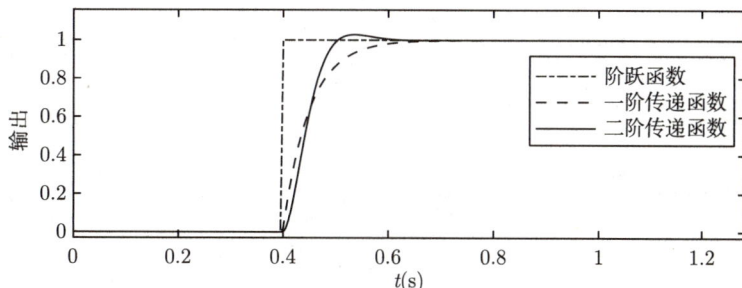

图 4.32　一阶传递函数和二阶传递函数的延时效果

● 电机-螺旋桨动力模型：根据空速为零时螺旋桨产生拉力公式 [式 (4.32)] 和空速为 V_a 时拉力公式 [式 (4.33)] 构成。

● 刚体动力学与运动学模型:输入为机体坐标系下的力和力矩,根据位置动力学公式 [式 (4.19)] 和姿态动力学公式 [式 (4.23)] 得到速度和角速度。根据位置运动学公式 [式 (4.16)]

和姿态运动学公式 [式 (4.18)]，得到位置和欧拉角。

● 气动力与力矩模型：输入为气动数据（迎角、侧滑角、空气密度和空速）、角速度和舵面偏转量，根据纵向和横侧向气动力公式 [式 (4.29)] 与力矩公式 [式 (4.31)] 获得气动力和气动力矩。

● 环境相关模型：主要包括大气模型获得风速、空气密度和压强信息，地面模型判断高度，传感器模型考虑传感器的噪声和测量误差。

4.4.3 实验步骤

设计实验的目的在于给出无人机完整模型各模块的相关设计，并开展软件在环仿真和硬件在环仿真。步骤一基于给定的微小型固定翼无人机参数，在 MATLAB/Simulink 中搭建了完整的固定翼无人机动态系统模型，包括动力单元模块、刚体动力学与运动学模块、气动力与力矩模块和环境相关模块；步骤二完成了软件在环仿真；步骤三完成了硬件在环仿真。

1. 步骤一：基于给定的微小型固定翼无人机参数，在 MATLAB/Simulink 中建立完整的固定翼无人机动态系统模型

1）动力单元模块设计

动力单元模块可以分块设计为操纵模块"Actuator Model"和动力系统模块"Motor Model"两部分。在实际飞行过程中，固定翼无人机的螺旋桨和操纵舵面都存在作动延迟，在操纵模块"Actuator Model"中，针对舵机将其建模为二阶系统，MATLAB 提供了"Linear Second Order Actuators"模块用于仿真操纵模块的实际响应，如图4.33所示。

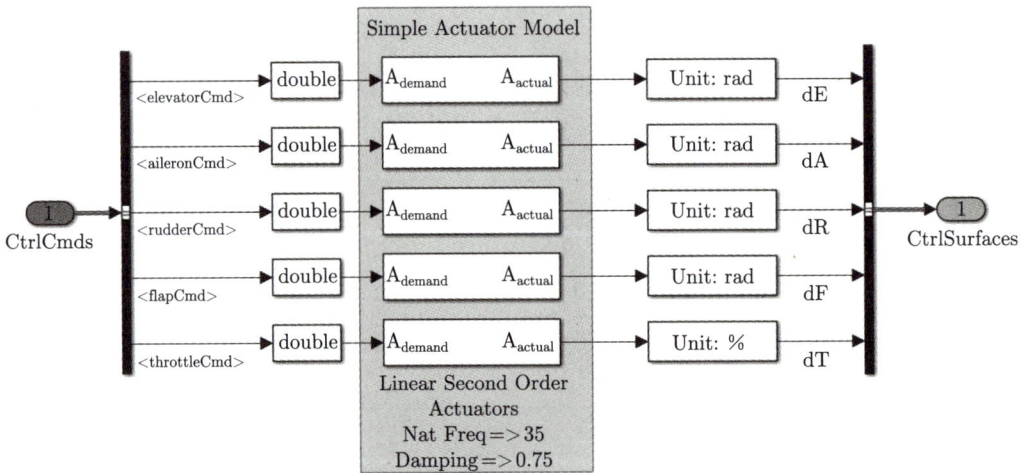

图 4.33 操纵模块，来源于"e2/e2-3/SmallFixedWingUAVnoctrl.slx"

动力系统模块对电机–螺旋桨动力系统建模设计，油门指令与螺旋桨转速成一次关系，对模型进行简化，将油门指令百分比作为电机转速百分比，建模基于章节 3.1.1 平飞性能分析的式 (3.15) 和式 (4.34)，分别对应虚线框①和虚线框②，如图4.34所示。

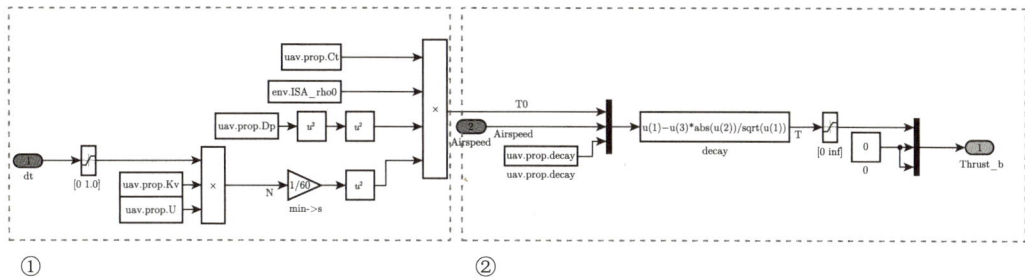

图 4.34　动力系统模块，来源于"e2/e2-3/SmallFixedWingUAVnoctrl.slx"

2）刚体动力学与运动学模块设计

刚体动力学与运动学模块使用 MATLAB 所提供的六自由度"6DOF (Euler Angles)"功能模块，其内部设计见图4.35，虚线框①和虚线框②与式 (4.22) 和式 (4.23) 分别对应。将力与力矩输入六自由度模块，并将输出量按总线整理，如图4.36所示。

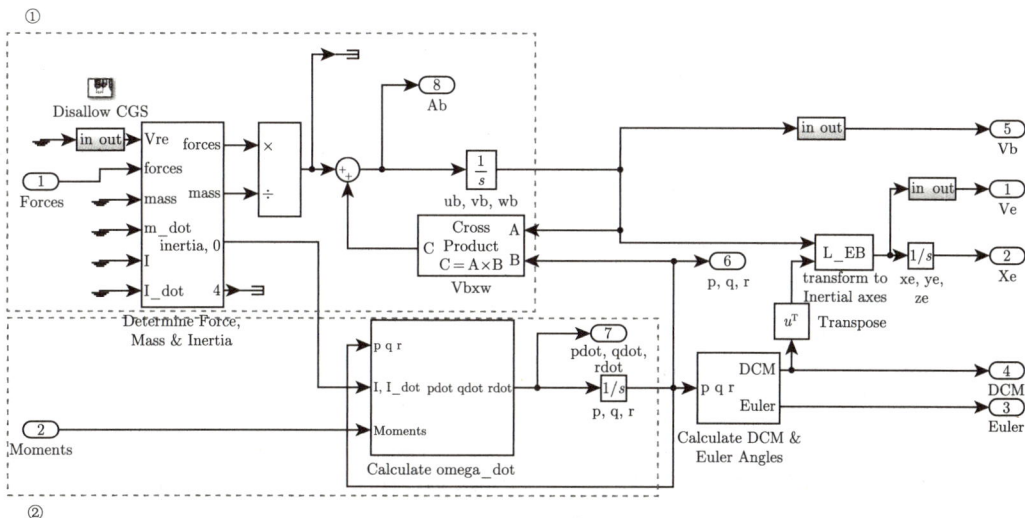

图 4.35　六自由度刚体模块，来源于"e2/e2-3/SmallFixedWingUAVnoctrl.slx"

3）气动力与力矩模块设计

气动力与力矩模块为固定翼无人机建模中最重要的部分，其中主要需要设计气动数据计算模块"Compute Air Data"和气动力与力矩计算模块"Compute Body Frame Forces and Moments"。气动数据计算模块如图4.37所示，用于计算空速、迎角、侧滑角以及动压，虚线框①与实验原理中式 (4.15) 对应，虚线框②用于计算动压 $q = 1/2\rho V_{\mathrm{a}}^2$。

气动力与力矩计算模块中分为横向通道和纵向通道，其中横向通道根据式 (4.31) 建立，纵向通道根据式 (4.29) 建立，如图4.38所示。设计思路为首先在各种通道内计算各部分气动系数之和，其中：虚线框①用于计算俯仰力矩气动系数，虚线框②用于计算滚转力矩气动系数与偏航力矩气动系数。以横向通道内滚转力矩气动系数计算为例，如图4.39所示，包括因侧滑角产生的气动系数分量"$C_{l_\beta}\beta$"，因副翼变化产生的气动系数分量"$C_{l_{\delta_\mathrm{a}}}\delta_\mathrm{a}$"，因

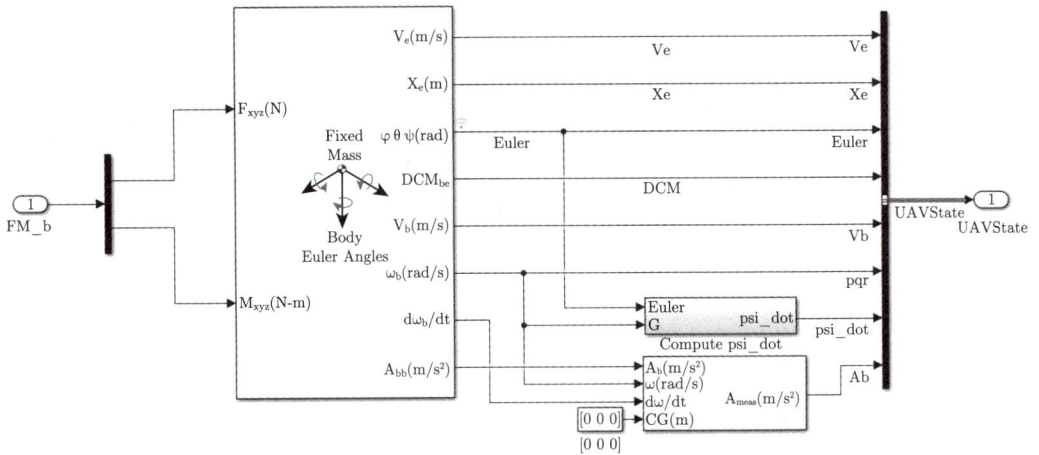

图 4.36　刚体动力学与运动学模块，来源于"e2/e2-3/SmallFixedWingUAVnoctrl.slx"

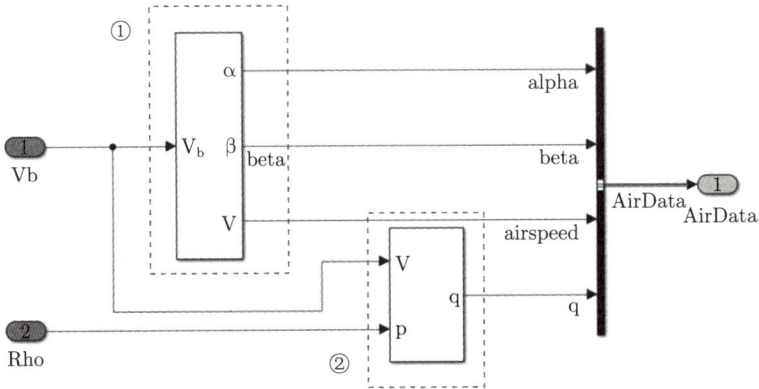

图 4.37　气动数据计算模块，来源于"e2/e2-3/SmallFixedWingUAVnoctrl.slx"

方向舵变化产生的气动系数分量"$C_{l_{\delta_r}}\delta_r$"，因角速率产生的气动系数分量"$C_{l_p}p$ 和 $C_{l_r}r$"，相加之后得到滚转力矩总气动系数"C_l"。汇总各种通道内气动系数之后，虚线框③按照式 (4.29) 和式 (4.31) 将各自气动系数与当前的气动数据相乘得到最终的气动力与力矩。

4）环境相关模块设计

环境相关的模型包括大气模型、地面模型和传感器模型等，大气模型"Weather Model"模拟空气密度、压强、风速等数据；地面模型"Ground Model"为固定翼无人机提供地面上的支持力和力矩；传感器模型"Sensor Model"模拟传感器测量时的误差和噪声等因素。以上几部分在该章节不展开描述，在进行仿真模型搭建时可以把上述几个模块作为已知信息。

5）模型建立

模型整体连接情况如图4.40所示，操纵模块"Actuator Model"左侧连接在4.2节基础实验中使用的指令模块"Command"。获得相关操纵器实际动作量后，将油门指令输入动力系统模块"Motor Model"计算当前推力，将舵面偏转输入固定翼无人机动力学模块"Small

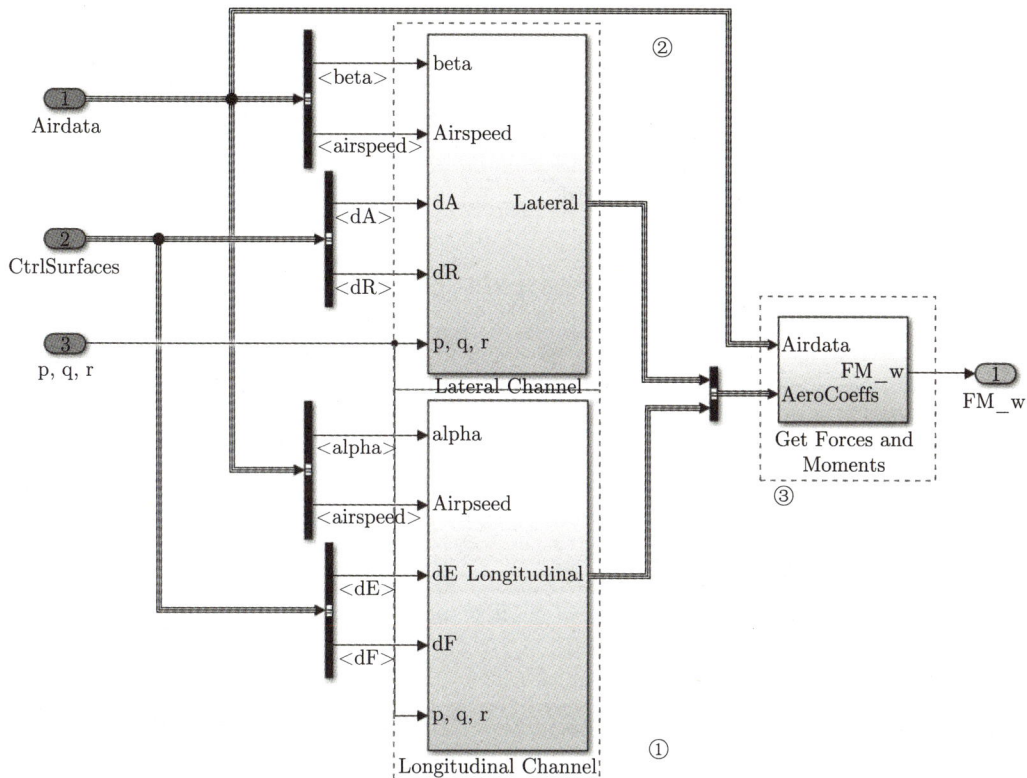

图 4.38　横向通道与纵向通道模块，来源于"e2/e2-3/SmallFixedWingUAVnoctrl.slx"

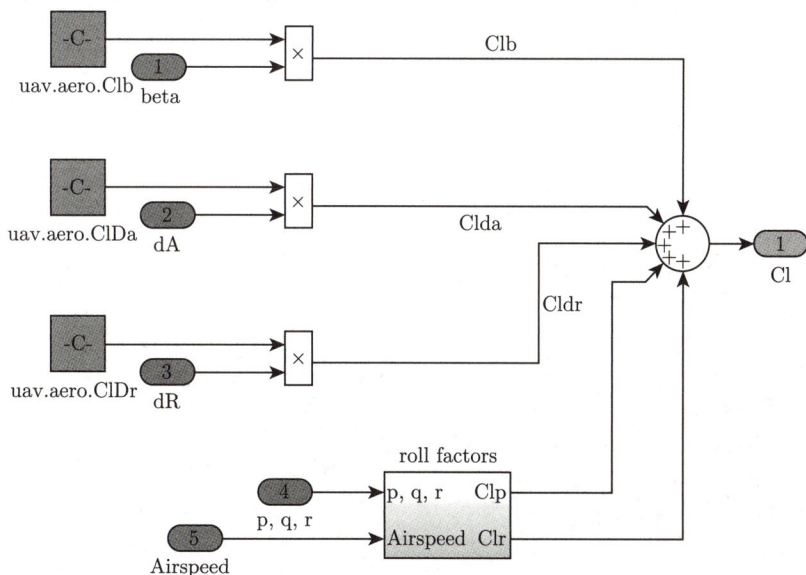

图 4.39　横向通道内滚转力矩气动系数计算模块，来源于"e2/e2-3/SmallFixedWingUAVnoctrl.slx"

Fixed Wing UAV Dynamics"。固定翼无人机动力学模块包括气动数据计算模块"Compute Air Data"和气动力与力矩计算模块"Compute Body Frame Forces and Moments"。固定

翼无人机动力学模块通过当前所受力与力矩输出固定翼无人机全部状态信息，最后状态信息连接环境相关模块，从而完成整个模型的连接。

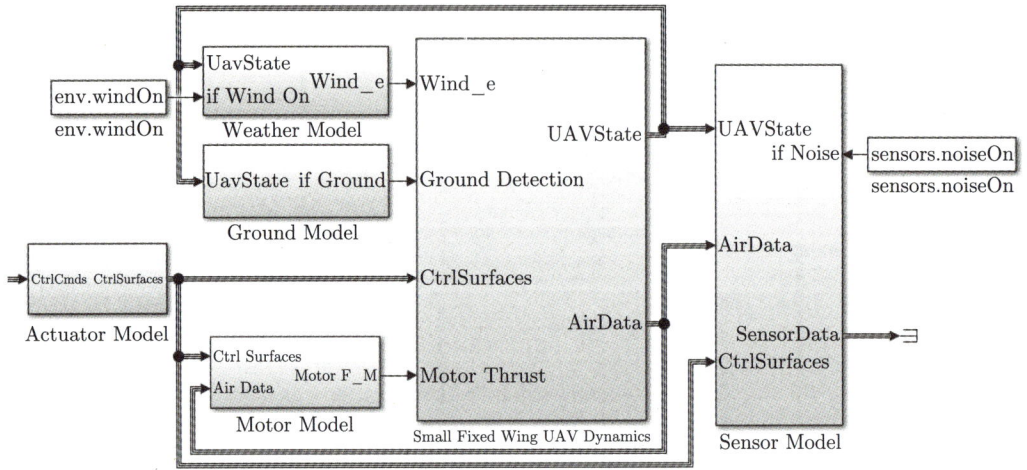

图 4.40　模型整体连接，来源于"e2/e2-3/SmallFixedWingUAVnoctrl.slx"

2. 步骤二：软件在环仿真

（1）首先初始化无人机状态，在初始化脚本"InitData.m"配置固定翼无人机初始状态，如代码段4.3所示。首先创建参数结构体"uav.ic"，其中"uav.ic.Pos_0"为初始相对位置；"uav.ic.Euler_0"为初始欧拉角，依次为滚转、俯仰、偏航；"uav.ic.PQR_0"为初始角速率，顺序与欧拉角对应；"uav.ic.Vb_0"为初始速度，顺序与初始位置对应；"uav.ic.gsLL"为当前经纬度；"uav.ic.gsH"为当前海拔高度，负值表示海平面以上。可以配置不同的初始状态，实现"Start from ground"下的从地面静止起飞，和"Start from air"的空中平飞初始状态。

代码段 4.3　固定翼无人机初始状态，来源于"e2/e2-4/InitData.m"

```
1    %% Initial Condition
2    % Start from ground:
3    uav.ic = struct;
4    uav.ic.Pos_0 = [0; 0; 0];
5    uav.ic.Euler_0 = [0; 0; 0];
6    uav.ic.PQR_0 = [0; 0; 0];
7    uav.ic.Vb_0 = [0.01; 0; 0];
8    uav.ic.gsLL = [45 120];
9    uav.ic.gsH = -1;
10   % Start from air:
11   % uav.ic = struct;
12   % uav.ic.Pos_0 = [0; 0; 50];
13   % uav.ic.Euler_0 = [0; 0.01906; 0];
14   % uav.ic.PQR_0 = [0; 0; 0];
```

```
15    % uav.ic.Vb_0 = [11.4; 0; 0];
16    % uav.ic.gsLL = [45 120];
17    % uav.ic.gsH = -1;
```

（2）采用地面滑跑起飞的初始状态，设计对应的舵面指令，油门从第 30s 开始增大至 50%，设置从第 40s 开始升降舵负偏 0.01 rad。

（3）配置 FlightGear 可视化，首先在 FlightGear 中导入三维模型，FlightGear 中提供了很多固定翼机型，这里使用 UltraStick-25E 进行三维可视化。将"e2-3/UltraStick-25E.zip"压缩包移动至 Filghtgear 安装目录下的"/data/Aircraft"中解压。然后在 Simulink 中搭建 FlightGear 可视化模块，如图4.41所示。双击"Generate Run Script"，在其中配置所使用的机型和 Filghtgear 安装路径如图4.42所示。

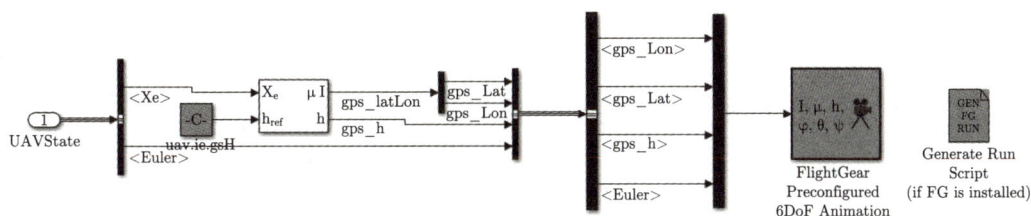

图 4.41　FlightGear 可视化模块，来源于"e2/e2-3/SmallFixedWingUAVnoctrl.slx"

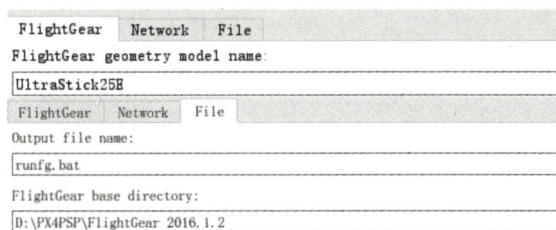

图 4.42　配置所使用的机型和 Flightgear 安装路径

（4）打开"e2-3/runfg.bat"，等待 FlightGear 初始化完成，运行模型"SmallFixedWingUAVnoctrl.slx"。FlightGear 可视化如图4.43所示。

3. 步骤三：硬件在环仿真

（1）在 MATLAB 中打开"e2-4"文件夹，打开"Init.m"运行初始化脚本将参数导入工作区。然后打开"SmallFixedWingUAVnoctrlHIL.slx"硬件在环仿真模型，在工具栏"APPS"中找到"Embedded Coder"，如图4.44(a) 所示。单击后出现"C++ 代码"选项卡，单击"生成代码"，如图4.44(b) 所示。

（2）等待程序完成编译后，在 MATLAB 中右键运行当前文件夹下"GenerateModelDLLFile.p"生成模型动态库文件"SmallFixedWingUAVnoctrlHIL.dll"。

（3）将生成的模型动态库文件"SmallFixedWingUAVnoctrlHIL.dll"，放置到 RflySim 安装目录下"/CopterSim/external/model"中。

图 4.43　FlightGear 可视化

（a）Embedded Coder

（b）Generate Code

图 4.44　代码编译生成

（4）用 USB 线连接 CubePilot/Pixhawk 自驾仪与电脑，打开地面站，如图4.45所示。在固件烧录界面，会自动识别硬件。在界面右侧弹出固件配置窗口，勾选"PX4 Pro"，然后单击"OK"。地面站 QGroundControl（QGC）开始自动下载并安装最新的 PX4 固件到 CubePilot/Pixhawk 自驾仪硬件中。

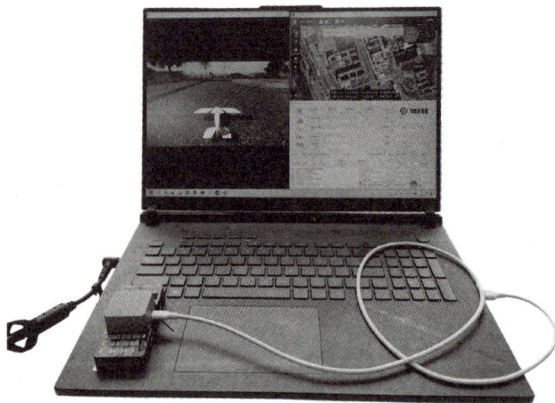

图 4.45　硬件连接

（5）打开 CopterSim 与 RflySim3D 软件（或 LowGPU 版本），在"使用 DLL 模型文件"中选择"SmallFixedWingUAVnoctrlHIL.dll"，如图4.46所示。

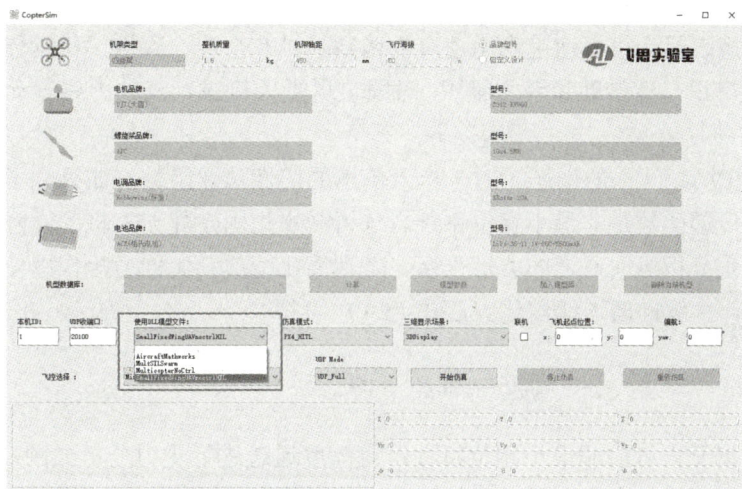

图 4.46　配置 CopterSim

（6）单击开始仿真，等待初始化结束后，通过地面站解锁无人机，使用遥控器即可控制固定翼无人机进行硬件在环仿真，仿真效果如图4.47所示。

图 4.47　固定翼无人机硬件在环仿真效果

4.5　课后习题

1. 固定翼无人机的可靠飞行依赖于模型的准确建立。在实际的飞行过程中，无人机可能会出现各种不同类型的故障，为了实现无人机在特定故障情况下的可靠安全飞行，往往需要进行主动容错控制。而主动容错控制的基础便是对故障后的飞行进行新的建模。试考虑以下简化问题：假如固定翼无人机左侧副翼卡死在 23 度，将副翼偏转量 $\delta_a = 23\pi/180$ 作为扰动量，在式 (4.29) 和式 (4.31) 的基础上，建立新的气动力和气动力矩模型。

2. 本章中提到的建模采用 π 理论，气动力和力矩包含气动系数，这些气动系数是迎角和侧滑角的函数。在迎角不超出临界迎角的情况下，迎角和气动系数可近似为线性关系。

但当超出临界迎角后，气动系数会出现复杂的非线性变化，对于不同的迎角，需要通过精确的风洞试验等方法辨识相关气动系数。同时，理论建模时未考虑机身角速度对于气动力和力矩的影响。近年来有另外一种建模方式 ϕ 理论，建模方式舍弃了迎角和侧滑角，而是将气动力和力矩表示为机身速度和角速度的函数，具有全局一致性，可以使用第一性原理进行模型参数辨识。请借助参考文献[31]对固定翼无人机进行气动力和气动力矩的分析和建模。

3. 本习题改编于[32]的例子。对于单入单出的线性传递函数，如果分子零点在右半平面，则认为该传递函数是非最小相位系统。分析微小型固定翼无人机的升降舵控制其高度升降动态。首先分析纵向通道的力矩平衡。考虑简化情况，俯仰力矩作用使得固定翼无人机俯仰角改变，由纵向通道线性化表达式 (4.49) 可得

$$J_{yy}\ddot{\theta} = M_\alpha \alpha + M_{\omega_y}\omega_y + M_{\delta_e}\delta_e \tag{4.82}$$

为了分析固定翼无人机的非最小相位特性，对高度通道进行受力分析如图4.48所示，将受力简化为受迎角影响的升力和受升降舵舵偏影响的作用力（提供向下的力，但同时也提供抬头力矩，以增大升力），进行分析，由牛顿第二定律易得

$$m\ddot{H} = Z_{\delta_e}\delta_e + Z_\alpha \alpha \tag{4.83}$$

考虑 $\dot{\theta} = \omega_y$，同时俯仰角和迎角视为相等，则上述方程 (4.82) 和 (4.83) 可化简为

$$J_{yy}\ddot{\theta} = M_\alpha \theta + M_{\omega_y}\dot{\theta} + M_{\delta_e}\delta_e \tag{4.84}$$

$$m\ddot{H} = Z_{\delta_e}\delta_e + Z_\alpha \theta \tag{4.85}$$

取参数 $J_{yy} = 1$，$M_\alpha = -4$，$M_{\omega_y} = -4$，$M_{\delta_e} = -3$，$m = 1$，$Z_{\delta_e} = 8$，$Z_\alpha = 12$，试求出升降舵和无人机高度之间的传递函数，分析升降舵控制微小型固定翼无人机的高度模型是非最小相位系统吗？给定一个升降舵的负向脉冲偏转，绘制固定翼无人机高度的响应情况，观察其响应特性，它会给固定翼无人机高度控制带来什么影响？分析这一"欲扬先

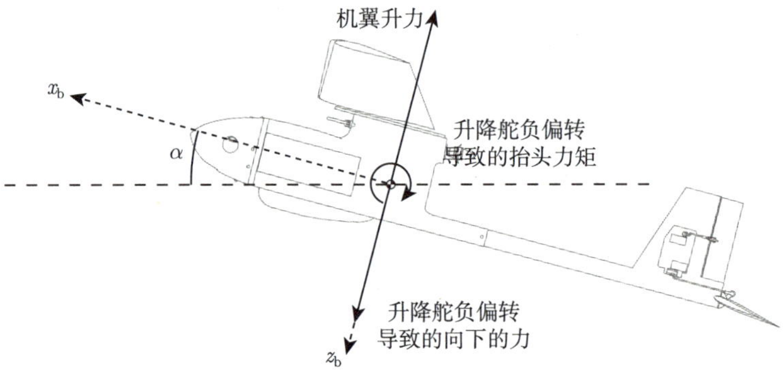

图 4.48　固定翼无人机高度通道受力分析

抑"的延迟特性会给固定翼无人机带来什么影响，以及分析这一系统延迟和系统稳定性的关系，并尝试探究分子零点和系统这种反向响应特性之间的关系。

4. 为第一章课后题中所提到的悬停无人机建立模型，并分析图4.49所示尾座式固定翼无人机如何进行姿态、位置控制。（提示：螺旋桨产生的尾流不能覆盖所有舵面，比如只能覆盖一部分副翼，也即需要考虑受到尾流影响的舵面所对应的空速会发生变化。）

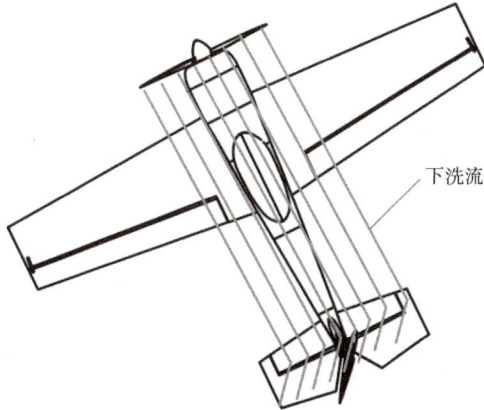

下洗流

图 4.49　尾座式固定翼无人机

5. 本章的协调转弯公式建立在无风的情况下，实际上在有风的条件下，可以得到地速和风速合成的空速，根据参考文献[33]，在有风的情况下通过受力分析推导协调转弯公式。

第五章 系统辨识实验

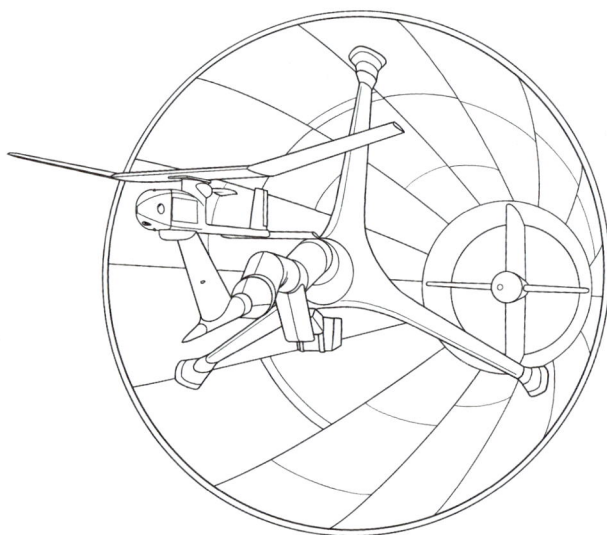

　　系统辨识是根据系统观测数据建立动态系统数学模型的方法。本章将详细介绍如何使用系统辨识方法获取固定翼无人机的制导模型和气动参数，并通过四个循序渐进的实验，即基础实验、分析实验、设计实验和硬件在环实验，加深对固定翼无人机辨识的理解。在基础实验中，将学习如何使用 MATLAB 系统辨识工具箱，并利用飞行日志数据辨识制导模型；在分析实验中，将了解如何进行气动导数的参数辨识，并分析不同输入信号对辨识结果的影响；在设计实验中，将进行三个力矩通道的参数辨识实验设计；最后，基于硬件在环仿真数据，完成制导模型辨识和气动参数辨识。

5.1　系统辨识实验之实验原理

系统辨识过程如下：首先，通过设计好的输入信号充分地激励被研究的系统；进而，根据系统的响应，采集输入输出信号；最后，进行参数辨识数据处理，从而得到系统的模型和参数。对于微小型固定翼无人机的开发，进行风洞实验的花费过于高昂，开发成本过高。因此，需要一种更为低成本又在一定程度上比较精确的方式。这里可以使用自动或手动的方式将无人机飞起来，通过参数辨识的方式获取气动参数。另一方面，获取固定翼无人机的制导模型，对于进行顶层控制算法开发（见第七、八、九、十章）等，也具有重要的意义。

5.1.1　系统辨识步骤

系统辨识步骤如图5.1所示，主要包含以下六方面：先验知识、实验设计、数据采集、模型选择、模型计算和模型检验[34,35]。

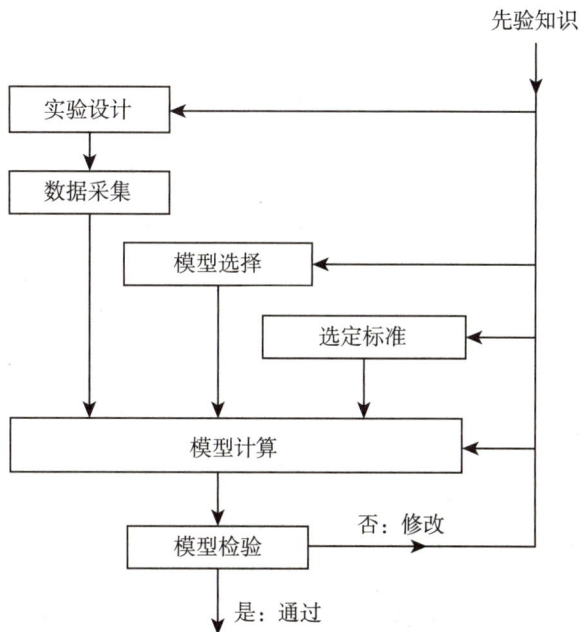

图 5.1　系统辨识步骤

1. 先验知识

包括关于系统特性、数据采集方法以及待辨识系统其他方面的已有知识。这些知识对选择备选模型、设计实验、决定计算方法和检验准则等都有重要作用。由于辨识目的不同，即使是对同一系统进行辨识，其应用的先验知识也可能有很大差别。

2. 实验设计

目的是获得系统的输入输出数据，并使其能在已知的条件下尽可能反映系统的性能。在输入 / 输出数据的采集过程中，有时需要针对辨识过程进行特殊的实验设计。在实验中，可能需要用户确定测量哪些信号，以及什么时候测量这些信号。

3. 数据采集

通过设计合理的实验来获得输入/输出数据。

4. 模型选择

选择一系列备选模型，通过后续的验证，从中确定最合适的模型。通过数学建模，可以得到一个未知参数的参数化模型，然后通过参数辨识方法计算出模型中的未知参数。

5. 模型计算

采用合适的优化方法来计算备选模型的未知参数。

6. 模型检验

建立一个标准来检验备选模型与计算出的参数是否满足设计要求。通常，该标准的确定依赖于观测到的数据、先验知识以及待辨识模型的用途。如果模型及其参数可以通过检验，则可以将其作为最终辨识出来的模型，否则需要重复上述步骤，直至模型通过检验。

5.1.2 制导模型辨识

由于固定翼无人机的六自由度全状态方程较为复杂，比如：对具备增稳自驾仪的固定翼无人机进行控制算法设计时，往往只需要考虑简化的但又能抓住系统基本特征的受控模型，即制导模型。根据不同假设及自驾仪控制模式，制导模型将有所不同[2]。这里给出其中一种常用的制导模型。假定自驾仪控制空速、高度和航迹偏角，那么制导模型可以用式 (5.1) 表示

$$\begin{cases} \dot{p}_{x_e} = V_a \cos \psi + v_{wx} \\ \dot{p}_{y_e} = V_a \sin \psi + v_{wy} \\ \psi = \chi + f(v_{wx}, v_{wy}) \\ V_a(s) = G_{V_a}(s) V_{ad}(s) \\ \chi(s) = G_\chi(s) \chi_d(s) \\ H(s) = G_H(s) H_d(s) \end{cases} \tag{5.1}$$

式中 p_{x_e} 为固定翼无人机在北东地坐标系中的北向位置，p_{y_e} 为固定翼无人机在北东地坐标系中的东向位置，V_a 为固定翼无人机的空速（标量），v_{wx}, v_{wy} 分别为北向风速和东向风速，ψ 为固定翼无人机的偏航角，χ 为航迹偏角，当无风或风速较小时，v_{wx}, v_{wy} 和 $f(v_{wx}, v_{wy})$ 均可以忽略。H 为固定翼无人机相对于地面的实际高度；H_d 为固定翼无人机相对于地面的期望高度；V_{ad} 为固定翼无人机期望空速（标量）；χ_d 为固定翼无人机期望航迹偏角。

在式（5.1）中，高度通道和航向通道可以分别视为一个二阶环节，而速度通道可以视为一个一阶环节。对于此类线性系统的辨识，可以使用 MATLAB 系统辨识工具箱或 CIFER（Comprehensive Identification From Frequency Response）工具箱[34] 来进行。

MATLAB 系统辨识工具箱：提供了 MATLAB 函数、Simulink 函数模块以及一个可利用测得的输入输出数据构造动态系统的应用程序，用户可以得到利用物理规律很难进

行建模的系统的动态模型，可以用系统的时域或频域输入输出数据来辨识其连续或离散的传递函数、过程模型以及状态空间模型等。该工具箱还提供了很多辨识方法，如极大似然法、预测误差最小化方法以及子空间辨识方法等。如果考虑非线性系统的辨识，还可以使用 Hammerstein-Weiner 模型、带有小波网络的非线性 ARX 模型以及其他非线性模型。该工具箱同时提供"灰箱"系统辨识，即使用自定义的模型进行参数估计。辨识出来的模型可用于建模及系统响应预测。

CIFER（Comprehensive Identification From Frequency Response）工具箱：基于综合频域响应方法进行系统辨识的一款集成工具箱，适用于解决复杂的系统辨识问题，尤其是与飞行器建模与控制器设计相关的系统辨识问题。CIFER 方法的基本原理是通过高质量地提取一组完备的非参数的多入多出频域响应数据，在不需先验假设的前提下，直接由这些响应数据提取得到系统的耦合特性。CIFER 采用先进的线性调频 Z 变换以及组合优化窗技术作为理论基础。相比于标准的快速傅里叶变换而言，其频域响应质量有显著的提高。在完整频域响应数据集已知的前提下，可以用多种复杂的非线性搜索算法来提取状态空间模型。因此，该工具箱在多种真实飞行器的系统辨识中得到广泛应用[34]。

5.1.3　气动参数获取

固定翼无人机的动力学方程中包含很多气动参数，这些气动参数的获取对于固定翼无人机的建模和控制器设计具有重要意义。目前比较常见的获取气动参数的方法为基于风洞实验获取气动参数、基于计算流体力学获取气动参数以及基于参数辨识获取气动参数。

1. 固定翼无人机动力学方程

归纳本书第四章提到的固定翼无人机动力学方程，可以得到以下的力和力矩方程

$$f_{ax} = \frac{1}{2}\rho V_a^2 S(C_{D_0} + C_{D_\alpha}\alpha + C_{D_{\dot{\alpha}}}\frac{c_A}{2V_a}\dot{\alpha} + C_{D_q}\frac{c_A}{2V_a}\omega_{y_b} + C_{D_{\delta_e}}\delta_e)$$

$$f_{ay} = \frac{1}{2}\rho V_a^2 S(C_{Y_0} + C_{Y_\beta}\beta + C_{Y_p}\frac{b}{2V_a}\omega_{x_b} + C_{Y_r}\frac{b}{2V_a}\omega_{z_b} + C_{Y\delta_a}\delta_a + C_{Y\delta_r}\delta_r) \quad (5.2)$$

$$f_{az} = \frac{1}{2}\rho V_a^2 S(C_{L_0} + C_{L_\alpha}\alpha + C_{L_{\dot{\alpha}}}\frac{c_A}{2V_a}\dot{\alpha} + C_{L_q}\frac{c_A}{2V_a}\omega_{y_b} + C_{L_{\delta_e}}\delta_e)$$

$$m_{ax} = \frac{1}{2}\rho V_a^2 Sb(C_{l_0} + C_{l_\beta}\beta + C_{l_p}\frac{b}{2V_a}\omega_{x_b} + C_{l_r}\frac{b}{2V_a}\omega_{z_b} + C_{l\delta_a}\delta_a + C_{l\delta_r}\delta_r)$$

$$m_{ay} = \frac{1}{2}\rho V_a^2 Sc_A(C_{m_0} + C_{m_\alpha}\alpha + C_{m_{\dot{\alpha}}}\frac{c_A}{2V_a}\dot{\alpha} + C_{m_q}\frac{c_A}{2V_a}\omega_{y_b} + C_{m_{\delta_e}}\delta_e) \quad (5.3)$$

$$m_{az} = \frac{1}{2}\rho V_a^2 Sb(C_{n_0} + C_{n_\beta}\beta + C_{n_p}\frac{b}{2V_a}\omega_{x_b} + C_{n_r}\frac{b}{2V_a}\omega_{z_b} + C_{n\delta_a}\delta_a + C_{n\delta_r}\delta_r)$$

可以看到，方程中有许多气动参数，而这些气动参数即是本章需要进行辨识的参数。

2. 基于风洞实验获取气动参数

风洞是进行空气动力学实验的一种主要设备，几乎绝大多数的空气动力学实验都在各种类型的风洞中进行。风洞的原理是使用动力装置在一个专门设计的管道内驱动一股可控

气流，使其流过安置在实验段的静止模型，模拟实物在静止空气中的运动，如图5.2和5.3所示。测量作用在模型上的空气动力，观测模型表面及周围的流动现象。不仅如此，还可以在风洞里模拟结冰现象，如图5.4所示。

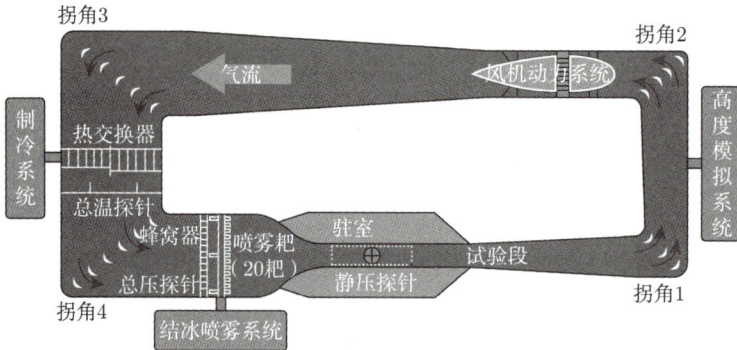

图 5.2　风洞整体结构

图 5.3　风洞内部

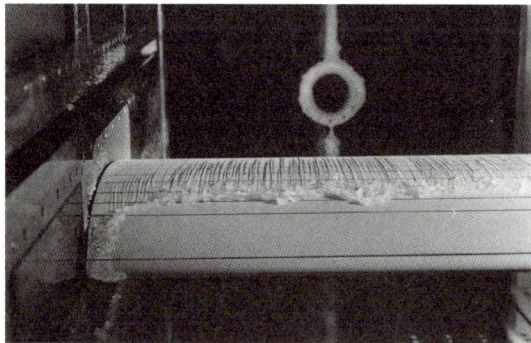

图 5.4　风洞实验中拍摄到结冰现象

通过风洞实验获取固定翼飞行器的各个气动参数，具有以下的优点：（1）可以比较准确地控制实验条件，如气流的速度、压力、温度；（2）实验在室内进行，受气候条件和时间的影响小，模型和测试仪器的安装、操作、使用比较方便；（3）实验项目和内容多种多样，实验结果的精确度较高；（4）实验比较安全，而且效率高。因此，风洞实验在空气动力学的研究、各种飞行器的研制方面，以及在工业空气动力学和其他同气流或风有关的领域中，都有广泛应用。

然而风洞实验也存在着一定的缺点：（1）真实飞行时，静止大气是无边界的，而在风洞中，气流是有边界的，边界的存在会导致边界效应，影响实验的准确性；（2）风洞实验中，需要用支架把模型支撑在气流中，而支架的存在，会产生对模型流场的干扰，造成实验误差；（3）风洞实验的价格也比较昂贵，对于微小型固定翼无人机的开发而言，成本过高。

3. 基于计算流体力学获取气动参数

计算流体力学（Computational Fluid Dynamics，CFD）是一个综合应用数学、流体动力学和计算技术的跨学科领域[36]。使用 CFD 软件获取气动参数具有诸多显著优势，其中包括更低的经济成本、考虑稳态解时更快的运行速度、更全面的实验数据，以及更强的应对复杂工况的能力。目前常用的空气动力学计算软件包有 Ansys Fluent®[37] 和 XFLR5[38]。Fluent® 是一款广泛使用的商业 CFD 软件，在流体动力学、传热和化学反应相关的多个领域都有广泛应用。Fluent® 也常用于获取飞行器的气动参数。XFLR5 则为由麻省理工学院（MIT）开发的开源软件，集成了 XFOIL[39] 求解器，用于计算在较低雷诺数下微型和小型固定翼飞机的气动特性和气动导数。

为了确保计算精度，相关软件通常采用基于多分辨率非结构化网格的有限体积法方案[40]。考虑到计算开销，流体方程的解通常被简化为稳态解以提升计算效率。图5.5展示了一个采用有限体积法并结合非结构化网格的 CFD 软件示例。然而，复杂的仿真往往需要考虑非定常流场。例如旋翼与机体之间的空气动力学耦合问题。这类问题在垂直起降飞行器中的应用中尤为常见。现有的软件难以满足此类需求，而低耗散的格子玻尔兹曼求解器[41]则提供了一种替代方案。该求解器适合低速弱可压缩空气动力学及气动声学仿真，能应用于具有复杂结构的微型和小型飞行器的设计。目前代表性的软件包括达索 PowerFLOW®[42]和 XFlow®[43]，但这两款软件主要在大型 CPU 集群上运行。中国本土团队开发的 Aerocae System®[44] 则可以直接在 GPU 上运行。这一特性使得该软件能部署在小型工作站上进行复杂气动仿真分析，并且具有更高的计算性能。图5.6展示了 Aerocae System® 的仿真结果示例。

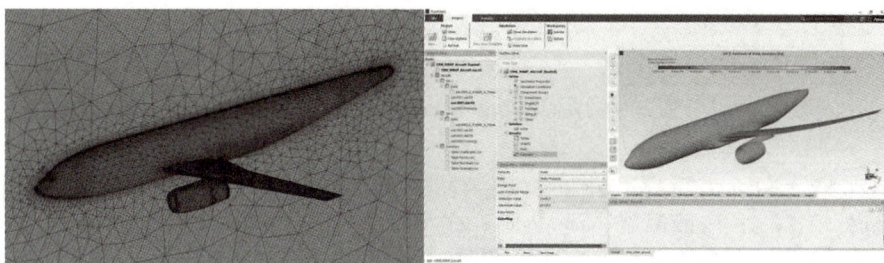

图 5.5 使用传统 CFD 软件对飞行器模型环境进行网格剖分及气动仿真

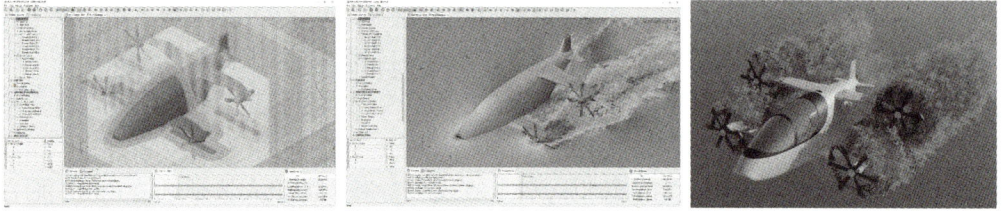

图 5.6　Aerocae System® 的仿真结果示例

4. 基于参数辨识获取气动参数

如果固定翼无人机使用 PX4 开源自驾仪，推荐使用 Offboard 模式 [1] 对无人机的航点、速度或者姿态进行控制，便于无人机处于相对稳定的状态，有利于进行气动参数辨识。建议无风或风速很小（小于 2 级）的环境下进行实际飞行测试，如配置空速传感器可以提高辨识精度。

常用的激励信号有阶跃输入、脉冲输入、偶极方波输入、"3-2-1-1" 输入等。对于固定翼无人机，阶跃输入可能会导致无人机向某一方向偏离，对飞行安全不利；脉冲输入在实际应用中难以实现，而且由于舵机速率限制，过快的脉冲输入往往不能激励无人机的飞行模态；"3-2-1-1" 输入信号的时间历程远远超过了无人机的短周期时间历程，因而无法激励无人机的短周期模态。偶极方波信号作为输入信号比较合适，其数学模型为

$$\delta\left(t\right)=\begin{cases} 0, & t\in[0,t_1),t\in(t_1+2\Delta t,+\infty) \\ a, & t\in[t_1,t_1+\Delta t) \\ -a, & t\in[t_1+\Delta t,t_1+2\Delta t) \end{cases} \tag{5.4}$$

该信号频谱密度较宽，在高频区域也含有能量，适当调整 Δt 可以让信号在感兴趣的模态频段含有足够的能量，且克服了其他信号的使用限制，是个简单而有效的输入信号。另外可以采用其他的激励信号，原则是保证充分地激励固定翼无人机相应的通道，使其充分作动，从而使得辨识更加准确。

完成飞行实验后导出数据，进行数据预处理后，可以使用最小二乘法及逐步回归法对气动参数进行辨识。在系统辨识领域中，这是一种基本的估计方法。最小二乘估计算法的数学形式可以简要描述如下。假设已知因变量 y 与自变量 $x_1,x_2,\cdots,x_n$ 间呈线性关系，即

$$y=\lambda_1 x_1+\cdots+\lambda_n x_n \tag{5.5}$$

式中 $\lambda_1,\cdots,\lambda_n$ 为未知系数。为确定这些系数，通常需要采集 m 组观测数据 $(x_1^{(k)},\cdots,x_n^{(k)},$

---

[1] 在 PX4 自动驾驶仪中，Offboard 模式是一种飞行模式，它允许外部计算机通过通信接口直接控制无人机的姿态和推力。具体包括的飞行模式有：手动模式（Manual Mode）、定高模式（Altitude Mode）、定点模式（Position Mode）、自动模式（Auto Mode）和返航模式（Return Mode）。在 Offboard 模式下，无人机不再受限于遥控器的输入，而是完全由外部计算机控制。这种模式可以实现更高级别的自主飞行和任务执行，例如路径规划、目标跟踪和自主着陆等。通过 Offboard 模式，用户可以使用自己的算法和控制逻辑来控制无人机，实现更复杂的任务和应用。要使用 Offboard 模式，需要通过通信接口（如 MAVLink）与自驾仪进行通信，并发送控制指令和接收状态信息。

$y^{(k)}$），$k = 1, \cdots, m$。定义

$$
\mathbf{A} = \begin{bmatrix} x_1^{(1)} & x_2^{(1)} & \cdots & x_n^{(1)} \\ x_1^{(2)} & x_2^{(2)} & & \\ \vdots & & \ddots & \\ x_1^{(m)} & & & x_n^{(m)} \end{bmatrix}, \mathbf{b} = \begin{bmatrix} y^{(1)} \\ y^{(2)} \\ \vdots \\ y^{(m)} \end{bmatrix}, \boldsymbol{\lambda} = \begin{bmatrix} \lambda_1 \\ \lambda_2 \\ \vdots \\ \lambda_n \end{bmatrix}, \hat{\boldsymbol{\lambda}} = \begin{bmatrix} \hat{\lambda}_1 \\ \hat{\lambda}_2 \\ \vdots \\ \hat{\lambda}_n \end{bmatrix} \tag{5.6}
$$

式中 $\hat{\boldsymbol{\lambda}}$ 为 $\boldsymbol{\lambda}$ 的最优估计，满足

$$
\hat{\boldsymbol{\lambda}} = \underset{\boldsymbol{\lambda}}{\arg\min} \|\mathbf{A}\boldsymbol{\lambda} - \mathbf{b}\|^2 \tag{5.7}
$$

当 $\mathbf{A}^{\mathrm{T}}\mathbf{A}$ 非奇异时，$\boldsymbol{\lambda}$ 的最优估计为

$$
\hat{\boldsymbol{\lambda}} = (\mathbf{A}^{\mathrm{T}}\mathbf{A})^{-1}\mathbf{A}^{\mathrm{T}}\mathbf{b} \tag{5.8}
$$

以最小二乘法为基础，逐步回归法是一种更适合进行参数辨识的回归分析方法，因为该方法除了可以辨识变量相应的参数，还会根据对该变量的辨识结果影响是否显著来决定是否引入该变量。逐步回归法的数学思想为：将变量逐一引入回归方程中，在引入时首先判断其偏回归平方和的检验结果是否显著；如果显著则引入，不显著则剔除。不仅如此，每当引入一个新的变量，都要对之前已经引入的变量进行检验，并将不显著的剔除。遍历所有变量后，可以得到最优的变量子集，即每个变量都是显著的。具体表述如下。

设自变量 $x_j(j = 1, 2, \cdots, n)$ 共有 n 个，因变量为 y，共有 m 个观测点。使用最小二乘法进行估计并遍历所有变量，则 y 的估计值为

$$
\hat{y} = \lambda_0 + \lambda_1 x_1 + \lambda_2 x_2 + \cdots + \lambda_l x_l \tag{5.9}
$$

式中 $l < n$，$x_i(i = 1, 2, \cdots, l)$ 为从 n 个自变量中选出来的经统计检验后显著的因子。

逐步回归法在 MATLAB 中有相应的函数，本书使用 "regress" 函数和 "stepwises" 函数进行参数辨识的数据处理。"regress" 函数和 "stepwises" 函数除了会给出辨识的参数，还会给出用于评价模型参数是否准确的参数——回归优度（coefficient of determinantion），记为 R^2。

给定一系列真值 y_i 和对应的预测值 $\hat{y}_i$，R^2 的定义为

$$
R^2 = 1 - \frac{\sum_i (\hat{y}_i - y_i)^2}{\sum_i (\hat{y}_i - \bar{y})^2} \tag{5.10}
$$

式中 $\bar{y}$ 为所有真值 y_i 的平均值

$$
\bar{y} = \frac{\sum_i y_i}{m} \tag{5.11}
$$

回归优度 R^2 的含义是预测值解释了 y_i 变量的方差的多大比例，衡量的是预测值对于真值的拟合好坏程度。通俗理解，假定 y_i 的方差为 1 个单位，则 R^2 表示使用该模型之后，y_i

的残差的方差减少了多少。比如 R^2 等于 0.8，则使用该模型之后残差的方差为原始 y_i 值方差的 20%。关于 R^2 的准则基本如下。

- $R^2 = 1$：最理想情况，所有的预测值等于真值。
- $R^2 = 0$：一种可能情况是"简单预测所有 y 值等于 y 平均值"，即所有 $\hat{y}_i$ 都等于 $\bar{y}$（即真实 y 值的平均数），但也有其他可能。
- $R^2 < 0$：模型预测能力差，"简单预测所有 y 值等于 y 平均值"的效果还差。这表示可能用了错误的模型，或者模型假设不合理。指标 R^2 的最小值没有下限，因为预测可以任意程度的差。因此，R^2 的范围是 $(-\infty, 1]$。注意：R^2 并不是某个数的平方，因此可以是负值。

5.2 系统辨识实验之基础实验

5.2.1 实验配置和目标

1. 配置

（1）软件：MATLAB R2022b 或以上版本。

（2）程序：实验指导包 "e3/e3-1"。实验指导包中主要有：固定翼速度通道 "SpeedChannel"、航向通道 "HeadingChannel" 以及高度通道 "HeightChannel" 制导模型系统辨识示例文件夹。其中 "HeightChannel" 文件夹主要包含飞行日志中高度等指令信号和实际信号的记录文件 "log_trajectory_setpoint_0.csv" 和 "log_vehicle_local_position_0.csv"，从日志文件导出的数据 "HeightChannel_Input.mat" 和 "HeightChannel_Output.mat"，数据预处理脚本 "HeightChannel_DataPreprocess.mlx" 和辨识结果 "HeightChannel_Identification.sid"。**2. 目标**

（1）了解固定翼无人机制导模型，掌握数据时间配准预处理方法（包括起止时间对齐和采样频率统一），学习 MATLAB 系统辨识工具箱用法。

（2）使用速度、航向和高度三个通道采集好的输入输出数据，使用 MATLAB 系统辨识工具箱完成固定翼制导模型的辨识，即式 (5.1)。

5.2.2 实验步骤

实验步骤包括：首先，在步骤一导入固定翼飞行日志文件，并进行预处理；然后，在步骤二中使用 MATLAB 系统辨识工具箱进行系统辨识；最后，在步骤三验证辨识结果。

1. 步骤一：导入固定翼飞行日志文件，并进行预处理

实验步骤以高度通道辨识为例进行说明。高度通道制导模型辨识的目的是辨识式 (5.1) 中的 $G_H(s)$。使用 MATLAB 自带的"数据导入"功能可以方便地将 "log_trajectory_setpoint_0.csv" 文件导入 MATLAB 工作区并储存为 "HeightChannel_Input.mat" 文件。需要注意的是：在如图5.7所示的导入数据界面中，将"输出类型"选为"数值矩阵"，对于"无法导入的单元格"设置为"排除具有以下项的行"，然后选定代表时间戳的 "timestamp" 和代表高度设定值（输入）的 "z" 列，单击"导入所选内容"即可将数据导入到工作区中，

再进行适当的命名并保存为 ".mat" 格式。对 "log_vehicle_local_position_0.csv" 文件的处理与上述过程相似。

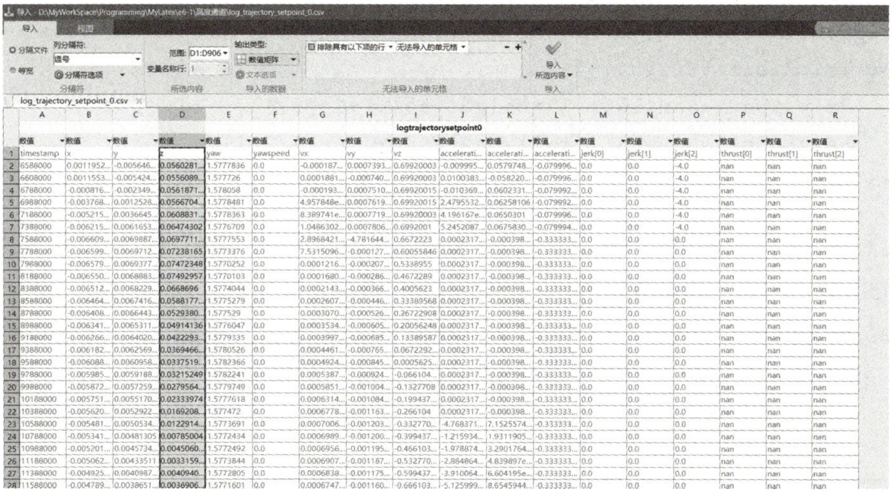

图 5.7　导入固定翼飞行日志文件数据界面

按照以上步骤，从 "log_trajectory_setpoint_0.csv" 和 "log_vehicle_local_position_0.csv" 文件中分别导出 "HeightChannel_Input.mat" 和 "HeightChannel_Output.mat"，分别对应式 (5.1) 中的 $H_d(s)$ 和 $H(s)$。接下来需要对输入输出数据进行时间配准处理。此处的时间配准需要解决两方面的问题：一是起始和终止时间的配准，二是进行采样频率的配准。对于起始和终止时间的配准，需要观察输入输出数据，选取适用于辨识的数据段。例如：高度通道的辨识中，应当选取无人机完成起飞进入航点飞行模式后，按照预设的航点进行高度通道的阶跃变化的阶段；据此确定起始时间和终止时间，进而在输入输出数据中截取出相应的数据。对于采样频率的配准，已知飞行日志时间戳的单位为微秒，观察输入输出数据时间戳，可以知道输入数据的采样频率是 5Hz（由于自驾仪硬件刚启动时会进行初始化，前几个数据的采样频率可能小于 5Hz，初始化完成后会稳定在 5Hz），输出数据的采样频率是 10Hz。因此需要通过重采样的方式使输入输出数据时间戳对准，即增大输入数据的采样频率至 10Hz。由于输入数据在下一次更新前会保持上次的值，因此只需要使增加出的输入数据采样点的值与上一时刻保持一致，即可得到辨识所需的 "Height"（实际高度）与 "HeightDesResample"（重采样的期望高度）。

在 "HeightChannel_DatePreprocess.mlx" 中的关键代码如代码段5.1所示，其中：第 1 行为清空工作区；第 2–3 行为导入数据；第 4–5 行为截取数据并转换为矩阵格式；第 6–10 行为重采样。

代码段 5.1　高度通道数据预处理代码，来源于 "e3/e3-1/HeightChannel_DatePreprocess.mlx"

```
1   clear
2   HeightData1=importdata( "HeightChannel_Input.mat");    %import data
3   HeightData2=importdata( "HeightChannel_Output.mat");
```

```
4    HeightDes=table2array(HeightData1(320:671,2));        %transform table
         to array
5    Height=table2array(HeightData2(800:1501,2));
6    HeightDesResample=[];                                 %resample data
7    for i=1:2:size(Height)-1
8        HeightDesResample(i,1)=HeightDes((i+1)/2,1);
9        HeightDesResample(i+1,1)=HeightDes((i+1)/2,1);
10   end
```

使用 "plot" 指令绘制出 "HeightDesResample" 和 "Height" 变量，即可得到用于辨识的输入输出数据曲线，如图 5.8 所示。从图中可以看出，高度期望曲线 "H_d"（与 "HeightDesResample" 相对应）为在 −82.5 与 −87.5 两个值之间阶跃变化的，而实际高度曲线 "H"（与 "Height" 变量相对应）则是跟踪期望高度曲线变化，但是存在一定的过渡过程和跟踪误差。

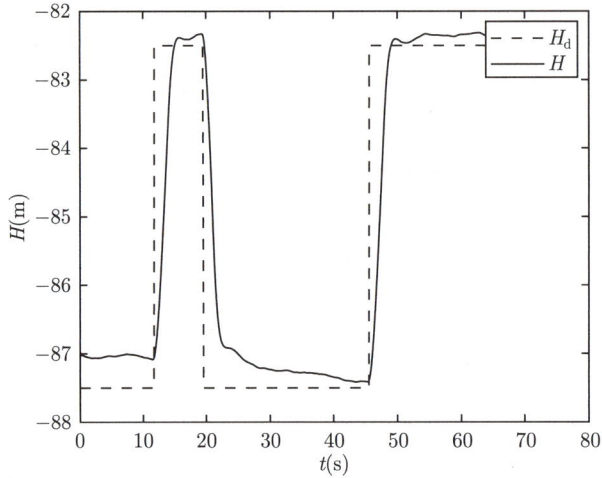

图 5.8　高度通道输入输出数据曲线

2. 步骤二：使用 MATLAB 系统辨识工具箱进行系统辨识

（1）如图 5.9 所示，打开 MATLAB 的系统辨识工具箱 "APPS-System Identification"。

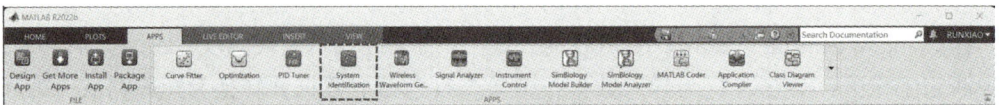

图 5.9　工具栏

（2）如图 5.10 所示，单击 "Import data"，弹出如图 5.11 所示窗口后，选择时域数据 "Time Domain Signals"；设置输入 "Input" 为 "HeightDesResample"，设置输出 "Output" 为 "Height"，设置采样时间 "Sample time" 为 0.1s；单击 "Import" 即可导入数据。

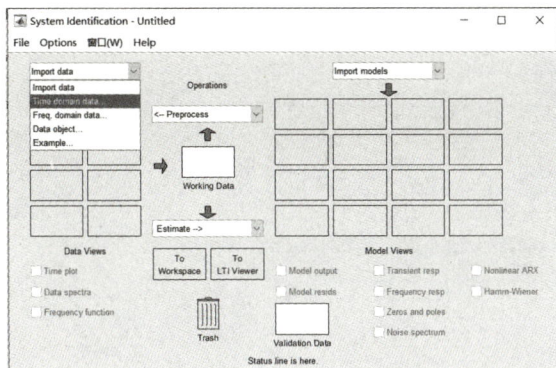

图 5.10　工具箱界面

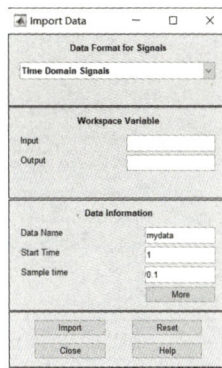

图 5.11　时域设置界面

（3）如图 5.12 所示，单击 "Estimate"，选择传递函数模型 "Transfer Function Models"；弹出如图 5.13 所示界面后，设置模型的零点个数 "Number of zeros" 为 1，极点个数 "Number of poles" 为 2，选择连续传递函数 "Continuous-time"，单击 "Estimate"，辨识传递函数模型；返回工具箱界面，双击建立好的系统模型就可以显示得到的传递函数以及匹配 "Fits"[①]，如图 5.14 所示。

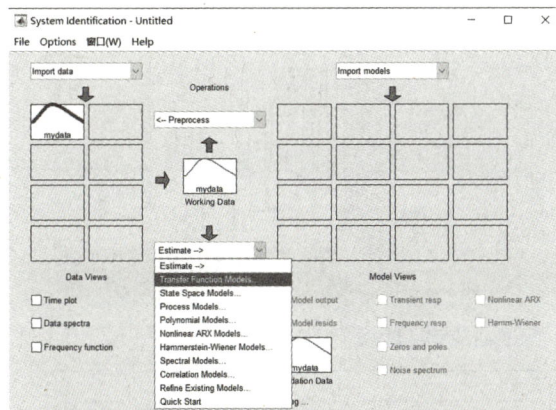

图 5.12　建立传递函数

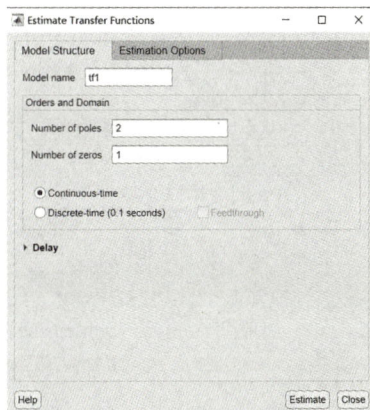

图 5.13　设置传递函数

3. 步骤三：验证辨识结果

通过步骤二得到传递函数后，选择已建立好的模型，在工具箱界面右下角勾选 "Model output" 即可得到模型在输入信号作用下的响应曲线和匹配度，如图5.15所示。通常来说，匹配度大于 70% 则认为辨识效果较好。

1）速度通道

速度通道辨识结果如图5.16所示，其中 "tf1""tf2""tf3" 曲线分别代表选择不同数量的零极点得到的辨识结果。对比可得，"tf2" 即 2 个极点 0 个零点建立的传递函数模型匹配度最高，达到了 83.37%，符合预期。

---

① 见 MATLAB System Identification Toolbox 官方文档

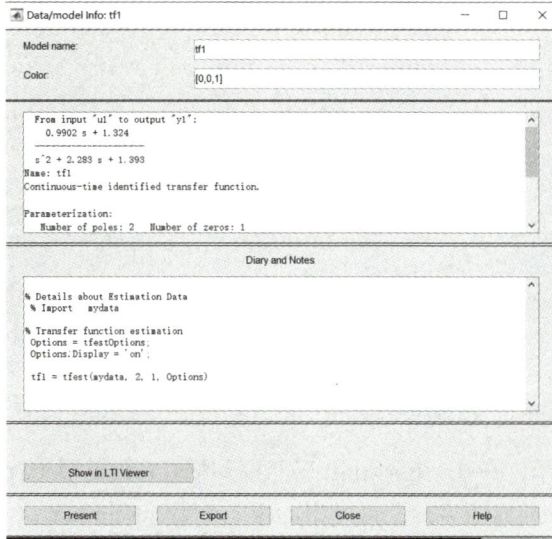

图 5.14　显示得到的传递函数以及匹配 "Fits"

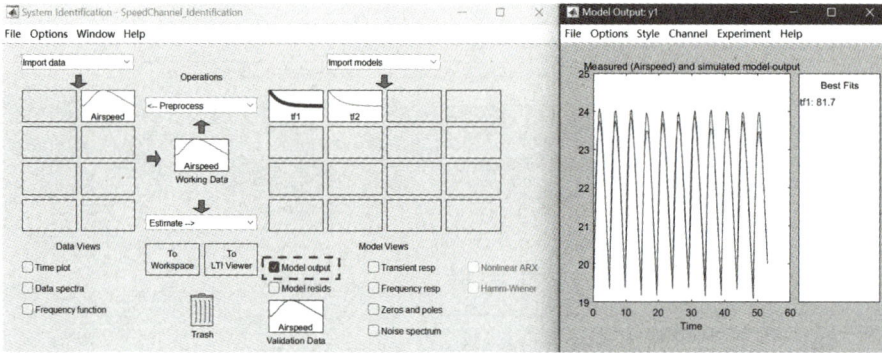

图 5.15　响应曲线和匹配度

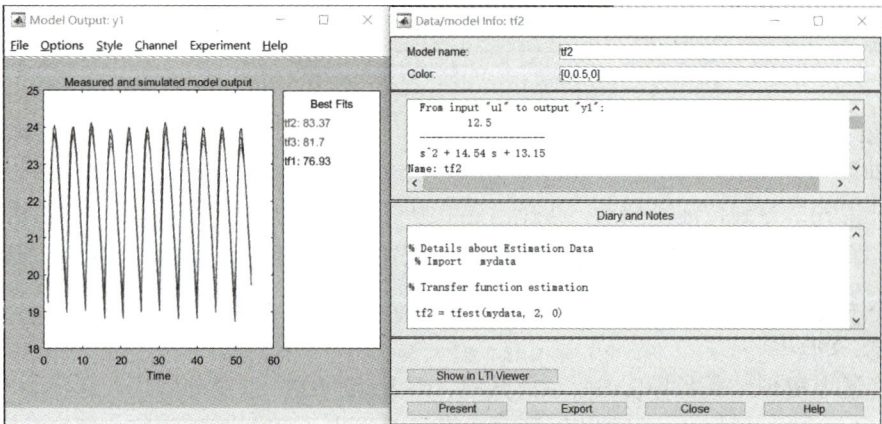

图 5.16　速度通道辨识结果

2）航向通道

航向通道辨识结果如图5.17所示，其中"tf1""tf2""tf3"曲线分别代表选择不同数量的零极点得到的辨识结果。对比可得，"tf1"即 2 个极点 1 个零点建立的传递函数模型匹配度最高，达到了 96.95%，符合预期。

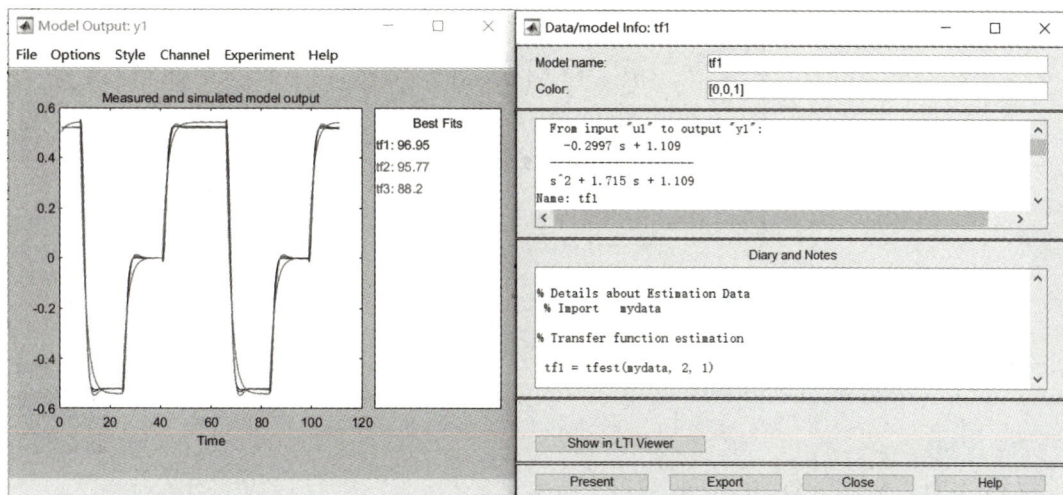

图 5.17　航向通道辨识结果

3）高度通道

高度通道辨识结果如图5.18所示，其中"tf1""tf2""tf3"曲线分别代表选择不同 V_a 数量的零极点得到的辨识结果。对比可得，"tf3"即 1 个极点 0 个零点建立的传递函数模型匹配度最高，达到了 88.73%，符合预期。

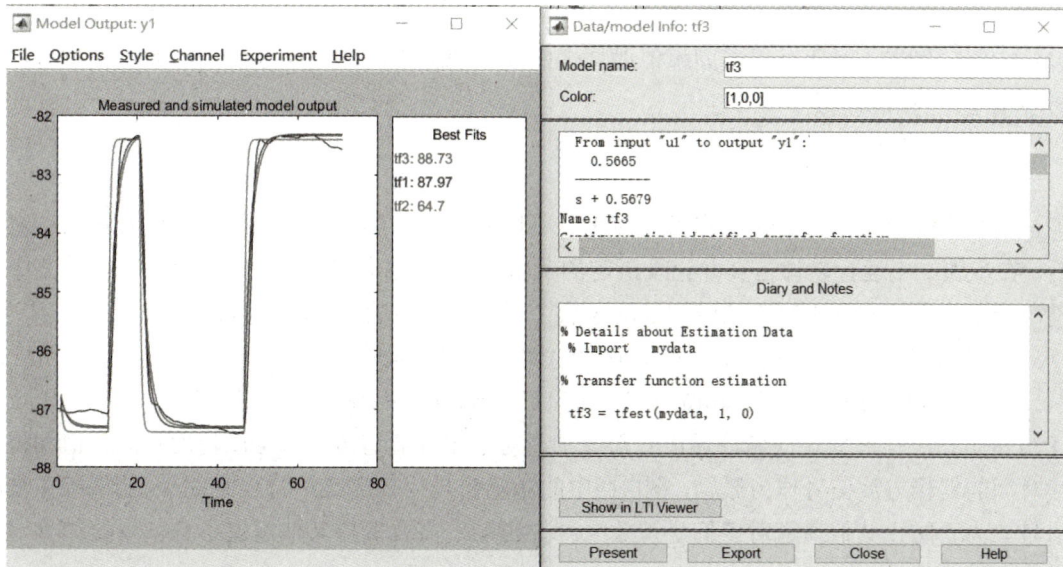

图 5.18　高度通道辨识结果

综上所述，可以得到辨识出的制导模型

$$
\begin{cases}
\dot{p}_{x_{\mathrm{e}}} = V_{\mathrm{a}} \cos \psi \\
\dot{p}_{y_{\mathrm{e}}} = V_{\mathrm{a}} \sin \psi \\
\psi = \chi \\
V_{\mathrm{a}}(s) = \dfrac{12.5}{s^2 + 14.54s + 13.15} V_{\mathrm{ad}}(s) \\
\chi(s) = \dfrac{-0.2997s + 1.109}{s^2 + 1.715s + 1.109} \chi_{\mathrm{d}}(s) \\
H(s) = \dfrac{0.5665}{s + 0.5679} H_{\mathrm{d}}(s)
\end{cases}
\tag{5.12}
$$

5.3 系统辨识实验之分析实验

5.3.1 实验配置和目标

1. 配置

（1）软件：MATLAB R2022b 或以上版本。

（2）程序：实验指导包 "e3/e3-2"。实验指导包主要有：小型固定翼模型 "model" 文件夹，文件夹中包含小型固定翼模型文件 "SmallFixedWingUAVupper.slx" 和初始化文件 "InitDatactrl.m"；运行模型得到的辨识所需的原始数据 "Cm_Data.mat"，数据处理脚本 "Cm_DataPreprocess.mlx"，直接用于辨识的数据 "Cm_DataFiltered.mat" 和俯仰力矩通道气动参数辨识的脚本 "Cm_Identification.mlx"。

2. 目标

以俯仰力矩通道为例，辨识式 (5.3) 中的 $C_{m_0}, C_{m_\alpha}, C_{m_{\dot{\alpha}}}, C_{m_q}, C_{m_{\delta_e}}$，了解气动参数辨识的流程和思想。对比分析不同幅值或持续时间的偶极方波或频率变化范围的扫频信号作为激励信号的辨识效果。

5.3.2 实验步骤

实验步骤包括：首先，在步骤一中设置不同幅值和持续时间的偶极方波信号输入；然后，在步骤二中运行软件仿真并记录所需的各状态量, 并进行滤波处理；之后，在步骤三中使用最小二乘法和逐步回归法辨识气动参数；最后，在步骤四中验证辨识结果。

1. 步骤一：设置不同幅值和持续时间的偶极方波信号输入

在 "SmallFixedWingUAVupper.slx" 的 "Command" 路径下，可以使用 "Signal Builder（PitchChannel）" 模块向俯仰通道注入激励。对于俯仰通道辨识，可以使用不同幅值和持续时间的偶极方波信号作为激励，图5.19中的激励信号为幅值 20° 持续时间 4s 的偶极方波信号。为了防止其他通道对俯仰辨识效果产生影响，需要保持其他通道不变，仅给俯仰通道注入激励信号。

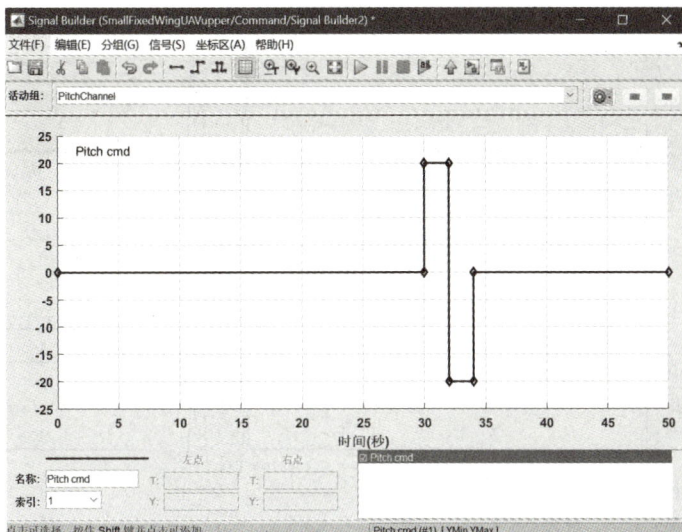

图 5.19 在 "Signal Builder" 中更改俯仰力矩通道激励信号

2. 步骤二：运行软件仿真并记录所需的各状态量，并进行滤波处理

（1）打开 "model" 文件夹，首先运行初始化文件 "InitDatactrl.m"，然后运行 "Small-FixedWingUAVupper.slx" 程序。该程序运行完成后可以自动导出俯仰力矩通道辨识所需的数据，并保存为原始数据文件 "Cm_Data.mat"。文件 "Cm_Data.mat" 中各行数据依次为：迎角 α（"alpha"）、升降舵舵偏角 δ_e（"dE"）、俯仰角速率 ω_{y_b}（"wby"）、空速 V_a（"Airspeed"）、俯仰角加速度 $\dot{\omega}_{y_b}$（"wby_dot"）。

（2）由于采集到的各个状态信号包含噪声，在进行气动参数辨识前需要对采集到的数据进行滤波。在本实验中，选择 MATLAB 自带的滑动平均滤波器进行处理，该滤波器具有 "通低频阻高频" 的效果，以此消除高频噪声影响。进一步，可以通过使用 MATLAB 信号分析器观察各信号频谱特征选择滤波器参数。为了保证滤波器造成的各信号时延相同，综合考虑滤波效果，此处选择平均滑动滤波窗口长度为 15，效果如图5.20（以俯仰角速率为例）所示，其中 ω_{y_b} 为原始数据，$\omega_{y_b,f}$ 为滤波后数据，对比可见滤波效果较为明显。

数据预处理代码位于 "Cm_DataPreprocess.mlx" 中，如代码段5.2所示，第 1 行为清空工作区，第 2 行为从 ".mat" 文件中读取数据并存储为 "data"，第 4-9 行将 "data" 拆分为舵偏角（修正前）、俯仰角速率、迎角、空速、动压、俯仰角加速度数据。第 11-17 行为分别对各个状态数据进行窗口长度为 15 的滑动平均滤波处理，其中 "movmean" 函数为 MATLAB 提供的移动均值函数，其语法为："M = movmean(A,k)"。该函数返回由局部 "k" 个数据点的均值组成的数组，其中每个均值是基于 "A" 的相邻元素的长度为 "k" 的滑动窗计算得出。当 "k" 为奇数时，窗口以当前位置的元素为中心。当 "k" 为偶数时，窗口以当前元素及其前一个元素为中心。当没有足够的元素填满窗口时，窗口将自动在端点处截断。当窗口被截断时，只根据窗口内的元素计算平均值。

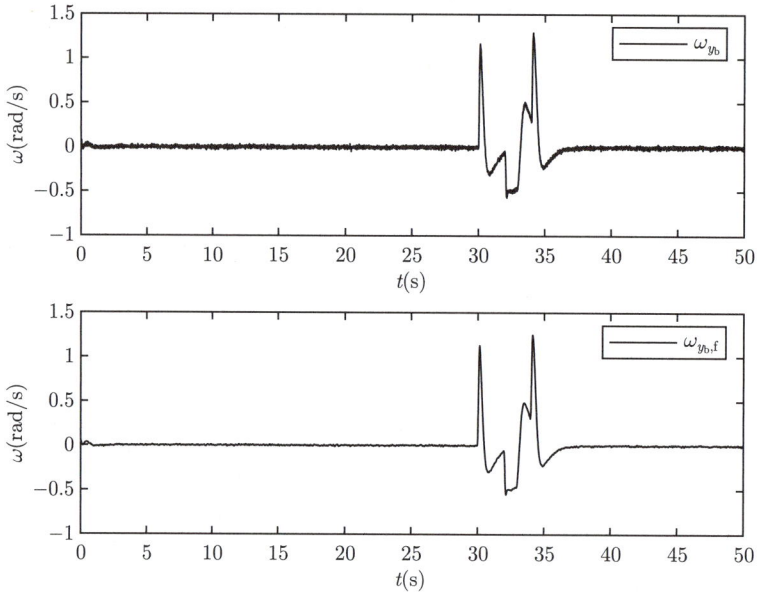

图 5.20　部分数据滤波后效果

代码段 5.2　俯仰力矩通道数据预处理代码，来源于 "e3/e3-1/Cm_DataPreprocess.mlx"

```
1   clear;clc;
2   data = load("Cm_Data.mat");
3   % Split data
4   alpha = data.data(2,:);
5   dE = data.data(3,:);
6   q = data.data(4,:);
7   Airspeed = data.data(5,:);
8   alpha_dot = data.data(6,:);
9   wby_dot = data.data(7,:);
10  % Moving average filter
11  window = 15;
12  data_filtered.alpha=movmean(alpha,window);
13  data_filtered.dE=movmean(dE,window);
14  data_filtered.wby=movmean(q,window);
15  data_filtered.Airspeed=movmean(Airspeed,window);
16  data_filtered.alpha_dot=movmean(alpha_dot,window);
17  data_filtered.wby_dot=movmean(wby_dot,window);
```

3. 步骤三：使用最小二乘法和逐步回归法辨识气动参数

（1）编写代码，选取无人机进行平稳飞行后的数据进行辨识。首先，基于固定翼姿态动力学方程 (4.23)，计算出实际俯仰力矩系数。然后通过 MATLAB 自带的 "regress" 和 "stepwise" 函数进行最小二乘法估计和逐步回归，得到俯仰通道气动参数。

俯仰力矩通道辨识代码位于"Cm_Identification.mlx"，如代码段 5.3 所示。第 1 行为清空工作区，第 2 行为从 ".mat" 文件中读取数据并存储为 "data"；第 3–8 行为将 "data" 拆分为俯仰角速率、俯仰角加速度、空速、舵偏角、迎角和迎角变化率等数据；第 10–14 行输入了该通道辨识所需的无人机转动惯量以及几何参数等；第 15–24 行为计算动压，根据固定翼姿态动力学方程 (4.23) 计算俯仰力矩系数，以及对迎角变化率和俯仰角速率进行修正；第 26 行生成零升力矩项；第 27 行将用于辨识的状态量数据合并成矩阵；第 28 行调用 MATLAB 提供的 "regress" 函数进行辨识。这里 "regress" 函数为多元线性回归函数，其语法为 "[b,bint,r,rint,stats] = regress(y,X)"，该函数返回：向量 "b" 为 "y" 中的响应对矩阵 "X" 中的预测变量的多元线性回归的系数估计值；"bint" 为系数估计值的 95 % 置信区间的矩阵；"r" 为残差向量；"rint" 为可用于诊断离群值的区间，离群值是指与集合中其他观测值差异较大的任何数据点；"stats" 包含 R^2 统计量，以及其他统计量指标（本实验中未用到）。需要注意的是要计算具有常数项（截距）的模型的系数估计值，在矩阵 "X" 中要包含一个由 1 构成的列，在此处即为零升力矩项。第 30 行为使用 "stepwise" 函数进行辨识。"stepwise" 函数本质上与 "regress" 函数一样，也是多元线性回归，但是前者进行了可视化显示，可以逐次加入被辨识的数据并进行显著性检测，也可以显示 "regress" 函数得出的各种结果。第 31 行为使用辨识出的气动参数计算俯仰力矩系数。

代码段 5.3　俯仰力矩通道辨识代码，来源于 "e3/e3-2/Cm_Identification.mlx"

```
1    clear;
2    load('Cm_DataFiltered.mat'); %load data
3    wby=data_filtered.wby(5500:7500)'; %split data
4    wby_dot=data_filtered.wby_dot(5500:7500)';
5    Va=data_filtered.Airspeed(5500:7500)';
6    deltaE=data_filtered.dE(5500:7500)';
7    alpha=data_filtered.alpha(5500:7500)';
8    dalpha=data_filtered.alpha_dot(5500:7500)';
9    % Aircraft geometric parameters
10   Iy=0.144;
11   c=0.3;
12   b=1.2;
13   S=0.32;
14   rho = 1.225;
15   qbar=zeros(2001,1);
16   Cm=zeros(2001,1);
17   dalpha_after=zeros(2001,1);
18   q_after=zeros(2001,1);
19   for i=1:2001 %calculate qbar Cm dalpha_after q_after
20       qbar(i)=0.5*rho*Va(i)^2;
21       Cm(i)=(Iy*wby_dot(i))/(qbar(i)*c*S);
22       dalpha_after(i)=dalpha(i)*c/(2*Va(i));
```

```
23          q_after(i)=wby(i)*c/(2*Va(i));
24      end
25      % regress
26      Cm0=ones(2001,1);
27      XCm=[Cm0,alpha,dalpha_after,q_after,deltaE];
28      [bCm,bintCm,rCm,rintCm,statsCm]=regress(Cm,XCm);
29      % stepwise
30      stepwise(XCm,Cm);
31      Cm_identify=XCm*bCm;
```

（2）辨识结果：以幅值 20 度持续时间 4 秒的偶极方波信号辨识结果为例进行说明。

如图 5.21 所示为 "stepwise" 函数的界面，主要包括三个部分，①中左侧的图为回归系数带有误差条的辨识结果，纵坐标的 "X1" 至 "X4" 为参与逐步回归的自变量，横坐标为相应的误差条数值；①中右侧的部分与左侧的各行相对应，共有 3 列，其中只需要关心为回归系数 "Coeff." 列，例如 "−1.49405" "−11.3043" "−45.1644" 和 "−1.03773" 即为本例辨识出的气动参数。其余列为其他的统计学量。②为最终的回归结果，包括 "截距"；拟合优度 R 方（即 R^2），R^2 越接近 1 说明结果越好；"F" 统计量，该指标越大说明拟合的结果越好；"RMSE" 指均方根误差，该指标越小越好；"调整 R 方" 此处并没有被用到，不需要关注；"p" 表示统计学上的 p 值，此处为接受拟合方程后出错的概率大小。③为依次引入自变量后，"RMSE" 的变化情况。

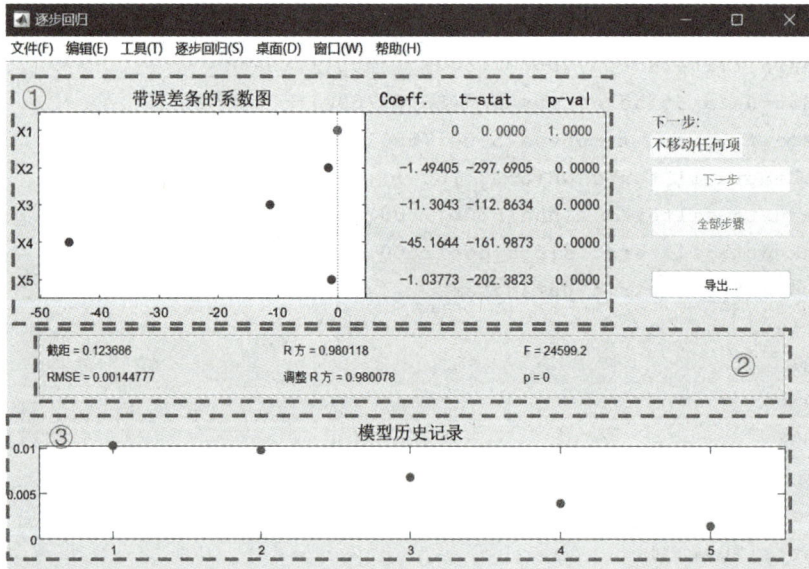

图 5.21 "stepwise" 函数的界面

本例中，"X2" 至 "X5" 为实验中所求的气动参数 $C_{m_\alpha}, C_{m_{\dot\alpha}}, C_{m_q}, C_{m_{\delta_e}}$，而截距则对应 C_{m_0}，拟合优度 R^2 为 0.98，说明回归结果比较精确。在本章的实验中，只需要关注辨识出的截距、回归系数以及拟合优度 R^2 就足够了。如图 5.22 所示为气动参数辨识结果的拟合效果，其中 C_m 曲线为俯仰力矩系数真值，$C_{m,\mathrm{I}}$ 曲线为根据辨识出的气动参数拟合出的俯仰力矩系数。二者对比，说明辨识出的气动参数较为准确。

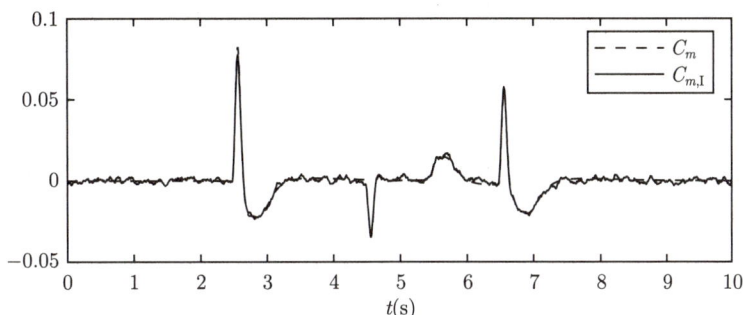

图 5.22　气动参数辨识结果的拟合效果

4. 步骤四：验证辨识结果，并比较不同输入信号的辨识精确度。

（1）辨识结果：更换不同幅值和持续时间的偶极方波，完成 6 组对比实验，得到表 5.1 中的数据。

表 5.1　俯仰力矩通道不同偶极方波信号辨识结果

幅值	20°			5°		
长度	4s	6s	8s	4s	6s	8s
R^2	0.980118	0.98354	0.97199	0.956337	0.958191	0.930923

（2）比较不同输入信号的辨识精确度：通过对比可以看出采用偶极方波输入的长度为 6s 时的 R^2 比 4s 和 8s 时的 R^2 更大；随着偶极方波幅值的增大，R^2 更接近于 1，有较好的拟合效果。

（3）分析：首先，分析输入信号的幅值对辨识结果的影响。在保证无人机稳定的前提下，输入信号的幅值越大，意味着无人机的作动幅度越大。这一方面有利于更充分地激发无人机相应通道的运动模式，有利于提高辨识精度；另一方面产生的姿态角、姿态角速率等数据的变动更大，有利于将其从噪声数据中分离出来，从而提高辨识的精度。其次，分析输入偶极方波信号的长度对辨识结果的影响。偶极方波信号的长度会影响其在频谱上的能量分布，合适的频率能量分布可以更好地激发无人机相应频段的响应，从而提高辨识的精度。

5.4　系统辨识实验之设计实验

5.4.1　实验配置和目标

1. 配置

（1）软件：MATLAB R2022b 或以上版本。

（2）程序：实验指导包 "e3/e3-3"。实验指导包主要有：小型固定翼模型 "model" 文件夹，文件夹中包含小型固定翼模型文件 "SmallFixedWingUAVupper.slx" 和初始化文件 "InitDatactrl.m"；运行模型得到的辨识所需的原始数据 "Cl_Data.mat"，数据处理脚本 "Cl_DataPreprocess.mlx"，直接用于辨识的数据 "Cl_DataFiltered.mat" 和俯仰力矩通道气动参数辨识的脚本 "Cl_Identification.mlx"。

2. 目标

在固定翼无人机 Simulink 模型中，设计合适的输入信号，激励并采集数据；辨识滚转力矩通道的气动导数，即式 (5.3) 中的 $C_{l_0}, C_{l_\beta}, C_{l_p}, C_{l_r}, C_{l_{\delta_a}}, C_{l_{\delta_r}}$；最后，验证得到的非线性模型的吻合程度。

5.4.2　实验设计

为了辨识滚转力矩通道的气动导数，需要进行以下步骤。首先，在步骤一中设计合适的激励信号；然后，在步骤二中分析力矩平衡方程得到力矩和角速率的关系；之后，在步骤三中分析气动方程得到力矩和气动参数的关系；之后，在步骤四中完成气动角获取；最后，在步骤五中确定参数辨识方法（与分析实验一致）。

1. 步骤一：设计激励信号

从基础实验和分析实验的经验可得：采用持续时间为 4s、幅值为 20° 的偶极方波作为滚转力矩通道的激励信号。

2. 步骤二：分析力矩平衡方程

为了辨识滚转力矩通道，首先需要通过力矩平衡方程计算式 (5.3) 中的滚转力矩 m_{ax}。力矩平衡方程为

$$m_{ax} \approx J_{xx}\dot{\omega}_{x_b} \tag{5.13}$$

根据该方程，利用估计的滚转角加速度 $\dot{\omega}_{x_b}$ 和已知的转动惯量 J_{xx} 可以计算出滚转力矩 m_{ax}。

3. 步骤三：分析气动方程

根据式 (5.3)，有

$$m_{ax} = \frac{1}{2}\rho V_a^2 Sb\left(C_{l_0} + C_{l_\beta}\beta + C_{l_p}\frac{b}{2V_a}\omega_{x_b} + C_{l_r}\frac{b}{2V_a}\omega_{z_b} + C_{l_{\delta_a}}\delta_a + C_{l_{\delta_r}}\delta_r\right) \tag{5.14}$$

只要获得了状态量 $\rho, V_a, \beta, \omega_{x_b}, \omega_{z_b}, \delta_a, \delta_r$ 以及几何参数 S, b，即可通过最小二乘法得到需要辨识的参数 $C_{l_0}, C_{l_\beta}, C_{l_p}, C_{l_r}, C_{l_{\delta_a}}, C_{l_{\delta_r}}$。

4. 步骤四：气动角获取

在 MATLAB 软件仿真中，假设使用气动角传感器可以测得迎角 α 和侧滑角 β。对于一些并没有安装气动角传感器的固定翼无人机，则可以采用估计的方式来获得迎角 α 和侧滑角 β。估计方法如下：一般情况下飞行日志中会提供四元数和地面坐标系下的速度，可以按照式 (5.15) 将四元数解算为无人机姿态角 (ϕ, θ, ψ)，即

$$\phi = \arctan \frac{2\left(q_0 q_1 + q_2 q_3\right)}{1 - 2\left(q_1^2 + q_2^2\right)}$$

$$\theta = \arcsin\left(2\left(q_0 q_2 - q_1 q_3\right)\right) \tag{5.15}$$

$$\psi = \arctan \frac{2\left(q_0 q_3 + q_1 q_2\right)}{1 - 2\left(q_2^2 + q_3^2\right)}$$

结合已知的地面坐标系下的速度 $\mathbf{v}_g$，可以得到机体坐标系下的速度

$$
{}^b\mathbf{v}_g = \begin{bmatrix} v_{gx_b} \\ v_{gy_b} \\ v_{gz_b} \end{bmatrix} = \begin{bmatrix} \cos\theta\cos\psi & \cos\theta\sin\psi & -\sin\theta \\ \sin\theta\cos\psi\sin\phi - \sin\psi\cos\phi & \sin\theta\sin\psi\sin\phi + \cos\psi\cos\phi & \cos\theta\sin\phi \\ \sin\theta\cos\psi\cos\phi + \sin\psi\sin\phi & \sin\theta\sin\psi\cos\phi - \cos\psi\sin\phi & \cos\theta\cos\phi \end{bmatrix} \mathbf{v}_g
\tag{5.16}
$$

若忽略风速 $\mathbf{v}_w$ 的影响，则有 ${}^b\mathbf{v}_g \approx {}^b\mathbf{v}_a$。进一步，由式 (4.15)

$$\alpha = \arctan\left(\frac{v_{az_b}}{v_{ax_b}}\right)$$

$$\beta = \arcsin\left(\frac{v_{ay_b}}{\sqrt{v_{ax_b}^2 + v_{ay_b}^2 + v_{az_b}^2}}\right) \tag{5.17}$$

可以得到迎角 α 和侧滑角 β。

5. 步骤五：参数辨识方法

在获得了式 (5.13) 左侧的滚转力矩 m_{ax} 和右侧的状态量 $\rho, V_a, \beta, \omega_{x_b}, \omega_{z_b}, \delta_a, \delta_r$ 以及几何参数 S, b 之后，可以使用 MATLAB 中的 "regress" 函数和 "stepwise" 函数进行参数辨识。前者是最小二乘法，后者是逐步回归法，一般情况下二者辨识结果差别不大。

5.4.3　实验步骤

实验步骤包括：首先，在步骤一中设计激励信号；然后，在步骤二中运行 Simulink 软件仿真，完成辨识所需的作动并记录相应数据；之后，在步骤三中对各个状态量数据进行滤波等预处理；然后，在步骤四中使用最小二乘法和逐步回归法辨识气动参数；最后，在步骤五验证辨识结果。

1. 步骤一：设置激励信号

对于激励信号设计，保证无人机以待辨识通道运动为主，以此来提高辨识精确度。在 "SmallFixedWingUAVupper.slx" 的 "Command" 路径下，可以使用 "Signal Builder (RollChannel)" 模块向滚转通道注入激励。为了防止其他通道对滚转通道辨识效果产生影响，需要保持其他通道不变，仅给滚转通道注入激励信号，注入的激励信号如图 5.23 所示。

2. 步骤二：运行 Simulink 软件仿真，完成辨识所需的作动并记录相应数据

打开 "model" 文件夹，首先运行初始化文件 "InitDatactrl.m"，然后运行 "SmallFixed-WingUAVupper.slx" 程序。该程序运行完成后可以自动导出滚转力矩通道辨识所需的数据，并保存为原始数据文件 "Cl_Data.mat"。文件 "Cl_Data.mat" 中各行数据依次为：侧滑角

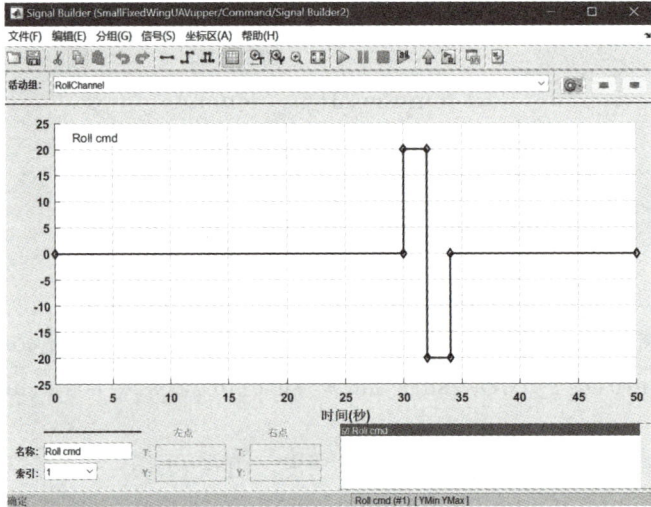

图 5.23　在 "Signal Builder" 中更改滚转力矩通道激励信号

β（"beta"）、副翼舵偏角 δ_a（"dA"）、方向舵舵偏角 δ_r（"dR"）、空速 V_a（"Airspeed"）、滚转角速率 ω_{x_b}（"wbx"）、偏航角速率 ω_{z_b}（"wbz"）以及滚转角加速度 $\dot{\omega}_{x_b}$（"wby_dot"）。

3. 步骤三：对各个状态量数据进行滤波等预处理

与分析实验相同，选择窗口长度为 15 的滑动平均滤波器对数据进行处理。相应的数据处理代码位于 "Cl_DataPreprocess.mlx"，如代码段 5.4 所示。前 2 行和第 12–19 行与分析实验中相应代码别无二致。需要说明的是，第 4–10 行为将 "data" 拆分为辨识需要的侧滑角、副翼舵偏角、方向舵舵偏角、空速、滚转角速率、偏航角速率以及滚转角加速度数据。

代码段 5.4　滚转力矩通道数据预处理代码，来源于 "e3/e3-3/Cl_DataPreprocess.mlx"

```
1    clear;clc;
2    data = load("Cl_Data.mat");
3    % split data
4    beta = data.data(2,:);
5    dA = data.data(3,:);
6    dR = data.data(4,:);
7    Airspeed = data.data(5,:);
8    wbx = data.data(6,:);
9    wbz = data.data(7,:);
10   wbx_dot = data.data(8,:);
11   % Average sliding filter
12   window = 15;
13   data_filtered.beta=movmean(beta,window);
14   data_filtered.dA=movmean(dA,window);
15   data_filtered.dR=movmean(dR,window);
```

```
16    data_filtered.Airspeed=movmean(Airspeed,window);
17    data_filtered.wbx=movmean(wbx,window);
18    data_filtered.wbz=movmean(wbz,window);
19    data_filtered.wbx_dot=movmean(wbx_dot,window);
```

4. 步骤四：使用最小二乘法和逐步回归法辨识气动参数

选取无人机进行平稳飞行后的数据进行辨识。首先基于固定翼姿态动力学方程（4.23），计算出实际滚转力矩系数。然后通过 MATLAB 自带的 "regress" 和 "stepwise" 函数进行最小二乘法估计和逐步回归，得到滚转力矩通道气动参数。

滚转力矩通道辨识代码位于 "Cl_Identification.mlx"，如代码段 5.5 所示。第 1 行为清空工作区，第 2 行为从 ".mat" 文件中读取数据并存储为 "data"，第 4–10 行为将 "data" 拆分为滚转角速率、滚转角加速度、空速、副翼舵偏角、方向舵舵偏角、侧滑角、偏航角速率；第 12–16 行输入了该通道辨识所需的无人机转动惯量以及几何参数等；第 17–28 行为计算动压，根据固定翼姿态动力学方程 (4.23) 计算滚转力矩系数，以及对滚转角速率和偏航角速率进行修正，第 30 行生成零升力矩项；第 31 行将用于辨识的状态量数据合并成矩阵，第 32 行调用 MATLAB 提供的 "regress" 函数进行辨识。第 34 行为使用 "stepwise" 函数进行辨识。对于 "regress" 函数和 "stepwise" 函数已经在分析实验中进行了说明，不再赘述。第 35 行为使用辨识出的气动参数计算滚转力矩系数。

代码段 5.5 滚转力矩通道辨识代码，来源于 "e3/e3-3/Cl_Identification.mlx"

```
1     clear;
2     load('Cl_DataFiltered.mat'); %load data
3     % split data
4     wbx=data_filtered.wbx(5500:7500)';
5     wbx_dot=data_filtered.wbx_dot(5500:7500)';
6     Va=data_filtered.Airspeed(5500:7500)';
7     dA=data_filtered.dA(5500:7500)';
8     dR=data_filtered.dR(5500:7500)';
9     beta=data_filtered.beta(5500:7500)';
10    wbz=data_filtered.wbz(5500:7500)';
11    % Aircraft geometric parameters
12    Ix=0.0894;
13    c=0.3;
14    b=1.2;
15    S=0.32;
16    rho = 1.225;
17    qbar=zeros(2001,1); %calculate qbar Cl wbx_compensation
          wbz_compensation
18    Cl=zeros(2001,1);
19    dalpha_after=zeros(2001,1);
20    q_after=zeros(2001,1);
```

```
21    wbx_compensation=zeros(2001,1);
22    wbz_compensation=zeros(2001,1);
23    for i=1:2001
24        qbar(i)=0.5*rho*Va(i)^2;
25        Cl(i)=(Ix*wbx_dot(i))/(qbar(i)*b*S);
26        wbx_compensation(i)=0.5*wbx(i)*b/(Va(i));
27        wbz_compensation(i)=0.5*wbz(i)*b/(Va(i));
28    end
29    % regress
30    Cl0=ones(2001,1);
31    XCl=[Cl0,beta,wbx_compensation,wbz_compensation,dA,dR];
32    [bCl,bintCl,rCl,rintCl,statsCl]=regress(Cl,XCl);
33    % stepwise
34    stepwise(XCl,Cl);
35    Cl_identify=XCl*bCl;
```

5. 步骤五：验证辨识结果

滚转力矩通道辨识结果如图 5.24 所示：R^2 达到 0.998，回归效果较好。如表 5.2 所示，辨识出的气动参数与真值进行对比，辨识结果与真值基本吻合。如图5.25所示，对比实际的滚转力矩导数和辨识结果拟合出的滚转力矩导数，二者基本重合，证明辨识精度较高。

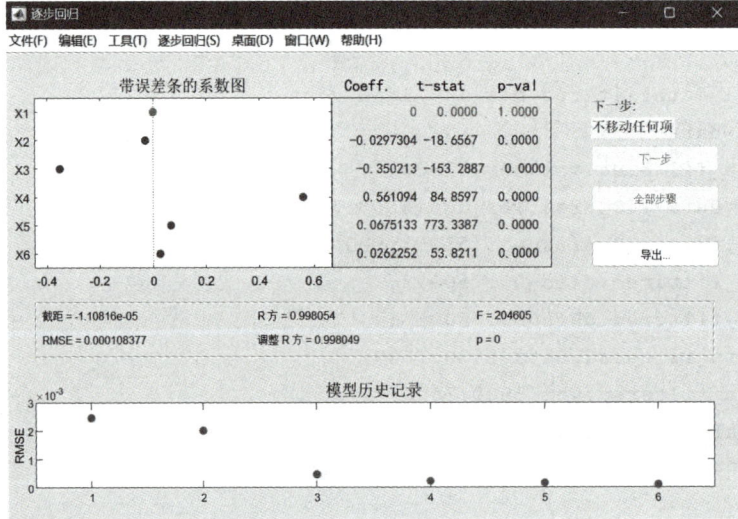

图 5.24 滚转力矩通道辨识结果

表 5.2 滚转力矩通道辨识结果与真值对比

气动参数	C_{l_0}	C_{l_β}	C_{l_p}	C_{l_r}	$C_{l_{\delta_a}}$	$C_{l_{\delta_r}}$
真值	0	−0.04	−0.414	0.399	0.0677	0.0168
辨识结果	0.00001	−0.0297304	−0.350213	0.561094	0.0675133	0.0262252

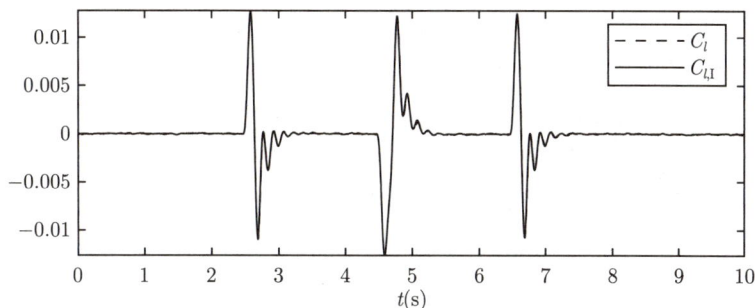

图 5.25　滚转力矩通道拟合效果

5.5　系统辨识实验之硬件在环仿真实验

5.5.1　制导模型辨识硬件在环仿真实验

5.5.1.1　实验配置和目标

1. 配置

（1）软件：MATLAB R2022b 或以上版本及以上版本，RflySim 仿真平台。RflySim 工具链提供了微小型固定翼无人机硬件在环仿真环境。

（2）程序：实验指导包 "e3/e3-4/GuidanceModel_Identification"。实验指导包中有高度通道实验代码包 "HeightChannel" 文件夹，该文件夹中主要有：高度通道辨识轨迹控制脚本 "HeightChannel_OffboardController.py"，从自驾仪硬件中导出的 "log.ulg"，经过 "pyulog" 功能包转码得到的 "log_vehicle_local_position_0.csv" 和 "log_vehicle_local_position_setpoint_0.csv"，从 "csv" 文件导出的 "HeightChannel_Input.mat" 和 "HeightChannel_Output.mat"，对输入输出数据进行预处理的脚本 "HeightChannel_DataPreprocess.mlx" 以及完成辨识的脚本 "HeightChannel_Identification.sid"。

（3）硬件：CubePilot/Pixhawk 自驾仪。

2. 目标

在硬件在环仿真环境下，完成固定翼无人机的制导模型 [见式（5.1）] 系统辨识，该实验与基础实验类似，区别在于需要使用 CubePilot/Pixhawk 自驾仪进行实验得到所需的数据。

5.5.1.2　实验步骤

实验步骤包括：首先，在步骤一中设计固定翼无人机飞行轨迹；然后，在步骤二中运行硬件在环仿真，完成辨识所需作动；之后，在步骤三中从 CubePilot/Pixhawk 自驾仪中导出飞行日志，进行数据预处理；最后，在步骤四中使用 MATLAB 系统辨识工具箱完成制导模型辨识。

1. 步骤一：设计固定翼无人机飞行轨迹

以高度通道硬件在环实验为例进行说明。使用 "航点 + 空速" 的指令接口对固定翼无人机进行控制，可以设定路径点参考速度为 40m/s，固定翼在横侧向上不作动，保持直线前飞，而在高度通道进行偶极方波式的运动。如代码段 5.6 所示，第 1 行为设定路径点参考速度，第 2–13 行为构造循环生成航点队列，其中第 3 行为设定北向航点，第 4 行为设定东向航点，第 5–6 行为设定第 0~5 个航点高度为 100m，第 7–8 行为设定第 6~21 个航点高度为 120m，第 9–10 行为设定第 22~41 个航点高度为 80m，第 11–12 行为设定其余航点高度为 100m，第 13 行为在每次循环中用 "append" 函数将三维航点行向量按行拼接，从而得到一个 22 行 3 列的航点列表。

代码段 5.6　高度通道轨迹设计，来源于 "e3/e3-4/GuidanceModel_Identification/HeightChannel_OffboardController.py"

```
1   v = 40 # set refrecence airspeed for mission points
2   for i in range(41): # mission point set
3       x = -v*i
4       y = 0
5       if i <= 5:
6           z = -100
7       elif 5 < i <= 21:
8           z = -120
9       elif 21 < i <= 41:
10          z = -80
11      else:
12          z = -100
13      missionPoints.append([x, y, z])
```

2. 步骤二：运行硬件在环仿真，完成辨识所需作动

如图 5.26 所示，在电脑上接入 Cubepilot/CubePilot/Pixhawk 自驾仪，打开实验包内的 "HeightChannel" 文件夹，运行 "AircraftMathworksMavlinkHITLRun.bat" 文件，弹出终端窗口，在终端窗口输入合适的串口号，按下回车键，一键启动仿真平台。

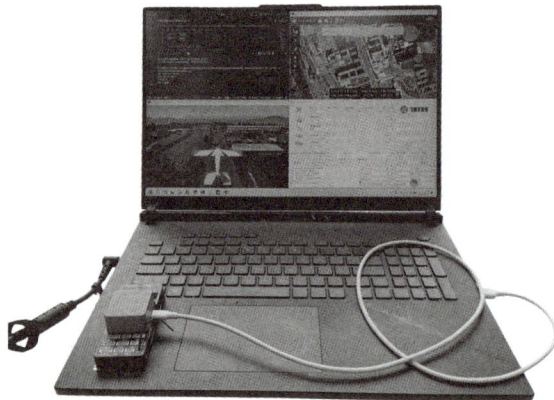

图 5.26　硬件连接

切换到 QGC 控制台界面，如图 5.27所示，当左上角无人机处于 "Ready to fly" 状态后，运行提前设计好的轨迹控制程序"HeightChannel_OffboardController.py"。随后无人机将接收 Python 终端发送的航点指令飞行，可以通过 RflySim3D 观察无人机运动，如图5.28所示。通过 CopterSim 观测到无人机部分实时状态，如图 5.29所示。当无人机飞行到最后一个航迹点位置时，将进行原地盘旋运动。此时，运行 QGC 平台的返航程序即可实现无人机返航，如图5.30所示，结束飞行运动。

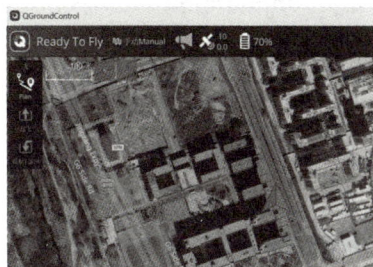

图 5.27 准备起飞

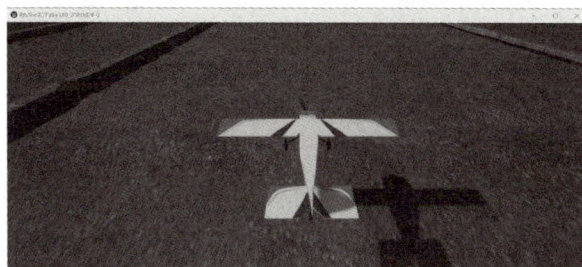

图 5.28 无人机运动

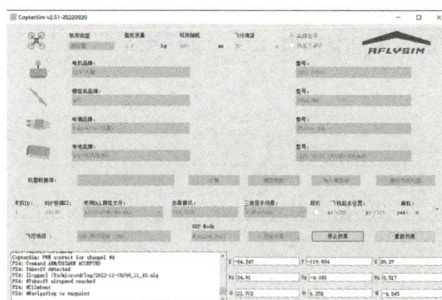

图 5.29 实时状态

图 5.30 结束飞行运动

3. 步骤三：从自驾仪中导出飞行日志，进行数据预处理

当无人机稳定降落后，单击 QGC 平台左上角图标，选择"Analyze Tools"，在"日志下载"界面可选择最近一次飞行的数据进行下载，如图5.31所示。

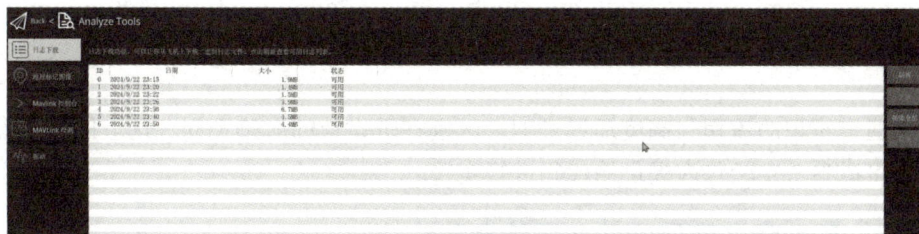

图 5.31 数据下载

下载得到的数据为"ulog"格式，这种格式无法直接使用 Python 或 MATLAB 进行处理，因此需要使用"pyulog"功能包进行处理，使用"pip install"指令在 Python 环境下安装好"pyulog"功能包。之后使用"ulog2csv"指令将"ulog"文件转化为可以导入到

MATLAB 中的 "csv" 格式。该指令使用方法如图5.32所示。

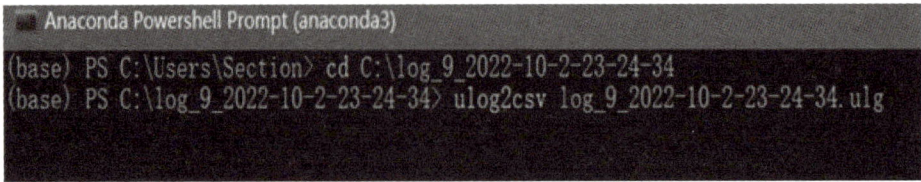

图 5.32 "ulog2csv" 指令使用方法

导出 "csv" 文件之后，接下来的数据预处理步骤与基础实验中基本相同。区别在于，观察高度输入输出数据，可以发现二者的采样频率相同，因此不需要进行采样频率配准，只需要进行起始终止时间对准，并截取相应的数据段即可。过程与基础实验相同，不再赘述。

4. 步骤四：使用 MATLAB 系统辨识工具箱完成制导模型辨识

与基础实验相同，使用 MATLAB 系统辨识工具箱完成高度通道制导模型辨识。辨识效果如图5.33所示，匹配度达到了 84.18%，符合预期。高度通道的制导模型为

$$G_H(s) = \frac{H(s)}{H_d(s)} = \frac{0.04651s + 0.009072}{s^2 + 0.1489s + 0.008806} \tag{5.18}$$

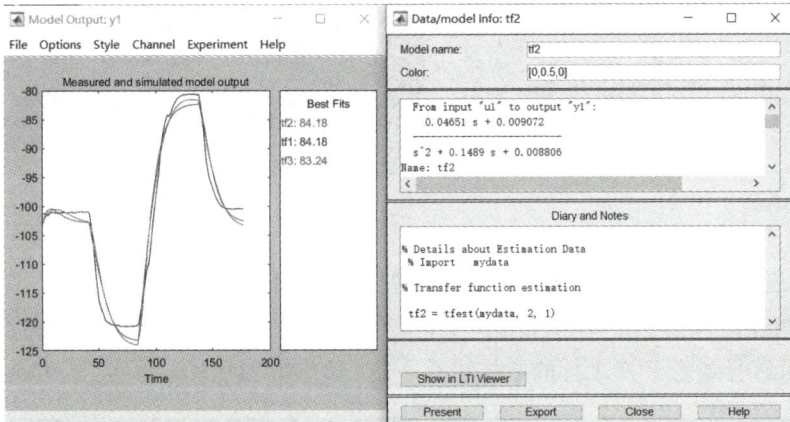

图 5.33 高度通道辨识效果

其余通道辨识的流程与高度通道类似，区别在于设计的航迹不同、选取的输入输出数据不同，可以参考实验包内提供的代码进行实践。

5.5.2 气动参数辨识硬件在环仿真实验

5.5.2.1 实验配置和目标

1. 配置

（1）软件：MATLAB R2022b 或以上版本及以上版本，RflySim 仿真平台。RflySim 工具链提供了微小型固定翼无人机硬件在环仿真环境。

（2）程序：实验指导包 "e3/e3-4/AerodynamicParameter_Identification" 实验包。实验指导包中主要有：固定翼无人机硬件在环实验控制脚本 "AircraftMathworksAttCtrl.py"，待辨识的固定翼无人机模型 dll 文件 "SmallFixedWingUAVIdentificationHIL.dll"，硬件在环实验一键启动脚本 "UAVIdentification.bat"，飞行日志数据文件夹 "log"，其中主要包括从自驾仪硬件中导出的飞行日志文件 "log.ulog" 和相应的 csv 文件；从 csv 文件中导入数据并配准的自动化脚本 "load_manipulate_data.m" 以及该脚本导出的数据文件 "Data.mat"，输入输出数据预处理脚本 "Cl_DataPreprocess.mlx" 以及该脚本导出的处理后的数据文件 "Cm_DataFiltered.mat"，滚转力矩通道气动参数辨识脚本 "Cl_Identification.mlx"。

（3）硬件：CubePilot/Pixhawk 自驾仪。

2. 目标

在硬件在环仿真环境下，完成固定翼无人机的滚转力矩通道的气动参数辨识。与分析实验和设计实验类似，区别在于需要使用 CubePilot/Pixhawk 自驾仪进行实验得到所需的数据。

5.5.2.2 实验步骤

气动参数辨识硬件在环仿真实验与设计实验的不同在于：需要使用 CubePilot/Pixhawk 自驾仪硬件以及固定翼无人机硬件在环实验控制脚本 "AircraftMathworksAttCtrl.py" 控制无人机进行作动，获得飞行日志。无人机状态数据需要从飞行日志中导出或者利用飞行日志的数据进行估计，并且进行时间配准，而后续的滤波、辨识和验证等步骤则与分析实验及设计实验相同。

1. 步骤一：设计固定翼无人机滚转通道激励

与制导模型辨识硬件在环实验不同，使用 "姿态 + 油门" 的指令接口对固定翼无人机进行控制，可以设定固定翼无人机油门固定为 0.8，在纵向上不作动；而在滚转通道进行偶极方波式的运动，幅值为 30 度，持续时间为 20 秒。

相应代码位于 "AircraftMathworksAttCtrl.py"，关键代码如代码段 5.7 所示。第 1–2 行为设定固定翼无人机的滚转角为 30 度，油门为 0.8，并持续 10s；第 3–4 行为设定固定翼无人机的滚转角为 −30 度，油门为 0.8，并持续 10s；第 5 行为打印标志行，说明本周期运动结束。

代码段 5.7 滚转通道轨迹设计，来源于 "e3/e3-4/AerodynamicParameter_Identification/AircraftMathworksAttCtrl.py"

```
1    mav1.SendAttPX4([30,0,0],0.8)
2    time.sleep(10)
3    mav1.SendAttPX4([-30,0,0],0.8)
4    time.sleep(10)
5    print("arrive")
```

2. 步骤二：运行硬件在环仿真，完成辨识所需作动

与制导模型辨识硬件在环实验类似，运行硬件在环仿真，可以得到相应的飞行日志文件。首先将待辨识的固定翼无人机模型 dll 文件 "SmallFixedWingUAVIdentification-HIL.dll" 拷贝到 "PX4PSP/CopterSim/external/model" 路径下；然后，将 CubePilot/Pixhawk 自驾仪连接到电脑上；之后，运行硬件在环实验一键启动脚本 "UAVIdentification.bat" 并选择合适的端口启动仿真。切换到 QGC 界面，无人机处于 "Ready to fly" 状态后，运行控制脚本 "AircraftMathworksAttCtrl.py"。注意，等待飞行时可能会出现气压计相关的错误提示，可以忽略。在控制脚本作用下，固定翼无人机会循环执行设定的姿态激励动作。进行 3~5 次激励动作后，手动关闭脚本，无人机会进入盘旋状态。之后运行 QGC 平台的返航程序即可实现无人机返航（具体操作参考制导模型辨识硬件在环实验）。

3. 步骤三：从自驾仪中导出飞行日志，进行数据预处理

与制导模型辨识硬件在环实验相同，从 QGC 下载最新的飞行日志，将其存入到 "log" 文件夹下。在 "log" 文件夹下使用 "pyulog" 工具包中的 "ulog2csv" 命令将日志文件转化为 csv 文件。

从 "vehicle_local_position_0.csv" 中可以获取地面坐标系下的无人机的位置、速度和加速度；从 "vehicle_attitude_0.csv" 中可以获取四元数表示的无人机姿态；从 "vehicle_angular_velocity_0.csv" 中可以获取无人机的角速率；从 "airspeed_0.csv" 中可以获取无人机的空速；从 "vehicle_air_data_0.csv" 中可以获取无人机的动压和空气密度；从 "actuator_controls_0_0.csv" 中可以获取无人机作动器的控制信号。

手动导入以上各种数据并进行时间配准非常地费时费力，因此可以使用 "load_manipulate_data.m" 脚本自动导入数据。该脚本会自动从 "log" 文件夹下导入 csv 文件，并自动进行时间配准处理。使用该自动脚本需要注意文件名和文件路径的正确设置，以及检查 "log_vehicle_land_detected_0.csv" 中的数据是否正确。具体需要检查该文件中的 "landed" 列的首末行是否为 1。如果不是，需要手动将第一行和最后一行的值改为 1 并保存文件。之后，运行 "load_manipulate_data.m" 脚本，即可得到配准后的各种状态数据以及相应的数据文件 "Data.mat"。

时间配准处理后，需要根据已知的状态数据（地面坐标系下的速度、姿态），推算出参数辨识需要的迎角和侧滑角数据，推算方法与分析实验的实验设计中的描述一致。具体方法为：从四元数可以按照式 (5.15) 方便地解算出无人机姿态角 (ϕ, θ, ψ)。结合已知的地面坐标系下的速度 $\mathbf{v}_g$，按照式 (5.16) 可以得到机体坐标系下的速度。在硬件在环实验中，可以忽略风的影响。由式 (4.15) 可估计迎角和侧滑角，相应代码在 "Cl_DataPreprocess.mlx" 中，关键代码如代码段 5.8 所示。

代码段 5.8 迎角侧滑角估计，来源于 "e3/e3-4/AerodynamicParameter_Identification/Cl_DataPreprocess.mlx"

```
1    alpha(i) = atan(vzb(i)/vxb(i)); % calculate alpha
2    beta(i) = asin(vyb(i)/sqrt(vxb(i)^2+vyb(i)^2+vzb(i)^2)); % calculate
3                                                            % beta
```

4. 步骤四：对各个状态量进行滤波处理

同分析与设计实验，利用 MATLAB 自带的 "movmean" 函数，选择合适的窗口长度即可实现高频噪声滤除（硬件在环实验中注入的噪声较小，因此可以选择较小的窗口长度）。具体只需要运行 "Cl_DataPreprocess.mlx" 即可得到滤波后的数据 "Cl_DataFiltered.mat"。

5. 步骤五：使用最小二乘法和逐步回归法辨识气动参数并验证结果

与设计实验类似，滚转力矩通道辨识如代码段 5.9（"Cl_Identification.mlx"）所示。第 1 行为清空工作区，第 2 行为从 ".mat" 文件中读取数据，第 3–4 行为设置截取数据起始点、结束点；第 6–12 行为将 "data" 拆分为滚转角速率、滚转角加速度、空速、副翼舵偏角、方向舵舵偏角、侧滑角、偏航角速率；第 14–18 行输入了该通道辨识所需的无人机转动惯量以及几何参数等；第 19–28 行为计算动压，根据固定翼姿态动力学方程计算滚转力矩系数，以及对滚转角速率和偏航角速率进行修正。第 30 行生成零升力矩项，第 31 行将用于辨识的状态量数据合并成矩阵，第 32 行调用 MATLAB 提供的 "regress" 函数进行辨识。第 34 行为使用 "stepwise" 函数进行辨识。第 35 行为使用辨识出的气动参数计算滚转力矩系数。

代码段 5.9　滚转力矩通道辨识，来源于 "e3/e3-4/AerodynamicParameter_Identification/Cl_Identification.mlx"

```
1   clear;
2   load('Cl_DataFiltered.mat');% load data
3   startpoint = 7000;% set intercept point
4   endpoint = 21000;
5   % split data
6   wbx=data_filtered.wbx(startpoint:endpoint)';
7   wbx_dot=data_filtered.wbx_dot(startpoint:endpoint)';
8   Va=data_filtered.Airspeed(startpoint:endpoint)';
9   dA=data_filtered.dA(startpoint:endpoint)';
10  dR=data_filtered.dR(startpoint:endpoint)';
11  beta=data_filtered.beta(startpoint:endpoint)';
12  wbz=data_filtered.wbz(startpoint:endpoint)';
13  % Aircraft geometric parameters
14  Ix=0.0894;
15  c=0.3;
16  b=1.2;
17  S=0.32;
18  rho = 1.15;
19  qbar=zeros(length(Va),1);
20  Cl=zeros(length(Va),1);
21  wbx_compensation=zeros(length(Va),1);
22  wbz_compensation=zeros(length(Va),1);
23  for i=1:length(Va)
24      qbar(i)=0.5*rho*Va(i)^2;
```

```
25          Cl(i)=(Ix*wbx_dot(i))/(qbar(i)*b*S);
26          wbx_compensation(i)=0.5*wbx(i)*b/(Va(i));
27          wbz_compensation(i)=0.5*wbz(i)*b/(Va(i));
28      end
29  % regress
30  Cl0=ones(length(Va),1);
31  XCl=[Cl0,beta',wbx_compensation,wbz_compensation,dA',dR'];
32  [bCl,bintCl,rCl,rintCl,statsCl]=regress(Cl,XCl);
33  % stepwise
34  stepwise(XCl,Cl);
35  Cl_identify=XCl*bCl;
```

辨识结果如图 5.34 所示，R^2 达到了 0.55，基本符合预期，拟合效果如图 5.35。

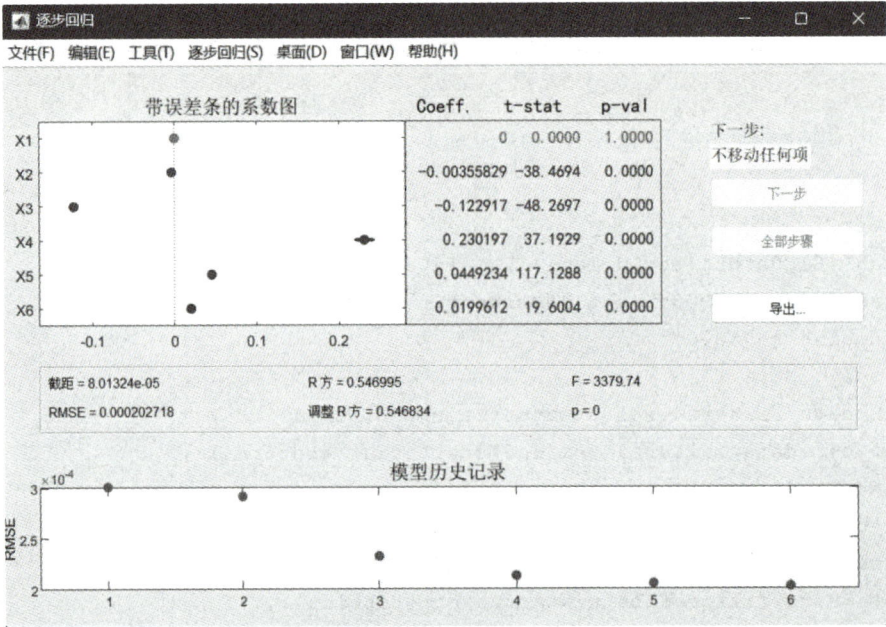

图 5.34　滚转力矩通道硬件在环逐步回归辨识结果

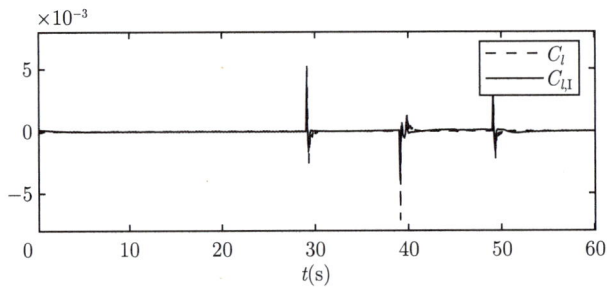

图 5.35　滚转力矩通道硬件在环拟合效果

5.5.2.3 讨论

1. 辨识结果与真值对比如表 5.3 所示。可见气动导数 C_{l_β} 以外，辨识结果与真值数量级相同，数值相差不大。在分析实验和设计实验中，也验证了当迎角和侧滑角可以测量时，辨识结果与真值均基本吻合。

表 5.3 滚转力矩通道辨识结果与真值对比

气动参数	C_{l_0}	C_{l_β}	C_{l_p}	C_{l_r}	$C_{l_{\delta_a}}$	$C_{l_{\delta_r}}$
真值	0	-0.04	-0.414	0.399	0.0677	0.0168
辨识结果	0.00008	-0.00355829	-0.122917	0.230197	0.0449234	0.0199612

2. 在硬件在环实验中 C_{l_β} 辨识结果不太准确的原因在于：侧滑角不是通过传感器测量得到，而是通过地面系下的速度与姿态解算机体系下的速度，进而再根据机体系下的速度和空速来估计迎角和侧滑角，这两步估计均会产生误差，导致硬件在环实验中 C_{l_β} 辨识的结果较大误差。然而，由于该项相关的状态量和气动导数乘积的数量级较小，在小机动范围内对模型的影响不大。

3. 总体而言，从 R^2 和滚转力矩系数拟合效果来看，辨识结果总体是较为准确的，可以较好地描述滚转力矩通道的特性。这也意味着从辨识出的参数得到的传递函数也基本符合滚转力矩通道的特征，可以满足后续控制器设计的要求。

5.6 课后习题

1. 参考本章的分析实验和设计实验，对固定翼无人机 Simulink 模型的偏航力矩通道的气动导数进行辨识，并验证辨识的结果与真值的吻合程度。注意，固定翼一般不会直接通过方向舵来控制偏航，而是采用协调转弯的方式控制滚转完成航向的控制，在这个过程中，偏航力矩通道和滚转力矩通道均会被激励，因此可以考虑使用与滚转力矩通道辨识相同的激励来进行偏航力矩通道的辨识。

2. 如果辨识数据中有些"坏点"，那么碰到这种情况如何进行处理，请写出相关算法，并自行验证。提示：可以尝试使用 MATLAB 的"filloutliers"函数进行验证。

3. 如果在制导模型辨识过程中，始终存在着常值风干扰，那么如何进行辨识，请给出辨识具体方法。

4. 如果在气动参数辨识前没有稳定的模型，只能依靠驾驶员进行操控飞行，如何进行模型辨识。

5. 目前有研究者通过采用神经元网络模型进行动态受控模型建立[45]。面对固定翼无人机，如何采集数据，如何进行模型建立和学习？例如，使用"执行器信号 + 姿态角 + 速度"作为模型输入，"姿态 + 速度"作为模型输出。

第六章 底层飞行控制实验

固定翼无人机的底层飞行控制（Low-level Flight Control）是保障无人机稳定飞行的基础。本章将详细介绍：固定翼无人机底层飞行控制逻辑，PID 控制的原理、方法、参数调节机制，以及在固定翼无人机的姿态控制、高度与速度控制中的应用。另外，针对姿态控制，介绍了传统 PID 控制和开源自驾仪中的 PID 控制；针对高度和速度控制，还介绍了总能量控制方法，另外还介绍了增益调度控制方法。通过基础实验、分析实验、设计实验、硬件在环实验循序渐进地加深读者对固定翼无人机底层飞行控制的理解。在基础实验中，读者通过对固定翼无人机仿真模型和控制器的搭建，学会使用 Simulink 仿真模型以及观测实验数据；通过分析实验，读者可以了解 PID 控制在时域中各个参数的调节方法和频域稳定性分析；在设计实验中，读者将使用基于频域分析设计校正控制器从而实现预期的性能指标；最后，通过硬件在环实验实现固定翼无人机高度和速度的控制实验。

6.1　底层飞行控制之实验原理

固定翼无人机的底层飞行控制主要分为两个环路，分别为姿态控制环路和高度速度控制环路。如图 6.1 所示，固定翼无人机系统有三个输入量（即三个期望指令，高度 H_d、飞行速度 V_{ad} 和偏航角 ψ_d），六个输出量（位置 $\mathbf{p} \in \mathbb{R}^3$ 和姿态 $\Theta \in \mathbb{R}^3$）和四个操纵量（升降舵偏转 δ_e、副翼偏转 δ_a、方向舵偏转 δ_r 和油门推力 T）。姿态控制为内外环控制，内环为角速率 ω 控制，外环是姿态角 Θ 控制。

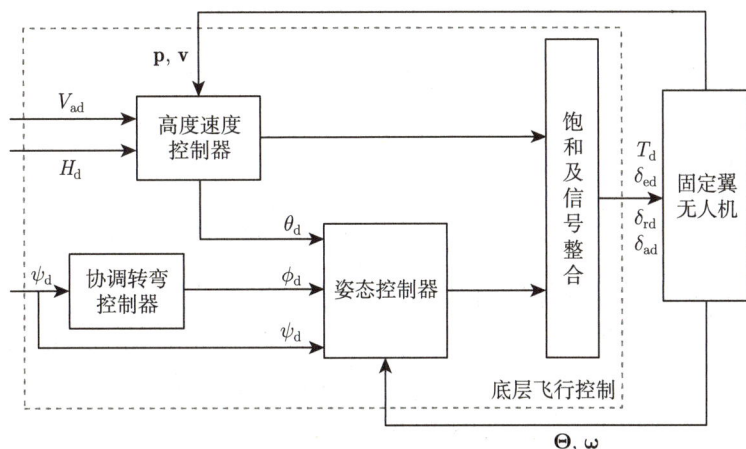

图 6.1　面向固定翼无人机的一种底层飞行控制结构

6.1.1　姿态控制

固定翼无人机采用内外环的控制策略。外环控制器对固定翼的高度、速度和航向进行控制，而内环控制器对固定翼无人机的姿态角进行控制。外环控制器为内环控制器提供期望指令，即把高度通道控制器的输出作为俯仰角通道控制器的参考值，把航迹控制的输出作为偏航角通道的参考值，这里是将姿态角 Θ_d 作为参考值。后续的姿态控制目标是实现 $\lim_{t \to \infty} \|\Theta(t) - \Theta_d(t)\| = 0$。只要姿态控制目标实现效果很好，高度航向控制问题就可以解决。下面介绍姿态控制器的设计。

6.1.1.1　俯仰角通道控制

1. 传统 PID 控制器

针对俯仰角通道进行控制器设计，其控制框图如图 6.2 所示。先针对俯仰角进行控制器设计，再针对俯仰角速率进行控制器设计。俯仰角通道控制的目标：已知俯仰角期望 θ_d，设计控制器使得

$$\lim_{t \to \infty} |e_\theta(t)| = 0, e_\theta \triangleq \theta_d - \theta$$

这里 θ_d 由高度控制输出给定。为了达到这个目的，由式 (4.17) 得到

$$\dot{\theta} = \omega_{y_b}\cos\phi - \omega_{z_b}\sin\phi \tag{6.1}$$

对俯仰通道进行控制器设计时，假设滚转角 $\phi = 0$，式 (6.1) 简化为

$$\dot{\theta} = \omega_{y_b} \tag{6.2}$$

设计俯仰角速率的期望 $\omega_{y_b d}$ 为

$$\omega_{y_b d} = K_{\theta p} e_\theta + K_{\theta i} \int e_\theta + K_{\theta d} \dot{e}_\theta \tag{6.3}$$

式中 $K_{\theta p}$，$K_{\theta d}$，$K_{\theta i} \in \mathbb{R}$。式 (6.2) 和式 (6.3) 构成了俯仰角度环控制器，如图 6.2 中虚线框① 所示。

如果 $\dot{\theta}_d = 0$，且

$$\lim_{t \to \infty} |e_{\omega_{y_b}}(t)| = 0, e_{\omega_{y_b}} \triangleq \omega_{y_b d} - \omega_{y_b}$$

那么 $\lim_{t \to \infty} |e_\theta(t)| = 0$。接下来，由式 (4.48) 得到

$$J_{yy} \dot{\omega}_{y_b} = \omega_{x_b} \omega_{z_b}(J_{zz} - J_{xx}) - J_{xz}(\omega_{x_b}^2 - \omega_{z_b}^2) + m_{ay} \tag{6.4}$$

设计俯仰力矩期望 m_{ayd} 为

$$m_{ayd} = K'_{\omega_{y_b} p} e_{\omega_{y_b}} + K'_{\omega_{y_b} i} \int e_{\omega_{y_b}} + K'_{\omega_{y_b} d} \dot{e}_{\omega_{y_b}} \tag{6.5}$$

式中 $K'_{\omega_{y_b} p}$，$K'_{\omega_{y_b} d}$，$K'_{\omega_{y_b} i} \in \mathbb{R}$。如果 $m_{ay} = m_{ayd}$，那么 $\lim_{t \to \infty} |e_{\omega_{y_b}}(t)| = 0$。根据式 (4.29) 俯仰力矩与升降舵偏转量之间的线性关系可改写为

$$m_{ay} = K_{C_m} \delta_e + d_{m_{ay}} \tag{6.6}$$

其中

$$K_{C_m} = \frac{1}{2} \rho V_a^2 S c_A C_{m_{\delta_e}}, d_{m_{ay}} = \frac{1}{2} \rho V_a^2 S c_A \left(C_{m_0} + C_{m_\alpha} \alpha + C_{m_{\dot{\alpha}}} \frac{c}{2V_a} \dot{\alpha} + C_{m_q} \frac{c}{2V_a} \omega_{y_b} \right)$$

因此，俯仰角速率的控制律 (6.5) 可变为

$$\delta_{ed} = K_{\omega_{y_b} p} e_{\omega_{y_b}} + K_{\omega_{y_b} i} \int e_{\omega_{y_b}} + K_{\omega_{y_b} d} \dot{e}_{\omega_{y_b}} \tag{6.7}$$

式中 $K_{\omega_{y_b} p}$，$K_{\omega_{y_b} d}$，$K_{\omega_{y_b} i} \in \mathbb{R}$。式 (6.4) 和式 (6.7) 构成了俯仰角速率环控制器，图 6.2 中虚线框② 所示。有时为了避免微分带米的噪声，可以去掉微分项 $K_{\omega_{y_b} d} \dot{e}_{\omega_{y_b}}$ 和 $K_{\theta d} \dot{e}_\theta$。至此，俯仰角通道控制器设计完成，由式 (6.3) 和式 (6.7) 构成，其控制框图如图 6.2 所示。

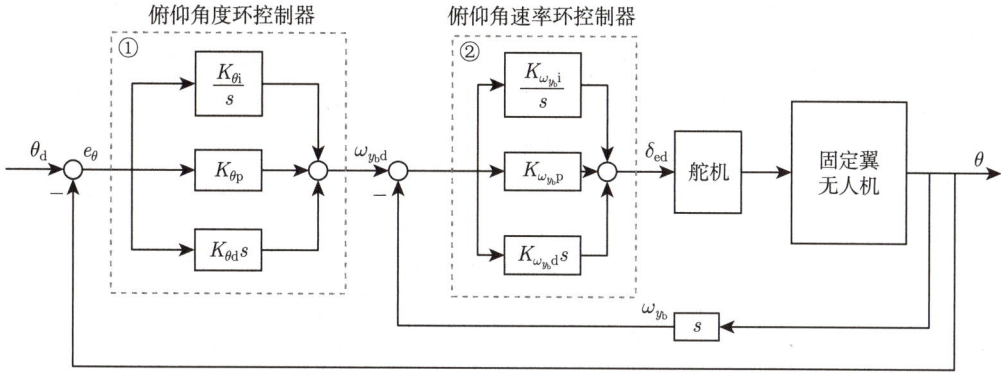

图 6.2 传统 PID 俯仰角通道控制器的控制框图

2. 自驾仪中的 PID 控制器

在实际情况中，如果 $\phi \neq 0$，那么 $\dot{\theta} \neq \omega_{y_b}$，因此需要更精确的设计来提高控制器的有效性。根据 PX4 自驾仪姿态控制器设计思路[46]，分别设计内外环串级控制器，内环为姿态角速率控制器，外环为姿态角控制器。对于俯仰通道，外环俯仰角通道以俯仰角为被控对象，得到期望俯仰角速率。根据姿态运动方程 [式 (4.18)]，俯仰角速率期望值为

$$\omega_{y_b \mathrm{d}} = \cos\phi\dot{\theta}_{\mathrm{d}} + \cos\theta\sin\phi\dot{\psi}_{\mathrm{d}} \tag{6.8}$$

在 PX4 俯仰角通道控制器中，将期望角速率转换到机体坐标系中的代码，如代码段 6.1 所示。在代码段中 "_bodyrate_setpoint" 为期望俯仰角速率 $\omega_{y_b\mathrm{d}}$，"ctl_data.roll" 为真实滚转角 ϕ，"ctl_data.yaw_rate_setpoint" 为期望偏航角速率 $\dot{\psi}_{\mathrm{d}}$。

代码段 6.1 PX4 俯仰角速率转化到机体俯仰角速率

```
1    /* Transform setpoint to body angular rates (jacobian) */
2    _bodyrate_setpoint = cosf(ctl_data.roll) * _rate_setpoint +
3            cosf(ctl_data.pitch) * sinf(ctl_data.roll) * ctl_data.yaw
                _rate_setpoint;
```

在式 (6.8) 中，期望偏航角速率 $\dot{\psi}_{\mathrm{d}}$ 可以通过协调转弯关系获得。接下来设计期望俯仰角速率 $\dot{\theta}_{\mathrm{d}}$ 使得

$$\lim_{t\to\infty} |e_\theta(t)| = 0, e_\theta \triangleq \theta_{\mathrm{d}} - \theta$$

一种简单的设计为

$$\dot{\theta}_{\mathrm{d}} = K_{\theta\mathrm{p}} e_\theta \tag{6.9}$$

式中 $K_{\theta\mathrm{p}} \in \mathbb{R}_+$。如果 $\dot{\theta} = \dot{\theta}_{\mathrm{d}}$，那么

$$\dot{\theta} = K_{\theta\mathrm{p}} e_\theta \tag{6.10}$$

显然，当 θ_{d} 为常数时 $\lim_{t\to\infty} |e_\theta(t)| = 0$。

这里外回路起到了稳定俯仰角的作用，改善了无人机长周期模态的阻尼特性。如图 6.3 中虚线框①所示。PX4 俯仰角通道控制器的外环控制代码[47] 如代码段 6.2 所示。其中 "ctl_data.pitch_setpoint" 为期望俯仰角 θ_d，"ctl_data.pitch" 为实际俯仰角 θ，"pitch_error" 为俯仰角期望值与实际值之间的误差，"_rate_setpoint" 为期望俯仰角速率 $\dot{\theta}_d$。

代码段 6.2　PX4 俯仰角通道控制器的外环控制代码

```
1    /* Calculate the error */
2    float pitch_error = ctl_data.pitch_setpoint - ctl_data.pitch;
3    /*  Apply P controller: rate setpoint from current error and time
            constant */
4    _rate_setpoint =  pitch_error / _tc;
```

接下来，假设滚转角速率和偏航角速率为零，即 $\omega_{x_b} = \omega_{z_b} = 0$。进而简化式 (4.23) 得到

$$\dot{\omega}_{y_b} = \frac{\rho V_a^2 Sc}{2J_{yy}}\left(C_{m_0} + C_{m_\alpha}\alpha + C_{m_{\dot{\alpha}}}\frac{c}{2V_a}\dot{\alpha} + C_{m_q}\frac{c}{2V_a}\omega_{y_b} + C_{m_{\delta_e}}\delta_e\right) \tag{6.11}$$

内环以俯仰角速率为被控对象，针对式 (6.11) 设计期望升降舵舵偏 δ_{ed}，采用前馈控制和 PI 控制

$$\delta_{ed} = \frac{1}{V_a}K_{\omega_{y_b}f}\omega_{y_b d} + \frac{1}{V_a^2}K_{\omega_{y_b}p}(\omega_{y_b d} - \omega_{y_b}) + \frac{1}{V_a}K_{\omega_{y_b}i}\int(\omega_{y_b d} - \omega_{y_b}) \tag{6.12}$$

满足 $\lim_{t\to\infty}|\omega_{y_b d}(t) - \omega_{y_b}(t)| = 0$，其中 $K_{\omega_{y_b}f}$，$K_{\omega_{y_b}p}$，$K_{\omega_{y_b}i} \in \mathbb{R}$。俯仰角速率环控制器如图 6.3 中虚线框② 所示。PX4 俯仰角通道控制器的内环控制代码如代码段 6.3 所示。第 2~4 行获得积分量中的微变量 dt；第 8 行获得俯仰角速率误差 $\omega_{y_b d} - \omega_{y_b}$；第 9~17 行计算 $\int(\omega_{y_b d} - \omega_{y_b})$；第 19 和第 21 行为完整的俯仰角通道控制器。

代码段 6.3　PX4 俯仰角通道控制器的内环控制代码

```
1    /* get the usual dt estimate */
2    uint64_t dt_micros = ecl_elapsed_time(&_last_run);
3    _last_run = ecl_absolute_time();
4    float dt = (float)dt_micros * 1e-6f;
5    /* lock integral for long intervals */
6    bool lock_integrator = ctl_data.lock_integrator;
7    if (dt_micros > 500000) {lock_integrator = true;}
8    _rate_error = _bodyrate_setpoint - ctl_data.body_y_rate;
9    if (!lock_integrator && _k_i > 0.0f) {
10       float id = _rate_error * dt * ctl_data.scaler;
11       /* anti-windup: do not allow integrator to increase if actuator is
               at limit */
12       if (_last_output < -1.0f) {
13           /* only allow motion to center: increase value */
```

```
14          id = math::max(id, 0.0f);
15       } else if (_last_output > 1.0f) {
16          /* only allow motion to center: decrease value */
17          id = math::min(id, 0.0f);}
18       /* add and constrain */
19       _integrator = math::constrain(_integrator + id * _k_i, -_
             integrator_max, _integrator_max);}
20    /* Apply PI rate controller and store non-limited output */
21    _last_output = _bodyrate_setpoint * _k_ff * ctl_data.scaler +_rate_
          error * _k_p * ctl_data.scaler * ctl_data.scaler + _integrator;  /
          /scaler is proportional to 1/airspeed
```

在实际执行过程中，为了防止升降舵产生过大的舵偏量，导致无人机过猛地抬头或低头，从而对无人机造成损伤，需要考虑升降舵的饱和问题。考虑饱和之后，升降舵的控制律为

$$\delta_{\mathrm{ed}} = \mathrm{sat}\left(\frac{1}{V_{\mathrm{a}}}K_{\omega_{y_{\mathrm{b}}}\mathrm{f}}\omega_{y_{\mathrm{b}}\mathrm{d}} + \frac{1}{V_{\mathrm{a}}^2}K_{\omega_{y_{\mathrm{b}}}\mathrm{p}}(\omega_{y_{\mathrm{b}}\mathrm{d}} - \omega_{y_{\mathrm{b}}}) + \frac{1}{V_{\mathrm{a}}}K_{\omega_{y_{\mathrm{b}}}\mathrm{i}}\int(\omega_{y_{\mathrm{b}}\mathrm{d}} - \omega_{y_{\mathrm{b}}}), a_{\delta_{\mathrm{e}}}\right) \quad (6.13)$$

式中饱和参数 $a_{\delta_{\mathrm{e}}} = \pi/9$。饱和函数定义如下

$$\mathrm{sat}(x_k, a) = \begin{cases} x_k, & |x_k| \leqslant a \\ a \cdot \mathrm{sign}(x_k), & |x_k| > a \end{cases} \quad (6.14)$$

其中饱和参数 $a \in \mathbb{R}_+$，可根据实际要求来确定。最终，PX4 俯仰角通道控制器的控制框图如图 6.3 所示。

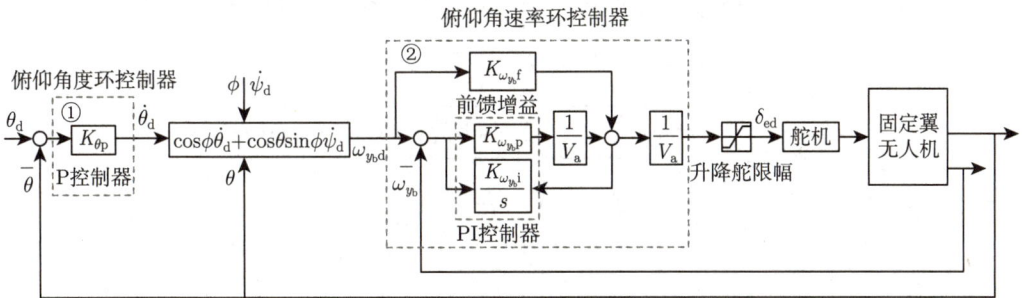

图 6.3　PX4 俯仰角通道控制器的框图

6.1.1.2　滚转角通道控制

固定翼无人机横侧向姿态运动包括在横向平面内的滚转运动和侧向平面内的偏航运动。无人机的横侧向转弯运动有三种基本方式，分别为：通过方向舵实现水平转弯，通过副翼修正航向而用方向舵削弱荷兰滚的侧向转弯，以及等滚转角的侧向转弯[48]。这三种转弯方式的特点如表 6.1 所示。

表 6.1 三种转弯方式的特点

横侧向运动方式	优点	缺点
通过方向舵实现水平转弯	横侧向两通道独立	1、较大的侧滑角 2、空速矢量与纵轴协调性差 3、转弯半径大
通过副翼修正航向而用方向舵削弱荷兰滚的侧向转弯	稳定的荷兰滚模态	1、较大的侧滑角 2、协调性差 3、乘坐品质差
等滚转角的侧向转弯	侧滑角小	损失飞行高度（可以通过俯仰角速率改善）

由于前两种转弯存在侧滑角而影响飞行质量且转弯路径远，所以仅适用于校正较小的偏航偏差。为了克服侧滑角的出现，针对等滚转角转弯的控制考虑协调转弯。因此，对横侧向姿态运动的控制，需要以协调转弯为前提，将滚转运动和偏航运动进行控制。横侧向协调转弯控制原理如图 6.4 所示。从图 6.4 中可以看到，固定翼无人机转弯时滚转通道和偏航通道是耦合的，满足协调转弯公式 [式 (4.63)]，但两个通道的控制是独立进行的。

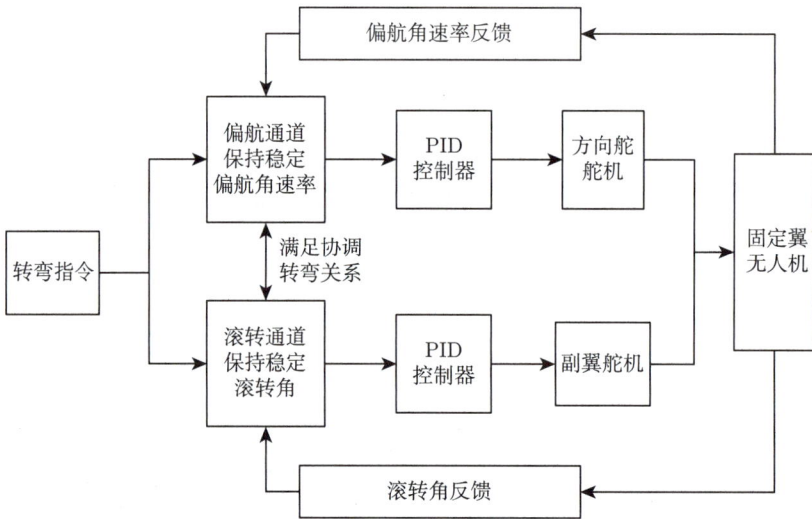

图 6.4 横侧向协调转弯控制原理

1. 协调转弯控制

对于底层飞行控制来说，横侧向通道的给定为偏航角 ψ_d，而滚转通道的控制需要期望滚转角 ϕ_d。首先，假设滚转角比较小，那么协调转弯公式 [式 (4.63)] 可以简化为

$$\dot{\psi} = \frac{g}{V_a}\phi \tag{6.15}$$

针对简化的协调转弯公式 [式 (6.15)] 设计期望滚转角 ϕ_d，采用比例控制

$$\frac{g}{V_a}\phi_d = K_\psi e_\psi \tag{6.16}$$

式中 $K_\psi \in \mathbb{R}_+$，$e_\psi = \psi_{\mathrm{d}} - \psi$。如果

$$\lim_{t \to \infty} |\phi(t) - \phi_{\mathrm{d}}(t)| = 0$$

那么 $\lim_{t \to \infty} |e_\psi(t)| = 0$。由式 (6.16) 推出期望滚转角为

$$\phi_{\mathrm{d}} = \frac{V_{\mathrm{a}}}{g}(K_\psi e_\psi) \tag{6.17}$$

在实际飞行中，为了防止过大的动作对无人机造成损伤，需要考虑饱和问题，确保滚转角在合理的范围内变化。考虑饱和后的控制律为

$$\phi_{\mathrm{d}} = \mathrm{sat}\left(\frac{V_{\mathrm{a}}}{g}(K_\psi e_\psi), a_\phi\right) \tag{6.18}$$

其中饱和参数 $a_\phi = \pi/6$。

需要注意，在实际协调转弯飞行时，因为需要滚转，升力的垂直分量会减小，使得高度损失。为了保持高度稳定，必须增大迎角来补偿减少的升力增量，那么就需要高度保持控制器。

2. 传统 PID 控制

滚转角通道控制器设计与俯仰角通道控制器设计类似，滚转角通道控制的目标：已知滚转角期望 ϕ_{d}，设计控制器使得

$$\lim_{t \to \infty} |e_\phi(t)| = 0, e_\phi \triangleq \phi_{\mathrm{d}} - \phi$$

这里 ϕ_{d} 由遥控器或式 (6.18) 给定。由式 (4.17) 得到

$$\omega_{x_{\mathrm{b}}} = \dot{\phi} - \sin\theta\dot{\psi} \tag{6.19}$$

对滚转通道进行控制器设计时，假设俯仰角 $\theta = 0$，式 (6.19) 简化为

$$\dot{\phi} = \omega_{x_{\mathrm{b}}} \tag{6.20}$$

设计滚转角速率期望 $\omega_{x_{\mathrm{b}}\mathrm{d}}$ 为

$$\omega_{x_{\mathrm{b}}\mathrm{d}} = K_{\phi\mathrm{p}}e_\phi + K_{\phi\mathrm{i}}\int e_\phi + K_{\phi\mathrm{d}}\dot{e}_\phi \tag{6.21}$$

式中 $K_{\phi\mathrm{p}}$，$K_{\phi\mathrm{d}}$，$K_{\phi\mathrm{i}} \in \mathbb{R}$。式 (6.20) 和式 (6.21) 构成了滚转角度环控制器，如图 6.5 中虚线框①所示。

如果 $\dot{\phi}_{\mathrm{d}} = 0$，且

$$\lim_{t \to \infty} |e_{\omega_{x_{\mathrm{b}}}}(t)| = 0, e_{\omega_{x_{\mathrm{b}}}} \triangleq \omega_{x_{\mathrm{b}}\mathrm{d}} - \omega_{x_{\mathrm{b}}}$$

那么 $\lim_{t \to \infty} |e_\phi(t)| = 0$。接下来的任务是针对滚转角通道动力学方程进行控制器设计，由式 (4.50) 得到

$$(J_{xx}J_{zz} - J_{xz}^2)\dot{\omega}_{x_{\mathrm{b}}} = J_{zz}m_{\mathrm{a}x} + J_{xz}m_{\mathrm{a}z} + \omega_{y_{\mathrm{b}}}\omega_{z_{\mathrm{b}}}(J_{zz}J_{yy}$$

$$- J_{zz}^2 - J_{xz}^2) - \omega_{x_b}\omega_{y_b}(J_{yy}J_{xz} - J_{zz}J_{xz} - J_{xx}J_{xz}) \tag{6.22}$$

设计期望的滚转力矩 m_{axd}, 使得 $\lim_{t\to\infty}|e_{\omega_{x_b}}(t)| = 0$。期望的滚转力矩设计为

$$m_{axd} = K'_{\omega_{x_b}p}e_{\omega_{x_b}} + K'_{\omega_{x_b}i}\int e_{\omega_{x_b}} + K'_{\omega_{x_b}d}\dot{e}_{\omega_{x_b}} \tag{6.23}$$

式中 $K'_{\omega_{x_b}p}$, $K'_{\omega_{x_b}d}$, $K'_{\omega_{x_b}i} \in \mathbb{R}$。如果 $m_{ax} = m_{axd}$, 那么 $\lim_{t\to\infty}|e_{\omega_{x_b}}(t)| = 0$。根据式 (4.31) 滚转力矩与副翼偏转量之间的线性关系改写为

$$m_{ax} = K_{C_l}\delta_a + d_{m_{ax}}$$

式中

$$K_{C_l} = \frac{1}{2}\rho V_a^2 bC_{l_{\delta_a}}, d_{m_{ax}} = \frac{1}{2}\rho V_a^2 Sb(C_{l_0} + C_{l_\beta}\beta + C_{l_p}\frac{b}{2V_a}\omega_{x_b} + C_{l_r}\frac{b}{2V_a}\omega_{z_b} + C_{l_{\delta_r}}\delta_r)$$

因此, 滚转角速率控制律 (6.23) 可进一步得到

$$\delta_{ad} = K_{\omega_{x_b}p}e_{\omega_{x_b}} + K_{\omega_{x_b}i}\int e_{\omega_{x_b}} + K_{\omega_{x_b}d}\dot{e}_{\omega_{x_b}} \tag{6.24}$$

式中 $K_{\omega_{x_b}p}$, $K_{\omega_{x_b}i}$, $K_{\omega_{x_b}d} \in \mathbb{R}$。式 (6.22) 和式 (6.24) 构成了滚转角速率环控制器。如图 6.5 中虚线框② 所示。有时为了避免微分带来的噪声, 可以去掉微分项 $K_{\omega_{x_b}d}\dot{e}_{\omega_{x_b}}$ 和 $K_{\phi d}\dot{e}_\phi$, 也可以添加滤波器。至此, 传统 PID 滚转角通道控制器设计完成, 由式 (6.21) 和式 (6.24) 构成, 其控制框图如图 6.5 所示。

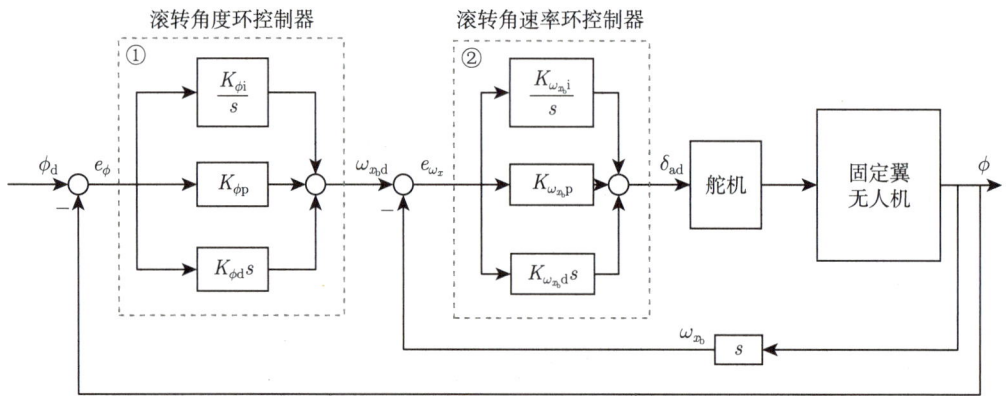

图 6.5 传统 PID 滚转角通道控制器的控制框图

2. 自驾仪中的 PID 控制

在实际情况中, 如果 $\theta \neq 0$, 那么 $\dot{\phi} \neq \omega_{x_b}$, 此时需要更精确的设计使得控制器更有效。下面给出 PX4 中滚转角通道控制器设计思路。与俯仰角通道控制器类似, 滚转角通道控制器由滚转角和滚转角速率双反馈回路串联组成。外环滚转角通道是以滚转角作为被控对象, 得到期望滚转角速率, 根据姿态运动方程 [式 (4.18)], 滚转角速率期望值为

$$\omega_{x_b\mathrm{d}} = \dot{\phi}_\mathrm{d} - \sin\theta\dot{\psi}_\mathrm{d} \tag{6.25}$$

其代码如代码段 6.4 第 15 行所示。在式 (6.25) 中期望偏航角速率 $\dot{\psi}_\mathrm{d}$ 可以通过协调转弯关系获得。接下来设计期望滚转角速率 $\dot{\phi}_\mathrm{d}$ 使得

$$\lim_{t\to\infty}|e_\phi(t)|=0, e_\phi \triangleq \phi_\mathrm{d} - \phi$$

一种简单的设计，采用比例控制为

$$\dot{\phi}_\mathrm{d} = K_{\phi\mathrm{p}}e_\phi \tag{6.26}$$

式中 $K_{\phi\mathrm{p}} \in \mathbb{R}_+$。如果 $\dot{\phi} = \dot{\phi}_\mathrm{d}$，那么

$$\dot{\phi} = K_{\phi\mathrm{p}}e_\phi \tag{6.27}$$

显然，当 ϕ_d 为常数时 $\lim_{t\to\infty}|e_\phi(t)|=0$。

这里外回路起到了稳定滚转角的作用，如图 6.6 中虚线框①所示。PX4 滚转角通道控制器的外环控制代码如代码段 6.4 中第 1~4 行所示。接下来假设俯仰角速率为零，且不考虑向量积的影响，即 $\omega_{y_b}=0, J_{zz}=0$，简化式 (6.22) 得到

$$\dot{\omega}_{x_b} = \frac{\rho V_\mathrm{a}^2 Sb}{2J_{xx}}\left(C_{l_\beta}\beta + C_{l_p}\frac{b}{2V_\mathrm{a}}\omega_{x_b} + C_{l_r}\frac{b}{2V_\mathrm{a}}\omega_{z_b} + C_{l\delta_\mathrm{a}}\delta_\mathrm{a} + C_{l\delta_\mathrm{r}}\delta_\mathrm{r}\right) \tag{6.28}$$

内环以滚转角速率为被控对象，针对式 (6.28) 设计期望副翼舵偏 δ_{ad}，采用前馈控制和比例积分控制器：

$$\delta_{\mathrm{ad}} = \frac{1}{V_\mathrm{a}}K_{\omega_{x_b}\mathrm{f}}\omega_{x_b\mathrm{d}} + \frac{1}{V_\mathrm{a}^2}K_{\omega_{x_b}\mathrm{p}}(\omega_{x_b\mathrm{d}}-\omega_{x_b}) + \frac{1}{V_\mathrm{a}}K_{\omega_{x_b}\mathrm{i}}\int(\omega_{x_b\mathrm{d}}-\omega_{x_b}) \tag{6.29}$$

满足 $\lim_{t\to\infty}|\omega_{x_b\mathrm{d}}(t)-\omega_{x_b}(t)|=0$，其中 $K_{\omega_{x_b}\mathrm{f}}$, $K_{\omega_{x_b}\mathrm{p}}$, $K_{\omega_{x_b}\mathrm{i}} \in \mathbb{R}$。滚转角速率环的控制器如图 6.6 中虚线框②所示。在 PX4 滚转角通道控制器中内环控制的代码如代码段 6.4 中第 10~13 行所示。

该控制器在内回路中引入滚转角速率 ω_{x_b}，进而改善短周期模态的阻尼特性，起到了抑制荷兰滚的作用，同时也使得无人机对滚转速率指令产生快速响应。在实际执行过程中，为了防止过大的副翼舵偏量致使无人机过猛滚转运动，进而对无人机造成损伤，因此需要考虑副翼的饱和问题。在滚转角指令的入口处对副翼的幅度设置了 ±23 度的限制。考虑饱和之后，PID 控制器 [式 (6.29)] 变为

$$\delta_{\mathrm{ad}} = \mathrm{sat}\left(\frac{1}{V_\mathrm{a}}K_{\omega_{x_b}\mathrm{f}}\omega_{x_b\mathrm{d}} + \frac{1}{V_\mathrm{a}^2}K_{\omega_{x_b}\mathrm{p}}(\omega_{x_b\mathrm{d}}-\omega_{x_b}) + \frac{1}{V_\mathrm{a}}K_{\omega_{x_b}\mathrm{i}}\int(\omega_{x_b\mathrm{d}}-\omega_{x_b}), a_{\delta_\mathrm{a}}\right) \tag{6.30}$$

其中饱和参数 $a_{\delta_\mathrm{a}} = 23\pi/180$。PX4 滚转角通道控制器的代码如代码段 6.4 所示。第 2 行计算滚转角误差 e_ϕ；第 4 行为外环 P 控制，其中 $1/\_\mathrm{tc}$ 为比例控制增益；第 6 行计算滚转角速率误差 $\omega_{x_b\mathrm{d}}-\omega_{x_b}$；9-13 行为滚转角速率通道前馈和 PI 控制；第 15 行为滚转角速率到机体滚转角速率的转换。

代码段 6.4　PX4 滚转角通道控制器代码

```
1    /* Calculate error */
2    float roll_error = ctl_data.roll_setpoint - ctl_data.roll;
3    /* Apply P controller */
4    _rate_setpoint = roll_error / _tc;
5    /* Calculate body angular rate error */
6    _rate_error = _bodyrate_setpoint - ctl_data.body_x_rate; //body
         //angular rate error
7    float id = _rate_error * dt * ctl_data.scaler;
8    /* add and constrain */
9    _integrator = math::constrain(_integrator + id * _k_i, -_
         integrator_max, _integrator_max);
10   /* Apply PI rate controller and store non-limited output */
11   _last_output = _bodyrate_setpoint * _k_ff * ctl_data.scaler +
12            _rate_error * _k_p * ctl_data.scaler * ctl_data.scaler
13            + _integrator;   //scaler is proportional to 1/airspeed
14   /* Transform setpoint to body angular rates (jacobian) */
15   _bodyrate_setpoint = ctl_data.roll_rate_setpoint - sinf(ctl_data.
         pitch) * ctl_data.yaw_rate_setpoint;
```

最终，开源自驾仪滚转角通道控制器的控制框图如图 6.6 所示。

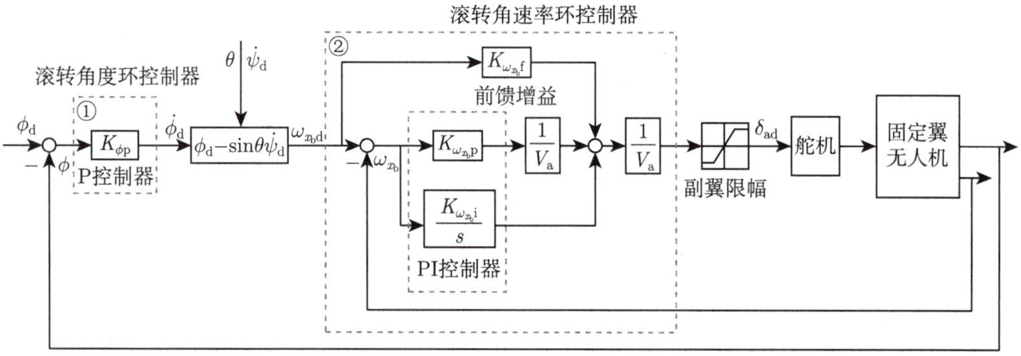

图 6.6　开源自驾仪滚转角通道控制器的控制框图

6.1.1.3　偏航角通道控制

固定翼无人机的横侧向姿态运动以副翼控制（滚转角通道控制）为主，方向舵控制（偏航角通道控制）起到增稳和协调转弯作用。偏航角通道控制就是在滚转角通道控制的基础上，通过前馈关系 [式 (4.63)] 给定偏航角变化率。

1. 传统 PID 控制

偏航角通道的控制其实是对偏航角变化率 $\dot{\psi}$ 进行控制。偏航角通道的控制目标：已知

偏航角变化率期望 $\dot{\psi}_{\mathrm{d}}$，设计控制器使得

$$\lim_{t \to \infty} |e_{\dot{\psi}}(t)| = 0, e_{\dot{\psi}} \triangleq \dot{\psi}_{\mathrm{d}} - \dot{\psi}$$

这里 $\dot{\psi}_{\mathrm{d}}$ 由滚转通道前馈给定，即满足协调转弯公式

$$\dot{\psi}_{\mathrm{d}} = \frac{g}{V_{\mathrm{a}}} \tan \phi_{\mathrm{d}}$$

固定翼无人机等高盘旋或转弯飞行时，认为 $\theta \approx 0$，则偏航角速率方程为

$$\omega_{z_{\mathrm{b}}} = -\sin \phi \dot{\theta} + \cos \theta \cos \phi \dot{\psi} \tag{6.31}$$

简化为

$$\omega_{z_{\mathrm{b}}} = \cos \phi \dot{\psi}$$

针对式 (4.50) 设计期望偏航力矩 m_{azd}，使得 $\lim_{t \to \infty} |e_{\dot{\psi}}(t)| = 0$。PID 控制器设计为

$$m_{\mathrm{azd}} = K'_{\dot{\psi}\mathrm{p}} e_{\dot{\psi}} + K'_{\dot{\psi}\mathrm{i}} \int e_{\dot{\psi}} + K'_{\dot{\psi}\mathrm{d}} \dot{e}_{\dot{\psi}} \tag{6.32}$$

式中 $K'_{\dot{\psi}\mathrm{p}}$, $K'_{\dot{\psi}\mathrm{d}} \in \mathbb{R}_+$, $K'_{\dot{\psi}\mathrm{i}} \in \mathbb{R}$。如果 $m_{\mathrm{az}} = m_{\mathrm{azd}}$，那么 $\lim_{t \to \infty} |e_{\dot{\psi}}(t)| = 0$。根据式 (4.31) 偏航力矩与方向舵偏转量线性关系可改写为

$$m_{\mathrm{az}} = K_{C_n} \delta_{\mathrm{r}} + d_{m_{\mathrm{az}}}$$

式中

$$K_{C_n} = \frac{1}{2} \rho V_{\mathrm{a}}^2 b C_{n_{\delta_{\mathrm{r}}}}, d_{m_{\mathrm{az}}} = \frac{1}{2} \rho V_{\mathrm{a}}^2 S b \left(C_{n_0} + C_{n_\beta} \beta + C_{n_p} \frac{b}{2V_{\mathrm{a}}} \omega_{x_{\mathrm{b}}} + C_{n_r} \frac{b}{2V_{\mathrm{a}}} \omega_{z_{\mathrm{b}}} + C_{n_{\delta_{\mathrm{a}}}} \delta_{\mathrm{a}} \right)$$

偏航角变化率的控制律可变为

$$\delta_{\mathrm{rd}} = K_{\dot{\psi}\mathrm{p}} e_{\dot{\psi}} + K_{\dot{\psi}\mathrm{i}} \int e_{\dot{\psi}} + K_{\dot{\psi}\mathrm{d}} \dot{e}_{\dot{\psi}} \tag{6.33}$$

式中 $K_{\dot{\psi}\mathrm{p}}$, $K_{\dot{\psi}\mathrm{d}}$, $K_{\dot{\psi}\mathrm{i}} \in \mathbb{R}$。偏航角速率环控制器如图 6.7 中虚线框② 所示。式 (6.33) 为偏航角速率控制环。为了避免微分带来噪声，可以去掉微分项 $K_{\dot{\psi}\mathrm{d}} \dot{e}_{\dot{\psi}}$。至此传统 PID 偏航角通道控制器设计完成，其控制框图如图 6.7 所示。

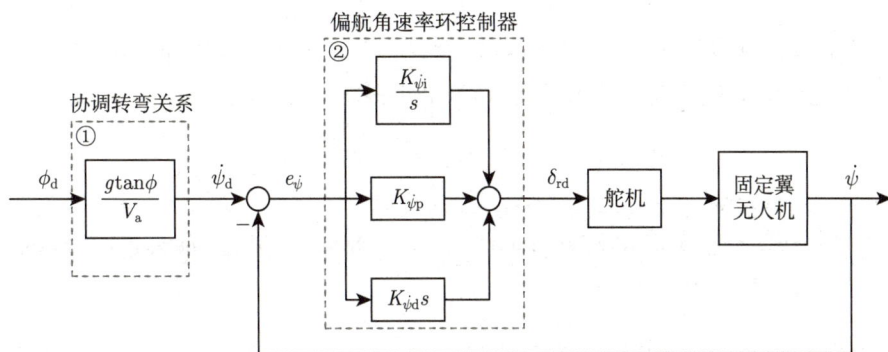

图 6.7　传统 PID 偏航角通道控制器的控制框图

2. 自驾仪中的 PID 控制

偏航角通道控制器只包括单一偏航角速率环控制器。首先，已知期望滚转角及空速，进而可得当下协调转弯的期望偏航角速率 $\dot{\psi}_{\rm d}$ 如下[①]

$$\dot{\psi}_{\rm d} = \frac{g}{V_{\rm a}} \tan \phi \cos \theta \tag{6.34}$$

在 PX4 中通过协调转弯得到期望偏航角速率的代码如代码段 6.5 所示。

代码段 6.5　PX4 中通过协调转弯得到期望偏航角速率

```
1    /* Calculate desired yaw rate from coordinated turn constraint / (no
         side forces) */
2    _rate_setpoint = tanf(constrained_roll) * cosf(ctl_data.pitch) *
         CONSTANTS_ONE_G / (ctl_data.airspeed < ctl_data.airspeed_min ? ctl
         _data.airspeed_min : ctl_data.airspeed);
```

然后通过姿态角运动方程 (6.31) 得到期望偏航角速率，如代码段 6.6 所示，即

$$\omega_{z_{\rm b}{\rm d}} = -\sin\phi \dot{\theta}_{\rm d} + \cos\theta\cos\phi\dot{\psi}_{\rm d} \tag{6.35}$$

代码段 6.6　通过姿态角运动方程得到期望偏航角速率

```
1    /* Transform setpoint to body angular rates (jacobian) */
2    _bodyrate_setpoint = -sinf(ctl_data.roll) * ctl_data.pitch_rate_
         setpoint + cosf(ctl_data.roll) * cosf(ctl_data.pitch) * _rate_
         setpoint;
```

接下来假设俯仰角速率为零，且不考虑向量积，即 $\omega_{y_{\rm b}} = 0$，$J_{xz} = 0$，简化式 (4.50) 得到

$$\dot{\omega}_{z_{\rm b}} = \frac{\rho V_{\rm a}^2 Sb}{2J_{zz}} \left(C_{n_\beta}\beta + C_{n_p}\frac{b}{2V_{\rm a}}\omega_{x_{\rm b}} + C_{n_r}\frac{b}{2V_{\rm a}}\omega_{z_{\rm b}} + C_{n\delta_{\rm a}}\delta_{\rm a} + C_{n\delta_{\rm r}}\delta_{\rm r} \right) \tag{6.36}$$

针对式 (6.36) 设计期望方向舵舵偏，采用前馈控制和 PI 控制

$$\delta_{\rm rd} = \frac{1}{V_{\rm a}^2} \left(K_{\omega_{z_{\rm b}}{\rm f}}\omega_{z_{\rm b}{\rm d}} + K_{\omega_{z_{\rm b}}{\rm p}}(\omega_{z_{\rm b}{\rm d}} - \omega_{z_{\rm b}}) + K_{\omega_{z_{\rm b}}{\rm i}}\int(\omega_{z_{\rm b}{\rm d}} - \omega_{z_{\rm b}}) \right) \tag{6.37}$$

PX4 偏航角通道控制器的代码如代码段 6.7 所示。第 2 行计算偏航角速率误差 $\omega_{z_{\rm b}{\rm d}} - \omega_{z_{\rm b}}$，第 4-11 行为完整的偏航角速率通道的前馈控制和 PI 控制。

代码段 6.7　PX4 偏航角通道控制器的代码

```
1    /* Calculate body angular rate error */
2    _rate_error = _bodyrate_setpoint - ctl_data.body_z_rate; // body
         //angular rate error
```

---

① 注意自驾仪中的式 (6.34) 与第四章协调转弯公式 [式 (4.63)] 的理论推导公式 $\dot{\psi}_{\rm d} = \frac{g}{V_{\rm a}}\tan\psi_{\rm d}$ 并不相符。这里式 (6.34) 保持与 PX4 官网的源代码相对应。

```
3       $\vdots$
4       float id = _rate_error * dt;
5       $\vdots$
6       /* add and constrain */
7       _integrator = math::constrain(_integrator + id * _k_i, -_integrator_
            max, _integrator_max);
8       $\vdots$
9       /* Apply PI rate controller and store non-limited output */
10      _last_output = (_bodyrate_setpoint * _k_ff + _rate_error * _k_p + _
            integrator) * ctl_data.scaler *
11                        ctl_data.scaler;  //scaler is proportional to 1/
                          airspeed
```

在实际情况中，还需要考虑饱和问题，在偏航角通道控制的入口处对方向舵的舵偏设置了 ± 25 度的限制。考虑饱和之后，方向舵的控制律为

$$\delta_{\mathrm{rd}} = \mathrm{sat}\left(\frac{1}{V_{\mathrm{a}}^2}\left(K_{\omega_{z_{\mathrm{b}}}\mathrm{f}}\omega_{z_{\mathrm{b}}\mathrm{d}} + K_{\omega_{z_{\mathrm{b}}}\mathrm{p}}(\omega_{z_{\mathrm{b}}\mathrm{d}} - \omega_{z_{\mathrm{b}}}) + K_{\omega_{z_{\mathrm{b}}}\mathrm{i}}\int(\omega_{z_{\mathrm{b}}\mathrm{d}} - \omega_{z_{\mathrm{b}}})\right), a_{\delta_{\mathrm{r}}}\right) \quad (6.38)$$

其中饱和参数 $a_{\delta_{\mathrm{r}}} = 5\pi/36$。最终，开源自驾仪和偏航角通道控制器的控制框图如图 6.8 所示。

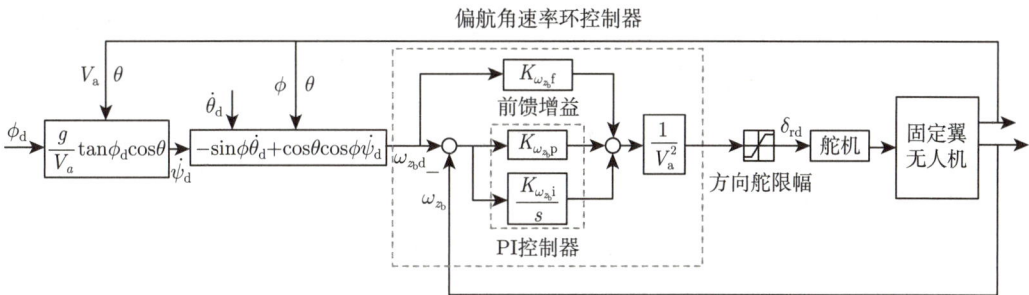

图 6.8 开源自驾仪偏航角通道控制器的控制框图

6.1.2 高度和速度控制

6.1.2.1 传统 PID 控制

1. 高度控制

固定翼无人机的高度会随着飞行姿态的变化而变化，特别是与俯仰角通道的改变有着直接的关系。无人机飞行高度的控制有两种方法，分别是升降舵控制和油门控制。油门控制通过改变飞行速度从而改变飞行高度，这样的效率很低，所以这里采用升降舵偏转来控制飞行高度。

在对无人机高度设计控制器前，先从运动学上分析无人机高度变化的原因。由图 6.9 可知，飞行速度 V_{a} 在垂直方向（$o_{\mathrm{e}}z_{\mathrm{e}}$ 轴）上的分量为

$$\dot{H} = v_{z_{\mathrm{e}}} = V_{\mathrm{a}}\sin(\theta - \alpha) \quad (6.39)$$

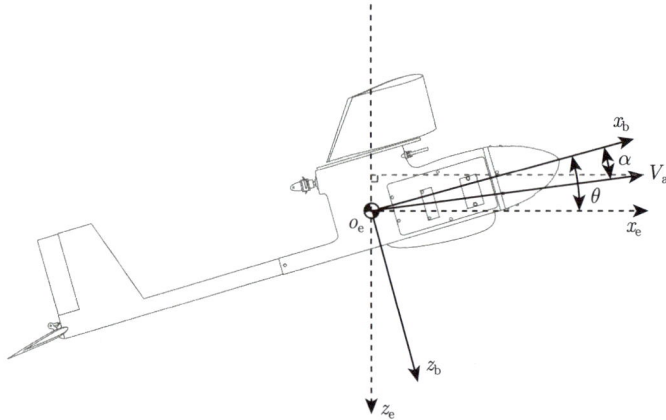

图 6.9　固定翼无人机纵向平面内的运动分析

在实际飞行过程中，高度是逐渐变化的，在较短的时间内做小角度假设，则认为

$$\sin(\theta - \alpha) \approx \theta - \alpha$$

可以得到

$$\dot{H} = V_{\mathrm{a}}(\theta - \alpha) \tag{6.40}$$

式中飞行速度 V_{a} 由其他回路单独控制，保持不变，迎角 α 也与俯仰角相关。针对式 (6.40) 进行高度控制器设计，为了使

$$\lim_{t \to \infty} |e_H(t)| = 0, e_H \triangleq H_{\mathrm{d}} - H$$

设计期望俯仰角 θ_{d} 为

$$\theta_{\mathrm{d}} = K_{H\mathrm{p}} e_H + K_{H\mathrm{i}} \int e_H + K_{H\mathrm{d}} \dot{e}_H \tag{6.41}$$

式中 $K_{H\mathrm{p}}, K_{H\mathrm{d}}, K_{H\mathrm{i}} \in \mathbb{R}$。式 (6.41)、式 (6.3) 和式 (6.7) 共同构成了高度控制回路，高度控制器如图 6.10 中虚线框所示。

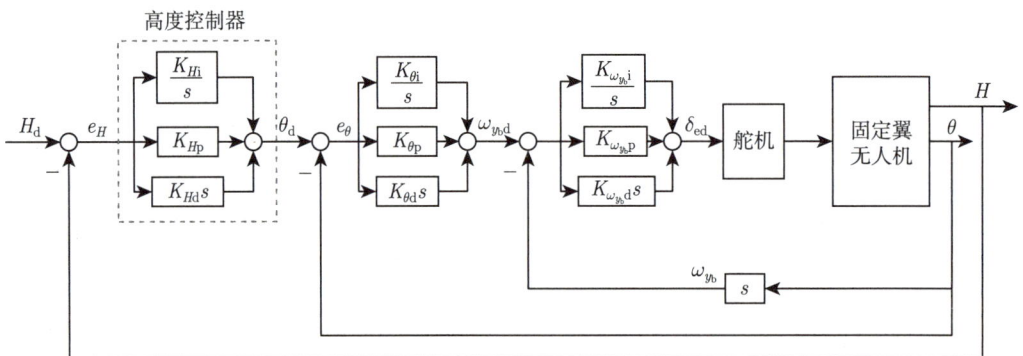

图 6.10　传统 PID 高度控制回路

2. 速度控制

固定翼无人机飞行速度的控制有两种方法，分别是利用升降舵偏转改变俯仰角的速度控制和改变油门的速度控制。利用升降舵来控制速度时油门推杆保持不变，只通过升降舵来控制飞行速度，其速度的调节范围是有限的。因此，这里介绍改变油门的速度控制。

在对无人机飞行速度进行控制设计前，先对无人机在气流坐标系下的受力进行分析，如图 6.11 所示。由图可知，无人机在速度方向上的动力学方程为

$$m\dot{V}_{\mathrm{a}} = T\cos\alpha - f_{\mathrm{a}x} - mg\sin\gamma \tag{6.42}$$

其中 $\gamma = \theta - \alpha$。假设在飞行过程中，阻力 $f_{\mathrm{a}x}$ 不变，且迎角 α 和航迹倾角 γ 很小。针对式 (6.42) 设计速度控制器，为了使

$$\lim_{t\to\infty} |e_{V_{\mathrm{a}}}(t)| = 0, e_{V_{\mathrm{a}}} \triangleq V_{\mathrm{ad}} - V_{\mathrm{a}}$$

设计期望推力 T_{d} 为

$$T_{\mathrm{d}} = K_{V_{\mathrm{a}}\mathrm{p}}e_{V_{\mathrm{a}}} + K_{V_{\mathrm{a}}\mathrm{i}}\int e_{V_{\mathrm{a}}} + K_{V_{\mathrm{a}}\mathrm{d}}\dot{e}_{V_{\mathrm{a}}} \tag{6.43}$$

式中 $K_{V_{\mathrm{a}}\mathrm{p}}$，$K_{V_{\mathrm{a}}\mathrm{d}}$，$K_{V_{\mathrm{a}}\mathrm{i}} \in \mathbb{R}$。式 (6.43) 为无人机速度控制律，控制回路如图 6.12 所示。

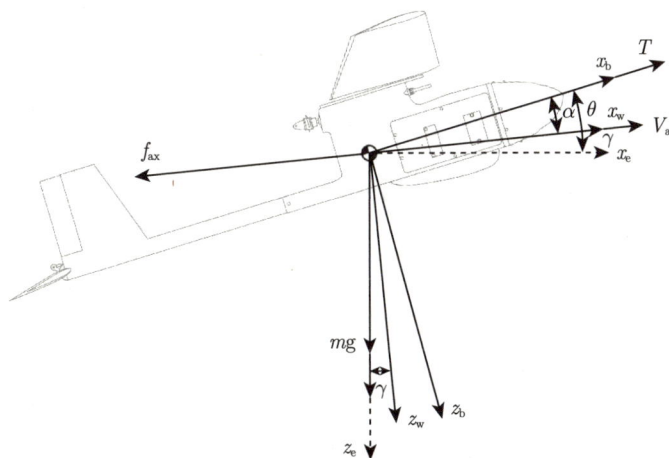

图 6.11　固定翼无人机纵向平面内的受力分析

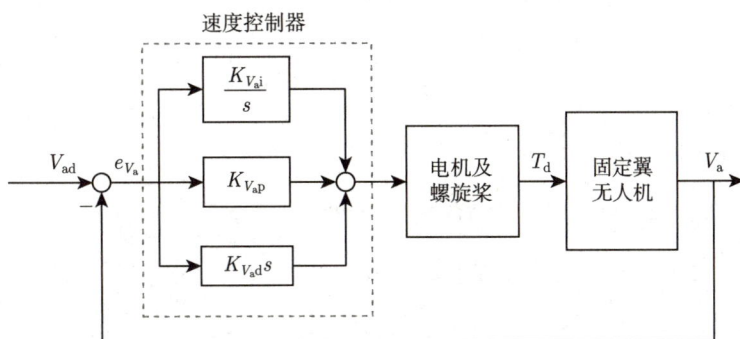

图 6.12　传统 PID 速度控制回路

至此固定翼无人机的高度和速度的控制器设计完成，它们单独操纵升降舵或油门。从式 (6.40) 中可以看到，无人机的高度和速度之间存在着耦合关系，所以在对高度进行控制时，需要速度的稳定。接下来介绍自驾仪中对于高度和速度的控制器设计。

6.1.2.2　自驾仪中的高度和速度控制

在自驾仪中有两种工作状态，分别为高度稳定状态和俯仰角稳定状态。高度稳定状态时，空速向量处于水平方向，增加油门，发动机的推力全部作用在增加空速上。俯仰角稳定状态时，发动机推力不仅作用在空速上，还引起了迎角、航迹倾角和高度的变化。因此，在自驾仪中针对高度和速度同时变化进行控制器设计，经常采用**总能量控制**（Total Energy Control）的方法。

对于微小型固定翼无人机，升降舵可以在短期内用于速度控制和航迹角控制；长期来看，升降舵对于速度控制至关重要。推力可以在短期内用于速度控制；长期来看，推力对于航迹角控制至关重要。传统方法通常将空速和高度通道完全解耦成独立、互不影响的两个单输入单输出系统，而忽略了飞行速度和航迹之间的强耦合特性。基于此，总能量控制被提出[49]。该方法是通过改变油门（即改变推力）来控制总能量，同时通过调整升降舵（即改变俯仰角）来实现动能和势能之间的转换。从而唯一地跟踪给定动能和给定势能，进而唯一地跟踪速度和高度。

1. 油门控制

无人机的总能量 E_T 等于动能 E_K 和势能 E_P 的总和，即

$$E_T = E_K + E_P = \frac{1}{2}mV_a^2 + mgH \tag{6.44}$$

对总能量 [式 (6.44)] 进行微分得

$$\dot{E}_T = mV_a\dot{V}_a + mg\dot{H} \tag{6.45}$$

地面坐标系下无人机纵向运动方程为

$$\begin{cases} \dot{p}_{x_e} = V_a \cos\gamma \\ \dot{H} = V_a \sin\gamma \end{cases} \tag{6.46}$$

将式 (6.46) 代入总能量微分式 (6.45)，得到

$$\dot{E}_T = mgV_a\left(\frac{\dot{V}_a}{g} + \sin\gamma\right) \tag{6.47}$$

由此定义无人机总能量变化率为

$$\dot{E} = \frac{\dot{V}_a}{g} + \sin\gamma \tag{6.48}$$

将气流坐标系下无人机纵向运动方程 [式 (6.42)] 代入式 (6.48)，得到总能量变化率的关系式为

$$\dot{E} = \frac{\dot{V}_a}{g} + \sin\gamma = \frac{T\cos\alpha - f_{ax}}{mg} \tag{6.49}$$

由式 (6.49) 可知，无人机在飞行过程中，总能量的变化主要通过推力 T 进行调节。假设在飞行过程中阻力 f_{ax} 不发生变化，迎角 $\alpha = 0$。那么推力控制增量的效果为

$$T \approx mg\left(\frac{\dot{V}_a}{g} + \sin\gamma\right) + f_{ax} \tag{6.50}$$

当固定翼无人机进行定常平飞时，$\dot{V}_a = 0, \gamma = 0$，有

$$T^* \approx f_{ax} \tag{6.51}$$

以此做配平，又因为 $\sin\gamma \approx \gamma$，那么可以得到

$$\Delta T \approx mg\left(\frac{\dot{V}_a}{g} + \gamma\right) \tag{6.52}$$

式中

$$\Delta T = T^* - T$$

这意味着无人机的总能量可以通过推力直接进行调节控制。

给定需要跟踪的速度和高度的期望为 V_{ad}, H_d。设计如下动态

$$\begin{aligned}\dot{V}_a &= -K_V(V_a - V_{ad}) \\ \dot{H} &= -K_H(H - H_d)\end{aligned} \tag{6.53}$$

这可以使得 $V_a \to V_{ad}, H \to H_d$。也就是希望

$$\left|\frac{\dot{V}_{ad}}{g} - \frac{\dot{V}_a}{g}\right| \to 0, |\gamma_d - \gamma| \to 0$$

其中

$$\dot{V}_{ad} = -K_V(V_a - V_{ad}), \gamma_d = \frac{-K_H(H - H_d)}{V_a}$$

令

$$e_{\dot{V}_a} = \frac{\dot{V}_{ad}}{g} - \frac{\dot{V}_a}{g}$$

$$e_\gamma = \gamma_d - \gamma$$

那么实际控制器 ΔT 的期望可以设计为

$$\Delta T_d \approx \left(K_{Ep} + K_{Ei}\frac{1}{s}\right)(e_{\dot{V}_a} + e_\gamma) \tag{6.54}$$

式中 $1/s$ 是积分的拉普拉斯算子。因为有积分器的存在，误差 $e_{\dot{V}_a} + e_\gamma$ 的静差可以被消除。因此，控制器也可以写为

$$T_d \approx \left(K_{Ep} + K_{Ei}\frac{1}{s}\right)(e_{\dot{V}_a} + e_\gamma) \tag{6.55}$$

除了以上的设计，还有总能量控制的变形形式。因为式 (6.47) 可以写为

$$\dot{E}_\mathrm{T} \approx V_\mathrm{a} \Delta T \tag{6.56}$$

给定需要跟踪的速度和高度的期望为 $V_\mathrm{ad}, H_\mathrm{d}$，那么进一步可得期望的总能量为

$$E_\mathrm{Td} = \frac{1}{2} m V_\mathrm{ad}^2 + mg H_\mathrm{d} \tag{6.57}$$

定义 $e_E = E_\mathrm{Td} - E_\mathrm{T}$，那么 (6.56) 变为

$$\dot{e}_E \approx -V_\mathrm{a} \Delta T \tag{6.58}$$

这样 ΔT 的期望为

$$\Delta T_\mathrm{d} = \frac{1}{V_\mathrm{a}} \left(K_{Ep} e_E + K_{Ei} \int e_E \right) \tag{6.59}$$

因为有积分器的存在，误差 e_E 的静差可以被消除[50]。因此，控制器也可以写为

$$T_\mathrm{d} = \frac{1}{V_\mathrm{a}} \left(K_{Ep} e_E + K_{Ei} \int e_E \right) \tag{6.60}$$

2. 升降舵控制

如果仅仅跟踪总能量，并不能一定保证跟踪的速度和高度的期望分别为 V_ad 和 H_d，还需要具体分配动能和势能。升降舵的偏转主要引起无人机俯仰力矩的变化，改变无人机的飞行姿态，对拉力和阻力的影响很小，可以通过操纵升降舵实现动能和势能之间的相互转换。为了使动能和势能具有同等的控制优先级，在高度控制回路使用总能量的分配律作为控制量，定义势能与动能之差 B 为

$$B = E_\mathrm{P} - E_\mathrm{K} \tag{6.61}$$

那么

$$\dot{B} = \dot{E}_\mathrm{P} - \dot{E}_\mathrm{K} = mg V_\mathrm{a} \left(\sin\gamma - \frac{\dot{V}_\mathrm{a}}{g} \right) \tag{6.62}$$

类似于总能量的控制方法，升降舵的控制器（有些地方设置为俯仰角的期望[46]）可以设计为

$$\delta_\mathrm{ed} \approx \left(K_{Bp} + K_{Bi} \frac{1}{s} \right) \left(e_{\dot{V}_\mathrm{a}} - e_\gamma \right) \tag{6.63}$$

或者

$$\delta_\mathrm{ed} = \frac{1}{V_\mathrm{a}} \left(K_{Bp} e_B + K_{Bi} \int e_B \right) \tag{6.64}$$

根据总能量控制律式 (6.55) 和总能量分配控制律式 (6.63)，得到总能量控制的核心算法，其结构如图 6.13 所示。

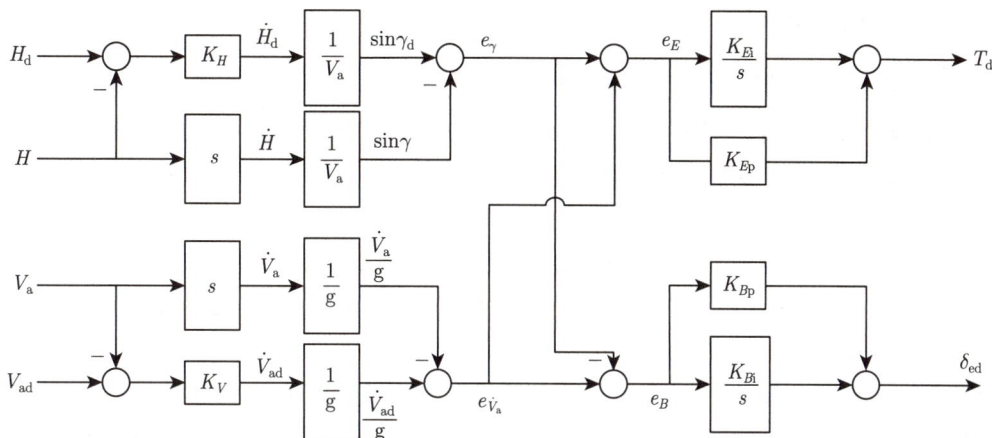

图 6.13　总能量控制结构

6.1.3　PID 控制原理和调试步骤

6.1.3.1　PID 控制原理

PID 控制算法是由比例 P（Proportion）、积分 I（Integration）、微分 D（Differentiation）组成的一种控制算法。固定翼无人机在空中飞行一共需要控制五个自由度，分别是高度、速度、俯仰、滚转和偏航。PID 控制就是将这五个自由度的变量偏差的比例、积分和微分之和作为控制输入，计算输出值的一种控制方法。传统 PID 控制系统的结构框图如图 6.14 所示。

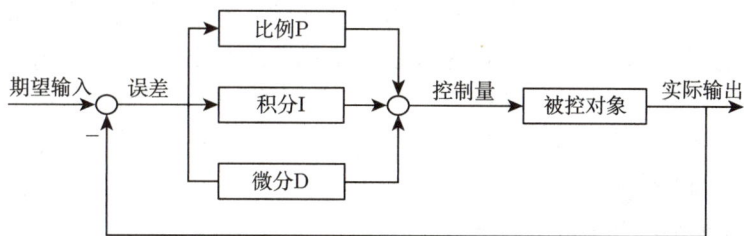

图 6.14　传统 PID 控制系统的结构框图

图 6.14 中的比例 P 参数起到校正偏差的作用，P 参数越大对误差的灵敏度越高，误差的校正速度越快，从而系统的动作也越快，但是过大的 P 参数会使系统出现过大的超调。积分 I 参数可以起到提高精度的作用，I 越大跟踪误差越小，系统跟踪越精确，但过大会引起消除静差时间较长。微分 D 参数可以起到抑制超调的作用，可以反映误差信号的变化率，能在跟踪快要达到期望目标时提前减速，一般 D 参数不会太大，过大的 D 参数会引起系统振荡。

PID 控制算法被广泛应用，因为其结构简单、稳定性好、可靠性高且调节方便而成为工业控制的主要技术之一。其最大的优势在于不需要对系统建模或者系统辨识，只需设计完成后在实验中反复调节即可。固定翼无人机因其建模的复杂性，通常采用 PID 控制算法，这种算法的使用频率很高。

6.1.3.2　PID 调参

PID 调参就是对控制器的比例 P 参数、积分 I 参数和微分 D 参数进行整定，常被称为调参。合适的控制器参数才会使被控对象精确地达到期望目标。固定翼无人机的 PID 调参方法一般按照临界比例度法[51] 的思路，结合试凑和经验进行。

以纵向控制器调参为例，控制器分为高度控制环和俯仰角通道控制环（俯仰角控制环和俯仰角速率控制环）。对于俯仰角通道，俯仰角速率环为内环，调参目标是角速率，是关于无人机的动态特性，与跟踪给定目标的快速性和灵活性有关；俯仰角控制环是外环，调参目标是姿态角，是关于无人机的静态特性，与无人机的稳定性与抗风性有关。对于纵向控制，俯仰角通道控制环为内环，高度控制为外环，是将高度误差转换为俯仰角输入。调参的基本思路是先内环再外环，先调俯仰和滚转，再调偏航、高度和速度通道的参数。

6.1.4　增益调度控制

对于大范围动态变化的控制系统，**增益调度控制**（Gain Scheduling Control）是一种常用的工程方法。通过线性设计方法解决非线性控制问题，且不需要完整解析的对象模型，对工作状态的变化反应迅速，在飞行器控制、化工过程控制等领域应用广泛[53]。

可以选取一个或多个调度变量（Scheduling Variables）来表示系统的工作点，每个工作点对应系统的工作状态。此时，可以在这些工作点上对系统进行线性化，设计相应的线性反馈控制器，之后将这些控制器作为单个控制器实现，工作点之间的控制器使用插值得到。在使用时，需要监控调度变量以选择使用的控制器[54]。以固定翼无人机为例，通常可以将飞行包线 (见第三章 3.1.3 节) 内区域划分成不同的区域，每个区域由一对高度和速度表示工作点。无人机的气动参数在每个工作点有所不同，仅靠一套飞行控制参数难以兼顾包线内各个点的飞行品质，可以设计增益调度控制器，使其参数随着高度和速度变化，从而获得期望的控制器性能。

经典增益调度控制分为以下四个步骤：

（1）寻找调度变量，在典型工作点对系统进行线性化。系统的工作状态变化应由调度变量变化反映；

（2）使用线性化方法，为选取的一系列工作点设计其期望的控制器；

（3）在工作点之间使用插值得到控制器，组合构建增益调度控制器；

（4）测试引入增益调度控制器的闭环系统的性能。

6.1.5　飞行品质

实验开始之前，需要了解微小型固定翼无人机飞行品质的相关内容。飞行品质主要表示飞行器的稳定性和操纵性，用于指导和规范飞行器的规划设计、地面实验、生产和试飞鉴定阶段。无人机飞行品质标准制定发展缓慢，尚未形成共识。1976 年，美国颁布 AFFDL-TR-76125《无人机飞行品质设计规范》，此文件为唯一针对无人机飞行品质发行的标准，但此标准的制定很大程度上依赖于 MIL-F-8785B（ASG）《有人驾驶飞机的飞行品质规范》，难以适应当今及以后无人机发展需求。国内当前没有无人机飞行品质标准，现有标准是基于 GJB 185-1986《有人驾驶飞机（固定翼）飞行品质》和 GJB 2874 -1997《电传操纵系统飞机的飞行品质》修改和设计的，且只在部分情况下适用。

无人机与有人机在系统组成、操作方式、起降方式、任务模式等方面存在较大差异，因此照搬使用有人机飞行品质标准难以满足实际需求。参考国内相关文献 [55] 和 GJB 185-1986，给出微小型固定翼无人机飞行品质分类的几个角度，以供参考。

（1）可以定义无人机飞行品质等级，其反映了随着故障状态降低的程度。第一级别表示正常状态；第二级别表示无人机存在缺陷，但无人机仍可完成既定任务，完成效果可能存在折扣；第三级别表示无人机存在严重缺陷，但无人机可以回收。

（2）可以基于控制模式不同对无人机飞行品质等级进行划分。可分为人工控制模式和自主控制模式。与此对应的是，人工控制模式下的第一级、第二级和第三级以及自主控制模式下的第一级、第二级和第三级。1）在人工控制模式飞行品质评价中，主要考虑横纵向静稳定性、长周期模态特性、短周期模态特性、荷兰滚模态特性、滚转模态特性和螺旋模态特性的参数。可以根据实际参数和给定标准的关系，匹配于不同的等级区间，综合分析人工控制模式飞行品质。考虑到微小型固定翼无人机执行任务类型不同、飞行阶段不同等，这里只给出考虑因素，相关指标应结合实际情况确定。2）在自主控制模式飞行品质评价中，主要考虑姿态保持控制、航向保持和选择、协调转弯、高度保持、马赫数保持、自动进场和着陆过程中偏差等参数，根据任务类型和飞行阶段，确定相应的指标，给出对应等级评价区间。

6.2　底层飞行控制之基础实验

6.2.1　实验配置和目标

1. 配置

（1）软件：MATLAB R2020b 或以上版本。

（2）程序：实验指导包"e4/e4-1"。实验指导包中主要有：固定翼无人机参数初始化文件"InitDatactrl.m"，运行后可以将无人机参数导入工作区。固定翼无人机 Simulink 仿真模型文件"SmallFixedWingUAVattitude.slx"。

2. 目标

搭建固定翼无人机的姿态控制器，在 Simulink 中进行模型软件在环仿真，绘制相关实验的变化曲线。

6.2.2　实验步骤

在步骤一中，基于第三章设计的固定翼无人机模型的基础上搭建实验原理中设计的传统 PID 控制器，实现含有底层飞控的完整固定翼无人机系统的 Simulink 模型；然后，在步骤二中，分别更改控制指令观察固定翼每个通道的跟踪效果，通过实验数据验证设计的控制器的有效性。

1. 步骤一：姿态控制器实现

（1）俯仰通道控制器实现。

打开 Simulink 文件"e4/e4-1/SmallFixedWingUAVattitude.slx"，如图 6.15 所示。该模型主要由四个部分组成：① "RC Signal Process"，为指令信号生成部分；② "Attitude Controller"，为姿态控制器部分；③ "Fixed-Wing UAV System"，为固定翼无人机的动态系统模型部分；④ "FlightGear"，为软件在环显示模块。其中固定翼无人机的动态系统模型已经在前面建立，即"Fixed-Wing UAV System"模块已知。

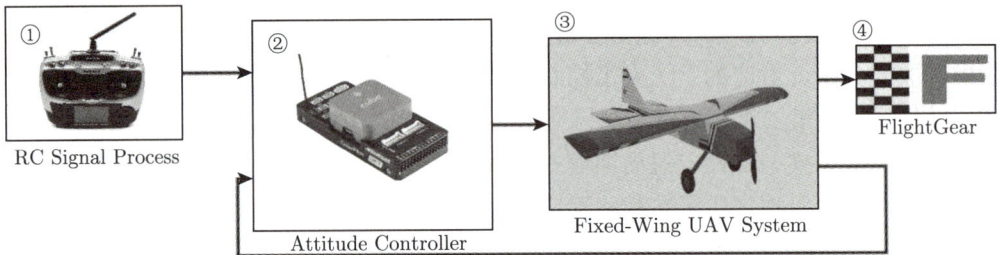

图 6.15　固定翼无人机 Simulink 控制模型，来源于"e4/e4-1/SmallFixedWingUAVattitude.slx"

双击打开"Control"模块搭建姿态控制器（如图 6.16 所示），在"Pitch Controller"模块中搭建俯仰角通道控制器，由两个 PID 控制器串联得到，如图 6.17 所示。首先从机载传感器中得到固定翼当前俯仰角信号，即从"SensorData"中获得欧拉角信息，然后从遥控器中获得给定信号，即从"Command"模块获得"PitchCmd"信号[①]，根据式 (6.3) 的控制律搭建角度环 PID 控制器。其中积分环节和微分环节采用离散积分器和微分器，方便之后进行硬件在环仿真。且离散积分器选择空速信号来重置初始状态，触发器类型即"External reset"选项选择"either"，表示空速无论在上升阶段还是下降阶段，只要其小于 0.2，积分器的初值复位到初始状态（初始值为 0），这样可以避免代数环的出现。通过"SensorData"得到实际俯仰角速率，角度环"PID_Pitch"模块输出的信息为给定俯仰角速率，根据式 (6.7) 的控制律搭建俯仰角速率环 PID 控制器，最终"PID_PitchRate"模块输出期望的升降舵舵偏值。在固定翼无人机模型中规定无人机抬头产生正的俯仰角，但对于升降舵舵面，其向下偏转才会产生抬头动作，所以控制器输出的舵偏值要加入一个负增益。为了防止固定翼无人机过大的抬头或低头动作造成执行器过载从而损害无人机，需要对输出舵偏进行限幅，所以在控制输出后加入饱和模块用来限制升降舵在合理范围内动作。

（2）协调转弯控制的实现。

滚转角通道控制器的搭建与俯仰角通道控制器类似。在"Roll Controller"模块中按照式 (6.21) 和式 (6.24) 的控制律分别搭建滚转角 PID 控制器和滚转角速率 PID 控制器。从

[①] 在实验原理中角标"d"代表理想的给定期望，而实验中角标"cmd"代表由遥控器给定的期望。

"SensorData" 模块中获得实际的滚转角信号和滚转角速率信号。"Command" 模块中的
"RollCH1" 输出给定滚转角信号，分别在 "PID_Roll" 和 "PID_RollRate" 模块中搭建
滚转角 PID 控制器和滚转角速率 PID 控制器。同样为防止过大的滚转动作对固定翼无人
机造成损坏以及使副翼舵偏有一定的范围，在控制输出后加入饱和模块进行限幅，副翼舵
偏范围为 $[-23/180\pi, 23/180\pi]$rad。

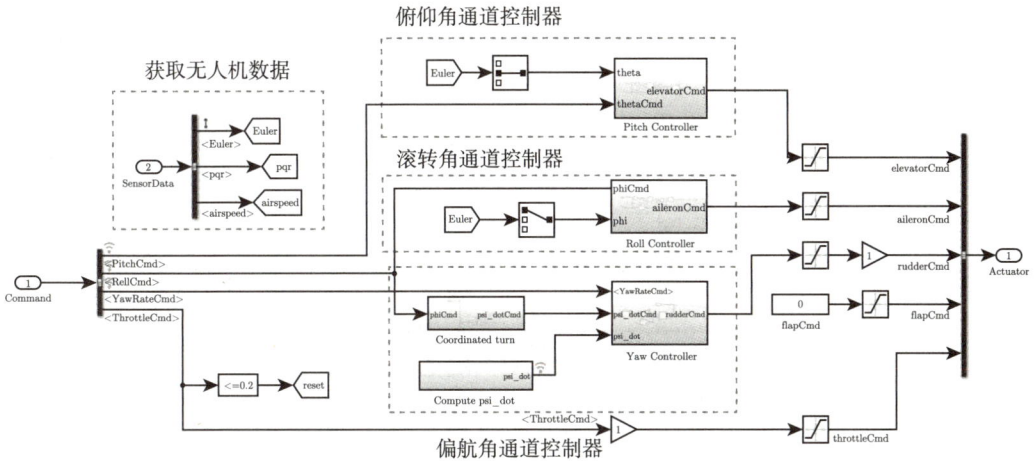

图 6.16　姿态控制器，来源于 "e4/e4-1/SmallFixedWingUAVattitude.slx"

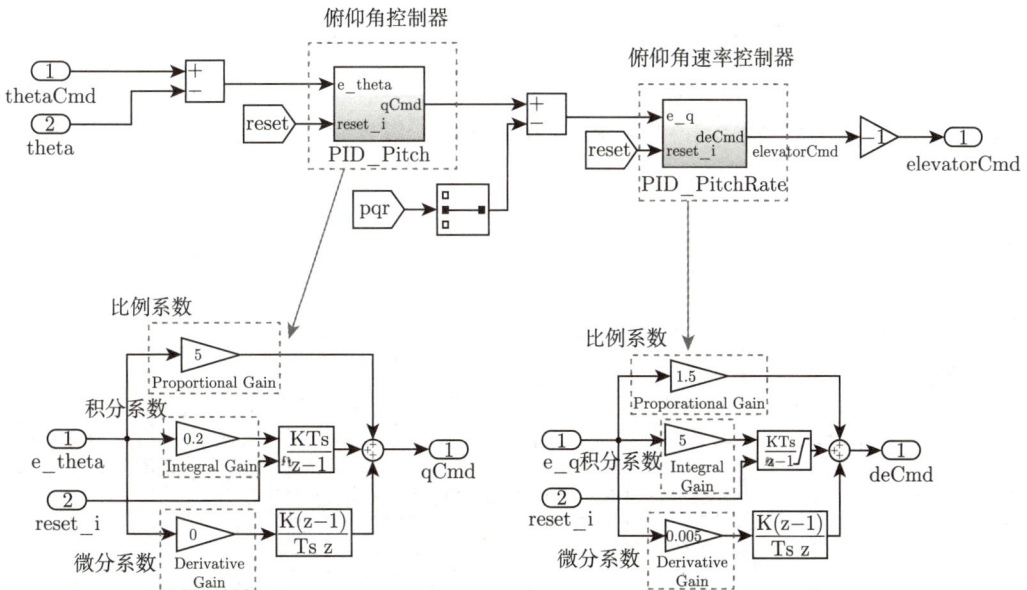

图 6.17　俯仰角通道控制器，来源于 "e4/e4-1/SmallFixedWingUAVattitude.slx"

对于偏航角通道的控制首先要与滚转通道满足协调转弯公式，根据式 (4.63) 在 "Co-
ordinated turn" 模块中搭建，给定的滚转角 ϕ_d 信号通过 "Coordinated turn" 模块前馈获

得期望偏航角变化率 $\dot{\psi}_d$，即信号"psi_dotCmd"。根据运动方程

$$\dot{\psi} = (\omega_{z_b}\cos\phi + \omega_{y_b}\sin\phi)/\cos\theta \tag{6.65}$$

在"Compute psi_dot"模块中搭建，得到固定翼无人机模型中的实际偏航角变化率，即信号"psi_dot"。根据式 (6.33) 搭建偏航角变化率的 PID 控制器。考虑有时需要遥控器给定方向舵指令，方向舵偏转信号中还需加入遥控器给定的偏航角速率，即控制输出中需加入来自"Command"模块的"YawRateCmd"信号。一般情况下，"YawRateCmd"信号为 0。偏航通道控制器如图 6.18 所示。

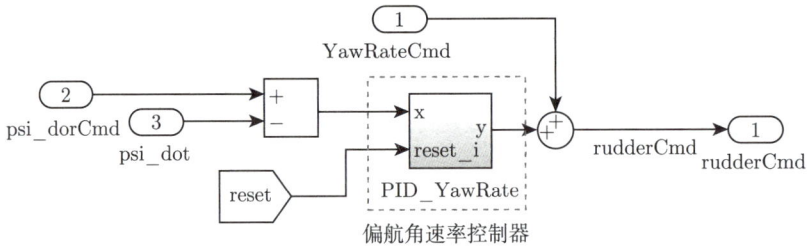

图 6.18　偏航通道控制器，来源于"e4/e4-1/SmallFixedWingUAVattitude.slx"

2. 步骤二：观察并记录姿态控制实验的数据

（1）首先打开文件"e4/e4-1/InitDatactrl.m"，运行该初始化文件。双击打开模型中的"Command"指令模块，该模块模拟了遥控器的输入，如图 6.19 所示。每个操纵指令默认值均为 1500，做归一化处理后指令值为 0，即遥控器操纵杆在中立位置。给定控制指令时，双击打开"PitchCH2"通道的阶跃信号模块，在第 10 秒时输入一个 100 的阶跃信号，即在第 10 秒给"ch2"通道 1600 的阶跃。需要注意阶跃信号的给定范围需在 [1100, 1900] 内。

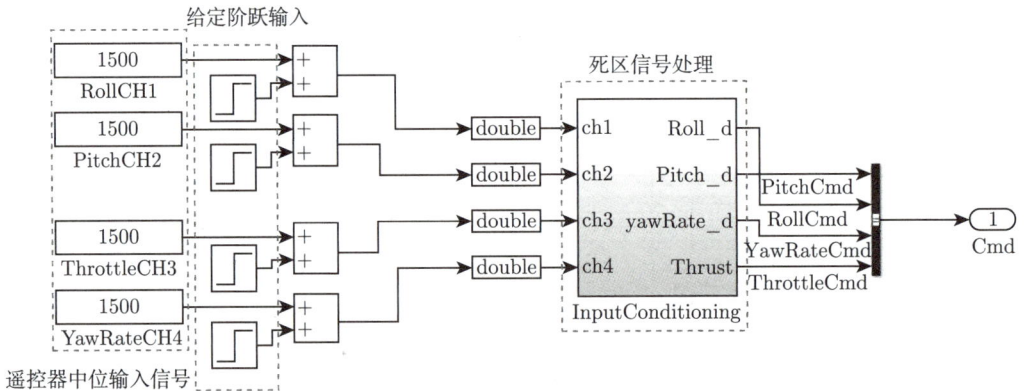

图 6.19　模拟遥控器输入，来源于"e4/e4-1/SmallFixedWingUAVattitude.slx"

（2）运行"SmallFixedWingUAVattitude.slx"程序，单击 Simulink 上方工具栏中"Run"，运行结束后单击"Data Inspector"，在"Data Inspector"界面左侧可以找到相关状态信号。

（3）观测数据并输出图像，当在 10 秒给定俯仰角抬头指令，升降舵在 10 秒时刻产生负的偏转，俯仰角通道控制响应以及升降舵变化如图 6.20 所示。

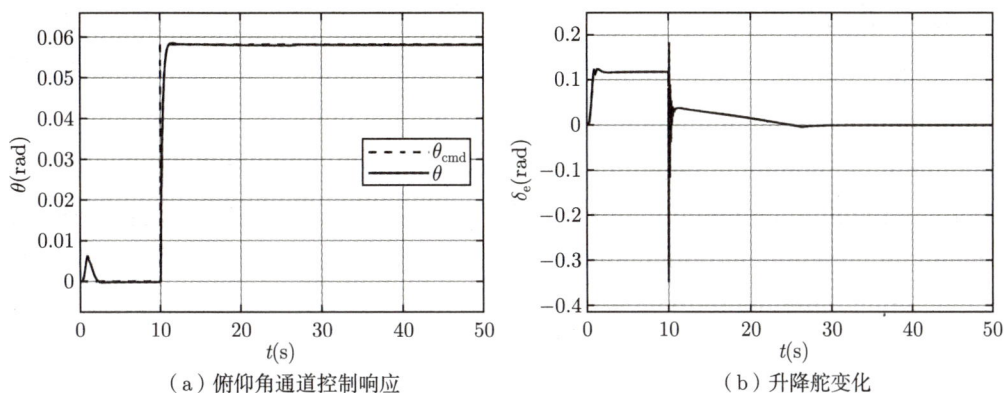

（a）俯仰角通道控制响应 （b）升降舵变化

图 6.20 俯仰角通道控制响应以及升降舵变化

（4）重复步骤（1），（2）的操作，将"Command"指令模块中"RollCH1"通道延迟 10 秒输入阶跃 1600，观测数据并输出图像，当滚转角正向动作，由于协调转弯，偏航角也会正向动作。飞行状态变化如图 6.21 所示。

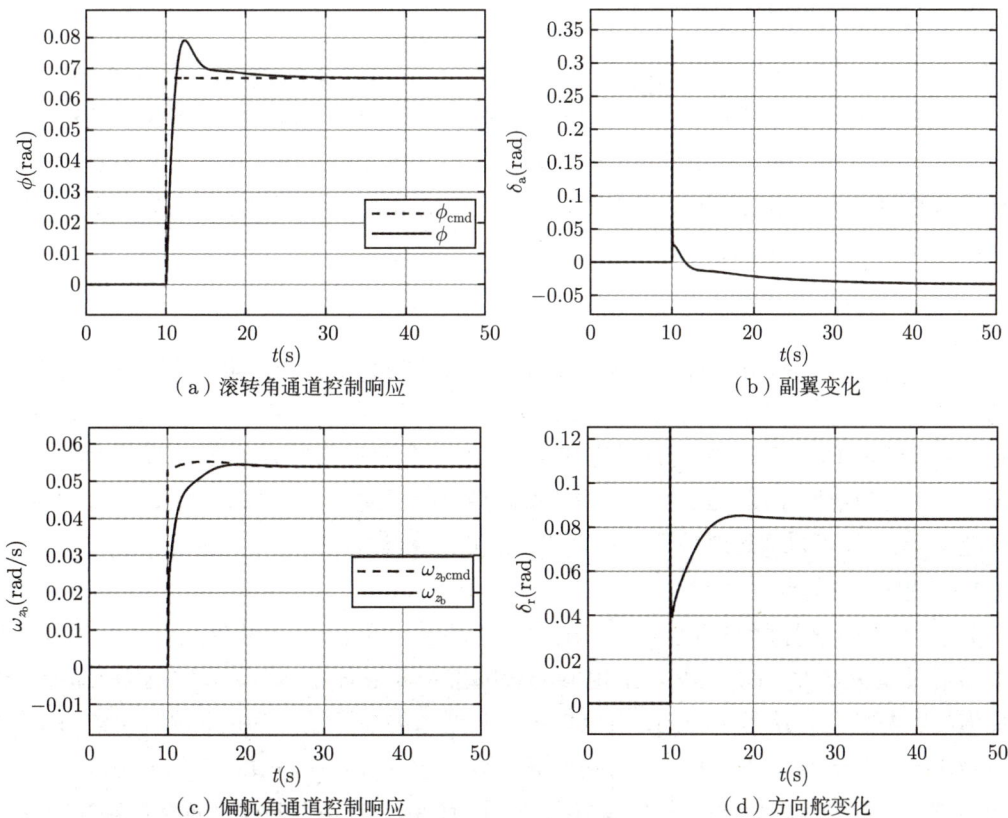

（a）滚转角通道控制响应 （b）副翼变化

（c）偏航角通道控制响应 （d）方向舵变化

图 6.21 飞行状态变化

6.3 底层飞行控制之分析实验

6.3.1 实验配置和目标

1. 配置

（1）软件：MATLAB R2020b 或以上版本。

（2）程序：实验指导包"e4/e4-2"。实验指导包中主要有：固定翼无人机参数初始化文件"InitDatactrl.m"，运行后可以将无人机参数导入工作区。固定翼无人机姿态 Simulink 仿真模型文件"SmallFixedWingUAVanalysis.slx"、固定翼无人机高度速度 Simulink 仿真模型文件"SmallFixedWingUAVupper.slx"。

2. 目标

（1）调节俯仰通道 PID 控制器中的参数，改善控制性能，分析 PID 各参数作用。

（2）使用调试后的参数，对系统进行扫频，绘制 Bode 图，观察系统幅频响应和相频响应曲线，分析稳定裕度。

（3）对横侧向的协调转弯控制进行稳定分析。

（4）对高度速度通道控制进行稳定分析。

6.3.2 实验步骤

在步骤一中，以俯仰通道为例，首先对模型进行初始化设置；然后，在步骤二中，通过 PID 参数整定的方法对俯仰通道 PID 控制器进行参数调整，观察不同 PID 参数对控制效果的影响；在步骤三中，实现设计的时域控制器并生成 Bode 图；在接下来的步骤中，以同样的参数整定方法完成对固定翼无人机横侧向姿态和高度速度通道的参数整定，使得整个底层飞控具有良好的跟踪效果。

6.3.2.1 俯仰通道控制性能分析

以固定翼无人机的俯仰通道为例，通过模型参数初始化、俯仰角速率环参数整定、俯仰角度环参数整定、设置输入输出点进行扫频，完成整个俯仰通道的 PID 控制器时域参数整定，并且通过 Bode 图观察俯仰通道的频域特性。此时采用的 Simulink 模型为姿态控制的模型，其控制结构如图 6.22 所示。注意偏航通道除了通过协调转弯关系计算得到期望偏航角速率 $\dot{\psi}_\mathrm{d}$，还可以通过遥控器给定期望偏航角速率 $\dot{\psi}_\mathrm{cd}$。

1. 步骤一：模型初始设置

为了调节 PID 控制器的参数，基础实验中基于 Simulink 的软件在环平台需要简化，修改后的模型见文件"e4/e4-2/SmallFixedWingUAVanalysis.slx"。固定翼无人机每个姿态通道的参数调节方法是一样的，所以以俯仰角通道的参数调节为例。调节参数的初始状态应是飞行器处于高空飞行状态，将初始高度设置为 50m，油门值设置为 0.3725，无人机的初始飞行速度为 12.12m/s。参数设置文件"InitDatactrl.m"中对应的设置如代码段 6.8 所示。

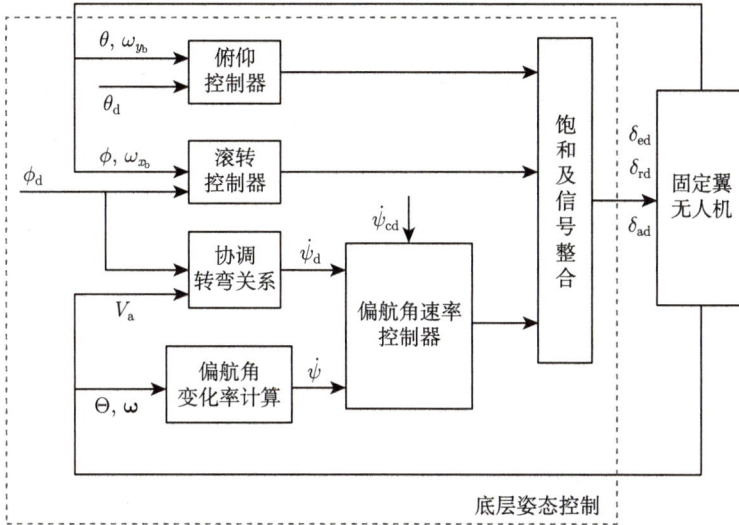

图 6.22　面向固定翼无人机的一种底层姿态控制结构

代码段 6.8　无人机参数，来源于 "e4/e4-1/InitDatactrl.m"

```
1    %% Initial Condition
2    % Start from ground:
3    uav.ic = struct;
4    uav.ic.Pos_0 = [0; 0; 50];
5    uav.ic.Euler_0 = [0; 0; 0];
6    uav.ic.PQR_0 = [0; 0; 0];
7    uav.ic.Vb_0 = [12.12; 0; 0];
8    uav.ic.gsLL = [45 120];
9    uav.ic.gsH = -1;
```

2. 步骤二：俯仰角通道控制器参数调节

1）角速率环参数调节

"SmallFixedWingUAVanalysis.slx" 文件中 "SmallFixedWingUAVanalysis/Controller/
Pitch Controller" 下的 "Pitch Controller" 模块中期望角速率 $\omega_{y_b d}$ 换成阶跃输入，并将
"q" 信号线（对应实际俯仰角速率 ω_{y_b}）和阶跃信号线设置为 "Enable Data Logging"，来
得到阶跃响应曲线，俯仰角速率环调试模型如图 6.23 所示。

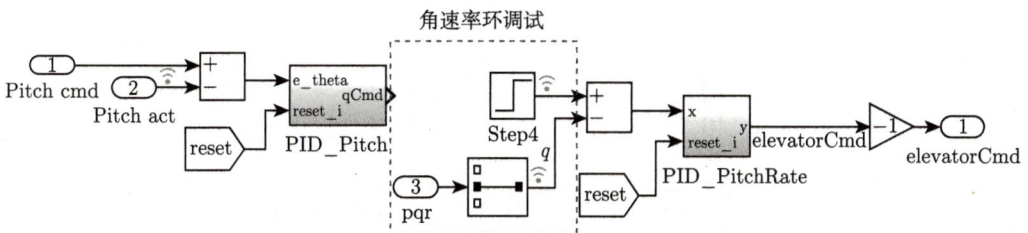

图 6.23　俯仰角速率环调试模型，来源于 "e4/e4-2/SmallFixedWingUAVanalysis.slx"

调整"PID_PitchRate"模块中 PID 控制器的参数。首先调整比例参数，并将积分和微分参数设置为 0。然后，运行文件"InitDatactrl.m"，单击 Simulink 的"Run"按钮，在"Simulink Data Inspector"中观察记录俯仰角速率变化曲线。调试过程中逐渐增大比例参数，不同比例参数的阶跃响应如图 6.24 所示。比例参数越大，俯仰角速率越接近给定阶跃信号，但是大的比例参数会带来大的超调和调节时间。因此，比例参数不能过大，即使存在稳态误差。

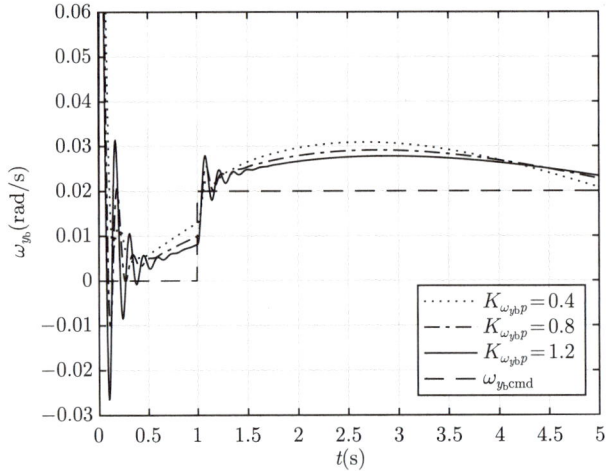

图 6.24   不同比例参数的阶跃响应

然后，调整"Pitch Controller"模块中的积分参数，比例参数选择 0.8，微分参数仍然保持为 0，单击"Run"按钮，在"Simulink Data Inspector"中观察记录俯仰角速率变化曲线。调试过程中逐渐增大积分参数，不同积分参数的阶跃响应如图 6.25 所示。从图中可以看出调节积分参数可以解决稳态误差。积分参数越大，俯仰角速率环的稳态误差越小，且跟踪速度越快，但是过大的积分参数会使跟踪曲线的超调变大。

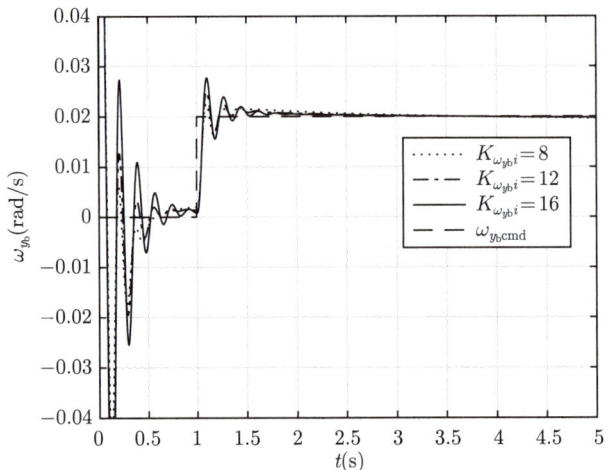

图 6.25   不同积分参数的阶跃响应

最后，调整"Pitch Controller"模块中的微分参数，注意微分参数一般较小，过大的微分参数会给系统带来振荡。最后微调比例参数，得到一组令人满意的参数如表 6.2 所示，其阶跃响应如图 6.26 所示。

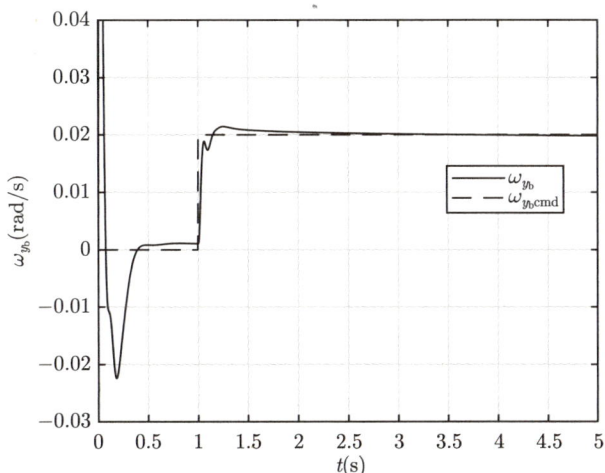

图 6.26　一组令人满意参数下的俯仰角速率阶跃响应

2）角度环参数调节

调节角度环比例参数，采用已经得到的角速率环控制参数，即 SmallFixedWingUA-Vanalysis/Controller/Pitch Controller 下的"PID_PitchRate"中 PID 参数采用表 6.2 中的参数。在"Pitch Controller"模块中，将期望俯仰角"Pitch cmd"换成阶跃输入，并将阶跃输入和俯仰角实际输出"Pitch act"设置为"Enable Data Logging"，如图 6.27 所示。由小增大比例参数，在"Simulink Data Inspector"中观察记录俯仰角变化曲线。不同比例参数下俯仰角的阶跃响应如图 6.28 所示。

通过观察图 6.28 发现，调节比例参数后实际俯仰角与给定俯仰角之间的稳定误差比较小，所以只需给一个小的积分参数就可以达到令人满意的控制效果。其俯仰角阶跃响应如图 6.29 所示。

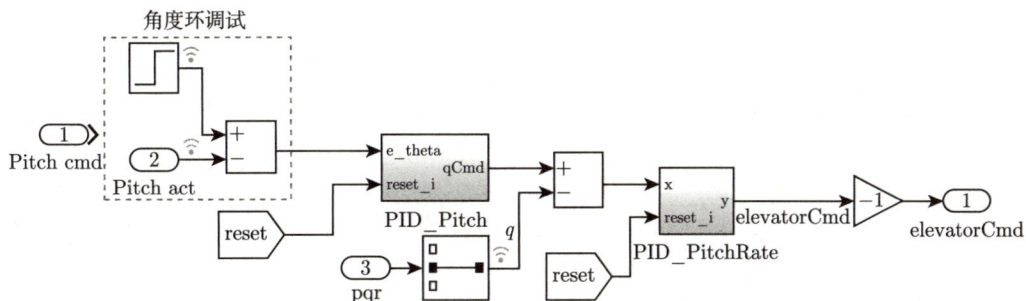

图 6.27　俯仰通道角度环调试模型，来源于"e4/e4-2/SmallFixedWingUAVanalysis.slx"

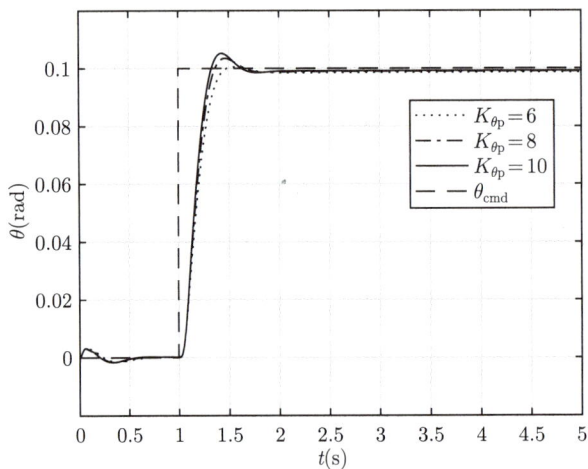

图 6.28　不同比例参数下俯仰角的阶跃响应

为了避免微分参数带来的噪声影响，在角度环就不采用微分控制。最终选择的参数如表 6.2 所示。

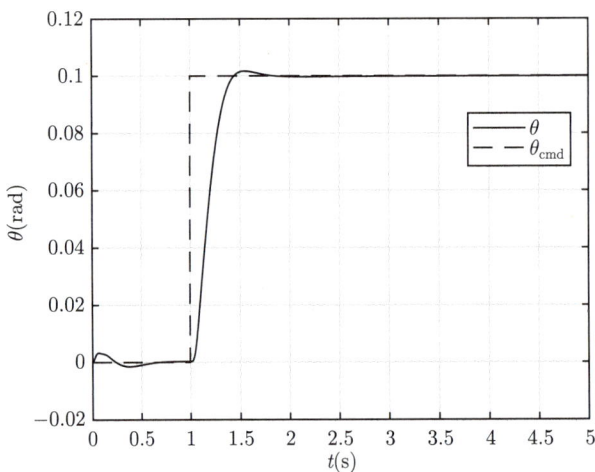

图 6.29　一组令人满意参数下的俯仰角阶跃响应

表 6.2　一组令人满易的参数

角度环比例参数	角度环积分参数	角速率环比例参数	角速率环积分参数	角速率环微分参数
6	0.4	0.8	12	0.04

3. 步骤三：扫频得到 Bode 图

1）设置信号的输入输出点

输入点设置：选择其中的俯仰角通道进行扫频。设置信号输入点，选中信号线，并单击右键，在弹出的快捷键菜单中选择"Linear Analysis Points → Open-loop Input"命令。

输出点设置：与输入点设置步骤相同，最后选择"Open-loop Output"命令。设置好的输入点和输出点如图 6.30 所示。

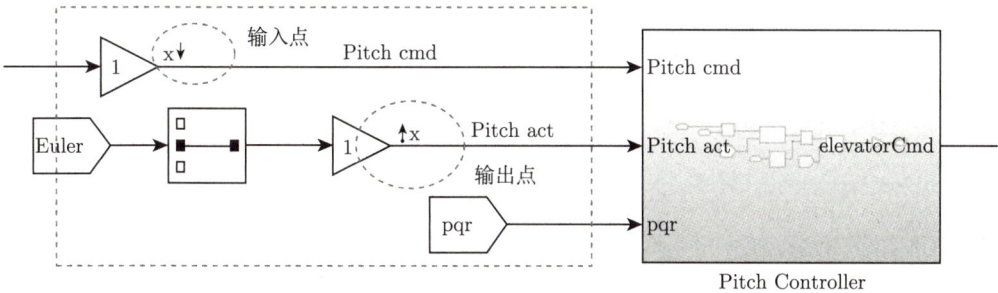

图 6.30　设置好的输入点和输出点，来源于"e4/e4-2/SmallFixedWingUAVanalysis.slx"

2）得到 Bode 图

首先在 Simulink 中对要进行分析的控制模块右键，接着在 Simulink 模型菜单栏中找到"APP→ 模型线化管理器"，然后在菜单中选择"Linear Analysis → Linearize Block..."命令，如图 6.31 所示。此时在弹出对话框中选择"LINEAR ANALYSIS"，接着在"Analysis I/Os"菜单中选择"Model I/Os"。然后单击"Bode"，即可得到 Bode 图，如图 6.32 所示。在"Bode Diagram"中右键，接着在弹出的快捷菜单中选择"Characteristic → All Stability Margins"命令，可以看到截止频率、幅值裕度和相位裕度。进一步选择"Characteristic → Minimum Stability Margins"命令，图像中会显示幅值穿越频率和相位穿越频率。

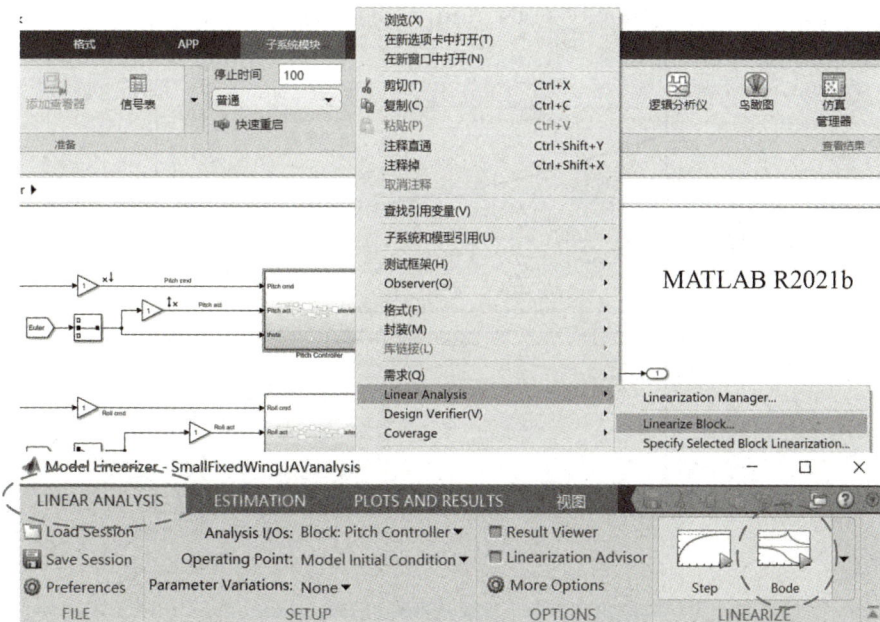

图 6.31　"Linear Analysis"菜单路径

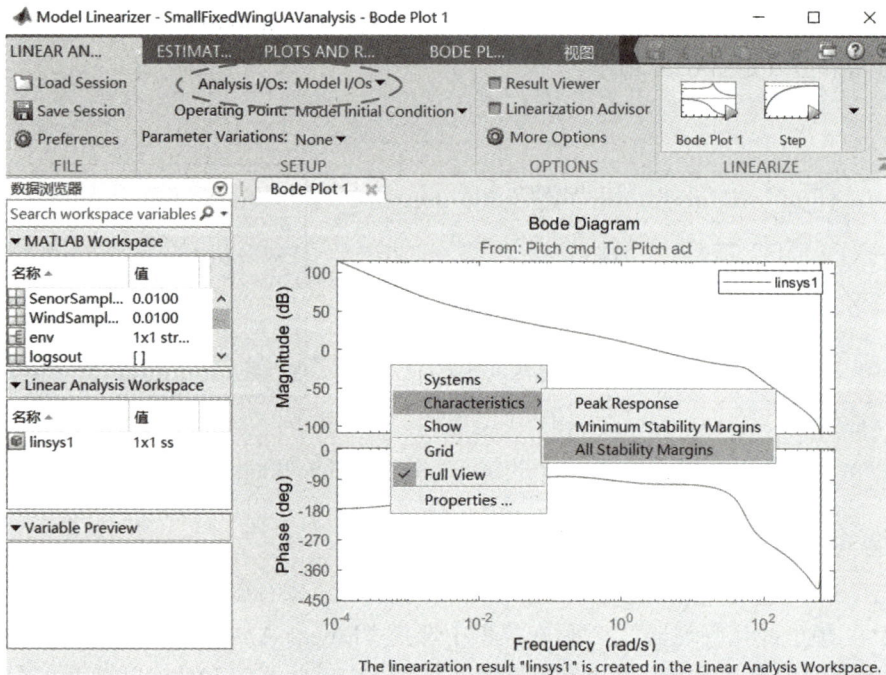

图 6.32　Bode 图菜单路径

应用 6.3.2.1 节时域分析中已经调节好的 PID 参数，对俯仰通道进行频域分析。按照上述步骤，将"Pitch cmd"设置为输入点，"Pitch act"设置为输出点。进一步扫频得到俯仰角通道控制环的开环 Bode 图，如图 6.33 所示。通过 Bode 图了解俯仰通道的频域特性，幅值裕度为 14.7dB，截止频率为 64.2rad/s，相位裕度为 76.3°。

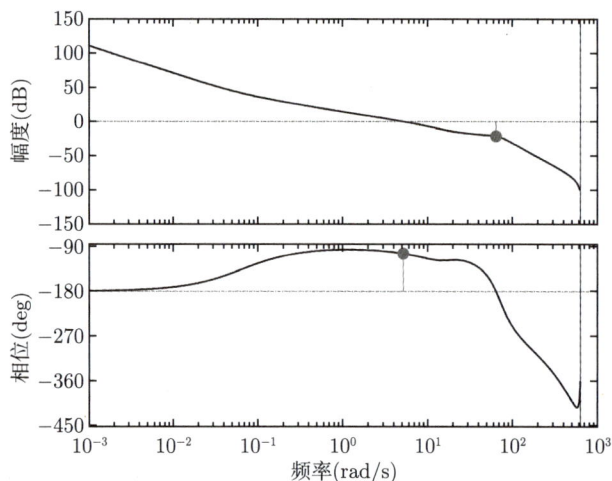

图 6.33　俯仰角通道控制环的开环 Bode 图

6.3.2.2 横侧向通道控制性能分析

横侧向通道包括滚转角通道和偏航角通道，通过先整定姿态角速率，再整定姿态角度，对横侧向通道的 PID 控制器进行参数调整，最终实现良好的控制效果。

1. 步骤一：横侧向滚转通道控制器实现

滚转通道的 PID 控制参数调节思路与俯仰通道一样，即采用先调节内环（滚转角速率环），再调节外环（滚转角度环）的方法。控制参数的调节按照 6.3.2.1 节中俯仰通道参数调节步骤进行，接着在"Roll Controller"模块中调节"PID_RollRate"中的 PID 参数，再调节"PID_Roll"中的 PID 参数。最终滚转通道的参数如表 6.3 所示。运行 Simulink 文件在"Simulink Data Inspector"中观察滚转通道的控制结果，其响应如图 6.34 所示。

表 6.3 滚转通道最终选择的 PID 参数

角度环比例参数	角度环积分参数	角速率环比例参数	角速率环积分参数	角速率环微分参数
9	0.4	0.8	2	0.01

2. 步骤二：横侧向偏航通道控制器实现

对于偏航通道的控制，首先要与滚转通道满足协调转弯公式，所以通过给定滚转角就可以得到给定的偏航角速率。也就是说，偏航通道是通过滚转角前馈得到给定输入的，那么只需要设计偏航角速率环即可，即只需要一个 PID 控制器。根据 6.3.2.1 节中俯仰角速率的调节步骤调节"Yaw Controller"模块中的参数，最终参数调整结果如表 6.4 所示。运行"SmallFixedWingUAVanalysis.slx"的 Simulink 文件，在"Simulink Data Inspector"中观察偏航角速率通道的控制结果，其响应如图 6.35 所示。

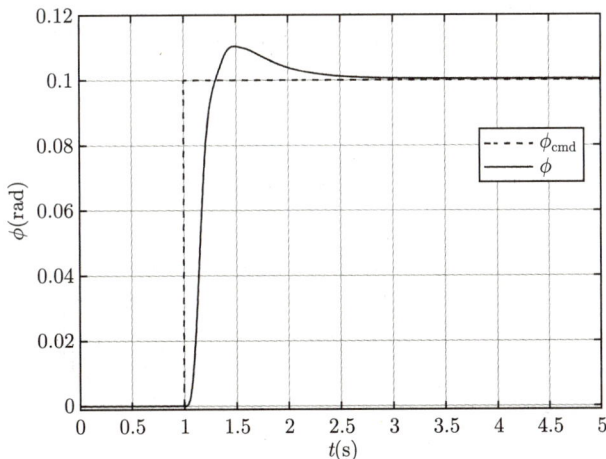

图 6.34 滚转通道的响应

表 6.4 偏航角速率通道最终选择的 PID 参数

角速率环比例参数	角速率环积分参数	角速率环微分参数
4	3	0.3

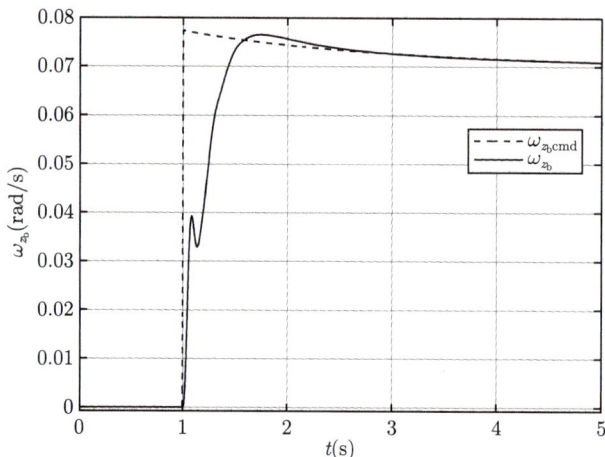

图 6.35　偏航角速率通道的响应

6.3.2.3　高度速度通道控制性能分析

高度速度通道控制器为底层飞行控制图中的"Alititude and Airspeed Controller"部分，此时的姿态控制器已经完成参数整定，按照 PID 参数整定方法完成高度和速度两个通道的参数调整，从而实现良好的跟踪效果。

1. 步骤一：高度通道控制器实现

在保证姿态控制器参数已经整定完成，且能保持稳定的基础上，调节高度通道的 PID 参数。与俯仰通道控制器调参一样，先进行比例参数的调节，然后进行积分参数调节，最后进行微分参数调节。"Altitude Controller"模块中参数调节方案按照 6.3.2.1 节所示步骤进行，最终高度通道的参数如表 6.5 所示。先运行"InitDatactrl.m"文件进行参数初始化，再运行"SmallFixedWingUAVupper.slx"的 Simulink 文件，在"Simulink Data Inspector"中观察高度通道的控制结果，其响应如图 6.36 所示。

表 6.5　高度通道最终选择的 PID 参数

高度比例参数	高度积分参数	高度微分参数
0.055	0	0

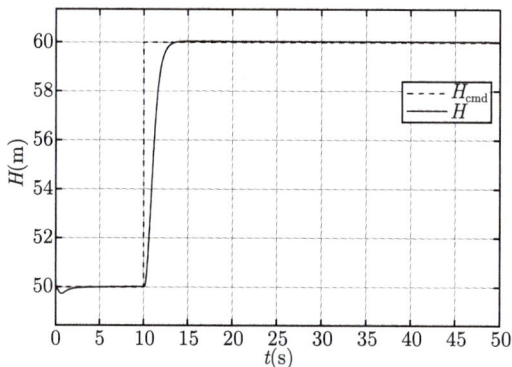

图 6.36　高度通道的响应

2. 步骤二：速度通道控制器实现

对于速度通道同样只需要一个 PID 控制器，根据 6.3.2.1 节中俯仰角速率的调节步骤调节 "Airspeed Controller" 模块中的参数，最终参数调整结果如表 6.6 所示。运行 "Small-FixedWingUAVupper.slx" 文件，在 "Simulink Data Inspector" 中观察速度通道的控制结果，其响应如图 6.37 所示。

表 6.6 速度通道最终选择的 PID 参数

速度比例参数	速度积分参数	速度微分参数
0.5	0.13	0

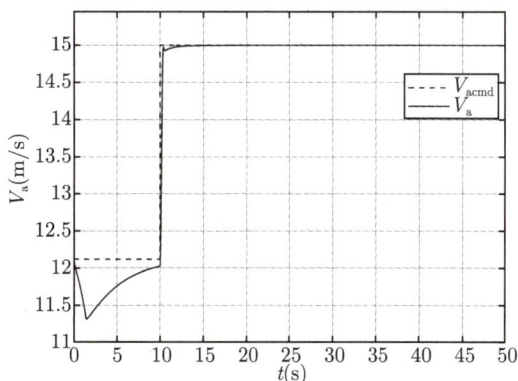

图 6.37 速度通道的响应

6.4 底层飞行控制之设计实验

6.4.1 实验配置和目标

1. 配置

（1）软件：MATLAB R2022b 或以上版本，RflySim 工具链。RflySim 工具链提供了微小型固定翼无人机硬件在环仿真环境。

（2）程序：实验指导包 "e4/e4-3"。实验指导包中主要有：固定翼无人机参数初始化文件、固定翼无人机校正控制 Simulink 仿真模型 "SmallFixedWingUAVanalysisContinuous.slx"、传递函数设计程序 "controlsystemdesigner.m"。

（3）硬件：CubePilot/Pixhawk 自驾仪，遥控器及接收机。

2. 目标

固定翼无人机起飞后到达起始点 $A(100m, 100m, 50m)$，并以 12.12m/s 的速度直线飞向点 $B(150m, 100m, 70m)$。设计控制器使得固定翼无人机能够稳定飞行且有较好的飞行品质。建立姿态控制通道的传递函数模型，设计校正控制器，使得姿态角速度环稳态误差 $e_{rss} \leqslant 1$，截止频率 $> 10rad/s$，相位裕度 $> 55°$，幅值裕度 $> 10dB$。姿态角度环截止频率 $> 5rad/s$，相位裕度 $> 50°$。

6.4.2 实验设计

为了完成任务目标，最终实现硬件在环仿真，因此需要按照以下步骤进行实验，如图6.38 所示。

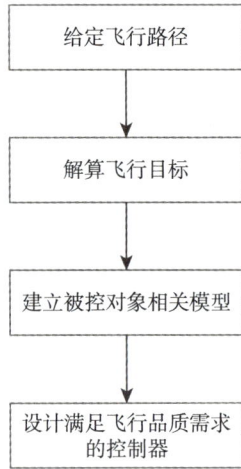

图 6.38　设计实验流程

根据所给出的飞行轨迹，首先解算出各个通道的跟踪目标，无人机以恒定空速飞行所以 $V_{ad} = 12.12\text{m/s}$，无人机做直线爬高飞行所以偏航角为常数，即 $\dot{\psi} = 0$，这里不考虑偏离轨迹后偏航角的回正问题，所以令 $\psi_d = 0$，轨迹跟踪问题将在下一章进行详细介绍，根据协调转弯公式

$$\phi_d = \arctan \frac{V_a}{g} \dot{\psi}_d = 0$$

给定高度通道的跟踪目标

$$\begin{cases} H_d = 50, & 0 \leqslant t < 10 \\ H_d = t + 50, & 10 \leqslant t \leqslant 20 \\ H_d = 70, & \text{其他} \end{cases}$$

然后对各个通道进行控制器设计以达到所需要的飞行品质，完成无人机的飞行任务。

6.4.3 实验步骤

设计实验的实验步骤包括：在步骤一中，以固定翼无人机俯仰通道为例，对固定翼无人机仿真模型进行简化，方便后续的频域分析；在步骤二中，对俯仰角速率环进行分析获得零极点形式的传递函数；在步骤三中，调整开环传递函数增益满足设计要求；在步骤四中，通过增加滞后环节使得角速率环满足频域设计要求；在步骤五中，加入设计好的角速率控制器；在步骤六中，通过引入开环零极点，使得俯仰角度环满足飞行品质，最终将设计好的角度控制器放入俯仰通道。

6.4.3.1　设计实验

对于姿态通道的校正控制器设计，以俯仰通道为例，先进行俯仰角速率的校正控制器设计，再进行俯仰角的校正控制器设计。俯仰通道的跟踪目标被设定为脉冲输入，具体为

$$\begin{cases} \theta_d = 0.156, & 5 \leqslant t \leqslant 20 \\ \theta_d = 0, & \text{其他} \end{cases}$$

为了达到所期望的频域设计目标，首先要获得俯仰角速率环和俯仰角度环的开环传递函数，然后通过调整校正网络的开环增益实现稳态误差指标，通过引入校正网络（超前网络和滞后网络）提高截止频率和相位裕度从而达到目标品质，通过 Bode 图观察频域品质提高效果。有两种方法实现校正网络的设计，一是通过性能指标计算得到校正网络，二是通过在 Bode 图中直接拖拽调整开环增益，以及引入开环零极点从而达到目标性能。

1. 步骤一：对整体结构进行简化

打开"e4/e4-3/SmallFixedWingUAVanalysisContinuous.slx"文件。首先只对纵向俯仰通道进行分析，俯仰角控制系统简化模型如图 6.39 所示。该 Simulink 模型与图 6.15 类似，只是将除升降舵控制指令外的指令设置为 0，且油门指令设置为 0.3724。只考虑俯仰通道，设计控制器并分析。

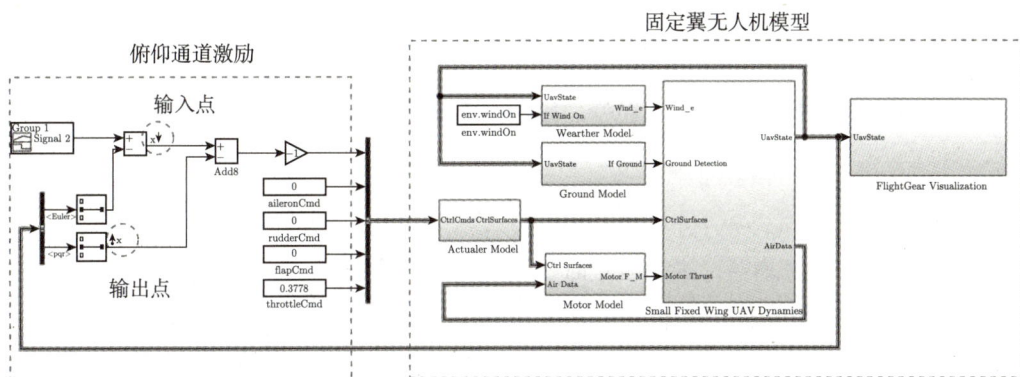

图 6.39　俯仰角控制系统简化模型，来源于"e4/e4-3/SmallFixedWingUAVanalysisContinuous.slx"

2. 步骤二：角速率环分析

输入为期望的俯仰角速率，输出为实际的俯仰角速率，设置输入点和输出点，生成 Bode 图。在左侧"线性分析工作区"中会出现"linsys1"变量。在上面的菜单栏中选择"绘图和结果"，在"结果"的子菜单中选择"结果查看器"，在弹出窗口中选择"零极点增益"即可得到传递函数模型。图 6.40 展示了该操作步骤，并得到传递函数为

$$G(s) = \frac{82640s(s+100)(s+10)(s+2.308*10^{18})(s^2-1.192*10^{-7}s+6.904*10^{-14})}{(s+21.94)(s+10.28)(s+54.13)(s+55.84)(s+100)(s+0.1236)}$$
$$(s+6.398*10^{-7})(s-6.398*10^{-7})(s+2.308*10^{18})$$

(6.66)

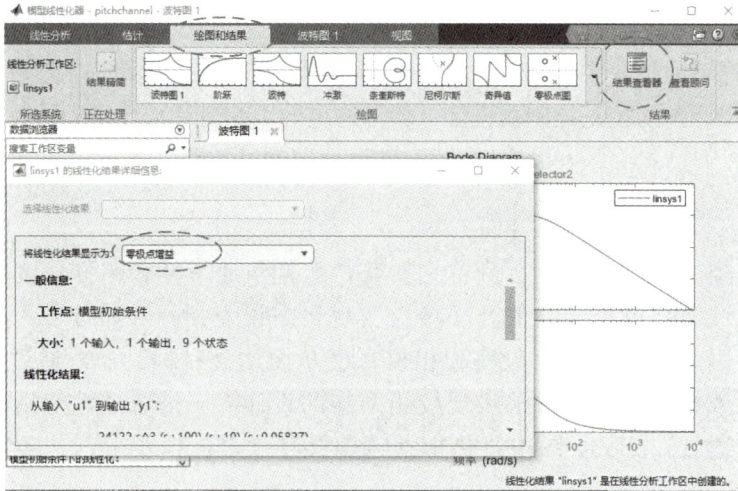

图 6.40　角速率环分析的操作步骤

简化为

$$G(s) = \frac{1.3168*10^{11}s(0.1s+1)(4.3328*10^{-19}s+1)(1.4484*10^{13}s^2-1.7265*10^6s+1)}{7.9608*10^{10}(0.0456s+1)(0.0973s+1)+(0.0185s+1)}$$
$$(8.0906s+1)(1.5630*10^6s+1)(1.5630*10^6s-1)(4.3328*10^{-19}s+1)$$
(6.67)

3. 步骤三：调整开环增益

系统在 $r(t) = t$ 作用下的稳态误差，可由终值定理求出

$$e_{rss} = \frac{1}{K}$$

根据稳态误差调节开环增益，未加校正时，系统的开环增益

$$K = \lim_{s\to 0}\frac{1}{s}\frac{1.3168*10^{11}s(0.1s+1)(4.3328*10^{-19}s+1)(1.4484*10^{13}s^2-1.7265*10^6s+1)}{7.9608*10^{10}(0.0456s+1)(0.0973s+1)+(0.0185s+1)}$$
$$(8.0906s+1)(1.5630*10^6s+1)(1.5630*10^6s-1)(4.3328*10^{-19}s+1)$$

$$= 1.6541$$

要求 $e_{rss} \leqslant 1$，就有 $K \geqslant 1$。现在 $K = 1.6541$，满足设计需求。为了获得更好的频域品质，也可以增大开环增益，开环增益增大四倍，则新的开环增益变为 $K' = 6.6164$。

4. 步骤四：设计角速率环校正器

做出角速率环的开环 Bode 图，如图 6.41 所示，相位裕度为 25.6°，截止频率为 $\omega_c = 52.6\text{rad/s}$，不符合设计要求。使用相位滞后校正，这样既可以增加相位裕度，又可以提高系统的稳态性能。设置截止频率为 $\omega'_c = 20\text{rad/s}$，由 Bode 图可知该频率下的相位裕度是 98.7°，符合设计要求，并由 Bode 图幅频特性曲线可知该频率下的幅值特性为 10.2dB。在 $\omega'_c = 20\text{rad/s}$ 处，加入校正环节后幅值特性为 0dB，根据滞后环节幅频特性得到

$$20 \lg h + 20 \lg |G(j\omega_c')| = 0$$

即 $h = 10^{-0.51}$。为了使滞后校正部分的相位滞后特性对 ω_c' 处影响不大，校正环节的截止频率 $(h\tau)^{-1}$ 应该在远离截止频率 ω_c' 的 10 倍频程位置，即

$$(h\tau)^{-1} = 0.1\omega_c'$$

得到 $\tau = 1.618$。此时，校正环节的传递函数为

$$G_c(s) = \frac{1 + h\tau s}{1 + \tau s} = \frac{1 + 0.5s}{1 + 1.618s}$$

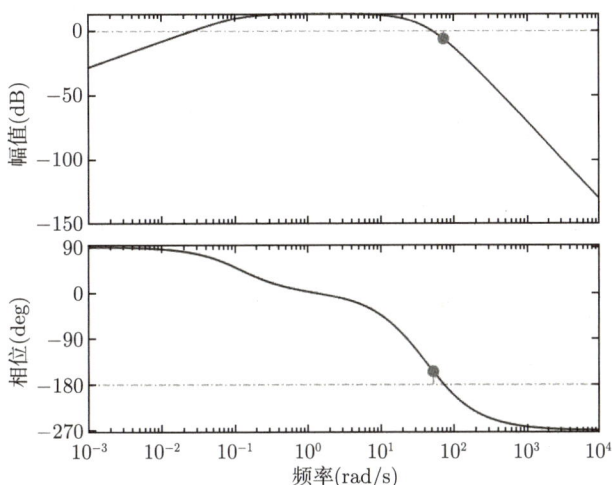

图 6.41　角速率环未校正的开环 Bode 图

5. 步骤五：将校正器加入到角速率环

在角速率误差后面加入放大器，用于模型中扩大开环增益，目前开环增益增大四倍。在开环增益后加入传递函数模块，引入校正环节，校正之后的角速率环如图 6.42 所示。对校正后的俯仰角速率环扫频得到开环 Bode 图如图 6.43 所示，与图 6.41 未校正时对比，其频域特性得到了改善，幅值裕度为 16dB，相位裕度为 102°。

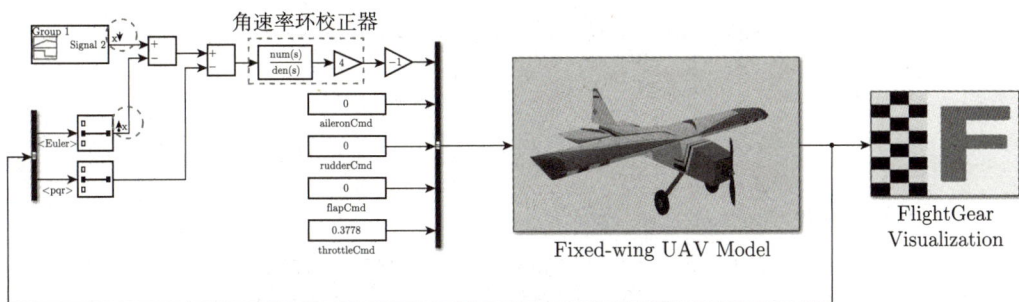

图 6.42　校正之后的角速率环

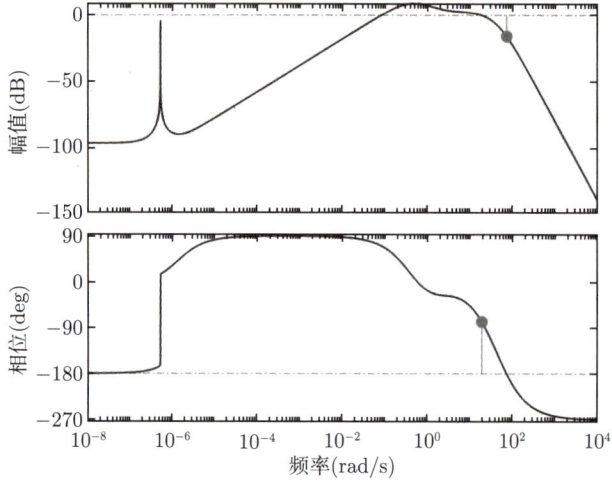

图 6.43　俯仰角速率环校正后的开环 Bode 图

6. 步骤六：设计角度环校正器

角度环的输入点是期望俯仰角度，输出点为实际俯仰角度，输入输出设置如图 6.42 所示，与角速率环类似，先得到俯仰角度环未校正的开环 Bode 图，如图 6.44 所示。从 Bode 图中可以获得，相位裕度为 91.4°，幅值裕度为 27dB，满足设计要求。按照步骤二得到俯仰角度环的开环传递函数，传递函数设计如代码段 6.9 所示。运行出现"ControlSystemDesiger"界面，俯仰角度环 Bode 图和阶跃响应如图 6.45 所示。

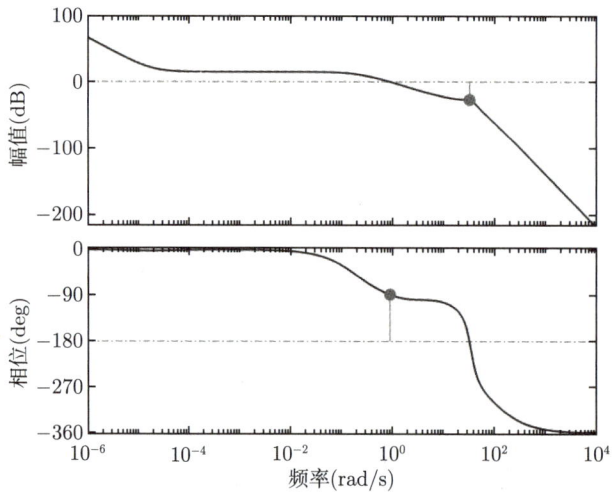

图 6.44　俯仰角度环未校正的开环 Bode 图

代码段 6.9　传递函数设计，来源于"e4/e4-3/controlsystemdesigner.m"

```
1    num=[2.369e23  2.654e25  2.891e26  4.739e26  7.972e20  -1.755e17];
2    den=[1  2.308e18  5.606e20  4.417e22  1.536e24  4.581e25  4.18e26  5.5
     e26  8.607e25  3.521e12  5.681e09];
```

```
3    G=tf(num,den);
4    controlSystemDesigner(G);
```

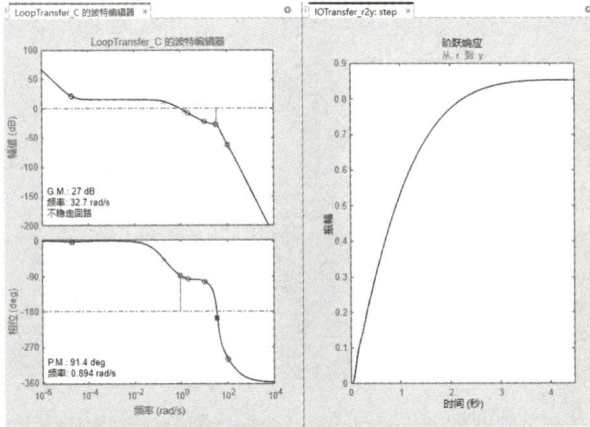

图 6.45　俯仰角度环 Bode 图和阶跃响应

根据图 6.46 中的阶跃响应曲线可知，系统的响应时间长，可以通过向上拖拽 Bode 图，也就是增大开环增益，缩短响应时间来解决。增大开环增益后的 Bode 图和阶跃响应如图 6.46 所示，最终相位裕度为 81.8°，截止频率为 11.6rad/s。

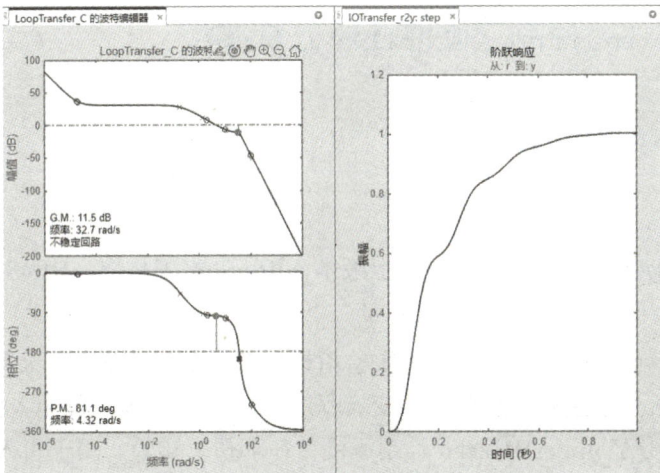

图 6.46　增大开环增益后的 Bode 图和阶跃响应

增大开环增益虽然可以提高响应速度，但是会减小相位裕度。可以通过增加一个超前环节来提高响应速度的同时保持相位裕度。在 Bode 图中单击右键，在弹出的快捷键菜单中选择"Add Pole or Zero → Lead"命令，在 Bode 曲线上单击左键加入零极点，然后直接拖动零极点观测响应曲线，得到合适的校正器，校正后的结果如图 6.47 所示。

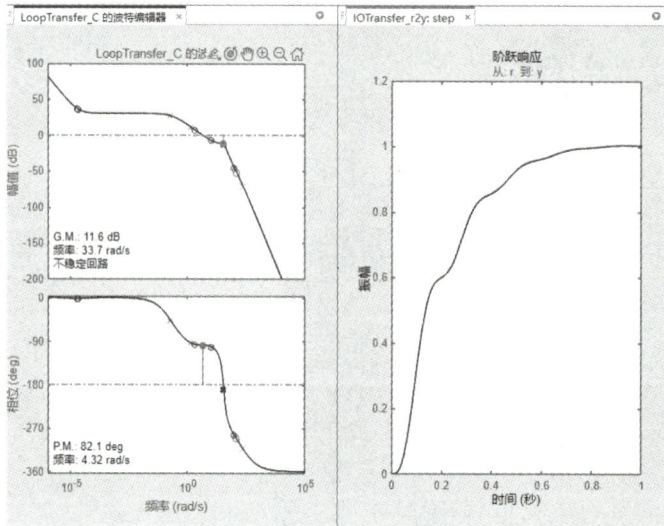

图 6.47　加入超前环节的 Bode 图和阶跃响应，来源于 "e4/e4-3/pitchchannel.slx"

在 Bode 图上单击右键，在弹出的快捷菜单中选择 "Edit Conpensator" 命令，在出现的对话框中查看得到的校正器为

$$G_c(s) = 5.9288\frac{1 + 0.008s}{1 + 0.0042s}$$

6.5　底层飞行控制之硬件在环仿真实验

6.5.1　实验配置和目标

1. 配置

（1）软件：MATLAB R2022b 或以上版本，RflySim 工具链。RflySim 工具链提供了微小型固定翼无人机硬件在环仿真环境。

（2）程序：实验指导包 "e4/e4-4"。实验指导包中主要有：固定翼无人机参数初始化文件 "InitDatactrl.m"、连续传递函数 Z 变换程序 "c2d.m"、固定翼无人机 Simulink 模型 "SmallFixedWingUAVupperHIL.slx"，用于硬件在环仿真实验。用于引入校正环节的硬件在环仿真文件 "SmallFixedWingattitudeUAVHIL_pitch.slx"。

（3）硬件：CubePilot/Pixhawk 自驾仪，遥控器及接收机。

2. 目标

（1）实现固定翼无人机高度和速度通道的 PID 控制的硬件在环仿真，观察给定阶跃响应的跟踪效果，并在 RflySim 中显示。

（2）实现设计实验中校正控制的硬件在环仿真，观察控制效果。

6.5.2　实验步骤

6.5.2.1　实验准备

固定翼无人机进行硬件在环仿真时，首先要保证遥控器、接收机、CubePilot/Pixhawk 飞控和计算机正常通信，然后对仿真模型进行代码编译，编译完成后烧录到飞控中，在 CopterSim 软件中选择模型文件以及进行仿真初始化，通过遥控器解锁无人机，使用遥控器摇杆进行操作，在 RflySim3D 软件中观察固定翼无人机的飞行状态。

硬件在环实验时，通过指令输入模块设置两种控制模式（如图 6.48 所示），手动控制模式和定高飞行模式。拨动"Ch5"拨杆开关低位（即"Ch5" < 1500）解锁手动控制模式，不解锁固定翼就在 30m 位置定高飞行。遥控器左侧摇杆上下拨动（"Ch3"通道）为油门通道，中位为 20m/s，向上推无人机加速。左侧摇杆左右拨动为偏航动作（"Ch4"通道）。遥控器右侧摇杆上下拨动为俯仰动作即调整高度（"Ch2"通道），中位为 50m，摇杆左右拨动为滚转动作（"Ch1"通道）。

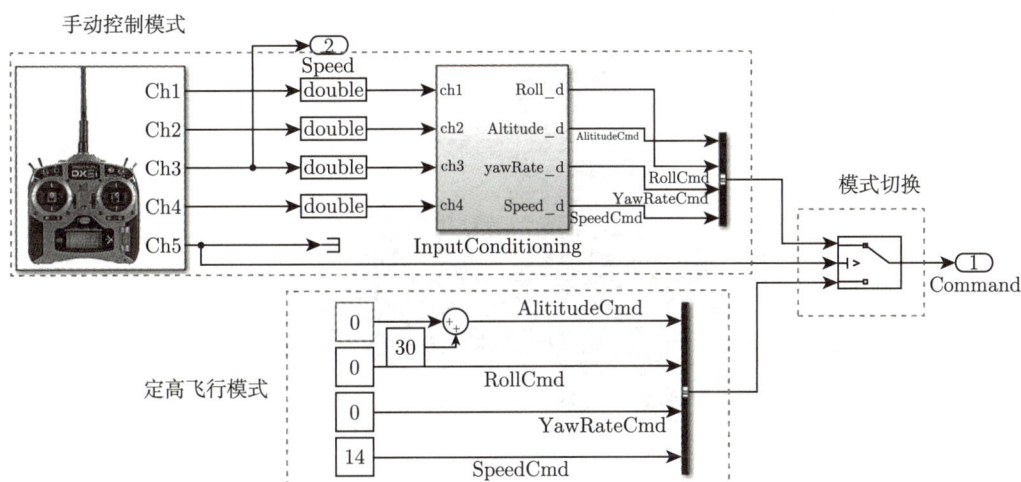

图 6.48　两种控制模式切换模块，来源于"e4/e4-4/SmallFixedWingUAVupperHIL.slx"

6.5.2.2　面向高度速度通道的 PID 控制硬件在环仿真实验步骤

高度速度通道的 PID 控制硬件在环仿真实验步骤包括：在步骤一中，搭建硬件在环程序；在步骤二中，进行硬件连接实现计算机与飞控的通信；在步骤三中，完成代码编译及代码下载到飞控中；在步骤四中，通过遥控器使固定翼无人机完成指定飞行任务。

1. 步骤一：打开 Simulink 仿真模型

打开文件"e4/e4-4/InitDatactrl.m"，运行参数初始化，并打开"SmallFixedWingUAVupperHIL.slx"文件，如图 6.49 所示。其中①为指令模块，包括遥控器指令输入模式（手动控制模式）和软件给定高度速度模式（定高飞行模式）；②为控制器，分析实验中已经设计好的姿态控制器和高度速度控制器；③为 PWM 波转化模块，将控制输出的指令转化为飞控中应用的 PWM 波；④为消息池，将时间信息和执行器动作信息写入消息池，方便固定翼受控的动态系统订阅。

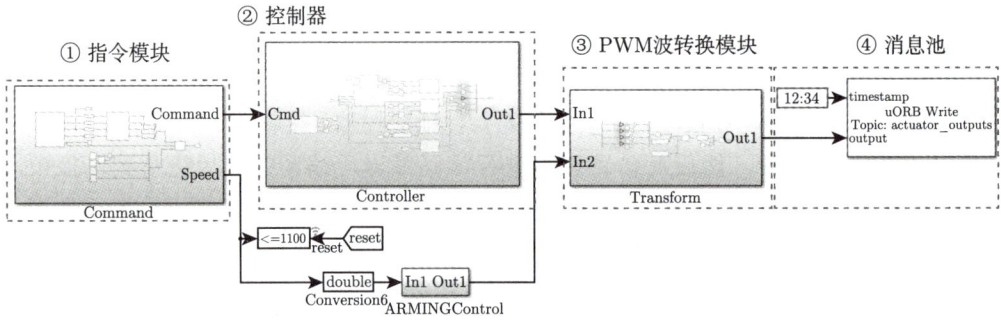

图 6.49 验证底层飞控的硬件在环仿真模型，来源于"e4/e4-4/SmallFixedWingUAVupperHIL.slx"

2. 步骤二：硬件连接

连接好 CubePilot/Pixhawk 飞控与接收机，将 CubePilot/Pixhawk 飞控与计算机通过 USB 数据线连接，如图 6.50 所示。

图 6.50 硬件连接

3. 步骤三：代码编译及下载

在"SmallFixedWingUAVupperHIL.slx"文件的工具栏中单击编译按钮，如图 6.51 所示。等待编译完成后，单击工具栏中"Code"然后选择"PX4 PSP Upload code to Px4FMU"开始下载，将代码烧录到飞控中，下载完成如图 6.51 左侧所示。

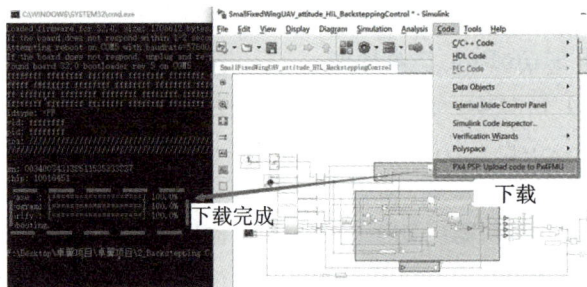

图 6.51 代码下载流程

4. 步骤四：观察仿真结果

打开"CopterSim"软件界面，选择 DLL 模型文件，在"三维显示场景"中选择仿真场景，单击"开始仿真"，等待初始化完成。用遥控器解锁固定翼无人机，"Ch5"保持高位，实现手动控制。向上推动油门摇杆，实现固定翼无人机的缓慢起飞，到达一定高度后，松开油门摇杆，让固定翼无人机保持水平直飞，在"RflySim3D"软件界面观察固定翼无人机飞行状态变化，在"CopterSim"软件界面观察实时飞行数据。分别给定高度变化指令和速度变化指令，高度和速度通道的飞行结果如图 6.52 所示。

从图 6.52 可以看出硬件在环仿真结果与软件在环仿真结果基本一致，且没有明显的振荡，表明控制器有效。

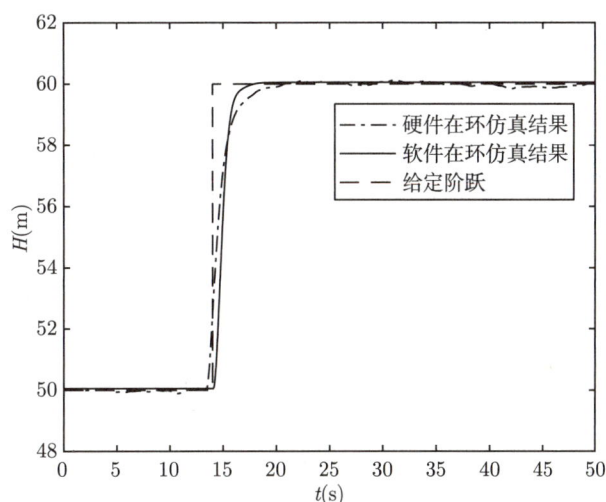

（a）高度通信

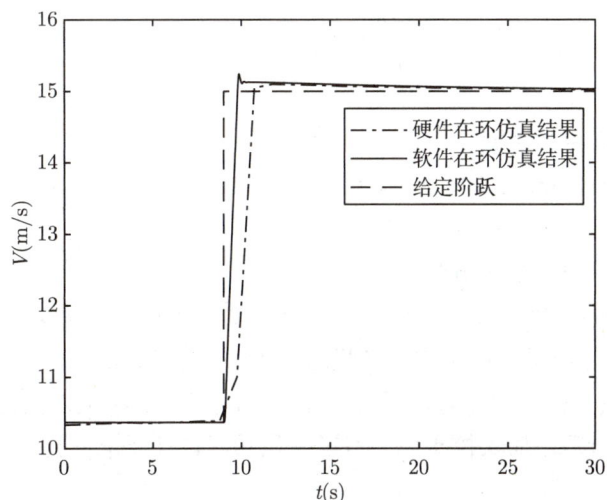

（b）速度通道

图 6.52　高度和速度通道的飞行结果

6.5.2.3 基于校正控制的硬件在环仿真实验步骤

校正控制器的硬件在环实验步骤包括：在步骤一中，将所设计的连续的校正控制器离散化，得到离散传递函数；在步骤二中，将离散控制器替换原来的俯仰通道 PID 控制器；在步骤三中，连接设备，完成代码编译及下载，通过遥控器使固定翼无人机完成指定飞行任务。

1. 步骤一：将连续校正环节离散化

设计实验一（6.4.3.1 节）中的校正环节是时域连续的环节，硬件在环加入模型中应将其变为时域离散环节，可以用 "c2d" 函数将 s 域传递函数变为 z 域传递函数，如代码段 6.10 所示。其中 "Ts" 为仿真步长。

代码段 6.10　s 域传递函数变为 z 域传递函数，来源于 "e4/e4-4/c2d.m"

```
1    %%pitchrate G(s)-G(z)
2    num=[0.5 1];
3    den=[1.618 1];
4    G=tf([num],[den]);
5    Ts=0.005;
6    Gd=c2d(G,Ts,'zoh');
```

俯仰角速率环校正环节替换后的传递函数为

$$G_c(s) = \frac{1+0.5s}{1+1.618s} \rightarrow G(z) = \frac{0.309z - 0.3059}{z - 0.9969}$$

俯仰角度环校正环节替换后的传递函数为

$$G_c(s) = 5.9288 \frac{1+0.008s}{1+0.0042s} \rightarrow G(z) = 5.9288 \frac{1.905z - 1.209}{z - 0.3041}$$

2. 步骤二：替换控制模型

将 "SmallFixedWingUAVattitudeHIL_pitch.slx" 的 Simulink 模型中的 PID 控制器替换成校正环节，如图 6.53 所示。

3. 步骤三：进行硬件在环仿真

按照 6.5.2.2 节中的操作步骤开始硬件在环仿真，当固定翼无人机达到一定飞行高度后，松开操作杆，固定翼无人机保持平飞状态。此时，将 "Ch5" 通道切换到高位，固定翼无人机切换到给定飞行模式。此时，摇杆动作不能改变固定翼无人机飞行状态，硬件在环仿真结果如图 6.54 所示，加入校正环节可以满足频域设计要求，且飞行稳定。

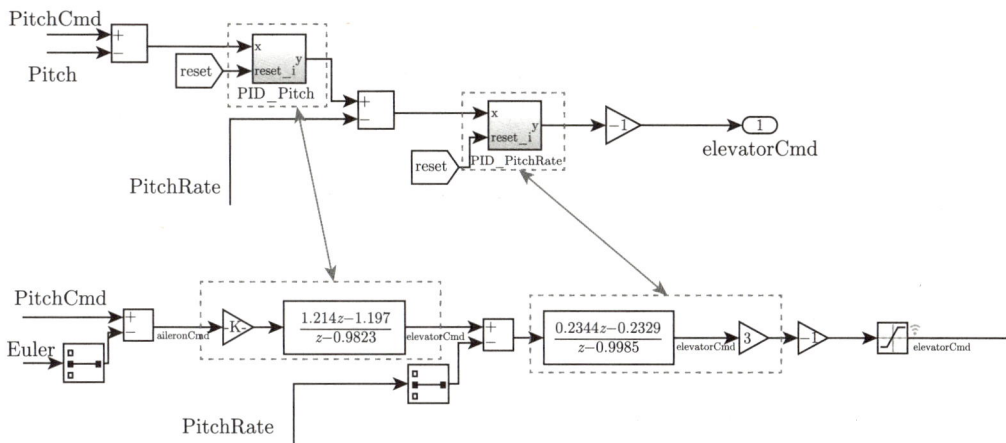

图 6.53　校正环节替换原来的 PID 控制器，来源于"e4/e4-4/SmallFixedWingUAVattitudeHIL__pitch.slx"

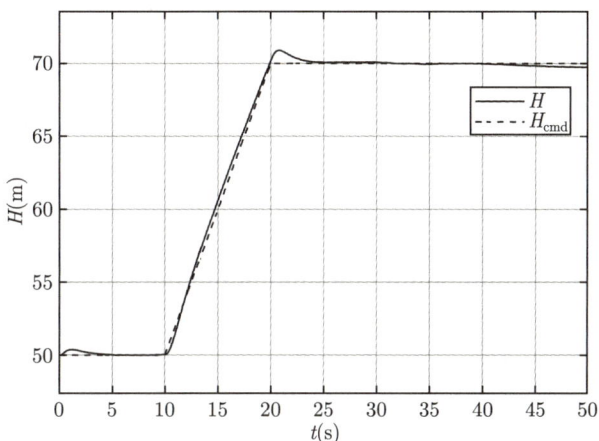

图 6.54　硬件在环仿真结果

6.6　课后习题

1. 前面考虑了利用

$$\phi_{\mathrm{d}} = \arctan \frac{V_{\mathrm{a}}}{g} \dot{\psi}_{\mathrm{d}} \tag{6.68}$$

由期望的偏航得到相应的滚转角，显然这种前馈的方式不能较好地对抗不确定性，从而不能对期望的偏航进行精确跟踪。能否基于 (4.63)，考虑滚转角为控制输入，设计控制器对偏航角进行精确跟踪，并最终实现固定翼无人机在 60 米高空，以 18m/s 的速度绕一个半径为 60m 的圆形轨迹进行飞行。

2. 升降舵可以控制无人机的高度，油门可以控制无人机的速度。然而，仅通过升降舵改变高度会使速度下降或者上升，仅通过油门改变速度会使高度改变。因此，可以通过协调油门和升降舵，来控制无人机的高度和速度以达到预设的值。总能量控制是运用能量控制和分配的方法，将飞行器的飞行高度与速度进行解耦。在现有的固定翼仿真模型框架下，以程序"e4-2"文件中的"SmallFixedWingUAVanalysis.slx"仿真模型为基础，用总能量控制器替换"Control"模块中的 PID 控制。通过调参实现总能量控制，分析总能量控制器的性能（如：调节时间、超调量和稳态误差）。

3. 给定高度下，对固定翼无人机在不同飞行速度下进行线性化得到不同的模型，分别调节 PID 参数。之后，利用增益调度思想，设计综合控制器，满足不同速度下固定翼无人机具有基本相同的动态响应。

4. 采用一些先进的控制器替换本章采用的 PID 控制器，并分析其性能。

5. 实际飞行过程中存在着很多不确定性因素，比如存在风干扰，重量和转动惯量方面也存在扰动。请改进现有的控制器，进行协调转弯飞行，尽可能地降低侧滑角影响。

第七章 路径跟随与规划实验

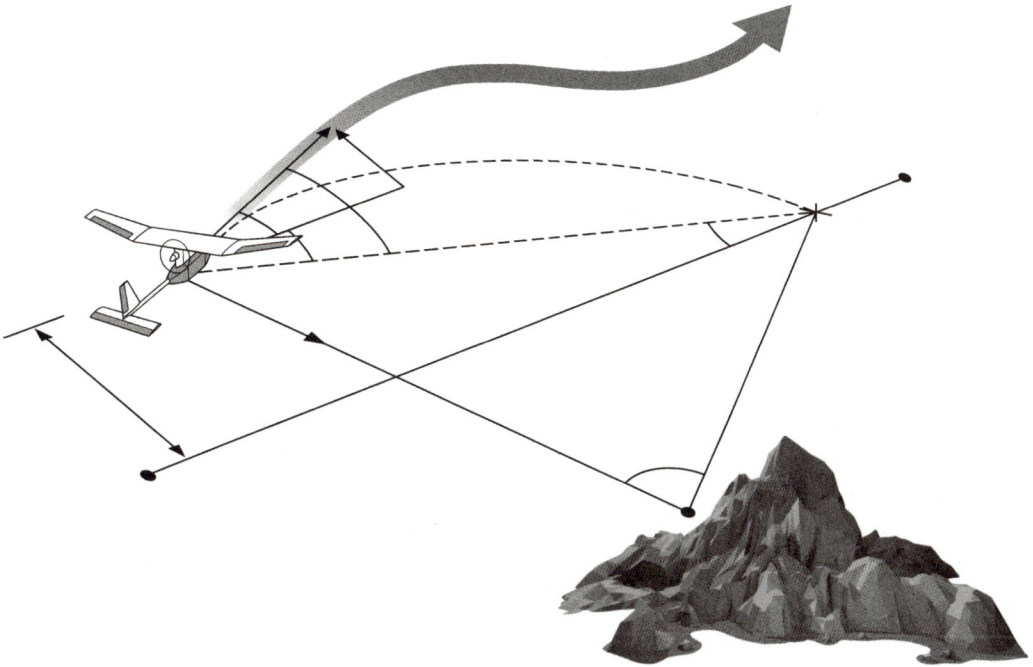

　　路径跟随与规划是固定翼无人机执行飞行任务的前提。本章将介绍基于 Dubins 曲线的路径规划算法和常用的路径跟随控制算法，并通过三个实验，加深读者对固定翼无人机路径跟随与规划的理解。在基础实验中，读者将利用 MATLAB 和 Simulink 设计固定翼无人机的路径跟随控制算法；在分析实验中，将基于 Dubins 曲线原理进行路径规划；在设计实验中，读者将结合路径跟随控制算法和路径规划算法，完成飞行任务并使用 RflySim 工具链进行硬件在环仿真实验，以验证算法的有效性。

7.1 路径跟随与规划之实验原理

微小型固定翼无人机的自主路径飞行分为两个研究内容，即路径的跟随控制和路径规划。路径形式可以分为直线段形式和圆弧段形式，通常直线段的跟随采用 L1 制导律，而圆弧段一般采用基于偏距误差的跟随算法。对于路径规划问题，基于 Dubins 曲线的规划算法可以规划出起点到终点之间由直线和圆弧组成的最短路径。

7.1.1 L1 直线跟随

L1 直线跟随算法原理如图 7.1 所示[56]。在图 7.1 中，d 为无人机到直线的垂直距离，a_{cmd} 代表向心加速度，L_1 代表当前位置和 L1 参考点的距离，η 代表当前固定翼无人机速度和当前位置与 L1 参考点连线的夹角。根据向心加速度的计算公式，可以得到

$$a_{cmd} = 2\frac{V^2}{L_1}\sin\eta \tag{7.1}$$

这就是 L1 制导律的一般公式。无人机在当前时刻的期望运动是一个半径为 R，速度为 V 的圆周运动。

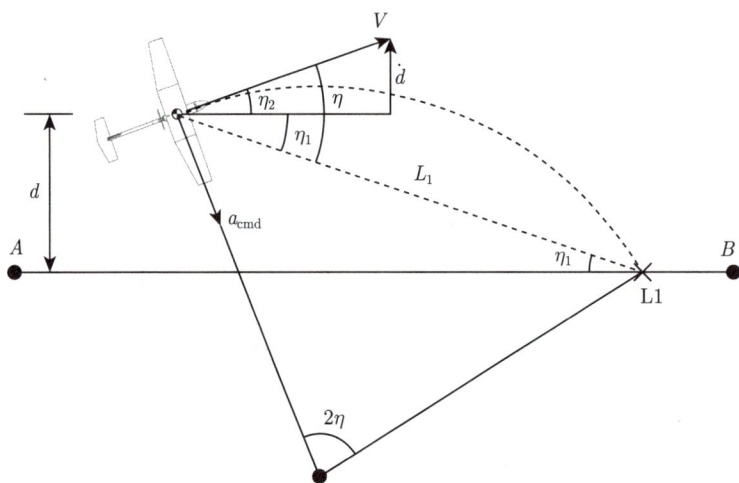

图 7.1　L1 直线跟随算法原理

式 (7.1) 中的航向角 η 在直线路径可以被看作是由 η_1 和 η_2 两部分组成。在小角度假设之下，首先有

$$\eta_1 \approx \sin\eta_1 = \frac{d}{L_1} \tag{7.2}$$

$$\eta_2 \approx \sin\eta_2 = \frac{\dot{d}}{V} \tag{7.3}$$

进一步，加速度控制量可以表示为

$$a_{cmd} = 2\frac{V^2}{L_1}\sin(\eta_1 + \eta_2) \approx 2\frac{V}{L_1}(\dot{d} + \frac{V}{L_1}d) \tag{7.4}$$

可以看出，这是一个 PD 控制器，其参数受 V 和 L_1 的影响。在无内环动态影响以及 η_2 很小的假设下，有 $a_{\mathrm{cmd}} \approx -\ddot{d}$。所以式 (7.4) 可以等价为如下的二阶系统

$$\ddot{d} + 2\xi\omega_n \dot{d} + \omega_n^2 d = 0 \tag{7.5}$$

式中二阶系统的阻尼比为 $\xi = 1/\sqrt{2}$；固有频率为 $\omega_n = \sqrt{2}V/L_1$，其取决于飞行器的速度与下一个参考航路点的距离的比值。

很多自驾仪都对 L1 路径跟随算法进行了改进，其算法本质可以表示为二阶系统，其阻尼比为 0.707，而自然频率是速度和参数 L_1 的比值。也就是说如果参数 L_1 是固定的，那这个二阶系统的自然频率是随着飞行速度的变化而变化的，这显然无法保证无人机在任何速度的情况下都能保持好的跟踪性能。因此，在自驾仪中通过设置路径跟随算法的周期 $L_{1,\mathrm{P}}$ 和路径跟随算法的阻尼比 $L_{1,\mathrm{D}}$，设计 L_1 为式 (7.6) 的形式，可以动态地配置该二阶系统的频率和阻尼为

$$L_1 = L_{1,\mathrm{P}} \frac{L_{1,\mathrm{D}} V}{\pi} \tag{7.6}$$

将其代入到直线路径自然频率 $\omega_n = \sqrt{2}V/L_1$ 可以得到

$$\omega_n = \frac{\sqrt{2}V}{L_{1,\mathrm{P}} L_{1,\mathrm{D}} \dfrac{V}{\pi}} = \frac{\sqrt{2}\pi}{L_{1,\mathrm{P}} L_{1,\mathrm{D}}} \tag{7.7}$$

7.1.2 偏距圆弧跟随

偏距圆弧跟随算法思路较为直观，其原理如图 7.2 所示。其中 d 为无人机到圆心的距离，理论上应与半径 R 相等。因此，将距离 d 与半径 R 之差 $e_{\mathrm{d}} = d - R$（侧偏距）作为

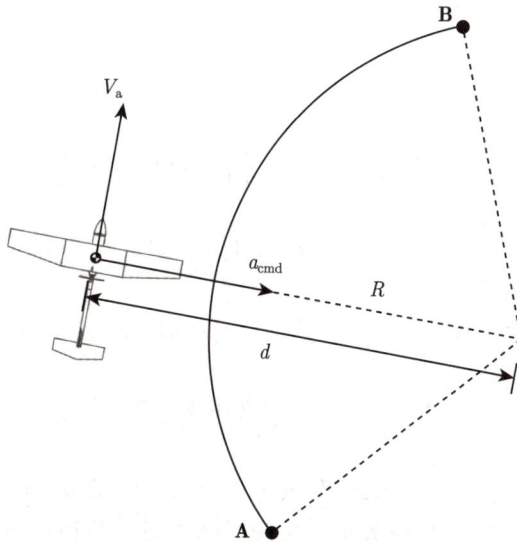

图 7.2 偏距圆弧跟随算法原理

误差项引入比例控制，同时考虑圆周运动向心力的作用，那么

$$a_{\mathrm{cmd}} = K_{\mathrm{p}}e_{\mathrm{d}} + \frac{V^2}{R} \tag{7.8}$$

在实际应用中，仅靠比例参数会导致 e_{d} 产生振荡。为消除该振荡的误差进而引入误差的微分参数，即

$$a_{\mathrm{cmd}} = K_{\mathrm{p}}e_{\mathrm{d}} + K_{\mathrm{d}}\dot{e}_{\mathrm{d}} + \frac{V^2}{R} \tag{7.9}$$

7.1.3　路径跟随指令与固定翼底层飞控模型的关联

微小型固定翼无人机的期望加速度指令可以根据前文描述的 L1 直线跟随算法和偏距圆弧跟随算法计算得到，为了与第六章底层飞行控制章节提供的模型关联起来，需要将期望加速度指令转化为期望的滚转角指令。微小型固定翼无人机在进行路径跟随时满足协调转弯条件，即式 (4.61)，此时微小型固定翼无人机的受力情况如图 7.3 所示。

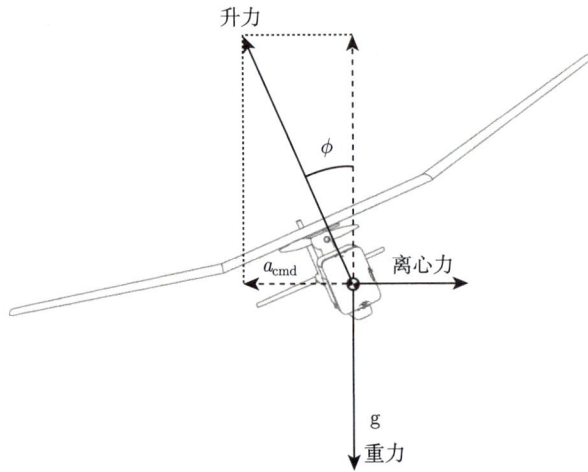

图 7.3　协调转弯下微小型固定翼无人机的受力情况

因此可得期望滚转角 ϕ_{d} 与期望加速度 a_{cmd} 之间的关系为

$$\phi_{\mathrm{d}} = \arctan\left(\frac{a_{\mathrm{cmd}}}{\mathrm{g}}\right) \tag{7.10}$$

再根据式 (4.63) 可知期望偏航角变化率 $\dot{\psi}_{\mathrm{d}}$ 和期望滚转角 ϕ_{d} 之间的关系为

$$\dot{\psi}_{\mathrm{d}} = \frac{\mathrm{g}}{V_{\mathrm{a}}}\tan\phi_{\mathrm{d}} \tag{7.11}$$

将通过式 (7.10) 得到的期望滚转角 ϕ_{d} 和式 (7.11) 得到的期望偏航角速率 $\dot{\psi}_{\mathrm{d}}$ 输入到姿态控制器就可以实现微小型固定翼无人机路径的跟随效果。路径跟随控制与底层飞行控制之间的关系如图 7.4 所示。

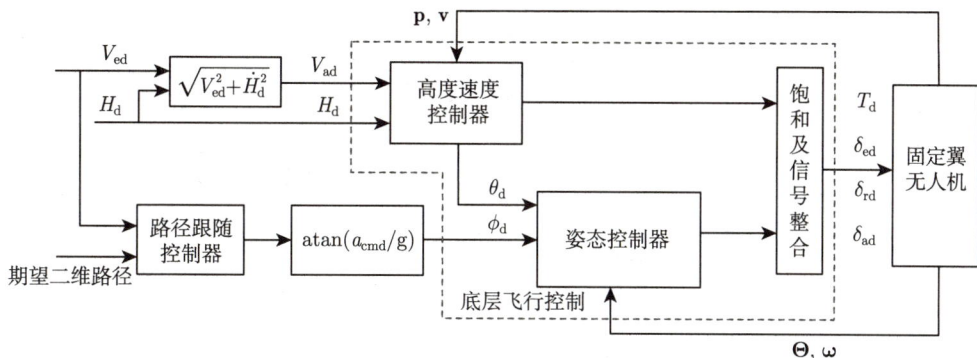

图 7.4　路径跟随控制与底层飞行控制之间的关系

7.1.4　Dubins 曲线

Dubins 曲线是在满足曲率约束和规定的始端和末端切向方向的条件下，连接两个二维平面的最短路径，并假设飞行器只能向前行进。1957 年，Lester Eli Dubins 证明了任何路径都可以由最大曲率和直线段组成（两点之间的路径必须存在）[57]。为了保证本书的严谨性，下面关于 Dubins 路径规划相关内容参考并借鉴了[2].

定义 Dubins 路径的圆弧的半径以符号 R 表示，这里假设 R 至少与无人机的最小转弯半径一样大。在本节中，固定翼无人机的状态由 $(\mathbf{p}, \chi)$ 定义，其中 $\mathbf{p}$ 为微小型固定翼无人机在惯性坐标系下的位置，χ 为航迹偏角。

给定启动状态表示为 $(\mathbf{p}_s, \chi_s)$，结束状态表示为 $(\mathbf{p}_e, \chi_e)$。Dubins 路径由三部分组成，初始是直径为 R 的一段圆弧，中间则是一段直线，结尾则是另一段直径为 R 的圆弧。对于任何给定的固定翼无人机的开始和结束状态，由一段圆弧接一段直线再加上一段圆弧的路径有四种可能，如图 7.5 所示[2]。

情况 1（R-S-R）：右旋弧加上直线再加上另一段右旋弧。情况 2（R-S-L）：右旋弧加上直线再加上另一段左旋弧。情况 3（L-S-R）：左旋弧加上直线再加上另一段右旋弧。情况 4（L-S-L）：左旋弧加上直线再加上另一段左旋弧。Dubins 路径定义为上述四种情况中的最短路径。

7.1.5　路径长度计算

为了确定 Dubins 路径，有必要计算出图 7.5 所示四种情况下的路径长度。本节将推导出每种情况下路径长度的明确公式。给定位置 $\mathbf{p}$、航迹偏角 χ 和半径 R，右转和左转圆弧的中心由下式给出

$$\mathbf{c}_r = \mathbf{p} + R \left[\cos\left(\chi + \frac{\pi}{2}\right) \quad \sin\left(\chi + \frac{\pi}{2}\right) \quad 0 \right]^T \tag{7.12}$$

$$\mathbf{c}_l = \mathbf{p} + R \left[\cos\left(\chi - \frac{\pi}{2}\right) \quad \sin\left(\chi - \frac{\pi}{2}\right) \quad 0 \right]^T \tag{7.13}$$

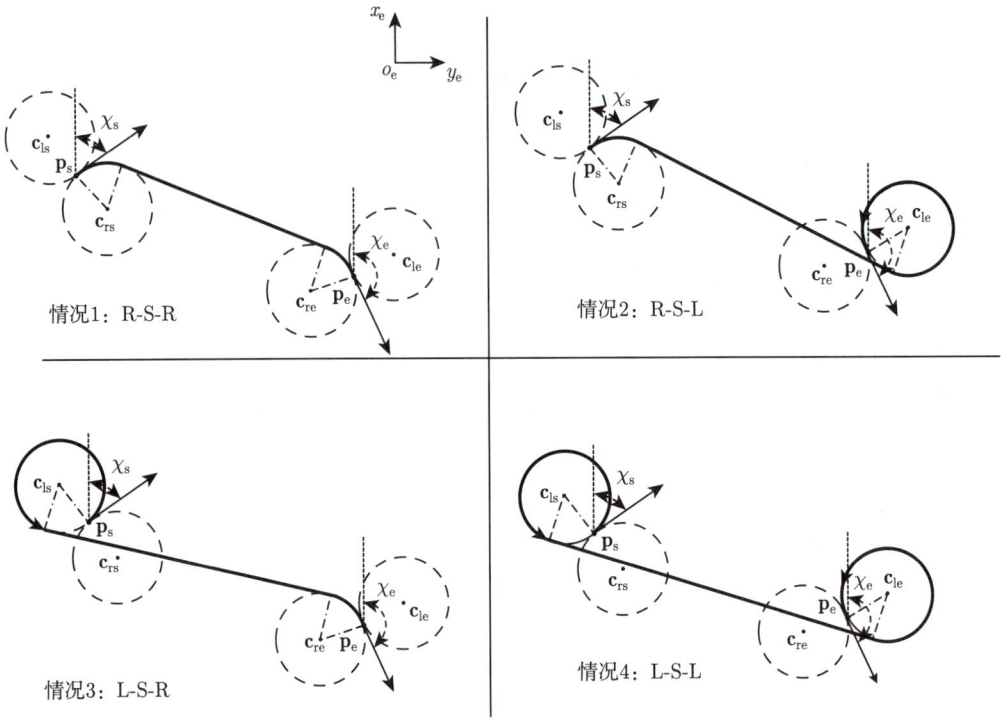

图 7.5　Dubins 路径的四种情况

为计算不同路径的长度，需要圆上角距离的一般方程。图 7.6 显示了顺时针（CW）和逆时针（CCW）圆的几何形状。

假设 θ_1 和 θ_2 分别为 0 到 2π 之间。对于顺时针圆，θ_1 和 θ_2 之间的角距离由下式给出

$$|\theta_2 - \theta_1|_{\mathrm{CW}} \triangleq\; <2\pi + \theta_2 - \theta_1> \tag{7.14}$$

式中 $<\phi>=\phi \bmod 2\pi$，比如 $\phi=3\pi$，那么 $<\phi>=\pi$。同样，对于逆时针圆，可以得到

$$|\theta_2 - \theta_1|_{\mathrm{CW}} \triangleq\; <2\pi - \theta_2 + \theta_1> \tag{7.15}$$

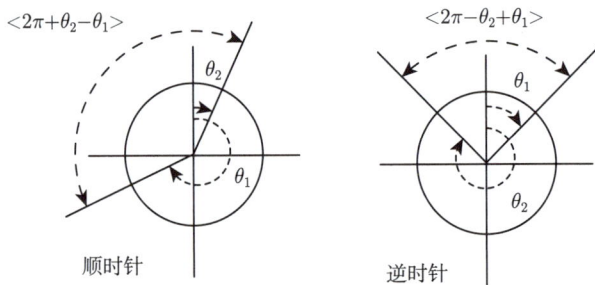

图 7.6　角度 θ_1 和 θ_2 之间在顺时针（CW）和逆时针（CCW）圆上的角距离

7.1.5.1 情况 1：R-S-R

不同情况的 Dubins 路径均可以表示为圆心直线距离和圆弧长度之和，对于情况 1 的几何图形如图 7.7 所示，θ 是由 $\overline{\mathbf{c}_{rs}\mathbf{c}_{re}}$ 与 $o_e x_e$ 之间形成的夹角。由式 (7.14) 可以得到绕 $\mathbf{c}_{rs}$ 经过的角距离为

$$R < 2\pi + < \theta - \frac{\pi}{2} > - < \chi_s - \frac{\pi}{2} >> \tag{7.16}$$

同样，由式 (7.14) 可以得到绕 $\mathbf{c}_{re}$ 经过的角距离为

$$R < 2\pi + < \chi_e - \frac{\pi}{2} > - < \theta - \frac{\pi}{2} >> \tag{7.17}$$

因此，得到的情况 1 的总路径长度为

$$L_1 = \|\mathbf{c}_{rs} - \mathbf{c}_{re}\| + R < 2\pi + < \theta - \frac{\pi}{2} > - < \chi_s - \frac{\pi}{2} >> + R < 2\pi + < \chi_e - \frac{\pi}{2} > - < \theta - \frac{\pi}{2} >> \tag{7.18}$$

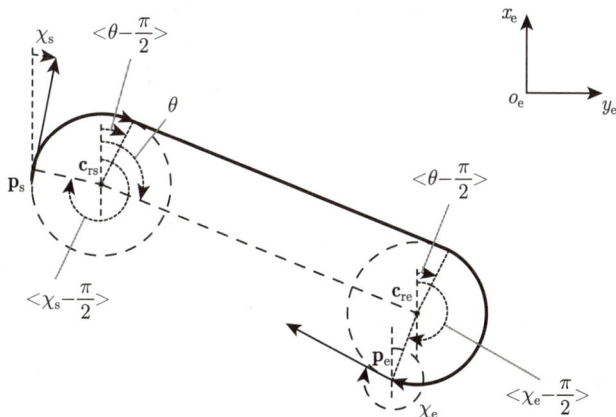

图 7.7 情况 1 的几何图形

7.1.5.2 情况 2：R-S-L

情况 2 的几何图形如图 7.8 所示，θ 是由 $\overline{\mathbf{c}_{rs}\mathbf{c}_{le}}$ 与 $o_e x_e$ 之间形成的夹角。而距离为 $l = \|\mathbf{c}_{le} - \mathbf{c}_{rs}\|$，根据图中所示的直角三角形 $\Delta \mathbf{c}_1 \mathbf{c}_{rs} \mathbf{c}_2$，可得如下角度关系

$$\sin\left(\frac{\pi}{2} - \theta + \theta_2\right) = \frac{R}{l/2} \tag{7.19}$$

整理上式可得 θ_2 的计算公式为

$$\theta_2 = \theta - \frac{\pi}{2} + \arcsin\left(\frac{2R}{l}\right) \tag{7.20}$$

由式 (7.14) 可以得到绕 $\mathbf{c}_{rs}$ 经过的角距离为

$$R < 2\pi + < \theta_2 > - < \chi_s - \frac{\pi}{2} >> \tag{7.21}$$

同样，由式 (7.15) 可以得到绕 $\mathbf{c}_{re}$ 经过的角距离为

$$R < 2\pi + \ < \theta_2 + \pi > - < \chi_e + \frac{\pi}{2} >> \tag{7.22}$$

因此，得到的情况 2 的总路径长度为

$$L_2 = \sqrt{l^2 - 4R^2} + R < 2\pi + \ < \theta_2 > - < \chi_s - \frac{\pi}{2} >> + R < 2\pi + \ < \theta_2 + \pi > - < \chi_e + \frac{\pi}{2} >> \tag{7.23}$$

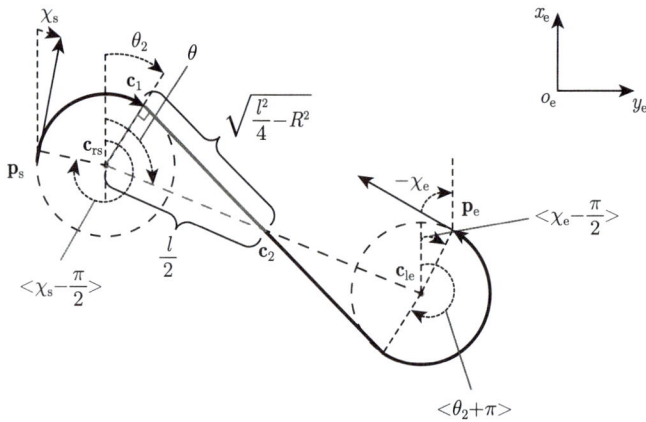

图 7.8　情况 2 的几何图形

7.1.5.3　情况 3：L-S-R

情况 3 的几何图形如图 7.9 所示，θ 是由 $\overline{\mathbf{c}_{ls}\mathbf{c}_{re}}$ 与 $o_e x_e$ 之间形成的夹角。而距离为 $l = ||\mathbf{c}_{re} - \mathbf{c}_{ls}||$，并且有

$$\theta_2 = \arccos\left(\frac{2R}{l}\right) \tag{7.24}$$

由式 (7.15) 得到绕 $\mathbf{c}_{ls}$ 经过的角距离为

$$R < 2\pi + \ < \chi_s + \frac{\pi}{2} > - < \theta + \theta_2 >> \tag{7.25}$$

同样，由式 (7.14) 得到绕 $\mathbf{c}_{re}$ 经过的角距离为

$$R < 2\pi + \ < \chi_e - \frac{\pi}{2} > - < \theta + \theta_2 - \pi >> \tag{7.26}$$

因此，得到情况 3 的总路径长度为

$$L_3 = \sqrt{l^2 - 4R^2} + R < 2\pi + \ < \chi_s + \frac{\pi}{2} > - < \theta + \theta_2 >> +$$
$$R < 2\pi + \ < \chi_e - \frac{\pi}{2} > - < \theta + \theta_2 - \pi >> \tag{7.27}$$

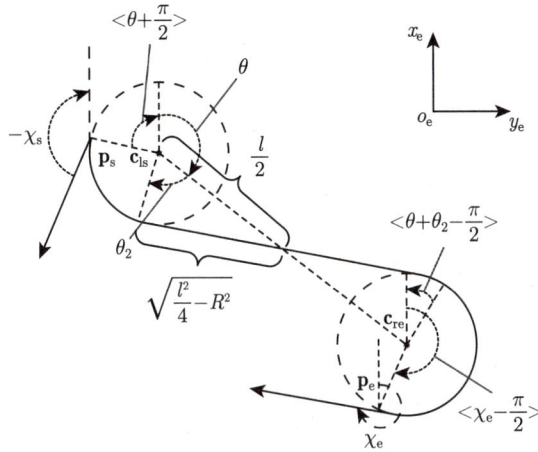

图 7.9 情况 3 的几何图形

7.1.5.4 情况 4: L-S-L

情况 4 的几何图形如图 7.10，θ 是由 $\overline{\mathbf{c}_{\mathrm{ls}}\mathbf{c}_{\mathrm{le}}}$ 连线与 $o_{\mathrm{e}}x_{\mathrm{e}}$ 之间形成的夹角。由式 (7.15) 得到绕 $\mathbf{c}_{\mathrm{ls}}$ 经过的角距离为

$$R < 2\pi + < \chi_{\mathrm{s}} + \frac{\pi}{2} > - < \theta + \frac{\pi}{2} >> \tag{7.28}$$

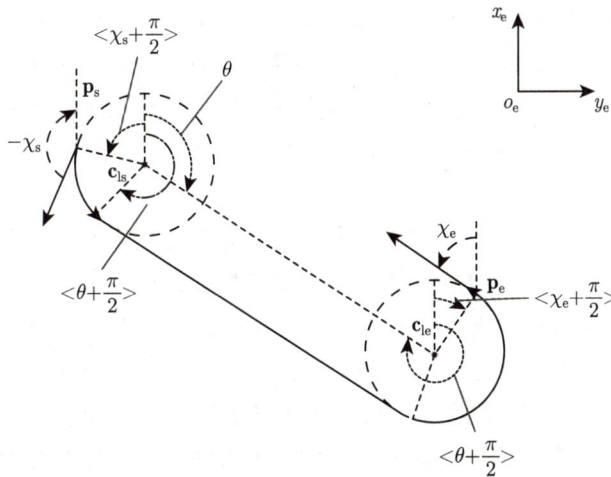

图 7.10 情况 4 的几何图形

同样，由式 (7.15) 可得绕 $\mathbf{c}_{\mathrm{le}}$ 经过的角距离为

$$R < 2\pi + < \theta + \frac{\pi}{2} > - < \chi_{\mathrm{e}} + \frac{\pi}{2} >> \tag{7.29}$$

因此，可以得到情况 4 的总路径长度为

$$L_3 = ||\mathbf{c}_{rs} - \mathbf{c}_{re}|| + R < 2\pi + < \chi_s + \frac{\pi}{2} > - < \theta + \frac{\pi}{2} >> + R < 2\pi + < \theta + \frac{\pi}{2} > - < \chi_e + \frac{\pi}{2} >>$$

$$(7.30)$$

7.1.6　相关发展

路径规划是指在给定的环境中，寻找从起点到终点的最优或近似最优的移动路径的问题。在无人机的路径规划问题上，研究者已经提出了大量的方法和策略。以下是一些具有代表性的新方法和近期的重要进展。

首先介绍基于深度强化学习的路径规划方法。深度强化学习结合深度神经网络和强化学习，可在复杂动态环境中端到端地规划路径，而无须人工设计特征或提供先验知识。其中基于值函数的方法[58]通过贪婪策略选择最优动作；基于策略的方法[59]利用多个并行的智能体同时探索和学习，提高了学习效率和稳定性；基于模型的方法[60]利用环境的动力学模型预测未来的状态和奖励，通过优化目标函数选择最优动作。

经典的图搜索算法如Dijkstra和A*算法已经广泛应用于路径规划问题中，但因其处理大规模图时计算效率较低，因此近年来许多学者对其进行了改进，例如：能够处理图结构数据的基于图神经网络的路径规划方法[61]，可以有效地提取图中的拓扑信息和节点特征，用于路径规划的决策和预测；针对图搜索任务的对抗性学习方法[62]，利用生成器从随机噪声中生成数据，利用判别器对真实数据和生成数据进行分类，通过最小化生成器的对数损失和最大化判别器的对数损失实现路径规划的生成和优化；以及针对多模态数据（如文本、图像、视频等）的多模态图搜索等研究。

基于采样的搜索算法在高维空间中的路径规划中十分有效，比较经典的算法有PRM、RRT以及RRT*。其基本原理为在配置空间中获取随机采样点，按照某种规则生成连接图从而生成路径。其优点在于可以拓展到高维空间，但是缺点在于其为概率算法，从而不能保证一定找到路径且路径一般情况下不是最优的。因此，近年来的研究目标主要在于提高该方法的成功率与效率[63]。

以粒子群算法、遗传算法、蚁群算法为代表的元启发式算法模仿自然界的行为，通过迭代搜索来找到近似最优解。例如，遗传算法在多目标路径规划中表现出色，能够找到高效的路径。但是其迭代次数较多，计算效率相比于其他方法较为低下，因而较难适用于算力受限的无人机在线实时路径规划。针对以上问题，近年来的工作主要研究如何提高算法的收敛速度和稳定性。例如，混合粒子群算法（SDPSO）使每个粒子具备全局最优解的信息，从而提升算法的收敛速率[64]；蚁群算法的拓展方法在多目标路径规划问题中取得了与线性规划类似的效率[65]。

总之，在过去的十年中，这个领域的动态发展主要反映在几个方面：复杂性和不确定性降低、多无人机协作、实时调整和优化等。为了面对这些挑战，可以考虑结合最新的方法如强化学习去实现路径的高效稳定规划。

7.2　路径跟随与规划之基础实验

7.2.1　实验配置和目标

1. 配置

（1）软件：MATLAB R2022b 或以上版本。

（2）程序：实验指导包"e5/e5-1"。实验指导包"e5/e5-1"中有：固定翼无人机状态初始文件"InitDatactrl.m"，固定翼无人机路径跟随仿真 Simulink 仿真模型"SmallFixed-WingUAVfollow.slx"，圆心计算函数"circlecenter.m"以及用于绘制飞行路径与期望路径的文件"Drawxy.m"。

2. 目标

在已有固定翼无人机基础飞行控制的程序"e4/e4-1"中，补全"Path Follow"模块，实现 L1 直线跟随算法和偏距圆弧跟随算法，并进行软件在环仿真。

7.2.2　实验步骤

基础实验主要是在"SmallFixedWingUAVfollow.slx"文件中搭建路径跟随"Path Follow"模块，模块中包含 L1 直线跟随算法模块"L1 Navigation"和偏距圆弧跟随算法模块"PD Navigation"。在完成路径跟随模块的搭建后，给定指定路径进行软件在环仿真，检验路径跟随算法的有效性。

1. 步骤一：搭建"Path Follow"模块框架

在指导包"e5/e5-1"的"SmallFixedWingUAVfollow.slx"文件中搭建"Path Follow"模块，其整体框架如图 7.12 所示。打开"Simulink Library Browser"，选择"MATLAB Function"模块，如图 7.11 所示，建立图 7.12 中左侧①L1 直线跟随算法模块"L1 Navigation"和②偏距圆弧跟随算法模块"PD Navigation"。"MATLAB Function"是一个用户可以自定义的函数模块，用户可为其配置输入输出信息，实现在 Simulink 中自定义算法的封装。然后配置上述两模块的输入，根据 7.1 节实验原理部分可知，L1 直线跟随算法所需的反馈量为当前位置、偏航角以及当前空速，偏距圆弧跟随算法需要当前位置和当前空速作为反馈量，从模型输出的"SensorData"总线信号中获取相关数据，建立③状态反馈模块。最后两个模块均输出导航滚转指令"RollCmd_Nav"，分别经过最大滚转角限幅处理后输出，其中"Manual Switch"方便进行仿真实验时切换直线飞行实验输出和圆弧飞行实验输出。导航滚转指令"RollCmd_Nav"输出到固定翼控制器模块作为期望滚转角，控制器模块根据期望指令以及当前状态计算出固定翼的舵面偏转量，从而控制固定翼飞行器沿着给定路径飞行。同时，输出两模块的上一个航点和下一个航点信息以便确定当前在该模块中的航线信息。

2. 步骤二：在"L1 Navigation"模块中编写 L1 直线跟随算法

（1）首先设置一个直线航路，例如从坐标点 $x=100$m，$y=100$m 到坐标点 $x=500$m，$y=500$m，示例代码如代码段 7.1 所示，其中："prev_wp"表示上一个坐标点，这里也就是起始坐标点；"next_wp"表示下一个坐标点，这里也就是终止坐标点。

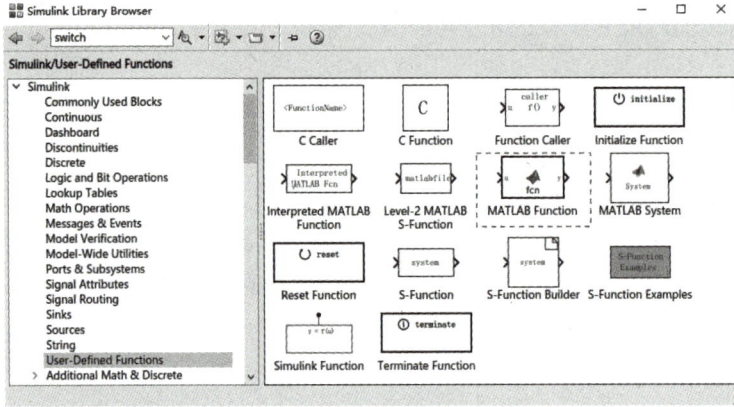

图 7.11　选择"MATLAB Function"模块

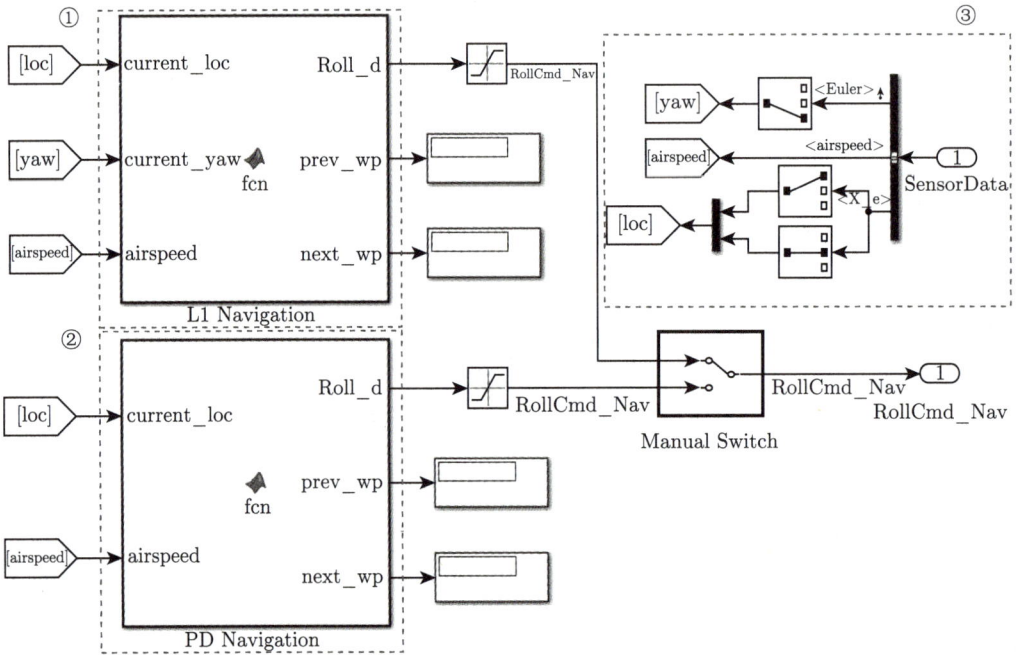

图 7.12　"Path Follow"模块的整体框架，来源于"e5/e5-1/SmallFixedWingUAVfollow.slx"

代码段 7.1　直线航路坐标，来源于"e5/e5-1/SmallFixedWingUAVfollow.slx"

```
1    prev_wp = [100; 100];
2    next_wp = [500; 500];
```

（2）然后，设置 L1 直线跟随算法中所需的相关参数与常数变量，示例代码如代码段 7.2，包括阻尼比 $L_{1,\mathrm{D}}$（"L1_damping"），周期 $L_{1,\mathrm{P}}$（"L1_period"）等。参数"dist_min"用于限制最终计算得到的 L_1 长度，即 L_1 长度不能小于该值。由于 L_1 长度与侧向加速度直接相关，而固定翼能产生的侧向加速度是有限的，因此这里引入"dist_min"以保证算法稳定性。

代码段 7.2　L1 直线跟随算法相关参数与常数变量，来源于"e5/e5-1/SmallFixed- WingUAVfol-low.slx"

```
1    % Parameters initialization
2    dist_min = 30; % Minimum L1 length
3    L1_damping = 3; % L1 damping ratio param
4    L1_period = 8; % L1 period param
5    ISA_g = 9.80665;
```

（3）根据反馈量中的空速数据，根据式 (7.6) 计算当前位置距直线上 L1 点的距离，即 L_1 长度，示例代码如代码段 7.3。

代码段 7.3　L1 长度计算，来源于"e5/e5-1/SmallFixedWingUAVfollow.slx"

```
1    % Calculate L1 distance
2    L1_dist = max(L1_damping * L1_period * airspeed / pi, dist_min);
```

（4）在 L1 算法中最核心的部分即确定角度 η_1，即代码中的"Nu1"变量，以及根据速度向量和航路直线向量确定角度 η_2，即代码中的"Nu2"变量。该部分代码通过几何关系计算角度 η_1 与 η_2。依据式 (7.2) 和式 (7.3)，具体实现如代码段 7.4 所示。代码段 7.4 中"AB"表示航线向量，"Vertical_d"对应式 (7.2) 中 d，表示当前无人机位置到航线的垂直距离，"V_vetor"表示当前无人机的速度在水平方向的投影向量。

代码段 7.4　角度 η_1 与 η_2 的计算，来源于"e5/e5-1/SmallFixedWingUAVfollow.slx"

```
1    % Calculate angle Nu1 between L1 and AB
2    % Calculate the ratio of vertical distance Vertical_d to L1_dist,
            which is sin_Nu1
3    sin_Nu1 = Vertical_d / L1_dist;
4    if sin_Nu1 >= 0.9999
5        sin_Nu1 = 1;
6    elseif sin_Nu1 <= -0.9999
7        sin_Nu1 = -1;
8    else
9        sin_Nu1 = sin_Nu1;
10   end
11   Nu1 = asin( sin_Nu1 ); % get the radian value of Nu1
12   if Nu1 > 0.7854
13       Nu1 = 0.7854;
14   elseif Nu1 < -0.7854
15       Nu1 = -0.7854;
16   end
17   % Calculate angle Nu2 between V and AB
18   % If the norm of V_vetor is less than or equal to 1e-3
```

```
19    if norm(V_vetor) <= 1e-3
20        Nu2 = 0;
21    else
22        cos_Nu2 = dot(AB,V_vetor) / (norm(AB) * norm(V_vetor));
23        % Calculates the dot product of AB and V_vetor divided by the
                 product of their module lengths, which is cos_Nu2
24    if cos_Nu2 >= 0.9999
25        cos_Nu2 = 1;
26    elseif cos_Nu2 <= -0.9999
27        cos_Nu2 = -1;
28    else
29        cos_Nu2 = cos_Nu2;
30    end
31        Nu2 = acos( cos_Nu2 ); % get the radian value of Nu2
32    end
```

(5) 最终通过上述角度得到侧向加速度，从而解算期望的滚转指令。如代码段 7.5 所示的示例代码第 1-6 行用于计算 η 角，并将 η 角的大小限制在 $[-\pi/2, \pi/2]$ 之间，代码第 7 行按照式 (7.1) 计算侧向加速度，这里的计算与式 (7.1) 略有不同，但本质相同，只是增加了阻尼比作为可调参数。通过式 (7.10)，代码第 8 行可解算得到期望滚转指令。

代码段 7.5　解算期望滚转指令，来源于"e5/e5-1/SmallFixedWingUAVfollow.slx"

```
1    Nu = Nu1+ Nu2;
2    if Nu > 1.5708
3        Nu = 1.5708;
4    elseif Nu < -1.5708
5        Nu = -1.5708;
6    end
7    latAcc = L1_damping * L1_damping * airspeed * airspeed * sin(Nu) / L1
             _dist;
8    Roll_d = atan(latAcc/ISA_g);
```

3. 步骤三：在"PD Navigation"模块中编写偏距圆弧跟随算法

（1）首先设置当前圆弧路径，圆弧路径必须提前计算规划好，保证其正确性。例如从坐标点 $x = 0\text{m}, y = 0\text{m}$ 到坐标点 $x = 0\text{m}, y = 1000\text{m}$，转弯半径为 500m，转向为顺时针（用 1 表示），同时初始化静态变量"rdist_prev"保存上一时刻的偏距，用于计算偏距的微分项，如代码段 7.6 所示。

代码段 7.6　偏距圆弧跟随算法参数设置，来源于"e5/e5-1/SmallFixedWingUAVfollow.slx"

```
1    prev_wp = [0; 0];
2    next_wp = [0; 1000];
3    r_wp = 500;
```

```
4    turn_wp = 1;
5    ISA_g = 9.80665;
6    persistent rdist_prev;
```

（2）基于当前给定的圆弧路径信息，首先要确定圆弧路径的圆心位置。通过给定的起点、终点、半径、转向可以确定唯一的圆心位置。具体方法如图 7.13 所示，该问题可以描述为：在平面坐标系下已知点 P_1 与点 P_2 的坐标 (x_1, y_1)，(x_2, y_2)，求经过点 P_1 与点 P_2 且半径大小为 r 的圆心 C_1 与 C_2 的坐标。易知，P 点坐标 $x_{\mathrm{mid}} = (x_1 + x_2)/2$，$y_{\mathrm{mid}} = (y_1 + y_2)/2$，直线 P_1P_2 的斜率 k_1 为 $(y_2 - y_1)/(x_2 - x_1)$，因此直线 C_1C_2 的解析表达式为

$$y = k_2(x - x_{\mathrm{mid}}) + y_{\mathrm{mid}} \tag{7.31}$$

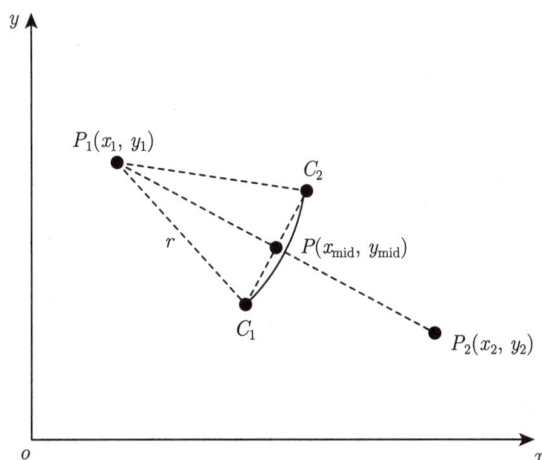

图 7.13 确定圆弧路径的圆心位置的具体方法

式中 $k_2 = -1/k_1$。因此，圆心 C_1 与 C_2 为直线与以点 P_1 为圆心半径大小为 r 的圆的交点，圆的解析表达式为

$$(x - x_1)^2 + (y - y_1)^2 = r^2 \tag{7.32}$$

联立两个解析方程式 (7.31) 和式 (7.32) 可以得到圆心坐标为

$$x_{\mathrm{c}} = \frac{-b \pm \sqrt{b^2 - 4ac}}{2a}$$

$$y_{\mathrm{c}} = k_2(x_{\mathrm{c}} - x_{\mathrm{mid}}) + y_{\mathrm{mid}}$$

式中

$$a = 1 + k_2^2$$

$$b = -2x_{\mathrm{mid}} - k_2^2(x_1 + x_2)$$

$$c = x_{\mathrm{mid}}^2 + k_2^2 \frac{(x_1 + x_2)^2}{4} - r^2 - (x_{\mathrm{mid}} - x_1)^2 + (y_{\mathrm{mid}} - y_1)^2$$

具体实现如代码段 7.7 所示，向量 "center1" 和 "center2" 表示求解出的两个圆心。示例代码第 4-16 行实现了起点与终点连线垂直时通过几何关系计算圆心的方法，连线垂直即代码段中第 4 行所示的情况，此时 x 方向坐标差值小于 "1e-3"，即认为垂直；示例代码第 18-23 行实现了起点与终点连线水平时通过几何关系计算圆心的方法，即代码段中第 19 行对应的情况，连线斜率为零；示例代码第 25-36 行实现了在一般情况下，式 (7.31) 和式 (7.32) 对应的起点与终点连线时通过几何关系计算圆心的方法。

代码段 7.7　圆心计算方法的具体实现，来源于 "e5/e5-1/SmallFixedWingUAVfollow.slx"

```matlab
1    % Calculate circle center
2    center1 = [0;0];
3    center2 = [0;0];
4    if abs(p2(1) - p1(1)) < 1e-3 % In the special case, k is infinite
5        k_verticle = 0;
6        mid_x = (p1(1) + p2(1)) / 2.0;
7        mid_y = (p1(2) + p2(2)) / 2.0;
8        a = 1.0 + k_verticle * k_verticle;
9        b = -2 * mid_x - k_verticle * k_verticle * (p1(1) + p2(1));
10       c = mid_x * mid_x + k_verticle * k_verticle * (p1(1) + p2(1)) * (
             p1(1) + p2(1)) / 4.0 - ...
11       (dRadius * dRadius - ((mid_x - p1(1)) * (mid_x - p1(1)) + (mid_y -
             p1(2)) * (mid_y - p1(2))));
12
13       center1(1) = (-1.0 * b + sqrt(b * b -4 * a * c)) / (2 * a);
14       center2(1) = (-1.0 * b - sqrt(b * b -4 * a * c)) / (2 * a);
15       center1(2) = k_verticle * center1(1) - k_verticle * mid_x + mid_y;
16       center2(2) = k_verticle * center2(1) - k_verticle * mid_x + mid_y;
17   else
18       k = (p2(2) - p1(2)) / (p2(1) - p1(1));
19       if k == 0
20           center1(1) = (p1(1) + p2(1)) / 2.0;
21           center2(1) = (p1(1) + p2(1)) / 2.0;
22           center1(2) = p1(2) + sqrt(dRadius * dRadius -(p1(1) - p2(1)) *
                 (p1(1) - p2(1)) / 4.0);
23           center2(2) = p2(2) - sqrt(dRadius * dRadius -(p1(1) - p2(1)) *
                 (p1(1) - p2(1)) / 4.0);
24       else
25           k_verticle = -1.0 / k;
26           mid_x = (p1(1) + p2(1)) / 2.0;
27           mid_y = (p1(2) + p2(2)) / 2.0;
28           a = 1.0 + k_verticle * k_verticle;
29           b = -2 * mid_x - k_verticle * k_verticle * (p1(1) + p2(1));
30           c = mid_x * mid_x + k_verticle * k_verticle * (p1(1) + p2(1))
```

```
                           * (p1(1) + p2(1)) / 4.0 - ...
31                     (dRadius * dRadius - ((mid_x - p1(1)) * (mid_x - p1(1)) + (mid
                          _y - p1(2)) * (mid_y - p1(2))));
32
33                     center1(1) = (-1.0 * b + sqrt(b * b -4 * a * c)) / (2 * a);
34                     center2(1) = (-1.0 * b - sqrt(b * b -4 * a * c)) / (2 * a);
35                     center1(2) = k_verticle * center1(1) - k_verticle * mid_x +
                          mid_y;
36                     center2(2) = k_verticle * center2(1) - k_verticle * mid_x +
                          mid_y;
37             end
38     end
```

至此，计算得到两个圆心"center1"与"center2"，如代码段 7.8 所示，通过转向的顺时针或逆时针确定围绕哪个圆心旋转。示例代码第 2-6 行通过向量的叉积计算固定翼无人机绕圆心"center1"旋转的方向，代码第 8-12 行通过向量的叉积计算固定翼无人机绕圆心"center2"旋转的方向，代码第 14-19 行判断旋转方向与给定旋转方向"turn_wp"的一致性，从而选择出固定翼无人机的旋转中心"center"。

代码段 7.8　确定旋转圆心，来源于"e5/e5-1/SmallFixedWingUAVfollow.slx"

```
1      % Turning direction center1
2      P1C1 = p1 - center1;
3      P2C1 = p2 - center1;
4      P1C10 = [P1C1(1),P1C1(2),0];
5      P2C10 = [P2C1(1),P2C1(2),0];
6      CrossC1 = cross(P1C10,P2C10);
7      % Turning direction center2
8      P1C2 = p1 - center2;
9      P2C2 = p2 - center2;
10     P1C20 = [P1C2(1),P1C2(2),0];
11     P2C20 = [P2C2(1),P2C2(2),0];
12     CrossC2 = cross(P1C20,P2C20);
13     % Value turn anticlockwise = -1, clockwise = 1
14     if CrossC1(3) ==0
15         center = center1;
16     elseif sign(CrossC1(3)) == sign(turn)
17         center = center1;
18     else
19         center = center2;
20     end
```

（3）最终，设置 K_p 参数"K_rdist_P"和 K_d 参数"K_rdist_D"。基于偏距误差求得期望加速度，进一步求得期望滚转指令。如代码段 7.9 所示，示例代码第 2~3 行为设置的比例微分控制器的"P"值与"D"值，代码第 4~13 行根据式 (7.9) 设计得到偏距圆弧跟随算法的 PD 控制器，代码第 15 行则通过几何关系得到期望滚转指令。

代码段 7.9　期望滚转指令获得, 来源于"e5/e5-1/SmallFixedWingUAVfollow.slx"

```
1   % PD tracking
2   K_rdist_P = 0.015;
3   K_rdist_D = 0.05;
4   if isempty(rdist_prev)
5       rdist_prev = 0;
6   end
7   rdist = norm(current_loc-center) - dRadius;
8   rdist_error = rdist - rdist_prev;
9   if turn > 0
10      latAcc = airspeed * airspeed / dRadius + K_rdist_P * rdist + K_
            rdist_D * rdist_error * 250;
11  else
12      latAcc = airspeed * airspeed / -dRadius + -K_rdist_P * rdist + -K_
            rdist_D * rdist_error * 250;
13  end
14  rdist_prev = rdist;
15  Roll_d = atan(latAcc/ISA_g);
```

4. 步骤四：设置初始条件进行软件在环仿真

（1）修改初始化脚本"InitDataCtrl"中"Initial Condition"部分，如代码段 7.10 所示，使得初始状态为以 20m/s 的速度向正北方向（即沿 $o_e x_e$ 轴）飞行。

代码段 7.10　修改初始化脚本"InitDataCtrl"中"Initial Condition"部分, 来源于"e5/e5-1/SmallFixedWingUAVfollow.slx"

```
1   %% Initial Condition
2   % test
3   uav.ic = struct;
4   uav.ic.Pos_0 = [0; 0; 50];
5   uav.ic.Euler_0 = [0; 0; 0];
6   uav.ic.Omega_0 = [0; 0; 0];
7   uav.ic.PQR_0 = [0; 0; 0];
8   uav.ic.Vb_0 = [20; 0; 0];
9   uav.ic.gsLL = [45 120];
10  uav.ic.gsH = 0;
```

（2）设置手动遥控指令与路径跟随指令的切换模块，如图 7.14 所示，其中数值大于等于 1500 时，通过③切换模块选取上方信号指令，即通过①手动遥控控制模块输出指令；数值小于 1500 时，通过③切换模块选取下方信号指令，表示由②路径跟随模块指令接管，在阶跃信号模块中设计 1s 后的阶跃信号，即实现 1s 内为定速直线飞行，1s 后路径跟随指令接管。

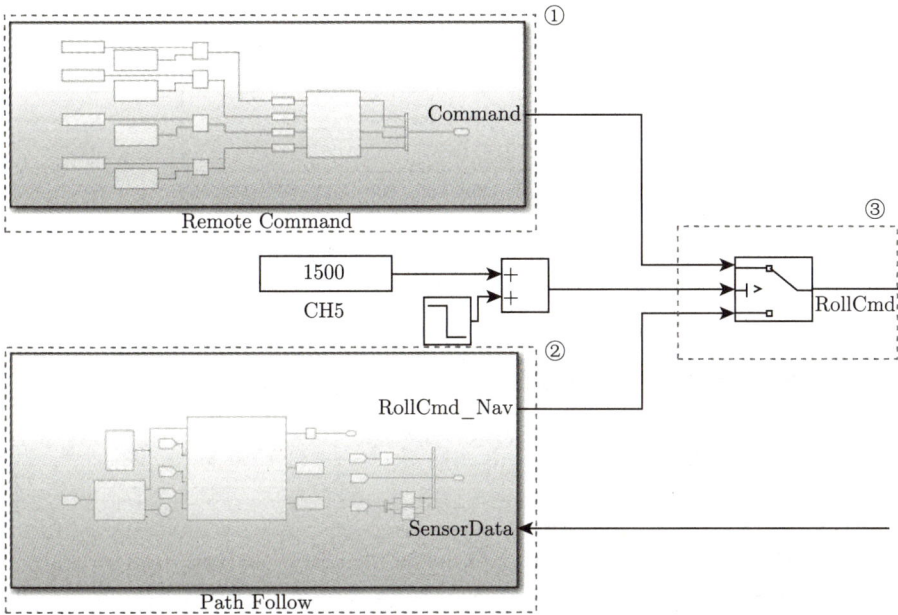

图 7.14　切换模块，来源于"e5/e5-1/SmallFixedWingUAVfollow.slx"

（3）设置"stop time"为 80s 左右，通过双击"Manual Switch"可以切换直线路径输出和圆弧路径输出，分别运行程序，记录期望路径和飞行路径如图 7.15 所示。

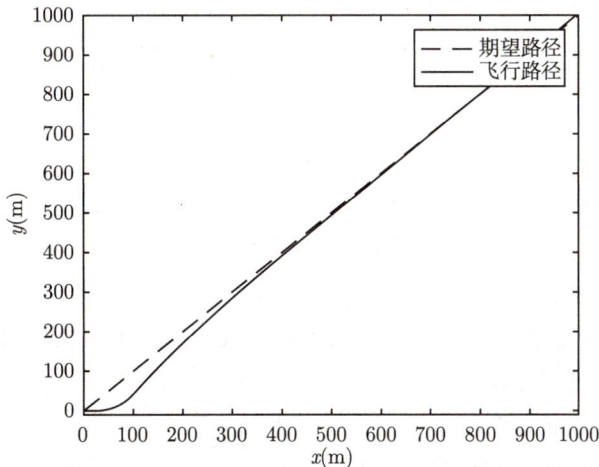

（a）直线路径跟随效果

图 7.15　路径跟随

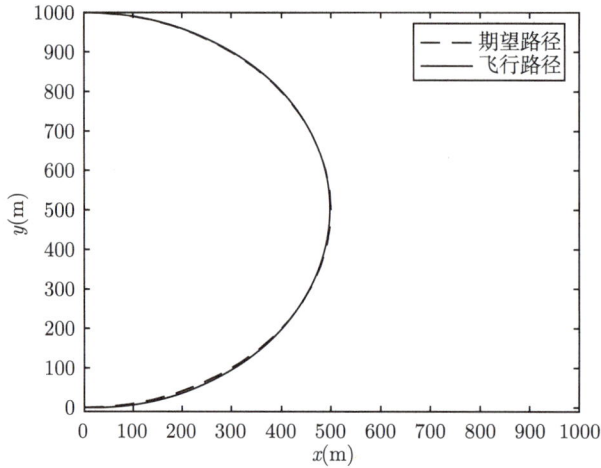

（b）圆弧路径跟随效果

图 7.15　路径跟随（续）

7.3　路径跟随与规划之分析实验

7.3.1　实验配置和目标

1. 配置

（1）软件：MATLAB R2022b 或以上版本。

（2）程序：实验指导包"e5/e5-2"。实验指导包"e5/e5-2"中有：路径规划主程序"path_plan.m"，坐标点生成程序"myline.m"，Dubins 曲线生成程序"dubins_path.m"。

2. 目标

（1）分别分析以下两种情况下 Dubins 路径规划算法：

- 起点到终点之间需经过多个中间圆；
- 起点到终点之间需经过直线隧道。

（2）编写 MATLAB 程序，给定起点、终点、中间障碍物、中间直线隧道等参数，规划合理的 Dubins 曲线。

7.3.2　实验步骤

分析实验主要根据 7.1.4 节的介绍。首先，在步骤一编写算法生成起点到终点之间需要经过多个中间圆的 Dubins 曲线；然后，在步骤二编写算法生成起点到终点之间可能需要经过直线隧道的 Dubins 曲线；再在步骤三设计航路段信息向量；最后，在步骤四中通过 MATLAB 编写算法并整合起来，使得算法可以生成不同情况下的 Dubins 曲线。

1. 步骤一：分析起点到终点之间需经过多个中间圆的 Dubins 路径规划算法

这里将起点到终点之间的若干障碍物区域建模为若干障碍圆区域，表示为 $\{O_1, O_2, ..., O_k\}$。这里，首先定义中间圆的概念，从障碍圆中随机取若干个圆 $\{C_1, C_2, ..., C_n\}$ 作为中间圆，则中间圆的定义如下：

- 飞行器从出发点出发，必须依次绕过中间圆 $\{C_1, C_2, ..., C_n\}$；
- 从切线方向进入中间圆的边缘，沿边缘绕行一定距离，最终沿另一切线方向离开中间圆。

如图 7.16 所示，在出发点和终止点的位置给定情况下，经过中间圆的 Dubins 路径规划伪代码如算法 7-1 所示。

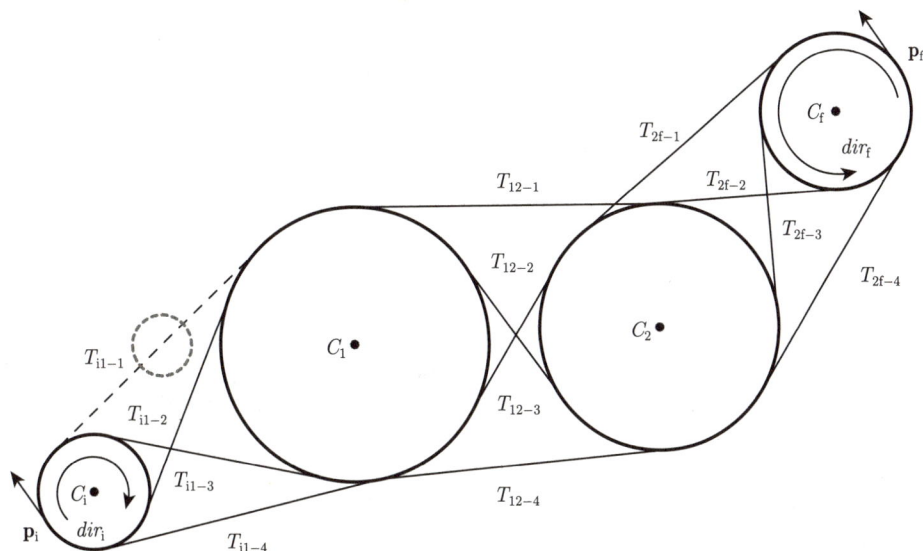

图 7.16　经过中间圆的 Dubins 路径规划

算法 7-1 经过中间圆的 Dubins 路径规划伪代码

输入： 出发点 $\mathbf{p}_i$、速度方向角 α、转弯半径 r_i、转弯方向 dir_i、终点位置 $\mathbf{p}_f$、速度方向角 β、转弯半径 r_f、转弯方向 dir_f、中间圆集合 $\{C_1, C_2, ..., C_n\}$

输出： 所有可能路径集合 $PATH\_P$

1: 确定起始圆 C_i 和终止圆 C_f

2: 确定 C_i 与 C_1，C_1 与 C_2，······，C_n 与 C_f 之间的切线，并排除障碍物

3: 从无障碍切线中，依次选出一条切线，构成从起始点到终止点的一条可能路径所要经过的切线组合。

4: 记录上述所有的切线组合，并记为 $path$，m 记为集合 $path$ 中切线组合的数量

5: **for** $i = 1 \rightarrow m$ **do**

6: 　**if** $path$ 内的切线符合前后圆弧旋转方向匹配要求 **then**

7: 　　**if** $path$ 内任意相邻两切线之间都符合前后连接关系 **then**

8: 　　　该切线组合 $path\_P$ 是一条可行路径

9: 　　**end if**

10: 　**end if**

11: **end for**

12: 记录上述所有的可行路径 $path\_P$ 则得到了所有可能路径集合 $PATH\_P$

---

2. 步骤二：分析起点到终点之间可能需经过直线隧道的 Dubins 路径规划算法

如图 7.17 所示，假设隧道起点为 $\mathbf{p}_{ti}$，终点为 $\mathbf{p}_{tf}$，从起点到终点的方向角为 θ。可以将路径分为三段进行规划：

- 第一段的起始点 $\mathbf{p}_i$、速度方向角 α、转弯半径 r_i、转弯方向 dir_i、终止点 $\mathbf{p}_{ti}$、速度方向角 θ、转弯半径为飞行器的最小转弯半径 r_{min}、转弯方向 dir_{ti}；
- 从 $\mathbf{p}_{ti}$ 到 $\mathbf{p}_{tf}$ 的直线路径；
- 第二段的起始点 $\mathbf{p}_{ti}$、速度方向角 θ、转弯半径为飞行器的最小转弯半径 r_{min}，转弯方向 dir_{tf}、终止点 $\mathbf{p}_{tf}$、速度方向角 β、转弯半径 r_f、转弯方向 dir_f。

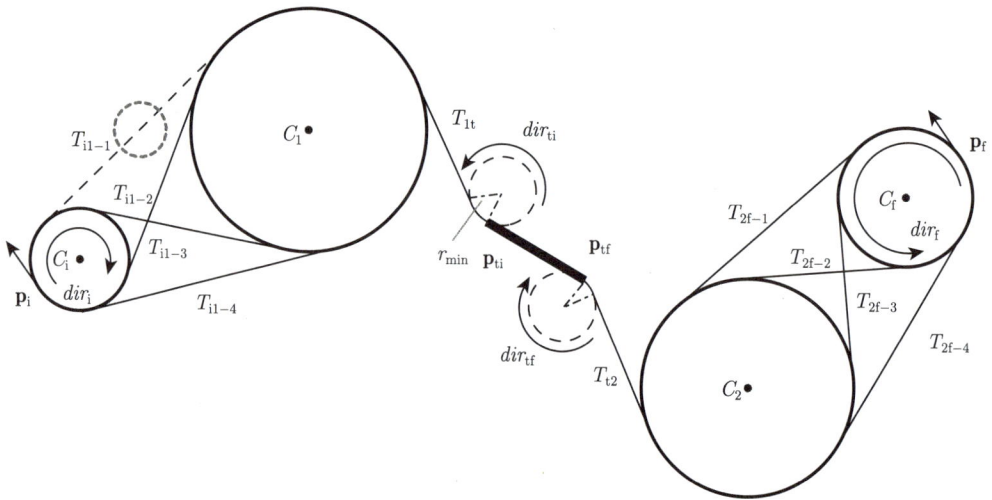

图 7.17　经过中间圆和隧道的 Dubins 路径规划

3. 步骤三：设计航路段信息向量

设计可统一表示直线路径和圆弧路径的航路信息向量，如表 7.1 所示，其中进入圆弧方向角取值范围为 $[0, 2\pi)$，旋转方向大于零表示逆时针绕圆飞行，反之则为顺时针。

表 7.1　航路信息向量

L	L(1)	L(2)	L(3)	L(4)	L(5)	L(6)	L(7)
直线路径的航路信息向量							
例	−1	1.5	2	5	6	0	0
含义	任意负数	起点 x 坐标	起点 y 坐标	终点 x 坐标	终点 y 坐标	任意数	任意数
圆弧路径的航路信息向量							
例	pi/3	1.5	2	5	6	2	1
含义	圆弧的方向角	起点 x 坐标	起点 y 坐标	终点 x 坐标	终点 y 坐标	圆弧半径	旋转方向

4. 步骤四：在 MATLAB 中编写 Dubins 路径规划算法

（1）在 "e5/e5-2" 的主程序 "path_plan.m" 中设置路径规划算法输出数据包括出发点、终点、障碍物以及隧道等信息，如代码段 7.11 所示。示例代码第 15~19 行给出障碍物的信息，矩阵 "obs_in" 的第一列为障碍物的横坐标，矩阵的第二列为障碍物的纵坐标，矩阵的第三列为障碍物的半径；代码第 21~23 行给出隧道的信息，其中"tunnel"表示隧道起始横坐标、隧道起始纵坐标、隧道方向、隧道长度；"diri_tunnel"与"dirf_tunnel"分别表示了进出隧道的转弯方向。

代码段 7.11 设置路径规划算法输出数据，来源于"e5/e5-2/path_plan.m"

```
1   rmin=30; % Minimum turning radius
2   % Starting point
3   xi=0;
4   yi=0;
5   alpha=pi/6;
6   ri=rmin;
7   diri=1; % greater than 0 counterclockwise rotation, otherwise
            clockwise rotation
8   % End point
9   xf=600;
10  yf=600;
11  beta=0;
12  rf=rmin;
13  dirf=-1;
14  % Obstacle infor
15  obs_in=[
16      100   100   70;
17      300   300  60;
18      490   440  60
19  ];
20  % Tunnel infor
21  tunnel=[200 200 0 40];
22  diri_tunnel=-1;
23  dirf_tunnel=1;
```

（2）综合步骤一和步骤二中的算法分析，搭建算法框架如下，如代码段 7.12 所示。首先示例代码第 1 行检查是否存在直线隧道，若存在则将路径分为两个部分进行规划，示例代码第 2~9 行分别对隧道前和隧道后的路径，调用"dubins_path"函数，得到分段的 Dubins 曲线，然后将三段路径进行拼接，得到最终路径；若不存在直线隧道，则对整段路径进行求解即可，即示例代码第 11 行。

代码段 7.12 算法框架，来源于"e5/e5-2/path_plan.m"

```
1   if(~isempty(tunnel))
2       [XTU,YTU]=myline(tunnel(1),tunnel(2),tunnel(3),tunnel(4));
3       [L1,D1,X1,Y1]=dubins_path(xi, yi, alpha, ri,XTU(1), YTU(1), tunnel
            (3), rmin, diri, diri_tunnel, obs_in,tunnel);
4       LTU=[-1 XTU(1) YTU(1) XTU(length(XTU)) YTU(length(YTU)) 0 0];
```

```
5        [L2,D2,X2,Y2]=dubins_path(XTU(length(XTU)), YTU(length(YTU)),
             tunnel(3),rmin, xf, yf, beta, rf, dirf_tunnel, dirf, obs_in,
             tunnel);
6        L=[L1;LTU;L2];
7        Plan_X=[X1 XTU X2];
8        Plan_Y=[Y1 YTU Y2];
9        lenP=D1+D2; % Path length
10    else
11        [L,lenP,Plan_X,Plan_Y]=dubins_path(xi,yi,alpha,ri,xf,yf,beta,rf,
             diri,dirf,obs_in,[]);
12    end
```

（3）运行主程序"path_plan.m"，得到路径图和航线信息向量，如图 7.18 所示。

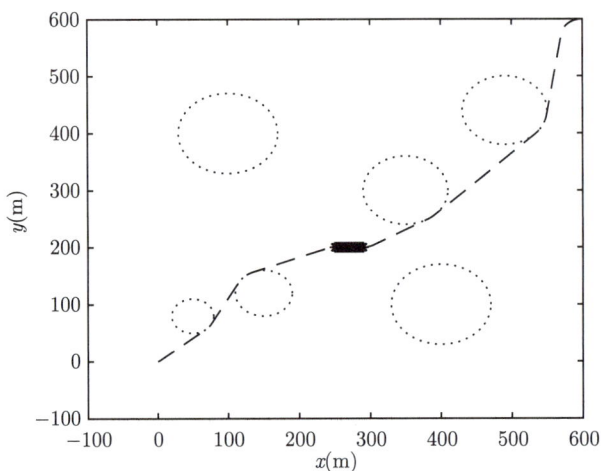

图 7.18 Dubins 路径规划生成的路径图

7.4 路径跟随与规划之设计实验

7.4.1 实验配置和目标

1. 配置

（1）软件：MATLAB R2022b 或以上版本、RflySim 工具链提供的微小型固定翼无人机硬件在环仿真环境。

（2）程序：实验指导包"e5/e5-3"与"e5/e5-4"。实验指导包"e5/e5-3"中包含路径规划文件"Path_plan"，固定翼无人机状态初始化文件"InitDatactrl.m"和固定翼无人机 Simulink 仿真模型文件"SmallFixedWingUAVplan.slx"，用于软件在环仿真实验。指导包"e5/e5-4"中包含固定翼无人机状态初始化文件"InitDatactrl.m"和固定翼无人机 Simulink 仿真模型文件"SmallFixedWingUAVplanHIL.slx"，用于硬件在环仿真实验。

（3）硬件：CubePilot/Pixhawk 自驾仪, 遥控器及接收机。

2. 目标

设定当前微小型固定翼无人机需完成低空环境监测任务，如图 7.19 所示，地图数据见表 7.2。在执行任务过程中，要保证以下任务目标：

- 由起飞点出发开始任务，在回收点降落结束任务；
- 飞行过程中需要避开山体和其他障碍物；
- 需要监测山谷区域的环境参数；
- 无人机电量有限，要选择一条最短路径。

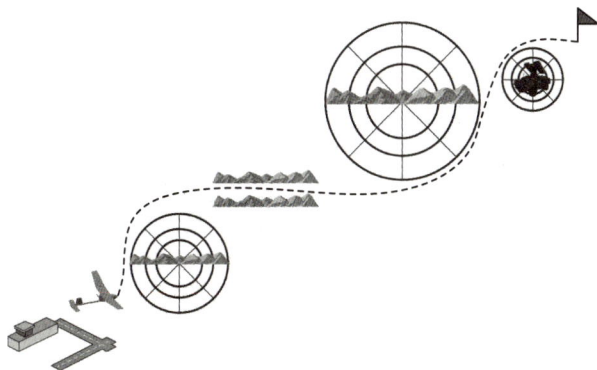

图 7.19 低空环境监测任务地图

表 7.2 地图数据

类型	数据
起点	$x = 300$m, $y = 300$m, $\alpha = $ pi/4
终点	$x = 1800$m, $y = 1800$m, $\alpha = 0$
障碍物	$x_1 = 500$m, $y_1 = 600$m, $r_1 = 150$m
	$x_2 = 1200$m, $y_3 = 1300$m, $r_2 = 200$m
	$x_3 = 1600$m, $y_3 = 1500$m, $r_3 = 80$m
隧道（山谷）	$x = 700$m, $y = 1000$m, $\theta = 0$, $L = 200$m

完成该任务算法设计，并在 MATLAB/Simulink 中进行软件在环仿真，最终通过代码生成的仿真将程序烧录至 CubePilot/Pixhawk 飞控中，在 RflySim 工具链上进行硬件在环仿真。

7.4.2 实验设计

该实验需要首先进行相应的实验设计，在步骤一中，设计了微小型固定翼无人机的状态转换关系；在步骤二中，设计了无人机的路径切换算法进行无人机航路点的检测与切换，该方法参考了文献 [2]。

1. 步骤一：设计无人机状态转换关系

为了完成设计实验的任务目标，最终实现硬件在环仿真，需要设计固定翼无人机完整的状态转换逻辑，使得固定翼无人机可以跟随规划的路径。该实验设计如图 7.20 所示，图中每一个状态具体含义如下：

- 固定翼无人机飞行：固定翼无人机从当前位置起飞；
- 航路点信息获取：固定翼无人机根据当前位置，从航路信息表获取目标航路点的信息；
- 直线路径跟随：固定翼无人机执行"L1 Navigation"模块的 L1 直线跟随算法；
- 圆弧路径跟随：固定翼无人机执行"PD Navigation"模块的偏距圆弧跟随算法；
- 无人机停止飞行：固定翼无人机在当前位置停止飞行。

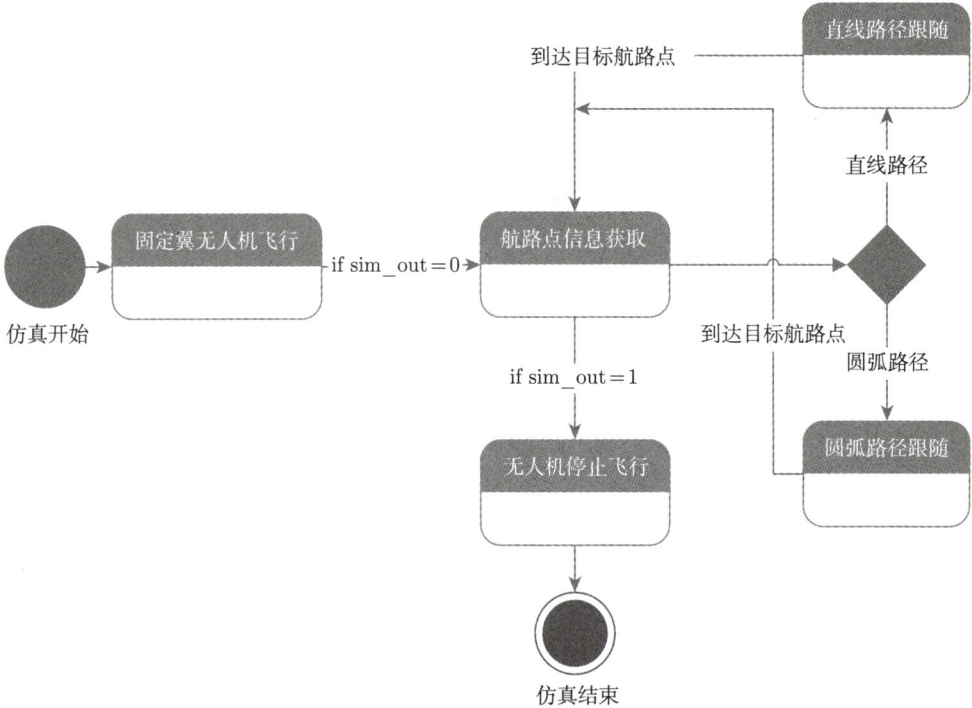

图 7.20 状态转换关系

在进行仿真时，固定翼无人机进入"固定翼无人机飞行"状态。当设置的"sim_out"值为零时，固定翼无人机将进入"航路点信息获取"状态，其中航路信息表可以按照分析实验的步骤得到当前任务目标下的航路信息，在此状态下无人机将检索当前位置对应的下一个航路点信息。得到航路点信息后，无人机将根据路径进行选择进入"直线路径跟随"状态或者"圆弧路径跟随"状态。当无人机到达目标航路点后，将再次进入"航路点信息获取"状态，直到检索完所有的航路点后"sim_out"值为 1，此时进入"无人机停止飞行"状态，完成整个仿真。

2. 步骤二：设计无人机路径切换算法

实际飞行过程中，无人机并不能精确地到达指定的航路点位置。因此，需要进行无人机航路点的检测与切换。将无人机的路径定义为有序的航路点序列

$$\mathcal{W} = \{\mathbf{w}_1, \mathbf{w}_2, \ldots, \mathbf{w}_N\} \tag{7.33}$$

式中 $\mathbf{w}_i \in \mathbb{R}^3, i = 1, \cdots, N$。考虑如图 7.21 所示场景，需要无人机到达 $\mathbf{w}_i$ 时，切换制导算法，使得无人机可以跟踪 $\mathbf{w}_i$ 到 $\mathbf{w}_{i+1}$ 的路径。如式(7.34) 所示，可以设计当无人机进入以路径点 $\mathbf{w}_i$ 为圆心，半径为 b 的球形区域内时，切换无人机跟随的路径。球形区域表示如下

$$||\mathbf{p}(t) - \mathbf{w}_i|| \leqslant b \tag{7.34}$$

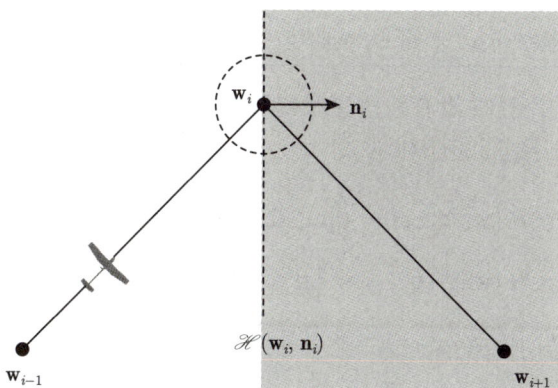

图 7.21　无人机航路点半平面切换准则 [2]

式中 $\mathbf{p}(t) \in \mathbb{R}^3$ 为无人机的位置。然而，这种方法在实际运用中的缺点也很明显。如果存在风的干扰，或者 b 选择得太小时，无人机可能永远不会进入球形区域。因此，可以采取一个对于跟踪误差不敏感的切换方法，即半平面切换准则。对于给定位置 $\mathbf{r} \in \mathbb{R}^3$ 和法向量 $\mathbf{n} \in \mathbb{R}^3$，定义半平面为

$$\mathcal{H}\left(\mathbf{r}, \mathbf{n}\right) = \left\{ \mathbf{p} \in \mathbb{R}^3 : (\mathbf{p} - \mathbf{r})^{\mathrm{T}} \mathbf{n} \geqslant 0 \right\} \tag{7.35}$$

这里

$$\mathbf{n}_i = \frac{\mathbf{q}_{i-1} + \mathbf{q}_i}{||\mathbf{q}_{i-1} + \mathbf{q}_i||} \tag{7.36}$$

式中 $\mathbf{q}_i$ 为航路点 $\mathbf{w}_i$ 到 $\mathbf{w}_{i+1}$ 之间的单位向量

$$\mathbf{q}_i = \frac{\mathbf{w}_{i+1} - \mathbf{w}_i}{||\mathbf{w}_{i+1} - \mathbf{w}_i||} \tag{7.37}$$

当无人机进入半平面 $\mathcal{H}(\mathbf{r}, \mathbf{n})$ 时，切换跟随的路径。无人机航路点路径切换伪代码如算法 7-2 所示。

算法 7-2 无人机航路点路径切换伪代码

输入：路径点 $\mathcal{W} = \{\mathbf{w}_1, \mathbf{w}_2, \ldots, \mathbf{w}_N\}$、无人机位置 $\mathbf{p}$
输出：无人机跟随的路径
　1: **if** 接受到航路点 $\mathcal{W} = \{\mathbf{w}_1, \mathbf{w}_2, \ldots, \mathbf{w}_N\}$ **then**
　2:　　初始化 $i = 2$
　3: **end if**

4: $\mathbf{q}_{i-1} = \dfrac{\mathbf{w}_i - \mathbf{w}_{i-1}}{\|\mathbf{w}_i - \mathbf{w}_{i-1}\|}$

5: $\mathbf{q}_i = \dfrac{\mathbf{w}_{i+1} - \mathbf{w}_i}{\|\mathbf{w}_{i+1} - \mathbf{w}_i\|}$

6: $\mathbf{n}_i = \dfrac{\mathbf{q}_{i-1} + \mathbf{q}_i}{\|\mathbf{q}_{i-1} + \mathbf{q}_i\|}$

7: **if** $\mathbf{p} \in \mathcal{H}(\mathbf{w}_i, \mathbf{n}_i)$ **then**

8:    $i = i + 1$ 直到 $i = N - 1$

9: **end if**

10: **Return** 无人机跟随航路点 $\mathbf{w}_{i-1}$ 到 $\mathbf{w}_i$ 的路径

本章预先规划好的路径并没有两段直线路径之间的转换，实际的飞行可以如图 7.22 所示，因此半平面 $\mathcal{H}_i$ 与 $\mathcal{H}_{i+1}$ 表示如下

$$\mathcal{H}_i = \mathcal{H}(\mathbf{w}_i, \mathbf{q}_{i-1}) = \left\{\mathbf{p} \in \mathbb{R}^3 : (\mathbf{p} - \mathbf{w}_i)^{\mathrm{T}} \mathbf{q}_{i-1} \geqslant 0\right\}$$
$$\mathcal{H}_{i+1} = \mathcal{H}(\mathbf{w}_{i+1}, \mathbf{q}_{i+1}) = \left\{\mathbf{p} \in \mathbb{R}^3 : (\mathbf{p} - \mathbf{w}_{i+1})^{\mathrm{T}} \mathbf{q}_{i+1} \geqslant 0\right\}$$

$$(7.38)$$

当无人机进入半平面后切换路径。

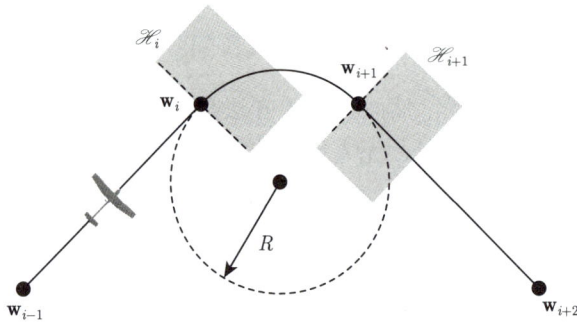

图 7.22　无人机直线与圆弧航段半平面切换 [2]

7.4.3　实验步骤

设计实验的主要目标是满足提出的任务需求。首先，在步骤一中将设计相应的状态机，用于航路点的切换，并且利用特定的实验算法生成 Dubins 曲线，这将成为实验任务路径的基础。接着，在步骤二中将借助基础实验设计的路径跟随算法，实现对路径的跟随，并通过软件仿真来验证这一过程。随后，在步骤三中使用 RflySim 工具链，配合 CubePilot/Pixhawk 自驾仪、遥控器以及接收机等硬件，进行硬件在环的仿真实验。这一步骤旨在通过实际硬件设备与仿真环境的结合，验证所设计算法的可行性与准确性。整个实验流程涉及到软件仿真和硬件在环仿真的有机结合，旨在全面验证算法设计的有效性。这样的设计方案将有助于评估无人机系统的性能，并为实际应用提供可靠的技术支持和指导。

1. 步骤一：设计状态机与路径跟随算法

（1）在实验指导包"e5/e5-3"中的"SmallFixedWingUAVplan.slx"模型中，通过"MAT-LAB Function"模块设计"Simple State Machine"状态机，如代码段 7.13 所示。在示例

代码第 2 行，首先设置 "sim_stop" 为结束标志，当整段航线飞行结束后将 "sim_stop" 赋值为 1 从而终止仿真。示例代码第 6~8 行表示示当状态为空时，初始化状态变量 "state" 为 1，并新建航路信息向量表。示例代码第 10~36 行用于更新无人机跟随的航路点信息。根据式(7.38)，不断检测固定翼无人机当前位置是否进入当前的切换区域内，若未进入，则输出不变；若进入切换区域，再切换至下一个 "Loop" 向量，并更新状态值。

代码段 7.13　状态机设计，来源于 "e5/e5-3/SmallFixedWingUAVplan.slx"

```
1   % Stop simulation
2   sim_stop=0;
3
4   % State machine
5   persistent state;
6   if isempty(state)
7       state = 1;
8       Loop = zeros(1,7);
9   else
10      index = state;
11      if(index < length(L(:,1)))
12          Loop = L(index,:);
13          if Loop(1)<0
14              r=[Loop(4) Loop(5)];
15              n=([Loop(4) Loop(5)]-[Loop(2) Loop(3)])/norm([Loop(4) Loop
                    (5)]-[Loop(2) Loop(3)]);
16              p=[current_loc(1) current_loc(2)];
17          else
18              r=[Loop(4) Loop(5)];
19              n=([L(index+1,4) L(index+1,5)]-[Loop(4) Loop(5)])/norm([L(
                    index+1,4) L(index+1,5)]-[Loop(4) Loop(5)]);
20              p=[current_loc(1) current_loc(2)];
21          end
22          if dot((p-r)/norm(p-r),n)>=0
23              state = state + 1;
24          else
25              state = state;
26          end
27      elseif(index == length(L(:,1)))
28          Loop = L(index,:);
29          if sqrt((current_loc(1)-L(index,4))^2+(current_loc(2)-L(index
                ,5))^2) < 20
30              state = state + 1;
31          else
32              state = state;
```

```
33              end
34          else
35              Loop = zeros(1,7);
36              sim_stop = 1;
37          end
38      end
```

（2）在"Navigation"模块中，结合直线与圆弧算法，通过向量信息第一个位置数据"Loop(1)"确定当前是直线路径还是圆弧路径，算法框架如代码段 7.14 所示。

代码段 7.14　跟随算法选择，来源于"e5/e5-3/SmallFixedWingUAVplan.slx"

```
1    function [Roll_d,prev_wp,next_wp] = fcn(Loop, current_loc, current_yaw
         , airspeed)
2
3    flag = Loop(1);
4    prev_wp = [Loop(2);Loop(3)];
5    next_wp = [Loop(4);Loop(5)];
6    ISA_g = 9.80665;
7    persistent rdist_prev;
```

2. 步骤二：在 MATLAB/Simulink 中进行软件在环仿真

（1）在"e5/e5-3/Path_plan/path_plan.m"中设置起点、终点与障碍物信息等，运行可得航路信息向量列表，如代码段 7.15 所示，并将路径信息输入到"Simple State Machine"状态机模块中。

代码段 7.15　航路信息向量列表，来源于"e5/e5-3/SmallFixedWingUAVplan.slx"

```
1    L =  1.0e+03 *[
2        -1          0          0          0.3        0.3        0
                0;
3        0.0008     0.3000     0.3000     0.3260     0.3551     0.0900
                0.0010;
4        -0.0010    0.3260     0.3551     0.3507     0.6142     0
                0;
5        0.0015     0.3507     0.6142     0.3889     0.7007     0.1500
                -0.0010;
6        -0.0010    0.3889     0.7007     0.6333     0.9704     0
                0;
7        0.0008     0.6333     0.9704     0.7000     1.0000     0.0900
                -0.0010;
8        -0.0010    0.7000     1.0000     0.9000     1.0000     0
                0;
9        0          0.9000     1.0000     0.9271     1.0042     0.0900
                0.0010;
```

10	-0.0010	0.9271	1.0042	1.2602	1.1093	0
	0;					
11	0.0003	1.2602	1.1093	1.3817	1.2165	0.2000
	0.0010;					
12	-0.0010	1.3817	1.2165	1.5273	1.5334	0
	0;					
13	0.0011	1.5273	1.5334	1.5402	1.5531	0.0800
	-0.0010;					
14	-0.0010	1.5402	1.5531	1.7327	1.7698	0
	0;					
15	0.0008	1.7327	1.7698	1.8000	1.8000	0.0900
	-0.0010];					

（2）运行"SmallFixedWingUAVplan.slx"，记录飞行路径与规划路径的对比如图 7.23 所示。从图中可以看到实际飞行路径和规划路径比较贴合，特别是在直线路径跟随的时候，表明了算法的有效性。

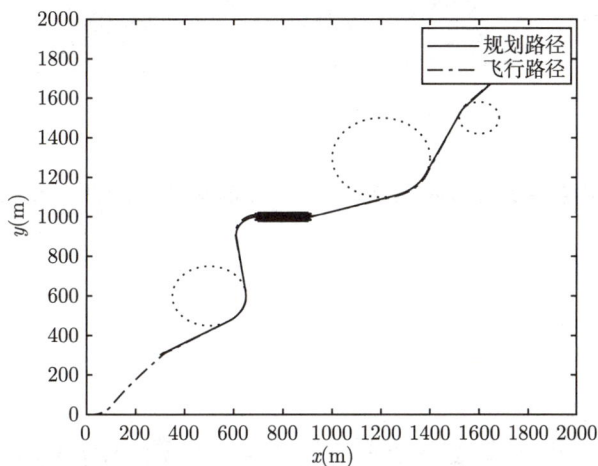

图 7.23　飞行路径与规划路径的对比

3. 步骤三：在 RflySim 工具链上进行硬件在环仿真

硬件在环仿真布置如图 7.24 所示。

（1）首先运行初始化文件"InitDatactrl.m"，打开"SmallFixedWingUAVplanHIL.slx"，在工具栏中单击"Build"对当前程序进行编译，如图 7.25 所示。

（2）成功编译后，将飞控与电脑连接，单击图 7.25 工具栏中的"code"，选择"PX4 PSP Upload code to PX4FMU"，将代码烧录到 CubePilot/Pixhawk 飞控中。

（3）在 RflySim 工具链安装目录下"/RflySimAPIs/OtherVehicleTypes/AircraftMathworks"中，双击"AircraftMathworksHITLRun"脚本启动固定翼硬件在环仿真环境，选择当前 CubePilot/Pixhawk 飞控连接的端口。

（4）在"SmallFixedWingUAVplanHIL.slx"程序中预先设置好通过"Ch5"高位解锁无人机，"Ch6"高位启动自动航线飞行，因此在开始仿真前保证遥控器"Ch5""Ch6"通道均处于低位。等待硬件在环仿真环境启动完成后，首先拨动"Ch5"将其拨至高位解锁无人机，然后拨动"Ch6"将其拨至高位启动自动航线飞行，若需实现在 QGC 中观察飞行航线，则需按照官方飞控的解锁信号进行解锁，QGC 中实际飞行航线如图 7.26 所示，与软件在环仿真中路径一致。

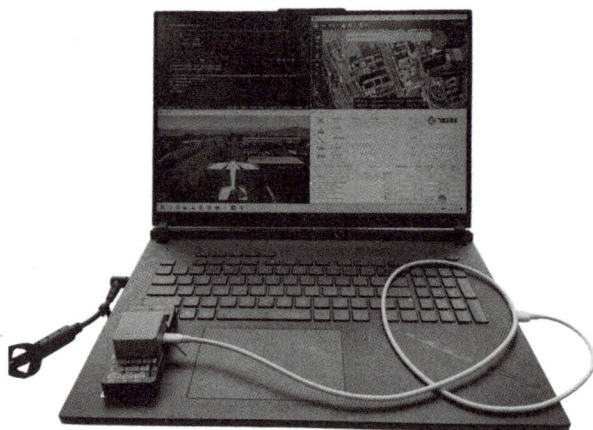

图 7.24　硬件在环仿真布置

图 7.25　进行编译

图 7.26　QGC 中实际飞行航线

7.5　课后习题

1. 在进行 L1 直线跟随时，当前章节提供了 L1 直线跟随算法的周期 $L_{1,\mathrm{P}}$ 和阻尼比 $L_{1,\mathrm{D}}$。读者可以改变这些参数的数值，并分析这些 L1 导航参数对路径跟随性能的影响。针对这些参数对路径跟随性能的影响，读者可以考虑从不同角度出发，比如路径跟随的稳定性、响应性、抗干扰性等方面进行评估。这样的分析有助于深入理解 L1 导航参数对于路径跟随性能的影响。

2. 在路径跟随与规划设计的实验中，给定的障碍物中只包括一个隧道需要固定翼无人机进行穿越。现在，要求增加一个新的隧道，其参数为 $x = 100\mathrm{m}, y = 200\mathrm{m}, \theta = \pi/4, L = 100\mathrm{m}$。这个新的隧道的位置和朝向已经被定义，需要对原有的规划进行修改，以便固定翼无人机能够适应新增的障碍物，并穿越这两个隧道。为了完成这个实验，需要重新规划 Dubins 曲线，确保无人机能够在考虑到两个隧道的情况下顺利飞行。在修改规划之后，实验需要进行软件或硬件在环测试，即利用实际的硬件设备对新的路径规划方案进行验证，以确保其在实际环境中的可行性和有效性。这样的实验设计将对规划算法的鲁棒性和适应性提出新的挑战，同时也有助于评估无人机系统在复杂环境下的实际应用能力。

3. 根据式 (4.63) 可知，协调转弯时可以通过控制滚转进一步控制偏航，另一方面可以通过控制滚转实现航线靠近。请针对固定翼无人机设计滚转角指令，同时保证航线靠近和偏航误差的收敛，并进行控制参数与跟踪性能分析。

4. 在飞行器路径规划和速度控制中，安全飞行半径是一个关键考量因素。飞行速度和安全飞行半径之间存在直接的关联性：速度越快，所需的安全飞行半径也越大，这是为了避免与障碍物发生碰撞。考虑到障碍物的存在，以障碍圆的形式进行表示，其中障碍圆的半径必须大于或等于安全飞行半径和障碍物本身的尺寸。在这种情况下，需要设计一种智能的飞行器速度调控策略以及 Dubins 曲线的规划方式，以最小化飞行器到达目的地所需的时间。这个任务的复杂性在于需要在安全性和速度之间取得平衡。换言之，必须根据飞行器的速度、障碍物的尺寸和位置等因素，精确计算飞行器安全飞行半径，并相应地规划 Dubins 曲线，以最大程度地减少飞行时间。这种设计需要结合路径规划和速度控制的优化策略，以使飞行器在考虑障碍物的情况下，尽可能快速地到达目的地。这可能需要采用启发式算法、最优化方法或者基于模型的控制策略，以在确保安全的前提下，实现最短的飞行时间。这样的设计对于提高飞行器的效率和应用性具有重要意义。

5. 在当前路径跟随领域，存在多种不同的路径跟随算法。举例而言，构建向量场是一种常见的路径跟随方法，可用于无人机的导航和制导。这种向量场的应用为无人机路径规划提供了新的思路和方法，使得飞行器能够根据预先构造的向量场进行导航，有望改善路径跟随的性能和精度。其中，对于直线跟随，可以通过构建期望航迹角来实现路径的规划。通过这种方法构造的向量场能够为飞行器提供导航指引，如图 7.27 所示。具体表达式为

$$\chi_\mathrm{d}(y) = -\chi^\infty \frac{2}{\pi} \arctan(ky)$$

其中，$k > 0$ 代表一个正常数，y 表示无人机与路径的横向距离。类似地，在圆弧跟随中也

有类似的方法。感兴趣的读者可以参考文献 [66]，了解更多有关向量场在飞行器路径规划中的应用，尤其是在构造整个飞行空域的向量场，并利用这种向量场来实现固定翼无人机的导航和制导。

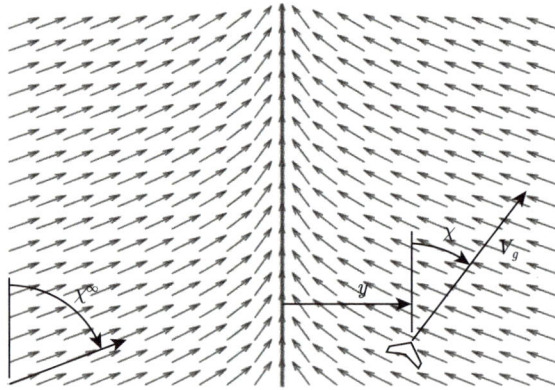

图 7.27　直线跟随向量场[66]

第八章　轨迹规划与微分平坦控制实验

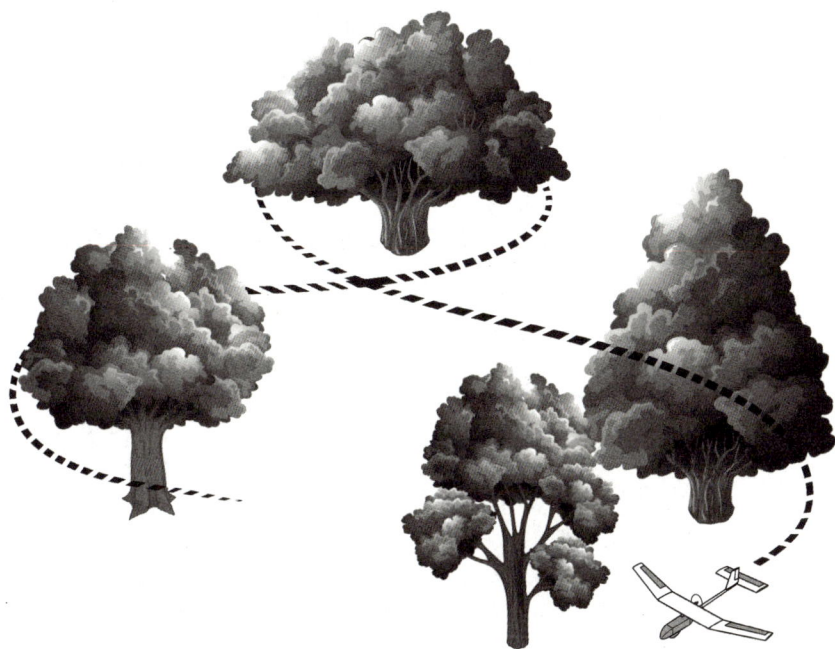

在航空领域，无人机的轨迹规划和控制一直是重要的研究领域。与路径规划不同，轨迹规划赋予了路径时间信息。固定翼无人机在飞行中需要遵循特定的轨迹以完成任务，如巡航、着陆、避障等。微分平坦控制是一种能够适用于固定翼无人机底层控制的方法，它能够实现对预定轨迹的高效控制。本章节将深入探讨固定翼无人机轨迹规划和微分平坦控制的相关理论。首先，介绍固定翼协调飞行模型；然后介绍基于协调飞行模型的微分平坦控制轨迹跟踪原理；最后，介绍一种基于 B-样条的轨迹生成/设计方法。实验部分由基础实验、分析实验和设计实验构成，包含了微分平坦控制模块搭建、B-样条轨迹生成与性质，以及 B-样条轨迹微分平坦控制跟踪。

8.1 轨迹规划与微分平坦控制之实验原理

针对固定翼的轨迹规划与控制，在考虑快速和敏捷飞行时，需要在轨迹生成中考虑飞行器动力学和控制输入约束，以保证生成的轨迹在动态上是可行的。在轨迹生成的背景下，微分平坦性使轨迹从平坦输出空间转换为状态和控制输入空间。通过在平坦输出空间中定义轨迹，得到固定翼无人机的前馈控制输入，从而实现高效轨迹跟踪。

8.1.1 协调飞行模型

协调飞行（见第四章）如图 8.1 所示，被定义为一种飞行器的机体速度限制在纵向平面内的飞行，也即机体的侧滑角 $\beta = 0$。该模型描述了飞行器的平移动力学和姿态运动学。飞行器的运动是通过法向加速度、轴向加速度和滚转角速率来确定的。如第四章式 (4.20) 所描述，飞行器通常能够在飞行器的纵向平面内产生加速度，这种加速度是升力、阻力和推力共同作用的结果。由于横向速度为零，因此将（非重力）加速度限制在纵向平面上并强制执行协调飞行，可以得到以下结果。

使用 $\mathbf{x}(t) \in \mathbb{R}^3$ 表示固定翼质心的位置，$\mathbf{R}_s^e$ 为描述固定翼稳定坐标系（侧滑角 $\beta = 0$）的旋转矩阵，且 $\dot{\mathbf{R}}_s^e = \mathbf{R}_s^e \hat{\omega}_\times$，其中

$$\hat{\omega}_\times = \begin{bmatrix} 0 & -\omega_z & \omega_y \\ \omega_z & 0 & -\omega_x \\ -\omega_y & -\omega_x & 0 \end{bmatrix} \tag{8.1}$$

式中 $\omega = [\omega_x\ \omega_y\ \omega_z]^T$ 是稳定坐标系中表示的瞬时角速率，分别对应 $o_b x_s$ 轴，$o_b y_s$ 轴和 $o_b z_s$ 轴。因此，模型可以表示为[67]

$$\ddot{\mathbf{x}} = \mathbf{g} + \mathbf{R}_s^e \mathbf{a}_v \tag{8.2}$$

本章中 $\mathbf{g} = [0\ 0\ g]^T$，$\mathbf{a}_v = [a_{v1}\ a_{v2}\ a_{v3}]^T$ 包含稳定坐标系中的轴向和法向加速度。由于只考虑纵向平面的加速度，因此 $a_{v2} = 0$，如图 8.1 所示。

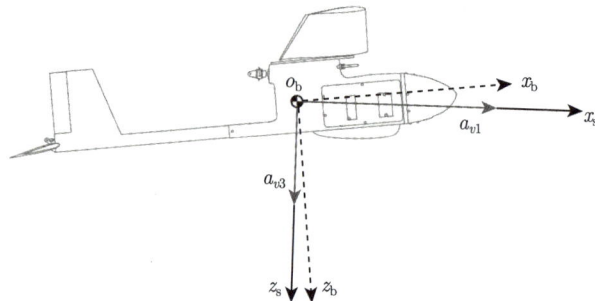

图 8.1　协调飞行条件下的纵向平面

由于 $\mathbf{R}_s^e$ 将稳定坐标系中的向量转换为惯性坐标系中的向量，因此协调飞行条件表示为

$$\dot{\mathbf{x}} = V_a \mathbf{R}_s^e \mathbf{e}_1 \tag{8.3}$$

式中 $\mathbf{e}_1 = [1\ 0\ 0]^T$，$V_a = \|\dot{\mathbf{x}}\|$。对式 (8.3) 求导并代入式 (8.2) 可得

$$\begin{aligned}
\mathbf{g} + \mathbf{R}_s^e (a_{v1}\mathbf{e}_1 + a_{v3}\mathbf{e}_3) &= \dot{V}_a \mathbf{R}_s^e \mathbf{e}_1 + V_a \mathbf{R}_s^e (\omega \times \mathbf{e}_1) \\
&= \dot{V}_a \mathbf{R}_s^e \mathbf{e}_1 + V_a \mathbf{R}_s^e (\omega_z \mathbf{e}_2 - \omega_y \mathbf{e}_3)
\end{aligned} \tag{8.4}$$

式中 $\mathbf{e}_2 = [0\ 1\ 0]^T$，$\mathbf{e}_3 = [0\ 0\ 1]^T$。因此，为了保持协调飞行状态，角速度（俯仰和偏航）需要满足约束

$$\begin{aligned}
\omega_y &= -(a_{v3} + g_{v3})/V_a \\
\omega_z &= g_{v2}/V_a
\end{aligned} \tag{8.5}$$

式中 $\mathbf{g}_v = \mathbf{R}_e^s \mathbf{g} = [g_{v1}\ g_{v2}\ g_{v3}]^T$。

8.1.2　微分平坦控制与轨迹跟踪

在现代控制理论中，常用

$$\begin{aligned}
\dot{\mathbf{x}} &= \mathbf{f}(\mathbf{x}, \mathbf{u}) \\
\mathbf{y} &= \mathbf{g}(\mathbf{x})
\end{aligned} \tag{8.6}$$

表示一个受控系统，式中 $\mathbf{x}$ 表示系统状态，$\mathbf{u}$ 表示系统的输入，$\mathbf{y}$ 表示系统的输出。微分平坦性定义的核心就是：能取系统的平坦输出 $\mathbf{y}$ 及其各阶导数 $\dot{\mathbf{y}}, \ddot{\mathbf{y}}, \cdots, \mathbf{y}^{(k)}$ 作为基向量来代数地表示原有的状态变量。即当一个系统是微分平坦的，那么存在函数关系 $\mathbf{h}$ 使得

$$(\mathbf{x}, \mathbf{u}) = \mathbf{h}\underbrace{\left(\mathbf{y}, \dot{\mathbf{y}}, \ddot{\mathbf{y}}, \cdots, \mathbf{y}^{(k)}\right)}_{\overline{\mathbf{y}}} \tag{8.7}$$

微分平坦系统的轨迹很容易描述：选择任意输出轨迹 $\mathbf{y}(t), t > 0$，状态控制轨迹则可以写为 $(\mathbf{x}(t), \mathbf{u}(t)) = \mathbf{h}(\overline{\mathbf{y}}(t))$[68]。此特性可以在机器人进行运动规划的时候指导选择哪些输出变量进行规划，并将所有的轨迹约束条件都映射到平坦输出空间，并在平坦输出空间中规划出最优轨迹。然后，再回到初始的状态和输入空间中，即可得到控制输入量。

固定翼的协调飞行模型在合理的操作范围内是微分平坦的[69]。对式 (8.2) 求导可得

$$\mathbf{x}^{(3)} = \mathbf{R}_s^e (\omega \times \mathbf{a}_v + \dot{\mathbf{a}}_v)$$

$$= \mathbf{R}_s^e \begin{bmatrix} \omega_y a_{v3} \\ \omega_z a_{v1} \\ -\omega_y a_{v1} \end{bmatrix} + \mathbf{R}_s^e \begin{bmatrix} \dot{a}_{v1} \\ -a_{v3}\omega_x \\ \dot{a}_{v3} \end{bmatrix} \tag{8.8}$$

从式 (8.5) 和式 (8.8) 可以看出，协调飞行对滚转角速率 ω_x 没有约束限制。因此，定义在 $\mathbb{R}^6 \times \mathrm{SO}(3)$ 上的协调飞行由位置、速度和方向变量组成，可以由轴向加速度 a_{v1}、法向加速度 a_{v3} 和滚转角速率 ω_x 决定。这里 $\mathrm{SO}(3)$ 表示包含旋转矩阵的一种特殊正交群，称为三维旋转群，用于表示机体的姿态旋转运动。

由于矩阵 $\mathbf{R}_{\mathrm{s}}^{\mathrm{e}} \cdot \mathrm{diag}(1, -a_{v3}, 1)$ 在 $a_{v3} \neq 0$ 时非奇异，令固定翼的平坦输出 $\mathbf{y} = \mathbf{x}$，那么式 (8.8) 可变换为

$$\begin{bmatrix} \dot{a}_{v1} \\ \omega_x \\ \dot{a}_{v3} \end{bmatrix} = \begin{bmatrix} -\omega_y a_{v3} \\ \omega_z a_{v1}/a_{v3} \\ \omega_y a_{v1} \end{bmatrix} + \begin{bmatrix} 1 & 0 & 0 \\ 0 & -1/a_{v3} & 0 \\ 0 & 0 & 1 \end{bmatrix} \mathbf{R}_{\mathrm{e}}^{\mathrm{s}} \mathbf{y}^{(3)} \tag{8.9}$$

根据式 (8.9) 可以发现，输入空间中 $\dot{a}_{v1}, \dot{a}_{v3}, \omega_x$ 可以通过输出轨迹 $\mathbf{y}$ 及其各阶导数得到，与式 (8.7) 相对应。且式 (8.9) 右端的各种状态量通常可以根据机载传感器得到，因此给定期望的输出空间和飞行器的状态量，即可求得控制输入空间。假设期望的轨迹为 $\mathbf{x}_{\mathrm{d}}(t), t > 0$，为了使得轨迹 $\mathbf{x}(t)$ 精确跟踪 $\mathbf{x}_{\mathrm{d}}(t)$，构造如下动态

$$\mathbf{y}_{\mathrm{d}}^{(3)} = \mathbf{x}_{\mathrm{d}}^{(3)} + k_1 (\ddot{\mathbf{x}}_{\mathrm{d}} - \ddot{\mathbf{x}}) + k_2 (\dot{\mathbf{x}}_{\mathrm{d}} - \dot{\mathbf{x}}) + k_3 (\mathbf{x}_{\mathrm{d}} - \mathbf{x}) \tag{8.10}$$

式中 k_1, k_2, k_3 的选取需要保证 $s^3 + k_1 s^2 + k_3 s + k_3$ 是 Hurwitz 的。将式 (8.10) 代入式 (8.9) 可以得到 $\dot{a}_{v1}, \dot{a}_{v3}, \omega_x$ 的表达式为

$$\begin{aligned} \begin{bmatrix} \dot{a}_{v1} \\ \omega_x \\ \dot{a}_{v3} \end{bmatrix} &= \begin{bmatrix} -\omega_y a_{v3} \\ \omega_z a_{v1}/a_{v3} \\ \omega_y a_{v1} \end{bmatrix} + \begin{bmatrix} 1 & 0 & 0 \\ 0 & -1/a_{v3} & 0 \\ 0 & 0 & 1 \end{bmatrix} \mathbf{R}_{\mathrm{e}}^{\mathrm{s}} \mathbf{y}_{\mathrm{d}}^{(3)} \\ &= \begin{bmatrix} -\omega_y a_{v3} \\ \omega_z a_{v1}/a_{v3} \\ \omega_y a_{v1} \end{bmatrix} + \begin{bmatrix} 1 & 0 & 0 \\ 0 & -1/a_{v3} & 0 \\ 0 & 0 & 1 \end{bmatrix} \mathbf{R}_{\mathrm{e}}^{\mathrm{s}} \times \\ & \quad \left(\mathbf{x}_{\mathrm{d}}^{(3)} + k_1 (\ddot{\mathbf{x}}_{\mathrm{d}} - \ddot{\mathbf{x}}) + k_2 (\dot{\mathbf{x}}_{\mathrm{d}} - \dot{\mathbf{x}}) + k_3 (\mathbf{x}_{\mathrm{d}} - \mathbf{x}) \right) \end{aligned} \tag{8.11}$$

对 $\dot{a}_{v1}, \dot{a}_{v3}$ 进行积分可以获得输入 a_{v1}, a_{v3}。这种轨迹跟踪方式结合了前馈和反馈以增强跟踪效果。

8.1.3 轨迹规划

机器人轨迹规划是机器人领域中至关重要的任务之一。它涉及到机器人在复杂环境中的感知规划与控制，确保机器人能够以安全、高效的方式完成任务[70]。在规划得到的轨迹上进行如微分平坦控制等控制方式实现机器人导航与移动。

如图 8.2 所示，感知建图是机器人轨迹规划的第一步，它涉及到机器人对周围环境的感知和对这些信息的建模[71]。这一过程通常包括如下步骤：（1）传感器数据获取：机器人通过搭载各种传感器获取周围环境的信息，这些传感器包括激光雷达、摄像头、超声波传

感器等。传感器的选择取决于任务的性质和工作环境的特点。（2）数据融合：从不同传感器获取的数据可能是不同类型的，融合这些数据有助于提高对环境的整体认识。卡尔曼滤波器等方法可以用于将多个传感器的信息融合。（3）地图建立：基于传感器数据，机器人需要构建环境地图。地图可以是二维的静态地图，也可以是包含时间维度的动态地图。静态地图通常表示环境中不变的障碍物，而动态地图则包含随时间变化的物体，如移动的人或其他机器人。如第七章所述，路径搜索是机器人在环境中找到合适路径的过程，它是机器人能否成功进行轨迹规划的关键。将环境抽象为状态空间，其中每个状态表示机器人可能的位置和姿态。状态空间的选择取决于具体的任务和问题。通常，状态空间可以是连续的，也可以是离散的。路径搜索的目标是找到从当前位置到目标位置的一条路径。目标可以是指定的具体位置，也可以是某个区域或者特定的条件。路径规划主要包含图搜索方法如 Dijkatra 算法、A* 算法等，基于采样的方法如 RRT 算法、RRT* 算法、PRM 算法等，基于能量场的方法如人工势场法等，以粒子群算法、遗传算法、蚁群算法为代表的元启发式算法和基于深度强化学习的相关算法[72]。

轨迹规划是在给定路径的基础上，规划机器人如何沿着路径运动。为了实现轨迹规划，一种常见的方式为通过多项式进行参数化，如 n 次多项式

$$
\begin{aligned}
\mathbf{p}(t) &= \mathbf{p}_0 t^0 + \mathbf{p}_1 t^1 + \mathbf{p}_2 t^2 + \mathbf{p}_3 t^3 + \cdots + \mathbf{p}_n t^n \\
&= \mathbf{P} \left[1\ t\ t^2\ \cdots t^n \right]^{\mathrm{T}}
\end{aligned}
\tag{8.12}
$$

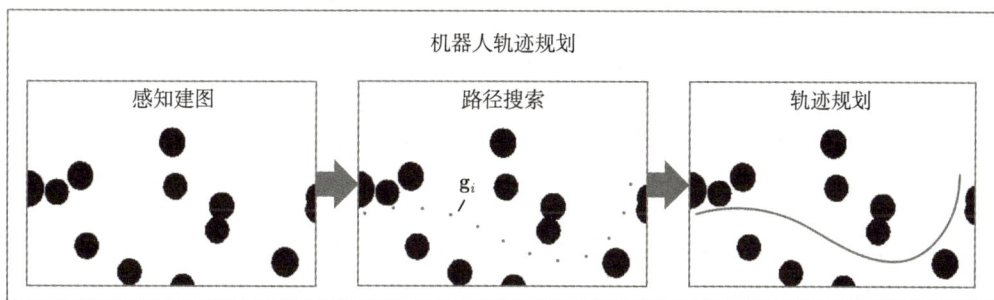

图 8.2　机器人轨迹规划流程

式中 t 为多项式变量，$\mathbf{p}_0, \mathbf{p}_1, \cdots, \mathbf{p}_n$ 表示多项式的轨迹参数，$\mathbf{P} = [\mathbf{p}_0\ \mathbf{p}_1\ \cdots\ \mathbf{p}_n]$ 表示系数矩阵。目前经典的方法包括分段多项式规划方法，如最小"加加加速度"（Minimum Snap）[73]。在此算法的基础上，衍生了很多有不同优化目标的算法。基于多项式的轨迹规划的目的即为求解轨迹的多项式参数 $\mathbf{p}_0, \mathbf{p}_1, \cdots, \mathbf{p}_n$。由于一个多项式曲线过于简单，一段复杂的轨迹很难用一个多项式表示，所以将轨迹按时间分成多段，每段各用一条多项式曲线表示，如

$$
\mathbf{p}(t) = \begin{cases}
\mathbf{P}_1 \left[1\ t\ t^2\ \cdots t^n \right]^{\mathrm{T}}, & t_0 \leqslant t < t_1 \\
\mathbf{P}_2 \left[1\ t\ t^2\ \cdots t^n \right]^{\mathrm{T}}, & t_1 \leqslant t < t_2 \\
\cdots \\
\mathbf{P}_n \left[1\ t\ t^2\ \cdots t^n \right]^{\mathrm{T}}, & t_{n-1} \leqslant t < t_n
\end{cases}
\tag{8.13}
$$

微小型固定翼无人机飞行控制设计与实践

在轨迹规划的同时需要满足一定的约束条件，比如：希望设定起点和终点的位置、速度或加速度，希望相邻轨迹连接处平滑（位置连续、速度连续等），希望轨迹经过某些路径点，设定最大速度、最大加速度等，甚至是希望轨迹在规定空间内。基于参数化的多项式，"Minimum Snap" 的优化目标表示为

$$\min_{\mathbf{P}_0,\mathbf{P}_1,\cdots,\mathbf{P}_n} \int_0^T \left\| \frac{\mathrm{d}^4\mathbf{p}}{\mathrm{d}t^4} \right\|^2 \mathrm{d}t \tag{8.14}$$

设定某一个点的位置、速度或加速度为一个特定的值，多项式多阶连续，可以构成等式约束。限制空间位置的，如飞行走廊[74]，可以构成不等式约束。从而构建形如

$$\begin{aligned}\min_{\hat{\mathbf{P}}} \quad & f(\hat{\mathbf{P}}) \\ \text{s.t.} \quad & \mathbf{A}_{\mathrm{eq}}\hat{\mathbf{P}} = \mathbf{b}_{\mathrm{eq}} \\ & \mathbf{A}_{\mathrm{ieq}}\hat{\mathbf{P}} \leqslant \mathbf{b}_{\mathrm{ieq}}\end{aligned} \tag{8.15}$$

的优化问题。式中 $\hat{\mathbf{P}} = [\mathbf{P}_1\ \mathbf{P}_2\ \cdots\ \mathbf{P}_n]^{\mathrm{T}}$，$\mathbf{A}_{\mathrm{eq}}, \mathbf{b}_{\mathrm{eq}}$ 为线性等式约束系数矩阵，$\mathbf{A}_{\mathrm{ieq}}, \mathbf{b}_{\mathrm{ieq}}$ 为线性不等式约束系数矩阵。除了基于分段多项式的方法进行轨迹规划，使用 B-样条进行轨迹规划也是目前一种比较重要的方法。在本节之后将对 B-样条的生成以及相关性质进行详细介绍与分析。

8.1.4　B-样条轨迹生成

在 8.1.2 节中，在已知期望轨迹 $\mathbf{x}_{\mathrm{d}}$ 的情况下，给出了轨迹跟踪控制的设计过程。针对期望轨迹的生成，目前有很多成熟的方法，本节将给出贝塞尔曲线和 B-样条轨迹生成的方式以及相应的性质以提供参考。

8.1.4.1　贝塞尔曲线

贝塞尔方法是计算机图形学中的经典概念，用于设计光滑的曲线和曲面。贝塞尔曲线由控制点位置决定其形状，控制点个数决定其次数，$n+1$ 个控制点 $\mathbf{p}_0,\mathbf{p}_1,\cdots,\mathbf{p}_n$ 对应 n 阶贝塞尔曲线。贝塞尔曲线中的参数 $t \in [0,1]$，可以理解为曲线上动点滑动的时间。在此基础上，定义贝塞尔曲线的参数方程为

$$\mathbf{b}(t) = \sum_{i=0}^n \mathbf{p}_i b_{i,n}(t), t \in [0,1] \tag{8.16}$$

式中 $b_{i,n}(t) = \binom{n}{i}(1-t)^{n-i}t^i$ 为伯恩斯坦基函数，贝塞尔曲线上的动点在每个时刻，都是这些基函数的线性组合。各个控制点按顺序首尾相接的一系列矢量，称为控制多边形。贝塞尔曲线的构建过程可以从一次曲线开始，逐渐构建高次曲线。其中，基函数具有递归性，因此目前常使用 De Casteljau 算法[75] 计算贝塞尔曲线。De Casteljau 提出的递推算法相较于直接根据定义方法计算，大大减少了计算量，即

$$\mathbf{b}_{i,n}(t) = (1-t)\mathbf{b}_{i,n-1}(t) + t\mathbf{b}_{i-1,n-1}(t), i = 1,2,\cdots,n \tag{8.17}$$

De Casteljau 递推算法稳定可靠，直观简便，在编程上十分有优势，是计算曲线的标准算法。接下来将通过示例展示递推算法的递推过程。

（1）**一次贝塞尔曲线（线性公式）**：给定控制点 $\mathbf{p}_0, \mathbf{p}_1$，线性贝塞尔曲线为一条两点之间的直线，如图 8.3 所示的粗线即为贝塞尔曲线，点 $\mathbf{b}_{1,0}(t)$ 表示所在线段 $[\mathbf{p}_0, \mathbf{p}_1]$ 上参数 t 对应的点，$t \in [0, 1]$ 对应从线段的 $\mathbf{p}_0$ 端到线段的 $\mathbf{p}_1$ 端。这条曲线等同于线性插值

$$\mathbf{b}(t) = \mathbf{p}_0 + (\mathbf{p}_1 - \mathbf{p}_0) t = (1 - t) \mathbf{p}_0 + t\mathbf{p}_1, t \in [0, 1] \tag{8.18}$$

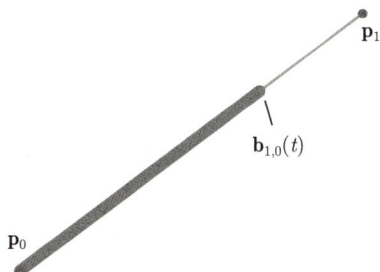

图 8.3　一次贝塞尔曲线

（2）**二次贝塞尔曲线**：二次贝塞尔曲线的路径由给定点 $\mathbf{p}_0, \mathbf{p}_1, \mathbf{p}_2$ 生成，如图 8.4 所示的粗线即为贝塞尔曲线，点 $\mathbf{b}_{1,0}$ 和点 $\mathbf{b}_{1,1}$ 分别为含参一次贝塞尔曲线 $\overline{\mathbf{p}_0\mathbf{p}_1}$ 和 $\overline{\mathbf{p}_1\mathbf{p}_2}$ 上参数 t 对应的点。给定 $\mathbf{b}_{1,0}$ 和点 $\mathbf{b}_{1,1}$ 为新的控制点，即可得到二次贝塞尔曲线

$$\mathbf{b}_{2,0}(t) = (1 - t) \mathbf{b}_{1,0} + t\mathbf{b}_{1,1}, t \in [0, 1] \tag{8.19}$$

式中 $\mathbf{b}_{1,0} = (1 - t) \mathbf{p}_0 + t\mathbf{p}_1$，$\mathbf{b}_{1,1} = (1 - t) \mathbf{p}_1 + t\mathbf{p}_2$。因此，可以看出二次贝塞尔曲线经过了两层递归，所以曲线表达式 $\mathbf{b}(t)$ 可以进一步写为

$$\mathbf{b}(t) = (1 - t)^2 \mathbf{p}_0 + 2t (1 - t) \mathbf{p}_1 + t^2\mathbf{p}_2, t \in [0, 1] \tag{8.20}$$

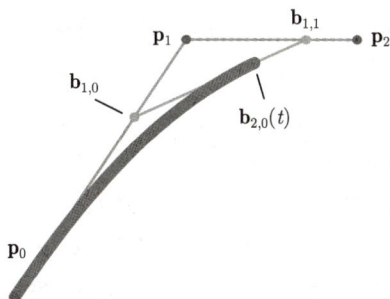

图 8.4　二次贝塞尔曲线

（3）**三次贝塞尔曲线**：三次贝塞尔曲线的路径由给定点 $\mathbf{b}_{1,0}$、$\mathbf{b}_{1,1}$ 和 $\mathbf{b}_{1,2}$ 分别表示一次贝塞尔曲线 $\overline{\mathbf{p}_0\mathbf{p}_1}$、$\overline{\mathbf{p}_1\mathbf{p}_2}$ 和 $\overline{\mathbf{p}_2\mathbf{p}_3}$ 上参数 t 对应的点。点 $\mathbf{b}_{2,0}$ 和 $\mathbf{b}_{2,1}$ 分别表示二次贝塞

尔曲线 $\overline{\mathbf{b}_{1,0}\mathbf{b}_{1,1}}$、$\overline{\mathbf{b}_{1,1}\mathbf{b}_{1,2}}$ 上参数 t 对应的点。给定 $\mathbf{b}_{2,0}$ 和 $\mathbf{b}_{2,1}$ 为新的控制点，可得到三次贝塞尔曲线

$$\mathbf{b}_{3,0}(t) = (1-t)\mathbf{b}_{2,0} + t\mathbf{b}_{2,1}, t \in [0,1] \tag{8.21}$$

如图 8.5 所示的粗线即为贝塞尔曲线，可以看出三次贝塞尔曲线经过了三层递归。曲线表达式 $\mathbf{b}(t)$ 同理可以写为

$$\mathbf{b}(t) = (1-t)^3\mathbf{p}_0 + 3t(1-t)^2\mathbf{p}_1 + 3t^2(1-t)\mathbf{p}_2 + t^3\mathbf{p}_3, t \in [0,1] \tag{8.22}$$

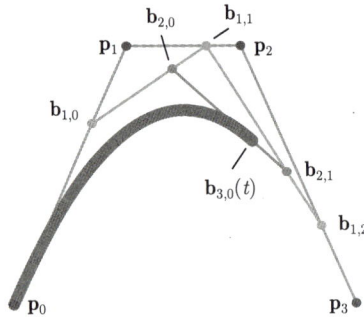

图 8.5　三次贝塞尔曲线

（4）n 次贝塞尔曲线：n 次贝塞尔曲线的路径由给定点 $\mathbf{p}_0, \mathbf{p}_1, \mathbf{p}_2, \cdots, \mathbf{p}_n$ 生成，因此可以得出 n 次贝塞尔曲线的定义式为

$$\mathbf{b}(t) = \sum_{i=0}^{n} \mathbf{p}_i \binom{n}{i} (1-t)^{n-i} t^i = \sum_{i=0}^{n} \mathbf{p}_i b_{i,n}(t) \tag{8.23}$$

贝塞尔曲线有以下特征。

- **全局性**：贝塞尔方法无法对曲线形状进行局部控制，改变任一控制点位置时，整个曲线均受到影响。
- **端点性**：曲线在大多数情况下只经过两个端点的控制点（起点和终点），对其他所有点只是逼近，一般不经过。
- **几何不变性**：曲线的几何特性不随坐标变换而变化，形状仅与控制多边形各顶点的相对位置有关，而与坐标系的选择无关。
- **导数性质**：贝塞尔曲线的导数仍是贝塞尔曲线。
- **凸包性**：凸包就是包含所有顶点的最小凸多边形。凸多边形的任一边延长，其他边都在它的一侧。贝塞尔曲线始终会在包含了所有控制点的最小凸多边形中，因此可以通过控制点的凸包来限制规划曲线的范围。

8.1.4.2　B-样条曲线定义

贝塞尔方法有很多优点，但也有不足之处。

（1）贝塞尔曲线的次序（阶数）由控制点的数量决定。增加控制点的数量会增加计算的复杂性，但在某些情况下可能无法满足对曲线精度和光滑度的需求。

（2）在拼接多个贝塞尔曲线时，贝塞尔曲线的拼接点处，曲线的一阶导数（切线）可能不连续，因此在拼接点上曲线可能不够光滑。这可能导致在连接两段曲线时出现明显的不连续或角点。

（3）贝塞尔曲线的形状受限于控制点的位置，因此对曲线的调整可能会影响整个曲线的形状。这意味着在调整曲线的某一部分时，其他部分可能会受到不必要的影响，导致局部控制性较差。

B-样条曲线，是 B-样条基函数的线性组合，是贝塞尔曲线的一般化。简单说来，样条就是分段连续多项式，而且在全曲线上有限阶可导/连续。B-样条的整条曲线有一个完整的表达形式，在有限阶内都十分平滑，完全可以符合人的直观审美，但内在的量却是分段的。如此一来，既克服了波动现象，曲线又是低次的；既有统一的表达式，又有统一的算法。针对 $n+1$ 个控制点 $\mathbf{p}_i, i = 0, 1, \cdots, n$ 和一个节点向量 $\mathbf{u} = [u_0\ u_1\ \cdots\ u_m]^{\mathrm{T}}$，满足

$$m = n + p + 1 \tag{8.24}$$

式中 p 为 B-样条曲线的次数。

定义 B-样条曲线的表达式为

$$\mathbf{s}(u) = \sum_{i=0}^{n} \mathbf{p}_i s_{i,p}(u) \tag{8.25}$$

式中 $u \in [u_0, u_m)$，$\mathbf{s}_{i,p}(u)$ 为 p 次（$p+1$ 阶）B-样条基函数[76]。对比 (8.16) 可以看出，伯恩斯坦基函数的下标 n 变为 p，这表示 B-样条的多项式的次数和控制顶点的数目是没有关系的，而是自定义的。这体现出 B-样条轨迹的局部特性，即只需调整 $p+1$ 个控制点，即可实现对这 $p+1$ 个控制点内部包含的局部轨迹进行调整。

B-样条基函数可以有各种各样的定义方式，但公认的最容易理解的且应用最广泛的是使用 DeBoor-Cox 递推公式[76]。它的原理是：对于 p 次的 B-样条基函数，构造一种递推公式，由 0 次构造 1 次，1 次构造 2 次，2 次构造 3 次，以此类推，整个计算过程与金字塔类似，如图 8.6 所示。数学表达为

$$s_{i,0}(u) = \begin{cases} 1, u_i < u < u_{i+1} \\ 0, \text{其他} \end{cases}$$

$$s_{i,p}(u) = \frac{u - u_i}{u_{i+p} - u_i} s_{i,p-1}(u) + \frac{u_{i+p+1} - u}{u_{i+p+1} - u_{i+1}} s_{i+1,p-1}(u) \tag{8.26}$$

DeBoor-Cox 递推公式表明，若确定第 i 个 p 次 B-样条基函数 $s_{i,p}(u)$，需要用到 $u_i, u_{i+1}, \cdots, u_{i+p}$ 共 $p+1$ 个节点为起始的区间，如图 8.6 所示，因此称区间 $[u_i, u_{i+p+1})$ 为此基函数的支撑区间。从式 (8.25) 可以得出，任意一个控制点对应一个唯一的基函数。

因此，如果基函数仅在部分区间上有定义，则说明了控制点具有局部性，即仅控制部分区间。如图 8.7 所示，图中 $s_{1,3}$ 代表控制点 $\mathbf{p}_1$ 对应的基函数，经过虚线框层层分解后，可以发现其在区间 $[u_1, u_5)$ 上非零。因此说明，基函数 $s_{i,p}$ 对应的控制点仅能改变其对应区间上的曲线，对别的区间没有影响。反过来看，同样可以观察一个区间由哪些基函数决定。设 $p = 2$，如图 8.8 所示，区间 $[u_3, u_4)$ 由 $s_{1,2}, s_{2,2}$ 和 $s_{3,2}$ 影响，也即仅受该基函数对应的控制点影响。因此，对任意一个节点区间 $[u_i, u_{i+1})$ 内，仅存在至多 $p+1$ 个 p 次基函数 $s_{i-p,p}, s_{i-p+1,p}, \cdots, s_{i,p}$ 非零，且这些基函数之和为 1。

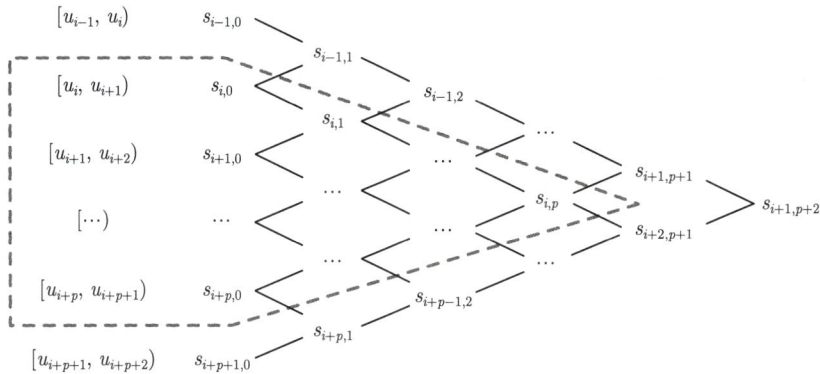

图 8.6　一种递推公式的计算过程

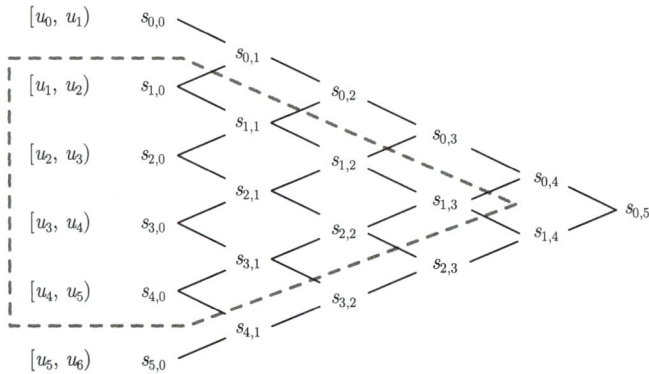

图 8.7　基函数 $s_{1,3}$ 对应支撑区间

根据式 (8.26)，$\mathbf{u}$ 在计算过程中被归一化了，所以基函数仅与各个节点之间的相对距离有关，与 u_i 的绝对大小无关。在此基础上，可以得到被 u 参数化的 B-样条轨迹，其中 $u \in [u_p, u_{m-p}]$。因此，式 (8.25) 可写为

$$\mathbf{s}(u) = \sum_{i=j-p}^{j} \mathbf{p}_i s_{i,p}(u) \tag{8.27}$$

式中 $u \in [u_j, u_{j+1})\ (p \leqslant j \leqslant n)$。

数值分析领域中，De Boor 算法[77] 是快速而且数值上稳定的算法，所以用来计算 B-样条曲线，是对贝塞尔曲线的 De Casteljau 算法的一个推广。假设要计算参数值为 $u \in [u_l, u_{l+1})$ 的样条曲线的值，且 $\mathbf{p}_i^{[0]} = \mathbf{p}_i$，$i = l-p, \cdots, l$，$k = 1, \cdots, p$，则

$$\mathbf{p}_i^{[k]} = \begin{cases} (1 - \alpha_{k,i}) \mathbf{p}_{i-1}^{[k-1]} + \alpha_{k,i} \mathbf{p}_i^{[k-1]} & , k = 1, 2, \cdots, p \\ \mathbf{p}_i & , k = 0 \end{cases}$$

$$\alpha_{k,i} = \frac{u - u_i}{u_{i+p+1-k} - u_i}$$

(8.28)

最终，可以得到 $\mathbf{s}(u) = \mathbf{p}_i^{[p]}$，$u \in [u_l, u_{l+1})$。

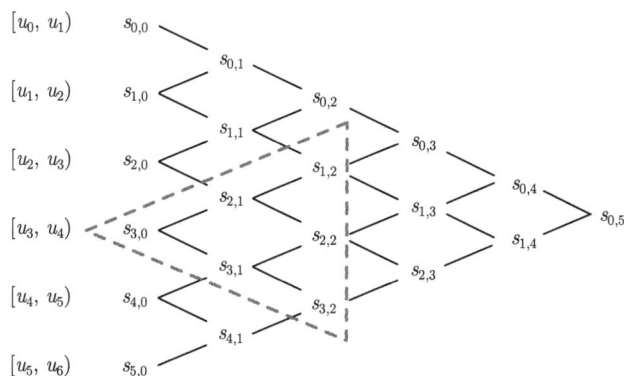

图 8.8　支撑区间对应的基函数与控制点

B-样条与贝塞尔曲线不同的性质如下。

（1）**局部性**：这是和贝塞尔曲线相比最重要的区别。B-样条基函数的局部支撑性决定了 B-样条的局部性。如上文描述和图 8.8 所示，p 次曲线上的一点至多点与 $p+1$ 个控制点有关，与其他控制点无关。故移动曲线上第 i 个控制顶点 $\mathbf{p}_i$，至多影响到定义在此点对应区间上的那部分曲线的形状，对曲线的其余部分不发生影响。

（2）**凸包性**：由于一段节点区间仅由 $p+1$ 个基函数决定，且这些基函数之和为 1，因此可将基函数视为权重系数，曲线上的点则为基函数对应控制点的加权和。这样一来，B-样条曲线落在 $\mathbf{p}_i$ 构成的凸包之中，其凸包区域小于或等于同一组控制顶点定义的贝塞尔曲线凸包区域。如图 8.9 所示，B-样条的较粗的曲线部分落在其对应的四个控制点 $\mathbf{p}_1, \mathbf{p}_2, \mathbf{p}_3, \mathbf{p}_4$ 围成的多边形内部。

（3）不同于贝塞尔曲线，B-样条曲线不一定经过两个端点。

8.1.4.3　B-样条轨迹设计

在 B-样条轨迹规划中，往往可以通过修改控制节点向量实现修改曲线的形状。决定的控制参数包括：$n+1$ 个控制点，$m+1$ 个节点，p 次的 B-样条曲线。其中，参数满足式 (8.24) B-样条曲线有以下几种分类。

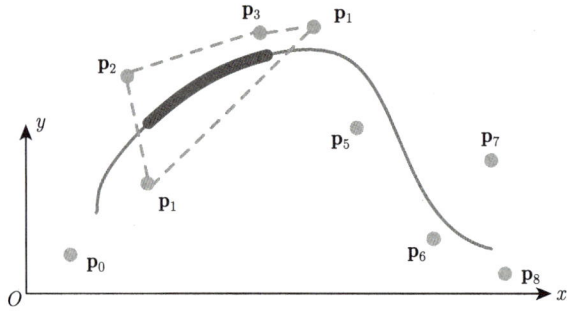

图 8.9　B-样条特性示例

（1）如果节点向量没有任何特别的结构，那么产生的曲线不会与控制折线的第一边和最后一边接触。这种类型的 B-样条曲线称为 Open B-样条曲线，如图 8.10 所示。

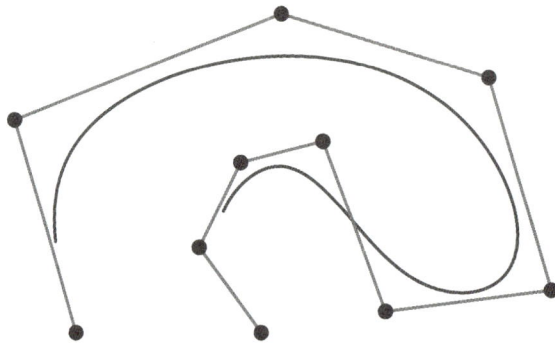

图 8.10　Open B-样条曲线，其中圆点表示控制点，曲线表示 B-样条轨迹

（2）如果想强制曲线像贝塞尔曲线那样，即分别与第一个控制点和最后一个控制点的第一边和最后一边相切，那么第一个节点和最后一个节点必须是重复度为 $p+1$，即 $u_0 = u_1 = \cdots = u_p$ 和 $u_{m-p} = u_{m-p+1} = \cdots = u_m$，依此得到的曲线称为 Clamped B-样条曲线。Clamped B-样条曲线经过第一个和最后一个控制点，如图 8.11 所示。

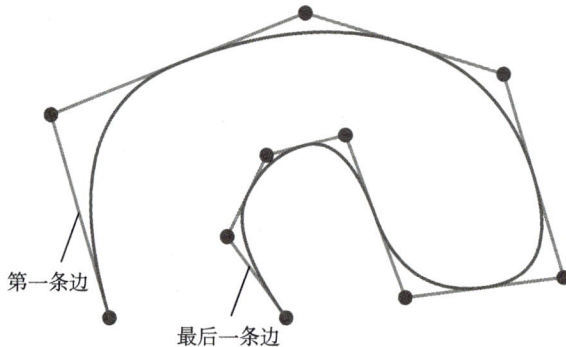

第一条边

最后一条边

图 8.11　Clamped B-样条曲线，其中圆点表示控制点，曲线表示 B-样条轨迹

（3）通过重复某些节点和控制点，产生的曲线会是 Closed B-样条曲线。在这种情况下，

产生的曲线的开始和结尾连接在一起会形成一个闭环，如图 8.12 所示。

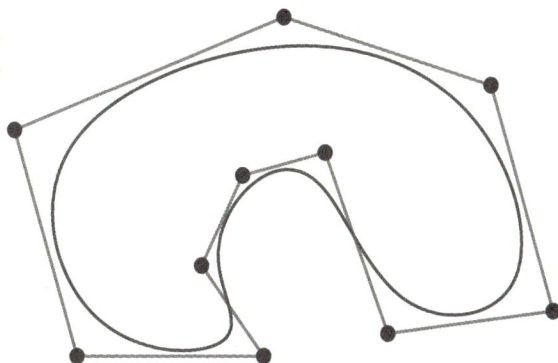

图 8.12　Closed B-样条曲线，其中圆点表示控制点，曲线表示 B-样条轨迹

（4）均匀 B-样条曲线：当节点沿参数轴均匀等距分布时，为均匀 B-样条曲线，如 $\mathbf{u} = [0\ 1\ 2\ 3\ 4\ 5\ 6]^{\mathrm{T}}$。当 p 和 m 一定时，均匀 B-样条的基函数呈周期性，所有基函数有相同形状，每个后续基函数仅仅是前面基函数在新位置上的重复。

（5）准均匀 B-样条曲线：两端节点重复度为 $p+1$，中间节点均匀等距分布非递减的序列，如 $\mathbf{u} = [0\ 0\ 0\ 1\ 2\ 3\ 4\ 5\ 5\ 5]^{\mathrm{T}}$。准均匀 B-样条曲线用途最为广泛。

（6）非均匀 B-样条曲线：节点间隔不均匀的 B-样条曲线就是非均匀 B-样条曲线。

8.1.4.4　B-样条轨迹规划

在轨迹设计时，往往需要考虑避障。主动避障是一种通过设计轨迹作为前馈量达到避障目的的方式。B-样条的凸包性可以被利用于避障过程。考虑网格化建图，如图 8.13 所示，需要保证 $d_h > 0$，d_h 表示障碍物占据的网格与控制点包含凸包内任意一点 $\mathbf{p}_h$ 的距离。设 $\mathbf{p}_h$ 与任一控制点（如 $\mathbf{p}_4$）的距离为 r_h，该控制点与障碍物占据的网格的距离为 d_c，根据三角不等式，$d_h > d_c - r_h$。设控制点的顺序距离分别为（以 $p=3$ 为例）r_{12}，r_{23}，r_{34}，因此存在 $r_h < r_{12} + r_{23} + r_{34}$。综上，可以得到

$$d_h > d_c - (r_{12} + r_{23} + r_{34}) \tag{8.29}$$

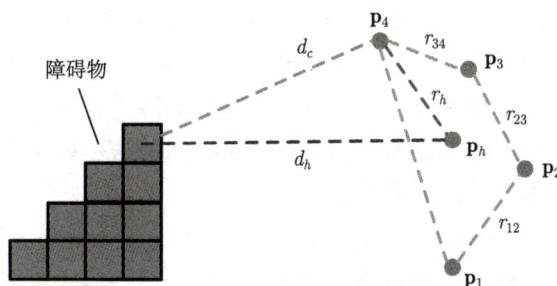

图 8.13　基于 B-样条的避障思路[78]

因此，只需要确保

$$d_c > 0, r_{i,i+1} < d_c/3, i \in \{1,2,3\} \tag{8.30}$$

即可实现轨迹无碰撞[78]。

对于均匀或准均匀 B-样条曲线，节点等距，因此可设 $\Delta t = u_{i+1} - u_i$。通过

$$\mathbf{v}_i = \frac{1}{\Delta t}\left(\mathbf{p}_{i+1} - \mathbf{p}_i\right),\ \mathbf{a}_i = \frac{1}{\Delta t}\left(\mathbf{v}_{i+1} - \mathbf{v}_i\right) \tag{8.31}$$

可以得到速度控制点向量 $\mathbf{v}$ 和加速度控制点向量 $\mathbf{a}$。这两种控制点向量同样可以组成 B-样条，且满足凸包性质等性质。因此，只需要设置 $\mathbf{v}_i \in [-v_{\max}, v_{\max}]^3$，$\mathbf{a}_i \in [-a_{\max}, a_{\max}]^3$ 即可实现对轨迹速度和加速度的约束。

在轨迹规划过程中，往往通过前端感知或者预先给出的方式获取地图。在给定的地图上，往往使用图搜索或者网格搜索的方式获得离散路径点 $\mathbf{g}_i$，如图 8.2 所示。在规划过程中，可以通过实现如式 (8.30) 的方式进行避障保证，也可以通过使控制点尽可能贴近路径点 $\mathbf{g}_i$，或者在路径点较为密集的情况下直接将路径点作为控制点实现轨迹规划。

基于上述过程，通过构建优化一系列凸目标函数，如光滑度、穿越时间等，可以实现对控制点或节点向量的优化。优化得到的轨迹，针对不同的目标有所不同，比如，设置优化目标[78]

$$\begin{aligned}
\min_{\mathbf{p}_i, i=1,\cdots,n} f_p &= \lambda_s f_s + \lambda_g f_g \\
&= \lambda_s \sum_{i=p-1}^{n-p+1} \|\mathbf{p}_{i+1} - 2\mathbf{p}_i + \mathbf{p}_{i-1}\|^2 + \lambda_g \sum_{i=p}^{n-p} \|\mathbf{p}_i - \mathbf{g}_i\|
\end{aligned} \tag{8.32}$$

式中 $\mathbf{g}_i$ 为控制点 $\mathbf{p}_i$ 对应的路径搜索点，f_s 表示光滑度优化目标，f_g 表示优化轨迹尽量贴合搜索得到的路径，λ_s 和 λ_g 分别代表对应的系数。经过优化或设计得到的 B-样条轨迹，可以作为控制的前馈量，并使用微分平坦控制方法表示输入空间，实现轨迹跟踪控制。

8.1.5　相关发展

当前，固定翼飞行器轨迹生成算法通常更倾向于使用运动学模型，而避免涉及相对复杂的飞行动力学。一种常见的方法是通过扩展 Dubins 路径[57] 来寻找在曲率约束下的时间最优轨迹。尽管这种方法引入了瞬时加速度变化，使得在动态方面准确跟踪生成的路径变得困难，但可以通过反馈控制来维持在飞行中可接受的跟踪误差。在考虑到快速和敏捷飞行时，必须在轨迹生成中考虑飞行器动力学和控制输入约束，以确保生成的轨迹在动态方面是可行的，即可以在飞行中被准确跟踪。

在飞行器轨迹规划中，B-样条曲线因其参数灵活性而备受研究者青睐[79]。B-样条曲线具有光滑和连续的特性，对于飞行器路径的合理性和舒适性至关重要。此外，通过适当的参数选择和约束，B-样条轨迹规划可以满足运动学和动力学的要求，使其在轨迹规划中的

应用更为广泛，特别是在四旋翼飞行器的轨迹规划中已经广泛应用[80,81]。随着计算能力的提高，研究者们正在致力于开发实时性更好、计算效率更高的 B-样条轨迹生成方法。

微分平坦性是在 1990 年代由 Fliess 等人提出的[82]，该理论指出在某些动力学系统中，系统的所有状态和输入都可以通过一组称为"平坦输出"的变量及其导数来表示。这使得复杂的非线性系统能够被转化为更容易处理的线性系统，为解决控制问题提供了便利。该理论已广泛应用于四旋翼飞行器的高效轨迹生成和跟踪计算中[73]。尽管微分平坦性在固定翼飞行器轨迹生成中的应用主要限于运动学或简化的动力学模型，一些研究已经考虑了使用微分平坦控制的协调飞行模型进行路径生成和跟踪，以及使用飞行器运动学模型进行特技动作。例如，文献 [69] 中提出的算法是基于参考文献 [67] 中给出的微分平坦的协调飞行模型，将 Dubins 路径与横向多项式偏移结合起来，以获得平滑的轨迹。

微分平坦性为无人机轨迹跟踪带来了许多优势，如复杂模型的简化、高度动态环境中的适应性等，但仍然面临一些挑战，包括计算复杂性、模型复杂性和集成先进技术的困难[83]。然而，这些挑战也为无人机系统提供了新的机遇，例如适应性和鲁棒性的提升，更多模型的推广，以及与人工智能等技术的结合。基于微分平坦性的无人机轨迹跟踪方法为提高无人机系统性能提供了强大基础。未来，微分平坦控制在无人机领域的发展将继续面向提高算法的适应性、实时性和计算效率，同时不断扩展其应用范围，以更好地应对复杂、动态的实际环境[84]。因此，这一领域有望在控制理论和工程实践中取得更多突破性的发展。

8.2　微分平坦控制之基础实验

8.2.1　实验配置和目标

1. 配置

（1）软件：MATLAB R2020b 或以上版本。

（2）程序：实验指导包"e6/e6-1"。实验指导包中主要有：模型及控制参数初始化程序的文件"InitDatactrldf.m"，运行后可以将无人机参数导入工作区，包含完整的固定翼协调飞行模型微分平坦控制程序模块的文件"SmallFixedWingUAVdf.slx"，仿真结果绘制程序文件"DF_plot.m"，Simulink 文件中调用的旋转矩阵函数文件"ROTX.m""ROTY.m"和"ROTZ.m"。

2. 目标

（1）理解微分平坦控制原理，搭建基于协调飞行模型的微分平坦模块，掌握期望轨迹与控制输入之间的关系。

（2）进一步编写微分平坦控制代码，在 Simulink 中进行模型软件在环仿真，完成 ENU[①]坐标系下简单轨迹的微分平坦控制实验，并绘制相关实验的变化曲线。其中 ENU 坐标系下位置向量为 $[x_E \ x_N \ x_U]^{\mathrm{T}}$，速度向量为 $[v_E \ v_N \ v_U]^{\mathrm{T}}$，加速度向量为 $[a_E \ a_N \ a_U]^{\mathrm{T}}$。

---

① 东北天坐标系。在本节实验中为保持与 Simulink 中协调飞行模块一致，采用此坐标系。

8.2.2　实验步骤

基础实验主要是在"SmallFixedWingUAVdf.slx"文件中搭建期望轨迹输入模块和微分平坦控制模块，并完成基础流程。基础实验共分为三个步骤：搭建期望轨迹输入模块框架、设计并搭建微分平坦控制模块、依次连接控制器与模型。步骤一搭建简单时变轨迹输入模块，通过步骤二编写微分平坦控制方法，最终在步骤三连接控制器和模型各模块实现仿真模拟。整体模块搭建结构如图 8.14 所示，该模型主要包含四个模块，分别为：虚线框①"track"，期望轨迹输入模块，用于随时间输出期望轨迹，对应代码段 8.1；虚线框②"DF"，微分平坦控制模块，用于根据期望轨迹前馈获得微分平坦控制量，对应代码段 8.2；虚线框③控制转换模块，该模块将微分平坦控制模块输出的控制量转换为模型输入；虚线框④协调飞行模块，使用 MATLAB 中"Aerospace Blockset / Equations of Motion / Point Mas"中的"6th Order Point Mass (Coordinated Flight)"模块。

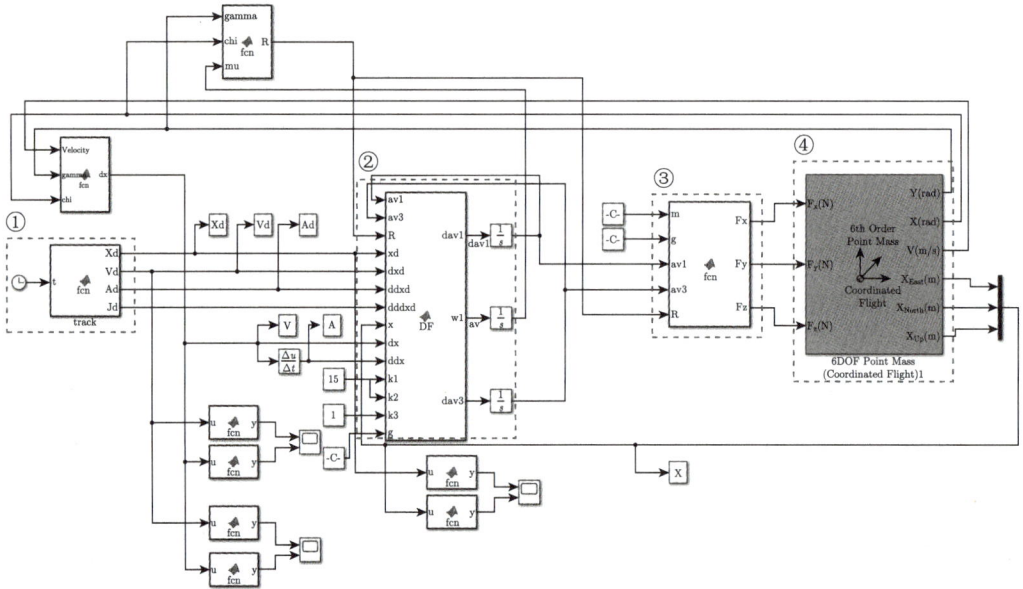

图 8.14　整体模块搭建结构，来源于"e6/e6-1/SmallFixedWingUAVdf.slx"

1. 步骤一：搭建期望轨迹输入模块框架

在实验指导包"e6-1"中的"SmallFixedWingUAVdf.slx"文件中搭建期望轨迹模块框架，如图 8.14 虚线框①模块所示。在后续的实验中，该模块用于参考轨迹跟踪的验证，在本节的基础实验中，为验证微分平坦控制的有效性，首先设计简单的时变跟踪轨迹，如代码段 8.1 所示。模块的输入是时间 t（"t"），模块的输出为时变的期望位置 $\mathbf{x}_d$（"Xd"）、速度 $\mathbf{v}_d$（"Vd"）、加速度 $\mathbf{a}_d$（"Ad"）和加加速度 $\mathbf{j}_d$（"Jd"），分别对应代码段 8.1 中示例代码的第 2~5 行。

代码段 8.1　期望轨迹输入模块，来源于 "e6/e6-1/SmallFixedWingUAVdf.slx"

```
function [Xd,Vd,Ad,Jd] = fcn(t)
    Xd=[4*t-cos(t),-0.5*cos(2*t),10+sin(t)]';
    Vd=[4+sin(t),sin(2*t),cos(t)]';
    Ad=[cos(t),2*cos(2*t),-sin(t)]';
    Jd=[-sin(t),-4*sin(2*t),-cos(t)]';
end
```

2. 步骤二：在 MATLAB Function 中设计并搭建微分平坦控制模块

为实现对期望轨迹的跟踪，依照前文介绍的微分平坦控制原理，在 "SmallFixedWingU-AVdf.slx" 文件中搭建微分平坦控制模块框架（ENU 坐标系）。模块的输入为速度坐标系中的轴向和法向加速度 a_{v1}（"av1"）与 a_{v3}（"av3"），旋转矩阵 $\mathbf{R}_b^e$（"R"）；步骤一中的期望轨迹模块输出 $\mathbf{x}_d$（"xd"）、$\mathbf{v}_d$（"dxd"）、$\mathbf{a}_d$（"ddxd"）、$\mathbf{j}_d$（"dddxd"）；固定翼当前的状态 $\mathbf{x}$（"x"）、$\mathbf{v}$（"dx"）、$\mathbf{a}$（"ddx"）以及式 (8.10) 中相关系数 k_1（"k1"）、k_2（"k2"）、k_3（"k3"）和 g（"g"），参数 k_1、k_2、k_3 如前文所述需要保证是 Hurwitz 的；模块的输出为 $\dot{a}_{v1}$（"dav1"）、$\dot{a}_{v3}$（"dav3"）和 ω_x（"w1"）。示例代码如代码段 8.2 所示，其中示例代码的第 7~9 行代表式 (8.5)，用于计算 ω_y 和 ω_z。由于坐标系考量为 ENU，所以 $\mathbf{g}=\begin{bmatrix}0 & 0 & -g\end{bmatrix}^T$。示例代码的第 11 行代表式 (8.10)，用于计算跟踪控制律。示例代码的第 13-15 行代表式 (8.9)，用于计算控制量 $\dot{a}_{v1}$、ω_x 和 $\dot{a}_{v3}$。由于在代码段中存在第 8、9、13 和 14 行之类的除法，除 0 会导致出现 "Nan" 等无效数据，因此示例代码的第 18~26 行的作用是避免程序的报错。

代码段 8.2　微分平坦控制模块，来源于 "e6/e6-1/SmallFixedWingUAVdf.slx"

```
function [dav1,w1,dav3] = DF(av1,av3,R,xd,dxd,ddxd,dddxd,x,dx,ddx,k1,k2,k3,g)
    dav1=zeros(1,1);
    w1=zeros(1,1);
    dav3=zeros(1,1);

    V = norm(dx,2);
    gv = R'*[0;0;-g];
    w2=-(av3+gv(3))/V;
    w3=gv(2)/V;

    u = dddxd + k1*(ddxd-ddx) + k2*(dxd-dx)+ k3*(xd-x);

    a = [-w2*av3;w3*av1/av3;w2*av1];
    B = [1,0,0;0,-1/av3,0;0,0,1];
    out = a + B*R'*u;

    dav1=out(1); w1=out(2); dav3=out(3);
```

```
18    if isnan(dav1)
19        dav1=0;
20    end
21    if isnan(w1)
22        w1=0;
23    end
24    if isnan(dav3)
25        dav3=0;
26    end
27 end
```

3. 步骤三：搭建基于协调飞行模型的微分平坦控制框架，并依次连接各模块

（1）首先运行模块初始化文件"InitDatactrldf.m"对模型进行参数初始化。模型初始化条件定义如代码段 8.3 所示，主要定义了在 ENU 坐标系下的位置、质量、速度和姿态参数。配置固定翼无人机初始状态，创建参数结构体"uav.ic"，其中"uav.ic.Gam"和"uav.ic.Chi"为初始俯仰角与偏航角，"uav.ic.V"为初始空速，"uav.ic.East""uav.ic.North"和"uav.ic.Up"为 ENU 坐标系下的位置，"uav.ic.Mass"为质量，"uav.ic.g"为重力加速度。

代码段 8.3　模型初始化条件定义，来源于"e6/e6-1/InitDatactrldf.m"

```
1  %% UAV
2  uav = struct;
3  %% Initial Condition
4  uav.ic = struct;
5  uav.ic.Gam = 0;
6  uav.ic.Chi = 0;
7  uav.ic.V = 4;
8  uav.ic.East = -1;
9  uav.ic.North = -0.5;
10 uav.ic.Up = 10;
11 uav.ic.Mass = 1;
12 uav.ic.g = 9.8;
```

（2）在完成上述步骤后，双击进入 Simulink 模型文件"SmallFixedWingUAVdf.slx"，依次连接期望轨迹输入模块、微分平坦控制模块，并接入固定翼协调飞行模型输入，即可完成基础实验整体模块的搭建。

（3）运行 Simulink 仿真，仿真结束后，运行绘图文件"DF_plot.m"，绘制位置、速度和加速度跟踪仿真结果分别如图 8.15、8.16 和 8.17 所示。可以看出虽然在刚开始位置跟踪误差较大，但经过一段时间后，位置跟踪误差逐渐减小。速度和加速度的期望初值和当前机体状态初值存在误差，但随着时间增加，速度和加速度的跟踪效果同样逐渐加强，也即跟踪误差逐渐减小。综上，完成了对轨迹的跟踪。可见由于加速度和速度的初值条件不完全相同，所以在仿真前段跟踪误差较大，后续逐渐收敛。在曲线的曲率变化较为急促地段，由于固定翼动态受限，可能会存在误差，因此合适的路径规划与轨迹优化对于固定翼的通行是有意义的。

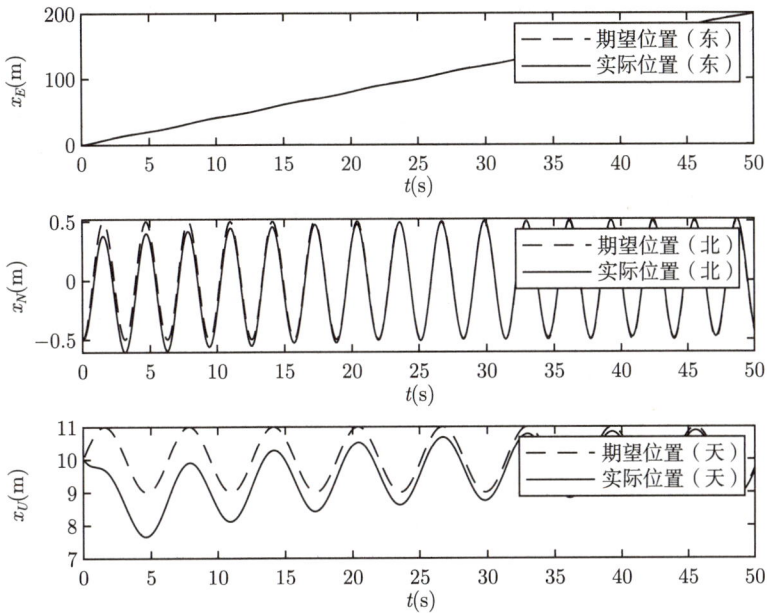

图 8.15 位置跟踪仿真结果

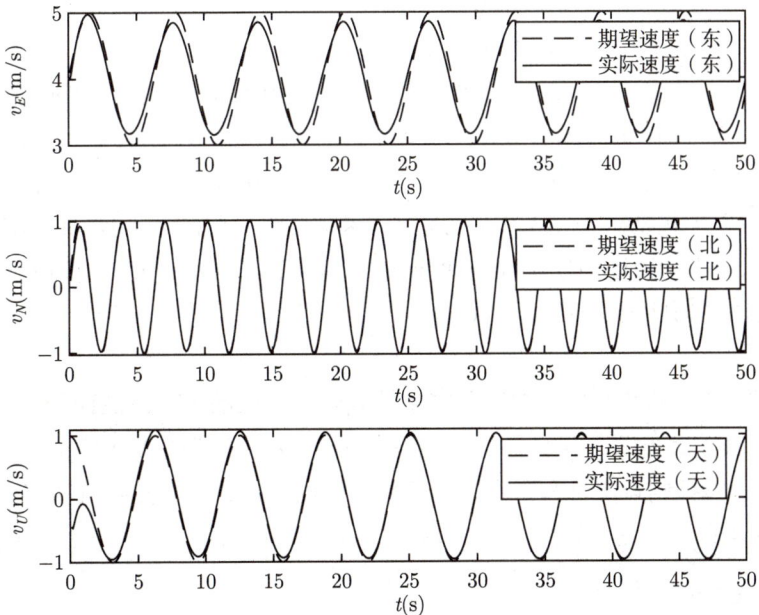

图 8.16 速度跟踪仿真结果

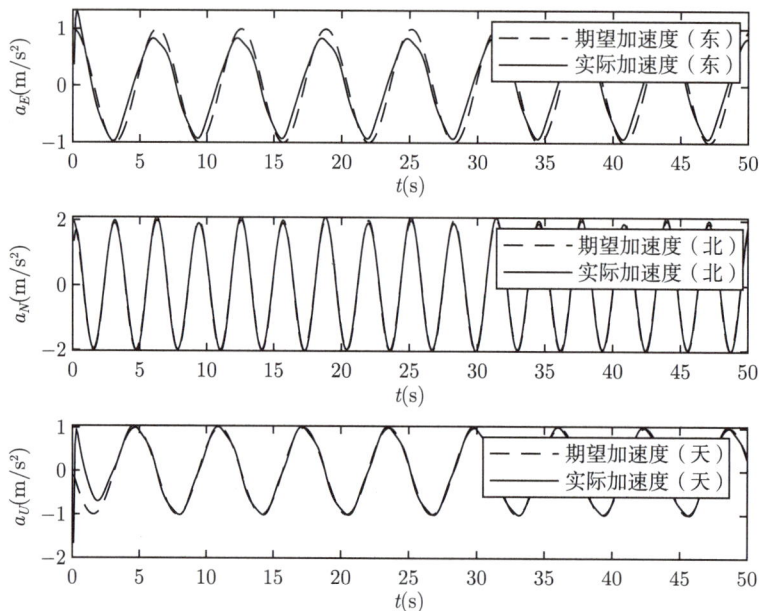

图 8.17　加速度跟踪仿真结果

8.3　微分平坦控制之分析实验

8.3.1　实验配置和目标

1. 配置

（1）软件：MATLAB R2020b 或以上版本。

（2）程序：实验指导包"e6/e6-2"。实验指导包中主要包括：贝塞尔曲线生成程序文件夹"bezir/"和 B-样条曲线生成程序文件夹"B_spline/"。文件夹"bezir/"中包含贝塞尔递推公式程序文件"generate_poly.m"和轨迹生成程序微模块"bezir_n.m"；文件夹"B_spline/"中包括用于 De Boor 迭代的函数文件"bspline_deboor.m"和求导文件"bspline_deriv.m"，用于生成 B-样条曲线文件"Bspline_main.m"，用于验证控制点向量和节点向量对轨迹影响的文件"spline.m"。

2. 目标

（1）理解贝塞尔曲线原理，编写贝塞尔曲线轨迹生成的 MATLAB 程序。

（2）理解 B-样条定义与设计原理，编写 B-样条轨迹生成的 MATLAB 程序。

（3）通过调整控制点向量和节点向量观察轨迹的变化，分析控制点和节点对 B-样条轨迹设计的影响。

8.3.2　实验步骤

分析实验主要是根据贝塞尔曲线和 B-样条的设计原理，对相应的性质进行分析与实验。分析实验共分为三个步骤：编写贝塞尔曲线轨迹生成函数、编写 B-样条轨迹生成函数

和分析不同控制点向量和节点向量对 B-样条轨迹的影响。即首先通过步骤一了解贝塞尔曲
线的设计原理，进一步在步骤二中了解 B-样条曲线的原理，最终通过步骤三充分了解 B-样
条轨迹的性质和控制点向量与节点向量的影响。

1. 步骤一：编写贝塞尔曲线轨迹生成函数

（1）基于原理部分的内容，在实验指导包 "e6-2" 内 "bezir" 文件夹内的 "bezir_n.m"
文件中，编写贝塞尔曲线轨迹生成函数。函数的输入为贝塞尔曲线的控制点向量 "points"，
函数的输出为贝塞尔曲线轨迹 "x" "y" 与时间参数 "t"。示例代码如代码段 8.4 所示。其
中，示例代码的第 6-13 行用于计算式 (8.23) 中的二项式系数，第 15~29 行代表式 (8.23)，
用于计算贝塞尔曲线轨迹。

代码段 8.4　贝塞尔曲线轨迹生成函数，来源于 "e6/e6-2/bezir/bezir_n.m"

```matlab
1  function [x, y, t] = bezir_n(points)
2      syms t;
3      % check points size
4      n = length(points) - 1;
5
6      % calculate k
7      k = [1 1];
8      for i = 1 : (n - 1)
9          a = zeros(1, i+2);
10         a = conv(k, [1 1]);
11         clear k;
12         k = a;
13     end
14
15     % calculate t
16     for i = 1 : (n + 1)
17         if i == 1
18             j = i - 1;
19             ft = (1 - t).^(n - j).*(t.^j);
20             x = points(1, i) * k(i) * ft;
21             y = points(2, i) * k(i) * ft;
22         else
23             j = i - 1;
24             ft = (1 - t).^(n - j).*(t.^j);
25             x = x + points(1, i) * k(i) * ft;
26             y = y + points(2, i) * k(i) * ft;
27         end
28     end
29 end
```

（2）设计得到贝塞尔曲线的控制点后，调用"bezir_n.m"即可生成对应的贝塞尔曲线轨迹。在程序"e6-2"内"bezir"的"generate_poly.m"文件中，设计控制点向量，并作为函数"bezir_n.m"的输入，过程如代码段 8.5 所示。

代码段 8.5　贝塞尔曲线轨迹生成函数调用，来源于"e6/e6-2/bezir/generate_poly.m"

```
1  points = [0 30 50 90 125 150 180 200 260 270;
2           0 3 3 0 -3 -3 0 3.5 2.8 0];
3  [x, y, t] = bezir_n(points);
```

使用"diff"函数即可实现贝塞尔函数的求导过程。为了便于计算和时间戳索引，使用"matlabFunction"函数转化生成的"sym"形式函数为形如 @$(t)t^2$ 的匿名函数（括号内部为自变量，后面为相应的表达式），此后输入时间戳 t 即可得到相应输出，过程如代码段 8.6 所示。

代码段 8.6　贝塞尔曲线输出转化，来源于"e6/e6-2/bezir/bezir_n.m"

```
1  dy = diff(y,t);
2  dx = diff(x,t);
3  fx = matlabFunction(x);
4  fy = matlabFunction(y);
```

（3）运行文件"generate_poly.m"，即可生成贝塞尔曲线并实现绘图，设计的贝塞尔曲线轨迹如图 8.18 所示。可以看出，所设计的贝塞尔曲线轨迹经过第一个和最后一个控制点。

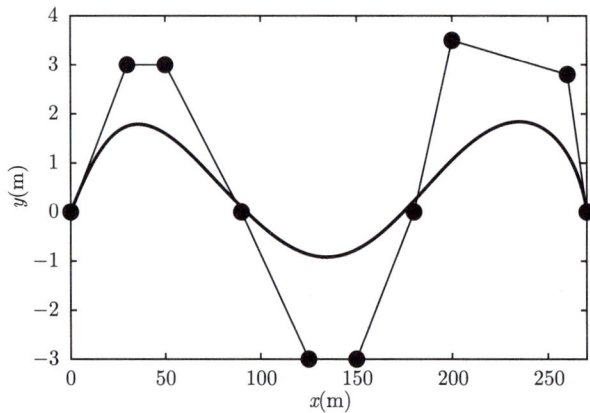

图 8.18　贝塞尔曲线样例，其中圆点表示控制点，曲线表示贝塞尔曲线轨迹

2. 步骤二：编写 B-样条轨迹生成函数

（1）基于原理部分的介绍，在程序"e6-2"的"B_spline"文件夹内"bspline_deboor.m"文件中，编写 B-样条 De Boor 迭代算法函数。函数的输入为所设计 B-样条的次数"n"，输入节点向量"t"，控制点向量"P"，采样时间序列"U"。函数的输出为对应采样时间

序列 "U" 的轨迹位置序列 "C"，示例代码如代码段 8.7 所示；第 2~12 行对应于参数和
函数输入的初始化；第 14~22 行对应于计算对应段相关联的控制点；第 24~38 行对应式
(8.28)，代表 De Boor 迭代算法函数的具体迭代过程。另外，为了获得时变轨迹的导数，比
如速度，或者更进一步得到加速度、加加速度，需要撰写 B-样条的求导函数，读者可以自
行编写，或参照软件程序包中的函数 "bspline_deriv.m" 理解学习。

代码段 8.7 B-样条 De Boor 迭代算法函数，来源于 "e6/e6-2/B_spline/bspline_deboor.m"

```
1  function [C,U] = bspline_deboor(n,t,P,U)
2      d = n;
3      m = size(P,1);  % control points dimension
4      t = t(:).';     % knot vector
5      U = U(:);
6      S = sum(bsxfun(@eq, U, t), 2);  % multiplicity of u in t (0 <= s <= d
           %+1)
7      I = bspline_deboor_interval(U,t);
8
9      Pk = zeros(m,d+1,d+1);
10     a = zeros(d+1,d+1);
11
12     C = zeros(size(P,1), numel(U));
13     for j = 1 : numel(U)
14         u = U(j);
15         s = S(j);
16         ix = I(j);
17         Pk(:) = 0;
18         a(:) = 0;
19
20         % identify d+1 relevant control points
21         Pk(:, (ix-d):(ix-s), 1) = P(:, (ix-d):(ix-s));
22         h = d - s;
23
24         if h > 0
25         % de Boor recursion formula
26             for r = 1 : h
27                 q = ix-1;
28                 for i = (q-d+r) : (q-s)
29                     a(i+1,r+1) = (u-t(i+1)) / (t(i+d-r+1+1)-t(i+1));
30                     Pk(:,i+1,r+1) = (1-a(i+1,r+1)) * Pk(:,i,r) + a(i+1,r
                        +1) * Pk(:,i+1,r);
31                 end
32             end
33             C(:,j) = Pk(:,ix-s,d-s+1);  % extract value from triangular
```

```
                      %computation scheme
34          elseif ix == numel(t)  % last control point is a special case
35          C(:,j) = P(:,end);
36          else
37          C(:,j) = P(:,ix-d);
38      end
39   end
40 end
```

（2）设计控制点向量和节点向量后，调用"bspline_deboor.m"可以实现 B-样条轨迹的生成。如代码段 8.8 所示，生成 B-样条曲线，并获得轨迹导数。其中示例代码的第 2-4 行为定义控制点向量与节点向量；第 6-8 行为计算多项式次数；第 10 行对应计算采样时间；第 11、12 行对应调用函数计算 B-样条轨迹及导数。

代码段 8.8　B-样条轨迹生成，来源于"e6/e6-2/B_spline/Bspline_main.m"

```
1  clear
2  P=[0,10,25,38,80,99,105,150,180,200;
3     0,22,26,12,46,31,15,10,37,50];
4  t=[0 0 0 0 0 1 2 3 4 5 6 6 6 6 6]*3;
5
6  m = size(t,2)-1;
7  n = size(P,2)-1;
8  p=m-n-1;
9
10 tq = linspace(t(p+1),t(m-p+1),1000); % just tq = linspace(0,1,1000) if
       %normalized
11 Y = bspline_deboor(p,t,P,tq);
12 dY = bspline_deboor_deriv(p,t,P,tq);
```

运行"B_spline"文件夹内"Bspline_main.m"可以完成 B-样条轨迹位置曲线的生成与绘制，如图 8.19 所示，可以发现绘制所得曲线为 Clamped B-样条，验证参数 $m=14$，$n=9$，$p=4$，且节点重复度如代码段 8.8 第 4 行所示为 $p+1=5$，满足 Clamped B-样条条件。

3. 步骤三：更改控制点和节点，分析不同控制点向量和节点向量对 B-样条轨迹的影响

（1）使用 MATLAB/Curve Fitting Toolbox 中的"spmak"函数可以快速根据控制点向量和节点向量生成 B-样条轨迹。这里"spmak"函数的输入为控制点向量和节点向量，输出为 B-样条结构体。之后通过函数"fnder"实现求导功能、通过函数"fnval"可以根据输入的时间节点得到样条轨迹值。示例代码如代码段 8.9 所示，"knots"表示节点向量，"ctrlpoints"表示控制点向量，"pp"为 B-样条次数，"p""dp"和"ddp"分别为生成的 B-样条轨迹及其导数轨迹和二阶导轨迹，译见文件"spline.m"。

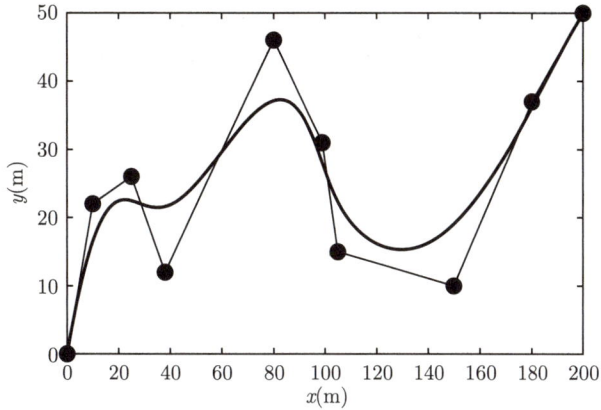

图 8.19　B-样条轨迹位置曲线，其中圆点表示控制点，曲线表示 B-样条轨迹

代码段 8.9　B-样条轨迹参数计算与输出，来源于"e6/e6-2/B_spline/spline.m"

```
1  m = length(knots)-1; % length of knots vector - 1
2  n = size(ctrlpoints,2)-1; % length of ctrlpoints vector - 1
3  pp = m-n-1; % spline order
4  p = spmak(knots,ctrlpoints); % generate B-spline
5  t = linspace(knots(pp),knots(m+1-pp),10000);
6  dp = fnder(p); % derivate
7  ddp = fnder(dp);
8  Xd = fnval(p, t);
9
10 xt = Xd(1,:);
11 yt = Xd(2,:);
```

（2）如代码段 8.10 所示，为探究 Clamped B-样条的生成条件，更改控制点向量和节点向量，绘制如图 8.20 所示曲线的 Clamped B-样条。

代码段 8.10　Clamped B-样条控制点向量和节点向量，来源于"e6/e6-2/B_spline/spline.m"

```
1  ctrlpoints=[0,6,4,-12,-6,10,30,26,36,32;
2      0,5,15,20,40,44,35,18,10,6];
3  knots=[0 0 0 1 2 3 4 5 6 7 8 8 8];% Clamped B-spline
```

上述示例控制点向量和节点向量中，$m=12$，$n=9$，$p=m-n-1=2$。可以看出，节点重复度为 $p+1=3$，满足 Clamped 条件。因此，Clamped B-样条轨迹经过第一个和最后一个控制点。

（3）如代码段 8.11 所示，为探究 Open B-样条的生成条件，更改控制点向量和节点向量，绘制如图 8.21 所示曲线的 Open B-样条。

代码段 8.11　Open B-样条控制点向量和节点向量，来源于"e6/e6-2/B_spline/spline.m"

```
1  ctrlpoints=[0,6,4,-12,-6,10,30,26,36,32;
```

```
2     0,5,15,20,40,44,35,18,10,6];
3  knots=[1 5 9 12 15 22 28 31 35 44 49 55 59 66]; % Open B-spline
```

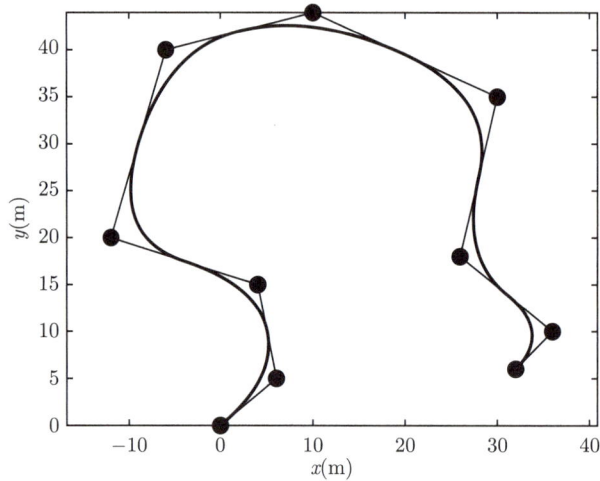

图 8.20　Clamped B-样条轨迹位置曲线，其中圆点表示控制点，曲线表示 B-样条轨迹

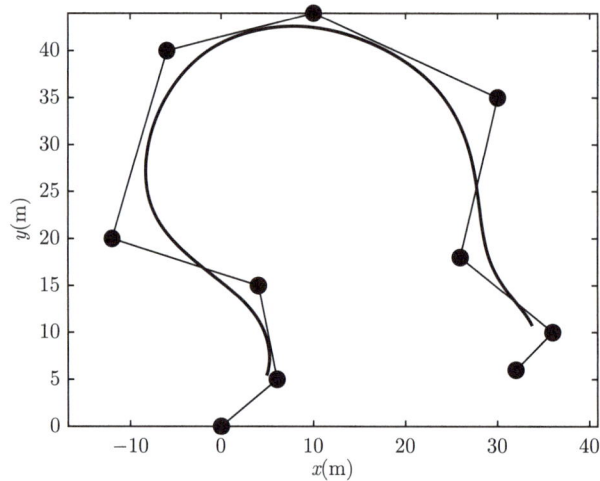

图 8.21　Open B-样条轨迹位置曲线，其中圆点表示控制点，曲线表示 B-样条轨迹

　　上述示例控制点向量和节点向量中，$m = 14$，$n = 9$，$p = m - n - 1 = 4$，与 Open B-样条的生成条件一致，因此可以得到 Open B-样条。

　　（4）如代码段 8.12 所示，为探究 Closed B-样条的生成条件，更改控制点向量和节点向量，绘制如图 8.22 所示曲线的 Closed B-样条。有许多方法来产生闭曲线。简单的一种就是"wrapping"控制点。"wrapping"控制点的具体操作为：首先设计一个均匀的含 $m + 1$ 个节点序列，然后"wrapping"前 p 个和最后 p 个控制点，如下代码段中一样，即 $\mathbf{p}_0 = \mathbf{p}_{n-p+1}, \cdots, \mathbf{p}_{p-1} = \mathbf{p}_n$。

代码段 8.12　Closed B-样条控制点向量和节点向量，来源于"e6/e6-2/B_spline/spline.m"

```
1  ctrlpoints=[0,6,4,-12,-6,10,30,26,36,32,0,6,4;
2      0,5,15,20,40,44,35,18,10,6,0,5,15];
3  knots = [0 1 2 3 4 5 6 7 8 9 10 11 12 13 14 15 16]; % Closed B-spline
```

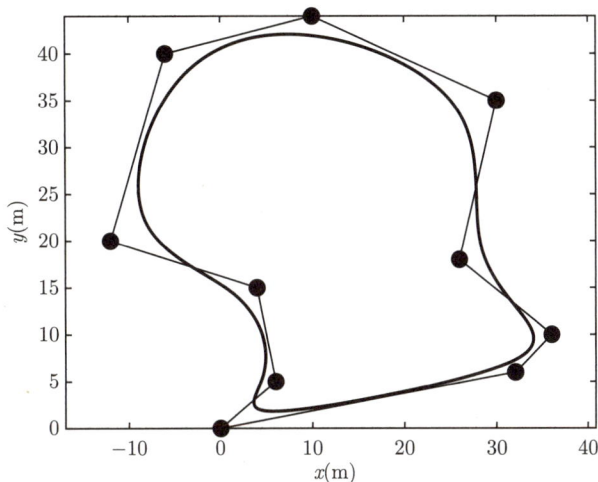

图 8.22　Closed B-样条轨迹位置曲线，其中圆点表示控制点，曲线表示 B-样条轨迹

通过上述过程可以看出，给定控制点向量和控制点向量长度 $n+1$ 后，当确定 B-样条轨迹的次数 p，即可得到节点向量的长度 $m+1 = n+p+2$。对于长度为 $m+1$ 的节点向量，如果开始和结束节点的重复度为 $p+1$，则可以设计得到 Clamped B-样条。将开始 p 个控制点同时作为最后 p 个控制点，即可得到 Closed B-样条。

8.4　微分平坦控制之设计实验

8.4.1　实验配置和目标

1. 配置

（1）软件：MATLAB R2022b 或以上版本，RflySim 工具链。RflySim 工具链提供了微小型固定翼无人机硬件在环仿真环境。

（2）程序：实验指导包"e6/e6-3"和实验指导包"e6/e6-4"。实验指导包"e6-3"中有：包含基于基础实验模型的仿真程序的"software"文件夹和包含基于固定翼无人机动态系统模型的仿真程序的"point mass"文件夹。两个文件夹中包含模型及控制参数初始化程序文件"InitDatactrl.m"，运行后可以将无人机参数导入工作区，包含轨迹规划与微分平坦控制程序模块的文件"SmallFixedWingUAVdf.slx"，仿真结果绘制程序文件"DF_plot.m"，Simulink 文件中需要调用的旋转矩阵函数文件"ROTX.m""ROTY.m"和"ROTZ.m"，设定起止点和路径搜索文件"path_search.m"，B-样条轨迹生成函数文件"bspline.m"，人工势场搜索函数文件"APF.m"，调用基于人工势场的搜索函数文件"iter_first.m"；实验指导

包 "e6-4" 中有：包含用于提前测试可行性硬件的仿真程序的前置软件程序 "software" 文件夹和硬件在环仿真程序 "hitl" 两个文件夹，文件夹中包含模型及控制参数初始化程序文件 "Init.m" 和 "InitDatactrl.m"，硬件在环仿真控制接口程序文件 "SmallFixedWingUAVupperHIL.slx"，其余文件意义同实验指导包 "e6-3"。

（3）硬件：CubePilot/Pixhawk 自驾仪，遥控器及接收机。

2. 目标

设定当前小型固定翼无人机需完成低空巡航任务，如图 8.23 所示，给定 NED[①]坐标系地图数据见表 8.1，对应 x 轴指向正北方向，y 轴指向正东方向。其中 NED 坐标系下位

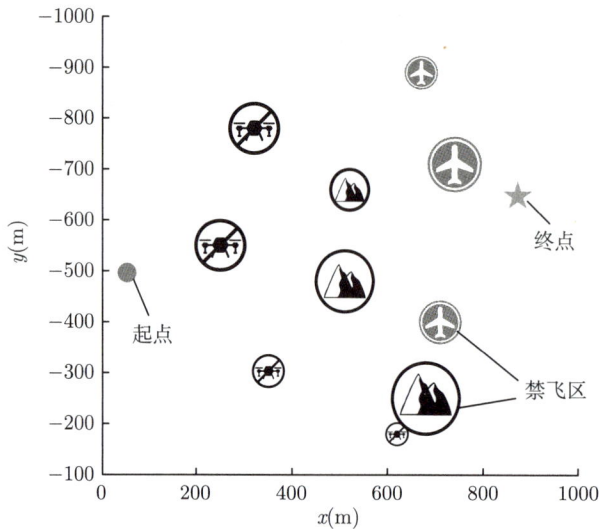

图 8.23　低空巡航任务地图

表 8.1　北东地坐标系下地图数据

类型	数据
起点	$x = 50\text{m}, y = -500\text{m}$
终点	$x = 900\text{m}, y = -650\text{m}$
限定时间	$t = 100\text{s}$
障碍物（禁飞区）	$x_1 = 350\text{m}, y_1 = -310\text{m}, r_1 = 30\text{m}$ $x_2 = 250\text{m}, y_3 = -550\text{m}, r_2 = 50\text{m}$ $x_3 = 320\text{m}, y_3 = -780\text{m}, r_3 = 50\text{m}$ $x_4 = 620\text{m}, y_4 = -180\text{m}, r_4 = 20\text{m}$
障碍物（山脉）	$x_5 = 520\text{m}, y_5 = -660\text{m}, r_5 = 40\text{m}$ $x_6 = 510\text{m}, y_6 = -480\text{m}, r_6 = 60\text{m}$ $x_7 = 680\text{m}, y_7 = -250\text{m}, r_7 = 70\text{m}$
障碍物（机场）	$x_8 = 670\text{m}, y_8 = -890\text{m}, r_8 = 30\text{m}$ $x_9 = 710\text{m}, y_9 = -400\text{m}, r_9 = 40\text{m}$ $x_{10} = 740\text{m}, y_{10} = -710\text{m}, r_{10} = 50\text{m}$

置向量为 $\mathbf{p} = [x_N\ x_E\ x_D]^{\mathrm{T}}$，速度向量为 $\mathbf{v} = [v_N\ v_E\ v_D]^{\mathrm{T}}$，加速度向量为 $\mathbf{a} = [a_N\ a_E\ a_D]^{\mathrm{T}}$。

---

① 北东地坐标系。在本节实验中为保持与书中前文模型一致采用此坐标系。

在执行任务过程中，需确保实现以下目标：

- 由起飞点出发开始任务，在回收点降落结束任务；
- 飞行过程中需要避开禁飞区，山脉和机场等区域；
- 无人机需要在限定时间内到达目的地。

8.4.2 实验设计

在设计实验中，需要基于基础实验与分析实验的内容，设计适应于已知接口的微分平坦控制模块，完成该任务算法设计。设计部分包括底层控制接口设计、基于人工势场法的路径搜索和期望轨迹设计，以及前馈反馈综合的控制器映射与设计。

8.4.2.1 底层控制接口设计

本节中固定翼的底层飞行控制与图 6.1 相似，主要分为两个层次，分别为姿态控制和高度加速度控制。闭环控制框架如图 8.24 所示，固定翼系统是一个欠驱动系统，有三个虚拟输入量（即三个期望指令：高度 H_d、纵向飞行加速度 $\dot{V}_{ad}$ 和滚转角 ϕ_d），九个输出量（位置 $\mathbf{p} \in \mathbb{R}^3$，速度 $\mathbf{v} \in \mathbb{R}^3$ 和姿态 $\mathbf{\Theta} \in \mathbb{R}^3$）和四个操纵量（升降舵偏转 δ_e、副翼偏转 δ_a、方向舵偏转 δ_r 和油门推力 T）。

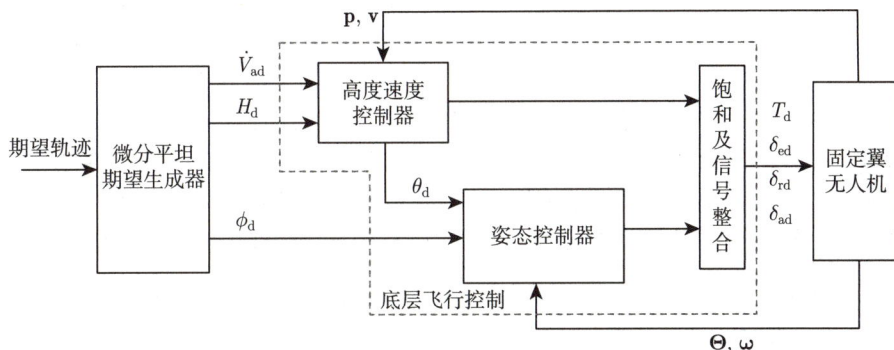

图 8.24 闭环控制框架

参考第六章式 (6.42) 可得

$$m\dot{V}_a = T\cos\alpha - f_{ax} - mg\sin\gamma \tag{8.33}$$

假设在飞行过程中，阻力 f_{ax} 保持不变，且迎角 α 和航迹倾角 γ 均较小。根据式 (8.33)，可直接获得推力前馈为

$$T_d = m\dot{V}_{ad} \tag{8.34}$$

式中 $\dot{V}_{ad}$ 可由式 (8.11) 中微分平坦的计算结果 a_{v1} 表示。

8.4.2.2 期望轨迹设计

如图 8.2 所示，针对感知层获得的障碍物地图，可以使用人工势场法、A*、RRT 等算法完成路径搜索，进而实现轨迹规划。在本实验中使用人工势场法[85,86]构建路径搜索过程。人工势场 $U(\mathbf{x})$ 包含两种力场：运动目标位置所形成的引力场 $U_{\text{att}}(\mathbf{x})$ 和障碍物所形成的斥力场 $U_{\text{rep}}(\mathbf{x})$。引力场为

$$U_{\text{att}}(\mathbf{x}) = \begin{cases} k_{\text{att}}\|\mathbf{x}_{\text{g}} - \mathbf{x}\|^2, & \|\mathbf{x}_{\text{g}} - \mathbf{x}\| \leqslant d_{\text{g}} \\ 2k_{\text{att}}d_{\text{g}}\|\mathbf{x}_{\text{g}} - \mathbf{x}\| - k_{\text{att}}\|\mathbf{x}_{\text{g}} - \mathbf{x}\|^2, & \|\mathbf{x}_{\text{g}} - \mathbf{x}\| > d_{\text{g}} \end{cases} \tag{8.35}$$

式中 $\mathbf{x} \in \mathbb{R}^3$ 表示无人机当前位置，$\mathbf{x}_{\text{g}} \in \mathbb{R}^3$ 表示目标点位置，$k_{\text{att}} > 0$ 为吸引系数，$d_{\text{g}} > 0$ 表示划分阈值，避免远离目标时吸引力过大。斥力场为

$$U_{\text{rep}}(\mathbf{x}) = \begin{cases} k_{\text{rep}}\left(\dfrac{1}{D(\mathbf{x})} - \dfrac{1}{Q}\right)^2, & D(\mathbf{x}) \leqslant Q \\ 0, & D(\mathbf{x}) > Q \end{cases} \tag{8.36}$$

式中 $k_{\text{rep}} > 0$ 为排斥系数，$D(\mathbf{x})$ 表示无人机与障碍物的距离；$Q > 0$ 表示排斥作用的作用范围，在该阈值范围之内，障碍物才会产生斥力，超出此范围则不产生斥力影响。叠加两种势场就形成了人工势场，即

$$U(\mathbf{x}) = U_{\text{att}}(\mathbf{x}) + U_{\text{rep}}(\mathbf{x}) \tag{8.37}$$

通过求人工势场的负梯度即可得到运动方向 $-\nabla U(\mathbf{x})$。

B-样条的控制点可以通过路径搜索得到。经过人工势场搜索后，可以获得一系列路径点组成的航路点向量。在本实验中将航路点作为控制点，确定待设计的 B-样条次数 p 后，根据 Clamped B-样条轨迹的设计规则，即可设计得到 Clamped B-样条轨迹作为固定翼无人机的期望轨迹输入。

8.4.2.3 控制器设计

针对第四章提供的飞行模型，进行软件在环仿真前需要应用微分平坦控制提供适应接口的输入。根据微分平坦控制的性质，平坦输出可以表示任意状态，因此给定期望的平坦输出，可以表示出任意的状态量或控制量的前馈。因此给定期望输出轨迹 $\mathbf{y} = \mathbf{x}_{\text{d}}$，需要表示出期望的控制输入 $a_{v1}, a_{v3}, \phi_{\text{d}}$。

期望旋转矩阵 $\mathbf{R}_{\text{d}}$ 的第一列如图 8.25 所示，可以由 $\mathbf{r}_1 = \dot{\mathbf{x}}_{\text{d}}/\|\dot{\mathbf{x}}_{\text{d}}\|$ 得到，因此，轴向加速度输入可以通过投影

$$a_{v1} = \mathbf{r}_1^{\text{T}}(\ddot{\mathbf{y}} - \mathbf{g}) \tag{8.38}$$

得到。与式 (8.10) 相似，增加反馈，也即设计平坦输出动态

$$\ddot{\mathbf{y}}_{\text{d}} = \ddot{\mathbf{x}}_{\text{d}} + k_4(\dot{\mathbf{x}}_{\text{d}} - \dot{\mathbf{x}}) + k_5(\mathbf{x}_{\text{d}} - \mathbf{x}) \tag{8.39}$$

式中 $k_4, k_5 > 0$。在此基础上，式 (8.38) 结合了前馈和反馈以增强跟踪效果。

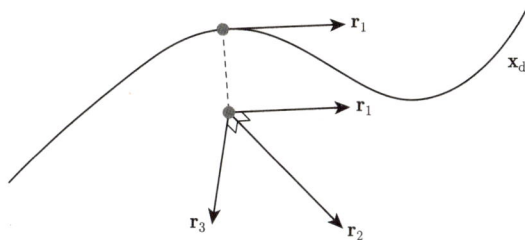

图 8.25　期望旋转矩阵 $\mathbf{R}_{\mathrm{d}}$ 的第一列

如图 8.1 所示，在协调转弯假设中仅考虑纵向平面中的加速度，因此法向加速度可以通过

$$
\begin{aligned}
\mathbf{a}_{\mathrm{n}} &= \ddot{\mathbf{y}}_{\mathrm{d}} - \mathbf{g} - a_{v1}\mathbf{r}_1 \\
&= \left(\mathbf{I} - \mathbf{r}_1\mathbf{r}_1^{\mathrm{T}}\right)\left(\ddot{\mathbf{y}}_{\mathrm{d}} - \mathbf{g}\right)
\end{aligned}
\tag{8.40}
$$

得到，其中式 (8.38) 被使用。参考图 8.25，可以得到 $a_{v3} = \|\mathbf{a}_{\mathrm{n}}\|$，进一步 $\mathbf{r}_3 = \mathbf{a}_{\mathrm{n}}/a_{v3}$。因此通过 $\mathbf{r}_2 = \mathbf{r}_3 \times \mathbf{r}_1$，可求得 $\mathbf{R}_{\mathrm{d}} = [\mathbf{r}_1|\mathbf{r}_2|\mathbf{r}_3]$，从而得到了期望的旋转矩阵。在此基础上可以得到期望滚转角前馈

$$
\phi_{\mathrm{d}} = \operatorname{atan2}\left(\mathbf{r}_2\left(3\right), \mathbf{r}_3\left(3\right)\right)
\tag{8.41}
$$

式中 $\mathbf{r}_2\left(3\right) = \sin\phi\cos\theta$，$\mathbf{r}_3\left(3\right) = \cos\phi\cos\theta$。

在本章中，固定翼无人机的微分平坦控制基于简化模型 [式 (8.2)]。因此，在设计实验中，因为仿真中使用较为复杂的被控模型，需要增加必要的反馈以补偿不确定性因素。在本节中，为实现滚转角作为前馈时对固定翼航向的稳定跟踪，设计偏航反馈作为滚转角的补偿。

固定翼无人机的横航向姿态运动以副翼控制（滚转通道控制）为主，方向舵控制（偏航通道控制）起到消除侧滑作用。根据式 (4.63)，对期望滚转角 ϕ_{d} 进行线性化，滚转角与偏航角速率的变化量可以转换表示为

$$
\dot{\psi} \approx \dot{\psi}_{\mathrm{d}} + \frac{g}{V_{\mathrm{a}}}\left(\phi - \phi_{\mathrm{d}}\right)
\tag{8.42}
$$

式中 ψ 表示当前偏航角，ψ_{d} 表示期望偏航角，计算公式为

$$
\psi_{\mathrm{d}} = \operatorname{atan2}\left(\mathbf{r}_1\left(2\right), \mathbf{r}_1\left(1\right)\right)
\tag{8.43}
$$

式中 $\mathbf{r}_1\left(1\right) = \cos\theta\cos\psi$，$\mathbf{r}_1\left(2\right) = \cos\theta\sin\psi$。因此，在偏航存在跟踪误差 $\Delta\psi = \psi - \psi_{\mathrm{d}}$ 的情况下，可以通过增加反馈，控制滚转角对偏航进行补偿，即

$$
\phi_{\mathrm{c}} = \phi_{\mathrm{d}} + \Delta\phi_{\mathrm{d}}
\tag{8.44}
$$

式中 ϕ_c 表示实际输入给滚转通道的期望，$\Delta\phi_d$ 表示偏航误差对应的滚转角补偿，可以根据

$$\Delta\dot{\psi} \approx \frac{g}{V_a}\Delta\phi_d \tag{8.45}$$

获得，式中 $\Delta\dot{\psi} = \dot{\psi} - \dot{\psi}_d$ 表示偏航角速率跟踪误差。

为保证偏航的稳定跟踪，即实现 $\lim_{t\to\infty}\|\Delta\psi(t)\| = 0$。接下来需要基于式 (8.45)，设计滚转角的补偿量 $\Delta\phi_d$，使得偏航角速率满足动态

$$\Delta\dot{\psi} = -k_\psi\Delta\psi \tag{8.46}$$

式中 $k_\psi > 0$ 为偏航角反馈增益。在此基础上，结合式 (8.45) 与式 (8.46)，可以得到滚转角反馈补偿量为

$$\Delta\phi_d = -k_\psi\frac{V_a}{g}\Delta\psi \tag{8.47}$$

8.4.3　实验步骤

设计实验的主要目标是满足提出的任务需求。设计实验共分为四个步骤：构建期望轨迹、修改微分平坦控制模块、软件在环仿真和硬件在环仿真。首先，在步骤一中基于人工势场法搜索得到的路径构建 B-样条期望轨迹；然后在步骤二中基于实验设计的理论分析部分进行微分平坦控制模块的修改，并在步骤三中进行软件在环仿真实验进行算法验证；最后在步骤四中，使用 RflySim 工具链，配合 CubePilot/Pixhawk 自驾仪、遥控器以及接收机等硬件，进行硬件在环的仿真实验。这一步骤旨在通过实际硬件设备与仿真环境的结合，验证所设计算法的可行性与准确性。整个实验流程涉及到软件仿真和硬件在环仿真的有机结合，旨在全面验证算法设计的有效性。这样的设计方案将有助于提升控制算法的性能，并为实际应用提供可靠的技术支持和指导。

1. 步骤一：构建 B-样条期望轨迹

在实验指导包 "e6-3" 中使用人工势场法完成上述地图情况下的路径搜索。人工势场法的输入为起点 "start"、终点 "target"、障碍物位置与大小参数 "obs"、步长 "step"、计算次数上限 "countMax"、吸引参数 "kAttr"、排斥参数 "kRep"、障碍物缩放尺度 "kObs" 等，输出为搜索得到的路径 "result" 和障碍物相关参数 "obs"，如代码段 8.13 所示。具体实现见软件包内 "APF" 文件。

代码段 8.13　人工势场法函数调用，来源于 "e6/e6-3/APF.m"

```
1    [result, obs] = APF(start, target, obs, step, countMax, kAttr, kRep,
         kObs)
```

根据所得的搜索路径，通过 B-样条进行轨迹规划，其中 "ctrlpoints" 为控制点向量，"stoptime" 为轨迹终止时间，"knots" 为节点向量，"p" 为生成的 B-样条轨迹，过程如代码段 8.14 所示，得到如图 8.26 所示的期望轨迹。

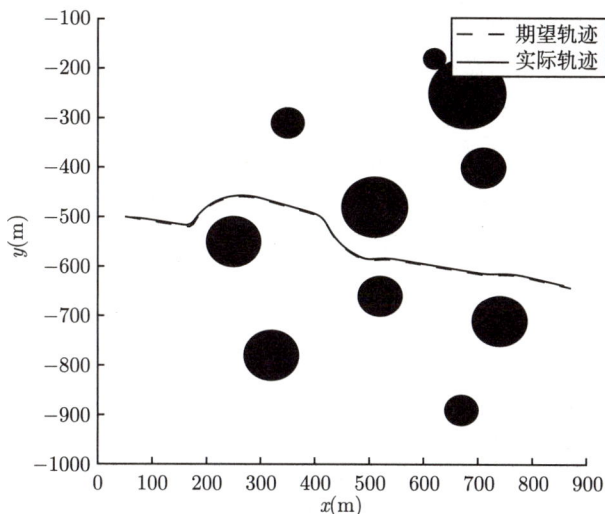

图 8.26　期望轨迹与实际轨迹

代码段 8.14　基于人工势场法生成 B-样条轨迹，来源于 "e6/e6-3/bspline.m"

```
1  ctrlpoints=[xd';yd'];
2  n = size(ctrlpoints,2)-1;
3  pp = 3;
4  m = 1+pp+n;
5
6  stoptime = 200;
7  t1 = zeros([1,pp+1]);
8  t3 = stoptime*ones([1,pp+1]);
9  t2 = linspace(0,stoptime,m+1-2*pp-2);
10
11 knots=[t1, t2, t3]*3;
12
13 p = spmak(knots,ctrlpoints);%生成B-样条函数
```

通过如代码段 8.15 所示的示例代码得到 Simulink 时变期望轨迹 "xts" 和 "yts"，参照 "bspline.m" 文件得到导函数轨迹。

代码段 8.15　Simulink 时变期望轨迹，来源于 "e6/e6-3/bspline.m"

```
1  t = linspace(knots(pp+1),knots(m-pp+1),10000);
2  Xd = fnval(p, t);
3
4  xt = Xd(1,:);
5  yt = Xd(2,:);
6  xts = timeseries(xt,t);
7  yts = timeseries(yt,t);
```

2. 步骤二：针对接口修改微分平坦控制模块

经过上述推导后重新编写微分平坦控制代码，示例代码如代码段 8.16 所示。模块的输入为步骤一中的期望轨迹模块输出"xd""dxd""ddxd"，固定翼当前的状态"x""dx"以及重力加速度"g"，输出为加速度 a_{v1}（"av1"）、高度"H_z"、偏航角"yaw"、滚转角"roll"。其中，第 2 行对应 r_1 的求解，第 3 行对应式 (8.38)，第 5、6 行对应式 (8.40)，第 9-13 行对应式 (8.41) 和式 (8.43) 姿态角的求解过程，同样，第 15-23 行是为了避免除 0 导致的数据无效（"Nan"）。

代码段 8.16　基于特定接口重新设计微分平坦控制，来源于"e6/e6-3/SmallFixedWingUAVdf.slx"

```
1   function [av1,Hz,yaw,roll] = DF(xd,dxd,ddxd,x,dx,g)
2       r1 = (dxd)/norm(dxd);
3       av1 =   r1'*(ddxd-[0;0;g]+3*(dxd-dx)+0.1*(xd-x));
4
5       an = (eye(3)-r1*r1')*(ddxd-[0;0;g]);
6       av3 = -(norm(an));
7
8       Hz = xd(3);
9       r3 = an/av3;
10      r2 = cross(r3,r1);
11
12      yaw = atan2(r1(2),r1(1));
13      roll = atan2(r2(3),r3(3));
14
15      if isnan(av1)
16          av1=0;
17      end
18      if isnan(Hz)
19          Hz=0;
20      end
21      if isnan(yaw)
22          yaw=0;
23      end
24  end
```

3. 步骤三：在 MATLAB/Simulink 中进行软件在环仿真

（1）打开"SmallFixedWingUAVdf.slx"，将步骤二中的模块输出接入第四章搭建的模型中，如图 8.27 所示，该模型包含四个模块，分别为：虚线框① "track1"，轨迹输入模块，用于随时间输出期望轨迹，对应代码段 8.15；虚线框② "DF"，微分平坦控制模块，基于实验设计中的分析，根据期望轨迹前馈获得微分平坦控制量，对应代码段 8.16；虚线框③反馈模块，根据式 (8.42) 设计反馈控制，构建前馈-反馈控制；虚线框④模型状态获取模块，根据第四章的固定翼模型，获取无人机当前的状态反馈量。

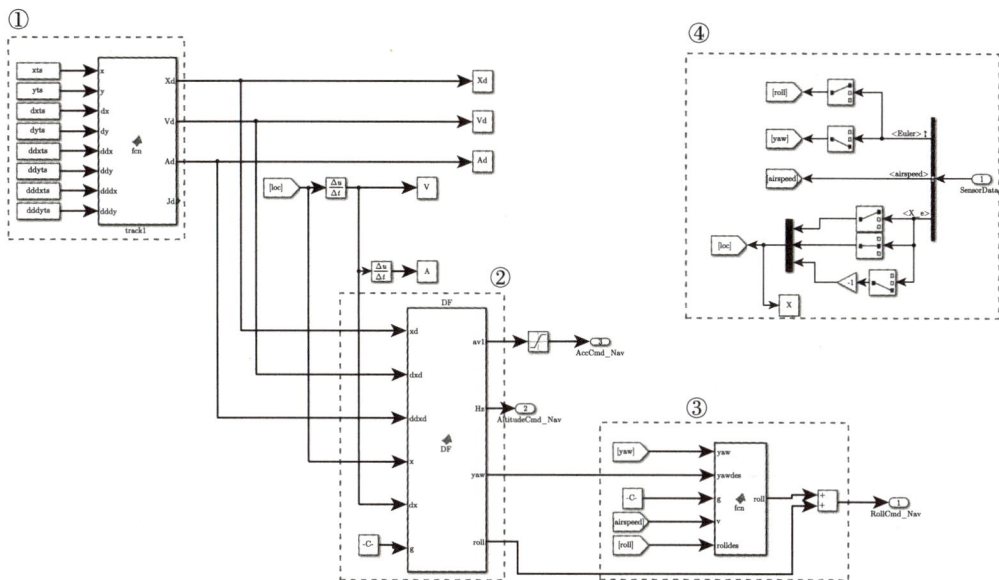

图 8.27　微分平坦控制量输出模型，来源于"e6/e6-3/SmallFixedWingUAVdf.slx"

（2）运行文件"InitDatactrl.m"进行初始化，包括参数初始化，以及路径搜索和 B-样条轨迹规划等过程。

（3）打开"SmallFixedWingUAVdf.slx"并运行软件在环仿真。

（4）运行"DF_plot.m"文件进行仿真结果可视化。实际曲线与跟踪的期望曲线的对比如图 8.26 所示。位置曲线、速度曲线、加速度曲线的跟踪效果分别如图 8.28、8.29 和 8.30

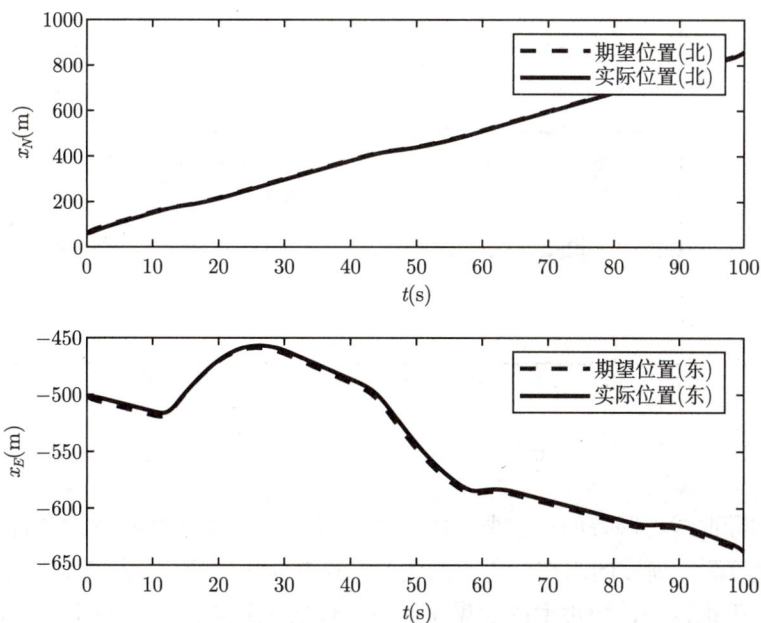

图 8.28　位置曲线的跟踪效果

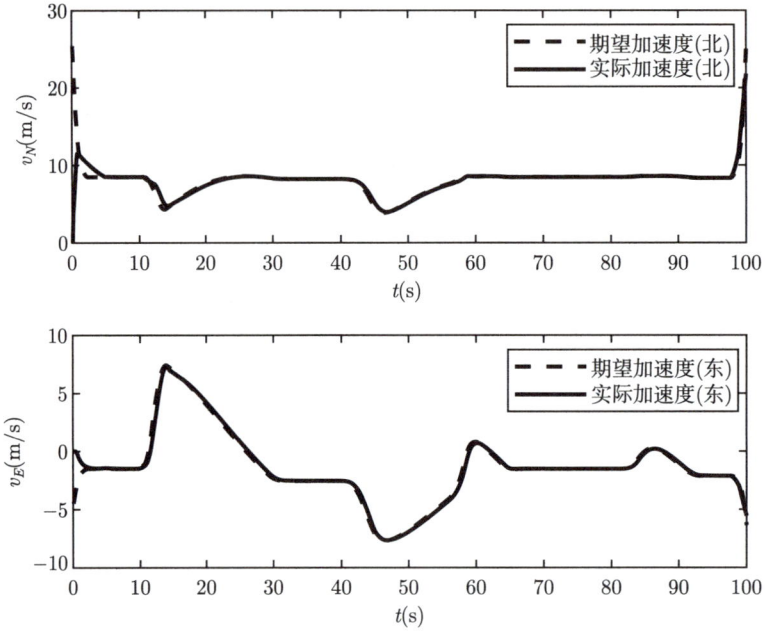

图 8.29　速度曲线的跟踪效果

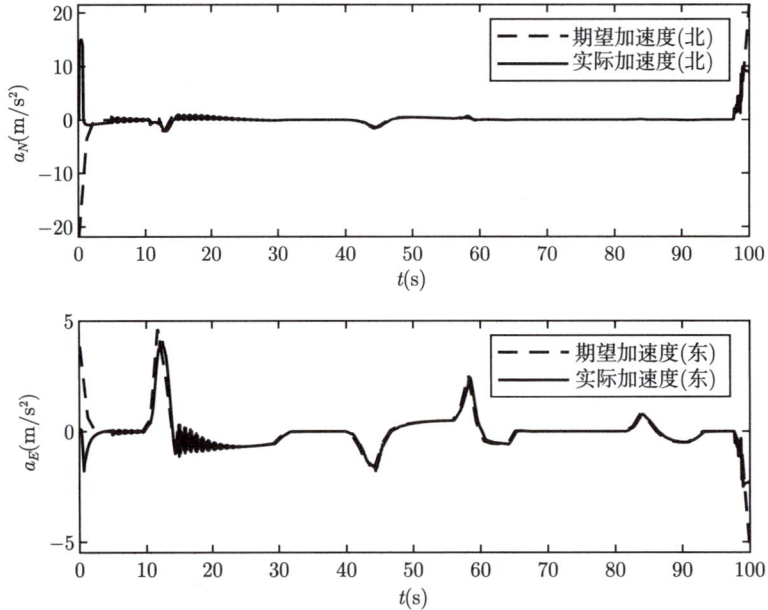

图 8.30　加速度曲线的跟踪效果

所示。根据实际曲线与跟踪的期望曲线的对比可以看出，微分平坦控制实现了对期望轨迹的跟踪，对速度和加速度的跟踪，由于期望曲线存在较大的变化，因此跟踪存在一定误差。

　　基于微分平坦控制，微小型固定翼无人机可以实现轨迹跟踪。相比于对航路点的跟踪控制，这种方法实现了对航路点在时间维度上进行规划和控制。基于上述过程，微小型固定翼无人机可以实现更具机动性的飞行动作和时变轨迹的高精度跟踪。

4. 步骤四：在 RflySim 工具链上进行硬件在环仿真实验

硬件在环仿真布置如图 8.31 所示。

图 8.31　硬件在环仿真布置

（1）打开软件实验包"e6-4"中的"hitl"文件夹。首先运行初始化文件"Init.m"，打开"SmallFixedWingUAVupperHIL.slx"，单击"建模"栏的"模型资源管理器"，如图 8.32 所示。

图 8.32　打开模型资源管理器

（2）单击如图 8.33 所示的"Model Workspace"，在模型工作区选择"MAT 文件"，并单击浏览选择"e6-4/hitl/desire.mat"，该文件用于存放期望的轨迹存储数据，便于硬件在环的实现。

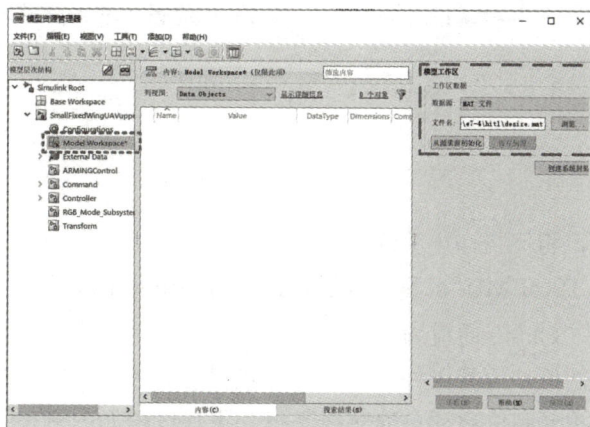

图 8.33　导入数据

（3）单击如图 8.34 所示工具栏中的"Simulink Parameter"，并在下方重命名"Name"栏的变量名为"x"，并在"value"栏输入"DD"进行赋值。

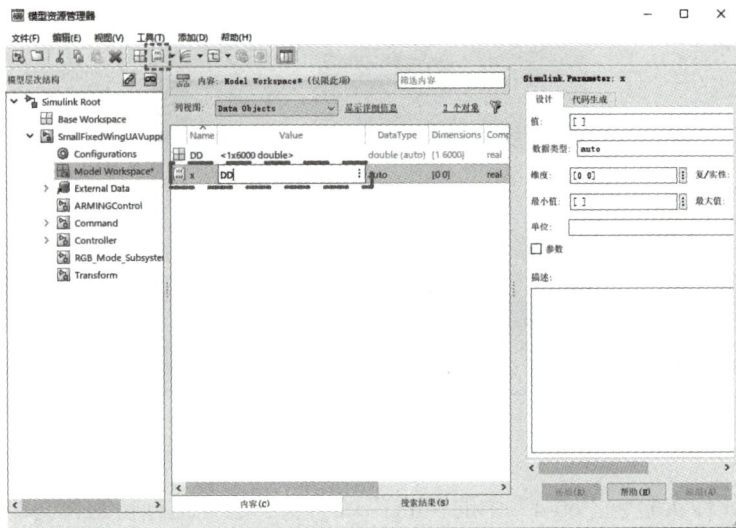

图 8.34　更改名称

（4）在 Simulink 页面单击保存，出现图 8.35 所示的确认框，单击"是"。

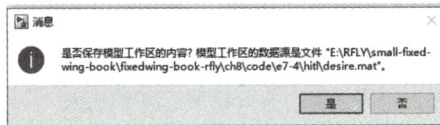

图 8.35　确认框

（5）在工具栏中单击"Build"对当前程序进行编译，如图 8.36 所示。

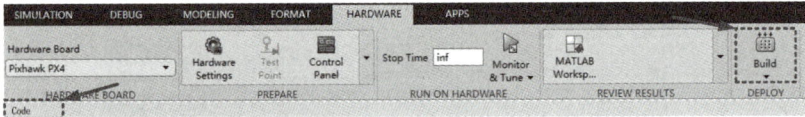

图 8.36　编译

（6）成功编译后，将飞控与电脑连接，单击图 8.36 工具栏中的"Code"，选择"PX4 PSP Upload code to PX4FMU"，将代码烧录到 CubePilot/Pixhawk 飞控中。

（7）程序中设置"Ch6"通道为高位启动自动航线飞行，因此在开始仿真前保证遥控器"Ch6"通道处于低位。等待硬件在环仿真环境启动完成后，首先在 QGC 中解锁无人机，然后将"Ch6"拨至高位启动自动航线飞行。飞行过程如图 8.37 所示。QGC 中的飞行记录如图 8.38 所示。

图 8.37 飞行过程

图 8.38 QGC 中的飞行记录

8.5 课后习题

1. 参考文献 [78]，针对设计实验，建立如式 (8.32) 所示的优化模型，规划满足目标函数的曲线，在规划过程中请注意固定翼的飞行性能，如曲率变化不能太大等。

2. 目前采用微分平坦算法控制有跟踪误差，请改进控制算法提高跟踪性能，比如改进式 (8.10)。

3. 在前文的实验与介绍中，采取了反馈与前馈结合的形式对固定翼进行控制。针对设计实验，试对式 (8.34) 或式 (8.47) 进行修改，体会不同反馈条件的影响以及合理设计反馈的必要性。

4. 除 B-样条曲线外，经典的多项式轨迹规划算法 [式 (8.14)] 包含最小"加加加速度"轨迹优化等方式，也即 Minimum Snap[73]。该种轨迹常使用简单的多项式对曲线进行表示，并对参数进行优化以实现优化目标。目前此种算法多被应用于多旋翼，而最小"加加加速度"轨迹优化的形式与固定翼的飞行性质有相符性，试根据 [73] 设计优化轨迹，并重新完成设计实验。

5. 基于第七章的知识可得出 Dubins 曲线较为适宜固定翼飞行，试根据参考文献 [69]，基于 Dubins 曲线进行轨迹规划，并完成微分平坦控制实验。

6. 本章对固定翼模型进行了一定的简化，因此在实际控制中难免可能会产生较大误差。基于固定翼飞行器的特点，可以规划小曲率的路径以避免较大的控制量变化。如图 8.39 所示，对赛道进行采样得到 $[l_1 \ l_2 \ l_3 \ \cdots l_n]^{\mathrm{T}} \in \mathbb{R}^n$，且段间长度相等。对第 i 个采样点，可以得到左边界点 $[x_{li} \ y_{li}]^{\mathrm{T}}$ 和右边界点 $[x_{ri} \ y_{ri}]^{\mathrm{T}}$。因此赛道内任意采样点上的位置可以表示为

$$
\begin{aligned}
\mathbf{p}_i &= [x_{ri} + m_i(x_{li} - x_{ri}) \ \ y_{ri} + m_i(y_{li} - y_{ri})]^{\mathrm{T}} \\
&= [x_{ri} + m_i \Delta x_i \ \ y_{ri} + m_i \Delta y_i]^{\mathrm{T}}
\end{aligned} \tag{8.48}
$$

式中 $m_i \in [0,1]$ 代表给定位置所占的通行区域横截面宽度 L 的比例。由于路径可以由一系列离散点连接，因此获取所需路径（最小曲率路径）可以简化为获取向量 $\overline{\mathbf{m}} = [m_1 \quad m_2 \quad \cdots \quad m_n]^{\mathrm{T}}$。

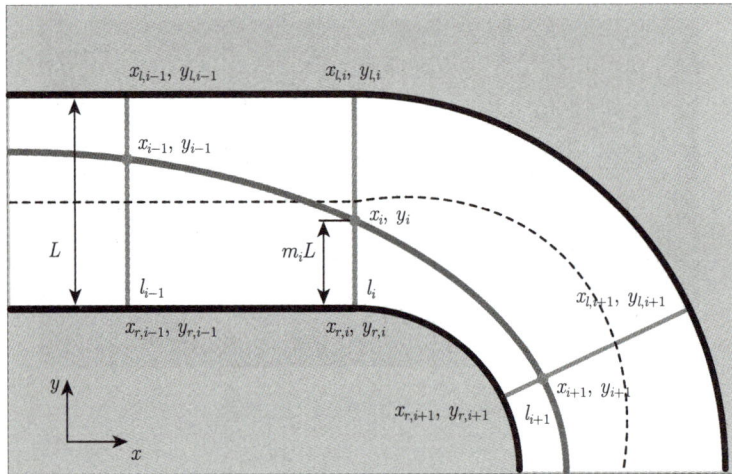

图 8.39　通行区域表示

在求解过程中，使用二次样条曲线进行轨迹近似以避免曲率的不连续，表示为

$$
\begin{aligned}
x_i(t) &= a_{i,x} + b_{i,x}t + c_{i,x}t^2 \\
y_i(t) &= a_{i,y} + b_{i,y}t + c_{i,y}t^2
\end{aligned} \tag{8.49}
$$

式中 $t = 2(l - l_i)/(l_{i+1} - l_{i-1}) \in [-1, 1)$ 为轨迹参数。由于曲率的平方与轨迹的二阶导数的平方成正比关系，因此最小化曲率问题定义为

$$
\min_{\overline{\mathbf{m}}} \sum_{i=2}^{n-1} c_{i,x}^2 + c_{i,y}^2 \tag{8.50}
$$

$$
\text{s.t. } 0 \leqslant m_i \leqslant 1
$$

试基于上述定义，完成最小曲率路径的求解，并重新完成设计实验。

第九章 图像伺服对接控制实验

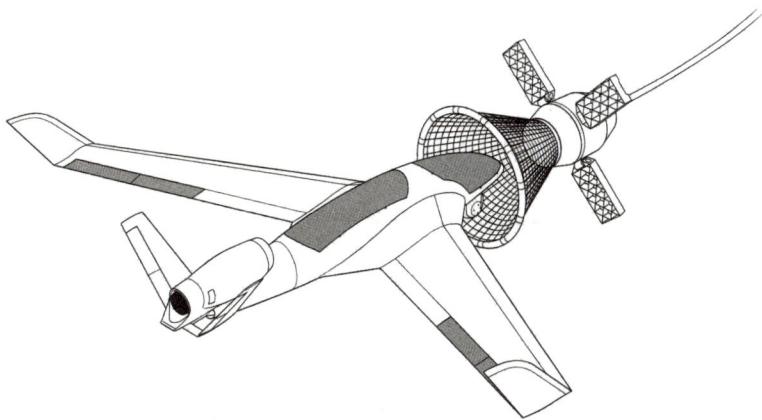

    图像伺服 (Image-Based Visual Servo, IBVS)，是指通过光学装置和非接触传感器自动接收和处理真实物体的二维图像，通过二维图像反馈的信息，来进一步控制或相应的自适应调整机器人的行为。对于固定翼无人机而言，图像伺服可以用于实现自动空中加油对接和无人机自动回收对接。本章将以自动空中对接为目标，展开理解固定翼无人机的图像伺服控制相关实验。本章包括四个部分：基础实验、分析实验、设计实验以及硬件在环仿真实验。在基础实验中，读者将了解如何使用图像伺服控制来完成自动空中对接任务；在分析实验中，读者将分析图像伺服控制中一些关键参数对控制效果的影响，并分析图像伺服和位置伺服 (Position-Based Visual Servo, PBVS) 这两种常用的视觉伺服控制方法的区别；在设计实验中，读者将基于固定翼无人机的顶层控制接口，设计图像伺服控制算法，完成自动空中加油对接任务；最后，完成相应的硬件在环仿真。请扫描前言处的二维码获取。

9.1　图像伺服对接控制实验之实验原理

基于成本的考虑，一些高价值无人机在任务完成后需要被母舰回收再利用。常见的空中回收方法是：从母舰下放缆绳和缆绳末端的伞套，无人机被控使得机上锥管插入伞套完成锁定，如图 9.1 所示。之后缆绳回收到指定位置使得无人机能被母舰机械臂抓回母舰，如图 9.2 所示。这个对接控制任务也非常类似于固定翼无人机空中加油对接。然而，空中对接受大气干扰且精度要求极高，因此对接控制面临很大挑战。本章以固定翼无人机空中加油为例，介绍图像伺服控制技术，包括目标识别、定位和对接控制。

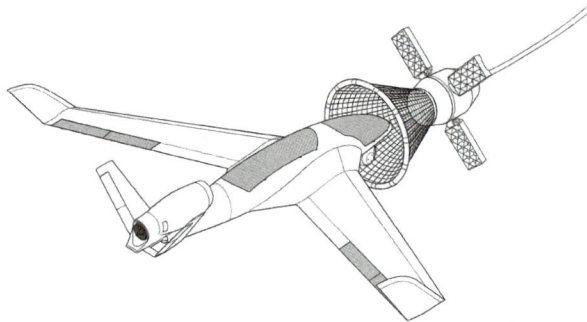

图 9.1　无人机空中回收装置

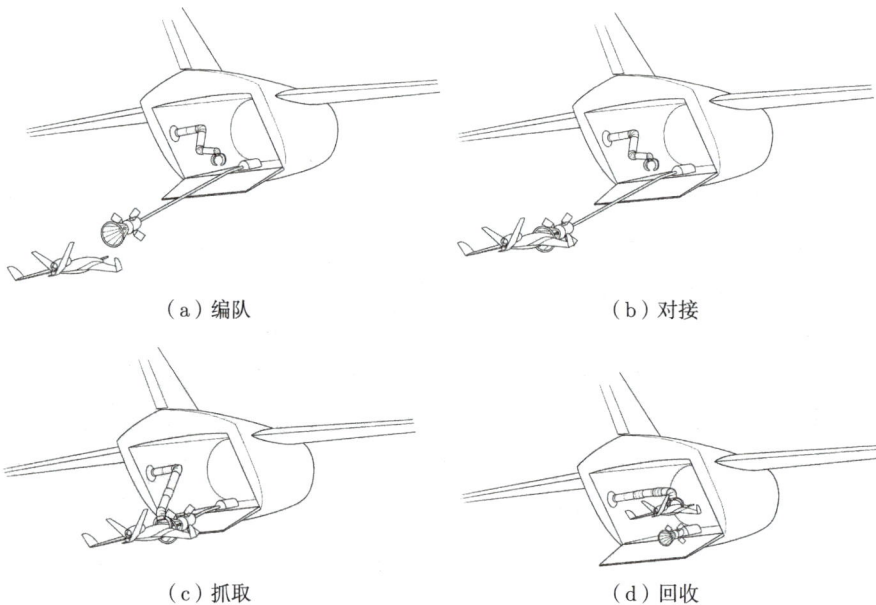

（a）编队　　　　　　　　　　　　（b）对接

（c）抓取　　　　　　　　　　　　（d）回收

图 9.2　无人机回收过程

9.1.1　图像伺服控制基本原理

本章的图像伺服控制是利用相机数据来控制机器人运动的方法。相机固定安装在机器人上，从而使得相机随着机器人的运动而运动，进而产生变化的图像。图像伺服控制的目

的是使得图像跟踪误差最小，而图像跟踪误差 $\mathbf{e}(t) \in \mathbb{R}^2$ 定义为

$$\mathbf{e}(t) = \mathbf{s}(\mathbf{m}(t), \mathbf{a}) - \mathbf{s}^* \tag{9.1}$$

式 (9.1) 是一种较为泛化的表示，其中向量 $\mathbf{m}(t) \in \mathbb{R}^2$ 是图像测量信息（例如图像坐标系中的目标点坐标或目标物体质心的坐标）。这些图像测量信息被用于计算视觉特征 $\mathbf{s}(\mathbf{m}(t), \mathbf{a})$，式中 $\mathbf{a}$ 用来表征系统的先验知识的参数（例如相机的内参矩阵或者物体 3D 模型），向量 $\mathbf{s}^* \in \mathbb{R}^2$ 表示这些视觉特征的期望值。

首先给出视觉特征 $\mathbf{s}$ 与相机运动速度 $\bar{\mathbf{v}}_c = [\mathbf{v}_c^{\mathrm{T}} \ \omega_c^{\mathrm{T}}]^{\mathrm{T}}$ 的关系为

$$\dot{\mathbf{s}} = \mathbf{L_s}\bar{\mathbf{v}}_c \tag{9.2}$$

式中 $\mathbf{L_s}$ 被称为与 $\mathbf{s}$ 相关的特征雅可比矩阵，$\mathbf{v}_c$ 是相机坐标系原点的瞬时线速度，ω_c 是相机坐标系的角速度。

根据式 (9.1) 和式 (9.2)，可得误差 $\mathbf{e}(t)$ 与相机运动速度 $\bar{\mathbf{v}}_c$ 的关系为

$$\dot{\mathbf{e}} = \mathbf{L_e}\bar{\mathbf{v}}_c \tag{9.3}$$

式中 $\mathbf{L_e} = \mathbf{L_s}$。将 $\bar{\mathbf{v}}_c$ 作为机器人的控制器输入，如果希望使误差 $\mathbf{e}(t)$ 按照指数收敛（即 $\dot{\mathbf{e}} = -\lambda\mathbf{e}$），则可以令

$$\bar{\mathbf{v}}_c = -\lambda\mathbf{L_e}^+\mathbf{e} \tag{9.4}$$

式中 $\mathbf{L_e}^+ = (\mathbf{L_e}^{\mathrm{T}}\mathbf{L_e})^{-1}\mathbf{L_e}^{\mathrm{T}}$。

在实际应用中，需要推导或估计出 $\mathbf{L_s}$，进而完成图像伺服控制器的设计。接下来进行经典的图像伺服控制问题中 $\mathbf{L_s}$ 的推导。

如图 9.3 所示，$o_c x_c y_c z_c$ 是相机坐标系，记为 "c"，$o_i x_i y_i$ 是图像坐标系, 记为 "i"。将目标点（本章指锥套圆心，因此下标记为 "d"）在相机坐标系中的坐标定义为 $\mathbf{p}_d^c = [x_d^c \ y_d^c \ z_d^c]^{\mathrm{T}}$，它在图像中被投影为一个二维点，坐标为 $\mathbf{p}_d^i = [x_d^i \ y_d^i]^{\mathrm{T}}$。图像中的图像跟踪误差 $\mathbf{e}$ 定义为

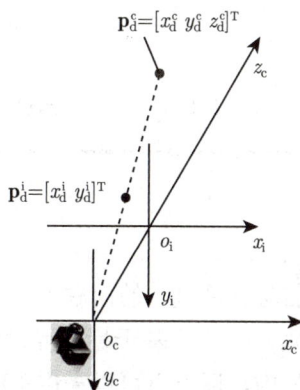

图 9.3 图像伺服控制涉及的坐标系

$$\mathbf{e} = \begin{bmatrix} e_x \\ e_y \end{bmatrix} = \begin{bmatrix} x_{\mathrm{d}}^{\mathrm{i}} - x_{\mathrm{o}}^{\mathrm{i}} \\ y_{\mathrm{d}}^{\mathrm{i}} - y_{\mathrm{o}}^{\mathrm{i}} \end{bmatrix} \tag{9.5}$$

式中 $(x_{\mathrm{o}}^{\mathrm{i}}, y_{\mathrm{o}}^{\mathrm{i}})$ 是图像中的一个固定点，称为图像的收敛点。对式 (9.5) 求导可得

$$\dot{\mathbf{e}} = \begin{bmatrix} \dot{e_x} \\ \dot{e_y} \end{bmatrix} = \begin{bmatrix} \dot{x}_{\mathrm{d}}^{\mathrm{i}} \\ \dot{y}_{\mathrm{d}}^{\mathrm{i}} \end{bmatrix} \tag{9.6}$$

根据小孔成像原理可得

$$\begin{cases} x_{\mathrm{d}}^{\mathrm{i}} = \dfrac{x_{\mathrm{d}}^{\mathrm{c}}}{z_{\mathrm{d}}^{\mathrm{c}}} \\ y_{\mathrm{d}}^{\mathrm{i}} = \dfrac{y_{\mathrm{d}}^{\mathrm{c}}}{z_{\mathrm{d}}^{\mathrm{c}}} \end{cases} \tag{9.7}$$

对式 (9.7) 微分可得

$$\begin{cases} \dot{x}_{\mathrm{d}}^{\mathrm{i}} = \dfrac{\dot{x}_{\mathrm{d}}^{\mathrm{c}}}{z_{\mathrm{d}}^{\mathrm{c}}} - \dfrac{x_{\mathrm{d}}^{\mathrm{c}} \dot{z}_{\mathrm{d}}^{\mathrm{c}}}{z_{\mathrm{d}}^{\mathrm{c}\,2}} = \dfrac{\dot{x}_{\mathrm{d}}^{\mathrm{c}} - x_{\mathrm{d}}^{\mathrm{i}} \dot{z}_{\mathrm{d}}^{\mathrm{c}}}{z_{\mathrm{d}}^{\mathrm{c}}} \\ \dot{y}_{\mathrm{d}}^{\mathrm{i}} = \dfrac{\dot{y}_{\mathrm{d}}^{\mathrm{c}}}{z_{\mathrm{d}}^{\mathrm{c}}} - \dfrac{y_{\mathrm{d}}^{\mathrm{c}} \dot{z}_{\mathrm{d}}^{\mathrm{c}}}{z_{\mathrm{d}}^{\mathrm{c}\,2}} = \dfrac{\dot{y}_{\mathrm{d}}^{\mathrm{c}} - y_{\mathrm{d}}^{\mathrm{i}} \dot{z}_{\mathrm{d}}^{\mathrm{c}}}{z_{\mathrm{d}}^{\mathrm{c}}} \end{cases} \tag{9.8}$$

又有如下关系

$$\dot{\mathbf{p}}_{\mathrm{d}}^{\mathrm{c}} = -\mathbf{v}_{\mathrm{c}}^{\mathrm{d}} - \omega_{\mathrm{c}}^{\mathrm{d}} \times \mathbf{p}_{\mathrm{d}}^{\mathrm{c}} \tag{9.9}$$

即

$$\begin{cases} \dot{x}_{\mathrm{d}}^{\mathrm{c}} = -v_{\mathrm{d},x}^{\mathrm{c}} - \omega_{\mathrm{d},y}^{\mathrm{c}} z_{\mathrm{d}}^{\mathrm{c}} + \omega_{\mathrm{d},z}^{\mathrm{c}} y_{\mathrm{d}}^{\mathrm{c}} \\ \dot{y}_{\mathrm{d}}^{\mathrm{c}} = -v_{\mathrm{d},y}^{\mathrm{c}} - \omega_{\mathrm{d},z}^{\mathrm{c}} x_{\mathrm{d}}^{\mathrm{c}} + \omega_{\mathrm{d},x}^{\mathrm{c}} z_{\mathrm{d}}^{\mathrm{c}} \\ \dot{z}_{\mathrm{d}}^{\mathrm{c}} = -v_{\mathrm{d},z}^{\mathrm{c}} - \omega_{\mathrm{d},x}^{\mathrm{c}} y_{\mathrm{d}}^{\mathrm{c}} + \omega_{\mathrm{d},y}^{\mathrm{c}} x_{\mathrm{d}}^{\mathrm{c}} \end{cases} \tag{9.10}$$

将式 (9.10) 代入式 (9.8)，再结合式 (9.6)，可得 $\dot{\mathbf{e}}$ 和 $\mathbf{v}_{\mathrm{d}}^{\mathrm{c}}$，$\omega_{\mathrm{d}}^{\mathrm{c}}$ 之间的关系为[87]

$$\dot{\mathbf{e}} = \underbrace{\begin{bmatrix} -\dfrac{1}{z_{\mathrm{d}}^{\mathrm{c}}} & 0 & \dfrac{x_{\mathrm{d}}^{\mathrm{i}}}{z_{\mathrm{d}}^{\mathrm{c}}} & x_{\mathrm{d}}^{\mathrm{i}} y_{\mathrm{d}}^{\mathrm{i}} & -(1 + x_{\mathrm{d}}^{\mathrm{i}\,2}) & y_{\mathrm{d}}^{\mathrm{i}} \\ 0 & -\dfrac{1}{z_{\mathrm{d}}^{\mathrm{c}}} & \dfrac{y_{\mathrm{d}}^{\mathrm{i}}}{z_{\mathrm{d}}^{\mathrm{c}}} & 1 + y_{\mathrm{d}}^{\mathrm{i}\,2} & -x_{\mathrm{d}}^{\mathrm{i}} y_{\mathrm{d}}^{\mathrm{i}} & -x_{\mathrm{d}}^{\mathrm{i}} \end{bmatrix}}_{\mathbf{L}_{\mathrm{s}}} \begin{bmatrix} v_{\mathrm{d},x}^{\mathrm{c}} \\ v_{\mathrm{d},y}^{\mathrm{c}} \\ v_{\mathrm{d},z}^{\mathrm{c}} \\ \omega_{\mathrm{d},x}^{\mathrm{c}} \\ \omega_{\mathrm{d},y}^{\mathrm{c}} \\ \omega_{\mathrm{d},z}^{\mathrm{c}} \end{bmatrix} \tag{9.11}$$

9.1.2 目标识别及定位

目标识别及定位解决的是"目标在哪儿"的问题，当前常用的方法有基于标志点检测的识别定位和基于神经网络的识别定位等。基于标志点检测的视觉导航需要提前在目标上布置标志点，在空中加油对接场景中，标志点可以采用 LED，或者采用 850nm 窄波红外光源。结合光学滤波与算法滤波可以将标志点很好地提取出来。

设锥套标志点被布置为圆形，如图 9.4 所示，其在图像上的投影满足表达式

$$(x-a)^2 + (y-b)^2 = r^2 \tag{9.12}$$

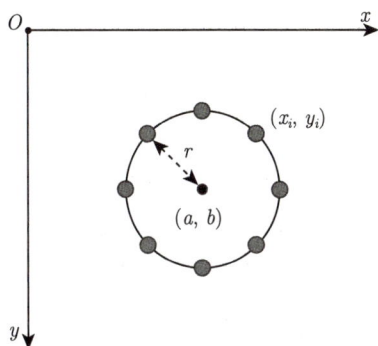

图 9.4　锥套标志点布置

式中坐标 (a, b) 表示锥套的圆心位置，r 为锥套半径。假设可以检测到 N 个标志点 $p_i = (x_i, y_i) \in \mathbb{B}$，式中 $\mathbb{B}$ 为所有圆标志点的坐标集合。因此相应的残差 ε_i 可以有

$$\varepsilon_i = (x_i - a)^2 + (y_i - b)^2 - r^2 \tag{9.13}$$

取残差的平方作为这里拟合的代价函数，即

$$J = \sum_{i=1,\cdots,N} \varepsilon_i{}^2 = \sum_{i=1,\cdots,N} \left((x_i - a)^2 + (y_i - b)^2 - r^2 \right)^2 \tag{9.14}$$

由最小二乘原理可以得到，当拟合结果为最优时应该有代价函数偏导为 0，即

$$\frac{\partial J}{\partial a} = \frac{\partial J}{\partial b} = \frac{\partial J}{\partial r} = 0 \tag{9.15}$$

计算化简并消去高阶项有

$$\begin{cases} (\overline{x^2} - \overline{x}^2)a + (\overline{x} \cdot \overline{y} - \overline{xy})b = \dfrac{1}{2}(\overline{x^2} \cdot \overline{x} + \overline{x} \cdot \overline{y^2} - \overline{x^3} - \overline{xy^2}) \\[2mm] (\overline{x} \cdot \overline{y} - \overline{xy})a + (\overline{y^2} - \overline{y}^2)b = \dfrac{1}{2}(\overline{x^2} \cdot \overline{y} + \overline{y} \cdot \overline{y^2} - \overline{x^2 y} - \overline{y^3}) \end{cases} \tag{9.16}$$

式中

$$\overline{x^m y^n} = \frac{\sum\limits_{i=1}^{N} x_i^m y_i^n}{N} \quad m, n \in 0, 1, 2 \tag{9.17}$$

综合以上各式可以得到锥套圆心坐标和半径为

$$
\begin{cases}
a = \dfrac{(\overline{x^2}\cdot\overline{x}+\overline{x}\cdot\overline{y^2}-\overline{x^3}-\overline{xy^2})(\overline{y^2}-\overline{y}^2)-(\overline{x^2}\cdot\overline{y}+\overline{y}\cdot\overline{y^2}-\overline{x^2y}-\overline{y^3})(\overline{x}\cdot\overline{y}-\overline{xy})}{2(\overline{x^2}-\overline{x}^2)(\overline{y^2}-\overline{y}^2)-2(\overline{x}\cdot\overline{y}-\overline{xy})^2}\\[3mm]
b = \dfrac{(\overline{x^2}\cdot\overline{y}+\overline{y}\cdot\overline{y^2}-\overline{x^2y}-\overline{y^3})(\overline{x^2}-\overline{x}^2)-(\overline{x^2}\cdot\overline{x}+\overline{x}\cdot\overline{y^2}-\overline{x^3}-\overline{xy^2})(\overline{x}\cdot\overline{y}-\overline{xy})}{2(\overline{x^2}-\overline{x}^2)(\overline{y^2}-\overline{y}^2)-2(\overline{x}\cdot\overline{y}-\overline{xy})^2}\\[3mm]
r = \sqrt{a^2-2\overline{x}a+b^2-2\overline{y}b+\overline{x^2}+\overline{y^2}}
\end{cases}
\tag{9.18}
$$

之后，基于小孔成像原理以及锥套的先验知识，即可计算出深度信息。

基于神经网络的识别定位可以采用 YOLO 神经网络[88] 直接进行锥套的识别，这种方法不需要布置标志点，但是需要提前采集大量的训练数据，并消耗较长的时间和较多的计算资源进行训练，使用时也需要边缘计算平台具有较强算力。基于 YOLO 神经网络进行视觉导航，可以基于小孔成像原理以及锥套先验知识进行深度信息计算，也可以直接融合深度图信息得到距离。本章给出的例程均使用 YOLO 神经网络进行视觉导航。

9.1.3 对接控制

对接控制解决的是如何利用视觉导航给出的信息完成对接的问题，对接控制算法的开发需要进行模型建立和控制器设计。图 9.5 为本章的控制框图。

9.1.3.1 模型建立

1. 坐标系

在建立对接阶段系统模型时，需要定义六个坐标系：地面坐标系 $(o_g x_g y_g z_g)$，受油机坐标系 $(o_r x_r y_r z_r)$，加油机坐标系 $(o_t x_t y_t z_t)$，锥套坐标系 $(o_d x_d y_d z_d)$，相机坐标系 $(o_c x_c y_c z_c)$ 和相对坐标系 $(o_{re} x_{re} y_{re} z_{re})$，如图 9.6 所示。这里，相对坐标系的原点与加油机坐标系原点重合，坐标轴方向与相机坐标系一致。在对接阶段主要考虑加油机与受油机之间的相对位置和姿态，加油机坐标系 (运动惯性坐标系) 比地面坐标系 (固定惯性坐标系) 更便于建模和分析。

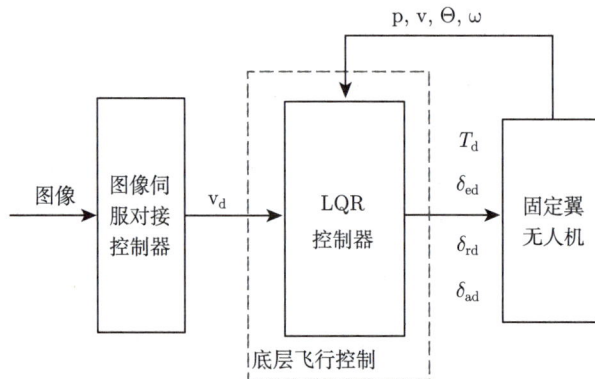

图 9.5　控制框图

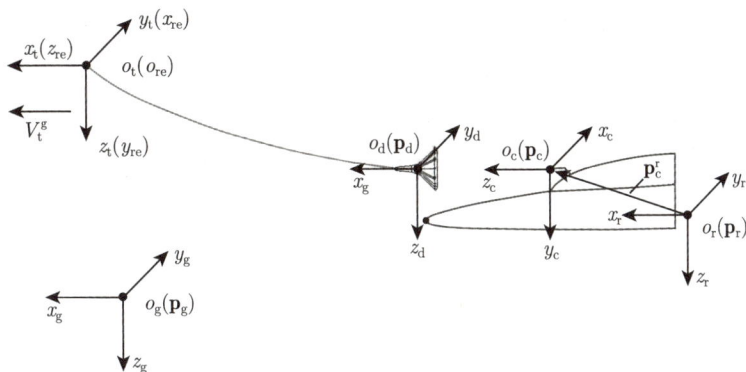

图 9.6　坐标系

为了进一步简化不同坐标系之间的坐标转换，地面坐标系的坐标轴方向也选择与加油机的水平移动方向相同。此外，$\mathbf{R}_t^r$ 表示用于描述受油机坐标系 "r" 相对于加油机坐标系 "t" 的角度关系的旋转矩阵。这里的符号运算规则定义为

$$\begin{cases} \mathbf{R}_j^i \mathbf{x}_k^j = \mathbf{x}_k^i \\ \mathbf{x}_k^j - \mathbf{x}_i^j = \mathbf{x}_k^i \end{cases}$$

式中 $i,j \in \{\mathrm{g,r,t,d,c,re}\}$ 表示它所在的坐标系，$k \in \{\mathrm{g,r,t,d,c,re}\}$ 表示它属于哪个对象。例如，V_t^g 是加油机在地面坐标系中的前向飞行速度，$\mathbf{v}_d^c$ 是锥套在相机坐标系中的速度，而 $\mathbf{p}_c^r$ 是相机在受油机坐标系中的位置，或者从受油机坐标到相机坐标的差矢量，即图 9.6 中的 $\mathbf{p}_c^r = \mathbf{p}_c^t - \mathbf{p}_r^t$。

2. 受油机模型

在对接阶段，受油机的俯仰角变化范围很小，基准状态为等速平飞，其姿态满足水平侧滑条件，即滚转角和侧滑角满足 $\phi = \beta = 0$，迎角 α，航迹角 γ 和俯仰角 θ 满足 $\theta = \gamma + \alpha$。在这种情况下，受油机在加油机坐标系下的运动方程可以被解耦成横侧向通道运动和纵向通道运动。

根据第四章，可以将受油机的运动状态方程简化表示为

$$\dot{\mathbf{x}}_r = \mathbf{f}(\mathbf{x}_r, \mathbf{u}_r) \tag{9.19}$$

式中 $\mathbf{x}_r = [\, x_r\ y_r\ h_r\ \phi\ \theta\ \psi\ V_r^g\ \alpha\ \beta\ \omega_{x_b}\ \omega_{y_b}\ \omega_{z_b}\,]^T$ 表示受油机的状态，分别包括位置、欧拉角、速率、气动角和角速率。向量 $\mathbf{u}_r = [T\ \delta_e\ \delta_a\ \delta_r]^T$ 表示控制输入，分别为油门、升降舵、副翼和方向舵。类比第四章得到

$$\Delta \dot{\mathbf{x}}_r = \mathbf{A} \Delta \mathbf{x}_r + \mathbf{B} \Delta \mathbf{u}_r \tag{9.20}$$

式中 $\Delta \mathbf{x}_r = \mathbf{x}_r - \mathbf{x}_r^*$，$\mathbf{x}_r^*$ 为配平状态，$\Delta \mathbf{x}_r$ 为偏离配平状态的小扰动状态量。式中 $\Delta \mathbf{u}_r = \mathbf{u}_r - \mathbf{u}_r^*$，$\mathbf{u}_r^*$ 为配平状态下的输入。在此基础上进而得到解耦的小扰动状态方程为

$$\begin{cases} \Delta \mathbf{x}_{rlon} = \mathbf{A}_{rlon}\, \mathbf{x}_{rlon} + \mathbf{B}_{rlon}\, \mathbf{u}_{rlon} \\ \Delta \dot{\mathbf{x}}_{rlat} = \mathbf{A}_{rlat}\, \mathbf{x}_{rlat} + \mathbf{B}_{rlat}\, \mathbf{u}_{rlat} \end{cases} \tag{9.21}$$

式中 $\Delta\mathbf{x}_{\mathrm{rlon}} = [\Delta x_{\mathrm{r}}\ \Delta h_{\mathrm{r}}\ \Delta\theta\ \Delta V_{\mathrm{r}}^{\mathrm{g}}\ \Delta\alpha\ \Delta\omega_{y_{\mathrm{b}}}]^{\mathrm{T}}$ 为纵向通道状态向量，$\Delta\mathbf{u}_{\mathrm{rlon}} = [\Delta T\ \Delta\delta_{\mathrm{e}}]^{\mathrm{T}}$ 为纵向通道输入，$\mathbf{A}_{\mathrm{rlon}}$、$\mathbf{B}_{\mathrm{rlon}}$ 为相应的纵向通道状态方程矩阵。相似的 $\Delta\mathbf{x}_{\mathrm{rlat}} = [\Delta y_{\mathrm{r}}\ \Delta\phi\ \Delta\psi\ \Delta\beta\ \Delta\omega_{x_{\mathrm{b}}}\ \Delta\omega_{z_{\mathrm{b}}}]^{\mathrm{T}}$ 为横侧向通道状态向量，$\Delta\mathbf{u}_{\mathrm{rlat}} = [\Delta\delta_{\mathrm{a}}\ \Delta\delta_{\mathrm{r}}]^{\mathrm{T}}$ 为横侧向通道输入，$\mathbf{A}_{\mathrm{rlat}}$、$\mathbf{B}_{\mathrm{rlat}}$ 为相应的横侧向通道状态方程矩阵。注意，以上的方程和状态量与第四章中的配平和线性化不完全相同，这是由于基于图像伺服的对接控制除了需要用到第四章中配平和线性化选取的状态量外，还需要用位置等状态量。因此，为了与第四章做区分，此处的小扰动状态量记为 $\Delta\mathbf{x}$。

3. 图像伺服模型

图 9.7 中 $o_{\mathrm{t}}x_{\mathrm{t}}y_{\mathrm{t}}z_{\mathrm{t}}$ 是加油机坐标系，记为 "t"；$o_{\mathrm{c}}x_{\mathrm{c}}y_{\mathrm{c}}z_{\mathrm{c}}$ 是相机坐标系，记为 "c"，从 "t" 到 "c" 的转换矩阵为 $\mathbf{R}_{\mathrm{t}}^{\mathrm{c}}$；$o_{\mathrm{i}}x_{\mathrm{i}}y_{\mathrm{i}}$ 是图像坐标系，记为 "i"。由式 (9.11) 可得

$$\dot{\mathbf{e}} = \underbrace{\begin{bmatrix} -\dfrac{1}{z_{\mathrm{d}}^{\mathrm{c}}} & 0 & \dfrac{x_{\mathrm{d}}^{\mathrm{i}}}{z_{\mathrm{d}}^{\mathrm{c}}} & x_{\mathrm{d}}^{\mathrm{i}}y_{\mathrm{d}}^{\mathrm{i}} & -(1+x_{\mathrm{d}}^{\mathrm{i}\,2}) & y_{\mathrm{d}}^{\mathrm{i}} \\[3mm] 0 & -\dfrac{1}{z_{\mathrm{d}}^{\mathrm{c}}} & \dfrac{y_{\mathrm{d}}^{\mathrm{i}}}{z_{\mathrm{d}}^{\mathrm{c}}} & 1+y_{\mathrm{d}}^{\mathrm{i}\,2} & -x_{\mathrm{d}}^{\mathrm{i}}y_{\mathrm{d}}^{\mathrm{i}} & -x_{\mathrm{d}}^{\mathrm{i}} \end{bmatrix}}_{\mathbf{L}_{\mathbf{s}}} \begin{bmatrix} v_{\mathrm{d},x}^{\mathrm{c}} \\ v_{\mathrm{d},y}^{\mathrm{c}} \\ v_{\mathrm{d},z}^{\mathrm{c}} \\ \omega_{\mathrm{d},x}^{\mathrm{c}} \\ \omega_{\mathrm{d},y}^{\mathrm{c}} \\ \omega_{\mathrm{d},z}^{\mathrm{c}} \end{bmatrix} \qquad (9.22)$$

式中

$$\mathbf{v}_{\mathrm{d}}^{\mathrm{c}} = [v_{\mathrm{d},x}^{\mathrm{c}}\, v_{\mathrm{d},y}^{\mathrm{c}}\, v_{\mathrm{d},z}^{\mathrm{c}}]^{\mathrm{T}} = \mathbf{R}_{\mathrm{t}}^{\mathrm{re}}(\mathbf{v}_{\mathrm{d}}^{\mathrm{t}} - \mathbf{v}_{\mathrm{c}}^{\mathrm{t}}) = \mathbf{v}_{\mathrm{d}}^{\mathrm{re}} - \mathbf{v}_{\mathrm{c}}^{\mathrm{re}} \qquad (9.23)$$

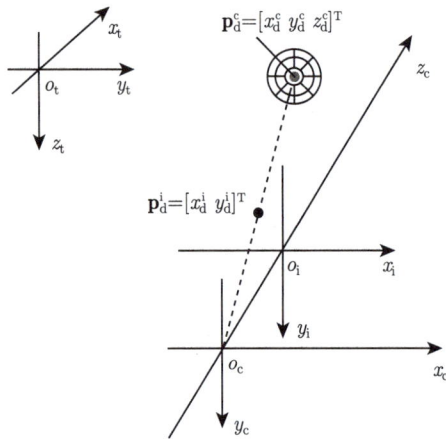

图 9.7　坐标系之间的关系

是相对线速度，$\omega_{\mathrm{d}}^{\mathrm{c}} = [\omega_{\mathrm{d},x}^{\mathrm{c}}\ \omega_{\mathrm{d},y}^{\mathrm{c}}\ \omega_{\mathrm{d},z}^{\mathrm{c}}]^{\mathrm{T}}$ 是相对角速度。$\mathbf{R}_{\mathrm{t}}^{\mathrm{re}} = \mathbf{R}_{\mathrm{t}}^{\mathrm{c}}$ 是从加油机坐标系到相对坐标系的转换矩阵，$\mathbf{v}_{\mathrm{c}}^{\mathrm{re}} = [\,v_{\mathrm{c},x}^{\mathrm{re}}\ v_{\mathrm{c},y}^{\mathrm{re}}\ v_{\mathrm{c},z}^{\mathrm{re}}\,]^{\mathrm{T}}$ 和 $\mathbf{v}_{\mathrm{d}}^{\mathrm{re}}$ 是相对坐标系中相机和锥套的速度。如图 9.8 所示，$z_{\mathrm{d}}^{\mathrm{c}}$ 是相机与锥套中心平面 (安装 LED 的位置) 在相机坐标系下沿着 z_{c} 轴的距离，也叫**深度**。式 (9.22) 与原理部分的式 (9.3) 对应，为对接控制的图像伺服模型。

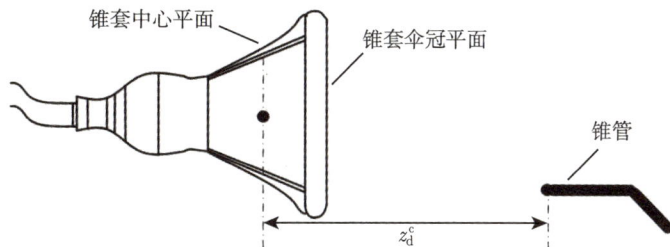

图 9.8　深度

为了简化计算，通过忽略一些不重要的变量，并将式 (9.22) 解耦为横侧向通道和纵向通道，得到如下公式。

（1）在 x_{c}-z_{c} 平面，三个自由度为 $v_{\mathrm{d},x}^{\mathrm{c}}$，$v_{\mathrm{d},z}^{\mathrm{c}}$，$\omega_{\mathrm{d},y}^{\mathrm{c}}$ ，而 $v_{\mathrm{d},y}^{\mathrm{c}}=0$，$\omega_{\mathrm{d},x}^{\mathrm{c}}=0$，由此得到

$$\dot{e}_x = -\frac{v_{\mathrm{d},x}^{\mathrm{c}}}{z_{\mathrm{d}}^{\mathrm{c}}} + \frac{e_x v_{\mathrm{d},z}^{\mathrm{c}}}{z_{\mathrm{d}}^{\mathrm{c}}} - (1+e_x^2)\omega_{\mathrm{d},y}^{\mathrm{c}} \tag{9.24}$$

（2）在 y_{c}-z_{c} 平面，三个自由度为 $v_{\mathrm{d},y}^{\mathrm{c}}$，$v_{\mathrm{d},z}^{\mathrm{c}}$，$\omega_{\mathrm{d},x}^{\mathrm{c}}$ ，而 $v_{\mathrm{d},x}^{\mathrm{c}}=0$，$\omega_{\mathrm{d},y}^{\mathrm{c}}=0$，由此得到

$$\dot{e}_y = -\frac{v_{\mathrm{d},y}^{\mathrm{c}}}{z_{\mathrm{d}}^{\mathrm{c}}} + \frac{e_y v_{\mathrm{d},z}^{\mathrm{c}}}{z_{\mathrm{d}}^{\mathrm{c}}} - (1+e_y^2)\omega_{\mathrm{d},x}^{\mathrm{c}} \tag{9.25}$$

将受油机看作是一个刚体，在加油机坐标系下，相机的线速度等于受油机质心的线速度与相机绕质心旋转的速度的矢量和

$$\mathbf{v}_{\mathrm{c}}^{\mathrm{t}} = \omega_{\mathrm{r}}^{\mathrm{t}} \times \mathbf{p}_{\mathrm{c}}^{\mathrm{r}} + \mathbf{v}_{\mathrm{r}}^{\mathrm{t}} \tag{9.26}$$

式中 $\mathbf{v}_{\mathrm{c}}^{\mathrm{t}} = [v_{\mathrm{c},x}^{\mathrm{t}}\ v_{\mathrm{c},y}^{\mathrm{t}}\ v_{\mathrm{c},z}^{\mathrm{t}}]^{\mathrm{T}}$ 是相机的速度，$\mathbf{v}_{\mathrm{r}}^{\mathrm{t}} = [v_{\mathrm{r},x}^{\mathrm{t}}\ v_{\mathrm{r},y}^{\mathrm{t}}\ v_{\mathrm{r},z}^{\mathrm{t}}]^{\mathrm{T}}$ 是受油机的线速度，$\omega_{\mathrm{r}}^{\mathrm{t}} = [\omega_{\mathrm{r},x}^{\mathrm{t}}\ \omega_{\mathrm{r},y}^{\mathrm{t}}\ \omega_{\mathrm{r},z}^{\mathrm{t}}]^{\mathrm{T}}$ 是受油机的角速度，$\mathbf{p}_{\mathrm{c}}^{\mathrm{r}} = [\,x_{\mathrm{c}}^{\mathrm{r}}\ y_{\mathrm{c}}^{\mathrm{r}}\ z_{\mathrm{c}}^{\mathrm{r}}\,]^{\mathrm{T}}$ 是相机在受油机坐标系下的坐标。

从受油机坐标系到加油机坐标系的转换矩阵为

$$\mathbf{R}_{\mathrm{r}}^{\mathrm{t}} = \mathbf{I}_3 \tag{9.27}$$

因此，式 (9.26) 变为

$$
\begin{aligned}
\mathbf{v}_{\mathrm{c}}^{\mathrm{t}} &= \omega_{\mathrm{r}}^{\mathrm{t}} \times \mathbf{p}_{\mathrm{c}}^{\mathrm{r}} + \mathbf{v}_{\mathrm{r}}^{\mathrm{t}} \\
&= \mathbf{R}_{\mathrm{r}}^{\mathrm{t}}\omega_{\mathrm{r}}^{\mathrm{r}} \times \mathbf{p}_{\mathrm{c}}^{\mathrm{r}} + \mathbf{R}_{\mathrm{r}}^{\mathrm{t}}\mathbf{v}_{\mathrm{r}}^{\mathrm{r}} \\
&= \omega_{\mathrm{r}}^{\mathrm{r}} \times \mathbf{p}_{\mathrm{c}}^{\mathrm{r}} + \mathbf{v}_{\mathrm{r}}^{\mathrm{r}}
\end{aligned} \tag{9.28}
$$

式中 $\omega_{\mathrm{r}}^{\mathrm{r}} = [\,\Delta\omega_{x_{\mathrm{b}}}\ \Delta\omega_{y_{\mathrm{b}}}\ \Delta\omega_{z_{\mathrm{b}}}\,]^{\mathrm{T}}$ 是 $\omega_{\mathrm{r}}^{\mathrm{t}}$ 在受油机坐标系的各坐标轴上的角速度分量，$\mathbf{v}_{\mathrm{r}}^{\mathrm{r}} = [\,\Delta u\ \Delta v\ \Delta w\,]^{\mathrm{T}}$ 是 $\mathbf{v}_{\mathrm{r}}^{\mathrm{t}}$ 在受油机坐标系的各坐标轴上的速度分量。

基于式 (9.28)，相机的线速度可以表示为

$$
\begin{aligned}
\mathbf{v}_{\mathrm{c}}^{\mathrm{re}} &= \mathbf{R}_{\mathrm{t}}^{\mathrm{re}}\mathbf{v}_{\mathrm{c}}^{\mathrm{t}} \\
&= \mathbf{R}_{\mathrm{t}}^{\mathrm{re}}(\omega_{\mathrm{r}}^{\mathrm{r}} \times \mathbf{p}_{\mathrm{c}}^{\mathrm{r}} + \mathbf{v}_{\mathrm{r}}^{\mathrm{r}})
\end{aligned} \tag{9.29}
$$

由于

$$\begin{cases} \Delta u = \Delta V_r^g \cos \Delta \alpha \cos \Delta \beta \\ \Delta v = \Delta V_r^g \sin \Delta \beta \\ \Delta w = \Delta V_r^g \sin \Delta \alpha \cos \Delta \beta \end{cases} \tag{9.30}$$

式 (9.29) 可以化为

$$\begin{cases} v_{c,x}^{re} = \Delta V_r^g \sin \Delta \beta + x_c^r \Delta \omega_{z_b} - z_c^r \Delta \omega_{x_b} \\ v_{c,y}^{re} = \Delta V_r^g \sin \Delta \alpha \cos \Delta \beta + y_c^r \Delta \omega_{x_b} - x_c^r \Delta \omega_{y_b} \\ v_{c,z}^{re} = \Delta V_r^g \cos \Delta \alpha \cos \Delta \beta + z_c^r \Delta \omega_{y_b} - y_c^r \Delta \omega_{z_b} \end{cases} \tag{9.31}$$

忽略高阶项和近似为 0 的小量，式 (9.31) 化为

$$\begin{cases} v_{c,x}^{re} = x_c^r \Delta \omega_{z_b} - z_c^r \Delta \omega_{x_b} \\ v_{c,y}^{re} = -x_c^r \Delta \omega_{y_b} \\ v_{c,z}^{re} = \Delta V_r^g + z_c^r \Delta \omega_{y_b} \end{cases} \tag{9.32}$$

结合方程 (9.21)，得到如下模型。

（1）纵向通道受控模型为

$$\begin{cases} \Delta \dot{\mathbf{x}}_{rlon} = \mathbf{A}_{rlon} \Delta \mathbf{x}_{rlon} + \mathbf{B}_{rlon} \Delta \mathbf{u}_{rlon} \\ \mathbf{v}_{rlon}^{re} \triangleq \begin{bmatrix} v_{c,y}^{re} \\ v_{c,z}^{re} \end{bmatrix} = \underbrace{\begin{bmatrix} 0 & 0 & 0 & 0 & 0 & -x_c^r \\ 0 & 0 & 0 & 1 & 0 & z_c^r \end{bmatrix}}_{\mathbf{C}_{rlon}} \Delta \mathbf{x}_{rlon} \end{cases} \tag{9.33}$$

（2）横侧向通道受控模型为

$$\begin{cases} \Delta \dot{\mathbf{x}}_{rlat} = \mathbf{A}_{rlat} \Delta \mathbf{x}_{rlat} + \mathbf{B}_{rlat} \Delta \mathbf{u}_{rlat} \\ v_{rlat}^{re} \triangleq v_{c,x}^{re} = \underbrace{\begin{bmatrix} 0 & 0 & 0 & 0 & -z_c^r & x_c^r \end{bmatrix}}_{\mathbf{C}_{rlat}} \Delta \mathbf{x}_{rlat} \end{cases} \tag{9.34}$$

控制目标为：对图像伺服模型（9.24）和（9.25），以及受控模型（9.33）和（9.34），设计合适的输入信号 $\Delta \mathbf{u}_r$，使得随着时间 t 趋于无穷，图像误差 $\mathbf{e}$ 收敛至 0 的同时深度 z_d^c 收敛至期望值 0。

9.1.3.2 控制器设计

控制器设计部分包括外环控制器设计和内环控制器设计。这里外环控制器设计是设计期望的相对速度 $\mathbf{v}_d^c$，使图像误差 $\mathbf{e}$ 收敛至 0 的同时深度 z_d^c 收敛至期望值 0；而内环控制器设计是设计期望合适的输入信号 $\Delta \mathbf{u}_r$，使 $\mathbf{v}_c^{re}$ 跟踪 $\mathbf{v}_{c,des}^{re}$，并抑制复杂的干扰。

1. 外环控制

外环控制器设计是设计期望的相对速度 $\mathbf{v}_d^c$，使图像误差 $\mathbf{e}$ 收敛至 0 的同时深度 z_d^c 收敛至期望值 0。具体包括横侧向通道控制器设计和纵向通道控制器设计。

1）横侧向通道控制器设计

考虑到对接过程中 $\omega_{\mathrm{d},y}^{\mathrm{c}}$ 的变化很小，可以忽略不计，则 $v_{\mathrm{d},x}^{\mathrm{c}}$ 的期望速度设计为

$$v_{\mathrm{d},x\mathrm{des}}^{\mathrm{c}} = k_1 e_x \tag{9.35}$$

如果 $v_{\mathrm{d},x}^{\mathrm{c}} = v_{\mathrm{d},x\mathrm{des}}^{\mathrm{c}}$，则有式 (9.24) 变为

$$\dot{e}_x = -\lambda_1 e_x \tag{9.36}$$

式中 $\lambda_1 = \dfrac{k_1 - v_{\mathrm{d},z}^{\mathrm{c}}}{z_{\mathrm{d}}^{\mathrm{c}}}$，$k_1$ 为可调节的参数，满足 $k_1 > \max(v_{\mathrm{d},z}^{\mathrm{c}})$，这时有 $\lim_{t\to\infty}|e_x(t)| = 0$[89]。

2）纵向通道控制器设计

考虑到对接过程中 $\omega_{\mathrm{d},x}^{\mathrm{c}}$ 的变化很小，可以忽略不计，则 $v_{\mathrm{d},y}^{\mathrm{c}}$ 的期望速度设计为

$$v_{\mathrm{d},y\mathrm{des}}^{\mathrm{c}} = k_2 e_y \tag{9.37}$$

如果 $v_{\mathrm{d},y}^{\mathrm{c}} = v_{\mathrm{d},y\mathrm{des}}^{\mathrm{c}}$，则式（9.25）变为

$$\dot{e}_y = -\lambda_2 e_y \tag{9.38}$$

式中 $\lambda_2 = \dfrac{k_2 - v_{\mathrm{d},z}^{\mathrm{c}}}{z_{\mathrm{d}}^{\mathrm{c}}}$，$k_2$ 是可调节的参数，满足 $k_2 > \max(v_{\mathrm{d},z}^{\mathrm{c}})$。这时有 $\lim_{t\to\infty}|e_y(t)| = 0$[89]。

深度方向相对速度 $v_{\mathrm{d},z}^{\mathrm{c}}$ 的期望速度设计为

$$v_{\mathrm{d},z\mathrm{des}}^{\mathrm{c}} = -k_3 z_{\mathrm{d}}^{\mathrm{c}} \tag{9.39}$$

此时，如果 $v_{\mathrm{d},z}^{\mathrm{c}} = v_{\mathrm{d},z\mathrm{des}}^{\mathrm{c}}$ 且 $k_3 > 0$，则有 $\lim_{t\to\infty}|z_{\mathrm{d}}^{\mathrm{c}}(t)| = 0$。除此之外，需要对式 (9.39) 进行改进。为了防止受油机的速度过快而错过锥套，在式 (9.39) 中添加项 "$-k_4|e_x| - k_5|e_y|$" 来调节受油机的速度[89]，

$$v_{\mathrm{d},z\mathrm{des}}^{\mathrm{c}} = -k_3 z_{\mathrm{d}}^{\mathrm{c}} - k_4|e_x| - k_5|e_y| \tag{9.40}$$

如果 $|e_x|$ 和 $|e_y|$ 较大，则该项可以减慢速度以避免超调。

综上，在外环控制器中，$\mathbf{v}_{\mathrm{d}}^{\mathrm{c}}$ 的期望速度为

$$\mathbf{v}_{\mathrm{d,des}}^{\mathrm{c}} = \begin{bmatrix} v_{\mathrm{d},x\mathrm{des}}^{\mathrm{c}} & v_{\mathrm{d},y\mathrm{des}}^{\mathrm{c}} & v_{\mathrm{d},z\mathrm{des}}^{\mathrm{c}} \end{bmatrix}^{\mathrm{T}} \tag{9.41}$$

实际上，由于 $\mathbf{v}_{\mathrm{d}}^{\mathrm{c}} = \mathbf{v}_{\mathrm{d}}^{\mathrm{re}} - \mathbf{v}_{\mathrm{c}}^{\mathrm{re}}$，而只有 $\mathbf{v}_{\mathrm{c}}^{\mathrm{re}}$ 可以控制而非 $\mathbf{v}_{\mathrm{d}}^{\mathrm{re}}$，因此将 $\mathbf{v}_{\mathrm{d}}^{\mathrm{re}}$ 视为扰动，从而得到 $\mathbf{v}_{\mathrm{c,des}}^{\mathrm{re}} = -\mathbf{v}_{\mathrm{d,des}}^{\mathrm{c}} = \mathbf{v}_{\mathrm{c,des}}^{\mathrm{d}}$，将其解耦表示，得到

$$\mathbf{v}_{\mathrm{c,des}}^{\mathrm{re}} = \begin{bmatrix} \mathbf{v}_{\mathrm{rlon,des}}^{\mathrm{re}} \\ v_{\mathrm{rlat,des}}^{\mathrm{re}} \end{bmatrix} \tag{9.42}$$

式中 $\mathbf{v}_{\mathrm{rlon,des}}^{\mathrm{re}} = [v_{\mathrm{c},y\mathrm{des}}^{\mathrm{d}} \ v_{\mathrm{c},z\mathrm{des}}^{\mathrm{d}}]^{\mathrm{T}}$，$v_{\mathrm{rlat,des}}^{\mathrm{re}} = v_{\mathrm{c},x\mathrm{des}}^{\mathrm{d}}$。

2. 内环控制

内环控制器直接输出发动机油门操控量和舵面操控量对受油机模型进行控制。内环控制器的设计是设计合适的期望输入信号 $\Delta\mathbf{u}_{\mathrm{r}}$，使 $\mathbf{v}_{\mathrm{c}}^{\mathrm{re}}$ 跟踪 $\mathbf{v}_{\mathrm{c,des}}^{\mathrm{re}}$，并抑制复杂的干扰。具体包括横侧向通道控制器设计和纵向通道控制器设计。内环控制器采用最优控制方法，即线性二次型调节器（LQR）。

LQR 小知识：

对于线性定常系统

$$\mathbf{x} = \mathbf{Ax} + \mathbf{Bu} \tag{9.43}$$

式中 $\mathbf{x} \in \mathbb{R}^n$ 为 n 维状态，$\mathbf{u} \in \mathbb{R}^m$ 为 m 维输入，系统可控或至少是可镇定的。定义性能指标为

$$J = \frac{1}{2}\int_0^\infty \left(\mathbf{x}(t)^{\mathrm{T}}\mathbf{Q}\mathbf{x}(t) + \mathbf{u}(t)^{\mathrm{T}}\mathbf{R}\mathbf{u}(t)\right)\mathrm{d}t \tag{9.44}$$

式中 $\mathbf{u}$ 不受约束，$\mathbf{Q},\mathbf{R}$ 一般为常数对称正定阵（一些情况下可以放宽为对称半正定阵）。使 J 取极小值的最优控制可以表示为

$$\mathbf{u} = -\mathbf{R}^{-1}\mathbf{B}^{\mathrm{T}}\mathbf{Px} \tag{9.45}$$

式中 $\mathbf{P} \in \mathbb{R}^{n\times n}$ 为 $n \times n$ 维正定对称阵，满足以下的里卡蒂矩阵代数方程 (Riccati equation)：

$$-\mathbf{PA} - \mathbf{A}^{\mathrm{T}}\mathbf{P} + \mathbf{PBR}^{-1}\mathbf{B}^{\mathrm{T}}\mathbf{P} - \mathbf{Q} = 0 \tag{9.46}$$

该方程可以使用 MATLAB 中的 "lqr" 函数方便地解得结果。

1）纵向通道控制器设计

将跟踪误差定义为 $\mathbf{e}_{\mathrm{rlon}} = \mathbf{v}_{\mathrm{rlon}}^{\mathrm{re}} - \mathbf{v}_{\mathrm{rlon,des}}^{\mathrm{re}}$，这里使用积分器来抑制复杂干扰，其定义为

$$\mathbf{q}_{\mathrm{rlon}} = \int_0^t \mathbf{e}_{\mathrm{rlon}}(\tau)\mathrm{d}\tau = \int_0^t (\mathbf{v}_{\mathrm{rlon}}^{\mathrm{re}}(\tau) - \mathbf{v}_{\mathrm{rlon,des}}^{\mathrm{re}}(\tau))\mathrm{d}\tau \tag{9.47}$$

将式 (9.47) 代入式 (9.33) 得到

$$\begin{bmatrix} \Delta\dot{\mathbf{x}}_{\mathrm{rlon}} \\ \dot{\mathbf{q}}_{\mathrm{rlon}} \end{bmatrix} = \begin{bmatrix} \mathbf{A}_{\mathrm{rlon}} & \mathbf{0}_{6\times 2} \\ \mathbf{C}_{\mathrm{rlon}} & \mathbf{0}_{2\times 2} \end{bmatrix} \begin{bmatrix} \Delta\mathbf{x}_{\mathrm{rlon}} \\ \mathbf{q}_{\mathrm{rlon}} \end{bmatrix} + \begin{bmatrix} \mathbf{B}_{\mathrm{rlon}} \\ \mathbf{0}_{2\times 2} \end{bmatrix} \Delta\mathbf{u}_{\mathrm{rlon}} - \begin{bmatrix} \mathbf{0}_{6\times 2} \\ \mathbf{I}_{2\times 2} \end{bmatrix} \mathbf{v}_{\mathrm{rlon,des}}^{\mathrm{re}} \tag{9.48}$$

控制器设计为

$$\Delta\mathbf{u}_{\mathrm{rlon}} = -\mathbf{K}_{x1}\Delta\mathbf{x}_{\mathrm{rlon}} - \mathbf{K}_{e1}\mathbf{q}_{\mathrm{rlon}} \tag{9.49}$$

式中 $\mathbf{K}_{x1} \in \mathbb{R}^{2\times6}, \mathbf{K}_{e1} \in \mathbb{R}^{2\times2}$。为了计算 $\mathbf{K}_{x1}$ 和 $\mathbf{K}_{e1}$，设计如下的代价函数

$$
\begin{aligned}
&J(\Delta\mathbf{u}_{\text{rlon}}) \\
&=\underset{\mathbf{K}_{x1},\mathbf{K}_{e1}}{\arg\min} \int_0^\infty \left(\begin{bmatrix} \Delta\mathbf{x}_{\text{rlon}}(t)^{\text{T}} & \mathbf{q}_{\text{rlon}}(t)^{\text{T}} \end{bmatrix} \mathbf{Q}_{\text{rlon}} \begin{bmatrix} \Delta\mathbf{x}_{\text{rlon}}(t) \\ \mathbf{q}_{\text{rlon}}(t) \end{bmatrix} + \Delta\mathbf{u}_{\text{rlon}}(t)^{\text{T}}\mathbf{R}_{\text{rlon}}\Delta\mathbf{u}_{\text{rlon}}(t) \right) \text{d}t
\end{aligned}
\tag{9.50}
$$

式中 $\mathbf{Q}_{\text{rlon}} \geqslant 0$ 和 $\mathbf{R}_{\text{rlon}} > 0$ 为加权矩阵。

2）横侧向通道控制器设计

相似地，定义跟踪误差为 $e_{\text{rlat}} = v_{\text{rlat}}^{\text{re}} - v_{\text{rlat,des}}^{\text{re}}$，定义积分器为

$$
q_{\text{rlat}} = \int_0^t e_{\text{rlat}}(\tau)\text{d}\tau = \int_0^t (v_{\text{rlat}}^{\text{re}}(\tau) - v_{\text{rlat,des}}^{\text{re}}(\tau))\text{d}\tau
\tag{9.51}
$$

将式 (9.51) 代入式 (9.34) 可得

$$
\begin{bmatrix} \Delta\dot{\mathbf{x}}_{\text{rlat}} \\ \dot{q}_{\text{rlat}} \end{bmatrix} = \begin{bmatrix} \mathbf{A}_{\text{rlat}} & \mathbf{0}_{6\times2} \\ \mathbf{C}_{\text{rlat}} & \mathbf{0}_{2\times2} \end{bmatrix} \begin{bmatrix} \Delta\mathbf{x}_{\text{rlat}} \\ q_{\text{rlat}} \end{bmatrix} + \begin{bmatrix} \mathbf{B}_{\text{rlat}} \\ \mathbf{0}_{2\times2} \end{bmatrix} \Delta\mathbf{u}_{\text{rlat}} - \begin{bmatrix} \mathbf{0}_{6\times2} \\ \mathbf{I}_{2\times2} \end{bmatrix} v_{\text{rlat,des}}^{\text{re}}
\tag{9.52}
$$

控制器设计为

$$
\Delta\mathbf{u}_{\text{rlat}} = -\mathbf{K}_{x2}\Delta\mathbf{x}_{\text{rlat}} - \mathbf{K}_{e2}q_{\text{rlat}}
\tag{9.53}
$$

式中 $\mathbf{K}_{x2} \in \mathbb{R}^{2\times6}, \mathbf{K}_{e2} \in \mathbb{R}^2$。将代价函数定义为

$$
\begin{aligned}
&J(\Delta\mathbf{u}_{\text{rlat}}) \\
&=\underset{\mathbf{K}_{x2},\mathbf{K}_{e2}}{\arg\min} \int_0^\infty \left(\begin{bmatrix} \Delta\mathbf{x}_{\text{rlat}}(t)^{\text{T}} & q_{\text{rlat}}(t)^{\text{T}} \end{bmatrix} \mathbf{Q}_{\text{rlat}} \begin{bmatrix} \Delta\mathbf{x}_{\text{rlat}}(t) \\ q_{\text{rlat}}(t) \end{bmatrix} + \Delta\mathbf{u}_{\text{rlat}}(t)^{\text{T}}\mathbf{R}_{\text{rlat}}\Delta\mathbf{u}_{\text{rlat}}(t) \right) \text{d}t
\end{aligned}
\tag{9.54}
$$

式中 $\mathbf{Q}_{\text{rlat}} \geqslant 0$ 和 $\mathbf{R}_{\text{rlat}} > 0$ 为加权矩阵。

3. 控制器综合

综上，图像伺服控制器可以综合为

$$
\begin{cases}
v_{\text{d},x\text{des}}^{\text{c}} = k_1 e_x \\
v_{\text{d},y\text{des}}^{\text{c}} = k_2 e_y \\
v_{\text{d},z\text{des}}^{\text{c}} = -k_3 z_{\text{d}}^{\text{c}} - k_4 |e_x| - k_5 |e_y| \\
\Delta\mathbf{u}_{\text{rlon}} = -\mathbf{K}_{x1}\Delta\mathbf{x}_{\text{rlon}} - \mathbf{K}_{e1}\mathbf{q}_{\text{rlon}} \\
\Delta\mathbf{u}_{\text{rlat}} = -\mathbf{K}_{x2}\Delta\mathbf{x}_{\text{rlat}} - \mathbf{K}_{e2}q_{\text{rlat}}
\end{cases}
\tag{9.55}
$$

式中 $k_i > 0, i = 1, 2, ..., 5$ 为控制增益。图像伺服控制结构框图如图 9.9 所示。

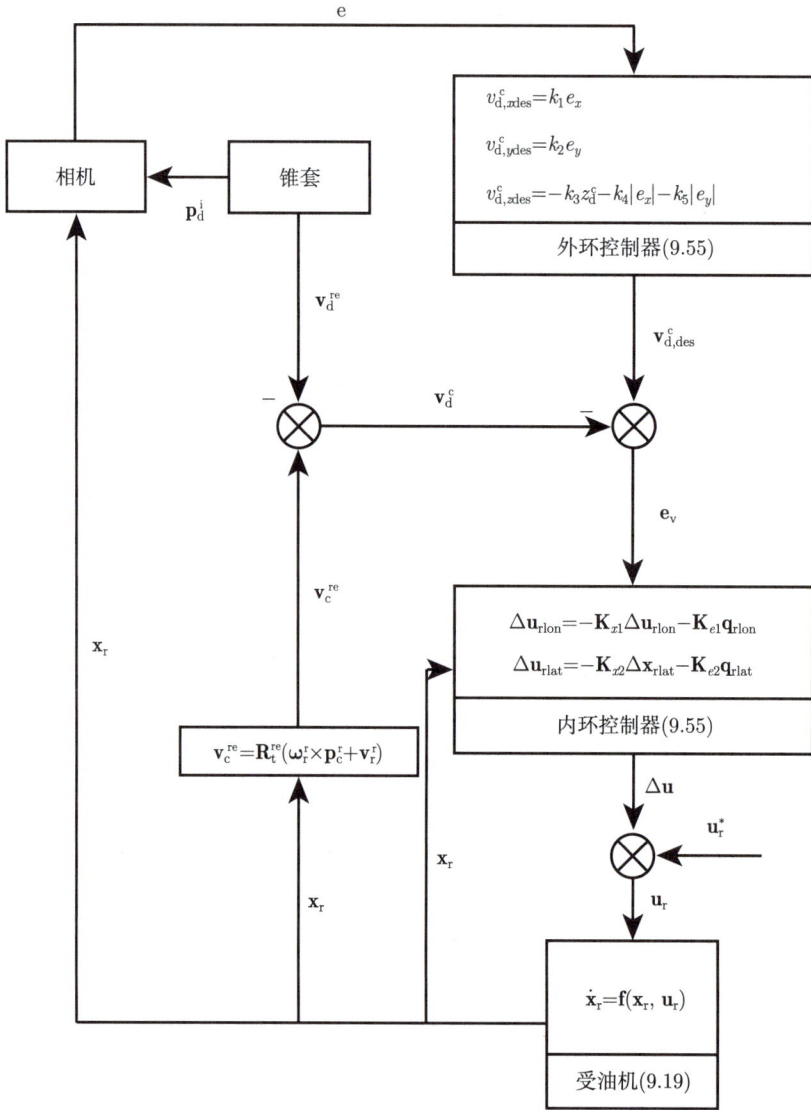

图 9.9 图像伺服控制结构框图

9.1.4 相关发展

近年来，基于图像的伺服控制在无人机领域的应用受到广泛关注。无人机利用搭载的摄像头进行环境感知，并基于图像信息进行精确的运动控制，这使得无人机在进行复杂任务时获得更丰富的环境信息和更高的控制精度。由于基于图像的视觉伺服主要依赖摄像机作为视觉反馈信息源，这减少了对全球定位系统（GPS）和其他外部导航辅助设备的依赖，从而增强了环境适应性和系统的可靠性。

对于多旋翼无人机，视觉伺服技术的应用广泛，涵盖了精确着陆、物体跟踪、空中目标拦截以及自主避障等关键任务。通过视觉伺服，无人机能够识别着陆区域的特定标记或特征，自动调整姿态和速度，从而实现安全且精确的移动平台自主着陆[90,91]。近年来，更具挑战性的应用也不断涌现，多旋翼无人机可以利用搭载的摄像头捕捉并跟踪移动目标[92,93]。进一步地，无人机能够识别并锁定目标，进行空中目标自主拦截[94-96]。与此同时，无人机还能识别图像中的障碍物，并自动调整飞行路线以避免碰撞[97]。

对于固定翼无人机，基于图像的伺服控制同样在自主拦截和空中对接等领域发挥重要作用。在军事领域，固定翼无人机的自主拦截能力近年来成为研究的热点。这种能力使无人机能够独立识别并拦截非法目标，标志着未来无人机技术研究的重要方向。在空中对接任务中，固定翼无人机通过其搭载的摄像头捕捉对接目标的图像，控制系统依据图像信息直接计算出制导量，并据此进行精确的飞行调整[89,98]。

无论是无人机回收对接还是空中加油对接，由于各种大气扰动，对接控制都非常困难，因此近年来利用图像伺服进行自动对接控制成为了研究的热点，这是因为采用基于图像的伺服控制进行空中加油对接具有若干显著优点，特别是在自动或半自动操作环境中，图像伺服控制可以实现高精度的视觉跟踪，这对于完成精细的对接操作至关重要。图像伺服控制可以减少对外部传感器的依赖，特别是在 GPS 信号受限或不可用的环境中[99]。这也提高了系统在对抗电子战环境中的生存能力。基于图像的伺服控制可以简化系统的设计和实施，它有助于减少飞行器上所需的硬件数量和复杂性，从而降低重量和成本[100]。综上，图像伺服控制在空中加油对接中提供了精确、灵活且鲁棒的解决方案。

9.2 图像伺服对接控制实验之基础实验

9.2.1 实验配置和目标

1. 配置

（1）软件：MATLAB R2022b 或以上版本，Python，RflySimAAR 仿真平台。

（2）程序：实验指导包 "e7/e7-1"。实验指导包中主要有 "Simulink" 和 "Python" 两个文件夹，其中 "Simulink" 文件夹中主要有：基于图像伺服的空中加油对接仿真程序 "AAR_IBVS.slx"，初始化文件 "F16_Init.m" 以及其他平台中调用的函数等。"Python" 文件夹中主要有：锥套识别脚本 "detect-realtime.py" 以及其调用的其他函数等。

2. 目标

了解掌握基于图像伺服的空中加油对接仿真平台的原理，熟悉各模块功能，编写图像伺服控制代码，运行仿真完成空中加油对接实验，分析实验结果。

9.2.2 实验步骤

实验步骤包括：首先，在步骤一中了解图像伺服的空中加油对接仿真平台的构成；然后，在步骤二中实现图像伺服控制算法；最后，在步骤三中运行仿真，分析空中加油对接实验结果。

1. 步骤一：了解图像伺服的空中加油对接仿真平台的构成

如图 9.10 所示，空中加油对接仿真平台主要由五大部分组成：加油机 "Tanker System"，受油机 "Receiver System"，锥套锥管模块 "Drogue&Tube System"，环境模块 "Environment" 和视景模块 "Scene"。

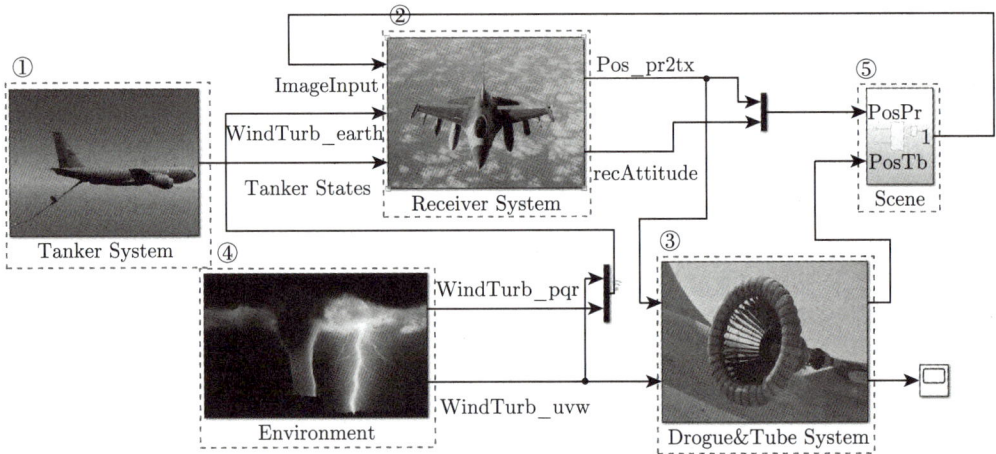

图 9.10　空中加油对接仿真平台，来源于 "e7/e7-1/Simulink/AAR_IBVS.slx"

在加油机 "Tanker System" 模块中（对应虚线框①），设定加油机加速度为零，即等速平飞状态，其状态通过积分器来实现，如图 9.11 所示。该模块的输出是 "Tanker States"，表示加油机的状态。

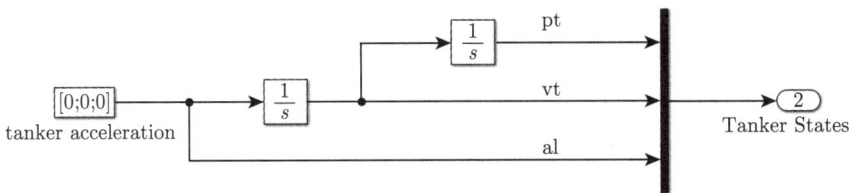

图 9.11　等速平飞状态，来源于 "e7/e7-1/Simulink/AAR_IBVS.slx"

受油机 "Receiver System" 模块（对应虚线框② ）的输入为："ImageInput" 表示图像信息输入，包括被估计出的锥套位置、图像误差和深度；"WindTurb_earth"，表示地面坐标系下的风扰动；"Tanker States"，表示加油机的状态。该模块的输出为："Pos_pr2tx"，表示锥管相对于加油机的位置；"recAttitude" 表示受油机的姿态。该模块中主要包括三部分，受油机模型、控制器模块和坐标转换模块。其中，受油机模型与本书第四章中微小型无人机的 Simulink 模型类似，为六自由度全状态模型，并在其基础上，进行了配平和一些数据转换来方便进行对接控制设计。而控制器模块则是利用视觉导航结果，实现基于图像伺服的对接控制，图像伺服控制代码的实现即在这部分完成。坐标转换模块完成不同坐标系坐标之间转换的计算。

锥套锥管模块 "Drogue&Tube System"（对应虚线框③ ）计算对接装置锥套的位姿，其输入为：锥管相对于加油机的位置 "Pos_pr2tx" 和风扰动的线速度 "WindTurb_uvw"。输出为各节软管和锥套的位姿 "PosTb"。

环境模块"Environment"（对应虚线框④）根据空速和高度计算风速等大气数据，其输出为风扰动的线速度"WindTurb_uvw"和风扰动的角速度"WindTurb_pqr"。

视景模块"Scene"（对应虚线框⑤）完成对接场景的视景显示，其输入为各节软管和锥套的位姿"PosTb"和受油机的位姿"PosPr"。在该模块的实现原理为通过 UDP 广播与 RflySim 以及 Python 终端进行通信，将各节软管、锥套、受油机和加油机的位姿信息发送给 RflySim3D 进行显示，并接收来自 Python 返回的视觉处理结果，即被估计出的锥套位置、图像误差和深度，信息交互结构如图 9.12 所示。视景显示效果如图 9.13 所示。

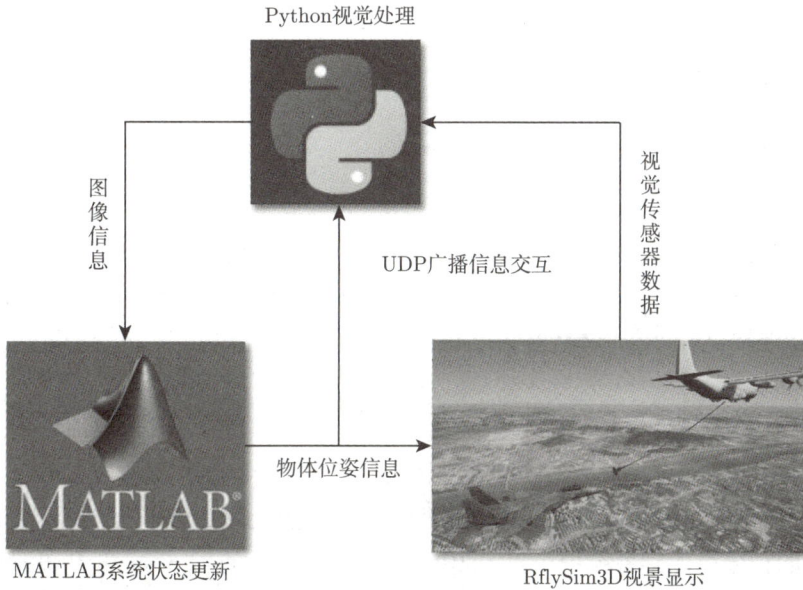

图 9.12　信息交互结构

图 9.13　视景显示效果

2. 步骤二：实现图像伺服控制算法

在空中加油对接仿真平台的基础上，参考式 (9.55)，实现图像伺服控制算法。在 "AAR__IBVS\Receiver System\Controller\IBVS_Controller" 路径下预留出了外环控制器的 Matlab Function 模块，该模块的输入为图像误差、深度估计结果以及受油机的状态，输出为相对坐标系下相机的速度期望。与式 (9.55) 对应，关键代码如代码段 9.1 所示，第 1 行为将 y 轴方向的图像误差进行反向；第 2 行为设置深度误差的补偿值，用于控制插入锥套的深度；第 3~6 行为设置控制参数；第 7~9 行为计算期望的相机相对于锥套的速度。

代码段 9.1　图像伺服控制器，来源于 "e7/e7-1/Simulink/AAR__IBVS.slx"

```
1   ey = -ey; % reverse ey
2   Z_d = 1.0; % compensation Z
3   kz = 0.5; % set control parameters
4   ky = 3;
5   kx = 1;
6   k1 = 3; k2 = 1;
7   u_vcz = kz*(Z-Z_d)-k1*(abs(ex))-k2*(abs(ey)); % calculate desired
          % velocity of camera
8   u_vcy = ky*(ey-0);
9   u_vcx = kx*(ex-0);
```

内环控制器为 LQR 控制器，以纵向通道为例，关键代码如代码段 9.2 所示，其中第 1-4 行是设置式 (9.48) 中的 $\mathbf{A}_{\mathrm{rlon}}, \mathbf{B}_{\mathrm{rlon}}, \mathbf{C}_{\mathrm{rlon}}$，第 6-7 行是进行系统增广，与式 (9.48) 相对应，将跟踪误差的积分引入到系统中，第 9-10 行为设定 LQR 的 $\mathbf{Q}$ 矩阵和 $\mathbf{R}$ 矩阵，第 12 行为使用 MATLAB 中的 "lqr" 函数求解 LQR 问题，第 13-14 行为将增广系统的反馈增益矩阵分为式 (9.53) 中的 $\mathbf{K}_{x2}, \mathbf{K}_{e2}$。

代码段 9.2　LQR 控制器，来源于 "e7/e7-1/Simulink/F16_Init.m"

```
1    A_lon=A([1,3,5,7,8,11,13,14],[1,3,5,7,8,11,13,14]); % set State
          % equation matrix
2    B_lon=B([1,3,5,7,8,11,13,14],1:2);
3    C_lon_xd_h=[1 0 zeros(1,6);
4                0 1 zeros(1,6)];
5    % augment the system
6    AA_lon=[A_lon,zeros(8,2);-C_lon_xd_h,zeros(2,2)];
7    BB_lon=[B_lon;zeros(2,2)];
8    % set lqr parameters
9    Q_lon=diag([4 10 10 1 10 10 0 0 1 3]);
10   R_lon=diag([50 50]);
11   % calculate K of lqr
12   [k_lon,p_lon,e_lon]=lqr(AA_lon,BB_lon,Q_lon,R_lon);
13   Kp_lon=k_lon(:,1:8);
```

```
14    Ki_lon=-k_lon(:,9:10);
```

计算得到 "Ki" 和 "Kp"，在 Simunlink 中搭建实现，如图 9.14 所示。

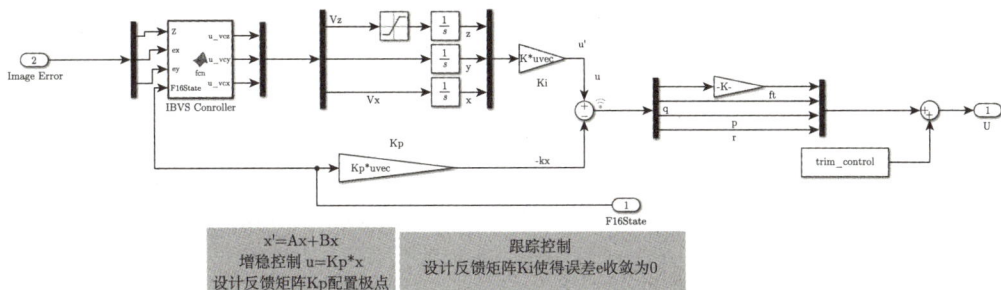

图 9.14　图像伺服控制器实现，来源于 "e7/e7-1/Simulink/AAR_IBVS.slx"

3. 步骤三：运行仿真，分析空中加油对接实验结果

完成以上的图像伺服控制算法实现后，即可运行 Simulink 仿真。注意，首先需要打开 RflySim3D，然后启动 Simulink 文件并在 5s 内暂停，然后再运行 "detect-realtime.py"，等待识别图窗弹出后再继续运行 Simulink 文件（如果 Python 报文件路径错误，则需要把平台复制到 C 盘下再运行）。等待仿真运行完成，可以运行 "AnalysisVisualError.mlx"，计算得到对接过程中的对接误差并绘图，可以得到以下的对接实验结果。

图 9.15 为对接过程视景显示，可以发现从对接过程视景中观察，图像伺服算法完成了对接任务。图 9.16 中的 "$\mathbf{e}$"，即 "图像误差"，为对接过程中图像误差曲线，表示在图像坐标系中，锥套中心点与图像坐标系原点的差。从曲线中可以发现，图像误差在 100 秒内收敛至零。图 9.16 中的 "z_d^c"，即 "深度误差"，为对接过程中深度误差曲线，锥管顶点与锥套平面的距离。从曲线中可以发现，深度误差越小，深度误差衰减速度越小，符合设计的相应通道的外环控制器 [式 (9.41)]。图 9.16 中的 "$\mathbf{p}_d^p$"，即 "对接位置误差"，为对接过程

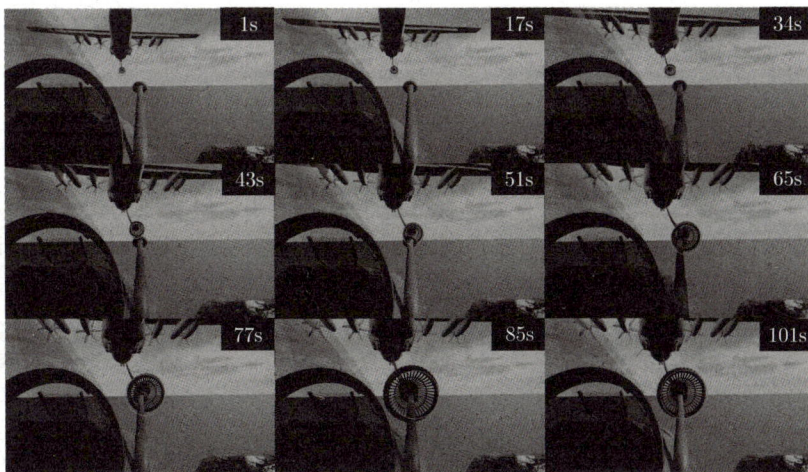

图 9.15　对接过程视景显示

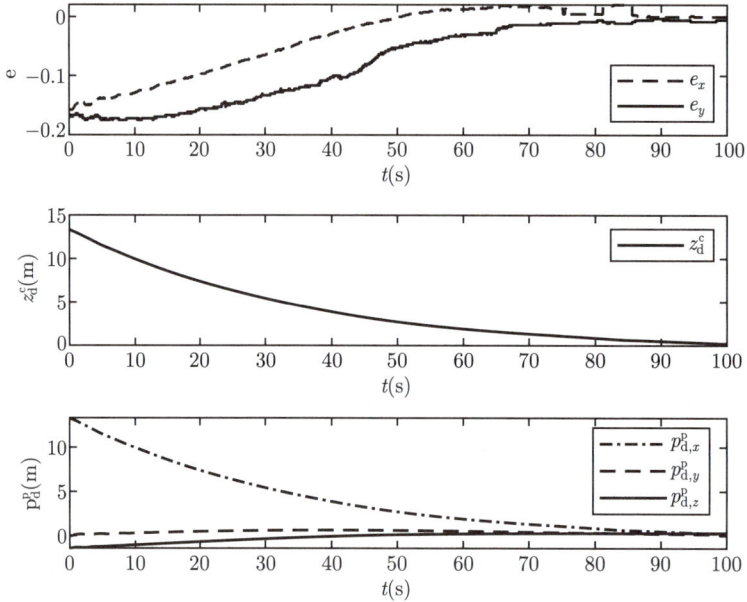

图 9.16　对接误差

中相对坐标系下三轴对接误差，即锥管末端与锥套中心之间的位置差。从曲线中可以发现，在横侧向方向和纵向方向上锥管末端以较快的速度靠近锥套中心。在深度方向上，由于控制器设计，锥管末端靠近锥套中心速度随着深度误差的衰减也逐渐减小。最终，三轴对接误差均收敛至零，对接成功。

9.3　图像伺服对接控制实验之分析实验

9.3.1　实验配置和目标

1. 配置

（1）软件：MATLAB R2022b 或以上版本，Python，RflySimAAR 仿真平台。

（2）程序：实验指导包 "e7/e7-2"。实验指导包中主要有基于图像伺服的对接控制程序 "IBVS" 文件夹和基于位置伺服的对接控制程序 "PBVS" 文件夹。以 "IBVS" 文件夹为例，其中主要有 "Simulink" 和 "Python" 两个文件夹。"Simulink" 文件夹中主要有：基于图像伺服的空中加油对接仿真程序 "AAR_IBVS.slx"，初始化文件 "F16_Init.m" 以及其他平台中调用的函数等。"Python" 文件夹中主要包含锥套识别脚本 "detect-realtime.py" 以及其调用的其他函数等。注意 "IBVS" 文件夹和 "PBVS" 文件夹中的 "detect-realtime.py" 并不完全一样，区别在于前者返回的是锥套中心在图像坐标系中的像素位置和深度，后者返回的是估计出的锥套的三维位置。

2. 目标

对比分析不同强度紊流对基于图像伺服的空中加油对接算法的影响，以及在不同紊流下不同的控制参数。并与基于位置伺服的空中加油对接算法进行对比，分析二者在相机安装误差上的抗干扰能力的区别。

9.3.2 实验步骤

实验步骤包括：首先，在步骤一中对比不同紊流强度下对接效果；然后，在步骤二中对比图像伺服与位置伺服对接效果。

1. 步骤一：对比不同紊流强度下对接效果

紊流强度是高度和超越强度概率的函数，在高度一定的前提下，紊流强度与超越强度概率是负相关的。在 Simulink 的 Aerospace 工具箱中有名为 "Dryden Wind Turbulence Model" 的相应模块，在 "Probability of exceedance of high-altitude intensity" 选项中可设置超越强度概率，一般情况下，超越强度概率为 10^{-1} 对应 "I 级紊流"，超越强度概率为 10^{-2} 对应 "II 级紊流"，超越强度概率为 10^{-3} 对应 "III 级紊流"。在空中加油对接仿真平台中，"Dryden Wind Turbulence Model" 模块在环境模块中可以找到，如图 9.17 所示，修改图 9.18 的超越强度概率 "Probability of exceedance of high-altitude intensity" 即可修改紊流强度。

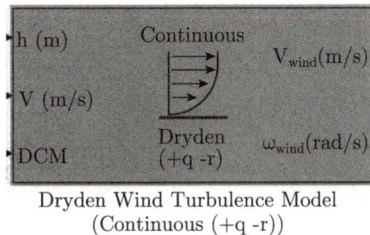

Dryden Wind Turbulence Model
(Continuous (+q -r))

图 9.17 "Dryden Wind Turbulence Model" 模块

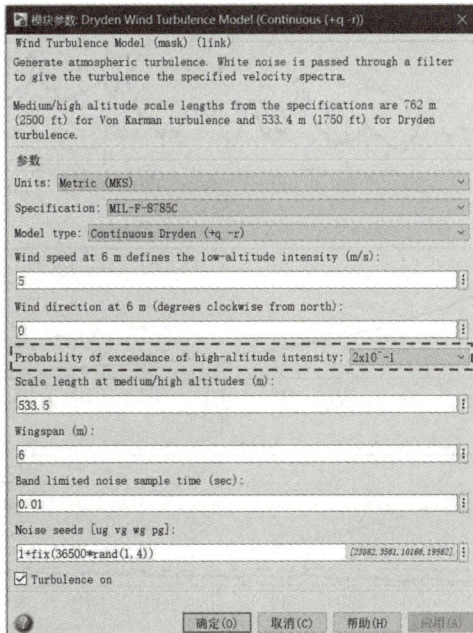

图 9.18 修改紊流强度

将紊流强度分别设置为 0、I、II 并运行仿真，且不改变控制参数，观察仿真结果，仿真结果如下。

（1）对比图 9.19 和图 9.20，可以看出，随着风扰动强度的增加，虽然在对接过程中，受油机的运动轨迹出现了一些波动，但是图像误差 **e**、深度误差 z_d^c 和对接误差 $\mathbf{p}_\mathrm{d}^\mathrm{p}$ 依旧在

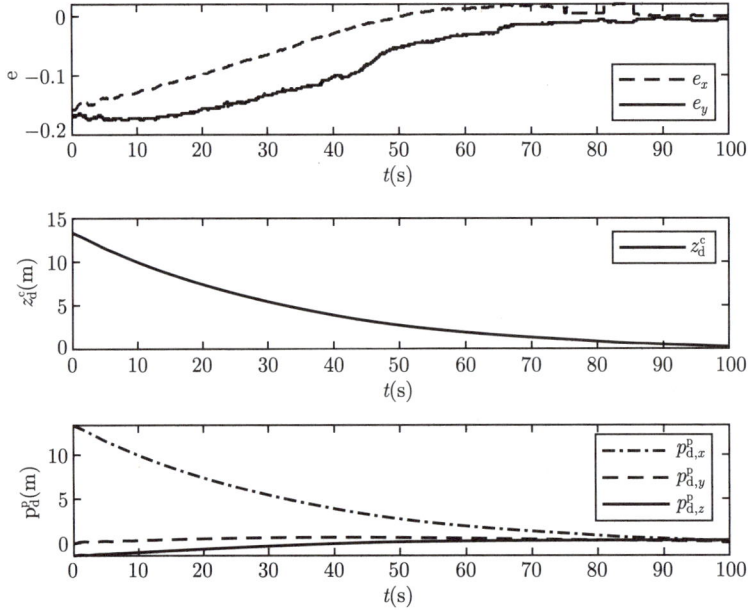

图 9.19　无紊流对接误差

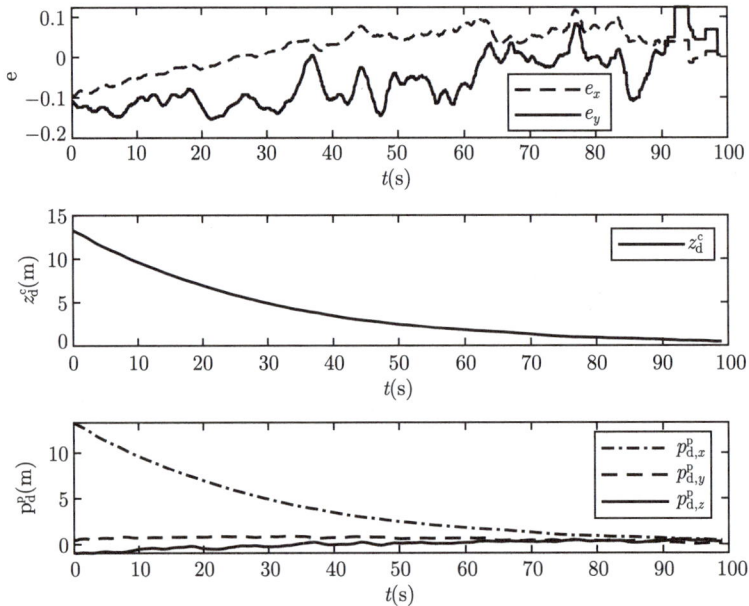

图 9.20　I 级紊流对接误差

100s 内基本收敛为 0。这说明在 I 级紊流下对接仍然是成功的，并且对接误差曲线依然比较平滑，这说明控制器对于风扰动具有一定的抑制功能，在较小的风扰动下具有良好的对接鲁棒性。

（2）从图 9.21 可以看出：在 II 级紊流下，图像误差曲线波动更加剧烈，特别是 40s 以后。这是由于当相机距离锥套越近时，锥套在加油机坐标系的移动单位距离反映在图像中的移动距离越大。深度误差曲线相对于图 9.20 也有了较为明显的波动。而对接误差曲线经过 110s 也未能同时收敛至 0 附近，$p_{d,x}^p$ 方向上的最终误差大约为 1m，$p_{d,y}^p$ 和 $p_{d,z}^p$ 大约为 0.5m。这说明锥管未能插入锥套，因此对接是失败的。然而这也是正常的现象，因为在较强的风扰动作用下，受油机自身的稳定性也会受到较大的干扰，更不要说对于精度要求更高的空中加油对接控制。实际上在当前的无人机空中加油对接中，对于大气情况也有规定，当风扰动超过一定限度之后，对接任务就因安全原因不允许被执行了。

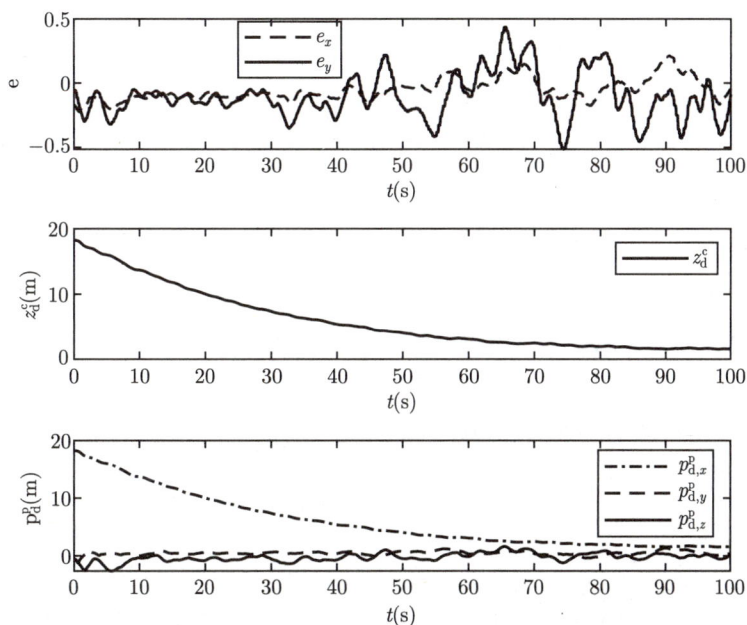

图 9.21　II 级紊流对接误差

2. 步骤二：对比图像伺服与位置伺服对接效果

基于图像伺服的空中加油对接平台 "AAR_IBVS.slx" 与基于位置伺服的空中加油对接平台 "AAR_PBVS.slx" 的区别在于受油机的控制器部分，如图 9.22 所示。

假设标定出现问题等，导致了相机安装位置出现了一定的偏差 $\begin{bmatrix} 1 & 0 & -0.5 \end{bmatrix}^T$。在 RflySimAAR 平台的 PBVS 仿真初始化文件 "F16_Init.m" 中进行修改，如代码段 9.3 所示，其中第 1-2 行是修改之前即没有相机安装位置测量误差的情况，此处注释掉，而第 4-5 行是加入了相机安装位置误差的情况。

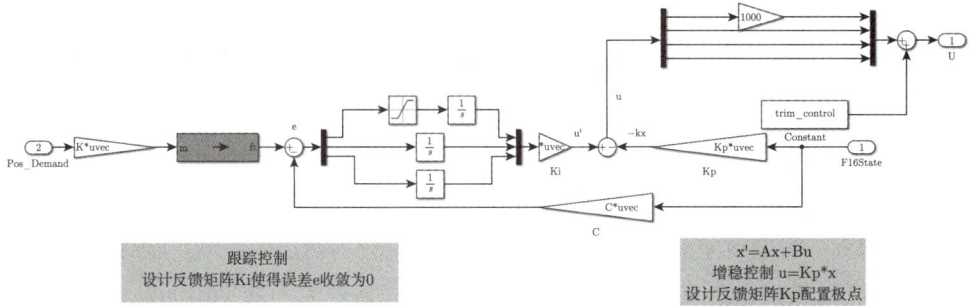

图 9.22　位置伺服控制器，来源于 "e7/e7-2/PBVS/Simulink/AAR_PBVS.slx"

代码段 9.3　PBVS 平台中注入相机安装位置测量误差，来源于 "e7/e7-2/PBVS/Simulink/F16_Init.m"

```
1    %Without camera location error
2    % d_cam_rc = [4.7;0.54;-1.45];
3
4    %With camera location error
5    d_cam_rc = [4.7+1;0.54;-1.45-0.5];
```

在 RflySimAAR 平台的 IBVS 仿真初始化文件 "F16_Init.m" 中进行修改，如代码段 9.4 所示。其中第 1-4 行是修改之前即没有相机安装位置测量误差的情况，此处进行了注释。第 6-8 行是加入了相机安装位置误差的情况。

代码段 9.4　IBVS 平台中注入相机安装位置测量误差，来源于 "e7/e7-2/IBVS/Simulink/F16_Init.m"

```
1    %Without camera location error
2    % Lx = 4.7;
3    % Ly = 0.54;
4    % Lz = -1.45;
5
6    %With camera location error
7    Lx = 4.7+1;
8    Ly = 0.54;
9    Lz = -1.45-0.5;
```

分别运行基于图像伺服的空中加油对接平台 "AAR_IBVS.slx" 和相应的 "detect-realtime.py" 与基于位置伺服的空中加油对接平台 "AAR_PBVS.slx" 和相应的 "detect-realtime.py" 仿真（如果 Python 报文件路径错误，则需要把平台复制到 C 盘下再运行），可得如图 9.23 和 9.24 所示的仿真结果。绘图脚本为 "AnalysisError.mlx"，运行完仿真后运行该脚本即可得到对接误差曲线。

在图 9.23 中，0-15s 为靠近阶段，锥套与锥管的距离大概在 2m 左右；15-30s 为位置保持并估计锥套位置的过程；30-50s 为第一次尝试对接，显然由于相机位置测量误差，对接误差并未收敛至 0 并且相差很远，特别是 $p_{d,x}^{p}$ 方向；50-70s 为对接失败后退回等待位置重新估计锥套位置；70-80s 为第二次尝试，但是依旧失败。在图 9.24 中，对接误差在 160s 内平稳地收敛至 0，虽然用时较长，但是对接是成功的。可见在有相机位置测量误差时，图像伺服控制器可以成功对接但是位置伺服控制器不能成功对接，分析如下。

（1）对于图像伺服控制器，相机测量位置只会用于解耦后的纵向图像伺服模型以及横侧向图像伺服模型，而这两者又只会应用纵向和横侧向通道的内环状态方程增广，最终纵向与横侧向的增广状态方程则会用于内环增稳控制器的设计。因此这里相机位置的测量结果只会对于图像伺服的内环控制器有影响。从另一个角度，对于图像伺服控制器，相机的三维模型重构误差、位置测量误差、相机校准误差以及相机的安装位置误差等误差会导致图像误差和深度误差。然而，图像误差对以上的各种误差是不敏感的且可以被外环控制器消除；深度误差对以上各种误差是敏感的，但是深度只决定对接时的前向速度，对于对接成功与否没有横侧向误差影响那么大。

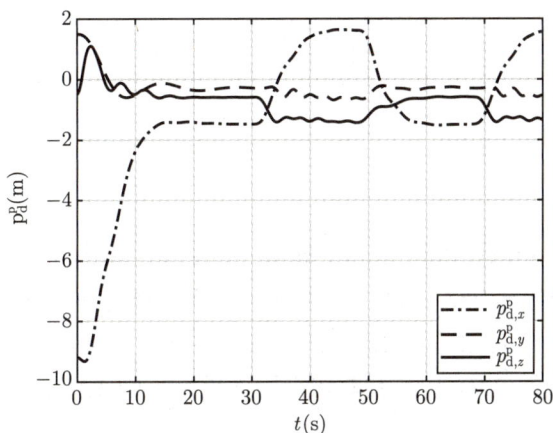

图 9.23　有相机位置测量误差时位置伺服对接误差

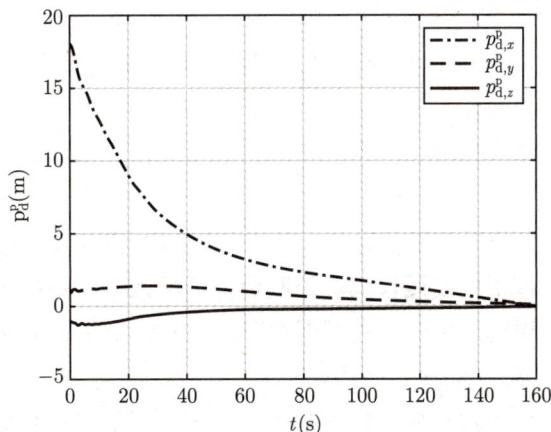

图 9.24　有相机位置测量误差时图像伺服对接误差

（2）对于位置伺服控制器，内环控制器需要跟踪的是外环控制器利用位置伺服获取的加油机坐标系下锥套位置，内环控制器只需要跟踪上外环给定的锥套位置，那么就会成功对接。因此这里对于位置伺服控制器，相机测量位置直接作用外环控制器中对锥套的精确定位。从另一个角度，对位置伺服控制器，相机的三维模型重构误差、位置测量误差、相机校准误差以及相机的安装位置误差等误差会导致三维的位置估计误差，而且位置估计误差对以上各种误差都很敏感，位置估计误差又直接决定了对接的成功与否。

（3）当出现一些类似于本例中测量误差的对接不确定性时，这些不确定性在图像伺服控制器中只是影响了内环的增稳控制器，也就是用于内环 LQR 控制的增广状态方程，对于控制器外环精确的对接跟踪没有影响；而在位置伺服控制器中则会直接影响外环控制中对加油机坐标系下锥套位置的精确获取，从而直接影响对接的有效性。因此，图像伺服控制器相比于传统的位置伺服控制器具有更好的鲁棒性，这也验证了图像伺服控制器的控制相比之下是更有优势的。

9.4　图像伺服对接控制实验之设计实验

9.4.1　实验配置和目标

1. 配置

（1）软件：MATLAB R2022b 或以上版本，Python，RflySimAAR 仿真平台。

（2）程序：实验指导包 "e7/e7-3"。实验指导包中主要有速度模式下的基于图像伺服的空中加油对接仿真程序 "AAR_IBVS_Vmode.slx"，初始化文件 "F16_Init_new.m" 以及其他平台中调用的函数等。Python 锥套识别脚本使用基础实验中的即可。

（3）硬件：CubePilot/Pixhawk 自驾仪。

2. 目标

（1）设计以 "受油机相对地面的速度" 作为顶层控制接口的图像伺服控制器，并在 Rfly-SimAAR 仿真平台中完成软件仿真对接控制验证。

（2）进一步，使用 CubePilot/Pixhawk 自驾仪，以 "受油机的航点" 作为控制接口，完成硬件在环仿真对接控制验证。

9.4.2　实验设计

为了设计以 "受油机相对地面的速度" 作为控制接口的图像伺服控制器，需要考虑受油机的运动模型、制导模型以及图像伺服控制模型的关系，这是由于受油机的线速度、姿态和角速度均会影响到相机的位姿，进而影响图像伺服模型中的图像误差。

1. 步骤一：建立速度控制模式下的制导模型

速度控制模式的底层飞行控制可以用线性二次型控制方法（LQR）、模型预测控制和反馈线性化方法（MPC+FL）或微分平坦度方法来实现。具有速度控制模式的受油机的制

导模型可以描述如下

$$\begin{cases} \dot{\mathbf{p}}_r^g = \mathbf{v}_r^g \\ \underbrace{\begin{bmatrix} v_{r,x}^g \\ v_{r,y}^g \\ v_{r,z}^g \end{bmatrix}}_{\mathbf{v}_r^g} = \begin{bmatrix} G_x & & \\ & G_y & \\ & & G_z \end{bmatrix} \underbrace{\begin{bmatrix} v_{r,xref}^g \\ v_{r,yref}^g \\ v_{r,zref}^g \end{bmatrix}}_{\mathbf{v}_{r,ref}^g} \end{cases} \tag{9.56}$$

式中 $\mathbf{p}_r^g = \begin{bmatrix} p_{r,x}^g & p_{r,y}^g & p_{r,z}^g \end{bmatrix}^T$ 是受油机在地面坐标系下的位置，$\mathbf{v}_r^g = \begin{bmatrix} v_{r,x}^g & v_{r,y}^g & v_{r,z}^g \end{bmatrix}^T$ 是受油机在地面坐标系下的速度；$\mathbf{v}_{r,ref}^g = \begin{bmatrix} v_{r,xref}^g & v_{r,yref}^g & v_{r,zref}^g \end{bmatrix}^T$ 是受油机在地面坐标系下的参考速度；G_x, G_y, G_z 是从 $\mathbf{v}_{r,ref}^g$ 到 $\mathbf{v}_r^g$ 的传递函数。传递函数 G_x, G_y, G_z 可通过系统辨识得到。

2. 步骤二：建立速度控制模式下的相机运动模型

为了在速度控制模式下充分考虑姿态和角速度对图像误差的影响，与基础实验和分析实验不同，此处对式 (9.11) 进行较为完整的推导，得到

$$\dot{e}_x = -\frac{v_{d,x}^c}{z_d^c} + \frac{e_x v_{d,z}^c}{z_d^c} + e_x e_y \omega_{d,x}^c - (1 + e_x^2)\omega_{d,y}^c + e_y \omega_{d,z}^c \tag{9.57}$$

$$\dot{e}_y = -\frac{v_{d,y}^c}{z_d^c} + \frac{e_y v_{d,z}^c}{z_d^c} + (1 + e_y^2)\omega_{d,x}^c - e_x e_y \omega_{d,y}^c - e_x \omega_{d,z}^c \tag{9.58}$$

下面推导受油机在地面坐标系下的速度与相机相对于加油机的速度之间的关系（考虑受油机速度、姿态和角速度）。由式 (9.28) 和式 (9.29) 可知

$$\begin{cases} v_{c,x}^{re} = v_{r,y}^t + x_c^r \Delta\omega_{z_b} - z_c^r \Delta\omega_{x_b} \\ v_{c,y}^{re} = v_{r,z}^t + y_c^r \Delta\omega_{x_b} - x_c^r \Delta\omega_{y_b} \\ v_{c,z}^{re} = v_{r,x}^t + z_c^r \Delta\omega_{y_b} - y_c^r \Delta\omega_{z_b} \end{cases} \tag{9.59}$$

由受油机与加油机的运动关系可得

$$\mathbf{v}_r^t = \mathbf{v}_r^g - \mathbf{v}_t^g \tag{9.60}$$

因此，式 (9.59) 可以化为

$$\begin{cases} v_{c,x}^{re} = v_{r,y}^g + x_c^r \Delta\omega_{z_b} - z_c^r \Delta\omega_{x_b} \\ v_{c,y}^{re} = v_{r,z}^g + y_c^r \Delta\omega_{x_b} - x_c^r \Delta\omega_{y_b} \\ v_{c,z}^{re} = v_{r,x}^g - V_t^g + z_c^r \Delta\omega_{y_b} - y_c^r \Delta\omega_{z_b} \end{cases} \tag{9.61}$$

3. 步骤三：图像伺服控制器设计

对式 (9.57)，设计该通道的期望速度为

$$v_{d,xd}^c = k_1 e_x + z_d^c e_x e_y \omega_{d,x}^c - z_d^c (1 + e_x^2)\omega_{d,y}^c + z_d^c e_y \omega_{d,z}^c \tag{9.62}$$

若 $v_{\mathrm{d},x}^{\mathrm{c}} = v_{\mathrm{d},xd}^{\mathrm{c}}$，则有式 (9.57) 变为

$$\dot{e}_x = -\frac{k_1 - v_{\mathrm{d},z}^{\mathrm{c}}}{z_{\mathrm{d}}^{\mathrm{c}}} e_x \tag{9.63}$$

选取 $k_1 > \max(v_{\mathrm{d},z}^{\mathrm{c}})$，即可保证 $\lim\limits_{t \to \infty} |e_x(t)| = 0$。

对式 (9.58) 进行考虑，设计该通道的期望速度为

$$v_{\mathrm{d},yd}^{\mathrm{c}} = k_2 e_y - z_{\mathrm{d}}^{\mathrm{c}} e_x e_y \omega_{\mathrm{d},y}^{\mathrm{c}} + z_{\mathrm{d}}^{\mathrm{c}}(1 + e_y^2)\omega_{\mathrm{d},x}^{\mathrm{c}} - z_{\mathrm{d}}^{\mathrm{c}} e_x \omega_{\mathrm{d},z}^{\mathrm{c}} \tag{9.64}$$

若 $v_{\mathrm{d},y}^{\mathrm{c}} = v_{\mathrm{d},yd}^{\mathrm{c}}$，则有式 (9.58) 变为

$$\dot{e}_y = -\frac{k_2 - v_{\mathrm{d},z}^{\mathrm{c}}}{z_{\mathrm{d}}^{\mathrm{c}}} e_y \tag{9.65}$$

选取 $k_2 > \max(v_{\mathrm{d},z}^{\mathrm{c}})$，即可保证 $\lim\limits_{t \to \infty} |e_y(t)| = 0$。

深度方向上的期望速度参考式 (9.40)。在本实验的情况下，可以忽略锥套的角速度，认为 $\omega_{\mathrm{c}}^{\mathrm{d}} = \omega_{\mathrm{c}}^{\mathrm{d}} = \omega_{\mathrm{c}}^{\mathrm{re}} = \mathbf{R}_{\mathrm{re/t}}\omega_{\mathrm{c}}^{\mathrm{t}} \approx [\omega_{y_{\mathrm{b}}} \ \omega_{z_{\mathrm{b}}} \ \omega_{x_{\mathrm{b}}}]^{\mathrm{T}}$。于是，综合以上三个通道设计图像伺服控制器为

$$\begin{cases} v_{\mathrm{d},xd}^{\mathrm{c}} = k_1 e_x + z_{\mathrm{d}}^{\mathrm{c}} e_x e_y \Delta\omega_{y_{\mathrm{b}}} - z_{\mathrm{d}}^{\mathrm{c}}(1 + e_x^2)\Delta\omega_{z_{\mathrm{b}}} + z_{\mathrm{d}}^{\mathrm{c}} e_y \Delta\omega_{x_{\mathrm{b}}} \\ v_{\mathrm{d},yd}^{\mathrm{c}} = k_2 e_y - z_{\mathrm{d}}^{\mathrm{c}} e_x e_y \Delta\omega_{z_{\mathrm{b}}} + z_{\mathrm{d}}^{\mathrm{c}}(1 + e_y^2)\Delta\omega_{y_{\mathrm{b}}} - z_{\mathrm{d}}^{\mathrm{c}} e_y \Delta\omega_{x_{\mathrm{b}}} \\ v_{\mathrm{d},zd}^{\mathrm{c}} = k_3 z_{\mathrm{d}}^{\mathrm{c}} + k_4 |e_x| + k_5 |e_y| \end{cases} \tag{9.66}$$

若 $\mathbf{v}_{\mathrm{d}}^{\mathrm{c}} = \mathbf{v}_{\mathrm{d},\mathrm{d}}^{\mathrm{c}}$，则有 $\lim\limits_{t \to \infty} |e_x(t)| = 0$，$\lim\limits_{t \to \infty} |e_y(t)| = 0$，$\lim\limits_{t \to \infty} |z_{\mathrm{d}}^{\mathrm{c}}(t)| = 0$。其中，$\mathbf{v}_{\mathrm{d},\mathrm{d}}^{\mathrm{c}}$ 为锥套在相机坐标系中的期望速度。

实际上，由于 $\mathbf{v}_{\mathrm{d}}^{\mathrm{c}} = \mathbf{v}_{\mathrm{d}}^{\mathrm{re}} - \mathbf{v}_{\mathrm{c}}^{\mathrm{re}}$，只能控制 $\mathbf{v}_{\mathrm{c}}^{\mathrm{re}}$，而不能控制 $\mathbf{v}_{\mathrm{d}}^{\mathrm{re}}$，这是由于 $\mathbf{v}_{\mathrm{d}}^{\mathrm{re}}$ 是锥套的运动速度。因此，令 $\mathbf{v}_{\mathrm{c},\mathrm{d}}^{\mathrm{re}} = \mathbf{v}_{\mathrm{d},\mathrm{d}}^{\mathrm{c}}$，而将 $\mathbf{v}_{\mathrm{d}}^{\mathrm{re}}$ 视为扰动。根据式 (9.61)，可以得到受油机相对地面的 $\mathbf{v}_{\mathrm{r}}^{\mathrm{g}}$ 的期望速度，即 $\mathbf{v}_{\mathrm{r},\mathrm{d}}^{\mathrm{g}}$ 为

$$\begin{cases} v_{\mathrm{r},xd}^{\mathrm{g}} = -k_3 z_{\mathrm{d}}^{\mathrm{c}} - k_4 |e_x| - k_5 |e_y| + V_{\mathrm{t}}^{\mathrm{g}} - z_{\mathrm{c}}^{\mathrm{r}}\Delta\omega_{y_{\mathrm{b}}} + y_{\mathrm{c}}^{\mathrm{r}}\Delta\omega_{z_{\mathrm{b}}} \\ v_{\mathrm{r},yd}^{\mathrm{g}} = k_1 e_x + z_{\mathrm{d}}^{\mathrm{c}} e_x e_y \Delta\omega_{y_{\mathrm{b}}} - z_{\mathrm{d}}^{\mathrm{c}}(1 + e_x^2)\Delta\omega_{z_{\mathrm{b}}} + z_{\mathrm{d}}^{\mathrm{c}} e_y \Delta\omega_{x_{\mathrm{b}}} - x_{\mathrm{c}}^{\mathrm{r}}\Delta\omega_{z_{\mathrm{b}}} + z_{\mathrm{c}}^{\mathrm{r}}\Delta\omega_{x_{\mathrm{b}}} \\ v_{\mathrm{r},zd}^{\mathrm{g}} = k_2 e_y - z_{\mathrm{d}}^{\mathrm{c}} e_x e_y \Delta\omega_{z_{\mathrm{b}}} + z_{\mathrm{d}}^{\mathrm{c}}(1 + e_y^2)\Delta\omega_{y_{\mathrm{b}}} - z_{\mathrm{d}}^{\mathrm{c}} e_y \Delta\omega_{x_{\mathrm{b}}} - y_{\mathrm{c}}^{\mathrm{r}}\Delta\omega_{x_{\mathrm{b}}} + x_{\mathrm{c}}^{\mathrm{r}}\Delta\omega_{y_{\mathrm{b}}} \end{cases} \tag{9.67}$$

如果受油机为微小型无人机，其速度控制模式的动态响应较快，可以满足对接控制的要求，因此，一般可以直接将 $\mathbf{v}_{\mathrm{r},\mathrm{d}}^{\mathrm{g}}$ 作为参考速度 $\mathbf{v}_{\mathrm{r},\mathrm{ref}}^{\mathrm{g}}$，即

$$\mathbf{v}_{\mathrm{r},\mathrm{ref}}^{\mathrm{g}} = \mathbf{v}_{\mathrm{r},\mathrm{d}}^{\mathrm{g}} \tag{9.68}$$

进一步地，对于以"受油机的航点"作为控制接口的硬件在环实验，则可以采用

$$\begin{cases} V_{\mathrm{r}}^{\mathrm{g}} = \|\mathbf{v}_{\mathrm{r},\mathrm{ref}}^{\mathrm{g}}\| \\ \mathbf{p}_{\mathrm{r}}^{\mathrm{g}} = \displaystyle\int_0^t \mathbf{v}_{\mathrm{r},\mathrm{ref}}^{\mathrm{g}}(\tau)\mathrm{d}\tau \end{cases} \tag{9.69}$$

9.4.3　实验步骤

实验步骤包括：首先，在步骤一中实现速度控制模式下的图像伺服控制器；然后，在步骤二中运行仿真，分析空中加油对接实验效果。

1. 步骤一：实现速度控制模式下的图像伺服控制器

在 "AAR_IBVS_Vmode\Receiver System\Controller" 路径下用 "Matlab Function" 实现速度控制模式下的图像伺服控制器，该模块的输入为图像误差、深度估计结果以及受油机的状态，输出为地面坐标系下受油机的速度期望。与式 (9.67) 对应，关键代码如代码段 9.5所示。其中第 2 行为将 y_i 轴方向的图像误差进行反向；第 3 行为设置深度误差的补偿值，用于控制插入锥套的深度；第 4-8 行为设置控制参数；第 9-11 行为计算期望的相机相对于锥套的距离。需要说明的是，由于平台建模的方式是先计算受油机相对加油机的速度和位置，再叠加加油机的速度和位置之后进行显示。因此，这里的图像伺服控制器中的前向速度期望并没有加上加油机的速度。

代码段 9.5　速度控制模式下的图像伺服控制器，来源于 "e7/e7-3/AAR_IBVS_Vmode.slx"

```
1    d_pr_rc = [6.06;0.54;-0.86]; % the distance between the camera and the
         % receiver
2    ey = -ey; % reverse ey
3    Z_d = 1.0; % compensation Z
4    kz = 0.5; % set control parameters
5    ky = 3;
6    kx = 1;
7    k1 = 3;
8    k2 = 1;
9    vgz = kz*(Z-Z_d)-k1*(abs(ex))-k2*(abs(ey))-d_pr_rc(3)*q+d_pr_rc(2)*r;
         % calculate desired velocity of receiver
10   vgy = ky*(ey-0)+Z*ex*ey*q-Z(1+ex^2)r+Z*ey*p-d_pr_rc(1)*r+d_pr_rc(3)*p;
11   vgx = kx*(ex-0)-Z*ex*ey*r+Z(1+ey^2)q-Z*ex*p-d_pr_rc(2)*p+d_pr_rc(1)*q;
```

底层控制器采用 LQR 方法实现速度控制模式，与基础实验中的 LQR 控制器的区别在于：不需要对系统进行关于视觉跟踪误差的增广，而将受油机在地面坐标系下的速度直接作为控制目标。

2. 步骤二：运行仿真，分析空中加油对接实验效果

完成以上的图像伺服算法实现后，即可运行 Simulink 仿真。图 9.25为加油机受油机对接视景显示。

图 9.26为无扰动情况下对接过程中的误差曲线，包括 "图像误差 **e**" "深度误差 z_d^c" 和 "对接误差 $\mathbf{p}_d^p$"。图像误差表示在图像坐标系中，锥套中心点与图像坐标系原点的差。从曲线中可以发现，图像误差在 67 秒内收敛至零。从深度曲线中可以发现，深度误差越小，深度误差衰减速度越小。从相对坐标系下三轴对接误差可见，横侧向方向和纵向方向相对距离以较快速度衰减，而深度方向由于控制器设计，深度误差衰减速度随着深度误差的减小

而放缓。最终三轴对接误差均收敛至零，对接成功。图 9.27 为对接过程的视景显示。

图 9.25　加油机受油机对接视景显示

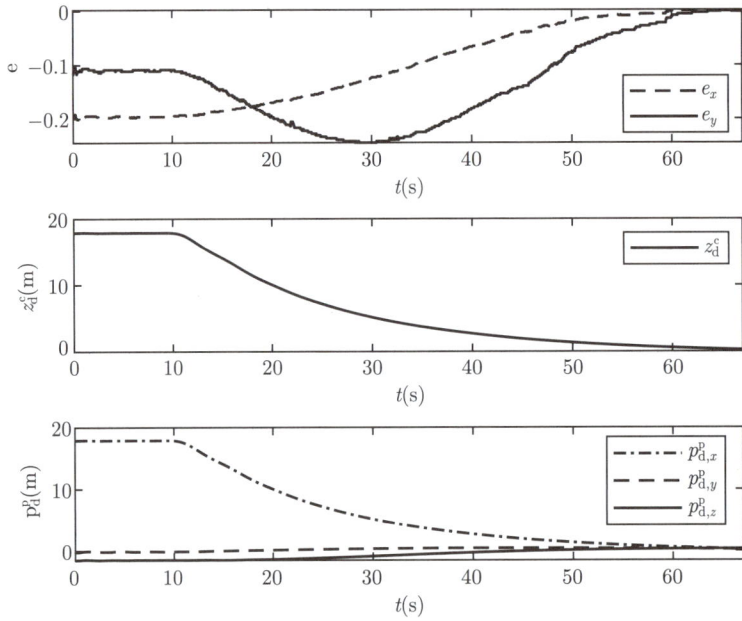

图 9.26　无扰动情况下对接过程中的误差曲线

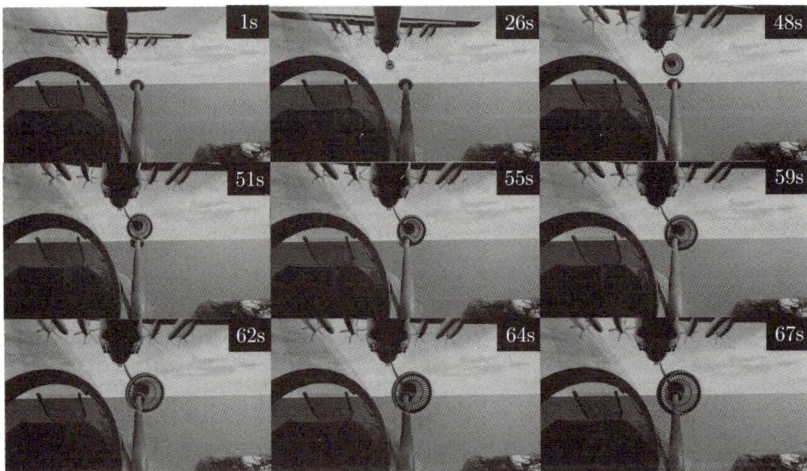

图 9.27　对接过程的视景显示

图 9.28、9.29、9.30 分别为 I 级紊流、头波效应和加油机尾流干扰下的对接误差曲线；

I 级紊流、头波效应、加油机尾流和离散阵风干扰下的对接误差曲线；II 级紊流、头波效应、加油机尾流和离散阵风干扰下的对接误差曲线。对比图 9.28、9.29 可以看出，离散阵风对于对接结果没有明显的影响。这说明本节设计的图像伺服控制器可以抵抗离散阵风的干扰。对比图 9.29、9.30 可以看出，虽然随着干扰的逐渐增加，对接过程中的图像误差和对接误差曲线的波动逐渐增大，但是最终均可以完成成功的对接。这说明本节设计的控制器具有较好的鲁棒性和抗干扰能力。

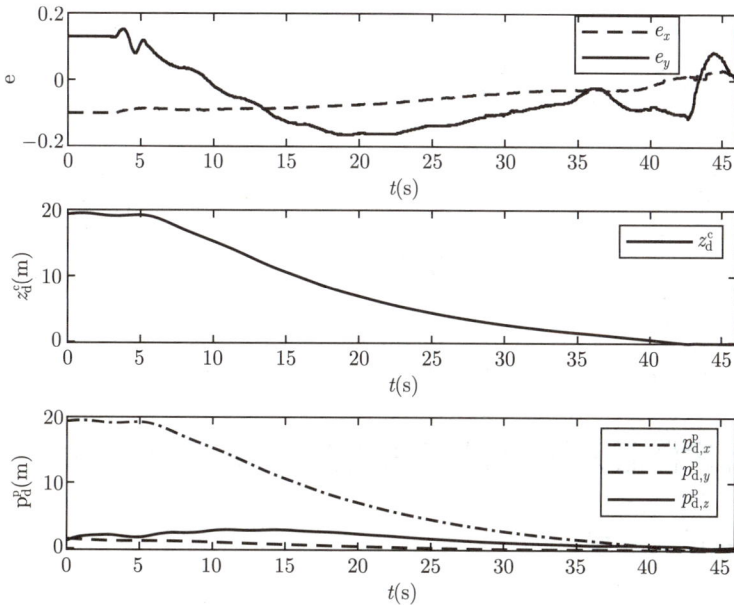

图 9.28　I 级紊流、头波效应和加油机尾流干扰下的对接误差曲线

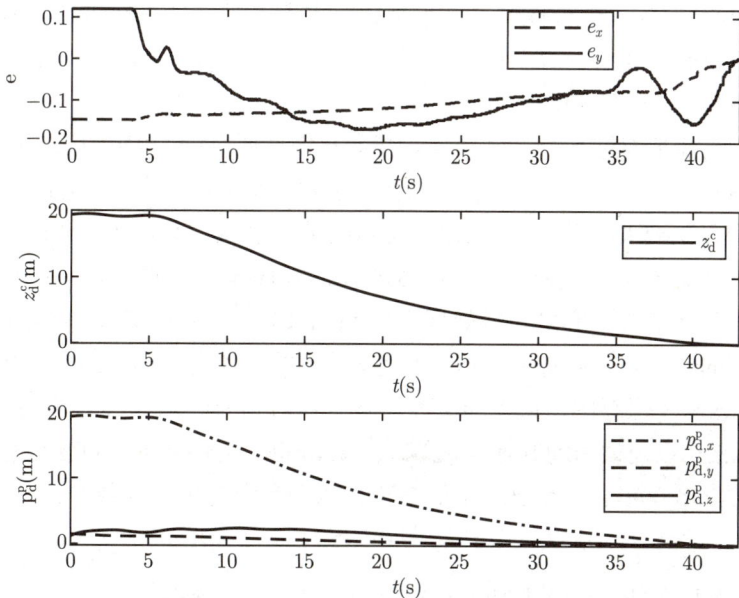

图 9.29　I 级紊流、头波效应、加油机尾流和离散阵风干扰下的对接误差曲线

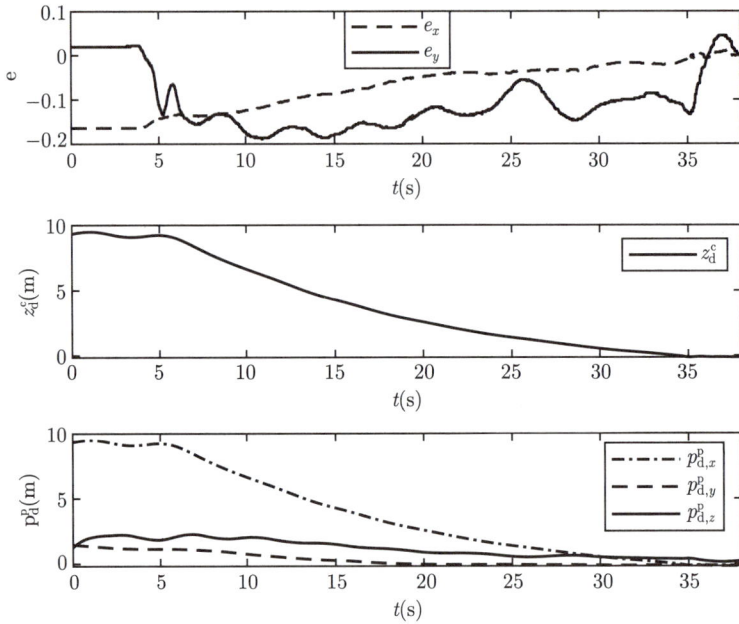

图 9.30　Ⅱ 级紊流、头波效应、加油机尾流和离散阵风干扰下的对接误差曲线

9.5　图像伺服对接控制实验之硬件在环仿真实验

9.5.1　实验配置和目标

1. 配置

（1）软件：MATLAB R2022b 或以上版本，Python，RflySimAAR 仿真平台，RflySim 仿真平台。RflySim 仿真平台提供了微小型固定翼无人机硬件在环仿真环境，可以实现使用 Python 终端通过 MAVLINK 向固定翼无人机发送 "Offboard" 模式下的指令，指令支持 "空速 + 高度 + 航向" 控制模式①。

（2）程序：实验指导包 "e7/e7-4"。实验指导包中主要有：包含空中对接硬件在环仿真程序的 "CopterSimulink_HITL" 文件夹，进行母舰和锥套运动仿真的 "Simulink" 文件夹，存放母舰、无人机及锥套 RflySim3D 模型的 "module" 文件夹。其中 "CopterSimulink_HITL" 文件夹主要包含无人机控制脚本文件 "Mytrajectory.py"、锥套识别脚本文件 "detect-realtime.py"、一键启动 RflySim 批处理文件 "PX4SimHITL.bat"、Python 环境配置列表文件 "requirements.txt"、装有 Python 环境安装包的文件夹 "packages"、装有飞控固件的文件夹 "Firmware"、保存图像误差的文件 "error_data.mat" 和误差分析绘图文件 "AnalysisVisualError.m" 以及调用的其他函数等。"Simulink" 文件夹主要包含运行母舰和锥套运动仿真文件 "AirRefueling_Platform.slx" 和其他平台中调用的函数等。"module" 文件夹

---

① 此控制模式是固定翼飞机一种常见的控制模式。本实验中，该模式通过 Simulink 设计并使用 PSP 工具箱编译成 PX4 自动驾驶仪软件固件文件。

主要包含母舰模型 "WestTransportC130J"，无人机模型 "MQ-9Reaper" 和锥套模型 "ProbeLightScene"。

（3）硬件：CubePilot/Pixhawk 自驾仪。

2. 目标

在设计实验的基础上，使用 CubePilot/Pixhawk 自驾仪，以 "空速 + 高度 + 航向" 作为控制接口，完成硬件在环仿真对接控制验证。

9.5.2 实验设计

在设计实验中飞控的 Simulink 仿真模型能执行 "对地速度" 控制模式下的指令，而自驾仪无法直接支持 "对地速度" 控制模式下的指令，但支持 "空速 + 高度 + 航向" 控制模式下的指令。因此，为完成硬件在环仿真，需要将两种控制模式统一，设计 "空速 + 高度 + 航向" 控制模式下的图像伺服控制器。为设计以 "空速 + 高度 + 航向" 作为控制接口的图像伺服控制器，需要根据制导模型之间的关系，用 "对地速度" 接口表示出 "空速 + 高度 + 航向" 接口。进一步，可以根据设计实验中得到的 "对地速度" 图像伺服控制器推导出基于 "空速 + 高度 + 航向" 的图像伺服控制器。

1. 步骤一：建立 "对地速度" 制导模型与 "空速 + 高度 + 航向" 制导模型的关系

无人机在地面坐标系下的位置与无人机在北东地坐标系中的位置相对应，可表示为

$$\begin{bmatrix} p_{\mathrm{r},x}^{\mathrm{g}} \\ p_{\mathrm{r},y}^{\mathrm{g}} \\ p_{\mathrm{r},z}^{\mathrm{g}} \end{bmatrix} = \begin{bmatrix} p_{x_e} \\ p_{y_e} \\ H \end{bmatrix} \tag{9.70}$$

式中，$\mathbf{p}_{\mathrm{r}}^{\mathrm{g}} = \begin{bmatrix} p_{\mathrm{r},x}^{\mathrm{g}} & p_{\mathrm{r},y}^{\mathrm{g}} & p_{\mathrm{r},z}^{\mathrm{g}} \end{bmatrix}^{\mathrm{T}}$ 为无人机在地面坐标系下的位置；p_{x_e} 为无人机在北东地坐标系中的北向位置；p_{y_e} 为无人机在北东地坐标系中的东向位置；H 为无人机相对于地面的实际高度。

在第五章系统辨识实验中已推导出空速、高度和航向角控制模式下的制导模型，可以用式 (9.71) 表示

$$\begin{cases} \dot{p}_{x_e} = V_{\mathrm{a}} \cos\psi + v_{\mathrm{w}x} \\ \dot{p}_{y_e} = V_{\mathrm{a}} \sin\psi + v_{\mathrm{w}y} \\ \psi = \chi + f(v_{\mathrm{w}x}, v_{\mathrm{w}y}) \\ V_{\mathrm{a}} = G_{V_{\mathrm{a}}} V_{\mathrm{ad}} \\ \chi = G_{\chi} \chi_{\mathrm{d}} \\ H = G_H H_{\mathrm{d}} \end{cases} \tag{9.71}$$

式中 V_{a} 为无人机的空速（标量）；ψ 为无人机的偏航角；χ 为无人机的航迹偏角；$v_{\mathrm{w}x}, v_{\mathrm{w}y}$ 分别为北向风速和东向风速；V_{ad} 为无人机期望空速（标量）；χ_{d} 为无人机期望航迹偏角；

H_{d} 为无人机相对于地面的期望高度；$G_{V_{\mathrm{a}}}, G_{\chi}, G_H$ 分别为从无人机期望空速、期望航迹偏角、期望高度到无人机空速、航迹偏角、高度的传递函数。

在本章设计实验中已经推导出了速度控制模式下的制导模型，结合空速、高度和航向角控制模式下制导模型，可以得到两者之间的关系。由式 (9.56)、式 (9.70) 和式 (9.71) 可得

$$
\begin{cases}
v_{\mathrm{r},x\mathrm{ref}}^{\mathrm{g}} = \dfrac{1}{G_x}(V_{\mathrm{a}}\cos\psi + v_{\mathrm{w}x}) \\[2mm]
v_{\mathrm{r},y\mathrm{ref}}^{\mathrm{g}} = \dfrac{1}{G_y}(V_{\mathrm{a}}\sin\psi + v_{\mathrm{w}y}) \\[2mm]
v_{\mathrm{r},z\mathrm{ref}}^{\mathrm{g}} = \dfrac{1}{G_z}\dot{H} \\[2mm]
\psi = \chi + f(v_{\mathrm{w}x}, v_{\mathrm{w}y}) \\[1mm]
V_{\mathrm{a}} = G_{V_{\mathrm{a}}} V_{\mathrm{ad}} \\[1mm]
\chi = G_{\chi}\chi_{\mathrm{d}} \\[1mm]
H = G_H H_{\mathrm{d}}
\end{cases}
\tag{9.72}
$$

式中 $\mathbf{v}_{\mathrm{r,ref}}^{\mathrm{g}} = \begin{bmatrix} v_{\mathrm{r},x\mathrm{ref}}^{\mathrm{g}} & v_{\mathrm{r},y\mathrm{ref}}^{\mathrm{g}} & v_{\mathrm{r},z\mathrm{ref}}^{\mathrm{g}} \end{bmatrix}^{\mathrm{T}}$ 为无人机在地面坐标系下的参考速度；G_x, G_y, G_z 为从无人机对地参考速度 $\mathbf{v}_{\mathrm{r,ref}}^{\mathrm{g}}$ 到对地速度 $\mathbf{v}_{\mathrm{r}}^{\mathrm{g}}$ 的传递函数。在硬件在环实验中，因风速较小，$v_{\mathrm{w}x}, v_{\mathrm{w}y}$ 和 $f(v_{\mathrm{w}x}, v_{\mathrm{w}y})$ 均可以忽略。

实验中无人机的对接速度较慢，其动态过程可忽略，$G_x, G_y, G_z, G_{V_{\mathrm{a}}}, G_{\chi}, G_H$ 均视为 1。因此，式 (9.72) 可化为

$$
\begin{cases}
v_{\mathrm{r},x\mathrm{ref}}^{\mathrm{g}} = V_{\mathrm{ad}}\cos\chi_{\mathrm{d}} \\[1mm]
v_{\mathrm{r},y\mathrm{ref}}^{\mathrm{g}} = V_{\mathrm{ad}}\sin\chi_{\mathrm{d}} \\[1mm]
v_{\mathrm{r},z\mathrm{ref}}^{\mathrm{g}} = \dot{H}_{\mathrm{d}}
\end{cases}
\tag{9.73}
$$

下面推导无人机期望空速、期望航迹偏角、期望高度与无人机对地期望速度之间的关系。根据式 (9.68)，可以将无人机对地期望速度 $\mathbf{v}_{\mathrm{r,d}}^{\mathrm{g}}$ 作为无人机对地参考速度 $\mathbf{v}_{\mathrm{r,ref}}^{\mathrm{g}}$。由两种制导模型之间的关系，及简单的三角函数关系，可以用 “相对地面速度” 接口表示出 “空速 + 高度 + 航向” 接口，得到

$$
\begin{cases}
V_{\mathrm{ad}} = \sqrt{(v_{\mathrm{r},x\mathrm{d}}^{\mathrm{g}})^2 + (v_{\mathrm{r},y\mathrm{d}}^{\mathrm{g}})^2} \\[3mm]
\chi_{\mathrm{d}} = \arcsin\dfrac{v_{\mathrm{r},y\mathrm{d}}^{\mathrm{g}}}{V_{\mathrm{ad}}} = \arcsin\dfrac{1}{\sqrt{(\dfrac{v_{\mathrm{r},x\mathrm{d}}^{\mathrm{g}}}{v_{\mathrm{r},y\mathrm{d}}^{\mathrm{g}}})^2 + 1}} \\[5mm]
H_{\mathrm{d}} = \displaystyle\int_0^t v_{\mathrm{r},z\mathrm{d}}^{\mathrm{g}}(\tau)\mathrm{d}\tau + H_0
\end{cases}
\tag{9.74}
$$

式中 H_0 为无人机进入图像伺服控制器前的初始高度。

2. 步骤二：设计空速、高度和航向角控制模式下的图像伺服控制器

在设计实验中得到对地速度图像伺服控制器的基础上进行改进，并结合步骤一推导出的式 (9.74)，进而得到空速、高度和航向角控制模式下的图像伺服控制器。

在硬件在环仿真实验中，使用的"空速 + 高度 + 航向"控制接口是 Python 中封装的顶层接口。与设计实验中不同的是：无法通过设计内环的 LQR 控制器对底层控制接口实现增稳控制；而仅通过设计外环的比例控制器难以抑制干扰，无人机在对接时容易产生较大幅度机身摆动或振荡。因此，在设计实验的图像伺服控制器上进行改进。在外环控制中加入微分阻尼，从而抑制对接时的机身摆动及振荡。

对式 (9.62)，加入微分阻尼后该通道的期望速度为

$$v_{\mathrm{d},xd}^{\mathrm{c}} = k_{xp}e_x + k_{xd}\dot{e_x} + z_{\mathrm{d}}^{\mathrm{c}}e_xe_y\omega_{\mathrm{d},x}^{\mathrm{c}} - z_{\mathrm{d}}^{\mathrm{c}}(1+e_x^2)\omega_{\mathrm{d},y}^{\mathrm{c}} + z_{\mathrm{d}}^{\mathrm{c}}e_y\omega_{\mathrm{d},z}^{\mathrm{c}} \tag{9.75}$$

式中 k_{xp} 为比例过程系数，k_{xd} 为微分过程系数。若 $v_{\mathrm{d},x}^{\mathrm{c}} = v_{\mathrm{d},xd}^{\mathrm{c}}$，则式 (9.57) 变为

$$\dot{e}_x = -\frac{k_{xp} - v_{\mathrm{d},z}^{\mathrm{c}}}{z_{\mathrm{d}}^{\mathrm{c}} + k_{xd}}e_x \tag{9.76}$$

选取 $k_{xp} > \max(v_{\mathrm{d},z}^{\mathrm{c}})$ ，即可保证 $\lim\limits_{t\to\infty}|e_x(t)| = 0$，即该通道的图像误差收敛至 0。

对式 (9.64) 进行考虑，加入微分过程后该通道的期望速度为

$$v_{\mathrm{d},yd}^{\mathrm{c}} = k_{yp}e_y + k_{yd}\dot{e_y} - z_{\mathrm{d}}^{\mathrm{c}}e_xe_y\omega_{\mathrm{d},y}^{\mathrm{c}} + z_{\mathrm{d}}^{\mathrm{c}}(1+e_y^2)\omega_{\mathrm{d},x}^{\mathrm{c}} - z_{\mathrm{d}}^{\mathrm{c}}e_x\omega_{\mathrm{d},z}^{\mathrm{c}} \tag{9.77}$$

式中 k_{yp} 为比例过程系数，k_{yd} 为微分过程系数。若 $v_{\mathrm{d},y}^{\mathrm{c}} = v_{\mathrm{d},yd}^{\mathrm{c}}$，则式 (9.58) 变为

$$\dot{e}_y = -\frac{k_{yp} - v_{\mathrm{d},z}^{\mathrm{c}}}{z_{\mathrm{d}}^{\mathrm{c}} + k_{yd}}e_y \tag{9.78}$$

选取 $k_{yp} > \max(v_{\mathrm{d},z}^{\mathrm{c}})$ ，即可保证 $\lim\limits_{t\to\infty}|e_y(t)| = 0$，即该通道的图像误差收敛至 0。

深度方向上的期望速度设计与设计实验中一致，同样忽略锥套的角速度，认为 $\omega_{\mathrm{d}}^{\mathrm{c}} = \omega_{\mathrm{c}}^{\mathrm{re}} = \mathbf{R}_{\mathrm{re/t}}\omega_{\mathrm{c}}^{\mathrm{t}} \approx [\omega_{y_{\mathrm{b}}}\ \omega_{z_{\mathrm{b}}}\ \omega_{x_{\mathrm{b}}}]^{\mathrm{T}}$。将 $\mathbf{v}_{\mathrm{d}}^{\mathrm{re}}$ 视为扰动，令 $\mathbf{v}_{\mathrm{c,d}}^{\mathrm{re}} = \mathbf{v}_{\mathrm{d,d}}^{\mathrm{c}}$，$\mathbf{v}_{\mathrm{d}}^{\mathrm{c}} = \mathbf{v}_{\mathrm{d,d}}^{\mathrm{c}}$。根据式 (9.61)，可以得到改进后无人机相对地面的期望速度，即 $\mathbf{v}_{\mathrm{r,d}}^{\mathrm{g}}$ 为

$$\begin{cases} v_{\mathrm{r},xd}^{\mathrm{g}} = -k_z z_{\mathrm{d}}^{\mathrm{c}} - k_1\,|e_x| - k_2\,|e_y| + V_{\mathrm{t}}^{\mathrm{g}} - z_{\mathrm{c}}^{\mathrm{r}}\Delta\omega_{y_{\mathrm{b}}} + y_{\mathrm{c}}^{\mathrm{r}}\Delta\omega_{z_{\mathrm{b}}} \\ v_{\mathrm{r},yd}^{\mathrm{g}} = k_{xp}e_x + k_{xd}\dot{e_x} + z_{\mathrm{d}}^{\mathrm{c}}e_xe_y\Delta\omega_{y_{\mathrm{b}}} - z_{\mathrm{d}}^{\mathrm{c}}(1+e_x^2)\Delta\omega_{z_{\mathrm{b}}} + z_{\mathrm{d}}^{\mathrm{c}}e_y\Delta\omega_{x_{\mathrm{b}}} - x_{\mathrm{c}}^{\mathrm{r}}\Delta\omega_{z_{\mathrm{b}}} + z_{\mathrm{c}}^{\mathrm{r}}\Delta\omega_{x_{\mathrm{b}}} \\ v_{\mathrm{r},zd}^{\mathrm{g}} = k_{yp}e_y + k_{yd}\dot{e_y} - z_{\mathrm{d}}^{\mathrm{c}}e_xe_y\Delta\omega_{z_{\mathrm{b}}} + z_{\mathrm{d}}^{\mathrm{c}}(1+e_y^2)\Delta\omega_{y_{\mathrm{b}}} - z_{\mathrm{d}}^{\mathrm{c}}e_y\Delta\omega_{x_{\mathrm{b}}} - y_{\mathrm{c}}^{\mathrm{r}}\Delta\omega_{x_{\mathrm{b}}} + x_{\mathrm{c}}^{\mathrm{r}}\Delta\omega_{y_{\mathrm{b}}} \end{cases} \tag{9.79}$$

式中 k_z 为深度方向上的比例系数；k_1, k_2 为调节无人机速度的反馈系数，在图像误差过大时减慢速度以避免超调。

综合式 (9.74) 和式 (9.79) 可得空速、高度和航向角控制模式下的图像伺服控制器为

$$
\begin{cases}
v_{\mathrm{r},xd}^{\mathrm{g}} = -k_z z_{\mathrm{d}}^{\mathrm{c}} - k_1 \left| e_x \right| - k_2 \left| e_y \right| + V_{\mathrm{t}}^{\mathrm{g}} - z_{\mathrm{c}}^{\mathrm{r}} \Delta \omega_{y_{\mathrm{b}}} + y_{\mathrm{c}}^{\mathrm{r}} \Delta \omega_{z_{\mathrm{b}}} \\
v_{\mathrm{r},yd}^{\mathrm{g}} = k_{xp} e_x + k_{xd} \dot{e}_x + z_{\mathrm{d}}^{\mathrm{c}} e_x e_y \Delta \omega_{y_{\mathrm{b}}} - z_{\mathrm{d}}^{\mathrm{c}}(1 + e_x^2) \Delta \omega_{z_{\mathrm{b}}} + z_{\mathrm{d}}^{\mathrm{c}} e_y \Delta \omega_{x_{\mathrm{b}}} - x_{\mathrm{c}}^{\mathrm{r}} \Delta \omega_{z_{\mathrm{b}}} + z_{\mathrm{c}}^{\mathrm{r}} \Delta \omega_{x_{\mathrm{b}}} \\
v_{\mathrm{r},zd}^{\mathrm{g}} = k_{yp} e_y + k_{yd} \dot{e}_y - z_{\mathrm{d}}^{\mathrm{c}} e_x e_y \Delta \omega_{z_{\mathrm{b}}} + z_{\mathrm{d}}^{\mathrm{c}}(1 + e_y^2) \Delta \omega_{y_{\mathrm{b}}} - z_{\mathrm{d}}^{\mathrm{c}} e_y \Delta \omega_{x_{\mathrm{b}}} - y_{\mathrm{c}}^{\mathrm{r}} \Delta \omega_{x_{\mathrm{b}}} + x_{\mathrm{c}}^{\mathrm{r}} \Delta \omega_{y_{\mathrm{b}}} \\
V_{\mathrm{ad}} = \sqrt{(v_{\mathrm{r},xd}^{\mathrm{g}})^2 + (v_{\mathrm{r},yd}^{\mathrm{g}})^2} \\
\chi_{\mathrm{d}} = \arcsin \dfrac{v_{\mathrm{r},yd}^{\mathrm{g}}}{V_{\mathrm{ad}}} = \arcsin \dfrac{1}{\sqrt{(\dfrac{v_{\mathrm{r},xd}^{\mathrm{g}}}{v_{\mathrm{r},yd}^{\mathrm{g}}})^2 + 1}} \\
H_{\mathrm{d}} = \displaystyle\int_0^t v_{\mathrm{r},zd}^{\mathrm{g}}(\tau) \mathrm{d}\tau + H_0
\end{cases}
\tag{9.80}
$$

9.5.3 实验步骤

实验步骤包括：首先，在步骤一中完成 Pytorch 环境的配置；然后，在步骤二中实现"空速 + 高度 + 航向"控制模式下的图像伺服控制器；最后，在步骤三中运行硬件在环仿真，分析空中对接实验效果。

1. 步骤一：完成 Pytorch 环境配置

在 Python 中运行 YOLO 图像识别需要配置 Pytorch 及一系列依赖包。首先需要在所在系统中安装 Anaconda。如图 9.31 所示，安装后可以打开命令行输入 "conda -V" 检验是否安装以及查看当前 conda 的版本。之后使用 "conda create -n AAR_plat python=3.9.6" 命令创建 Python 版本为 3.9.6、名字为 "AAR_plat" 的虚拟环境。"AAR_plat" 文件夹可以在 Anaconda 安装目录 "envs" 文件夹下找到。再使用 "activate AAR_plat" 命令激活名为 "AAR_sim" 的虚拟环境，并通过 "cd D:/ProgramFiles/Anaconda3/envs/AAR_plat/Scripts" 命令在命令行中打开用于配置虚拟环境的文件夹。将实验包 "e7-4" 中 "CopterSimulink_HITL" 文件夹的 "requirements.txt" 文件和 "packages" 文件夹放入虚拟环境的 "envs/AAR_plat/Scripts" 文件夹下，并在命令行输入 "pip install --no-index --find-links=packages -r requirements.txt" 命令，虚拟环境会自动离线安装 "requirements.txt" 文件中所有的包。如果用户仅需要 CPU 完成锥套识别程序的计算，则 Pytorch 环境配置已完成。而需要使用 Nvidia 系列 GPU 完成锥套识别程序计算的用户还需进一步完成 CUDA 配置，以获得更佳的识别效果。

下面进行 CUDA 的配置。如图 9.32 所示，首先需要查询本机显卡支持的 CUDA 版本，在命令行中输入 "nvidia-smi" 命令即可得到如框内所示的显卡最高支持的 CUDA 版本。在 Nvidia 官网中下载并安装对应版本的 CUDA。之后进入 Pytorch 官网查询对应 CUDA 版本的 Pytorch 下载链接。在命令行中激活 "AAR_sim" 虚拟环境后粘贴链接并安装 Pytorch 包。至此结束 Pytorch 环境的配置，运行 YOLO 图像识别将通过 GPU 进行。

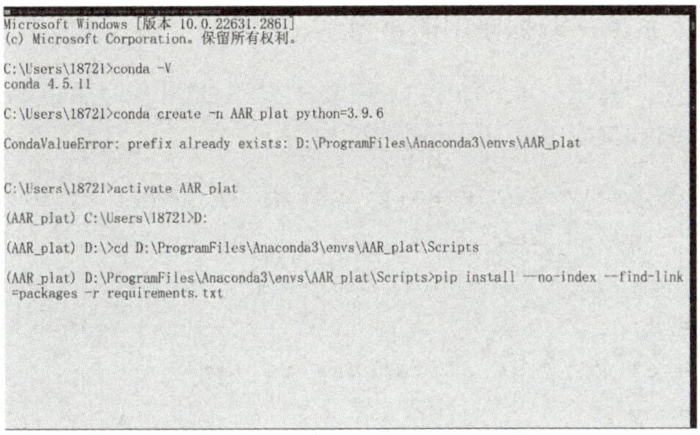

图 9.31　Python 环境配置

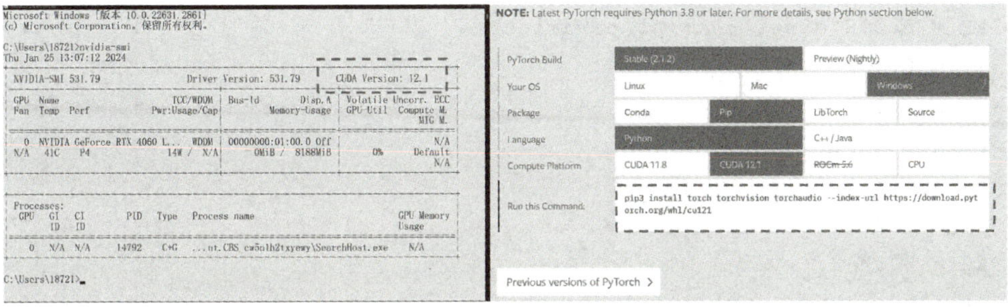

图 9.32　CUDA 版本查询

2. 步骤二：实现"空速 + 高度 + 航向"控制模式下的图像伺服控制器

控制无人机的代码位于"CopterSimulink_HITL"文件夹中"Mytrajectory.py"文件的"SimpleRoute()"函数中。"SimpleRoute()"函数主要分为五个阶段，用标志位"flag"表示。在第一阶段，即"flag=0"时，无人机解锁；第二阶段，即"flag=1"时，无人机起飞并进入 Offboard 模式；第三阶段，即"flag=2"时，进入姿态控制模式，稳定爬升姿态；第四阶段，即"flag=3"时，进入速度高度偏航控制模式，定高直线巡航并追及母舰；第五阶段，即"flag=4"时开启 YOLO 图像识别，实现"空速 + 高度 + 航向"控制模式下的图像伺服控制器。在第五阶段中，图像伺服控制器将图像误差、深度估计结果以及无人机的角速度，输出为无人机的空速期望、航迹偏航角期望和高度期望，并由函数"SendVelYawAlt"即"空速 + 高度 + 航向"顶层控制器执行。与式 (9.80) 对应，关键代码如代码段 9.6 所示。其中第 1~2 行为对图像误差进行单位化；第 4~6 行为设置初始微分过程的差值为 0；第 7 行为相机相对无人机中心的位置；第 8 行为母舰飞行速度；第 9~15 行为设置控制参数；第 16~20 行为判断无人机是否与母舰对接成功，成功则无人机加速撞击回收装置；第 21~27 行对应式 (9.80)，先得到对地期望速度，再计算期望空速、期望航迹偏航角和期望高度；第 28 行为"空速 + 高度 + 航向"顶层控制器执行期望指令；第 29~30 行为记录上一次的图像误差，从而计算微分过程。需要说明的是，程序采用了 PD 控制，微分过程可表示为 $k_d \dfrac{\mathrm{d}e(t)}{\mathrm{d}t}$。而每次程序执行指令的间隔相等，即 $\mathrm{d}t$ 为常数，可以将微分过程的系数 k_d 与时

间间隔 dt 合并为一个系数，即程序中的常量 "k_d"。

代码段 9.6 "空速 ＋ 高度 ＋ 航向" 控制模式下的图像伺服控制器，来源于 "e7/e7-4/CopterSimulink_HITL/Mytrajectory_HITL.py"

```python
1   ex = (obj_xx - px) / 640 # unitisation of image error
2   ey = (obj_yy - py) / 360
3   ez = obj_zz
4   if flagIII == 1:
5       ex_last = ex # first difference is zero
6       ey_last = ey
7   d_pr_rc = [6.5, 0, -2.1] # the distance between the camera and the
        # receiver
8   Vgt = 14.7 # mothership speed
9   k1 = 0.002 # set control parameters
10  k2 = 0.002
11  kx_p = 3.6
12  kx_d = 0.12
13  ky_p = 0.1
14  ky_d = 0.1
15  kz = 0.03
16  if abs(obj_xx - px) <= 30 and abs(obj_yy - py) <= 30 and obj_zz <=
        0.5:
17      Va = 15 # docking success when less image error and depth
18      Chi = -mav.uavPosNED[1] / 50
19      H = -92.2
20      flag = 5
21  else:
22      Vgx = kz*(ez)-k1*abs(ex)-k2*abs(ey)+Vgt-d_pr_rc[2]*q+d_pr_rc[1]*r
            # calculate desired velocity of receiver
23      Vgy = kx_p*(ex)+kx_d*(ex-ex_last)+ez*ex*ey*q-ez*(1+ex**2)*r+ez*ey*
            p-d_pr_rc[0]*r+d_pr_rc[2]*p
24      Vgz = ky_p*(ey)+ky_d*(ey-ey_last)-ez*ex*ey*r+ez*(1+ey**2)*q-ez*ey*
            p-d_pr_rc[1]*p+d_pr_rc[0]*q
25      Va = math.sqrt(Vgx**2 + Vgy**2) # calculate desired velocity,
            # angle and height of receiver
26      Chi = math.asin(Vgy/Va)
27      H = Vgz + H
28  mav.SendVelYawAlt(Va, Chi, H) # controller send commands
29  ex_last = ex # calculate the difference
30  ey_last = ey
```

3. 步骤三：运行硬件在环仿真，分析空中对接实验结果

在开始实验前，需要将模型导入到 RflySim3D 的模型库中。将 "module" 文件夹中的母舰模型"WestTransportC130J"，无人机模型"MQ-9Reaper"和锥套模型"ProbeLightScene"
复制到"PX4PSP_RflySim3D_RflySim3D_Content"文件夹下。在硬件在环仿真实验中，
图像伺服控制器的顶层接口改为了"速度 + 高度 + 航向"，飞控固件也需要进行相应的
修改，再重新通过 QGroundControl 地面站烧录到自驾仪中。在"CopterSimulink_HITL/
Firmware"文件夹中存放有修改后对应型号的飞控固件，有 CubePilot 自驾仪及使用"PX-
4_fmu-v5"固件的自驾仪两种。以 CubeOrange 自驾仪为例，首先需要安装 CubePilot 自
驾仪的驱动软件。运行"CopterSimulink_HITL/Firmware"文件夹中的"MissionPlanner-
1.3.76.msi"安装程序，如图 9.33 所示，完成驱动软件的安装。安装成功后，通过 QGround-
Control 地面站将飞控固件烧录至自驾仪中。如图 9.34 所示，打开 QGroundControl 地
面站，在飞行器设置中选择"固件设置-高级设置-自定义固件文件-确定"后，在弹出的文
件管理器中找到"CopterSimulink_HITL/Firmware/Cubepilot"文件夹，并选择"cubepi-
lot_cubeorange_default.px4"文件。随后 QGroundControl 地面站进行飞控固件烧录，提
示"升级完成"即完成烧录，如图 9.35 所示。

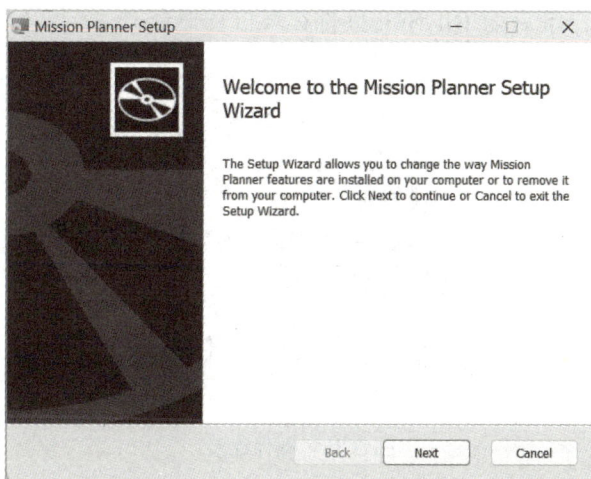

图 9.33　驱动软件安装

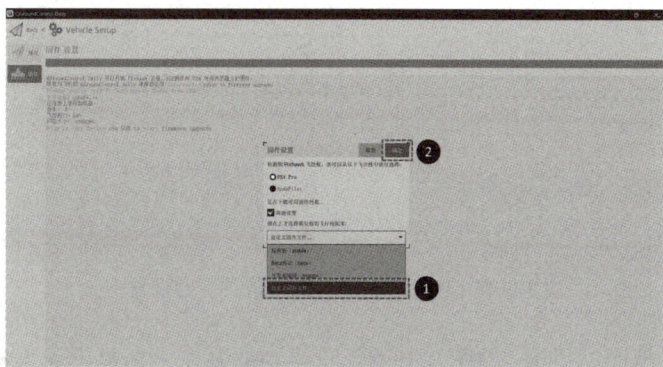

图 9.34　飞控固件烧录

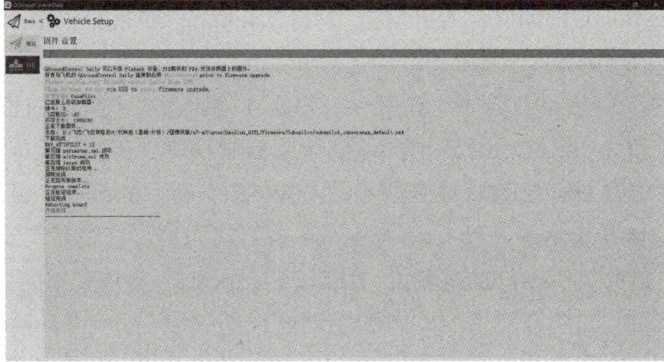

图 9.35　固件烧录成功

完成固件烧录后即可进行硬件在环仿真实验。如图 9.36 所示，在电脑上接入 CubePilot/Pixhawk 自驾仪，打开实验包 "e7-4" 中的 "CopterSimulink_HITL" 文件夹，运行 "PX4SimHITL.bat" 批处理文件，弹出如图 9.37 所示界面，在终端窗口内输入推荐的串口号，按下回车键，一键启动 RflySim 硬件在环仿真平台。

图 9.36　硬件连接

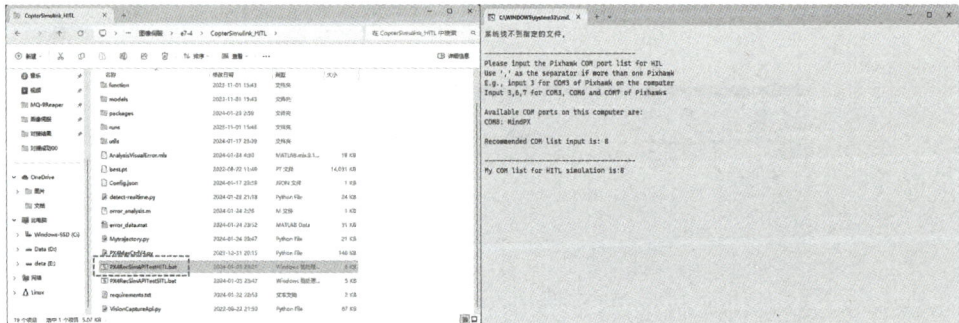

图 9.37　RflySim 硬件在环仿真平台设置

切换到 QGC 地面站界面，如图 9.38 所示，当地面站左上角显示无人机处于 "Ready to Fly" 状态后，运行 "Simulink" 文件夹中母舰运动仿真平台 "AirRefueling_Platform.slx"。如

图 9.39 所示，母舰运动仿真平台主要由四大部分组成：①加油机模块 "Tanker system"，②锥套模块 "Hose-drogue system"，③环境设置模块 "Natural wind model"，④母舰轨迹规划模块 "3D rendering engine"。加油机模块、锥套模块、环境设置模块与基础实验中介绍的基本相同，母舰的运动速度及运动轨迹可以在母舰轨迹规划模块即 "AirRefueling_Platform/3D rendering engine" 路径下用 "MATLAB Function" 进行设置。"MATLAB Function" 模块输入为时间，输出为母舰的位置，具体代码见代码段 9.7。在本实验中母舰设置为定高直线飞行，起始坐标为 $(-100, -119, -100)$，速度为 15m/s。注意：此处坐标系为北东地坐标系，因此母舰飞行方向为正北，定高 100m。随后先运行 "CopterSimulink_HITL" 文件夹中的无人机控制程序 "Mytrajectory.py"，等待编译器终端中输出 "Waiting for client to connect to named pipe..." 后，再运行锥套识别程序 "detect-realtime.py"。注意，为节省计算机内存，设定无人机离母舰足够近时才会开始进行图像处理，在前四个阶段不会开启机载摄像头的流程。

图 9.38　QGC 地面站界面

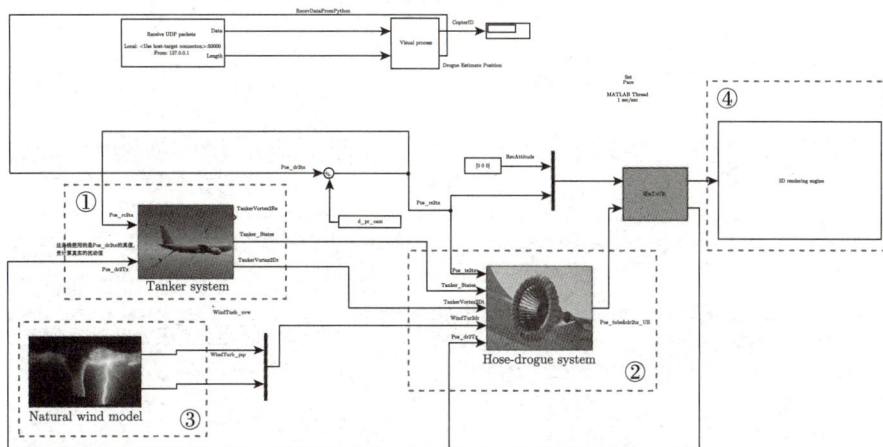

图 9.39　母舰运动 Simulink 仿真

```
1    function y = fcn(t)
2        y = [-100 -119 -100];  % initial position
3        v1 = 15; % velocity
4        y(1) = y(1) + v1 * t; % trajectory
5    end
```

在无人机飞行过程中，可以通过 CopterSim 实时观察无人机的坐标、三维速度和姿态角。同时，可以通过 RflySim3D 和 "detect-realtime.py" 开启的机载摄像机实时观察无人机运动。图 9.40 为无人机与母舰对接视景显示。

（a）RflySim3D视角　　　　　　　　　　（b）机载摄像机视角

图 9.40　无人机与母舰对接视景显示

图像伺服对接全过程的机载摄像机视景显示由图 9.41 所示，可以发现无人机与母舰能成功完成对接任务。在无人机与母舰对接的过程中，"Mytrajectory.py" 程序会不断记录图像误差、深度误差和位置误差信息，并保存为 "error_data.mat" 文件。运行误差分析绘图程序 "AnalysisVisualError.mlx" 得到对接过程中的误差曲线，如图 9.42 所示。

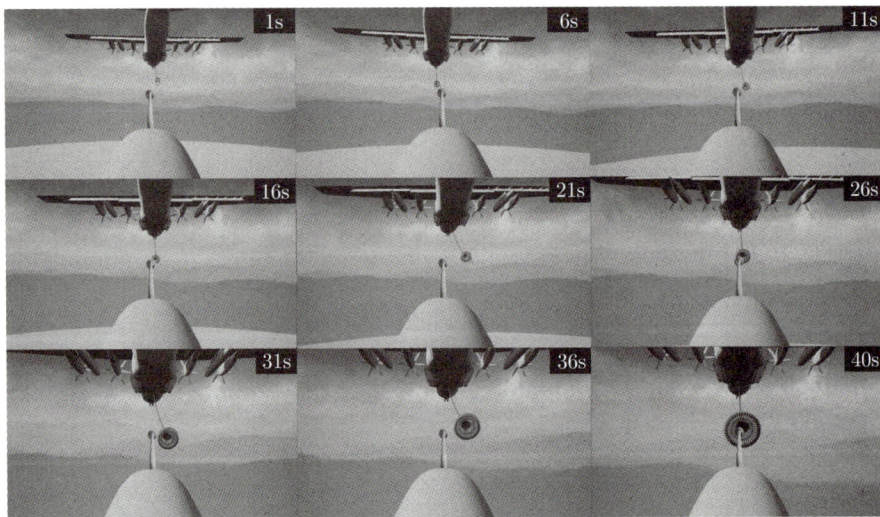

图 9.41　图像伺服对接全过程的机载摄像机视景显示

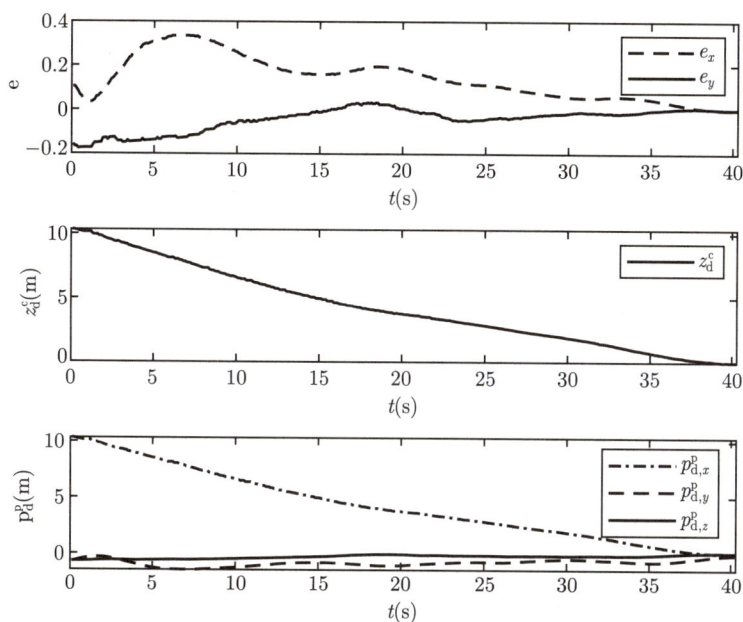

图 9.42 对接过程中的误差曲线

图像误差 $\mathbf{e}$ 表示在图像坐标系中，锥套中心与无人机锥管位置的差。深度误差 $z_{\mathrm{d}}^{\mathrm{c}}$ 表示无人机锥管顶点与锥套平面的距离。位置误差 $\mathbf{p}_{\mathrm{d}}^{\mathrm{p}}$ 表示在世界坐标系中，锥套与无人机锥管绝对位置的差。从曲线中可以发现，图像误差和位置误差在 40s 内收敛至零。从深度曲线中可以发现，深度误差越小，深度误差衰减速度越小，与深度方向的图像伺服控制器设计相一致。图像误差和位置误差曲线虽然出现了振荡，但振荡不断衰减，最终误差趋于零。说明改进的横侧向和纵向方向上 PD 控制器能有效抑制机身振荡和摆动，有较好的抗干扰能力，在缺少内环 LQR 方法增稳的情况下依然能使对接误差收敛至零，成功完成对接任务。

9.6 课后习题

1. 本章中的目标识别及定位是基于 YOLO 神经网络实现的，请尝试采用 9.1.1 节提供的基于靶标的方法完成目标识别及定位。

2. 在本章给出的 RflySimAAR 平台的基础上，采用其他方法进行对接控制，比如基于位置伺服的迭代学习控制[101] 等方法。

3. 本章对内环的控制采用的 LQR 控制，请读者尝试采用一些先进的控制算法替换内环的 LQR 控制，并分析其性能。

4. 假如相机的内参标定错误，导致的不确定性如何在模型中进行体现？对于位置伺服控制器和图像伺服控制器有何不同的影响？请详细分析。

第十章 集群飞行控制实验

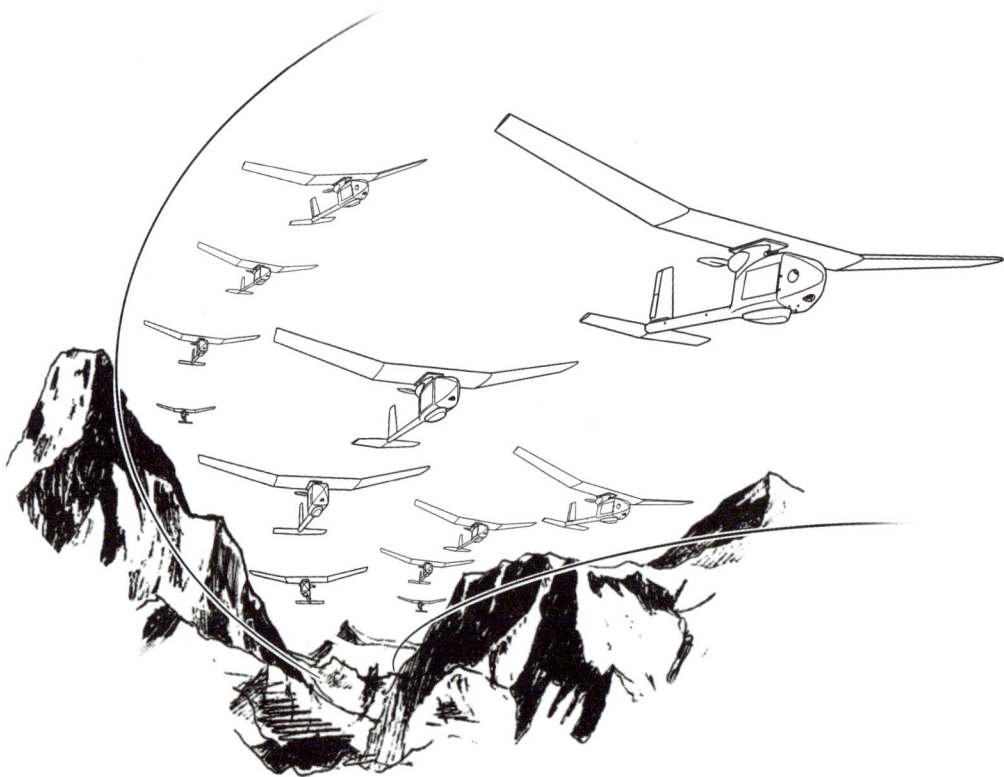

近年来，无人机实现了飞速的发展，被广泛运用于不同领域。随着技术手段和硬件条件的进步，无人机相关技术的研究重点也从单机飞行逐渐转移到集群协同。无人机集群是由若干无人机组成的群体系统，通过各种指令执行集体任务。无人机集群具有便捷性和高效率的优点，为诸多问题带来了新的解决思路，也弥补了单架无人机容错率小、效率低等缺点。本章将介绍固定翼无人机集群飞行的原理及常用的控制方法。在基础实验中，读者将了解编队飞行；在分析实验中，读者将了解无人机编队中相关参数的更改，从而分析噪声和延迟的影响；在设计实验中，读者将了解虚拟管道方法，对无人机集群进行控制。请扫描前言处的二维码获取。

10.1 集群飞行实验之实验原理

10.1.1 基本概念

在自然界中，许多生物都存在群体行为。这些生物的组织结构虽然非常简单，但是对于比较复杂的任务，如蜂群觅食、蚁群运输、大雁迁徙、鱼类游弋等，都可以通过彼此的交流协作来完成[102-104]。集群无人机涉及大量但不复杂的智能体，它们可以通过局部交互或感知达到预期任务效果[105-107]。

无人机集群的飞行控制方式主要可以分为集中式和分布式。在集中式方案中，无人机集群所有的信息都由一个中枢处理，得到的信息是全面的，也能够规划出相应较优的结果。然而，它也存在缺点，包括鲁棒性较差和计算负载过重。如果中心节点遇到故障，整个多无人机系统将出现故障。由于中心节点和其他无人机之间需要连接链路，通信资源负担较大，大量的信息交互容易产生一定冲突。当集群的规模较大，急剧增加的计算量将变得难以应对。在分布式方案中，多无人机系统不需要中心节点。在某些情况下，分布式方案可以在没有无线通信和其他无人机 ID 的情况下自主运行。分布式控制要求无人机能够获得所需的周围信息，例如其他无人机的位置、速度、姿态或者环境中障碍、威胁的存在。相较于集中式控制，分布式控制具有较高的灵活性和鲁棒性，能够在部分节点故障或不可靠的情况下仍然完成给定任务。然而，分布式结构的缺点在于由于每架无人机仅依靠局部信息得到控制指令，各个无人机的决策可能仅是局部最优而非全局最优，这导致整个无人机集群可能无法表现出期望的行为。

如图 10.1 所示，电影《天使陷落》开场片段展示了高密度微小型固定翼无人机集群的作战场面，令人防不胜防。无人机集群作战改变了传统作战方式，很可能成为未来战场上一种常见的作战力量。快速且安全地飞到目标区域的能力是实现无人机集群作战意图的关键，也是无人机集群实战化应用亟待解决的问题。美国国防高级研究计划局（DARPA）提

图 10.1 《天使陷落》电影场景

出了一个名为"马赛克战争"的新概念。马赛克战争非常重视将战斗视为一个新兴的复杂系统，并使用低成本的无人机集群以及其他电子和网络效应来压倒对手。分布式控制采用去中心化结构，仅依赖于附近邻居无人机的状态信息，因此任务完成可靠性高，适用于数量庞大的密集无人机集群。

10.1.2 受控模型

面向固定翼无人机集群，采用六自由度全状态方程进行分析和控制是比较困难的。通常使用固定翼无人机的简化模型，即固定翼无人机制导模型来对集群控制算法进行开发。在第五章，式 (5.1) 表示了固定翼无人机的一种制导模型。当无风或风速较小时，v_{wx}，v_{wy} 和 $f(v_{wx}, v_{wy})$ 均可以忽略，得到

$$\begin{cases} \dot{p}_{x_e} = V_e \cos\psi \\ \dot{p}_{y_e} = V_e \sin\psi \\ \psi = \chi \\ V_e(s) = G_{V_e}(s) V_{ed}(s) \\ \chi(s) = G_\chi(s) \chi_d(s) \\ H(s) = G_H(s) H_d(s) \end{cases} \tag{10.1}$$

式中 p_{x_e} 为固定翼无人机在北东地坐标系中的北向位置；p_{y_e} 为固定翼无人机在北东地坐标系中的东向位置，V_e 为固定翼无人机在北东地坐标系中的前飞速度（标量）；ψ 为固定翼无人机的偏航角，χ 为航迹偏角。H 为固定翼无人机相对于地面的实际高度；H_d 为固定翼无人机相对于地面的期望高度；V_{ed} 为固定翼无人机相对于地面的期望前飞速度；χ_d 为固定翼无人机期望航迹偏角。

如式 (10.1) 所示，固定翼无人机的制导模型共有三个控制通道，分别为速度控制、航向控制和高度控制。定义固定翼无人机在二维平面内的位置 $\mathbf{p} = [p_{x_e} \quad p_{y_e}]^T$，速度 $\mathbf{u} = [v_x \quad v_y]^T$。在控制器设计过程中，可以先针对二维平面内的质点模型

$$\dot{\mathbf{p}} = \mathbf{u} \tag{10.2}$$

设计速度控制器，再将其映射到制导模型。

如果控制输入 $\mathbf{u}$ 趋近于 $\mathbf{u}_d = [v_{xd} \quad v_{yd}]^T$，那么位置 $\mathbf{p}$ 趋近于 $\mathbf{p}_d$。可以反解得出期望前飞速度（标量）V_{ed} 为

$$V_{ed} = \sqrt{V_{ed}^2 \left(\cos^2\psi_d + \sin^2\psi_d\right)} = \sqrt{v_{xd}^2 + v_{yd}^2} \tag{10.3}$$

期望偏航角 ψ_d 为

$$\psi_d = \arctan\left(\frac{v_{xd}}{v_{yd}}\right) \tag{10.4}$$

因此，可以先对质点模型进行控制器设计，得到期望速度 $\mathbf{u}_d$，再将其映射至固定翼制导模型得到期望前飞速度 V_{ed}、期望偏航角 ψ_d，加上期望高度 H_d 的输入，就形成了对固定翼

制导模型(10.1)的控制。图 10.2 为基于底层飞行控制器的制导控制结构，输入底层飞行控制器的为固定翼无人机期望空速 V_{ad}、期望偏航角 ψ_d、期望高度 H_d，输出底层飞行控制器则为四个操纵量（升降舵偏转 δ_{ed}、副翼偏转 δ_{ad}、方向舵偏转 δ_{rd} 和油门推力 T_d）。

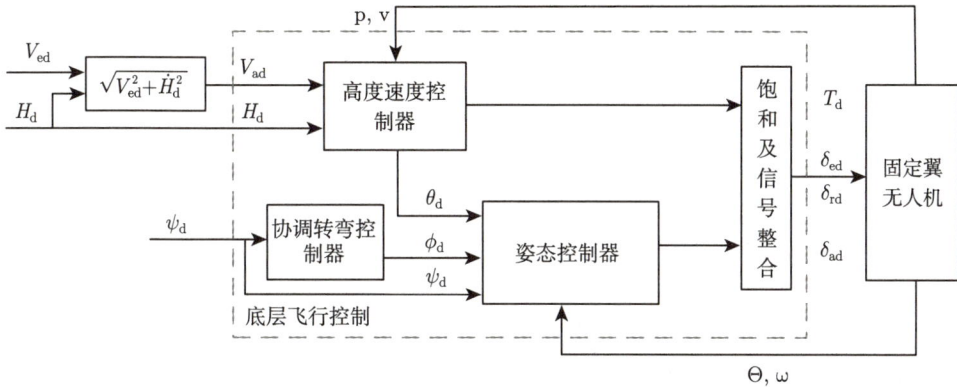

图 10.2　基于底层飞行控制器的制导控制结构

10.1.3　集群控制方法

1. 编队控制

无人机的编队飞行控制策略中，一种简单的方法是采用 "领导者-跟随者" 架构[108]。领导者对规划好的路径进行跟随，各个跟随者控制自己与领导者相对位置来形成编队。通常领导者不一定是真实的无人机，也可以是一个虚拟的点。当无人机数量增多，在编队中可能出现多级结构。如领导者被视作第一优先级，它向第二级的跟随者传递信息。相似地，各级跟随者也会向其低一级的跟随者传递信息。基于这样的原理，无人机最终能组成编队执行任务。然而，这样的弊端也非常明显：整个编队结构十分依赖于领导者以及无人机间的信息传递，系统的误差逐级传递放大。

1）领导者控制器设计

领导者控制器设计问题主要在于如何引导无人机经过一系列航点，从而完成全路径的跟随。这一部分的设计可以分为两个方面考虑，一方面是无人机距航迹的侧向偏差，另一方面是航迹上速度与期望速度的偏差。如图 10.3 所示，$\mathbf{p}_{leader}$ 为领导者无人机的位置，$\mathbf{p}_{d,i-1}$ 为第 $i-1$ 个航路点，$\mathbf{p}_{d,i}$ 为第 i 个航路点。由第 $i-1$ 个航路点至第 i 个航路点被称为第 i 个航路段，该航路段上切线方向的单位向量被定义为 $\mathbf{t}_i$，法线方向单位向量为 $\mathbf{n}_i$。

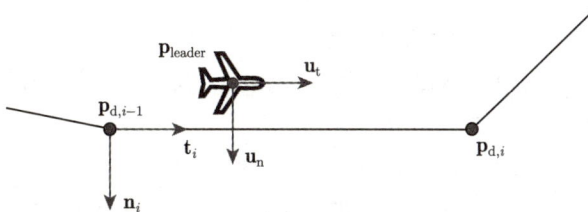

图 10.3　无人机位置与期望路径点间偏差

对于领导者采用的质点模型

$$\dot{\mathbf{p}}_{\text{leader}} = \mathbf{v}_{\text{leader}} \tag{10.5}$$

第 i 个航路段侧向的位置误差可以被定义为

$$\mathbf{e}_{\text{n}} = \left(\left(\mathbf{p}_{\text{leader}} - \mathbf{p}_{\text{d},i}\right)^{\text{T}} \mathbf{t}_i\right) \mathbf{t}_i - \left(\mathbf{p}_{\text{leader}} - \mathbf{p}_{\text{d},i}\right) \tag{10.6}$$

由于第 i 个航路点 $\mathbf{p}_{\text{d},i}$ 的位置是固定的，其导数为 0。对位置误差 $\mathbf{e}_{\text{n}}$ 进行求导，得到

$$\dot{\mathbf{e}}_{\text{n}} = \left(\mathbf{v}_{\text{leader}}^{\text{T}}\mathbf{t}_i\right) \mathbf{t}_i - \mathbf{v}_{\text{leader}} \tag{10.7}$$

领导者的切向速度与期望速度的偏差可以描述为

$$\dot{\mathbf{e}}_{\text{t}} = \mathbf{v}_{\text{d},i} - \left(\mathbf{v}_{\text{leader}}^{\text{T}}\mathbf{t}_i\right) \mathbf{t}_i \tag{10.8}$$

领导者的切向和侧向控制指令可设计为

$$\mathbf{u}_{\text{t}} = K_{\text{tp}}\dot{\mathbf{e}}_{\text{t}} + K_{\text{ti}} \int \dot{\mathbf{e}}_{\text{t}} \tag{10.9}$$

$$\mathbf{u}_{\text{n}} = K_{\text{np}}\mathbf{e}_{\text{n}} + K_{\text{nd}}\dot{\mathbf{e}}_{\text{n}} + K_{\text{ni}} \int \mathbf{e}_{\text{n}} \tag{10.10}$$

式中 $K_{\text{tp}}, K_{\text{ti}}, K_{\text{np}}, K_{\text{nd}}, K_{\text{ni}} \in \mathbb{R}$。因此，领导者的控制器最终可被设计为

$$\mathbf{v}_{\text{leader}} = \mathbf{u}_{\text{t}} + \mathbf{u}_{\text{n}} \tag{10.11}$$

2）跟随者控制器设计

相较于领导者控制器，跟随者控制器还需要具备维持编队结构的功能。对跟随者和领导者之间的位置差矢量进行控制，相当于控制跟随者与领导者保持一定的距离与角度，最终趋近于期望编队效果。

$$\dot{\mathbf{p}}_{\text{follower},j} = \mathbf{v}_{\text{follower},j} \tag{10.12}$$

跟随者与领导者之间的位置差可被描述为

$$\mathbf{p}_{\text{leader},j} = \mathbf{p}_{\text{leader}} - \mathbf{p}_j \tag{10.13}$$

跟随者跟随领导者的控制项可被设计为

$$\mathbf{u}_{\text{f}} = k_{\text{p}}\left(\mathbf{d}_j - \mathbf{p}_{\text{leader},j}\right) + k_{\text{d}}\mathbf{v}_{\text{leader},j} \tag{10.14}$$

式中 $\mathbf{d}_j$ 为跟随者与领导者之间的期望相对位置，k_{p} 和 k_{d} 分别为 PD 控制中的比例系数和微分系数，$k_{\text{d}}\mathbf{v}_{\text{leader},j}$ 相当于该跟踪过程的微分项。将 $\mathbf{u}_{\text{f}}$ 与领导者的导航控制量相叠加，得到跟随者控制器为

$$\mathbf{v}_{\text{follower}} = \mathbf{u}_{\text{t}} + \mathbf{u}_{\text{n}} + \mathbf{u}_{\text{f}} \tag{10.15}$$

基于领导者-跟随者的无人机集群编队控制的优势在于各个无人机的几何关系明确，在集群中选择领导者也非常方便和直接。

2. 基于虚拟管道的集群控制

上一节介绍的编队控制是一种常用的无人机集群控制方法。然而，当场景更为复杂或无人机集群规模增大时，编队结构将会变得有些脆弱，编队控制的适应性和稳定性显然不能满足要求。例如，单机的异常变化容易导致集群队形混乱。除了编队控制，多无人机路径规划也可以用于无人机集群飞行，即同时考虑所有无人机的路径规划。这种方法虽然可以有效提高集群对环境的适应性和灵活性，但是无法解决无人机数目增多时计算效率低下、冲突消解困难等问题。多无人机路径规划还需要无人机间进行大量的通信。在这种背景下，受自然界中流体运动及车辆交通流启发，基于"虚拟管道"的新框架被提出[109,110]。虚拟管道仅仅对集群起到"约束"和"导向"作用。对集群中无人机而言，邻域内其他无人机被视为障碍，并不需要这些无人机的具体 ID 信息，因此也可以适用于通信拒止环境。

如图 10.4 所示，虚拟管道可以视为在一条曲线 $\mathcal{V} \in \mathbb{R}^2$ 的基础上生成。对管道中一点 $\mathbf{p}$ 来说，其切线方向单位向量为 $\mathbf{t}_c(\mathbf{p})$，法线方向单位向量为 $\mathbf{n}_c(\mathbf{p})$。生成虚拟管道的核心是中心线。

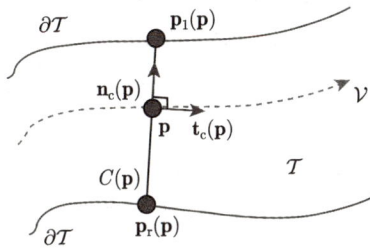

图 10.4　虚拟管道[110]

虚拟管道中相关概念的数学定义如下。

• 曲线：在曲线上任取一点 $\mathbf{p} \in \mathcal{V}$，定义向量 $\mathbf{t}_c(\mathbf{p}) \in \mathbb{R}^2$ 为该点指向曲线前进方向的单位切向量，且该向量连续可微。曲线的前进方向即为无人机集群在虚拟管道内飞行的前进方向。类似的，定义 $\mathbf{n}_c(\mathbf{p}) \in \mathbb{R}^2$ 为该点指向曲线前进正交方向的单位法向量。可以得到结论

$$\mathbf{t}_c^{\mathrm{T}}(\mathbf{p}) \, \mathbf{n}_c(\mathbf{p}) = 0 \tag{10.16}$$

• 横截线：对于任意一点 $\mathbf{p} \in \mathcal{V}$，过该点的管道横截线定义为

$$\mathcal{C}(\mathbf{p}) = \left\{ \mathbf{p} + \lambda(\mathbf{p}) \mathbf{n}_c(\mathbf{p}) \in \mathbb{R}^2 \,|\, \lambda_l(\mathbf{p}) \leqslant \lambda(\mathbf{p}) \leqslant \lambda_r(\mathbf{p}), \lambda_l(\mathbf{p}), \lambda_r(\mathbf{p}) \in \mathbb{R} \right\} \tag{10.17}$$

对于任意一点 $\mathbf{p}' \in \mathcal{C}(\mathbf{p})$，定义 $\mathcal{C}(\mathbf{p}')$ 为过点 $\mathbf{p}'$ 的横截线。显然，$\mathcal{C}(\mathbf{p}') = \mathcal{C}(\mathbf{p})$。对于 $\mathbf{x}_1 \in \mathcal{C}(\mathbf{p}_1)$，$\mathbf{x}_2 \in \mathcal{C}(\mathbf{p}_2)$ 且 $\mathbf{p}_1, \mathbf{p}_2 \in \mathcal{V}$，若任意一点可沿着切线方向单位向量 $\mathbf{t}_c(\cdot)$ 从 $\mathbf{p}_1$ 移动至 $\mathbf{p}_2$，则说明 $\mathbf{x}_1$ 或 $\mathcal{C}(\mathbf{p}_1)$ 位于 $\mathbf{x}_2$ 或 $\mathcal{C}(\mathbf{p}_2)$ 的后方。此外，横截线的两个端点定义为

$$\begin{aligned} \mathbf{p}_l(\mathbf{p}) &= \mathbf{p} + \lambda_l(\mathbf{p}) \mathbf{n}_c(\mathbf{p}) \\ \mathbf{p}_r(\mathbf{p}) &= \mathbf{p} + \lambda_r(\mathbf{p}) \mathbf{n}_c(\mathbf{p}) \end{aligned} \tag{10.18}$$

该两个端点即为点 $\mathbf{p} \in \mathcal{V}$ 对应的曲线管道边界点。接着，横截线中间点 $\mathbf{p}_m \in \mathcal{C}(\mathbf{p})$ 定义为点 $\mathbf{p} \in \mathcal{V}$ 的函数，可表示为

$$\mathbf{p}_m = m(\mathbf{p}) = \frac{1}{2}(\mathbf{p}_l(\mathbf{p}) + \mathbf{p}_r(\mathbf{p})) \tag{10.19}$$

横截线 $C(\mathbf{p})$ 的宽度表示为 $2r_t(\mathbf{p})$，即 $r_t(\mathbf{p}) = \frac{1}{2}|\lambda_l(\mathbf{p}) - \lambda_r(\mathbf{p})|$。

根据曲线及横截线的定义，这里对二维曲线管道进行定义。

● 二维曲线管道：对于二维曲线管道，该管道由曲线上各点的横截线组合而成，可表示为

$$\mathcal{T} = \cup_{\mathbf{p} \in \mathcal{V}} \mathcal{C}(\mathbf{p}) \tag{10.20}$$

二维曲线管道 $\mathcal{T}$ 的边界可表示为

$$\partial\mathcal{T} = \left\{\mathbf{x} \in \mathbb{R}^2 | \mathbf{x} = \mathbf{p}_l(\mathbf{p}) \cup \mathbf{p}_r(\mathbf{p}), \mathbf{p} \in \mathcal{V}\right\} \tag{10.21}$$

对于第 i 架无人机，基于虚拟管道的速度控制 $\mathbf{v}_{c,i}$ 包含三个分量，分别是前飞控制项 $\mathbf{v}_{f,i}$、无人机避障控制项 $\mathbf{v}_{m,i}$、虚拟管道保持项 $\mathbf{v}_{t,i}$

$$\mathbf{v}_{c,i} = \mathrm{sat}(\mathbf{v}_{f,i} + \mathbf{v}_{m,i} + \mathbf{v}_{t,i}, v_{max}) \tag{10.22}$$

式中 v_{max} 为无人机的最大飞行速度。前飞控制项用于引导各无人机沿虚拟管道正向行进，无人机避障控制项用于无人机间避碰，虚拟管道保持项用于将所有无人机约束在管道内。这三个分量的具体设计方法将在设计实验中进行介绍。

10.2 集群飞行实验之基础实验

10.2.1 实验配置和目标

1. 配置

（1）软件：MATLAB R2022b 或以上版本。

（2）程序：实验指导包 "e8/e8-1"。实验指导包中包括固定翼无人机制导模型、固定翼无人机集群飞行基础实验示例。其中 "GuidanceModel.m" 为固定翼无人机制导模型，"initFormation.m" 为仿真的初始化文件，"formation_8_1.slx" 为固定翼集群编队飞行的仿真文件。

2. 目标

（1）了解固定翼无人机制导模型，掌握固定翼无人机编队飞行方法。

（2）设计无人机飞行路径，使用 Simulink 完成固定翼无人机编队飞行。

10.2.2 实验步骤

基础实验的目的在于使读者了解编队飞行的基本原理，重点关注其编队控制器的设计，学习如何用 S-function 编写制导模型用于仿真。基础实验共分为四个步骤：初始变量定义、

编写固定翼编队控制器、编写固定翼制导模型、连接控制器与模型。步骤一定义初始变量是对仿真中的参数进行赋值，通过步骤二及步骤三分别编写控制器及模型，可以最终在步骤四组合对固定翼编队任务仿真模拟。

1. 步骤一：初始变量定义

在仿真中，固定翼无人机的初始状态定义为：x 轴坐标、y 轴坐标、高度、高度变化率、速度大小、偏航角、偏航角变化率。由于模型包含高度和高度的导数两项，在这里对变量进行定义，但实验中仅考虑二维平面上控制。本基础实验内，设定无人机集群共有三级结构，如图 10.5 所示。序列中第一架无人机为第一优先级，第二架及第三架无人机为第二优先级，其余无人机为第三优先级。

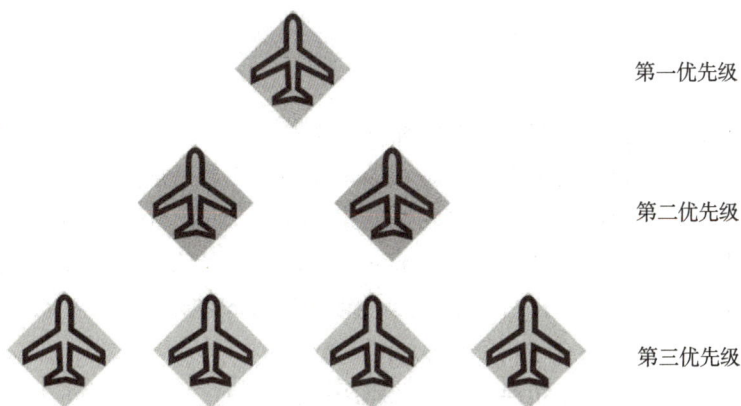

第一优先级

第二优先级

第三优先级

图 10.5 固定翼无人机集群编队结构

首先对固定翼无人机集群的状态进行初始化。在 "e8-1" 路径下，存在初始化文件 "init-Formation.m"，该文件对无人机数量、仿真步长进行声明，对无人机初始位置、速度、偏航角以及相应初始状态进行定义。示例代码如代码段 10.1 所示。

代码段 10.1 固定翼无人机集群状态初始化，来源于 "e8/e8-1/initFormation.m"

```
1  global N UAV_Initial ts
2  N=7;%Number of UAVs
3  ts=0.01;%Simulation step size
4  UAV_PInit=[0 0 0;-5 0 0;-5 -5 0;-5 -10 0;-10 0 0;-10 -5 0;-10 -10 0];
       %Initial location of the UAV
5  UAV_VInit=[1;1;1;1;1;1;1];%Initial speed of the UAV
6  UAV_YawInit=[0;0;0;0;0;0;0];%Initial yaw angle of the UAV
7  UAV_Initial=[UAV_PInit(:,1);UAV_PInit(:,2);UAV_PInit(:,3);zeros(N,1);
       UAV_VInit;UAV_YawInit;zeros(N,1)];
8  %Initial state of the UAV[x,y,h,dot_h,V,yaw,dot_yaw]
```

对领导者无人机的轨迹进行生成，示例代码如代码段 10.2 所示。无人机的飞行轨迹设计为正弦函数的形式。定义二维平面上一系列点，作为式 (10.6) 中各个航路点 $\mathbf{p}_{d,i}$，写

入 "point" 矩阵，如代码第 1~3 行所示。在每个航路段上，定义固定翼无人机的期望速度 "vdes" 为 5。对固定翼的速度，也进行了相应的限制，定义其最小速度为 "v_min"、最大速度为 "v_max"。

代码段 10.2　对领导者无人机的轨迹进行生成，来源于 "e8/e8-1/initForamtion.m"

```
1  pointx=0.1:4:100.1;%The x-axis coordinate of the path point
2  pointy=10*sin(pointx/4/pi);%The y-axis coordinate of the path point
3  point=[pointx' pointy']%The coordinate of the path point
4  len=length(point(:,1));%The number of waypoints
5  vdes=5;%The desired speed
6  v_min=1;%The minimum speed
7  v_max=8;%The maximum speed
```

2. 步骤二：编写固定翼编队控制器

为了使固定翼集群能够按照期望的路径进行飞行，这里设计固定翼的编队控制器，其中领导者和跟随者的控制思路并不相同。领导者控制器主要考虑对航路点的逐段跟踪，在每一段航路中分别对切向和侧向进行控制，如式 (10.9) 及式 (10.10) 中所示的切向输入量 $\mathbf{u}_t$ 及侧向输入量 $\mathbf{u}_n$。跟随者控制器则考虑对领导者进行跟踪，维持编队的结构。代码段 10.3展示了领导者无人机的 PID 控制。PID 各项数值计算如代码第 1-3 行所示。为了调参简单起见，这里给出的 PID 参数中积分项系数为 0。

需要说明的是，判断是否切换为下一航路段的依据是：当前位置和当前航路点的连线与下一段航路的夹角是否为钝角。当夹角呈锐角，代表已经到达当前航路点，应当切换至下一个航路段。图 10.6直观地展示了这一过程。与之对应，第 4 行计算了当前位置和当前航路点形成的矢量与下一段航路方向矢量的点乘。其符号正负可以用来判断夹角为锐角或钝角，从而判断是否进入下一航路段。当存在积分项时，如果一直进行积分，可能会存在积分饱和的现象，在不同航路段需要将其清零，如代码第 8~11 行所示。

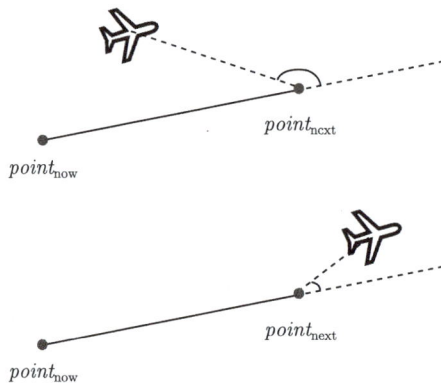

图 10.6　航路点切换判断

代码段 10.3 领导者无人机的 PID 控制，来源于 "e8/e8-1/formation_8_1.slx"

```
1    en=sum((p-point_now).*ti)*ti-(p-point_now);
2    den=sum(v.*ti)*ti-v;
3    det=vdes*ti-sum(v.*ti)*ti;
4    f=sum((p-point_next).*ti);
5    if flg==flglast
6        eni=eni+en*ts;
7        eti=eti+det*ts;
8    else
9        eni=zeros(1,2);
10       eti=zeros(1,2);
11   end
```

代码段 10.4 计算了领导者及跟随者无人机控制量。其中，二维矩阵 "d" 表示各无人机之间位置差的矢量，"k1" 和 "k2" 为跟随者控制的 PID 参数。如图 10.5 所示，无人机编队共分为三级，第 1 架为第一优先级，第 2-3 架为第二优先级，第 4-7 架为第三优先级。其中第 2、3 架无人机跟随第 1 架，即第 1 架无人机为领导者，第 2、3 架无人机为跟随者。同理，第 4、5 架无人机跟随第 2 架，第 6、7 架无人机跟随第 3 架。因此，结合式 (10.11) 及式 (10.15)，无人机的控制量基于序号 "i" 进行了分别计算。各无人机控制量 "u" 可由以下代码中第 4-15 行计算得到。

代码段 10.4 计算领导者及跟随者无人机控制量，来源于 "e8/e8-1/formation_8_1.slx"

```
1    d=[0 0;-3 5;-3 -5;-3 3;-3 -3;-3 3;-3 -3];%Vector of position difference
         %between each UAV
2    k1=0.5;%PID parameters of followers
3    k2=0.1;
4    for i=1:N
5        u(i,:)=mysat2(knp*en+kni*eni+knd*den+ktd*det+kti*eti,v_min,v_max);
            %PID control
6        if i>1 && i<=3
7            u(i,:)=u(i,:)+k1*(Pcur(1,1:2)+d(i,:)-Pcur(i,1:2))+k2*(Vcur
                (1,1:2)-Vcur(i,1:2));%Leader-follower control
8        end
9        if i>3 && i<=5
10           u(i,:)=u(i,:)+k1*(Pcur(2,1:2)+d(i,:)-Pcur(i,1:2))+k2*(Vcur
                (2,1:2)-Vcur(i,1:2));%Leader-follower control
11       end
12       if i>5
13           u(i,:)=u(i,:)+k1*(Pcur(3,1:2)+d(i,:)-Pcur(i,1:2))+k2*(Vcur
                (3,1:2)-Vcur(i,1:2));%Leader-follower control
14       end
15   end
```

在得到对速度的控制指令后，需要将其投影到固定翼制导模型的速度、高度、偏航三个通道上，如代码段 10.5 所示。由于固定翼的制导模型为二阶模型，其高度和偏航的导数也是模型中的状态变量，在程序中一并求出以便固定翼制导模型进行迭代计算。因为本实验仅考虑二维平面情况，对高度及其导数赋零。

期望偏航角的变化量在角度处于 π 和 $-\pi$ 临界切换的时候会出现跳变问题，导致固定翼无法顺利按照最近的方向进行转弯。例如，固定翼此时的偏航角为 $5/6\pi$，其下一时刻方向将继续逆时针旋转 $1/3\pi$。如果按照 $-\pi$ 至 π 的区间取值，下一时刻期望偏航角将为 $-5/6\pi$，其变化将被认为是 $-5/3\pi$，即顺时针旋转 $5/3\pi$。因此，这里对期望偏航角作了一个角度换算的处理，如代码第 9~14 行所示。假设无人机最多顺时针或逆时针转 10 圈，即设定 "k" 从 1 到 21 遍历，在 "Psid" 的基础上对其加 $2(k-11)\pi$，得到一系列角度相差 2π 的 "kPsid"。求出各 "kPsid" 与 "Psicur" 偏差的绝对值，记为 "error"，找到 "error" 最小值对应的 "kPsid"，即为无人机下一时刻的期望偏航角。同时计算期望偏航角的导数 "dPsid"，一同用作制导模型的输入以更新固定翼状态。

代码段 10.5　将控制量投影至固定翼制导模型，来源于 "e8/e8-1/formation_8_1.slx"

```
%% Convert to three-channel control
ex=[1;0];
ey=[0;1];
for i=1:N
    Vd(i)=norm(u(i,:));
    Psid(i)=atan2(ey'*u(i,:)',ex'*u(i,:)');
    kPsid =zeros(21,1);
    error = zeros(21,1);
    for k=1:21
        kPsid(k) = Psid(i) + (k-11)*2*pi;
        error(k) = abs(kPsid(k) - Psicur(i));
    end
    [~,index]=min(error);
    Psid(i)=kPsid(index);
    dPsid(i)=(Psid(i)-Psidlast(i))/ts;
end
```

3. 步骤三：编写固定翼制导模型

固定翼制导模型在这里采用 Simulink 中 S-函数（S-function）模块进行编写。S-函数即系统函数（System function），可以描述离散系统、连续系统及复合系统等动态系统。在仿真中，固定翼制导模型被命名为 "GuidanceModel"，对应式 (10.1)，其主要代码如代码段 10.6 所示。

代码段 10.6　固定翼制导模型 S-function 中 mdlDerivatives 函数，来源于 "e8/e8-1/GuidanceModel.m"

```
function sys=mdlDerivatives(t,x,u)
```

```
2    global N
3    sys(1:N)        = x(4*N+1:5*N).*cos(x(5*N+1:6*N));    %dot_x=Vcos(psi)
4    sys(N+1:2*N)    = x(4*N+1:5*N).*sin(x(5*N+1:6*N));    %dot_y=Vsin(psi)
5    sys(2*N+1:3*N)  = x(3*N+1:4*N);                       %dot_h=hdot;
6    sys(3*N+1:4*N)  = -1.83*x(3*N+1:4*N)-1.166*x(2*N+1:3*N)-0.306*u(3*N
          +1:4*N)+1.166*u(N+1:2*N); %dot_dot_h=-1.83*hdot-1.166*h-0.306*
          %hd_dot+1.166*hd
7    sys(4*N+1:5*N)  = -0.8958*x(4*N+1:5*N)+0.8517*u(1:N);    %dot_V
          %=-0.8958*V+0.8517*Vd
8    sys(5*N+1:6*N)  = x(6*N+1:7*N);                       %dot_psi=psi_dot
9    sys(6*N+1:7*N)  = -1.709*x(6*N+1:7*N)-1.109*x(5*N+1:6*N)-0.289*u(4*N
          +1:5*N)+1.105*u(2*N+1:3*N);  %dot_dpsi=-1.709*psi_dot-1.109*psi
          %-0.289*psid_dot+1.105*psid
```

此处，根据固定翼制导模型式 (10.1)，定义 S-function 中状态为 $7N$ 维向量，分别为 x 轴坐标、y 轴坐标、高度、高度的导数、速度大小、偏航角、偏航角的导数。控制输入为 $5N$ 维向量，分别为期望速度大小、期望高度、期望偏航角、期望高度的导数、期望偏航角的导数。

4. 步骤四：连接控制器与模型

在 Simulink 中将控制器输出的指令接入模型，同时将反馈的信息输入控制器，从而构成闭环。如图 10.7 所示。

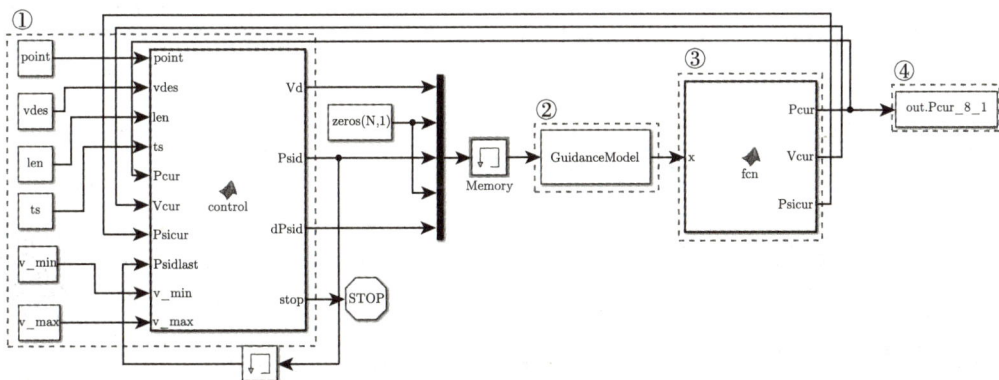

图 10.7 "e8-1" 中 Simulink 仿真结构

该模型包含四个模块，分别为：虚线框①"control"，控制器模块，包括代码段 10.3~10.5的内容，以实现无人机的控制；虚线框②"GuidanceModel"，固定翼导航模型，包括代码段 10.6的内容，用于接收控制器输出的控制量，并输出固定翼无人机的当前状态；虚线框③无人机状态数据转换模块，该模块输入为 "GuidanceModel" 制导模型传递的无人机状态量，输出为当前时刻的位置 "Pcur"、速度 "Vcur"、偏航 "Psicur"；对位置量 Pcur 使用了一个 "To workspace" 模块将其输出为 "out.Pcur_8_1"，如虚线框④ 所示。需要说明的是，在虚线框②和虚线框③ 之间，加入了 Simulink 中用于延时的 "Memory" 模块，防止仿真出现代数环。

运行仿真程序后，可绘制相应的动图进行观察。在 MATLAB 命令行输入 "Draw(out.
Pcur_8_1,point)"，可以观察到固定翼无人机编队中无人机在仿真中各时刻的运动。此外，
还可以通过运行 "e8-1" 文件夹下 "Draw_traj.m" 绘制固定翼无人机编队中各无人机轨迹
图，如图 10.8 所示。

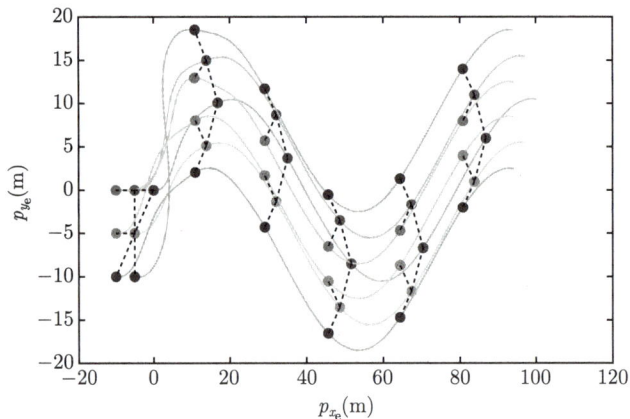

图 10.8　固定翼无人机编队中各无人机轨迹图，来源于 "e8/e8-1/Draw_traj.m"

观察仿真结果，可以看到固定翼无人机形成了编队飞行。在图 10.8 中，实线为各无人
机的飞行轨迹。轨迹上的实心圆代表无人机每间隔十二秒的位置，虚线则展示了无人机集
群的编队队形。在基础实验中，可以通过以上控制器的设计，使固定翼无人机集群按照预
想的编队进行飞行。

10.3　集群飞行实验之分析实验

10.3.1　实验配置和目标

1. 配置

（1）软件：MATLAB R2022b 或以上版本。

（2）程序：实验指导包 "e8/e8-2"。实验指导包中包括固定翼无人机制导模型、固定翼
无人机集群飞行分析实验示例。例如 "GuidanceModel.m" 为固定翼无人机制导模型，"init-
Formation.m" 为仿真的初始化文件，"formation_8_1.slx" 为固定翼集群编队飞行的仿真文
件、"formation_8_2_1.slx" 为加入噪声情况下固定翼集群编队飞行的仿真文件、"forma-
tion_8_2_2.slx" 为加入延迟情况下固定翼集群编队飞行的仿真文件、"formation_8_2_
3.slx" 为加入噪声和延迟情况下固定翼集群编队飞行的仿真文件。

2. 目标

考虑固定翼无人机编队飞行中存在的噪声、延迟等影响，观察固定翼无人机编队飞行
情况，分析方法的不足。

10.3.2 实验步骤

分析实验的目的在于使读者了解外部干扰对无人机集群飞行时的影响。通过对无人机编队中相关参数进行更改，分析噪声和延迟如何影响集群飞行。该实验重点关注不同场景下的对比分析，学习如何仿真验证编队效果。分析实验共分为四个步骤：初始变量定义、仿真场景设计、搭建 Simulink 仿真、绘制并分析结果。步骤一定义初始变量是对仿真中的参数进行赋值，步骤二通过设计不同的仿真场景，可以在步骤三及步骤四中对不同情况下编队控制效果进行仿真和分析。

1. 步骤一：初始变量定义

在 "e8-2" 路径下，存在初始化文件 "initFormation.m"。定义初始变量的设置与 10.2 节中相同。在仿真中，设定编队包含三级结构。序列中第一架无人机为第一优先级，第二架及第三架无人机为第二优先级，其余无人机为第三优先级。

2. 步骤二：仿真场景设计

这里所设计的控制器与 10.2 节中提到的控制器基本相同。仅对无人机集群之间噪声、丢包及延迟参数进行更改，用于和理想状态下的仿真进行对比。

1）情况一：有噪声但无延迟

在仿真中加入两个变量，分别为 "Pcur_est" 和 "Vcur_est"，代表固定翼无人机的估计位置和估计速度。该估计位置及估计速度将被无人机发送给其他同伴以进行编队。变量 "Pcur_est" 和 "Vcur_est" 通过对固定翼无人机的真实位置和真实速度叠加随机数噪声得到，如代码段 10.7 所示。

代码段 10.7　对无人机集群加入噪声影响，来源于 "e8/e8-2/initFormation.m"

```
1    %Add noise to position and speed
2    bp=2;%The magnitude of the added noise at the location
3    bv=2;%The magnitude of the noise added to the speed
4    Pcur_est=Pcur+[bp*(rand(N,2)-0.5)*2 zeros(N,1)];
5    Vcur_est=Vcur+[bv*(rand(N,2)-0.5)*2 zeros(N,1)];
```

在 MATLAB 中，"rand" 代表均匀分布的随机数，此 MATLAB 函数返回从区间 (0,1) 的均匀分布中得到的随机标量。因为对位置和速度加入的噪声应当以 0 为均值，因此做出相应处理，得到在区间 "(-bp,bp)" 及 "(-bv,bv)" 的随机数。

2）情况二：无噪声但有延迟

在 Simulink 中，有一个模块可用于建模无人机之间的延迟因素，名为 "Transport Delay"，如图 10.9 所示。

双击打开 "Transport Delay" 模块，可以对 "时滞" 进行调节。在本次仿真中，将 "时滞" 设置为 0.8，如图 10.10 所示。

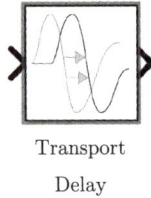

Transport
Delay

图 10.9　Simulink 中延迟环节 "Transport Delay"

图 10.10　"Transport Delay" 模块参数设置

3）情况三：有噪声且有延迟

在第三种情况下，考虑给仿真同时注入噪声和延迟，观察固定翼无人机编队飞行情况。

3. 步骤三：搭建 Simulink 仿真

这里的固定翼的制导模型同样采用 10.2 节中所编写的 S-function，Simulink 仿真的结构与基础实验中相同。在图 10.11 中，为真实位置和真实速度加入噪声，得到估计位置和估计速度。

该模型包含四个大模块，分别为：控制器模块虚线框①"control" 用以设计控制器，实现无人机的控制；固定翼仿真模型模块虚线框②"GuidanceModel" 用于接收控制器输出的控制量，并输出固定翼无人机的当前状态；无人机状态数据转换模块虚线框③，该模块输入为 "GuidanceModel" 制导模型传递的状态量 "x"，输出为当前时刻的位置 "Pcur"、速度 "Vcur"、偏航 "Psicur"、估计位置 "Pcur_est"、速度 "Vcur_est"；对位置量 Pcur，使用了一个 To workspace 模块将其输出为 "out.Pcur_8_2_1"，如虚线框④ 所示。

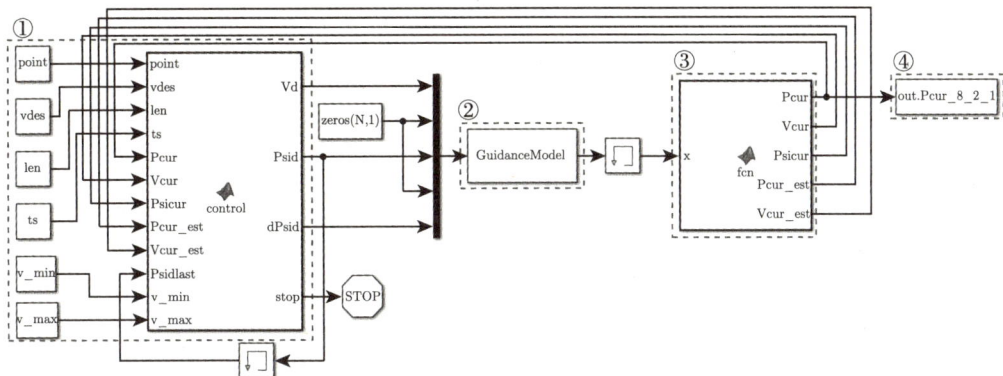

图 10.11　情况一：加入噪声下固定翼无人机编队飞行仿真，来源于 "e8/e8-2/formation_8_2_1.slx"

在图 10.12 中，在真实位置和真实速度的反馈回路中加入延迟环节，得到估计位置和估计速度。

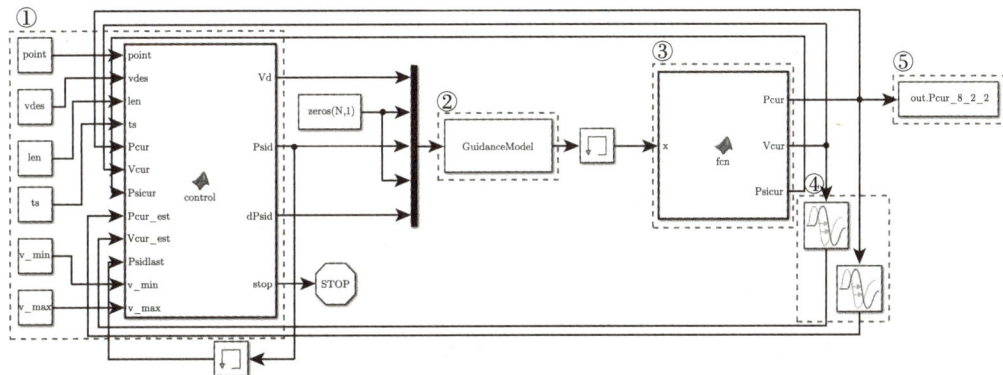

图 10.12　情况二：加入延迟下固定翼无人机编队飞行仿真，来源于 "e8/e8-2/formation_8_2_2.slx"

该模型包含五个模块，分别为：控制器模块虚线框①"control" 用以设计控制器，实现无人机的控制；固定翼仿真模型模块虚线框②"GuidanceModel" 用于接收控制器输出的控制量，并输出固定翼无人机的当前状态；无人机状态数据转换模块虚线框③，该模块输入为 "GuidanceModel" 制导模型传递的状态量 "x"，输出为当前时刻的位置 "Pcur"、速度 "Vcur"、偏航 "Psicur"；状态延迟模块虚线框④，该模块对无人机位置和速度做延迟处理，得到延迟后的位置和速度；对位置量 "Pcur"，使用了一个 "To workspace" 模块将其输出为 "out.Pcur_8_2_2"，如虚线框⑤ 所示。

在图 10.13 中，向真实位置和真实速度加入噪声及延迟环节，得到估计位置和估计速度。

该模型包含五个大模块，分别为：控制器模块虚线框①"control" 用以设计控制器，实现无人机的控制；固定翼仿真模型模块虚线框②"GuidanceModel" 用于接收控制器输出的控制量，并输出固定翼无人机的当前状态；无人机状态数据转换模块虚线框③，该模块输入为 "GuidanceModel" 制导模型传递的状态量 "x"，输出为当前时刻的位置 "Pcur"、速度

"Vcur"、偏航 "Psicur"、估计位置 "Pcur_est"、速度 "Vcur_est"；虚线框④状态延迟模块，该模块对无人机位置和速度做延迟处理，得到延迟后的位置和速度；对位置量 "Pcur"，使用了一个 "To workspace" 模块将其输出为 "out.Pcur_8_2_3"，如虚线框⑤ 所示。

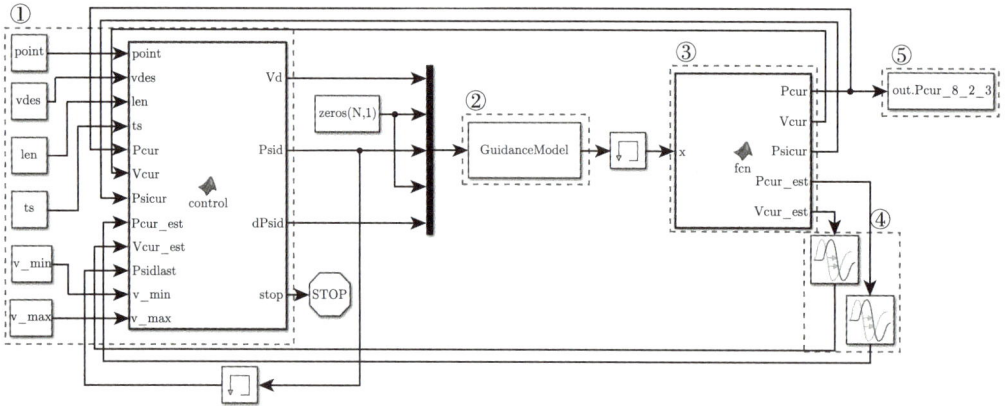

图 10.13 情况三：加入噪声及延迟下固定翼无人机编队飞行仿真，来源于 "e8/e8-2/formation_8_2_3.slx"

4. 步骤四：绘制并分析结果

打开 "e8-2" 文件夹，运行 "Draw_traj.m" 文件。该文件能够针对各个场景进行初始化并仿真，将仿真结果绘制在一张图的四个子图中进行对比，如图 10.14 所示。其中虚线为无人机之间的拓扑结构。

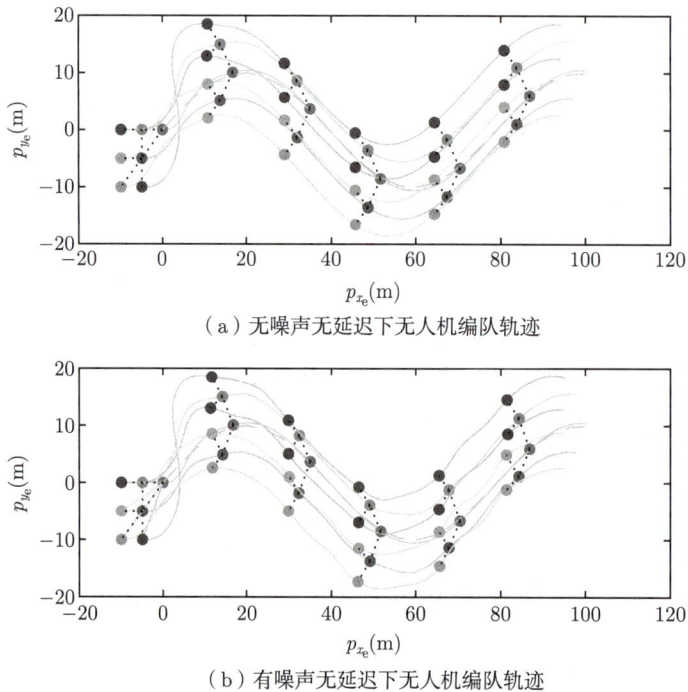

（a）无噪声无延迟下无人机编队轨迹

（b）有噪声无延迟下无人机编队轨迹

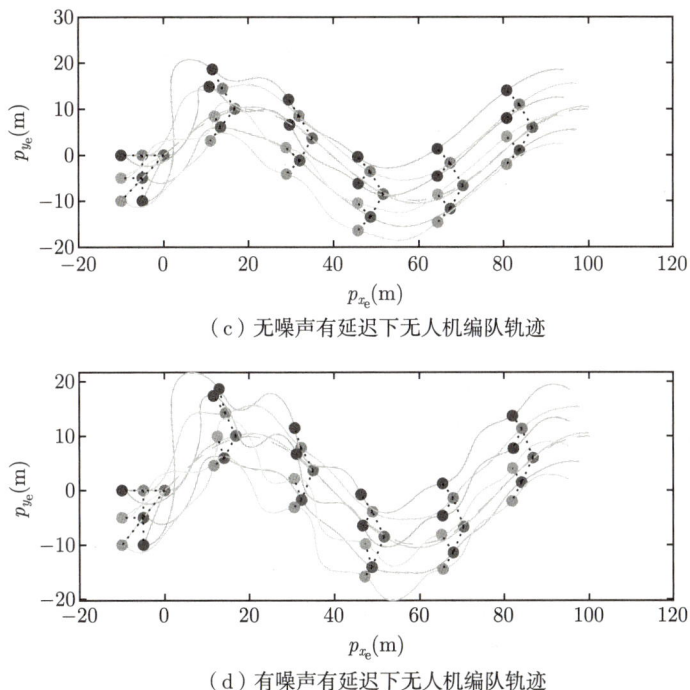

（c）无噪声有延迟下无人机编队轨迹

（d）有噪声有延迟下无人机编队轨迹

图 10.14　四种情况下固定翼无人机编队飞行轨迹，来源于"e8/e8-2/Draw_traj.m"

除了以上的轨迹对比图，还可以分别运行各个情况下的 Simulink 文件。例如，先运行"initFormation.m"进行初始化，再运行"formation_8_2_1.slx"仿真文件。仿真结束后，在 MATLAB 的命令行中运行命令："Draw(out.Pcur_8_2_1,point)"，能够动态绘制出固定翼无人机编队的实时状态。

观察仿真结果，能够发现：加入噪声和延迟对于固定翼无人机编队的稳定发生了影响。这是因为由于存在噪声和延迟的因素，无人机反馈收到的位置和速度信息都存在着偏差。噪声代表着获取到的无人机位置并不准确，延迟则代表着无人机跟踪的可能是上一时刻的期望位置。这些干扰信息势必会对无人机编队所维持的结构产生影响。仿真结果也显示了无人机编队存在振荡的现象。

10.4　集群飞行实验之设计实验

10.4.1　实验配置和目标

1. 配置

（1）软件：MATLAB R2022b 或以上版本，RflySim 工具链。RflySim 工具链提供了微小无人机固定翼无人机硬件在环仿真环境。

（2）程序：实验指导包"e8/e8-3"。实验指导包中包括固定翼无人机制导模型、固定翼无人机集群飞行设计实验示例。例如"GuidanceModel.m"为固定翼无人机制导模型，"initTube.m"为仿真的初始化文件，"Tube.slx"为基于虚拟管道的固定翼集群飞行的仿真文件，"Tube_noise.slx" 为加入噪声情况下基于虚拟管道的固定翼集群飞行的仿真文件，"Tube_delay.slx" 为加入延迟情况下基于虚拟管道的固定翼集群飞行的仿真文件，"Tube_noise_delay.slx" 为加入噪声和延迟情况下基于虚拟管道的固定翼集群飞行的仿真文件。"SmallFixedWingUAVnoctrlHIL.dll" 为固定翼无人机的模型文件，"Tube_HITL_identification.slx" 为对无人机模型进行参数辨识的仿真文件，"init_Tube_SITL.m" 为软件仿真的初始化文件，"Tube_SITL.slx" 为软件仿真文件，"init_Tube_HITL.m" 为硬件在环的初始化文件，"Tube_HITL.slx" 为硬件在环的仿真文件。

（3）硬件：CubePilot/Pixhawk 自驾仪四个，遥控器及接收机。

2. 目标

（1）进行基于虚拟管道的飞行控制器设计，从而完成集群飞行任务。

（2）分别加入噪声和延迟，观察并分析固定翼集群的飞行效果，与 10.3 节中固定翼集群编队飞行进行对比。

10.4.2 实验设计

基于 10.1.3 节所介绍的虚拟管道相关原理，这一部分将进行详细的控制器设计。

1）引导集群沿虚拟管道向前飞行

在无人机集群中，第 i 架无人机沿虚拟管道向前飞行的控制分量为

$$\mathbf{v}_{\mathrm{f},i} = v_{\mathrm{f},i}\mathbf{t}_{\mathrm{c}}\left(\mathbf{p}_i\right) \tag{10.23}$$

其中 $v_{\mathrm{f},i}$ 为沿虚拟管道飞行控制分量的大小，即期望的前飞速度，$\mathbf{t}_{\mathrm{c}}\left(\mathbf{p}_i\right)$ 为当前第 i 架无人机对应曲线上点的前进方向单位切向量。

2）无人机之间防碰撞

定义

$$\tilde{\mathbf{p}}_{ij} = \mathbf{p}_i - \mathbf{p}_j \tag{10.24}$$

其中 $\mathbf{p}_i$ 和 $\mathbf{p}_j$ 分别为第 i 架和第 j 架无人机的位置。

如图 10.15 所示，引入无人机安全半径、避障半径的概念。为了保证无人机不与环境中的障碍物、其他无人机发生碰撞，第 i 架无人机的安全区域定义为

$$\mathcal{S}_i = \left\{\mathbf{x} \in \mathbb{R}^2 \,\middle|\, \|\mathbf{x} - \mathbf{p}_i\| \leqslant r_{\mathrm{s}}\right\} \tag{10.25}$$

其中，r_{s} 为第 i 架无人机的安全半径。需要注意的是，在安全区域的设计中，不仅考虑了无人机的当前位置，还需要考虑无人机的速度[111]。对于集群中的无人机，任意两架无人机不发生碰撞可表示为

$$\mathcal{S}_i \cap \mathcal{S}_j = \emptyset \tag{10.26}$$

基于无人机安全区域的定义，这里给出无人机避障区域的定义，该区域用于无人机开始进行防碰撞控制。第 i 架无人机避障区域表示为

$$\mathcal{A}_i = \left\{\mathbf{x} \in \mathbb{R}^2 \,\middle|\, \|\mathbf{x} - \mathbf{p}_i\| \leqslant r_{\mathrm{a}}\right\} \tag{10.27}$$

其中，r_a 为第 i 架无人机的避障半径。如果存在 $\mathcal{A}_i \cap \mathcal{S}_j \neq \emptyset$ 即

$$\|\mathbf{p}_j - \mathbf{p}_i\| \leqslant r_\mathrm{s} + r_\mathrm{a} \tag{10.28}$$

此时第 j 架无人机应该躲避第 i 架无人机。根据避障区域的定义，第 i 架无人机也应该同时躲避第 j 架无人机。此外，为了保证避障区域始终完全覆盖安全区域，这里要求 $r_\mathrm{a} > r_\mathrm{s}$。

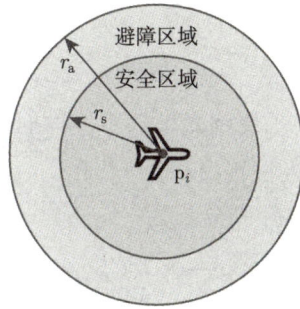

图 10.15　无人机安全半径、避障半径

对于第 i 架和第 j 架无人机防碰撞，这里构造了一个屏障函数（Control Barrier Function，CBF）为

$$V_{\mathrm{m},ij} = \frac{k_2 \sigma_\mathrm{m}(\|\tilde{\mathbf{p}}_{ij}\|)}{(1+\varepsilon_\mathrm{m})\|\tilde{\mathbf{p}}_{ij}\| - 2r_\mathrm{s} s\left(\dfrac{\|\tilde{\mathbf{p}}_{ij}\|}{2r_\mathrm{s}}, \varepsilon_\mathrm{s}\right)} \tag{10.29}$$

其中 $\sigma_\mathrm{m}(x) = \sigma(x, 2r_\mathrm{s}, r_\mathrm{a}+r_\mathrm{s})$，光滑冲击函数 (Bump Function，BF) $\sigma(\cdot)$ 和近似光滑饱和函数 $s(x,\varepsilon_\mathrm{s})$ 的定义可见附录。当 $r_\mathrm{s}=10$，$r_\mathrm{a}=20$，$\varepsilon_\mathrm{m}=10^{-6}$，$k_2=1$ 时，$V_{\mathrm{m},ij}$ 的函数图像如图 10.16 所示。

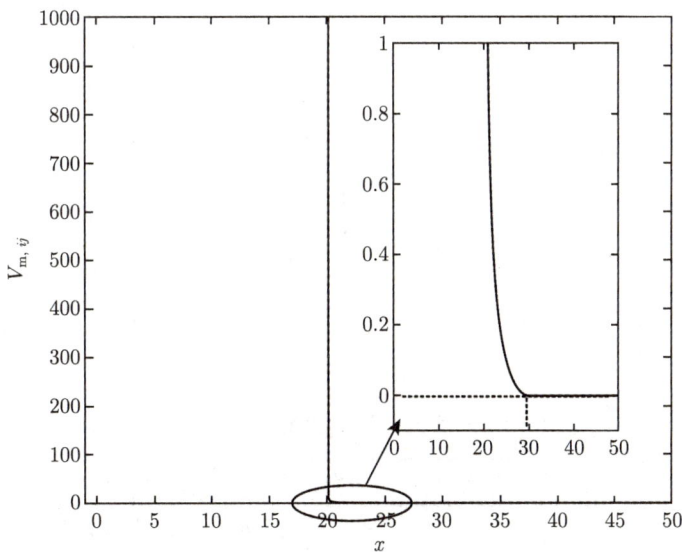

图 10.16　$V_{\mathrm{m},ij}$ 的函数图像

这样的屏障函数具有以下特征：

（1）$\partial V_{m,ij}/\partial \|\tilde{\mathbf{p}}_{ij}\| \leqslant 0$，$V_{m,ij}$ 是一个关于 $\|\tilde{\mathbf{p}}_{ij}\|$ 的非增函数；

（2）如果 $\|\tilde{\mathbf{p}}_{ij}\| > r_a + r_s$，意味着 $\mathcal{A}_i \cap \mathcal{S}_j = \emptyset$ 和 $\mathcal{A}_j \cap \mathcal{S}_i = \emptyset$，如果 $V_{m,ij} = 0$，有 $\|\tilde{\mathbf{p}}_{ij}\| > r_a + r_s > 2r_s$；

（3）如果 $0 < \|\tilde{\mathbf{p}}_{ij}\| < 2r_s$，说明 $\mathcal{S}_j \cap \mathcal{S}_i \neq \emptyset$（在实际中可能不会发生冲突），那么存在一个足够小的 $\epsilon_s > 0$ 使得

$$V_{m,ij} = \frac{k_2}{\epsilon_m \|\tilde{\mathbf{p}}_{ij}\|} \geqslant \frac{k_2}{2\epsilon_m r_s} \tag{10.30}$$

设计的速度命令的目标是使 $V_{m,ij}$ 为零或尽可能小。根据特征（2），这意味着 $\|\tilde{\mathbf{p}}_{ij}\| > 2r_s$，即第 i 架无人机不会与第 j 架无人机相撞。

对于第 i 架无人机，其防碰撞控制分量为

$$\mathbf{v}_{m,i} = \sum_{j \in N_{m,i}} \frac{\partial V_{m,ij}}{\partial \|\tilde{\mathbf{p}}_{ij}\|} \frac{\tilde{\mathbf{p}}_{ij}}{\|\tilde{\mathbf{p}}_{ij}\|} \tag{10.31}$$

3）限制集群飞行在曲线虚拟管道之内

对于第 i 架无人机，为了限制其飞行在曲线虚拟管道之内，这里构造了一个屏障函数

$$V_{t,i} = \frac{k_3 \sigma_t \left(r_t(\mathbf{p}_i) - \|\tilde{\mathbf{p}}_{t,i}\| \right)}{\left(r_t(\mathbf{p}_i) - r_s \right) - \|\tilde{\mathbf{p}}_{t,i}\| s \left(\dfrac{r_t(\mathbf{p}_i) - r_s}{\|\tilde{\mathbf{p}}_{t,i}\| + \varepsilon_t}, \varepsilon_s \right)} \tag{10.32}$$

其中 ε_t 为任意微小常数，$\|\tilde{\mathbf{p}}_{t,i}\|$ 为无人机位置距管道中心线的距离，r_t 为当前位置对应管道横截线的一半宽度。定义 $\sigma_t(x) = \sigma(x, r_s, r_a)$。当 $r_t = 50$，$r_s = 10$，$r_a = 20$，$\varepsilon_t = 10^{-6}$，$k_3 = 1$ 时，$V_{t,i}$ 的函数图像如图 10.17 所示。

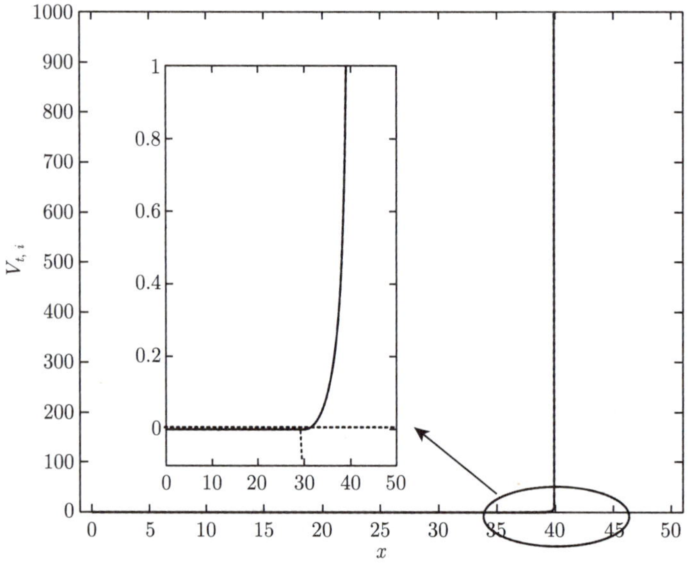

图 10.17　$V_{t,i}$ 函数图像

函数 $V_{t,i}$ 具备以下特征：

（1）$\partial V_{t,i}/\partial \|\tilde{\mathbf{p}}_{t,i}\| \geqslant 0$，$V_{t,i}$ 是关于 $\|\tilde{\mathbf{p}}_{t,ij}\|$ 的非减函数；

（2）如果 $r_t - \|\tilde{\mathbf{p}}_{t,i}\| \geqslant r_a$，即虚拟管道的边缘不在第 i 架无人机的避障区域，$\sigma_t(r_t(\mathbf{p}_i) - \|\tilde{\mathbf{p}}_{t,i}\|) = 0$，因此，$V_{t,i} = 0$ 且 $\partial V_{t,i}/\partial \|\tilde{\mathbf{p}}_{t,i}\| = 0$；

（3）如果 $r_t - \|\tilde{\mathbf{p}}_{t,i}\| < r_s$，即虚拟管道的边缘进入第 i 架无人机的安全区域，有

$$\sigma_t\left(r_t(\mathbf{p}_i) - \|\tilde{\mathbf{p}}_{t,i}\|\right) = 1 \tag{10.33}$$

且存在一个足够小的 $\epsilon_s > 0$ 使得

$$s\left(\frac{r_t(\mathbf{p}_i) - r_s}{\|\tilde{\mathbf{p}}_{t,i}\| + \epsilon_t}, \epsilon_s\right) = \frac{r_t(\mathbf{p}_i) - r_s}{\|\tilde{\mathbf{p}}_{t,i}\| + \epsilon_t} < 1 \tag{10.34}$$

由以上可知，当 ϵ_s 非常小时，

$$V_{t,i} = \frac{k_3\left(\|\tilde{\mathbf{p}}_{t,i}\| + \epsilon_t\right)}{\epsilon_t\left(r_t(\mathbf{p}_i) - r_s\right)} \tag{10.35}$$

将变得非常大。

速度指令的设计目标是使 $V_{t,i}$ 为 0，这意味着 $r_t - \|\tilde{\mathbf{p}}_{t,i}\| \geqslant r_a$，根据特征（2），第 i 架无人机将保持在虚拟管道内。

第 i 架无人机限制飞行在曲线管道之内的控制分量为

$$\mathbf{v}_{t,i} = \left(\mathbf{I}_2 - \frac{\partial \mathrm{m}(\mathbf{p}_i)}{\partial \mathbf{p}_i}\right)^{\mathrm{T}} \left(\frac{\partial V_{t,i}}{\partial \|\tilde{\mathbf{p}}_{t,i}\|}\frac{\tilde{\mathbf{p}}_{t,i}}{\|\tilde{\mathbf{p}}_{t,i}\|} + \frac{\partial V_{t,i}}{\partial r_t(\mathbf{p}_i)}\left(\frac{\partial r_t(\mathbf{p}_i)}{\partial \mathbf{p}_i}\right)^{\mathrm{T}}\right) \tag{10.36}$$

4）分布式集群控制器设计

根据上面三部分，在得到了三个控制分量后，可以组合出最终的分布式集群控制器。对于第 i 架无人机，其速度指令为

$$\mathbf{v}_{c,i} = \mathrm{sat}\left(\mathbf{v}_{f,i} + \mathbf{v}_{m,i} + \mathbf{v}_{t,i}, v_{max}\right) \tag{10.37}$$

其中 v_{max} 为无人机的最大飞行速度。关于控制器设计更为详细的证明可以参考论文 [109, 110]。在设计出集群的速度控制器后，可以将其映射至固定翼无人机的制导模型，映射过程与代码段 10.5 相同。

10.4.3　实验步骤

设计实验的目的在于使读者了解基于虚拟管道的集群控制方法。通过对虚拟管道方法的原理推导，学会如何设计一个集群控制方法。该实验重点关注集群控制算法的设计思路，学习如何使无人机在不需要保持固定结构的情况下完成集群飞行。设计实验共分为四个步骤：定义初始变量及生成虚拟管道、编写控制器、搭建 Simulink 仿真。步骤一定义初始变量是对仿真中的参数进行赋值，步骤二生成虚拟管道则是为固定翼集群规划了飞行的限制，步骤三编写控制器后即可在步骤四进行 Simulink 仿真。

1. 步骤一: 定义初始变量及生成虚拟管道

首先, 定义无人机集群的初始变量, 包括无人机的初始状态及无人机数量等, 对其最小速度、最大速度、安全半径、避障半径等参数进行设置。如代码段 10.8 所示, 为无人机集群生成虚拟管道, 描述管道的要素包括其中心引导线及相应的左右边界。通过管道中心引导线 "p_leader" 及管道宽度 "dis", 就可以扩展生成虚拟管道的左右边界 "p_left" 及 "p_right"。

代码段 10.8　无人机集群生成虚拟管道, 来源于 "e8/e8-3/initTube.m"

```
1   curve_x=(0.1:4:100.1)';
2   curve_y=10*sin(curve_x/4/pi);
3   curve_theta=atan(2.5/pi*cos(curve_x/4/pi));
4   dis=10*ones(length(curve_x),1);%Define the tube width
5   p_leader=[curve_x,curve_y];%Define the tube center leaderline
6   p_left=[];
7   p_right=[];
8   for i=1:length(curve_x)%Define the left and right boundaries of the
        %tube
9       p_left(i,:)=(p_leader(i,:))+dis(i)*[cos(curve_theta(i)+pi/2),sin(
            curve_theta(i)+pi/2)];
10      %p_left is the position of point i going forward vertically minus
            %90 degrees, and the distance between the two is dis(i)
11      p_right(i,:)=(p_leader(i,:))+dis(i)*[cos(curve_theta(i)-pi/2),sin(
            curve_theta(i)-pi/2)];
12      %p_right is the position where point i is forward 90 degrees
            %perpendicular, and the distance between the two is dis(i)
13  end
```

2. 步骤二: 编写控制器

根据基于虚拟管道的飞行控制器设计, 编写相应代码。根据式 (10.23), 得到计算引导集群沿管道向前飞行的控制分量 $\mathbf{v}_{f,i}$ 方法。首先, 需要找到当前第 i 架无人机前进方向单位切向量 $\mathbf{t}_c(\mathbf{p}_i)$ 对应曲线上的点 $\mathbf{p}_i$。因此, 代码段 10.9 给出了如何查找当前时刻管道中心引导线上距无人机最近的位置序号 "leader_locate", 即对应 $\mathbf{p}_i$ 在组成管道中心线点的集合的索引。

代码段 10.9　查找当前时刻管道中心引导线上距无人机最近的位置序号 "leader_locate", 来源于 "e8/e8-3/Tube.slx"

```
1   %Find the location closest to the UAV on the guide line of the pipe at
        %the current moment
2   leader_locate=zeros(N,1);
3   for i=1:N
4       dis_leader_min=10^8;
5       for j=1:length(p_leader(:,1))
```

```
6          dis_leader=norm(Pcur(i,1:2)-p_leader(j,:));%Calculates the
                 %distance between the current location and the point on
                 %the center of the tube
7          if dis_leader < dis_leader_min%if the distance is smaller than
                  %previously recorded
8              leader_locate(i)=j;%Update the record value
9              dis_leader_min=dis_leader;%Update the record value
10         end
11     end
12  end
```

对于第 i 架无人机防碰撞控制分量 $\mathbf{v}_{m,i}$ 和管道边界限制分量 $\mathbf{v}_{t,i}$，实际应用中采用一个与式 (10.29) 中 $V_{m,ij}$ 及式 (10.32) 中 $V_{t,i}$ 相似的屏障函数来进行近似计算，如代码段 10.10 所示。

代码段 10.10　计算控制器各项分量，来源于 "e8/e8-3/dmysigma2.m"

```
1   A =-(d2*em - d1*em + 2)/(d1 - d2)^3;
2   B =(- em*d1^2 - em*d1*d2 + 3*d1 + 2*em*d2^2 + 3*d2)/(d1 - d2)^3;
3   C =-(d2*(- 2*em*d1^2 + em*d1*d2 + 6*d1 + em*d2^2))/(d1 - d2)^3;
4   D =(d2*(- em*d1^2*d2 + em*d1*d2^2 + 3*d1*d2 - d2^2))/((d1 - d2)*(d1^2
        - 2*d1*d2 + d2^2)));
5   if x<=d1
6       u = 1;
7   elseif d1<=x   && x<=d2
8       u = A*x^3 + B*x^2 + C*x + D ;
9   else
10      u = 0;
11  end
```

根据最终速度指令 [式 (10.37)]，对控制器中各项分量进行计算，重要代码如代码段 10.11 所示。第 1-3 行计算了固定翼无人机的前飞分量 "V1" 即 $\mathbf{v}_{f,i}$。第 4-11 行中针对第 i 架无人机，遍历第 j 架无人机的位置，计算两者之间的避障分量 "V2" 即 $\mathbf{v}_{m,i}$。其中 "pmij" 为第 i 架无人机与第 j 架无人机的位置差，"bil" 为避障分量的系数。第 12-18 行根据无人机与管道边界的距离，计算了虚拟管道壁对无人机的限制分量 "V3" 即 $\mathbf{v}_{t,i}$。其中 "mpi" 为管道横截线中间点位置，"pti" 为第 i 架无人机当前位置和管道横截线中间点之差，"rtpi" 为当前位置对应管道横截线的一半宽度，"rtpi-norm(pti)" 即为当前时刻无人机对应管道边界的距离。由此可计算出管道边界提供的速度分量系数 "ci" 和方向 "un"，从而计算出管道边界限制分量 "V3"。

代码段 10.11　对控制器中各项分量进行计算，来源于 "e8/e8-3/Tube.slx"

```
1   v_line=4;
2   e1(i,:) = nc(leader_locate(i),:)*v_line;%Forward component
```

```
3        V1(i,:) = -mysat(k1*e1(i,:),vmax);%Saturate the speed
4        for j=1:N
5            if i~=j
6                em = 0;
7                pmij = Pcur(i,1:2) - Pcur(j,1:2);
8                bil = k2*dmysigma2(norm(pmij),2*rs,rs+ra,em);%Use a simpler
                     %form of barrier function to achieve similar results
9                V2(i,:) = V2(i,:)+ bil*(pmij/norm(pmij));%The avoidance
                     %component between UAV i and UAV j
10           end
11       end
12       et=0;
13       mpi=0.5*(tunnel_left(leader_locate(i),:)+tunnel_right(leader_locate(i)
             ,:));%The middle point of the tube cross-section
14       pti(i,:) = Pcur(i,1:2) - mpi;%The difference between the current
             %position and the midpoint of the tube cross-section
15       rtpi(i)=0.5*norm(tunnel_left(leader_locate(i),:)-tunnel_right(
             leader_locate(i),:));%Half the width of the tube cross-section
16       ci=k3*dmysigma2(rtpi(i)-norm(pti(i,:)),rs,ra,et);%The velocity
             %component factor provided by the tube boundary
17       un=pti(i,:)-(dot(pti(i,:),nc(leader_locate(i),:))*nc(leader_locate(i)
             ,:));%The direction of the velocity component provided by the tube
             %boundary
18       V3(i,:)=-(un/norm(un))*ci;%Tube boundary limit components
```

3. 步骤三：搭建 Simulink 仿真

在 Simulink 中连接控制器与模型，如图 10.18、图 10.19 及图 10.20 所示。三个仿真分别描述了未加任何影响因素、加入噪声、加入延迟时的基于虚拟管道的固定翼集群飞行。运行仿真后，可以进行绘图，观察无人机飞行效果。

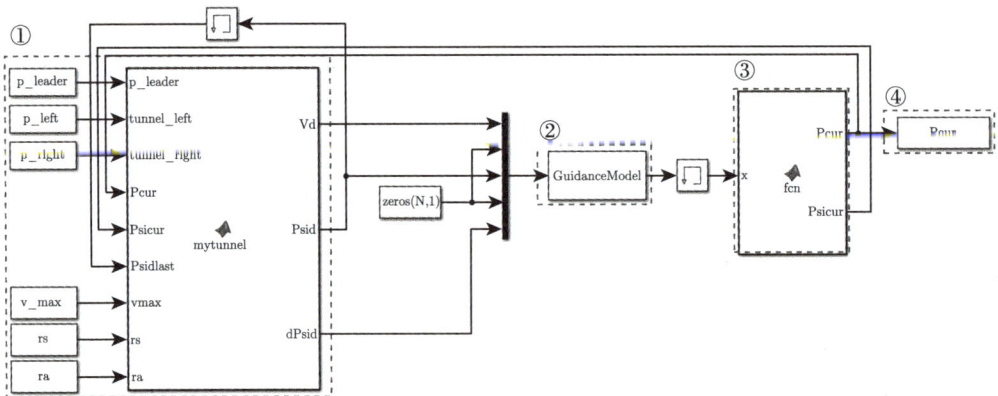

图 10.18　未加任何影响因素时基于虚拟管道的固定翼集群飞行仿真，来源于 "e8/e8-3/Tube.slx"

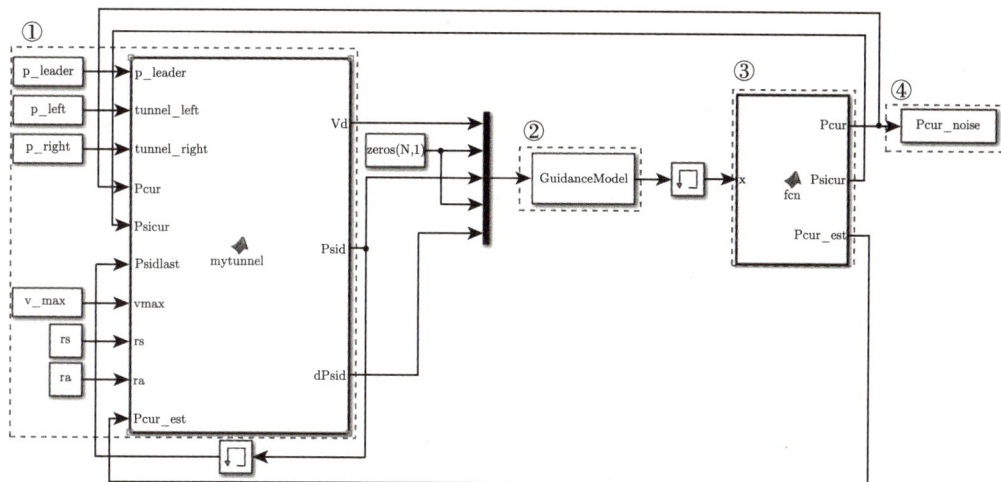

图 10.19　加入噪声时基于虚拟管道的固定翼集群飞行仿真，来源于 "e8/e8-3/Tube_noise.slx"

图 10.18 描述了未加任何影响因素的基于虚拟管道的固定翼集群飞行仿真架构。运行该仿真，能够对基于虚拟管道的控制有更进一步的理解。基于虚拟管道的固定翼集群飞行仿真包含四个大模块，分别为：虚线框①"mytunnel" 包含代码段 10.9 至代码段 10.11 的内容，为固定翼无人机基于虚拟管道的控制器。该模块对式 (10.37) 中前飞分量 $\mathbf{v}_{f,i}$、防碰撞控制分量 $\mathbf{v}_{m,i}$ 和管道边界限制分量 $\mathbf{v}_{t,i}$ 三个速度分量进行计算并合成为速度指令 $\mathbf{v}_{c,i}$，最终映射到制导模型的控制输入，实现无人机的控制；虚线框②"GuidanceModel" 为制导模型，包含代码段 10.6 的内容，用于接收控制器输出的控制量，并输出固定翼无人机的当前状态；虚线框③无人机状态数据转换模块，该模块输入为 "GuidanceModel" 制导模型传递的状态量 "x"，输出为当前时刻的位置 "Pcur"、偏航 "Psicur"；对位置量 "Pcur" 使用了一个 "To workspace" 模块将其输出，如虚线框④ 所示。

然而，集群所处的实际情况往往并非理想，其中存在许多干扰。为了研究噪声因素对无人机集群的影响，此处进行相应仿真。相较于图 10.18，图 10.19 中的仿真考虑了噪声因素，即无人机对彼此的位置不能达到完全精准的估计，模拟了在含噪声情况下基于虚拟管道的固定翼集群飞行。加入噪声时基于虚拟管道的固定翼集群飞行仿真包含四个大模块，前两个模块与图 10.18 中解释相同，虚线框③无人机状态数据转换模块，该模块输入为 "GuidanceModel" 制导模型传递的状态量 "x"，输出为当前时刻的位置 "Pcur"、偏航 "Psicur"、估计位置 "Pcur_est"；对位置量 "Pcur"，使用了一个 "To workspace" 模块将其输出为 "Pcur_noise"，如虚线框④ 所示。

在实际应用中，延迟也是无人机集群飞行中需要考虑的影响。相较于图 10.18，图 10.20 中的仿真考虑了延迟的因素，即无人机并不能实时获取信息，模拟了在含延迟情况下基于虚拟管道的固定翼集群飞行。加入延迟时基于虚拟管道的固定翼集群飞行仿真包含五个大模块，前三个模块与图 10.18 中解释相同。虚线框④状态延迟模块，该模块对无人机位置和速度做延迟处理，得到延迟后的位置；对位置量 "Pcur" 使用 "To workspace" 模块，将其输

微小型固定翼无人机飞行控制设计与实践

出为"Pcur_delay"，如虚线框⑤所示。

叠加考虑噪声和延迟两个因素，可以进行如图 10.21 所示的仿真，仿真中使用的各模块解释与图 10.19 及图 10.20相同。

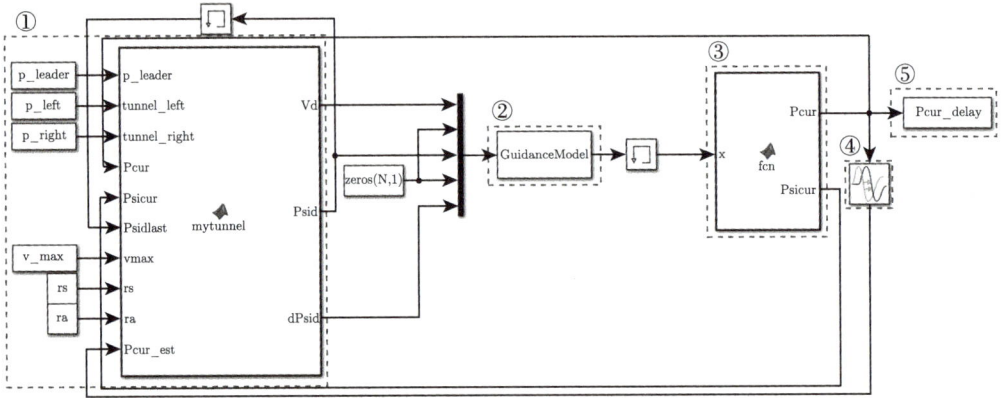

图 10.20　加入延迟时基于虚拟管道的固定翼集群飞行仿真，来源于"e8/e8-3/Tube_delay.slx"

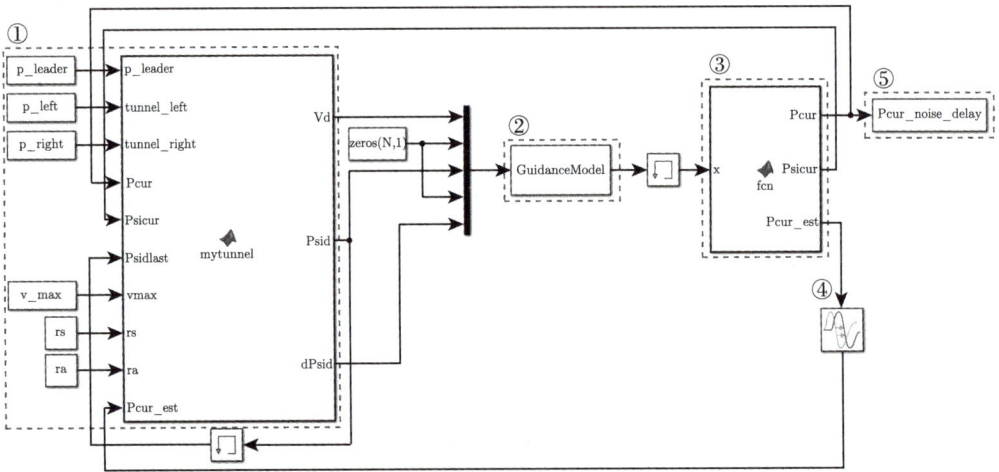

图 10.21　加入噪声及延迟时基于虚拟管道的固定翼集群飞行仿真，来源于 "e8/e8-3/Tube_noise_delay.slx"

对以上四种情况进行对比，可以使用文件"Draw_traj.m"绘制出相应的轨迹图。

如图 10.22 所示，七条线分别代表了集群中七架固定翼无人机的轨迹，实心圆圈则代表某时刻下无人机的位置。当时间分别为 0、12、24 秒时，集群中各无人机的位置被展示在图中。两侧边界的实线为虚拟管道的管道壁，中心的虚线为虚拟管道中心线。观察仿真结果，发现固定翼无人机能够在虚拟管道的帮助下，完成集群的飞行。对比无噪声无延迟下管道飞行，有噪声无延迟、无噪声有延迟、有噪声有延迟这三种情况的无人机飞行轨迹与其相差不多，表明基于虚拟管道的控制方法能够很好地应对噪声、延迟的影响因素。这是因为基于虚拟管道的集群飞行不依赖于固定的编队结构，对于集群中无人机的位置并不

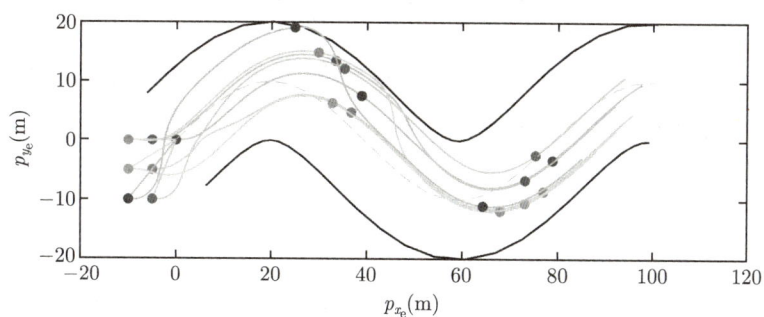

（a）无噪声无延迟下管道飞行轨迹

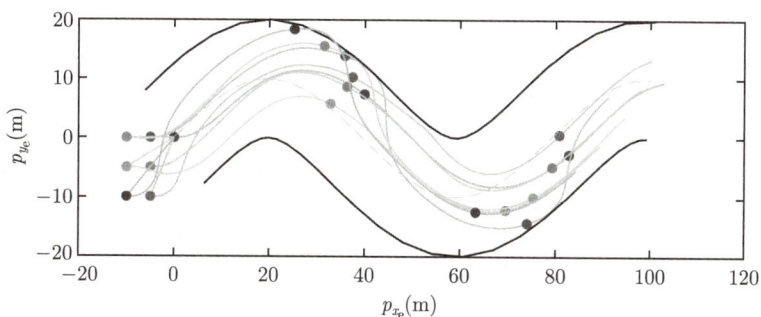

（b）有噪声无延迟下管道飞行轨迹

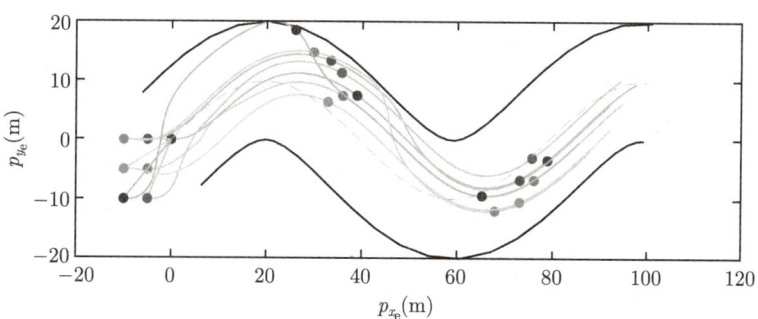

（c）无噪声有延迟下管道飞行轨迹

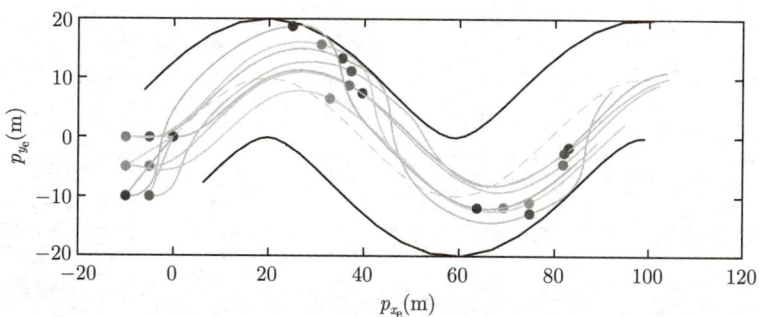

（d）有噪声有延迟下管道飞行轨迹

图 10.22 不同情况下基于虚拟管道的固定翼集群飞行情况对比，来源于 "e8/e8-3/Draw_traj.m"

存在限制，能够通过多个控制量维持集群沿管道的飞行。这样的控制算法，对于无人机数量更多的情况仍然具有良好的效果，同时也无须为每架无人机分配特定的跟踪目标等，具有良好的鲁棒性。从另一方面来说，从仿真结果中可以发现，基于管道飞行的无人机轨迹相较编队控制更为平滑。这也体现了基于虚拟管道的集群控制能量消耗将会优于编队飞行，这也是该方法的一大优点所在。

除了以上的轨迹对比图，还可以分别运行各个情况下的 Simulink 文件。例如，先运行"initTube.m"进行初始化，再运行"Tube_delay.slx"仿真文件。仿真结束后，在 MATLAB 的命令行中运行命令："Draw(Pcur_delay,p_leader)"，能够动态绘制出固定翼无人机集群的实时状态。

10.4.4　硬件在环仿真

硬件在环仿真的目的在于使读者验证此前设计的控制算法。通过飞控硬件在环，学会如何对控制算法进行实际仿真验证。该实验重点关注如何使用多机硬件在环仿真。硬件在环仿真共分为四个步骤：硬件配置、参数辨识、软件仿真、硬件在环仿真。步骤一对硬件在环仿真需要用到的硬件进行配置，步骤二辨识固定翼模型完成制导模型建立，步骤三使用辨识出的制导模型做软件仿真验证，步骤四最后将硬件接入完成硬件在环仿真。

1. 步骤一：硬件配置

本书进行的硬件在环仿真实验采用 CubePilot/Pixhawk，第一步进行硬件配置，参考第二章集群 Simulink 控制实验流程第三步及第四步内容。将固定翼无人机的模型文件"SmallFixedWingUAVnoctrlHIL.dll"放至路径"\PX4PSP\Coptersim\external\model"下。打开 QGroundControl，如图 10.23 所示，点击左上角软件图标，选择"Vehicle Setup"。如图 10.24中标号① 所示，点击左侧列表中"Firmware"。根据提示重新插拔飞控，在弹出界面选择标号②处"Advanced Settings"，选择下拉菜单中标号③处"Custom firmware file"，将文件"cubepilot_cubeorange_default.px4"导入即可。

图 10.23　打开 QGroundControl

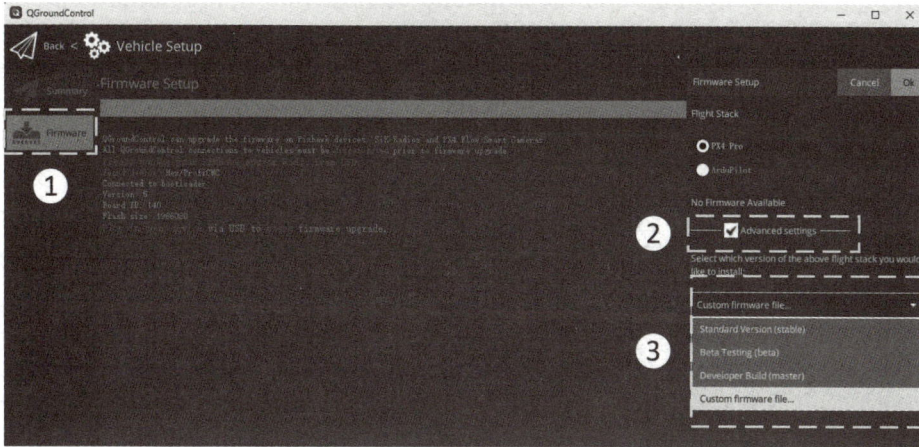

图 10.24 烧录固件

如图 10.25 所示，选择左侧列表中标号① 所示 "Parameters"，再点击右上角 "Tool"，选择标号② 所示 "Load from file"，导入预先配置的参数文件 "pixhawk.params"。

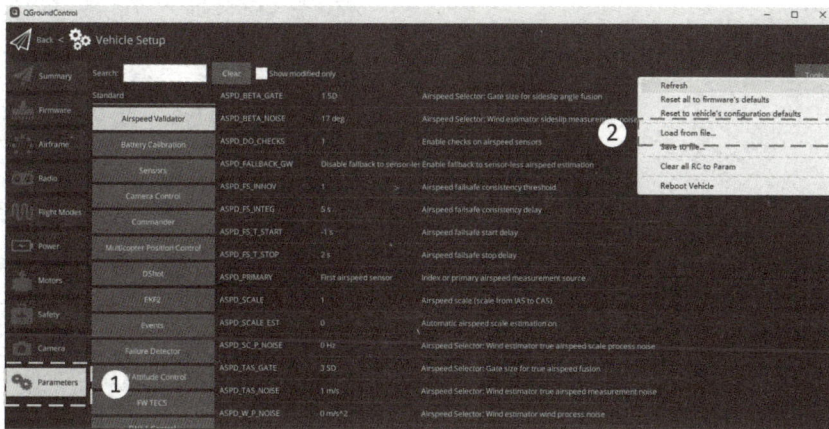

图 10.25 导入参数

随后，检查机架设置是否存在问题，如图 10.26 所示，选择固定翼机架。

对每一个飞控，需要更改 "MAV_SYS_ID"，如图 10.27 所示，选择 "Parameters"，在 "Search" 中搜索 "MAV_SYS_ID"，按照飞控数量依次设定为 1、2、3...，至此，所有对飞控硬件的设置已完成。

2. 步骤二：参数辨识

接入一个飞控硬件，参照第五章系统辨识实验，对其进行参数辨识以获得其制导模型。此处由于飞控中 log 文件难以获取期望偏航的数据，记录 Simulink 的输入输出数据以完成参数辨识。设计三种飞行方式，分别对高度、偏航、速度三个通道进行数据采集。对某个通道进行辨识时，其他两个通道保持不变，以免引起干扰。

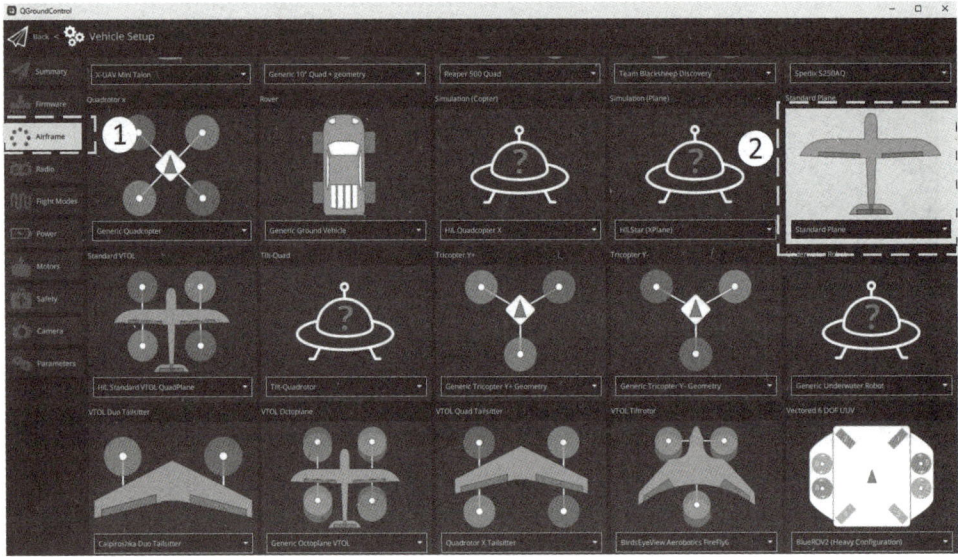

图 10.26　选择固定翼机架

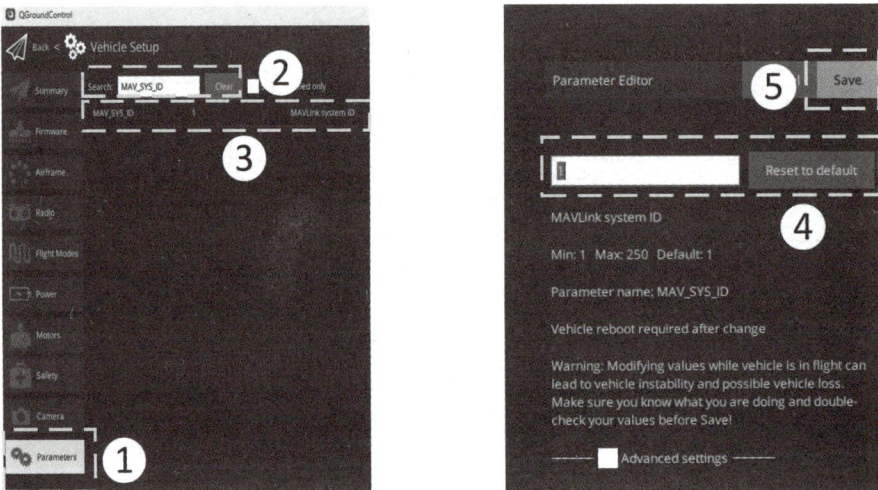

图 10.27　更改 "MAV_SYS_ID"

打开仿真文件 "Tube_HITL_identification.slx"，如图 10.28 所示，设计期望速度 "Vd"、期望高度 "hd"、期望偏航 "Psid" 作为输入进入 "Commander"。在硬件在环仿真中，采用 Simulink 集群控制的 RflyUdpFast 接口，使用了 UltraSimple Mode。该接口的使用方法可以阅读 RflySim 工具链第 7 讲 PPT（RflySim 安装路径下\PX4PSP\PPTs）。Simulink 发送控制结构体如代码段 10.12 所示。

代码段 10.12　Simulink 发送控制结构体

```
struct inOffboardShortData{
    int checksum; // Check digit 1234567890
```

```
3        int ctrlMode; // Mode selection
4        float controls[4]; //Four-digit control quantity
5    }
```

在代码段 10.12 中 "checksum" 需要设置成 "1234567890"，作为数据校验密钥。"ctrlMode" 可以有多种协议（要改 RflyUdpFast.cpp 和 CopterSim），此处用到两种模式。当 ctrlMode 设置成 11，表示是 Mavlink 的本地起飞命令，"controls[0]"—"controls[2]" 表示期望的本地起飞坐标。当 "ctrlMode" 设置成 13，表示速度、航线和高度指令，"controls[0]"—"controls[2]" 表示期望的速度、高度和航向。

因此，在起飞时先在 "Commander" 中将固定翼模式设置成 "ctrlMode=11"，发送命令为 "outCMDs=[11;posX;posY;posZ;0]" 给 RflyUdpFast，其中 "posX""posY""posZ" 为起飞时期望飞到的坐标。当起飞完成后，可以将 "ctrlMode" 设置为 13，发送命令为 "outCMDs=[13;Vd;hd;Psid;0]"，其中 "Vd" 为期望速度、"hd" 为期望高度、"Psid" 为期望偏航。

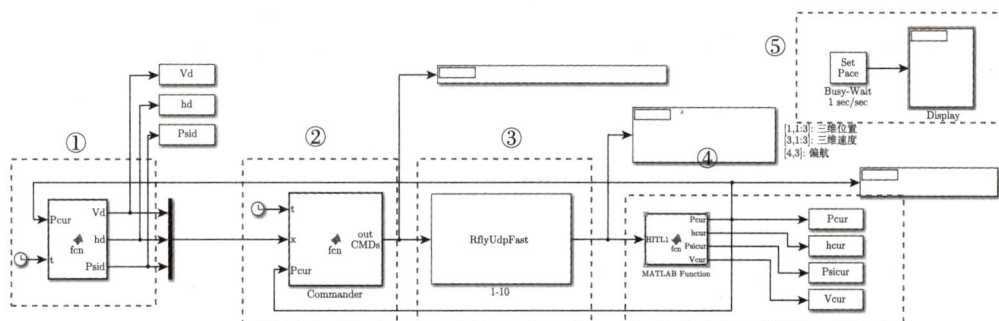

图 10.28　对固定翼飞控进行系统辨识，来源于 "e8/HITL/Tube_HITL_identification.slx"

图 10.28 描述了对固定翼飞控进行系统辨识的 Simulink 仿真。系统辨识仿真包含五个大模块，分别为：虚线框①期望速度、期望高度、期望偏航产生；虚线框②固定翼无人机控制指令产生；虚线框③ "RflyUdpFast" 为 UDP 通信模块，该模块向外发送控制指令，接收固定翼的飞行状态数据；虚线框④记录无人机状态数据。在 Simulink 中使用 "To workspace" 模块对期望输入和飞控返回的实际输出进行记录；虚线框⑤ "Set Pace" 模块，使仿真能以 1 sec/sec 的步长运行，保证仿真的实时性。

将一个飞控接入电脑，运行一键启动脚本 "SmallFixedWingUAVnoctrlHITLRun.bat"，根据提示输入飞控端口号。稍作等待，当 Coptersim 左下角窗口显示 "PX4: GPS 3D fixed & EKF initialization finished." 及 "PX4: Enter Auto Loiter Mode!" 说明飞控启动成功。

运行 Simulink 仿真，待结束后按照第五章参数辨识实验中 System Identification 工具箱的使用说明，对飞控进行参数辨识。需要注意的是，"To workspace" 模块的保存格式选择为时间序列时，需要先将其转换至 double 格式，再导入至参数辨识工具箱。对速度通道，导入期望速度与实际速度数据分别作为输入和输出，分别选择 2 个极点 1 个零点、2 个极点 0 个零点、1 个极点 0 个零点进行参数辨识，得到结果如图 10.29 所示。

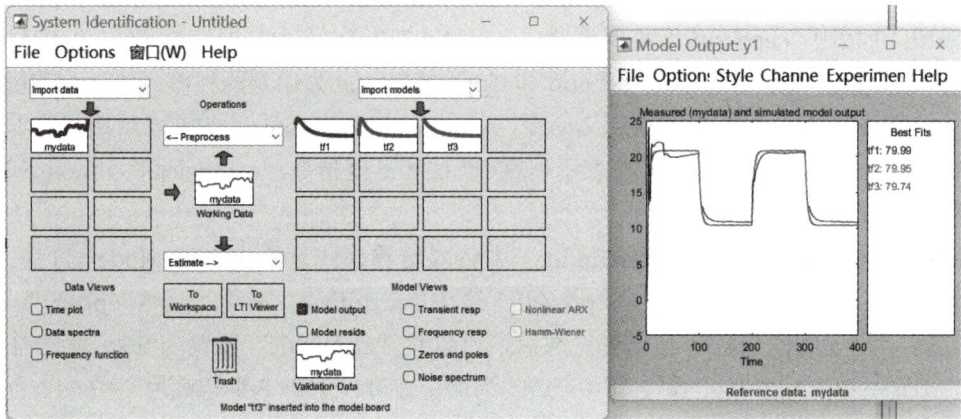

图 10.29　参数辨识结果

最终选择速度通道传递函数如图 10.30 所示，即无人机的速度通道为 $V_e(s) = \dfrac{0.2882}{s + 0.2731} V_{ed}(s)$。

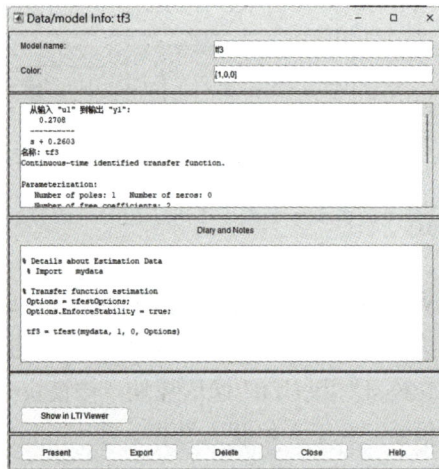

图 10.30　选择速度通道传递函数

同理，可以得到高度通道和偏航通道辨识结果如图 10.31 及图 10.32 所示，高度通道为 $H(s) = \dfrac{0.0851 + 0.007894}{s^2 + 0.148s + 0.007868} H_d(s)$，偏航通道为 $\chi(s) = \dfrac{0.03404s + 0.1109}{s^2 + 0.4581s + 0.111} \chi_d(s)$。

因此，由以上辨识的结果以及式(10.1)，整理得到固定翼无人机的制导模型为

$$\begin{cases} \dot{p}_{x_{e}} = V_{e} \cos \psi \\[4pt] \dot{p}_{y_{e}} = V_{e} \sin \psi \\[4pt] \psi = \chi \\[4pt] V_{e}(s) = \dfrac{0.2708}{s + 0.2603} V_{ed}(s) \\[8pt] \chi(s) = \dfrac{0.03404s + 0.1109}{s^{2} + 0.4581s + 0.111} \chi_{d}(s) \\[8pt] H(s) = \dfrac{0.0851 + 0.007894}{s^{2} + 0.148s + 0.007868} H_{d}(s) \end{cases} \tag{10.38}$$

在得到以上通道的辨识结果后，可以得到该固定翼的制导模型。将制导模型编写为 S-function，以便后续进行软件仿真，其关键代码如代码段 10.13 所示。

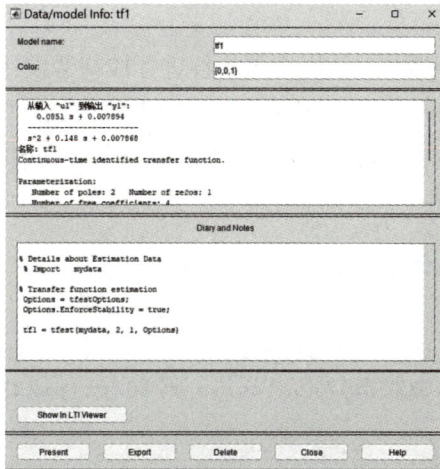

图 10.31　高度通道辨识结果

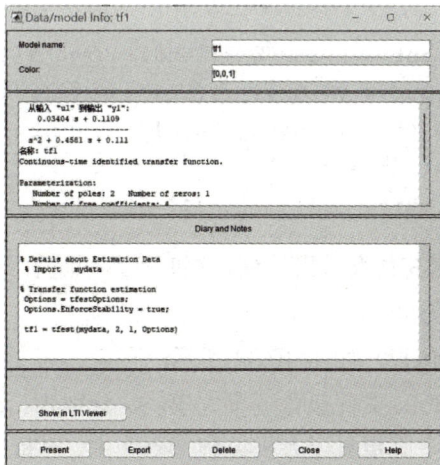

图 10.32　偏航通道辨识结果

代码段 10.13　固定翼制导模型，来源于 "e8/HITL/GuidanceModel.m"

```
1    function sys=mdlDerivatives(t,x,u)
2    global N
3    sys(1:N)         = x(4*N+1:5*N).*cos(x(5*N+1:6*N));
4    sys(N+1:2*N)     = x(4*N+1:5*N).*sin(x(5*N+1:6*N));
5    sys(2*N+1:3*N) = x(3*N+1:4*N);
6    sys(3*N+1:4*N) = -0.148*x(3*N+1:4*N)-0.007868*x(2*N+1:3*N)+0.0851*u(3*
         N+1:4*N)+0.007894*u(N+1:2*N);
7    sys(4*N+1:5*N) = -0.2603*x(4*N+1:5*N)+0.2708*u(1:N);
8    sys(5*N+1:6*N) = x(6*N+1:7*N);
9    sys(6*N+1:7*N) = -0.4581*x(6*N+1:7*N)-0.111*x(5*N+1:6*N)+0.03404*u(4*N
         +1:5*N)+0.1109*u(2*N+1:3*N);
```

3. 步骤三：软件仿真

仿照设计实验中设计步骤，对该固定翼集群进行控制器设计，其 Simulink 仿真结构和图 10.18 相似，对固定翼无人机的 S-function 进行重新编写即可。其初始条件设计为四架固定翼无人机，初始位置为 "UAV_PInit=[0 0 0;0 10 0;10 0 0;10 10 0]+[-250,-119,0]"。为了配合三维视景地图的坐标，虚拟管道参数设计如代码段 10.14 所示。

代码段 10.14　虚拟管道参数设计，来源于 "e8/HITL/init_Tube_HITL.m"

```
1    curve_x=(0:4:400)';
2    curve_y=10*sin(curve_x/10/pi+pi/2);
3    curve_theta=atan(10/10/pi*cos(curve_x/10/pi+pi/2));
4
5    curve_x1=(-10:4:150)';
6    curve_y1=zeros(length(curve_x1),1);
7    curve_theta1=zeros(length(curve_x1),1);
8
9    curve_x=[curve_x1;curve_x+curve_x1(end)-curve_x(1)];
10   curve_y=[curve_y1;curve_y+curve_y1(end)-curve_y(1)];
11   curve_theta=[curve_theta1;curve_theta];
12   dis=20*ones(length(curve_x),1);
13   p_leader=[curve_x,curve_y]+[-250,-119+5];
```

对控制器进行调试，当其仿真效果达到预期时，可以进行最终的硬件在环仿真实验。

4. 步骤四：硬件在环仿真

首先，搭建 Simulink 仿真，如图 10.33 所示。

硬件在环仿真的 Simulink 文件包含五个大模块，分别为：虚线框①期望速度、期望高度、期望偏航产生；虚线框②固定翼无人机控制指令产生，对每一个飞控，单独采用一个控制模块 Commander 发送命令给 RflyUdpFast，将 "vehicle Number" 设定为 4，如图 10.34 所示；虚线框③"RflyUdpFast" 为 UDP 通信模块，该模块向外发送控制指令，接收固定翼的飞行状态数据；虚线框④记录无人机状态数据。在 Simulink 中使用 "To workspace" 模块对期望输入和飞控返回的实际输出进行记录；虚线框⑤"Set Pace" 模块，使仿真能以 1 sec/sec 的步长运行，保证仿真的实时性。

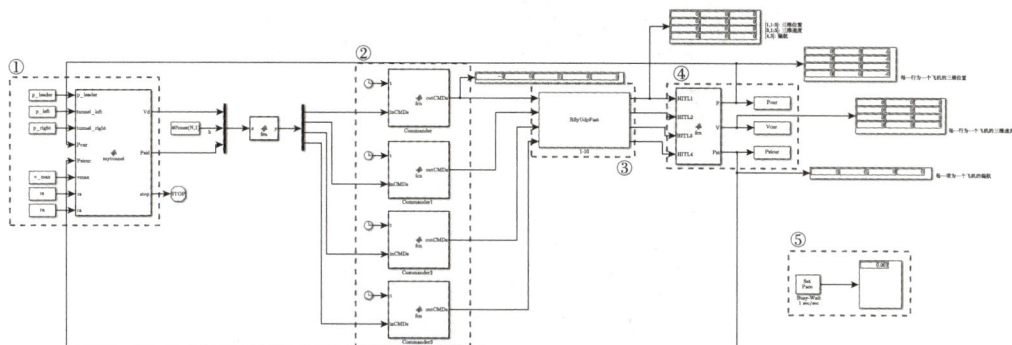

图 10.33　搭建 Simulink 仿真，来源于 "e8/HITL/Tube_HITL.slx"

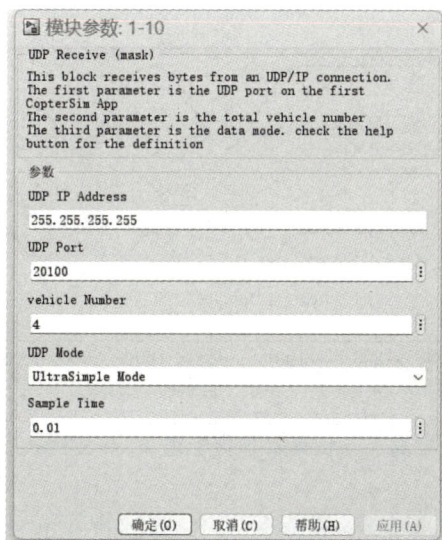

图 10.34　将 "vehicle Number" 设定为 4

　　将四个飞控接入电脑，如图 10.35 所示。运行一键启动脚本 "SmallFixedWingUAVnoc-trlHITLRun.bat"，根据提示输入飞控端口号。稍作等待，飞控启动成功后运行初始化文件 "init_Tube.m" 和 Simulink 仿真文件，可以观察到固定翼集群顺利起飞，并且完成管道飞行。

　　在硬件在环仿真结束后，可以绘制出相应的轨迹图。如图 10.36 所示，四条线分别代表了集群中四架固定翼无人机的轨迹，实心圆圈则代表某时刻下无人机的位置。当时间分别为 0、12、24、36 秒时，集群中各无人机的位置被展示在图中。两侧边界的实线为虚拟管道的管道壁，中心的虚线为虚拟管道中心线。观察仿真结果，发现固定翼无人机能够在虚拟管道的帮助下，完成集群的飞行。对于固定翼无人机来说，其状态存在一定的滞后，并不能对控制量做到及时的跟随，因此可能出现短暂飞出虚拟管道边界的情况。

图 10.35　将四个飞控接入电脑

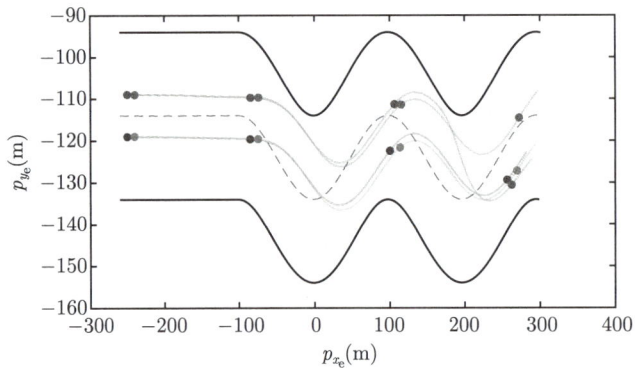

图 10.36　硬件在环仿真下固定翼无人机集群虚拟管道飞行轨迹图，来源于 "e8/HITL/Draw_traj_HITL.m"

10.4.5　相关发展

　　虚拟管道的控制目的是使无人机集群能够保持在虚拟管道内部，并沿虚拟管道飞行。在实际应用中，虚拟管道可以是连接两个地方的路径，也可以是门、走廊或窗户。基于虚拟管道的集群控制所使用的思想与人工势场法相似，即设计势垒函数[112] 作为人工势函数。各个无人机采用分布式控制律，利用吸引势函数和排斥势函数叠加得到的负梯度来产生向量场，以保证无人机通过虚拟管道并且避免与其他无人机发生碰撞。与编队控制不同的是，虚拟管道可以使无人机群自由穿越虚拟管道，而无须保持固定的几何结构。

　　在基于虚拟管道的控制方法中，无人机集群采用分布式控制。去中心化结构仅使用附近邻居无人机的状态信息而不使用全局信息，提高了任务可靠性，适用于数量庞大的密集无人机集群。此外，该方法也能应用于异构无人机集群，比如高速无人机与低速无人机可共同在复杂环境中进行集群飞行，在此过程中一些高速无人机可以超越低速无人机，分别执行各自的任务。

目前的虚拟管道研究已经完成了以下几个部分。

（1）虚拟管道建模。在复杂环境中，如何精确且合理地对虚拟管道进行建模是一个重要问题。目前虚拟管道包含了开放曲线、开放分段、闭合环形三种类型，进一步可细分为直线虚拟管道[109]、梯形虚拟管道[113]、四边形拼接虚拟管道[114]、环形虚拟管道[115]、曲线虚拟管道[116,117]等。在参考文献[118]中，作者提出一类正则虚拟管道的模型，并设计了一种基于轨迹规划和正则条件获得正则虚拟管道的方法。在参考文献[119]中，作者进一步提出了最优虚拟管道以及一种实用的虚拟管道规划方法。

（2）基于虚拟管道的无人机集群分布式控制器设计。基于虚拟管道的定义和类型，需要设计无人机集群分布式控制器，使得无人机集群在不发生相互碰撞且不飞出虚拟管道的基础上顺利完成预定任务。在参考文献[111]中，针对通信不确定环境，作者提出了一种安全半径和控制器设计的分离原理。利用分离原理，作者分别研究了设计阶段（无不确定性）和飞行阶段（有不确定性）的安全半径设计方法。在参考文献[117]中，作者将理想条件下的曲线虚拟管道分布式控制器推广到所有无人机都处于自定位漂移和精确相对定位的条件下，并引入群集（flocking）算法来减少自定位漂移的负面影响。与"多错原理（many wrongs principle）"类似，内聚行为和速度对齐行为能够分别减小位置测量漂移和速度测量误差的负面影响。

（3）虚拟管道通行效率优化[86]。在保证无人机集群能够安全、顺利穿越虚拟管道的基础上，作者对提出的分布式控制器进行进一步改进，从而优化虚拟管道通行效率，实现无人机集群的快速通行。作者对传统的人工势场法进行改进，提出了一种无势正交向量场方法，在保持系统稳定性的同时，提高了无人机集群的通行效率。改进策略旨在使排斥向量场在某些条件下与吸引向量场正交，这种改进能够使无人机能够更快地朝着目标移动。

对虚拟管道的未来研究来说，各种不确定性条件是研究重点。在复杂环境中，无人机集群往往处于不利条件下，例如定位不准，无人机集群自定位信息会不可避免发生漂移，从而严重影响集群飞行控制的效果。此外，虚拟管道在原则上内部不包含任何障碍物，但是在实际飞行过程中，虚拟管道内部可能存在故障无人机和未被事先探测到的微小障碍物。各无人机如何应对虚拟管道内有障碍物的情况同样是一大难点。因此研究如何应对各种不确定性条件的影响，对基于虚拟管道的集群控制是十分必要的。有关更多信息，读者可以查阅参考文献[118]。

10.5　课后习题

1. 无人机集群在某种程度上可以看作是一种群体系统，因为它是由多个能力有限的个体构成，通过交互协同完成复杂任务。这有些类似于自然界中生物具备的群体行为特征，如蚁群、蜂群、鸟群、鱼群等。事实上，无人机集群控制也受到了很多群体智能的启发，即众多简单个体通过局部交互最终表现出复杂行为的表征模型和算法。介绍鸟群飞行的原理，并说明其对无人机控制的作用。

2. 在群体系统中，个体具有简单的组织结构，但能协同完成如觅食、运输、迁徙等复杂行为。蚂蚁能够在没有中心指挥下进行觅食、协同搬运、搭建桥梁和筑巢等，介绍其中的原理，并说明其对无人机控制的作用。

3. 虚拟结构法是一种无人机编队的控制方法，其思想是将编队看成是一种刚性的虚拟结构，每架无人机作为虚拟结构上的不同位置。因此，只需将无人机个体保持对相应点的跟踪即可[120]。按照以上思路，对无人机控制器进行设计，完成编队飞行。

4. 在集群飞行的实际过程中，由于无人机存在性能限制等约束，希望无人机不要相距太远，也不能靠得太近。如何在相对定位准确的情况下，进行基于虚拟管道控制器设计，保证以上性能呢？提示：引入流体粘性的概念，将群体当作流体分子群，使流体分子之间不分开，作为一个整体前进。流体粘性的存在能够使流体更好地以一个整体的形式不断前进，同时保证各流体分子间的适当距离。

5. 如图 10.37 所示，在没有数据链通信的情况下，每架飞行器仅能探测到周边情况和门的位置，如何进行协同让飞行器不碰撞且高效通过大门？

图 10.37　课后习题 5 示意图

10.6　附录

集群控制器的设计包含两个重要的光滑函数，如图 10.38 所示。第一个光滑函数是一个连续可微的冲击函数

$$\sigma\left(x, d_1, d_2\right) = \begin{cases} 1, & x \leqslant d_1 \\ Ax^3 + Bx^2 + Cx + D, & d_1 \leqslant x \leqslant d_2 \\ 0, & d_2 \leqslant x \end{cases} \quad (10.39)$$

其中 $A = -2\big/(d_1 - d_2)^3$，$B = 3(d_1 + d_2)\big/(d_1 - d_2)^3$，$C = -6d_1d_2\big/(d_1 - d_2)^3$，$D = $

$d_2^2\left(3d_1-d_2\right)\Big/\left(d_1-d_2\right)^3$。对 x 求导可得

$$\frac{\partial\sigma\left(x,d_1,d_2\right)}{\partial x}=\begin{cases}0,&x\leqslant d_1\\3Ax^2+2Bx+C,&d_1\leqslant x\leqslant d_2\\0,&d_2\leqslant x\end{cases}\tag{10.40}$$

另一个光滑函数是一个近似光滑饱和函数。原饱和函数为分段函数

$$\bar{s}\left(x\right)=\min\left(x,1\right),x\geqslant 0\tag{10.41}$$

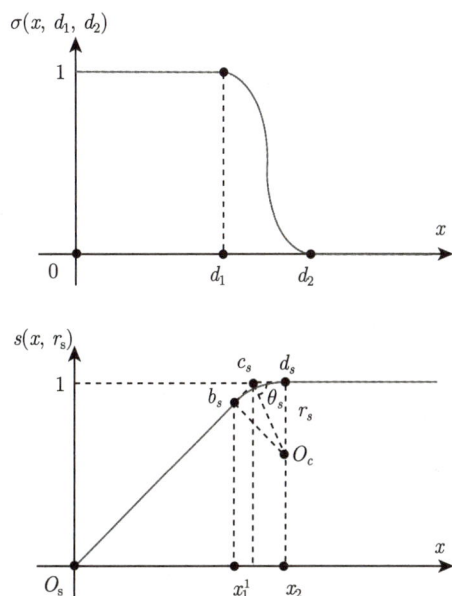

图 10.38　两个光滑函数示意图

这里定义一个光滑函数去近似该饱和函数

$$s\left(x,\epsilon_{\mathrm{s}}\right)=\begin{cases}x,&0\leqslant x\leqslant x_1\\\left(1-\epsilon_{\mathrm{s}}\right)+\sqrt{\epsilon_{\mathrm{s}}^2-\left(x-x_2\right)^2},&x_1\leqslant x\leqslant x_2\\1,&x_2\leqslant x\end{cases}\tag{10.42}$$

其中 $x_2=1+\epsilon_{\mathrm{s}}/\tan 67.5°$，$x_1=x_2-\sin 45°\epsilon_{\mathrm{s}}$。由于要求 $x_1\geqslant 0$，因此可以得到 $\epsilon_{\mathrm{s}}\leqslant$ $\dfrac{\tan 67.5°}{\tan 67.5°\sin 45°-1}$。对于任意 $\epsilon_{\mathrm{s}}\in\left[0,\dfrac{\tan 67.5°}{\tan 67.5°\sin 45°-1}\right]$，可以证明

$$s\left(x,\epsilon_{\mathrm{s}}\right)\leqslant\bar{s}\left(x\right)\tag{10.43}$$

且有

$$\lim_{\epsilon_{\mathrm{s}}\to 0}\sup_{x\geqslant 0}\left|\bar{s}\left(x\right)-s\left(x,\epsilon_{\mathrm{s}}\right)\right|=0\tag{10.44}$$

函数 $s(x, \epsilon_\mathrm{s})$ 对 x 求导可得

$$\frac{\partial s(x, \epsilon_\mathrm{s})}{\partial x} = \begin{cases} 1, & 0 \leqslant x \leqslant x_1 \\ \dfrac{x_2 - x}{\sqrt{\epsilon_\mathrm{s}^2 - (x - x_2)^2}}, & x_1 \leqslant x \leqslant x_2 \\ 0, & x_2 \leqslant x \end{cases} \tag{10.45}$$

对于任意 $\epsilon_\mathrm{s} > 0$, 可以证明 $\sup\limits_{x \geqslant 0} \left| \dfrac{\partial s(x, \epsilon_\mathrm{s})}{\partial x} \right| \leqslant 1$。

此外, 还有一个保方向的向量饱和函数 $\mathrm{sat}(\mathbf{x}, n)$, 可描述为

$$\mathrm{sat}(\mathbf{x}, n) = \begin{cases} \mathbf{x}, & \|\mathbf{x}\| \leqslant n \\ n\dfrac{\mathbf{x}}{\|\mathbf{x}\|}, & \|\mathbf{x}\| > n \end{cases} \tag{10.46}$$

附录 A 中英文对照表

6DOF 模型	Six degree of freedom model
B-样条	B-spline
Dubins 曲线	Dubins curve
L1 制导律	L1 guidance law
北东地坐标系	North-east-down reference frame
贝塞尔曲线	Bezier curve
避障	Obstacle avoidance
变截面管道	Variable cross-section duct
变距螺旋桨	Variable-pitch propeller
标志点检测	Marker detection
伯德图	Bode plot
伯恩斯坦基函数	Bernstein basis function
伯努利定理	Bernoulli's theorem
伯努利方程	Bernoulli's equation
不可压缩流体	Incompressible fluid
采样频率	Sampling frequency
侧风	Crosswind
侧滑	Side slip
侧滑角	Sideslip angle
超临界翼型	Supercritical airfoil profile
串口通信	Serial communications
垂直起降	Vertical takeoff and landing (VTOL)
垂直突风	Vertical gust
垂直尾翼	Vertical stabilizer
磁场	Magnetic field
地面坐标系	Earth-surface reference frame
底层飞行控制	Low-level flight control
底层控制器	Low-level controller

电传操作	Fly-by-wire
电垂直起降和着陆	Electric vertical takeoff and landing (eVTOL)
电磁转矩	Electromagnetic torque
电调	Electronic speed controller (ESC)
电感	Inductance
电枢	Armature
电子陀螺仪	Electronic gyroscope
顶层控制接口	Top-level control interface
定常滑行	Steady gliding
定常流动	Steady Flow
定常爬升	Steady climbing
定常水平飞行	Steady level flight
定常水平转弯	Steady coordinated turn
定距螺旋桨	Fixed-pitch propeller
动拉力	Dynamic thrust
动能	Kinetic energy
动稳定性	Dynamic stability
动压	Dynamic pressure
端到端学习	End-to-end learning
短周期模态	Short-period mode
对接	Docking
对抗性学习	Adversarial learning
多变量控制	Multivariable control
二阶系统	Second-order system
方波信号	Square wave signal
方向舵	Rudder
仿真到现实	Simulation to reality (Sim2Real)
飞行包线	Flight envelope
飞行控制系统	Flight control system
飞行品质	Flying qualities
飞行走廊	Flight corridor
非均匀 B-样条	Non-uniform B-spline
风洞	Wind tunnel
幅值裕度	Magnitude margin
俯仰角	Pitch angle
副翼	Aileron

感知	Perception
干扰阻力	Interference drag
高功率密度电动系统	High power density electric systems
根轨迹	Root locus
跟梢比	Root taper ratio
固定翼无人机	Fixed-wing UAV
固有频率	Natural frequency
惯性测量单元	Inertial measurement unit (IMU)
规划算法	Planning algorithm
轨迹规划	Trajectory planning
滚转角	Roll angle
滚转模态	Rolling mode
航迹偏角	Course angle
航迹倾角	Flight path angle
航迹坐标系	Flight path axis system
航空燃料	Aviation fuel
航路点	Waypoint
航向稳定性	Course stability
荷兰滚模态	Dutch roll mode
横侧向空气动力学	Lateral aerodynamics
横滚稳定性	Roll stability
滑跑模式	Skid running mode
回归优度	Coefficient of determination
回路整形控制	Loop shaping control
机体坐标系	Body reference frame
基于模型的设计	Model-based design (MBD)
基准翼型	Reference airfoil
基准运动	Reference motion
激励信号	Drive signal
几何扭转	Geometric twist
建图	Mapping
桨叶	Blade
节点向量	Knots vector
截止频率	Cut-off frequency
静拉力	Static thrust
静稳定性	Static stability

静压	Static pressure
久航速度	Endurance speed
均匀 B-样条	Uniform B-spline
卡尔曼滤波器	Kalman filter
可用推力	Thrust available
空气粘性力	Aerodynamic viscous force
空载电流	No-load current
控制点	Control point
粒子群算法	Particle swarm algorithm
连续性定理	Continuity theorem
连续性方程	Continuity equation
临界迎角	Critical angle of attack
零升迎角	Zero lift angle of attack
零升阻力	Zero lift drag
鲁棒性理论	Robustness theory
路径跟随	Path following
路径规划	Path planning
螺旋模态	Spiral divergence mode
马赫数	Mach number
命令行窗口	Command-line window
模拟电路	Analog circuit
模拟舵机	Analog servo
模型在环仿真	Model-in-the-loop simulation (MIL)
奈奎斯特曲线	Nyquist curve
内阻	Internal resistance
尼柯尔斯图	Nichols chart
逆压梯度	Adverse pressure gradient
黏性阻力	Frictional resistance
爬升模式	Climbing mode
配准	Registration
偏航角	Yaw angle
片条理论	Blade element theory
平飞模式	Level flight mode
平坦	Flatness
平尾	Horizontal stabilizer
起落架	Landing gear

气动参数	Aerodynamic parameter
气动扭转	Aerodynamic twist
气动弦长	Aerodynamic chord length
气动中心	Aerodynamic center
气流坐标系	Wind reference frame
前进比	Advance ratio
强化学习	Reinforcement learning
人工势场	Artificial potential field
软件在环仿真	Software-in-the-loop simulation (SIL)
三维仿真模型	Three-dimensional simulation model
上反角	Anhedral
深度神经网络	Deep neural network
深度学习	Deep learning
升降舵	Elevator
升致阻力	Lift-induced drag
失速	Stall
势流理论	Potential flow theory
势能	Potential energy
视觉数据	Visual data
数字舵机	Digital servo
衰减系数	Decay coefficient
拓扑信息	Topological information
凸包	Convex hull
凸多边形	Convex polygon
图神经网络	Graph neural network
图搜索	Graph-based search
图像伺服	Image-based visual servo
图像误差	Image error
湍流	Turbulence
网格搜索	Grid-based search
微分平坦	Differential flatness
微型空中飞行器链路通信协议	Micro air vehicle link (MAVLink)
尾翼	Tail wing
位置伺服	Position-based visual servo
稳定坐标系	Stability reference frame
涡流磁滞	Eddy current loss

无感无刷直流电机	Sensorless brushless DC motor
无人驾驶飞机	Unmanned aerial vehicle
系统辨识	System identification
弦线	Chord line
相位裕度	Phase margin
向心力	Centripetal force
小扰动理论	Small-perturbation theory
协调飞行	Coordinated flight
协调转弯	Coordinated turn
形状阻力	Profile drag
虚幻引擎	Unreal engine (UE)
需用推力	Thrust required
巡航时间	Endurance
巡航速度	Cruising speed
遗传算法	Genetic algorithm
蚁群算法	Ant colony algorithm
翼尖涡	Wingtip vortex
翼尖小翼	Winglet
翼剖面	Airfoil
翼型	Airfoil profile
迎角	Angle of attack
硬件在环仿真	Hardware-in-the-loop simulation (HIL)
永磁直流电机	Permanent magnet DC motor
用户数据报协议	User datagram protocol (UDP)
元启发式算法	Metaheuristic algorithm
远航速度	Cruise speed
增益调度控制	Gain scheduling control
展弦比	Aspect ratio
长周期模态	Phugoid mode
值函数	Value function
制导模型	Guidance model
质量守恒定理	Mass conservation principle
逐步回归法	Stepwise regression method
驻点	Stagnation point
锥管	Probe
锥套	Drogue

准均匀 B-样条	Quasi-uniform B-spline
自动驾驶仪	Autopilot
自动空中加油	Autonomous aerial refueling
自适应控制	Adaptive control
总能量控制	Total energy control
总压	Total pressure
纵向空气动力学	Longitudinal aerodynamics
纵向稳定性	Longitudinal stability
阻尼比	Damping ratio
最大平飞速度	Maximum level flight speed
最小二乘法	Least square method

参考文献

[1] 贾玉红. 航空航天概论（第 4 版）[M]. 北京：北京航空航天大学出版社, 2017.

[2] Beard R W, McLain T W. Small Unmanned Aircraft: Theory and Practice[M]. Princeton University Press, 2012.

[3] Zhang H, Tan S, Song Z, Quan Q. Performance evaluation and design method of lifting-wing multicopters[J]. IEEE/ASME Transactions on Mechatronics, 2022, 27(3): 1606-1616.

[4] Xiao K, Meng Y, Dai X, Zhang H, Quan Q. A lifting wing fixed on multirotor UAVs for long flight ranges[C] //2021 International Conference on Unmanned Aircraft Systems (ICUAS). 2021: 1605-1610.

[5] Quan Q, Wang S, Gao W. Lifting-wing quadcopter modeling and unified control[J]. Journal of Guidance, Control, and Dynamics, 2025, 48(3): 689-699.

[6] 全权, 肖昆, 戴训华. 翼身融合多旋翼飞行器: 2018202728074[P]. 授权公告号：CN208165254U. 2018- 02-27.

[7] 王秉良, 鲁嘉华, 匡江红, 吕鸿雁, 曹达敏. 飞机空气动力学 [M]. 北京：清华大学出版社, 2013.

[8] 刘沛清. 空气螺旋桨理论及其应用 [M]. 北京：北京航空航天大学出版社, 2006.

[9] Simons M. Model Aircraft Aerodynamics[M]. Motorbooks Intl, 2000.

[10] 方振平. 飞机飞行动力学 [M]. 北京：北京航空航天大学出版社, 2005.

[11] 张明廉. 飞行控制系统 [M]. 航空工业出版社, 1984.

[12] McRuer D, Graham D. Flight control century: Triumphs of the systems approach[J]. Journal of Guidance, Control, and Dynamics, 2004, 27(2): 161-173.

[13] Wiener N. Cybernetics or Control and Communication in the Animal and the Machine[M]. MIT Press, 1961.

[14] Tsien H S. Engineering Cybernetics[M]. McGraw-Hill, 1954.

[15] Cai K-Y, Trivedi K S, Yin B. S-ADA: software as an autonomous, dependable and affordable system[C]// 2021 51st Annual IEEE/IFIP International Conference on Dependable Systems and Networks - Supplemental Volume (DSN-S). 2021: 19-20.

[16] United States Department of Defense. Unmanned Aircraft Systems Roadmap: 2005-2030[M]. Department of Defense, Office of the Secretary of Defense, 2005.

[17] 陈宗基, 魏金钟, 王英勋, 周锐. 无人机自主控制等级及其系统结构研究 [J]. 航空学报, 2011, 32(6): 1075- 1083.

[18] Wang S, Dai X, Ke C, Quan Q. RflySim: a rapid multicopter development platform for education and research based on Pixhawk and Matlab[C]//2021 International Conference on Unmanned Aircraft Systems (ICUAS). Athens, Greece: IEEE.

[19] Dai X, Ke C, Quan Q, Cai K-Y. RFlySim: Automatic test platform for UAV autopilot systems with FPGAbased hardware-in-the-loop simulations[J]. Aerospace Science and Technology, 2021, 114: 106727.

[20] Dai X, Ke C, Quan Q, Cai K-Y. Simulation credibility assessment methodology with FPGA-based hardwarein- the-loop platform[J]. IEEE Transactions on Industrial Electronics, 2021, 68(4): 3282-3291.

[21] Quan Q, Dai X, Wang S. Multicopter Design and Control Practice: A Series of Experiments based on MATLAB and Pixhawk[M]. Singapore: Springer, 2020.

[22] 张云飞, 郭伟, 马东立, 向锦武. 喷气飞机等高度飞行的航程与航时计算 [J]. 北京航空航天大学学报, 2003, 29(7): 565-569.

[23] 张茂权, 陈海昕. 小型电动无人机航程航时估算模型 [J]. 航空学报, 2021, 42(3): 625085-1.

[24] Performance Data - APC Propellers[EB/OL]. https://www.apcprop.com/technical-information/performance -data.

[25] 全权. 多旋翼飞行器设计与控制 [M]. 杜光勋, 赵峙尧, 戴训华, 任锦瑞, 邓恒, 译. 北京：电子工业出版社, 2018.

[26] 吴文海. 飞行综合控制系统 [M]. 北京：航空工业出版社, 2007.

[27] Strang G. Introduction to Linear Algebra (5th ed.)[M]. Springer Science & Business Media, LLC, 2016.

[28] Thomas R Y, Steven L M, David E B, Wayne F H. Introduction to Aircraft Flight Mechanics:Performance, Static Stability, Dynamic Stability, Classical Feedback Control and State-space Foundations[M]. Reston:American Institute of Aeronautics, 2014.

[29] Paw Y C. Synthesis and Validation of Flight Control for UAV[D]. Minneapolis, MN: University of Minnesota, 2011.

[30] Pablo R, Mariano L, John K. Simulink drone reference application[EB/OL]. 2023. https://github.com/math works/simulinkDroneReferenceApp.

[31] Leandro R L, François D, Moschetta J M. Global singularity-free aerodynamic model for algorithmic flight control of tail sitters[J]. Journal of Guidance, Control, and Dynamics, 2019, 42(2): 303-316.

[32] Slotine J J, Li W P. Applied Nonlinear Control[M]. State of New Jersey: Prentice-Hall, 1991.

[33] Osborne J, Rysdyky R. Waypoint guidance for small UAVs in wind[C]//. Arlington, Virginia, 2005.

[34] 全权, 杨兰江, 宁俊清, 刘浩, 毛鹏达, 马泽青. 多旋翼无人机远端控制实践 [M]. 北京：电子工业出版社, 2023.

[35] Ljung L. System Identification[M]. Springer, 1998.

[36] Chung T. Computational Fluid Dynamics[M]. Cambridge University Press, 2002.

[37] Fluent A, et al. Ansys fluent theory guide[J]. Ansys Inc., USA, 2011, 15317: 724-746.

[38] XFLR5. XFLR5 v6.02 Guidelines[EB/OL]. 2014-2. https://sourceforge.net/projects/xflr5/files/ Guidelines.pdf/download01/01/2016.

[39] Drela M. XFOIL: An analysis and design system for low Reynolds number airfoils[C]//Low Reynolds Number Aerodynamics: Proceedings of the Conference Notre Dame, Indiana, USA, 5-7 June 1989. 1989: 1-12.

[40] Zhu J, Shu C W. A new type of third-order finite volume multi-resolution WENO schemes on tetrahedral meshes[J]. Journal of Computational Physics, 2020, 406: 109212.

[41] Krüger T, Kusumaatmaja H, Kuzmin A, Shardt O, Silva G, Viggen E M. The Lattice Boltzmann Method[M]. Springer, 2017.

[42] Systèmes D. PowerFLOW 2024 USER'S GUIDE[EB/OL]. 2024-9-6. https://www.3ds. com/-support/docum entation/powerflow-2024-product-documentation-and-installation-guides.

[43] Systèmes D. XFlow 2017x TUTORIAL GUIDE[EB/OL]. 2017. https://www.scribd. com/doc-ument/485614 627/XFlow-TutorialGuide-pdf.

[44] Aerocae. Aerocae[EB/OL]. http://www.aerocae.com.

[45] Tutunji T A. Parametric system identification using neural networks[J]. Applied Soft Computing, 2016, 47: 251-261.

[46] Dronecode. PX4 autopilot user guide[EB/OL]. 2023. https://docs.px4.io/main/zh/flight_stack/ controller_diagrams.html.

[47] Daniel A. PX4 autopilot sorfware[EB/OL]. 2018. https://github.com/PX4/PX4-ECL/blob/ 1a1106878d6ab1 cc48565bef9b25b07d626c5d0b/attitude_fw/ecl_pitch_controller.cpp.

[48] 吴森堂, 费玉华. 飞行控制系统 [M]. 北京：北京航空航天大学出版社, 2005.

[49] Lambregts A A. Vertical flight path and speed control autopilot design using total energy prin-ciples[C]//. Gatlinburg,America, 1983: 559-572.

[50] Quan Q, Cai K-Y. Repetitive control for nonlinear systems: an actuator-focussed design method[J]. International Journal of Control, 2021, 94: 1225-1237.

[51] Åström K J, Hägglund T. Advanced PID control[M]. Research Triangle Park:Instrument Society of America, 1995.

[52] Skogestad S, Postlethwaite I. Multivariable Feedback Control: Analysis and Desig, 2nd ed[M]. Chichester: Wiley, 2005.

[53] Rugh W J, Shamma J S. Research on gain scheduling[J]. Automatica, 2000, 36: 1401-1425.

[54] Khalil H K. Nonlinear Systems, 3rd ed[M]. London: Prentice Hall, 2002.

[55] 何志凯. 无人机飞行品质标准技术要素分析 [J]. 标准科学, 2021, 11: 60-66.

[56] Park S, Deyst J, How J P. A new nonlinear guidance logic for trajectory track-ing[C]//Proceedings of the AIAA Guidance, Navigation and Control Conference. 2004: 4900.

[57] Dubins L. On curves of minimal length with a constraint on average curvature, and with pre-scribed initial and terminal positions and tangents[J]. American Journal of Mathematics, 1957, 79: 497-516.

[58] Mnih V, Kavukcuoglu K, Silver D, Rusu A A, Veness J, Bellemare M G, Graves A, Riedmiller M, Fidjeland A K, Ostrovski G, et al. Human-level control through deep reinforcement learning[J]. Nature, 2015, 518(7540): 529-533.

[59] Mnih V, Badia A P, Mirza M, Graves A, Lillicrap T, Harley T, Silver D, Kavukcuoglu K. Asyn-chronous methods for deep reinforcement learning[C]//International Conference on Machine Learning. 2016: 1928-1937.

[60] Chua K, Calandra R, McAllister R, Levine S. Deep reinforcement learning in a handful of trials using probabilistic dynamics models[J]. Advances in Neural Information Processing Systems, 2018, 31.

[61] Baranchuk D, Persiyanov D, Sinitsin A, Osokin A. Learning to route in similarity graphs[C]//International Conference on Machine Learning. 2019: 475-484.

[62] Peng S. Multi-robot path planning combining heuristics and multi-agent reinforcement learning[EB/OL]. 2023. https://arxiv.org/pdf/2306.01270.

[63] Zhang W, Shan L, Chang L, Zhang Z, Zhang S, Wang Z. SVF-RRT*: A stream-based VF-RRT* for USVs path planning considering ocean currents[J]. IEEE Robotics and Automation Letters, 2023, 8(4): 2413-2420.

[64] Yu Z, Si Z, Li X, Wang Z, Zhang Z, Zhang S. A novel hybrid particle swarm optimization algorithm for path planning of UAVs[J]. IEEE Internet of Things Journal, 2022, 9(22): 22547-22558.

[65] Narasimha K, Kivelevitch E, Sharma B, Srinivas K. An ant colony optimization technique for solving min-max multi-depot vehicle routing problem[J]. Swarm and Evolutionary Computation, 2013, 13: 63-73.

[66] Nelson D, Barber D, McLain T, Beard R. Vector field path following for miniature air vehicles[J]. IEEE Transactions on Robotics, 2007, 23(3): 519-529.

[67] Hauser J, Hindman R. Aggressive flight maneuvers[C]//Proceedings of the 36th IEEE Conference on Decision and Control: vol. 5. 1997: 4186-4191.

[68] Van Nieuwstadt M J, Murray R M. Real-time trajectory generation for differentially flat systems[J]. International Journal of Robust and Nonlinear Control: IFAC-Affiliated Journal, 1998, 8(11): 995-1020.

[69] Bry A, Richter C, Bachrach A, Roy N. Aggressive flight of fixed-wing and quadrotor aircraft in dense indoor environments[J]. The International Journal of Robotics Research, 2015, 34(7): 969-1002.

[70] Hanover D, Loquercio A, Bauersfeld L, Romero A, Penicka R, Song Y, Cioffi G, Kaufmann E, Scaramuzza D. Autonomous drone racing: A survey[J]. IEEE Transactions on Robotics, 2024, 40: 3044-3067.

[71] Choset H, Lynch K M, Hutchinson S, Kantor G A, Burgard W. Principles of Robot Motion: Theory, Algorithms, and Implementations[M]. MIT Press, 2005.

[72] Koubâa A, Bennaceur H, Chaari I, Trigui S, Ammar A, Sriti M F, Alajlan M, Cheikhrouhou O, Javed Y. Robot Path Planning and Cooperation[M]. Springer, 2018.

[73] Mellinger D, Kumar V. Minimum snap trajectory generation and control for quadrotors[C]//2011 IEEE International Conference on Robotics and Automation. 2011: 2520-2525.

[74] Liu S, Watterson M, Mohta K, Sun K, Bhattacharya S, Taylor C J, Kumar V. Planning dynamically feasible trajectories for quadrotors using safe flight corridors in 3-D complex environments[J]. IEEE Robotics and Automation Letters, 2017, 2(3): 1688-1695.

[75] Farin G, Hansford D. The Essentials of CAGD[M]. CRC Press, 2000.

[76] Piegl L, Tiller W. The NURBS Book[M]. Springer Science & Business Media, 1996.

[77] de Boor C. A Practical Guide to Splines[M]. Springer-Verlag, 1978.

[78] Zhou B, Gao F, Wang L, Liu C, Shen S. Robust and efficient quadrotor trajectory generation for fast autonomous flight[J]. IEEE Robotics and Automation Letters, 2019, 4(4): 3529-3536.

[79] Jung D, Tsiotras P. On-line path generation for unmanned aerial vehicles using B-spline path templates[J]. Journal of Guidance, Control, and Dynamics, 2013, 36(6): 1642-1653.

[80] Tordesillas J, Lopez B T, Everett M, How J P. Faster: Fast and safe trajectory planner for navigation in unknown environments[J]. IEEE Transactions on Robotics, 2021, 38(2): 922-938.

[81] Ding W, Gao W, Wang K, Shen S. An efficient B-spline-based kinodynamic replanning framework for quadrotors[J]. IEEE Transactions on Robotics, 2019, 35(6): 1287-1306.

[82] Fliess M, Lévine J, Martin P, Rouchon P. Flatness and defect of non-linear systems: introductory theory and examples[J]. International Journal of Control, 1995, 61(6): 1327-1361.

[83] Lee T. Robust adaptive attitude tracking on SO(3) with an application to a quadrotor UAV[J]. IEEE Transactions on Control Systems Technology, 2012, 21(5): 1924-1930.

[84] Tal E, Ryou G, Karaman S. Aerobatic trajectory generation for a VTOL fixed-wing aircraft using differential flatness[J]. IEEE Transactions on Robotics, 2023, 39(6): 4805-4819.

[85] Khatib O. Real-time obstacle avoidance for manipulators and mobile robots[J]. The International Journal of Robotics Research, 1986, 5(1): 90-98.

[86] Gao Y, Bai C, Fu R, Quan Q. A non-potential orthogonal vector field method for more efficient robot navigation and control[J]. Robotics and Autonomous Systems, 2023, 159: 104291.

[87] Chaumette F, Hutchinson S. Visual servo control. I. basic approaches[J]. IEEE Robotics & Automation Magazine, 2006, 13(4): 82-90.

[88] Jocher G. YOLOv5 by ultralytics[CP/OL]. 7.0. 2020. https://github.com/ultralytics/yolov5.

[89] Quan Q, Liu R, Liu H, Ma Z, Ren J. Image-based visual servo docking control for autonomous aerial refueling[J]. Journal of Guidance, Control, and Dynamics, 2025, online: https://doi.org/10.2514/1.G008889

[90] Lee D, Ryan T, Kim H J. Autonomous landing of a VTOL UAV on a moving platform using image-based visual servoing[C]//2012 IEEE International Conference on Robotics and Automation. 2012: 971-976.

[91] Wynn J S. Visual Servoing for Precision Shipboard Landing of an Autonomous Multirotor Aircraft System[M]. Brigham Young University, 2018.

[92] Chen Y, Wu Y, Zhang Z, Miao Z, Zhong H, Zhang H, Wang Y. Image-based visual servoing of unmanned aerial manipulators for tracking and grasping a moving target[J]. IEEE Transactions on Industrial Informatics, 2022, 19(8): 8889-8899.

[93] Qin C, Yu Q, Go H H, Liu H H T. Perception-aware image-based visual servoing of aggressive quadrotor UAVs[J]. IEEE/ASME Transactions on Mechatronics, 2023, 28(4): 2020-2028.

[94] Yang K, Quan Q. An autonomous intercept drone with image-based visual servo[C]//2020 IEEE International Conference on Robotics and Automation (ICRA). 2020: 2230-2236.

[95] Tao H, Lin D, He S, Song T, Jin R. Optimal terminal-velocity-control guidance for intercepting non-cooperative maneuvering quadcopter[J]. Journal of Field Robotics, 2022, 39(4): 457-472.

[96] Wang G, Qin J, Liu Q, Ma Q, Zhang C. Image-based visual servoing of quadrotors to arbitrary flight targets[J]. IEEE Robotics and Automation Letters, 2023, 8(4): 2022-2029.

[97] Ning J, Zhang H, Quan Q. Dynamic obstacle avoidance of quadcopters with monocular camera based on image-based visual servo[C]//2022 International Conference on Unmanned Aircraft Systems (ICUAS). 2022: 150-156.

[98] Duan H, Sun Y, Shi Y. Bionic visual control for probe-and-drogue autonomous aerial refueling[J]. IEEE Transactions on Aerospace and Electronic Systems, 2020, 57(2): 848-865.

[99] Campa G, Fravolini M, Ficola A, Napolitano M, Seanor B, Perhinschi M. Autonomous aerial refueling for UAVs using a combined GPS-machine vision guidance[C]//AIAA Guidance, Navigation, and Control Conference and Exhibit. 2004: 5350.

[100] Valasek J, Gunnam K, Kimmett J, Tandale M, Junkins J, Hughes D. Vision-based sensor and navigation system for autonomous air refueling[J]. Journal of Guidance, Control, and Dynamics, 2005, 28(5): 979-989.

[101] Dai X, Quan Q, Ren J, Xi Z, Cai K-Y. Terminal iterative learning control for autonomous aerial refueling under aerodynamic disturbances[J]. Journal of Guidance, Control, and Dynamics, 2018, 41(7): 1577-1584.

[102] Bonabeau E, Dorigo M, Theraulaz G. Swarm Intelligence: From Natural to Artificial Systems[M]. New York: Oxford University Press, 1999: 25-34.

[103] Vincent P, Rubin I. A framework and analysis for cooperative search using UAV swarms[C]//SAC ' 04: Proceedings of the 2004 ACM Symposium on Applied Computing. Nicosia, Cyprus: Association for Computing Machinery, 2004: 79-86.

[104] Li Y, Gao Y, Yin B B, Quan Q. Bee-dance-inspired UAV trajectory pattern design for target information transfer without direct communication[C]//2021 40th Chinese Control Conference (CCC). 2021: 4279-4284.

[105] Şahin E. Swarm robotics: from sources of inspiration to domains of application[C]//International Workshop on Swarm Robotics. 2004: 10-20.

[106] Li Y, Gao Y, Yang S, Quan Q. Swarm robotics search and rescue: a bee-inspired swarm cooperation approach without information exchange[C]//2023 IEEE International Conference on Robotics and Automation (ICRA). 2023: 1127-1133.

[107] Jiang Y, Gao Y, Song W, Li Y, Quan Q. Bibliometric analysis of UAV swarms[J]. Journal of Systems Engineering and Electronics, 2022, 33(2): 406-425.

[108] Tanner H G, Pappas G J, Kumar V. Leader-to-formation stability[J]. IEEE Transactions on Robotics and Automation, 2004, 20(3): 443-455.

[109] Quan Q, Fu R, Li M, Wei D, Gao Y, Cai K-Y. Practical distributed control for VTOL UAVs to pass a virtual tube[J]. IEEE Transactions on Intelligent Vehicles, 2022, 7(2): 342-353.

[110] Quan Q, Gao Y, Bai C. Distributed control for a robotic swarm to pass through a curve virtual tube[J]. Robotics and Autonomous Systems, 2023, 162: 104368.

[111] Quan Q, Fu R, Cai K-Y. How far two UAVs should be subject to communication uncertainties[J]. IEEE Transactions on Intelligent Transportation Systems, 2022, 24(1): 429-445.

[112] Wang L, Ames A D, Egerstedt M. Safety barrier certificates for collisions-free multirobot systems[J]. IEEE Transactions on Robotics, 2017, 33(3): 661-674.

[113] Gao Y, Bai C, Quan Q. Distributed control within a trapezoid virtual tube containing obstacles for robotic swarms subject to speed constraints[J]. IEEE Transactions on Control of Network Systems, 2025, 12(1): 287-299.

[114] Gao Y, Bai C, Quan Q. Distributed control for a multiagent system to pass through a connected quadrangle virtual tube[J]. IEEE Transactions on Control of Network Systems, 2023, 10(2): 693-705.

[115] Gao Y, Bai C, Zhang L, Quan Q. Multi-UAV cooperative target encirclement within an annular virtual tube[J]. Aerospace Science and Technology, 2022, 128: 107800.

[116] Quan Q, Gao Y, Bai C. Distributed control for a robotic swarm to pass through a curve virtual tube[J]. Robotics and Autonomous Systems, 2023, 162: 104368.

[117] Gao Y, Bai C, Quan Q. Robust distributed control within a curve virtual tube for a robotic swarm under selflocalization drift and precise relative navigation[J]. International Journal of Robust and Nonlinear Control, 2023, 33(16): 9489-9513.

[118] Mao P, Quan Q. Making robotics swarm flow more smoothly: a regular virtual tube model[C]//2022 IEEE/RSJ International Conference on Intelligent Robots and Systems (IROS). 2022: 4498-4504.

[119] Mao P, Fu R, Quan Q. Optimal virtual tube planning and control for swarm robotics[J]. The International Journal of Robotics Research, 2024, 43(5): 602-627.

[120] Sadowska A, Huijberts H, Kostić D, van de Wouw N, Nijmeijer H. Formation control of unicycle robots using the virtual structure approach[C]//2011 15th International Conference on Advanced Robotics (ICAR). 2011: 365-370.